新能源译丛

The Biofuels Handbook

生物燃料手册

[美]James G. Speight（斯佩特）等　著
李继红　邵敬爱　李佳硕　杨世关　译

中国水利水电出版社
www.waterpub.com.cn

内 容 提 要

本书主要帮助读者了解生物质转化为燃料产品的可用方式。全书分为3篇：第一篇讲述常规燃料和非常规燃料，包括常规燃料、非常规燃料、生物质制取燃料概述、生物炼制、生物燃料；第二篇讲述木质纤维素基生物燃料，包括农作物生产燃料、农作物燃料的特性、林业资源生产燃料、木材燃料的性质；第三篇讲述废弃物衍生燃料，包括生活垃圾与工业废弃物燃料的生产及其特性、生活垃圾和工业废弃物衍生燃料的特性、垃圾填埋气的生产、垃圾填埋气的应用、费托合成技术。

本书适合作为高等院校相关专业的教学参考用书，也适合从事相关专业的技术人员阅读参考。

北京市版权局著作权合同登记号为：01-2016-9946

图书在版编目（CIP）数据

生物燃料手册 / (美) 詹姆斯·斯佩特 (James G. Speight) 等著 ; 李继红等译. -- 北京 : 中国水利水电出版社, 2017.11

书名原文: The Biofuels Handbook

ISBN 978-7-5170-6125-0

Ⅰ. ①生… Ⅱ. ①詹… ②李… Ⅲ. ①生物燃料—手册 Ⅳ. ①TK63-62

中国版本图书馆CIP数据核字(2017)第306065号

书　名	生物燃料手册 SHENGWU RANLIAO SHOUCE
作　者	[美] James G. Speight（斯佩特）等 著
译　者	李继红　邵敬爱　李佳硕　杨世关　译
出版发行	中国水利水电出版社 （北京市海淀区玉渊潭南路1号D座　100038） 网址：www.waterpub.com.cn E-mail：sales@waterpub.com.cn 电话：(010) 68367658（营销中心）
经　售	北京科水图书销售中心（零售） 电话：(010) 88383994、63202643、68545874 全国各地新华书店和相关出版物销售网点
排　版	中国水利水电出版社微机排版中心
印　刷	北京瑞斯通印务发展有限公司
规　格	184mm×260mm　16开本　26.5印张　628千字
版　次	2017年11月第1版　2017年11月第1次印刷
印　数	0001—1000册
定　价	**98.00**元

本书为皇家化学学会能源系列丛书分册之一，丛书主编为英国伦敦大学学院的 Julian Hunt FRS。

丛书书目为：

1. Hydrogen Energy：Challenges and Prospects（氢能源：挑战和前景）

2. Fundamentals of Photovoltaic Modules and its Applications（光伏组件的基本原理及其应用）

3. Compound Energy Systems：Optimal Operation Methods（符合能量系统：最佳操作方法）

4. Building Integrated Photovoltaic Thermal Systems：For Sustainable Developments（建筑集成光伏热能系统：可持续发展）

5. The Biofuels Handbook（生物燃料手册）

进一步信息请查询：图书销售部门，皇家化学学会，托马斯·格雷厄姆楼，科技园，米尔顿路剑桥 CB4 0WF，英国。

电话：+44（0）1223 420066

传真：+44（0）1223 420247

Email：books@rsc. org

网址：http：//www. rsc. org/Shop/Books/

本书版权声明

《生物燃料手册》为皇家化学学会能源系列之五，这本书的目录记录可从英国图书馆获得。

本书出版于皇家化学学会，托马斯·格雷厄姆楼，科技园，米尔顿路剑桥CB4 0WF，英国。

国际标准书号：978-1-84973-026-6

国际标准刊号：1757-6741

注册慈善机构编号207890

有关更多信息，请访问我们的网站：www.rsc.org。

译者前言

化石燃料的资源储量决定了其不可持续的命运，无论是从物理形态角度分析，还是从燃料属性角度判断，生物燃料都是化石燃料最适合和最直接的替代者，这是生物燃料在世界范围内受到广泛重视的根本原因。

为将国外优秀的新能源著作介绍给国内读者，中国水利水电出版社组织了一批图书的翻译出版工作，我们有幸承担了《生物燃料手册》一书的翻译工作。这是一本向读者系统介绍生物燃料知识的科技书，由英国皇家学会组织编写。

本书的翻译主要由华北电力大学和华中科技大学的老师合作完成。第一篇常规燃料和非常规燃料系统介绍了化石燃料和非化石燃料，由华北电力大学李继红和杨世关翻译。本篇内容同时涵盖了石化炼制和生物炼制，将石化能源作为以生物燃料为主体的图书加以专门介绍的图书并不多见，译者认为这种内容安排是本书的一大特色，因为石化炼制很多基本的原理和生物炼制相同，而且一些生物炼制的技术是石化炼制的延伸，这种安排有利于帮助读者建立起对燃料转化原理与知识的整体认知。第二篇木质纤维素基生物燃料重点介绍农林生物质燃料，由华中科技大学邵敬爱翻译。从原料来源角度，本篇将农业生物质和林业生物质进行分章介绍，从转化技术途径角度，本篇重点介绍了生化转化和热化学转化，并包含了生物质成型燃料。第三篇废弃物衍生燃料，本篇的重点是垃圾及其能源化处理，由华中科技大学李佳硕翻译。最后一部分词汇表的翻译由李继红完成。全书由李继红和杨世关校稿。

本书涉及大量专业词汇，为便于读者对照学习和理解，在翻译过程中，作者有意在正文中保留了这些词汇的英文。在翻译过程中，虽然译者按照“信、达、雅”的要求，力求更好地将原书的内容呈现给读者，但受限于能力和水平，难免存在一些瑕疵，还望读者不吝批判指正。

译者

2017年10月

前 言

石油基燃料作为完善的产品已经服务于工业和消费者一个多世纪，而且在可预见的未来各种燃料将会继续大量地依赖于源自石油的烃类燃料。然而，随着时间推移，曾经被认为是取之不尽的石油，目前正以可观的速度被消耗殆尽。随着可用石油储量的减少，有必要通过可替代技术生产液体燃料，以减轻交通燃料短缺即将产生的影响。

源于非石油能源的替代燃料的生产正在取得进展以实现燃料的平衡。比如，用植物原料生产的生物柴油不但性能与石化柴油相似，而且还具有十六烷值比石化柴油更高的优势。然而，非石油源液体燃料的生产经历了曲折的发展史。由于政治决策者无法制定有意义的政策，使得替代能源的发展进程时断时续，导致非常规燃料的生产即使有进展，也是非常缓慢。

这在很大程度上归因于原油（即汽油）价格的波动以及各级政府远见的缺乏。我们必须意识到，几十年来石油价格一直维持在足够低的水平，这阻止了许多石油消费国在国内建立合成燃料工业。然而，我们离非常规燃料生产准备不足可能促使许多国家政府采取行动的时刻越来越近。

短期内，常规燃料资源和技术支持全球能源需求的能力，将取决于能源部门如何有效地实现可利用能源资源与终端用户之间匹配，以及如何高效、经济地提供能源。这些因素直接关系到一个真正的全球能源市场的不断演变。

长远来看，倘若把能源看作一个孤立议题的话，人们不可能创造出一个可持续的能源未来。相反，需要进一步关注和考虑能源的作用，以及它与其他市场和基础设施的相互关系。更大的能源效率将取决于在共同架构下发展中国家市场整合资源的能力。

现在，这种驱动力正在建立起合成燃料（包括生物燃料）产业，各级政府不仅要促进建立这样的产业，而且要引导其发展。要认识到合成燃料不仅仅涉及供应和需求，还是一种极具利用空间的变量化技术。

撰写本书的目的是帮助读者了解生物质转化为燃料产品的可用方式，全书分为3篇：

第一篇讲述常规燃料和非常规燃料，包括常规燃料、非常规燃料、生物质制取燃料概述、生物炼制、生物燃料。

第二篇讲述木质纤维素基生物燃料。包括农作物生产燃料、农作物燃料的特性、林业资源生产燃料、木材燃料的性质。

第三篇讲述废弃物衍生燃料。包括生活垃圾与工业废弃物燃料的生产及其特性、生活垃圾和工业废弃物衍生燃料的特性、垃圾填埋气的生产、垃圾填埋气的应用、费托合成技术。

Dr. James G. Speight，PhD，DSc

Laramie，Wyoming，USA

目　　录

前言

第一篇　常规燃料和非常规燃料

第1章　常规燃料 …… 3
1.1　引言 …… 3
1.2　石油炼制 …… 5
1.2.1　脱水和脱盐 …… 5
1.2.2　蒸馏 …… 5
1.2.3　热处理过程 …… 7
1.2.4　催化裂化工艺 …… 11
1.2.5　加氢工艺 …… 12
1.2.6　重整工艺 …… 13
1.2.7　异构化工艺 …… 15
1.2.8　烷基化工艺 …… 16
1.2.9　聚合工艺 …… 17
1.2.10　脱沥青工艺 …… 17
1.2.11　脱蜡 …… 19
1.3　石油产品和燃料 …… 20
1.3.1　气态燃料 …… 20
1.3.2　液态燃料 …… 22
1.3.3　固态燃料 …… 28
参考文献 …… 28
第2章　非常规燃料 …… 30
2.1　引言 …… 30
2.2　油砂沥青 …… 31
2.2.1　性质 …… 32
2.2.2　沥青回收与炼制 …… 32
2.3　煤炭 …… 34
2.3.1　煤炭液化 …… 34
2.3.2　煤炭气化 …… 35
2.3.3　煤制气体燃料 …… 37

2.3.4 液体燃料 …… 39
2.3.5 固体燃料 …… 39
2.4 油页岩 …… 40
2.4.1 页岩油生产 …… 41
2.4.2 页岩油炼制 …… 44
2.5 天然气水合物 …… 48
2.6 合成燃料 …… 49
参考文献 …… 52
第3章 生物质制取燃料概述 …… 53
3.1 发展史 …… 53
3.2 生物质原料 …… 54
3.2.1 生物燃料资源 …… 55
3.2.2 林业生物质 …… 58
3.2.3 农业废弃物 …… 59
3.2.4 城市垃圾 …… 59
3.3 生物质植物化学 …… 59
3.4 生物炼制 …… 61
3.5 生物燃料 …… 62
3.5.1 生物乙醇 …… 62
3.5.2 生物柴油 …… 64
3.5.3 生物甲醇 …… 68
3.5.4 生物油 …… 69
3.5.5 生物制氢 …… 70
3.5.6 生物合成气通过费托合成生产柴油燃料 …… 72
3.6 生物燃料：液体石化燃料的替代品 …… 73
3.7 食物与燃料 …… 76
参考文献 …… 77
第4章 生物炼制 …… 87
4.1 引言 …… 87
4.2 生物质原料 …… 88
4.2.1 碳水化合物 …… 89
4.2.2 植物油 …… 90
4.2.3 植物纤维 …… 90
4.2.4 一般分类 …… 91
4.3 生物炼制 …… 92
4.4 工艺选择 …… 94
4.4.1 直接燃烧 …… 95

4.4.2 气化 …… 96
4.4.3 热解 …… 101
4.4.4 厌氧消化 …… 102
4.4.5 发酵和水解 …… 104
4.4.6 酯交换反应 …… 106
4.5 生物燃料 …… 110
4.5.1 气体燃料 …… 110
4.5.2 液体燃料 …… 111
4.5.3 固态燃料 …… 112
4.6 展望 …… 112
参考文献 …… 113
第5章 生物燃料 …… 117
5.1 概述 …… 117
5.2 组成 …… 119
5.3 生物燃料分类 …… 120
5.3.1 第一代生物燃料 …… 120
5.3.2 第二代生物燃料 …… 122
5.3.3 第三代生物燃料 …… 122
5.4 生物燃料 …… 123
5.4.1 生物柴油 …… 123
5.4.2 生物醇 …… 125
5.4.3 生物醚 …… 127
5.4.4 生物气 …… 127
5.4.5 生物油 …… 128
5.4.6 合成气 …… 129
5.5 随原料来源而变的属性 …… 130
5.6 与石油、油砂沥青、煤和油页岩燃料的性能对比 …… 133
5.7 燃料的规格和性能 …… 137
参考文献 …… 141

第二篇 木质纤维素基生物燃料

第1章 农作物生产燃料 …… 147
1.1 引言 …… 147
1.2 谷类农作物的特性和组分 …… 149
1.3 能源作物 …… 152
1.4 转换路径 …… 155
1.5 转化方法 …… 156

1.5.1 厌氧消化 …… 156
1.5.2 热解 …… 159
1.5.3 发酵 …… 160
1.5.4 气化 …… 160
1.6 产物 …… 162
1.6.1 乙醇 …… 162
1.6.2 其他醇类 …… 163
1.6.3 生物柴油 …… 164
1.6.4 烃类产品 …… 165
参考文献 …… 165
第2章 农作物燃料的特性 …… 167
2.1 引言 …… 167
2.2 醇类燃料 …… 167
2.2.1 甲醇 …… 170
2.2.2 乙醇 …… 171
2.2.3 丙醇和丁醇 …… 174
2.3 烃类燃料——汽油馏分 …… 175
2.4 烃类燃料——柴油馏分 …… 178
2.5 烃类燃料——其他的燃料 …… 181
2.6 特性 …… 183
2.7 未来需求 …… 184
参考文献 …… 185
第3章 林业资源生产燃料 …… 188
3.1 引言 …… 188
3.2 木材的利用 …… 190
3.3 木质生物质 …… 192
3.3.1 木炭生产 …… 192
3.3.2 致密成型 …… 193
3.3.3 热电联产、区域供热和制冷 …… 193
3.3.4 生物质 …… 193
3.3.5 木材燃烧 …… 194
3.3.6 木材气化 …… 195
3.3.7 转化过程 …… 195
3.3.8 生物质利用研究 …… 196
3.4 木材的组成和性质 …… 197
3.4.1 木材的化学成分 …… 197
3.4.2 木材的类型 …… 199

3.4.3 木材的性质 …… 201
3.4.4 树木的质量 …… 202
3.5 木材制取气体燃料 …… 202
3.5.1 混合气体系统 …… 203
3.5.2 测试程序 …… 204
3.6 木材制取液体燃料 …… 208
3.6.1 木材资源的能量 …… 212
3.6.2 乙醇 …… 212
3.6.3 甲醇 …… 214
3.6.4 生物柴油 …… 215
3.7 木质固体燃料 …… 218
参考文献 …… 219
第4章 木材燃料的性质 …… 222
4.1 引言 …… 222
4.2 木材的性质 …… 222
4.3 木材燃料的性质 …… 226
4.4 气体燃料的性质 …… 227
4.5 液体燃料的性质 …… 230
4.5.1 甲醇 …… 230
4.5.2 乙醇 …… 232
4.5.3 二甲醚 …… 234
4.5.4 热解油和碳氢化合物 …… 235
4.5.5 辛烷值 …… 238
4.6 固体燃料的性质 …… 238
4.6.1 木材和木材颗粒 …… 239
4.6.2 木炭和焦炭 …… 240
参考文献 …… 242

第三篇 废弃物衍生燃料

第1章 生活垃圾与工业废弃物燃料的生产及其特性 …… 247
1.1 简介 …… 247
1.1.1 废弃物的来源以及种类 …… 248
1.1.2 废弃物的环境问题 …… 251
1.2 废弃物处理 …… 252
1.2.1 焚烧 …… 252
1.2.2 气化 …… 256
1.2.3 热解和裂解 …… 260

1.2.4 其他工艺 …… 265
1.3 结论 …… 277
缩略词列表 …… 277
参考文献 …… 278
第2章 生活垃圾和工业废弃物衍生燃料的特性 …… 281
2.1 引言 …… 281
2.2 气态燃料（源于厌氧消化的合成气、填埋气体和沼气） …… 282
2.2.1 引言 …… 282
2.2.2 气化化学 …… 283
2.2.3 性质 …… 283
2.3 液态燃料 …… 289
2.3.1 柴油替代品 …… 289
2.3.2 传统柴油的其他混合物 …… 294
2.3.3 类柴油燃料 …… 294
2.3.4 生物原油和热解油 …… 294
2.4 固体燃料 …… 298
2.4.1 压块 …… 298
2.4.2 颗粒燃料 …… 300
2.4.3 热解固体 …… 301
2.5 结论 …… 302
缩略词列表 …… 302
参考文献 …… 303
第3章 垃圾填埋气的生产 …… 305
3.1 引言 …… 305
3.2 垃圾分类 …… 305
3.2.1 传统城市生活垃圾填埋场 …… 305
3.2.2 危险垃圾填埋场 …… 306
3.2.3 建筑和碎片垃圾填埋场 …… 306
3.2.4 表面蓄水池 …… 306
3.2.5 生物反应器垃圾填埋场 …… 307
3.2.6 小型垃圾填埋场 …… 307
3.3 垃圾填埋气 …… 308
3.4 垃圾填埋气的产生 …… 311
3.4.1 蒸发和挥发 …… 311
3.4.2 生物降解 …… 311
3.4.3 化学反应 …… 314
3.4.4 影响垃圾填埋气产生的因素 …… 314

3.4.5 垃圾填埋气生产模型 …… 315
3.5 气体迁移 …… 321
3.5.1 分子泄流 …… 322
3.5.2 分子扩散 …… 322
3.5.3 对流 …… 322
3.6 气体收集系统 …… 323
3.6.1 被动气体收集系统（PGCS） …… 323
3.6.2 主动气体收集系统 …… 325
3.6.3 被动与主动气体收集系统的比较 …… 327
3.7 生物反应器垃圾填埋场 …… 327
3.7.1 厌氧生物反应器垃圾填埋场 …… 327
3.7.2 好氧生物反应器填埋场 …… 328
3.7.3 复合生物反应器填埋场 …… 328
3.7.4 三种生物反应器的比较 …… 328
3.7.5 生物反应器填埋效益 …… 329
3.7.6 生物反应器填埋场设计 …… 329
3.7.7 生物反应器填埋场的运行和维护 …… 333
3.8 垃圾填埋场开采 …… 334
3.9 结论 …… 335
缩略词列表 …… 335
参考文献 …… 336
第4章 垃圾填埋气的应用 …… 340
4.1 引言 …… 340
4.1.1 气体收集 …… 340
4.1.2 气体预处理 …… 340
4.2 填埋场垃圾的气化 …… 342
4.2.1 传统气化工艺 …… 343
4.2.2 等离子体气化 …… 343
4.3 发电 …… 345
4.3.1 内燃机（ICE） …… 345
4.3.2 汽轮机 …… 346
4.3.3 微型燃气轮机 …… 346
4.3.4 有机朗肯循环（ORC） …… 346
4.3.5 斯特林循环发动机（SCE） …… 347
4.3.6 性能比较 …… 347
4.3.7 热电联产和热电冷三联产系统 …… 347
4.3.8 燃料电池 …… 348

4.4 其他用途 …… 349
4.4.1 锅炉、水泥窑和工艺加热器 …… 350
4.4.2 转化为高品位替代燃料 …… 350
4.4.3 转化为天然气级别质量的气体 …… 350
4.4.4 化工原料 …… 351
4.4.5 垃圾填埋气燃烧火炬的热回收 …… 351
4.4.6 垃圾填埋气用于能源产业的例子 …… 351
4.5 环境影响 …… 352
4.5.1 灰烬、炉渣、重金属、灰尘 …… 352
4.5.2 烟气以及其他气体化合物 …… 352
4.6 成本 …… 352
4.7 政策和激励措施 …… 353
4.8 结论 …… 354
参考文献 …… 354
第5章 费托合成技术 …… 355
5.1 引言 …… 355
5.2 费托合成（F-T）技术的历史和发展进程 …… 355
5.3 合成气的生产：费托合成的前期准备 …… 356
5.3.1 蒸汽重整 …… 357
5.3.2 自热重整（ATR） …… 358
5.3.3 联合重整 …… 359
5.3.4 热部分氧化 …… 359
5.3.5 催化部分氧化（CPOX） …… 359
5.3.6 煤的气化 …… 360
5.3.7 膜反应器 …… 360
5.3.8 合成气工艺的产物 …… 361
5.3.9 从合成气中获取高纯度的CO和H_2 …… 361
5.4 费托合成技术的特性 …… 362
5.4.1 费托合成的化学反应 …… 362
5.4.2 低温和高温下的费托合成反应体系 …… 362
5.4.3 费托反应装置的设计 …… 363
5.4.4 费托反应的原理和产物 …… 363
5.4.5 费托反应产物的组分组成 …… 364
5.4.6 建立费托产物分布模型 …… 364
5.4.7 H_2/CO比例与温度对碳链生长概率的影响 …… 368
5.5 费托合成机理和反应的选择性 …… 369
5.5.1 费托合成机理 …… 369

5.5.2 温度对费托反应产物选择性的影响 …… 370
5.5.3 催化剂性能对费托反应选择性的作用：化学及结构助剂 …… 371
5.5.4 在费托反应选择特性中压力与供给气成分的影响 …… 371
5.6 低温费托（LTFT）反应堆 …… 372
5.6.1 管式固定床反应器 …… 372
5.6.2 浆料相反应器 …… 373
5.6.3 低温费托反应动力学 …… 374
5.6.4 LTFT 催化剂的失活 …… 375
5.7 高温费托合成（HTFT）反应器 …… 377
5.7.1 循环流化床（CFB）反应器 …… 377
5.7.2 传统流化床反应器 …… 378
5.7.3 传统流化床相比较循环流化床的优势 …… 378
5.7.4 高温费托合成的选择性生产 …… 380
参考文献 …… 381
词汇表 …… 384

第一篇

常规燃料和非常规燃料

第1章 常 规 燃 料

JAMES G. SPEIGHT

CD&W Inc.，PO Box 1722，Laramie，WY 82070－4808，USA

1.1 引言

常规燃料是指两种主要的天然烃——石油和天然气。石油和天然气是化石燃料，使用后不能及时得到补充。

非常规燃料［替代燃料（alternative fuels）］是指除常规燃料外任何可以用作燃料的材料或物质。非常规燃料包括生物柴油、生物醇（甲醇、乙醇、丁醇）、氢气以及源于生物质的燃料。事实上，生物燃料是指任何由生物质组成或由生物质衍生的固态、液态或气态燃料。生物质也可直接用于供热或发电——被称为生物质燃料（biomass fuel）。生物燃料原料可以是植物等任何能够快速补充的碳源。很多不同的植物和源于植物的材料都可用来生产生物燃料。

石油（petroleum）［也叫原油（crude oil）］包括原油、天然气和重油（石油的一种）。油砂沥青不包含在内，因为它不是石油（Speight，2007）。原油和天然气主要由多种烃的混合物组成。在标准的地表温度和压力下，低分子量烃——甲烷、乙烷、丙烷和丁烷，呈气态，而高分子量烃呈液态和/或固态。

油井主要生产石油和天然气，由于地表压力低于地下岩层（储层）压力，一些气体［伴生气（associated gas）、油溶气（solution gas）］会从石油中溢出并被回收。

气井主要生产天然气——一种以甲烷为主，还含有大量乙烷、丁烷、丙烷、二氧化碳、氮气、氦气和硫化氢的气态化石燃料。在天然气田［无油天然气（unassociated natural gas），非伴生天然气（nonassociated natural gas）］、油田［伴生天然气（associated natural gas）］和煤层或煤床［煤层气（coalbed methane）］，均可发现天然气。

然而，由于地下温度和压力高于地表，天然气中可能还含有戊烷、己烷、庚烷和辛烷等在地下呈气态的重烃。地表条件下，这些烃化合物将从天然气中凝析出来［天然气凝析油（natural gas condensate），凝析油（condensate）］，凝析油外观类似汽油，组成与轻质原油（light crude oil）相似。

未经处理的石油和天然气一般是不能用的，需要送到（通过管道和/或远洋游轮）炼制厂（refinery），在此不同分子量的烃被分离成各种组分的产物，可用作燃料、润滑油、道路沥青，以及生产塑料、洗涤剂、溶剂、弹性纤维、尼龙和聚酯纤维等石油化工原料。石油炼制是原油转化成一系列可出售商品的途径。

炼制厂（图 1.1）是将石油分离成不同馏分，并将馏分进一步加工成商品，特别是燃料油的加工厂（Kobe 和 McKetta，1958；Nelson，1958；Gruse 和 Stevens，1960；Bland 和 Davidson，1967；Hobson 和 Pohl，1973；Speight，2007）。不同炼制厂的配置不同。某些炼制厂的配置是为了生产汽油（重整和/或催化裂化），而其他炼制厂的配置可能是为了生产中间馏出物，如航空燃油和瓦斯油。

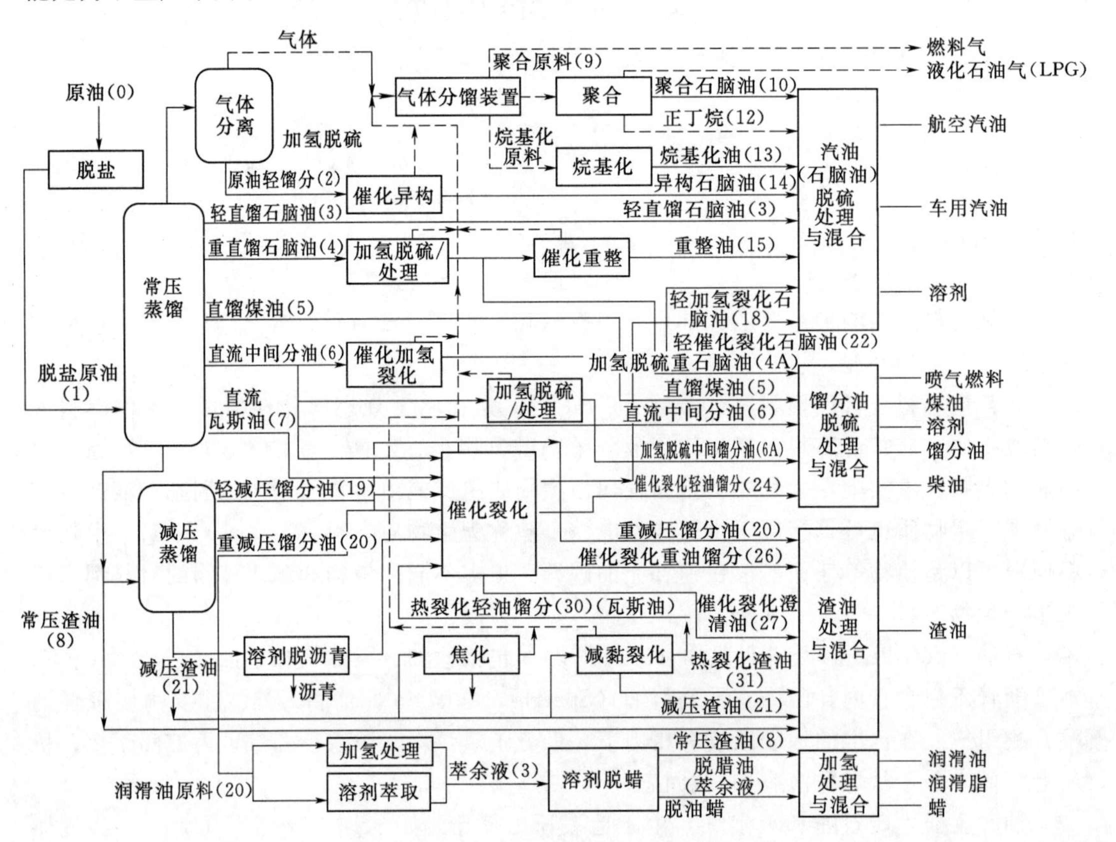

图 1.1　炼制厂加工示意图

（来源：http：//www.osha.gov/dts/osta/otm/otm _ iv/otm _ iv _ 2.html）

一般来说，原油经炼制断裂成分馏物或馏分（表 1.1），进一步加工得到三种基本产品。气体和汽油馏分形成低沸点产物，可提供气体（液化石油气）、石脑油、航空燃料、车用燃料和石油化工原料，其价值通常高于高沸点馏分产品。石脑油——由轻馏分油和中间馏分油分馏获得，是生产汽油和溶剂的前驱物，也可用作石油化工原料。中间馏分油是指中间馏程的石油产品，包括煤油、柴油、馏分油和轻瓦斯油。含蜡馏分和低沸点润滑油有时被包含在中间馏分油中。原油的剩余部分包括高沸点润滑油、瓦斯油和渣油（原油中非挥发部分）。渣油可生产重质润滑油和石蜡，但是更常用来生产沥青。石油组成复杂，不同原油的轻质、中质和重质馏分的实际比例显著不同。

特定炼制厂炼制的石油产品的产量和质量，取决于所用原油混合物的组分和炼油设备的配置。轻质、低硫原油的价格一般较高，因为它可炼制出更多具有较高价值的低沸点产物，如石脑油、汽油、航空燃料、煤油和柴油。重质含硫原油的价格一般较低，因为它生产的产物更多的是具有较低价值的高沸点产物，而这些产物必须进一步转化为低沸点产物。

表 1.1　　粗石油在不同馏程下的馏分

种　　类	馏　　程*	
	以℃为单位	以℉为单位
轻石脑油	−1～150	30～300
汽油	−1～180	30～355
重石脑油	150～205	300～400
煤油	205～260	400～500
轻瓦斯油	260～315	500～600❶
重瓦斯油	315～425	600～800
润滑油	>400	>750
减压瓦斯油	425～600	800～1100
渣油	>510	>950

* 为方便起见，馏程温度进行了四舍五入。

本章全面综述石油炼制工艺，以便读者了解常规燃料生产各道工艺的背景。

1.2　石油炼制

1.2.1　脱水和脱盐

石油由油藏地开采出来时会混合各种物质：气体、水和杂质（矿物质）。因此，石油炼制实际上是从油井或油藏开采流体开始的，在炼制或运输前要进行预处理。例如，管道气运营商会严格限定进入管道的流体质量。因此，就此而言，任何通过管道或其他形式运输的原油在含水量和含盐量方面必须满足严格的规定。某些情况下，还要规定硫含量、氮含量和黏度。

油田分离是指发生在原油开采地附近的现场分离，首要目的是去除地下采出原油中携带的气体、水和杂质。分离器只不过是个静置的大容器，依靠重力不同将原油分离成三部分：气体、原油和夹带杂质的水。

脱盐是指在原开采地进行的水洗操作，以及在炼制厂进行的进一步的原油净化操作（图 1.2）。如果分离器分离后的石油含水和杂质，水洗可以脱除大量的水溶性矿物质和夹带的固体。如果不脱除原油中所含的这些杂质，在精炼过程中就有可能引起操作问题，如设备堵塞和腐蚀、催化剂失活等。

1.2.2　蒸馏

蒸馏是石油炼制的首选方法。炼制厂发展的早期阶段，灯油和润滑油是其主要产物，蒸馏是主要的、常常也是唯一的炼制工艺。当时汽油是次要产物，但通常是无用的产物。

❶ 原文为 400～600，译者根据上文推断为 500～600。

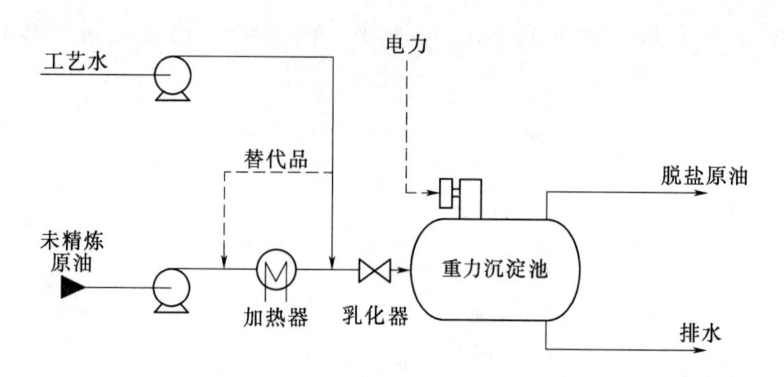

图 1.2　静电脱盐装置

（来源：http：//www.osha.gov/dts/osta/otm/otm _ iv/otm _ iv _ 2.html）

随着对汽油需求的增加，蒸馏这种转换工艺有了新进展，因为原来的蒸馏技术已无法满足人们对汽油这种挥发性产物的需求量。

蒸馏可能获得的燃料包括蒸馏塔顶的气态物质、非挥发性残渣或常压渣油［塔底物(bottoms)］和中间部位对应的较轻产物。接下来常压渣油可能要采用减压蒸馏或水蒸气蒸馏进行进一步的处理，目的是为了避免高温下（350℃以上，660℉以上）高沸点润滑油分馏有可能导致分解的风险。如果减压蒸馏和蒸汽蒸馏能生产更优质的产物，或者它们经济上似乎更有利，常压蒸馏可能在获得低沸点馏分后即被终止。并非所有原油生产出的馏分产物都相同，所需的炼油工艺是由原油的性质决定的。

1.2.2.1　常压蒸馏

蒸馏装置由多个蒸馏单元组成，但是，相对于早期的蒸馏装置，现代精馏用的是蒸馏塔（图 1.3），可得到较高的分馏（分离）精度。

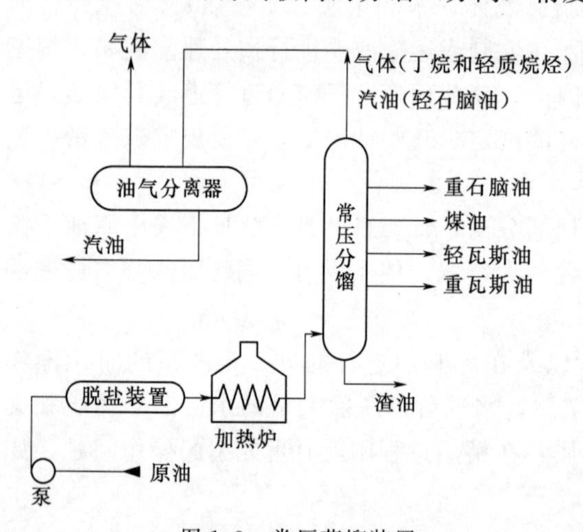

图 1.3　常压蒸馏装置

（来源：http：//www.osha.gov/dts/osta/otm/otm _ iv/otm _ iv _ 2.html）

原料油经由大型加热炉的炉管被加热，然后送入蒸馏塔中。加热装置被称为管式加热器或管式加热炉，加热装置和分馏塔组成了蒸馏装置或管式蒸馏器的基本部件。管式加热炉将原料加热到预定温度——通常是原料转化为预定比例蒸汽的温度。控制炉管中的蒸汽在一定压力下，直到形成泡沫流入分馏塔中。塔中未蒸发或呈液体状态的那部分原料降至塔底，作为底层的非挥发性产物被抽走，而蒸发部分则在通过分馏塔后被分馏成瓦斯油、煤油和石脑油。

相比于早期常见的日容量为 200～500bbl[1] 的装置，管式加热炉有很大不同，

[1] bbl，美国等计量石油原油的单位，桶。

每天可以容纳 25000bbl 或更多的原油。加热炉的炉壁和炉顶有耐火砖隔热，部分炉内被分成两部分：石油入炉的较小部分和石油达到最高温度的较大部分（配有加热器）。

蒸馏塔分离出的全部轻石油馏分都是平衡混合物，包含一些具有轻组分特性的低沸点馏分。轻石油馏分在储存或进一步加工之前要去除这些组分。

1.2.2.2 减压蒸馏

从石油中分离润滑油等低挥发性产物，并使这些高沸点产物达不到裂化条件的需要，推进了用于石油炼制工业的减压蒸馏的发展。常压蒸馏可获得的最重馏分的沸点被限制在渣油开始分解［裂化（crack）］的温度（约 350℃；约 660℉）以下。当需要用常压渣油生产润滑油时，人们希望能进一步分馏而又不产生裂化，减压条件下蒸馏即可实现这个目的。

减压蒸馏（图 1.4）的操作压力通常是 50～100 毫米汞柱（atm＝760mmHg）。为了将减压蒸馏塔中压力的波动降至最小，减压塔的直径需要大于常压蒸馏塔。某些减压蒸馏塔的直径约为 45ft[1]（约 14m）。通过这种方法，在温度大约为 150℃（300℉）的塔上部可以得到重瓦斯油产物，在温度为 250～350℃（480～660℉）的塔中部位置得到润滑油馏分，进入减压塔的原料和渣油的温度要保持在 350℃（660℉）以下，高于该温度会发生裂化。注入蒸汽会进一步有效降低烃化合物的分压。在加热器的对流区将蒸汽加热成过热蒸汽注入塔中，主要目的是为了通过汽提脱除塔底的沥青。

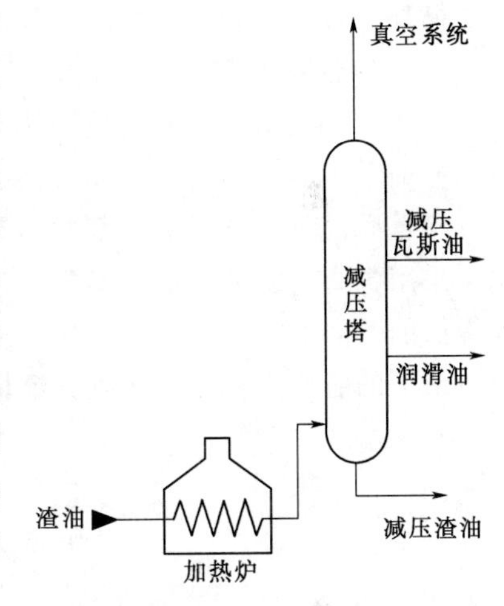

图 1.4　减压蒸馏装置
（来源：http：//www.osha.gov/dts/osta/otmotm _ iv/otm _ iv _ 2.html）

由常压蒸馏塔中分离出的渣油（常压渣油）通过减压蒸馏得到馏分油的组成，取决于减压塔设计时是为了生产润滑油还是生产减压瓦斯油。前者生产的馏分油包括：

（1）重瓦斯油。一种塔顶馏分，可用作催化裂化的材料，或者适当处理后得到轻质润滑油。

（2）润滑油。通常含三种馏分：轻馏分、中间馏分和重馏分，是一种侧馏分产品。

（3）沥青（或减压渣油）。它是塔底产物，可直接或加工后用作沥青，也可以和瓦斯油混合后生产重质燃料油。

1.2.3 热处理过程

裂化分馏（热分解同时脱除馏分）被认为是从重质非挥发物质中生产高值轻产品（煤油）的方法。热裂化早期（1870—1900 年），这项工艺技术非常简单——一批原油被加热到大部分煤油馏出且塔顶馏分颜色变暗为止。此时停止蒸馏，重油被保留在高温区，在此

[1] ft（约英尺），英制长度单位，1ft＝30.48cm。

期间，一些大分子组分被分解成小分子产物。蒸馏会持续产出轻质油（煤油）一段时间，如果再继续加热，蒸馏产出的将会是重油。

1.2.3.1 热裂化

石油工业中使用最早的一种转换工艺是高沸点物质热分解转化为低沸点产物。裂化生产的重质油有轻瓦斯油和重瓦斯油，还可能有用作稠燃料油的渣油。催化裂化瓦斯油适合用作生活和生产燃料油，或与直馏瓦斯油混合后用作柴油燃料。裂化产生的瓦斯油也是汽油生产的重要来源。在单程裂化工艺中，所有热裂化材料被分离成可能直接作为产品使用的产物。然而，裂化产生的瓦斯油（裂化瓦斯油）比蒸馏产生的瓦斯油（直流瓦斯油）更难裂化（更耐热），但仍然可以继续裂化生产更多的汽油。此目的能够实现是因为后来（1940 年后）人们发明了循环裂化工艺，该工艺中，裂化瓦斯油回流并加至新进原料中，再次循环通过裂化装置。循环的程度影响工艺流程中汽油的产量。

大部分热裂化工艺采用 455～540℃（850～1005℉）的温度和 100～1000psi[1] 的压力；杜布斯式热裂化工艺可能是早期热裂化操作采用的典型工艺。原料（常压渣油）的预热通过与分馏塔中流出的裂化产品直接换热实现。裂化汽油和采暖油从分馏塔上部流出。轻质馏分和重质馏分从分馏塔下部抽出并被泵入到分离式加热器中。更难裂解的轻质馏分的裂化需采用更高的温度。从分离式加热器流出的各股馏分油混合后送入裂化反应室中，靠额外提供的时间完成裂化反应。接下来裂化产物在低压闪蒸室中被分离，稠燃料油从室底排出。余下的裂化产物被送入到分馏塔中。

1.2.3.2 减黏裂化

减黏裂化（破黏裂化）本质上是 20 世纪 40 年代后期的一种工艺，最初是作为温和的热裂化操作被引进的，可用于降低渣油的黏度，使产品满足燃油规范。另外，减黏裂化的渣油能够和轻产品油混合后生产合格黏度的燃油。通过降低渣油的黏度，减黏裂化减少了为满足燃油规格而需要添加的采暖轻油的使用量。除主要产品燃油外，还可以生产馏程介于瓦斯油和汽油之间的产物。瓦斯油可以用作催化裂化装置的补充原料，或用作取暖油。

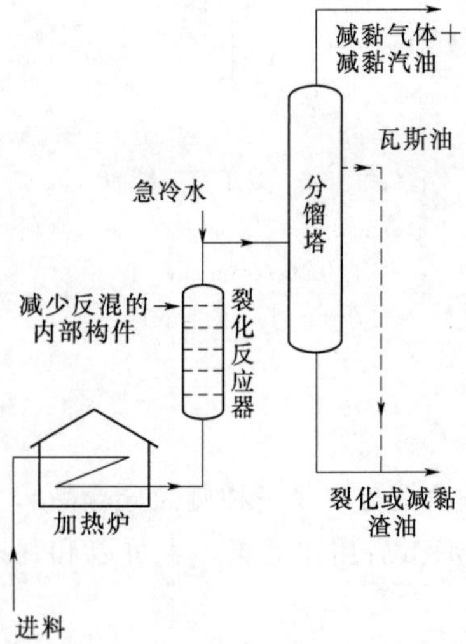

图 1.5 减黏裂化装置
（来源：http：//www.osha.gov/dts/osta/otm/otm_iv/otm_iv_2.html）

在典型的减黏操作（图 1.5）中，常压渣油通过加热炉被加热到 480℃（895℉），出口压力约 100psi。炉内排列的加热线圈提供了一个低热流密度的均热段，渣油在加热炉中停留至减黏裂化反应完成、裂化产物被输送到闪蒸室为止。然后闪蒸室顶部的物质被分馏，塔顶产物是低质量的汽油，底部是轻瓦斯油。从闪蒸室出来的液体产物用流出的瓦斯油冷却后送入真空分馏塔中。在此被分馏成重瓦斯油馏分和低黏度

[1] psi（pounds per square inch），是一种美国习惯使用的计量单位，即 1psi＝6.895kPa。

的渣油。

1.2.3.3 焦化

焦化（coking）是将重质油或低品质油连续转化为轻质产物的热处理过程。和减黏裂化不同，焦化是指将原料转化成挥发性产物和焦炭的竞争性热转化过程。原料一般是渣油，产物是气体、石脑油、燃料油、瓦斯油和焦炭。瓦斯油可能是焦化过程的主要产物，主要用作催化裂化装置的原料。生产的焦炭通常用作燃料，但也可能生产特殊用途的产品，如制造电极、生产化学品和冶金焦炭，这会提高焦炭的价值。为了满足这些特殊用途，焦炭可能需要进行脱硫和去除金属杂质处理。

间隔几年后，人们通过二次回收技术从油砂地层中回收重油，自20世纪60年代，由于焦化技术，油砂地层重新引起了人们对这些原料的兴趣。此外，降低大气污染也越来越受到重视，这也引起了对焦化的直接关注，因为焦化过程不仅可以浓缩焦炭原料中硫等污染物，而且通常生产的是可以方便脱硫的挥发性产物。

延迟焦化（delayed coking）是半连续工艺（图1.6），加热后流体被转移到大型均热（或焦炭）塔中，该塔可以提供裂化反应进行到结束所需的较长的停留时间。这些装置的进料通常是常压渣油，尽管也使用裂化渣油。

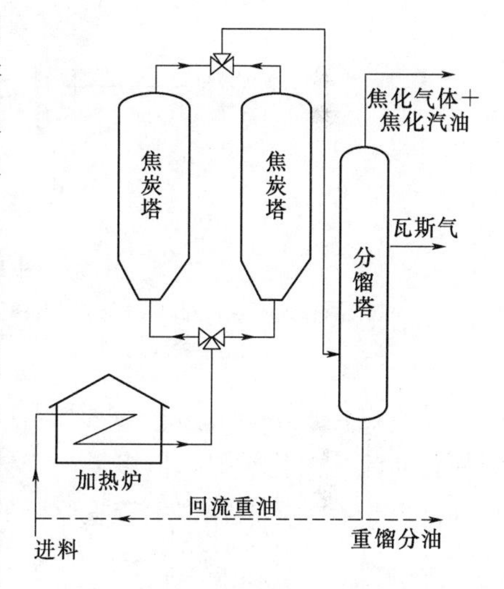

图1.6 延迟焦化装置
（来源：http://www.osha.gov/dts/osta/otm/otm_iv/otm_iv_2.html）

原料被引入产物分馏塔，加热后轻馏分会从侧向流出。分馏塔底部的重产物回流至加热炉加热，炉子的出口温度在480～515℃（895～960℉）范围内浮动。加热后原料进入双焦炭塔中的其中一个，在此继续进行裂化反应。裂化产物从塔顶引出，焦炭沉积物残留在塔的内表面。为了使反应连续进行，塔都是成对的；当一塔进行反应时，对另一塔进行清理。焦炭塔的温度变化范围是415～450℃（780～840℉），压力范围15～90psi。

焦炭塔顶部的产物进入分馏塔，分馏回收石脑油和取暖油。分馏塔残留的非挥发物和经预热的新原料混合后送回到反应器中。焦炭塔通常连续工作约24h后，塔内会充满多孔焦炭，然后停止运行该塔，用水力清除塔内焦炭。通常，要求24h完成清理工作，以备焦炭塔后续工作使用。

流化焦化（fluid coking）是连续工艺（图1.7），采用流态化固体技术将常压渣油和减压渣油转换为更有价值的产品。渣油被喷入到含有热的细小焦炭颗粒的流化床中进行焦化，焦化反应温度较延迟焦化高，而反应接触时间较延迟焦化短。此外，流化焦化工艺的反应条件使得焦炭产量下降，能够回收更多更有价值的液体产物。

流化焦化用两个容器：一个是反应器，一个是加热器；焦炭颗粒在两者之间循环，将热量（部分焦炭燃烧产生）传送到反应器。反应器床层上装填焦炭颗粒，从反应器底部通入的蒸汽使颗粒流化。

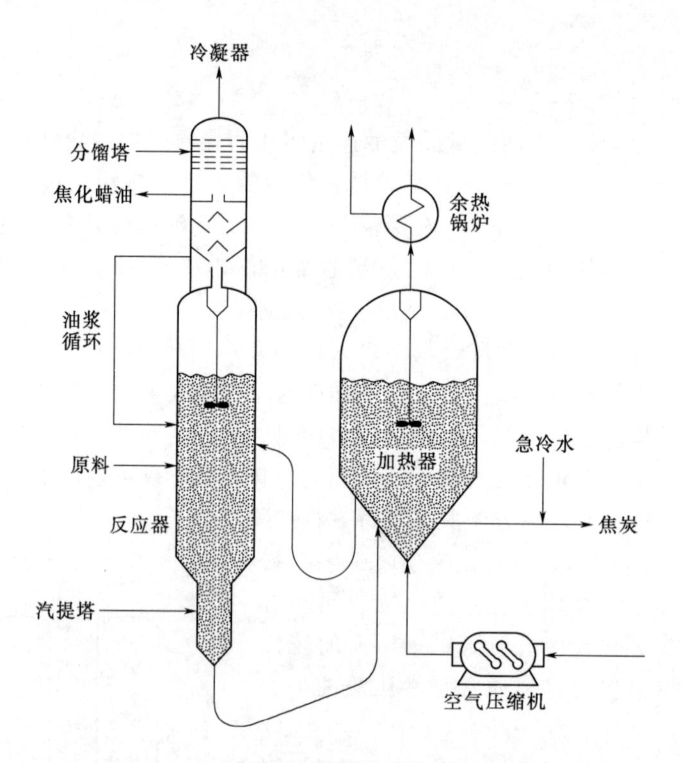

图 1.7　流化焦化装置

（来源：Speight，J. G. 2007. The Chemistry and Technology of Petro - leum 4th edn，CRC Press，Taylor & Francis Group，Boca Raton，Florida）

灵活焦化（flexicoking）（图 1.8）也是连续过程，由流化焦化直接衍生而来。该装置的配置同流化焦化类似，但多了一个气化单元，过量的焦炭可以通过气化生成石油炼制燃料气。由于石油炼制操作中较重原料的逐渐增加，在 20 世纪 60 年代末和 70 年代设计了

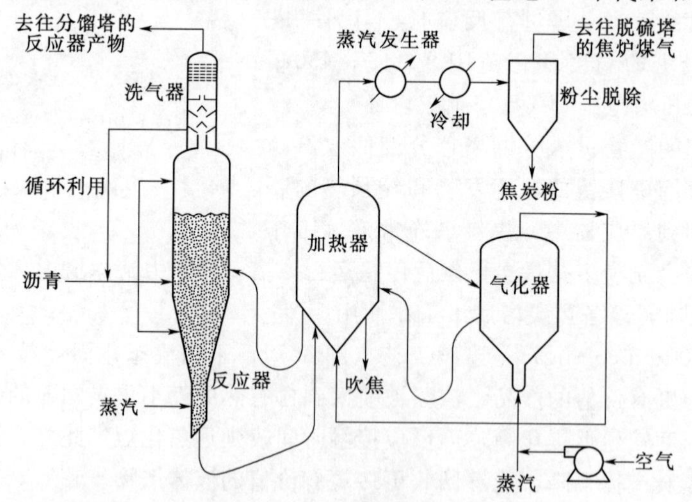

图 1.8　灵活焦化装置

（来源：Speight，J. G. 2007. The Chemistry and Technology of Petroleum 4th edn，CRC Press，Taylor & Francis Group，Boca Raton，Florida）

灵活焦化工艺，借此可降低过剩的焦炭量。重质原料因其在热裂化和催化裂化过程中焦炭产率高（大于15%，按重量计）而不受欢迎。

1.2.4 催化裂化工艺

与热裂化相比，催化裂化有以下几点优势：生产的汽油具有较高的辛烷值；催化裂化汽油主要由异石蜡和芳香烃组成，比热裂化汽油中大量存在的单石蜡和二石蜡有更高的辛烷值和化学稳定性。催化裂化生产大量的适合聚合汽油生产的石蜡气和少量的甲烷、乙烷和乙烯。催化裂化汽油中的硫含量低于热裂化汽油，催化裂化这种途径可以改变含硫化合物。催化裂化比热裂化产生的重质渣油或焦油少，而有用的瓦斯油多。该工艺相当灵活，可生产车用汽油和航空汽油，可以调控瓦斯油产量以满足燃油市场的变化。

目前用于催化裂化的几种工艺的不同主要体现在催化剂处理方法方面，但催化剂类型和产品性质有相同之处。

催化剂是有活性的天然或合成材料，可以加工成珠状、颗粒状或微球状用于固定床、移动床或流化床。固定床工艺第一个被用于商业用途，它是在几个反应器中使用静态催化床的过程，允许原料保持连续流动。因此，操作周期包括：①原料通过催化剂床层的流动；②停止原料流动，通过燃烧脱除催化剂中的焦炭；③插入处于生产状态的反应器。移动床工艺采用一个反应器（发生裂化反应）和一个炉子（失效催化剂再生），催化剂在反应器之间流动的方法有多种。

流化床工艺（图1.9）不同于固定床和移动床，粉末催化剂基本上像流体一样随着原料一起循环。几种使用中的催化裂化工艺主要的不同是机械设计。反应器、再生器并排建造，以及一体化建造（反应器在再生器的上面或下面）是两种主要的机械变化。

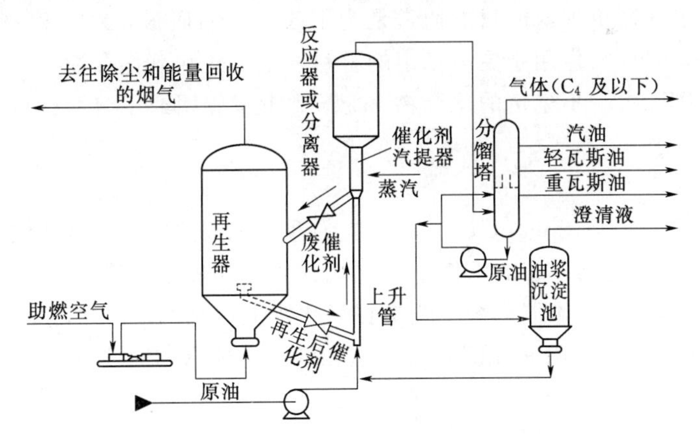

图1.9 流化催化裂化（FCC）装置

（来源：http：//www.osha.gov/dts/otm/otm_iv/otm_iv_2.html）

长久以来人们都知道天然黏土对油裂化能起到催化影响，但直到1936年，为了商业用途，使用硅铝催化剂的工艺才被充分开发出来。自那时起，催化裂化已经逐步取代了热裂化，因为它是将馏分油转化为汽油的最有利手段。催化裂化被广泛采用的主要原因是：催化裂化生产高辛烷值汽油的量比任何已知的热裂化工艺都多，这是一个事实。同时产生以丙烷和丁烷为主要成分的气体，甲烷和乙烷含量较少。分子量高于炉料的重油和焦油的产量也是最少的，汽油和未裂化的“循环油”比热裂化产物有更高的饱和度。

许多类型的催化材料都可以催化原油馏分裂化生产燃料，但水合铝硅酸盐催化获得的理想产物的量是最高的。铝硅酸盐要么是天然膨润土经活化（酸处理）合成的二氧化硅—氧化铝制剂，要么是二氧化硅—氧化镁制剂。在上述催化剂中掺入少量的其他材料，如锆的氧化物、硼（使用时易挥发）和钍，可以在一定程度上提高相同产品的活性。催化剂有天然的和合成的，均可加工成颗粒状、珠状以及粉末状使用；在磨损或效率逐渐降低的情况下，有必要更换催化剂。催化剂必须稳定，以便承受物理负荷冲击和热冲击，还要耐受二氧化碳、空气、氮化合物、蒸汽的作用。它们也应该能够耐受硫和氮的化合物，合成催化剂，或某些选定的黏土，在这方面似乎比一般的未经处理的天然催化剂要好。

催化剂是多孔介质，具有高吸附性，其性能明显受制备方法的影响。两个化学成分完全相同但孔径和分布不同的催化剂有可能具有不同的活性、选择性、温度反应速率系数和反应毒性。尽管内在的化学组成和表面的催化作用可能不受孔径的影响，但小孔径会因为碳氢化合物气体进出孔隙系统的方式不同而产生不同的影响。

1.2.5 加氢工艺

加氢处理的原理是汽油原料热反应过程中氢的存在将终止多数成焦反应的进行，并提高汽油、煤油和航空燃料等低沸点成分的产量。

用于石油馏分和石油产品转化的加氢过程可分为破坏性（destructive）和非破坏性（nondestructive）两种。破坏性加氢（氢解或加氢裂化）的特点是原料中高分子量的物质转化为低沸点产品。该处理需要苛刻的加工条件和高氢气压，以最大限度降低聚合和缩合等导致焦炭形成反应的发生。

非破坏性加氢或简单加氢的目的通常是为了改善产品质量，对馏程不会有明显改变。该工艺条件温和，以便只作用于更不稳定的材料。氮、硫和氧化合物与氢反应生成氨、硫化氢和水后被分别除去。不稳定的化合物可能导致形成胶团或不溶性材料，从而被转换为更稳定的化合物。

1.2.5.1 加氢处理

加氢处理（Hydrotreating）（图 1.10）是在钨-镍硫化物、钴-钼氧化铝、镍-硅-铝氧化物和铂-氧化铝等催化剂存在的条件下将原料和氢一起加至反应器中进行的反应。大部分工艺采用钴-钼催化剂，该催化剂一般是在氧化铝上负载约 10%的钼氧化物和不到 1%的钴氧化物。催化剂使用的温度范围是 260 ～ 345℃（500 ～ 655℉），而氢压为500～1000psi。

1.2.5.2 加氢裂化

加氢裂化（hydrocracking）与催化裂化类似，加氢和反应同步或相继发生。加氢裂化最初是用来提升低价值馏分油原料的品质，如循环油（来自催化裂化反应器的高芳烃类产品，由于经济原因通常回收不完全）、热处理和焦化瓦斯油、重质裂解石脑油和直馏石脑油。这些原料通过催化裂解或重整都难以处理，因为它们通常含有较高的多环芳烃和/或高浓度的两大催化剂毒物：硫和氮的化合物。

比较加氢裂化和加氢处理对于评估这两个工艺在炼油生产中所扮演的角色方面是有用的。馏分油的加氢处理可能简单地定义为通过选择性加氢脱除氮、硫和含氧化合物。加氢

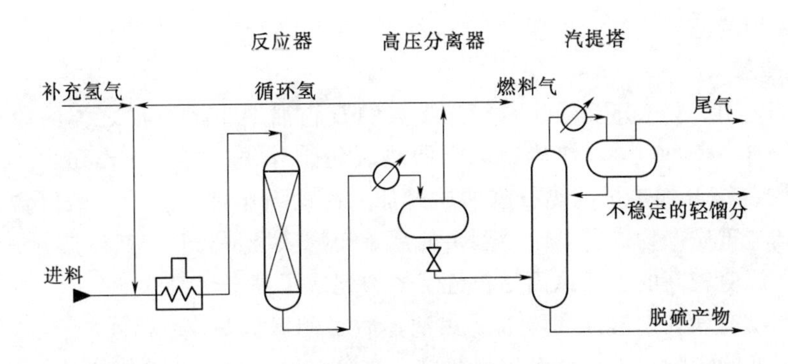

图 1.10 用于加氢脱硫的馏分加氢装置

（来源：http：//www. osha. gov/dts/osta/otm/otm _ iv/otm _ iv _ 2. html）

处理催化剂通常的形式是钴和钼或镍和钼（硫化物形式）负载在氧化铝基上。加氢处理的操作条件是氢压 1000～2000psi，温度约 370℃(700℉)，该条件下芳烃不会发生明显的加氢反应。脱硫反应通常伴有少量的加氢和加氢裂化反应。

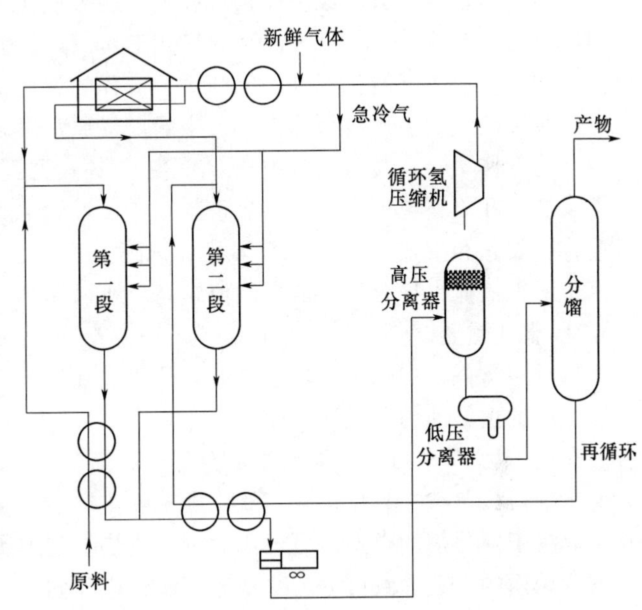

图 1.11 单段或两段（任选）式加氢裂化装置

（来源：http：//www. osha. gov/dts/osta/otm/otm _ iv/otm _ iv _ 2. html）

用于石油馏分加氢处理或精加工的商业化流程在本质上都需要按图 1.11 所示的单段或两段处理工艺进行操作。原料加热，和氢气一起通过装填有颗粒催化剂的反应塔或反应器。反应器保持 260～425℃(500～800℉) 的温度和 100～1000psi 的压力，具体反应条件取决于具体工艺、原料特性和加氢度要求。过量的氢气离开反应器后同产品分离，脱除硫化氢后重新返回反应器。液体产物进入汽提塔，用蒸汽除去溶解其中的氢和硫化氢，冷却后入库储存或抽到下一个处理单元进行原料制备。

1.2.6 重整工艺

20 世纪 30 年代初，需要开发高辛烷值的汽油，人们直接关注的是提高汽油馏程馏分辛烷值的方法和手段。直馏（蒸馏）汽油辛烷值通常很低，任何提高辛烷值的方法都会有助于满足人们对更高辛烷值汽油的需求。这样的工艺（称为热重整）就被开发并广泛使用起来，但比热裂化的使用程度要低。热重整是从旧的热裂化工艺自然发展而来；裂化将重油转化为汽油，而重整将汽油转化（改造）成高辛烷值汽油。热重整设备和热裂化设备基本相同，但采用的温度更高。

1.2.6.1 热重整

热重整工艺中，如 205℃（400℉）为终点的石脑油或直馏汽油之类的原料被加热到 510～595℃（950～1100℉），加热用炉子同热裂化炉几乎一样，工作压力 400～1000psi（27～68atm[1]）。离开加热炉的热石脑油通过加入冷的石脑油进行冷却或降温。然后进入分馏塔，将其与重质产物进行分离。剩余的重整产物从塔顶离开，然后被分成气体和重整油。重整油辛烷值较高的主要原因是长链烷烃裂化成了高辛烷值的烯烃。

热重整产物有煤气、汽油和渣油或焦油，后者的量极少（约 1%）。汽油，即重整油的量和质受温度的影响很大。一般的规律是：重整温度越高，辛烷值越高，但重整油的产量越低。

热重整效率较低，且不经济，很大程度上已被催化重整工艺取代。实际应用时，单程操作的温度范围是 540～760℃（1000～1140℉），压力为 500～1000psi（34～68atm）。辛烷值提高的程度取决于转化程度，但和每一流程的裂化程度不成正比。但是，在转化率极高时，焦炭和煤气的生产高得惊人。产生的煤气通常由烯烃组成，工艺要求这些气体要么进行独立的气体聚合，要么将其中的 C_3～C_4 气体返回到重整系统中。

由于烃气和原料包裹在一起，热重整工艺最近做了更多的改进，被称为烃气再转化和聚合重整。裂化和重整产生的气态烯烃可以通过高压加热转化为沸点在汽油范围内的液体。由于所得液体（聚合物）的辛烷值较高，所以提高了炼制厂汽油的总产量和质量。

1.2.6.2 催化重整

和热重整类似，催化重整也是将低辛烷值汽油转化为高辛烷值汽油（重整油）。热重整能够生产的重整油的研究法辛烷值为 65～80，具体值取决于产量，而催化重整生产的重整油辛烷值为 90～95。催化重整是在氢存在条件下，在加氢、脱氢催化剂上进行的反应，催化剂可以负载在氧化铝或二氧化硅一氧化铝上。反应发生的顺序（包括原料结构的变化）取决于催化剂的类型。更现代的概念使热重整确实显得有些过时。

商业用途的工艺大致可分为移动床、流化床和固定床三种类型。流化床和移动床装置中使用的催化剂是非贵金属氧化物，配备独立的再生装置。固定床工艺主要使用含铂催化剂，用在配备周期性再生、间歇性再生或不配备再生装置的设备上。

催化重整的原料是饱和的（即非烯烃）；大多数情况下可能采用直馏石脑油作为原料，但其他低辛烷值石脑油（如焦化石脑油）副产物除去烯烃和其他污染物处理后也可作为原料。含大量环烷烃的加氢裂化石脑油也是合适的原料。

脱氢是催化重整的主要化学反应，因此产生大量的氢气。氢气循环流过重整反应器，提供化学反应必要的气氛，也防止碳沉积在催化剂上，从而延长其使用寿命。氢气的生产是过量的，超过工艺消耗所需，因此，催化重整工艺是独特的唯一以氢作为副产物的石油炼制工艺。

催化重整通常将石脑油（必要时用氢气进行预处理）和氢气的混合物送到加热炉，混合物在炉中被加热到 450～520℃（840～965℉）的理想温度，然后送至氢压为 100～

[1] atm 表示标准大气压，在标准大气条件下海平面的气压，是压强单位，1atm=101.32kPa。

1000psi（7～68atm）的固定床催化反应器中（图 1.12）。通常情况下，要使用几个反应器，并在相邻反应器之间串联加热器，以补充吸热反应所需的热量。有时，会串联多达 4 个或 5 个反应器在线生产，同时有 1 个或多个反应器再生。

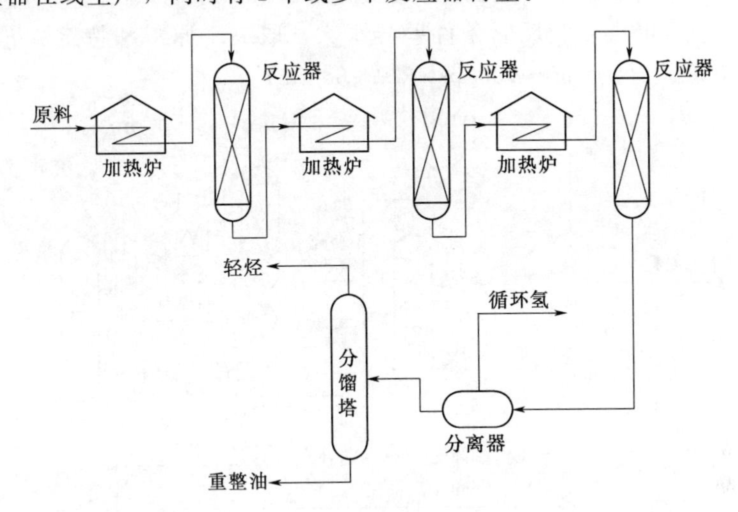

图 1.12　催化重整

（来源：http：//www.osha.gov/dts/osta/otm/otm _ iv/otm _ iv _ 2.html）

重整催化剂的组成受原料组成和预期重整油组成的控制。使用的催化剂主要是氧化钼—氧化铝、氧化铬—氧化铝或硅铝或氧化铝基的铂催化剂。再生过程中非铂催化剂应用广泛，因为原料所含成分，比如硫，会使铂催化剂中毒，但是有预处理（如加氢脱硫）时也可允许使用铂催化剂。

使用铂催化剂的目的是促进脱氢和加氢反应，即生产芳烃、参与加氢裂化、成碳前驱物的快速加氢。对催化剂而言，要具有使链烷烃和环烷烃异构化（加氢裂化的初始裂解步骤）的活性，还必须具有参与链烷烃脱氢环化反应的酸活性。在催化重整过程中，这两种活性的平衡非常重要。事实上，由环状饱和材料（环烷烃）生产芳烃时，要使加氢裂化最小化以避免损失目标产物，这一点很重要。因此，与脱氢环化和加氢裂化反应均发挥重要作用的链烷烃生产汽油相比，其催化活性必须降低。

1.2.7　异构化工艺

催化重整过程提供重质汽油馏分中含有的高辛烷值组分，但轻质汽油馏分中含的正构烷烃，尤其是丁烷、戊烷和己烷的辛烷值较低。这些正构烷烃可转化为它们的异构体（异构化），产生低馏程、高辛烷值的汽油组分。转化在催化剂（用盐酸活化的氯化铝）存在条件下发生，抑制裂化和烯烃形成等副反应的发生是至关重要的。

异构化工艺要为烷基化装置提供过量的原料或高辛烷值馏分以供汽油混配。直链烷烃（正丁烷、正戊烷、正己烷）通过连续催化（氯化铝、贵金属）过程被分别转化为异构化合物。天然汽油或轻质直馏汽油，可以通过作为预备步骤的第一次分馏提供进料。高体积产率（大于 95%）和单程 40%～60%的转化率是异构化反应的特点。

氯化铝是最早用于使丁烷、戊烷和己烷异构化的催化剂。从那时起，人们研制了用于高温工艺的负载型金属催化剂，其操作温度370～480℃(700～900℉)，压力300～750psi(20～51atm)（图1.13)，而加盐酸的氯化铝被普遍用于低温工艺中。不可再生的氯化铝催化剂在固定床或液相接触器中使用时采用不同的载体。铂或其他金属催化剂用于固定床操作，可以再生或不可再生。反应条件差异很大，取决于原料和特定工艺，温度40～480℃(100～900℉)，压力150～1000psi（10～68atm)。

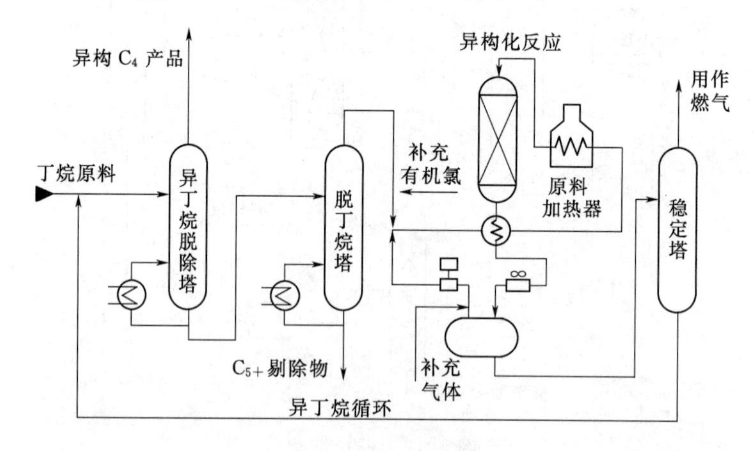

图1.13　丁烷异构化装置

（来源：http：//www.osha.gov/dts/osta/otm/otm_iv/otm_iv_2.html)

1.2.8　烷基化工艺

烯烃同链烷烃结合形成高异构烷烃的过程叫烷基化。由于烯烃活性高（不稳定)，排放废气污染物，将其尽可能转化为高辛烷值的异构烷烃是可取的。在炼制厂生产中，只有异丁烷通过与异丁烯或正丁烯发生烷基化反应，产物是异辛烷。尽管没有催化剂也可以发生烷基化反应，但商业化的过程采用氯化铝、硫酸或氢氟酸作催化剂，反应可以在较低温度下进行，要最大限度地减少不良副反应的发生，如烯烃聚合。

烷基化油是异构烷烃的混合物，其辛烷值随烯烃原料的不同而变化。丁烯生成的产物辛烷值最高，丙烯最低，戊烯居中。然而，所有的烷基化油均有较高的辛烷值（大于87)，这使它们特别有价值。

烷基化反应现在施行的是联合，通过催化剂的力量，一种烯烃（乙烯、丙烯、丁烯和戊烯）与异丁烷反应生成在汽油馏程范围的高辛烷值支链烃。烯烃原料源自催化裂化装置产生的气体，而异丁烷是由炼厂气中回收或催化丁烷异构化产生。为实现这一目标，乙烯或丙烯在金属卤化物催化剂（如氯化铝）存在的条件下与异丁烷结合，反应温度50～280℃(125～450℉)，压力300～1000psi（20～68atm)。催化烷基化反应条件没有这么严格；烯烃（丙烯、丁烯或戊烯）在酸催化剂（硫酸或氢氟酸）存在下与异丁烷在较低温度和压力下（1～40℃和1～10atm）相结合（图1.14)。

硫酸、氢氟酸和氯化铝是商业上普遍采用的催化剂。硫酸用于丙烯和高沸点原料的反应，不用于乙烯参与的反应，因为它会和乙烯反应生成乙基硫酸。酸被泵入反应器，与反应物形成一种空气混合液，混合液中保持50%的酸。失活率随原料和异丁烷添加比不同而不同。丁烯原料消耗的酸低于丙烯原料。

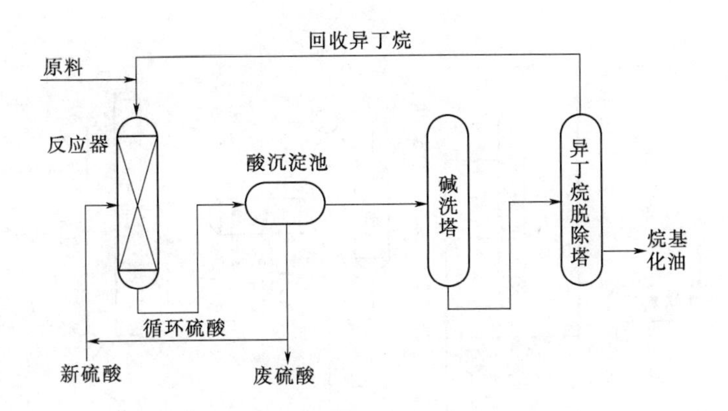

图 1.14 烷基化装置（硫酸作催化剂）

（来源：http：//www.osha.gov/dts/osta/otm/otm _ iv/otm _ iv _ 2.html）

目前氯化铝不用作烷基化催化剂，但是用的时候要用盐酸作为活化剂，并喷水使催化剂活化为氯化铝/烃的复合体。用氢氟酸作为高沸点烯烃烷基化催化剂的优势在于氢氟酸更易从最终产物中分离和回收。

1.2.9 聚合工艺

聚合是将烯烃气体转化为适合用作汽油（聚合汽油）的液体产物或其他液体燃料的过程。原料通常由裂化过程生产的丙烯和丁烯组成，甚至可能是精选的烯烃生产的二聚体、三聚体或四聚体。

完成聚合过程需要高温，低温时需要用催化剂。人们认为热聚合不如催化聚合有效，但是它具有能够使不能被催化剂诱导发生反应的饱和材料发生聚合的优势。这个过程包括气相裂化，如丙烷和丁烷，通过延长高温下（510～595℃）的停留时间可以使反应持续至几乎完全。

烯烃也可以通过酸催化法方便聚合（图 1.15）。因此，处理过的、富含烯烃的原料同催化剂（硫酸、焦磷酸铜、磷酸）接触的温度和压力取决于原料和产品需求，温度 150～220℃(300～425℉)，压力 150～1200psi（10～81atm）。

磷酸盐是聚合装置使用的主要催化剂。商业用催化剂有液相磷酸、磷酸硅藻土、焦磷酸铜和石英磷酸膜。后者活性最差，但使用最多，最易再生，只需通过冲洗和复涂即可。较大的缺点是必须偶尔将载体上的焦油烧掉。在提高温度以增加产量方面，采用液体磷酸催化剂的工艺比采用其他工艺灵敏得多。

1.2.10 脱沥青工艺

溶剂脱沥青工艺是炼制厂操作的主要组成部分（Bland 和 Davidson，1967；Hobson 和 Pohl，1973；Gary 和 Handwerk，2001；Speight 和 Ozum，2002；Speight，2007），这项任务经常不受赏识。在溶剂脱沥青工艺中，在原料中注入烷烃可以干扰组分的扩散，使极性相反的成分沉淀。丙烷（或者有时是丙烷/丁烷混合物）广泛用于脱沥青工艺，生产脱沥青油（DAO）和丙烷脱沥青装置产的沥青（PDA 或 PD 焦油）（Dunning 和 Moore，1957）。丙烷具有独特的溶剂特性：低温时（38～60℃；100～140℃），链烷烃在丙烷中的溶解度很高；高温时（约 93℃），所有的烃在丙烷中几乎都不溶解。

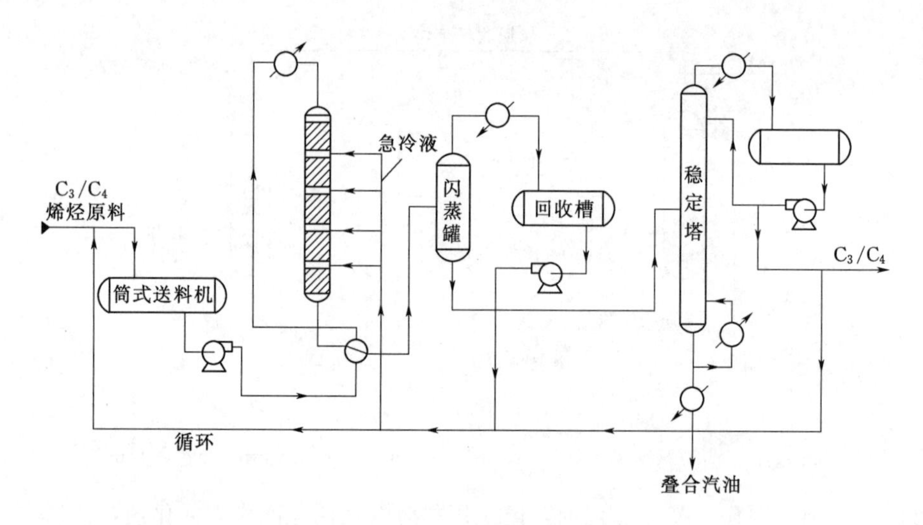

图 1.15　聚合装置

（来源：http：//www.osha.gov/dts/osta/otm/otm _ iv/otm _ iv _ 2.html）

丙烷脱沥青（solvent deasphalting）装置（图 1.16）处理减压渣油，并生产用作流化催化裂化装置原料的脱沥青油（DAO）和沥青残渣（脱沥青焦油，脱沥青底物），作为残留馏分，沥青残渣只能用于生产沥青或用作混合组分或减黏裂化生产低级燃料油的原料。溶剂脱沥青工艺还没有实现其最大潜能。随着能量效率的持续提高，这样的工艺在与其他工艺组合方面会显示其效果。溶剂脱沥青通过平衡产量和所需的原料性能可以脱除硫、氮化合物，以及金属成分。

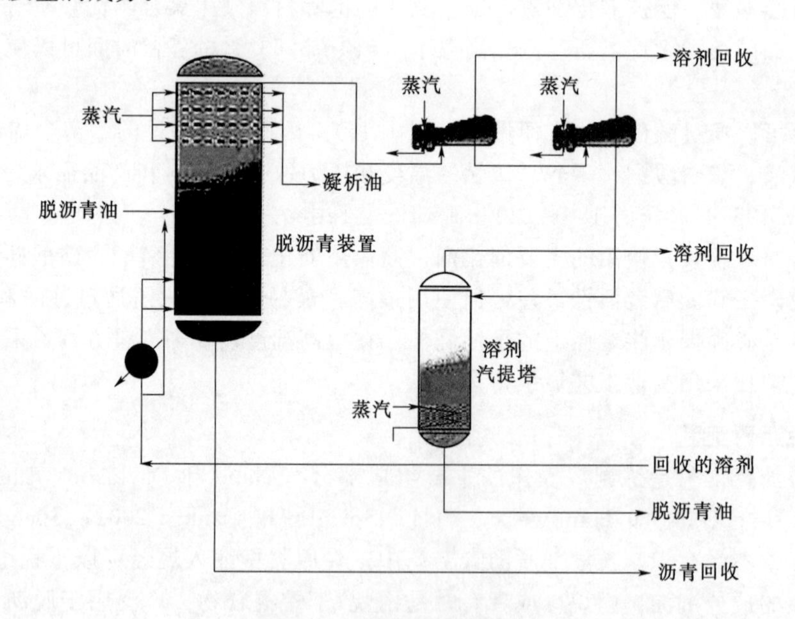

图 1.16　丙烷脱沥青装置

（来源：Speight，J. G. 2007. The Chemistry and Technology of Petroleum 4th edn，CRC Press，Taylor & Francis Group，Boca Raton，Florida）

1.2.11 脱蜡

链烷基原油常常包含微晶和烷基蜡。原油加工前可能采用甲乙酮（MEK）等溶剂进行脱除烷基蜡的处理。但是这种做法不常见，溶剂脱蜡工艺（solvent dewaxing process）的设计是为了脱除润滑油中而不是整个原油中的蜡，是为了赋予产品良好的低温流动性能（如低倾点）。溶剂脱蜡的机理有两种：一是低温下将蜡结晶成固体从油液中分离出来；二是在蜡熔点以上温度通过溶剂的优先选择性将液体蜡提取出来。然而，商业脱蜡工艺通常基于前一机理。

在溶剂脱蜡工艺（solvent dewaxing process）中（图 1.17），原料与酮以 1∶1～4 的体积比混合（Scholten，1992）。然后将混合物加热至油溶于溶液中，将溶液在双管道刮面式换热器中以缓慢可控的速率冷冻。冷溶剂，如过滤器的滤液，流过内外管之间两英寸[1]的环形空间，可使六英寸内管内流动的含蜡油溶液冷冻。

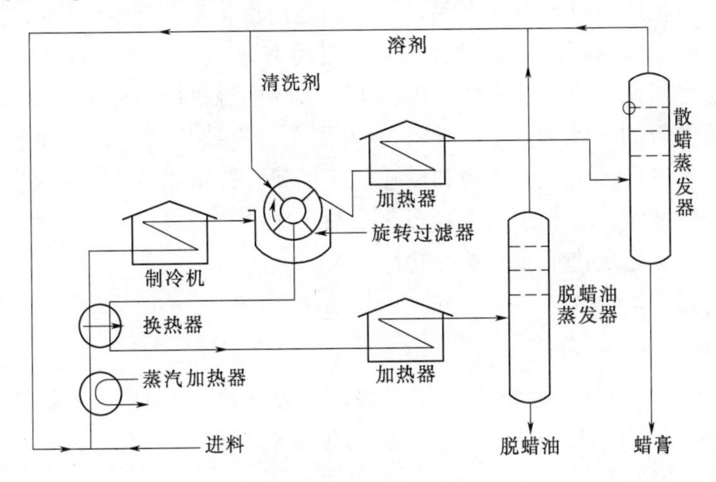

图 1.17 溶剂脱蜡装置

（来源：http：//www.osha.gov/dts/osta/otmotm _ iv/otm _ iv _ 2.html）

为防止蜡沉积于内管管壁，沿整个管长布置并固定在中心旋转轴上的刀片或刮刀会将蜡刮掉。慢速冷冻将含蜡油溶液的温度降至 2℃（35℉），然后快速冷冻将温度降至接近脱蜡油规定的倾点温度。含蜡混合物被抽到一个滤池中，该滤池将真空转鼓过滤器的下半箱体浸入其中。

覆盖有滤布的转鼓（直径 8ft，长 14ft）在滤池内连续旋转。转鼓内的真空将溶剂和溶解在溶剂中的油通过滤布吸入转鼓中。收集在转筒外面的蜡晶体形成一个蜡饼，当转筒转动时，蜡饼被带至滤池中液体的表面，用酮喷洒可以将油从蜡饼中洗出，送入转鼓中。用刀刮去蜡，蜡饼落入输送机，通过旋转滚动条将其移出滤池。

回收蜡实际上是一种含少量酮和油的蜡晶混合物，滤液是溶有大量酮的脱蜡油。回收蜡中的酮通过蒸馏除去，但在蜡蒸馏之前，要先脱油，将其与更多的冷酮混合，并抽到一对串联的旋转过滤器中，用冷酮进一步清洗，以得到含油极少的蜡饼。脱油蜡在换热器中

[1] 英寸（in），英制长度单位，1in=2.54cm。

熔化后泵入到真空蒸馏塔中，可将大量的酮从蜡中蒸发或闪蒸出来。蜡中余留的酮通过加热蜡并送入到常压分馏塔中去除，然后再送入汽提塔将最后剩下的微量酮用蒸汽脱除。

采用几乎同样的蒸馏系统将滤液分离成脱蜡油和酮。滤液和蜡液中分离出来的酮会重复利用。脱蜡油黏土处理和加氢处理的完成如前所述。与冷压得到的含油50%的蜡膏相比，这种蜡［蜡膏（slack wax)］基本上不含油，是热析或蜡再结晶的原料，可以被分成多个具有不同熔点的蜡馏分。

1.3 石油产品和燃料

石油产品和燃料（petroleum products and fuels）与石油化工产品（petrochemicals）不同，它们是石油中提取的主要馏分，是具有商业价值的大批量产品（Speight，2007)。严格意义上讲，石化产品也是石油产品，但它们是用作化工业基本结构的特殊化学品。

对燃料的不断需求是石油工业背后的主要驱动力。其他产品，如润滑油、蜡和沥青，也增加了石油作为国家资源的普及性。事实上，世界能源供应总量的一半以上是由来自石油的燃料类产品供应的。汽油、煤油和柴油为汽车、拖拉机、卡车、飞机和船只提供燃料。燃料油和天然气可以用来为住宅和商业建筑供暖，还可以发电。石油产品是用来生产服装和塑料的合成纤维，是油漆、肥料、杀虫剂、肥皂和合成橡胶纤维的基本材料。石油作为生产的原料来源是现代工业的核心功能。

1.3.1 气态燃料

1.3.1.1 天然气

天然气（natural gas)，主要成分是甲烷，单独存在或与原油共存于地下储集层中(Speight，2007)。气态燃料的主要类型有：石油裂解（蒸馏）气、重整天然气和重整丙烷或液化石油气（LPG)。

天然气的主要成分是甲烷（CH_4）。还含有一些链烷烃，如乙烷（CH_3CH_3）、丙烷（$CH_3CH_2CH_3$）和丁烷［$CH_3CH_2CH_2CH_3$ 和/或（$(CH_3)_3CH$］。许多天然气还含有氮气（N_2）和二氧化碳（CO_2）和硫化氢（H_2S)。也可能存在微量的氩气、氢气和氦气。一般来说，要将天然气中分子量高于甲烷的烃、二氧化碳和硫化氢脱除后才可用作燃料。炼制厂生产的气体中含有甲烷、乙烷、乙烯、丙烯、氢气、一氧化碳、二氧化碳和氮气，还含有低浓度的水蒸气、氧气和其他气体。

1.3.1.2 液化石油气

液化石油气（liquefied petroleum gas，LPG）这一术语是指某些特定的烃及其他们的混合物，在常温常压下呈气态，但在常温和适度压力下能够转化为液体。这些是来自炼油过程、原油稳定厂和天然气处理厂的链烷烃系列的轻烃馏分，包括丙烷（$CH_3CH_2CH_3$)、丁烷（$CH_3CH_2CH_2CH_3$)、异丁烷［$CH_3CH(CH_3)CH_3$］和少量的丙烯（$CH_3CH=CH_2$）或丁烯（$CH_3CH_2CH=CH_2$)。最常见的商业产品是丙烷、丁烷，或二者的混合物，一般提取自天然气或石油。丙烯和丁烯是由石油炼制产生的其他烃裂化的产物，是两种重要的化工原料。

混合气（mixed gas）是在人造气中添加天然气或液化石油气后的燃气，目的在于使产品有更好的实用性和较高的热值。

天然气、人造气和混合气的成分变化很大，因此，没有任何一套规格可以涵盖所有的情况。规格要求通常是基于其在燃烧器和设备中的性能、最小热含量和最大硫含量。大多数国家的公用燃气公司是在国家委员会或监管机构的监督下工作的，燃气公司必须提供一种适用于所有类型消费者并能为各种消费设备提供满意性能的燃气。然而，根据挥发性组分需要生产的液化石油气的规格是现成的（ASTM D1835）。

由于输送到管道的天然气几乎没有气味，大多数法规要求加臭，臭味气体的存在使事故和泄漏易于被觉察到。加臭是指燃气到达消费者之前在燃气中添加少量有机硫化合物。标准的添加量是当空气中燃气的浓度达到1%时，用户可以觉察到气体的存在。由于天然气燃烧下限约为5%，这1%的添加量基本相当于五分之一的可燃下限。这些微量加臭剂的燃烧不会产生任何硫含量或毒性方面的严重问题。

气体分析法包括吸收、蒸馏、燃烧、质谱、红外光谱和气相色谱等（ASTM D2163，ASTM D2650 和 ASTM D4424）。吸收法是用适当的溶剂依次吸收各个单一成分，并记录测量的体积减小量。蒸馏法通过馏分的分离和蒸馏体积的测量进行。燃烧方法中，某些可燃元素燃烧后生成二氧化碳和水，可以通过其体积变化计算燃气的组成。红外光谱在特定的应用中是很有用的。对于最准确的分析，质谱和气相色谱是进行精确分析的首选方法。

产品气（包括液化石油气）的比重，可以通过多种方法和各种仪表方便地测定出来（ASTM D1070，ASTM D4891）。

气体的热值一般是在恒定压力下由流量量热计测定，定量气体燃烧放出的热量由测定的水或空气吸收。连续记录式量热仪可用来测量天然气的热值（ASTM D1826）。

有机化合物可燃（flammability）的上限和下限表明了可燃气体在空气中的比例，低于和高于这个比例火焰均不会扩散。当火焰起始于可燃范围内的混合物中时，它会扩散，因此混合物是可燃的。可燃极限的相关知识及其用于处理气体燃料时的安全操作都是很重要的，例如，在气体服务、控制工厂或矿山大气、处理液化气时使用的净化设备。

1.3.1.3 合成气

合成燃气（合成气）是指由含碳燃料（如石油焦）气化产生的气体混合物，该气体产物中含有不等量的一氧化碳和氢气。合成气（Synthesis Gas）这个名字源于它作为中间体在制造合成天然气以及生产合成氨或甲醇中的应用。合成气也被用作通过费托合成生产合成燃料的中间体。

严格意义上讲，合成气主要由一氧化碳和氢气组成，但也可能含有二氧化碳和氮气。合成气生产的化学物质比较简单，但反应往往要复杂得多，用简单的化学方程式表示为

$$C_{\text{石油焦}} + O_2 \longrightarrow CO_2$$

$$C_{\text{石油焦}} + CO_2 + C \longrightarrow 2CO$$

$$C_{\text{石油焦}} + H_2O \longrightarrow CO + H_2$$

合成气是可燃的，常用作燃料来源，或用作生产其他化学品的中间体。当用作氢气和氨大规模工业合成的中间体时，它也可以由天然气生产而来（通过蒸汽重整反应），即

$$CH_4 + H_2O \longrightarrow CO + 3H_2$$

合成气也可由废弃物和煤生产，但本章不讨论这些原料和过程。

1.3.2 液态燃料

1.3.2.1 汽油

汽油（gasoline，美国和加拿大称 gas，英国称 petrol，欧洲称 benzine），是一种沸点通常低于 180℃（355℉）或者最多不超过 200℃（390℉）的烃混合物。

汽油的生产要满足一定的规定和标准，而不是得到类别和分子量不同的烃的特定分布。然而，化学组成通常界定了其属性。例如，根据单个烃的组成和最低沸点成分定义的挥发度就限定了由某些测试方法所确定的挥发度。

车用汽油（automotive gasoline）通常含有差不多两百种（如果不是几百的话）烃化合物。这些化合物的相对含量相差很大，取决于原油的来源、炼制过程和产品的规格。典型的烃链长度范围是 C_4～C_{12}，通常烃的组成分布包括烷烃（4%～8%）、烯烃（2%～5%）、异烷烃（25%～40%）、环烷烃（3%～7%）、环烯烃（1%～4%）和芳烃（20%～50%）。然而，这些比例差别很大。

已在石油的汽油馏分中发现的沸点低于 200℃（390℉）的组分包括：大多数的链烷烃、烯烃和芳香系列（约有 500 种）。然而，似乎直馏汽油（即从石油中蒸馏而不改变热量）中某些成分的分布是不均匀的。

高支链烷烃是汽油中特别宝贵的成分，但它通常不是直馏汽油中的主要链烷烃。链烷烃中更主要的成分通常是正构（直链）烷烃的异构体，他们的影响是支链异构体的 2 倍甚至更多。该假设是为了表明油气成熟过程中趋于生成不间断的长碳链，而非支链。然而，该趋势对于汽油中的环烷烃（环烃）和芳烃类环状组分来说有所不同。此种情况下，优先生成的似乎不是一个长链取代基，而是几个短的侧链。

汽油成分差别很大，即使辛烷值相同，其成分的物理构成和分子结构也可能有很大不同。例如，宾夕法尼亚汽油中烷烃（正构烷烃和异构烷烃）含量高，而加利福尼亚和海湾原油中环烷烃含量高。具有高芳烃含量（20%以上）的低沸点馏分不仅可以从远东原油中获得，而且可以从一些海湾沿岸和西得克萨斯原油中获得。正构烷烃、支链烷烃、环戊烷、环已烷，以及芳烃含量的不同是任意一种原油特有的性质，某些情况下可用于原油的鉴别。此外，直馏汽油中链烷烃的含量通常表现为随分子量的增大而减少，但环烷烃（环烃）和芳烃的含量则是随分子量的增大而增加。事实上，加工过程不同，烃类型的变化也可能有很大不同。

汽油中铅含量的降低以及新配方汽油的推出已经成功地降低了汽车排放。而且提出了 2000 年及以后要进一步改善燃料质量。这些技术是伴随着明显的和可预测的原油质量降低产生的，新配方汽油将有助于满足液体燃料排放的环保法规。

汽油最初是蒸馏的产物，只是将原油中价值较高的馏分分离出来。后来，为了提高原油中汽油的产率，设计了将大分子量组分分解为小分子产品的工艺，该工艺称为裂化（cracking）。与典型汽油类似，生产汽油掺配油有几种工艺（图 1.18）。

热裂化和催化裂化曾经用于补充蒸馏汽油产品的供应，现在却是用来生产汽油的主要工艺。此外，可用于改善汽油质量并增加其供应的其他方法有聚合（polymerization）、烷基化（alkylation）、异构化（isomerization）和重整（reforming）。

聚合（polymerization）是将气态烯烃（如丙烯和丁烯）转化为可用于汽油的大分子

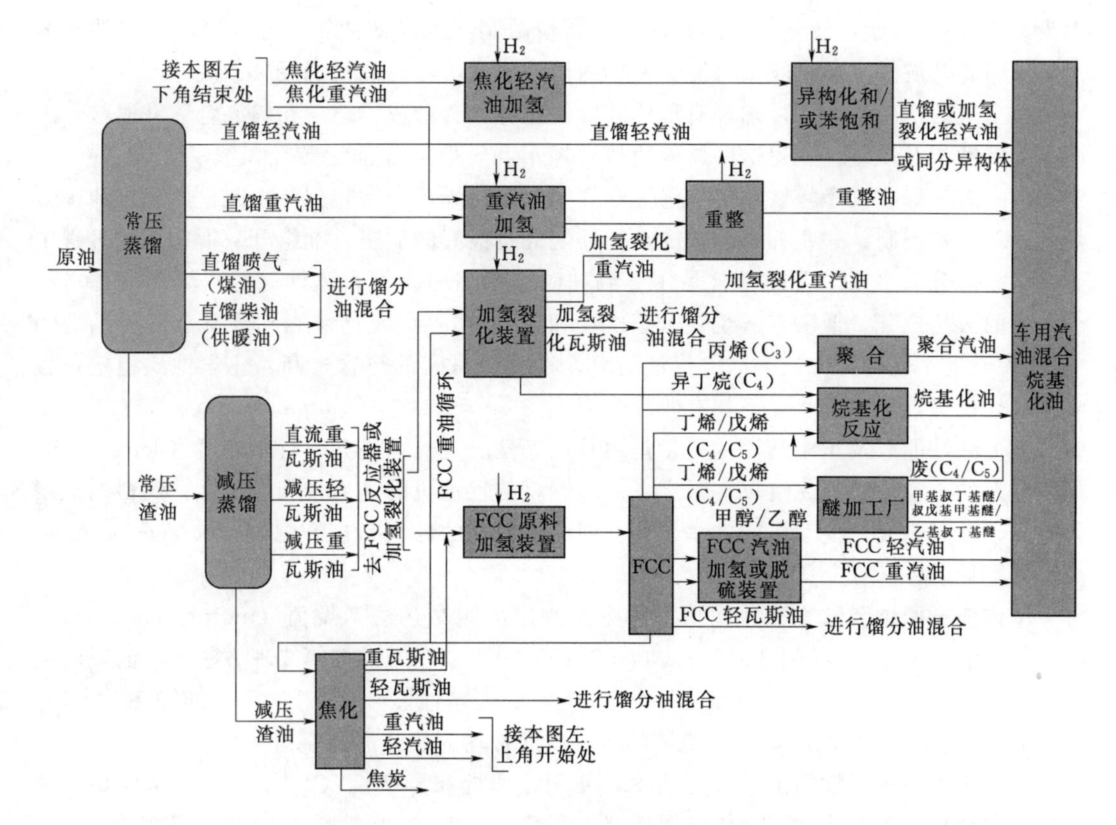

图 1.18　汽油是几种炼油馏分掺配后的最终产品

（来源：http：//www.osha.gov/dts/osta/otm/otm _ iv/otm _ iv _ 2.html）

产物的过程。烷基化（alkylation）是将烯烃和链烷烃结合成异丁烷等的过程。异构化（isomerization）是将直链烃转化为支链烃的过程。重整（reforming）是利用热或催化剂重新排列分子结构的过程。

尽管各种可用的工艺所产生的汽油组成不同，但这种材料本身确实不太适合使用。正是石油炼制的这个阶段，掺配才变得重要（Speight，2007）。在现代化的炼制厂，尽管有多种加工工艺，但没有任何一个单一流程能够满足汽油的所有要求。因此，汽油生产的最后一步是将不同工艺的产物掺配成成品油（图 1.18）。成品油由 6 种或以上产物配成的并不少见，使灵活调配变得至关重要有几个因素：①汽油的规格要求（ASTM D 4814）和监管要求；②符合当地气候条件和规定的性能规格。

航空汽油（aviation gasoline）是为航空活塞发动机特别制备的一种汽油，由正构烷烃和异构烷烃（50%～60%）、适量的环烷烃（20%～30%）和少量的芳烃（10%）组成，通常不含烯烃，而车用汽油可能含有高达 30%的烯烃和 40%的芳烃。它有适合发动机的辛烷值，冰点－60℃(－76℉)，极限馏程通常为 30～180℃(86～356℉)，而车用汽油的馏程为－1～200℃(30～390℉)。

航空汽油的窄馏程确保了航空发动机更复杂的感应系统对气化燃料的更优分配。飞机在气流压力低于地表压力的高度飞行（地表压力为 14.7psi，相比而言 17500ft 高度的压力为 7.5psi）。因此，航空汽油的蒸汽压必须被限制，以降低油箱、燃油管路和化油器的沸腾。因此，航空汽油一般不含能够使车用汽油蒸汽压较高的气态烃（丁烷）。

在飞机的使用条件下，烯烃有形成胶质的趋势，会造成早燃，在稀混合气（巡航）工况下抗爆性相对较差。上述这些原因使得烯烃不利于航空汽油。芳烃在浓混合气（起飞）工况下具有良好的抗爆特性，但在稀混合气工况下与烯烃非常相似；因此，航空汽油中芳烃的比例要被限制。一些拥有合适沸点的环烷烃是极好的航空汽油组分，但在炼油过程中本身不能被分离出来。它们通常是用于调和航空汽油的直馏石脑油（航空燃油的基本组分）中的天然成分，低沸点链烷烃（正戊烷和正己烷），以及高沸点和低沸点的异链烷烃（异戊烷到异辛烷）是优良的航空汽油组分。这些烃每磅的热含量高、化学性质稳定，且异构烷烃在稀混和浓混状况下均有较高辛烷值。

汽油的性能以及车用汽油的质量是由其抗爆性决定的，例如运行中爆轰（detonation）或发出砰的声音。燃料的抗爆性限定了用该燃料的发动机的动力性和经济性：燃料的抗爆性越高，动力越大，发动机的效率越高。因此，汽油的性能是按辛烷值（octane number）大小来衡量的。

辛烷值有两种测试方法，按第一种方法测出的叫马达法辛烷值（motor octane number）（表示高速性能）（ASTM D-2700 和 ASTM D-2723）。按第二种方法测出的叫研究法辛烷值（research octane number）（表示正常的道路性能）（ASTM D-2699 和 ASTM D-2722）。除非另有说明，否则引用的辛烷值通常均为研究法辛烷值。

在测定汽油抗爆性能的试验方法中，使用正庚烷和异辛烷（2、2、4-三甲基戊烷）两种纯烃混合后作为对照。异辛烷抗爆性好，辛烷值为 100，正庚烷抗爆性相当低（辛烷值为 0）。

对个别烃辛烷值的广泛研究已经提出了一些一般性的规定。例如，正构烷烃的抗爆性最差，其抗爆性随着分子量的增大不断降低。异构烷烃比其同分异构的正构烷烃的辛烷值高，且辛烷值随着支链化程度的提高而提高。烯烃明显比对应烷烃有更高的辛烷值；环烷烃通常优于相应的正构烷烃，但很少有高辛烷值；芳烃的辛烷值通常很高。

因此，正庚烷和异辛烷的共混物作为汽油的对照系统，提供了一个宽范围的可广泛用作抗爆质量的量表。测试条件下，二者按照与燃料抗爆性能相同的匹配条件进行精确混合，混合物中异辛烷的百分数即为汽油的辛烷值。例如，汽油的抗爆能力与 90%异辛烷和 10%的正庚烷调和油相同，则该汽油的辛烷值为 90。

有了准确可靠的测量辛烷值的手段，就有可能确定温度、裂化时间、压力等提高裂化汽油抗爆性能的裂化条件。总的来说，人们发现，裂化温度越高、压力越低，裂化汽油的辛烷值越高，但不幸的是，也会有更多的气体、裂化渣油和焦炭生成，这会减少裂化生成汽油的量。

为了生产高辛烷值汽油，裂化炉的温度要升到 510℃（950℉），压力从 1000psi 降至 350psi。这是热裂化装置的限制条件，因为温度超过 510℃（950℉），裂化炉中会快速形成焦炭，导致装置短时间后即不再生成裂化汽油。因此，在这个阶段，对汽油生产过程的特性进行了重新调查，导致了其他工艺过程的发展，如重整、聚合和烷基化，以便生产出具有适当高辛烷值的汽油组分。

汽油在生产和配送过程中，会与水和颗粒物接触，从而受到污染。在储存罐中水会从燃料中沉淀出来，可定期将沉淀出来的水取出并妥善处理。颗粒物通过安装在分配系统的过滤器去除。(ASTM D4814，Appendix X6)。

含氧化合物是添加到汽油当中提高其性能的含碳、氢、氧的可燃液体。往汽油中添加含氧化合物并不新鲜，因为乙醇（酒精或粮食酒精）添加到汽油中已有几十年。目前的含氧化合物是醇和醚两类有机物的其中一种。在美国最广泛使用的含氧化合物是乙醇、甲基叔丁基醚（MTBE）和叔戊基甲基醚（TAME）。乙基叔丁基醚（ETBE）是另一种可用的醚。在美国地区，只要遵守浓度限值（由环境法规细化），含氧化合物可以无条件使用。

高级醇也有用作车用燃料的可能。这些醇可以在钾改性的氧化铜、氧化锌、氧化铝的催化作用下，在温度低于300℃(570℉）条件下制备。异丁醇特别令人感兴趣，因为它的辛烷值高，这使得它有望成为汽油混合剂。这种醇可以在催化剂存在下同甲醇反应生成甲基叔丁基醚。尽管目前由异丁烯制备异丁醇更便宜，但是它也可以在400℃(750℉）以上温度，在碱改性氧化锌催化剂的作用下由合成气合成而来。

1.3.2.2　煤油及其相关燃料

煤油（kerosene）[火油（kerosine)]，也称为石蜡或石蜡油，是一种具有特殊气味的淡黄色或无色的易燃油状液体。它从石油中提取而来，供灯、家用加热器或火炉燃烧，用作喷气发动机的燃料或调和成分，也可作为油脂或杀虫剂的溶剂使用。

煤油是挥发性介于汽油和柴油之间的中间产物。是蒸馏温度介于150～300℃(300～570℉）的中油。煤油的闪点约为25℃(77℉)，适合油灯照明使用。煤油（kerosene）这一术语也经常错误地应用于各种燃料油，但燃料油实际上是指任何一种在合适的容器内燃烧发热或在发动机内燃烧发电的液体或液态石油产品。

航空燃料（jet fuel）是一种轻质石油馏分，获得方式有几种，适合作为多种类型航空涡轮发动机的燃料使用。军事上用的航空煤油主要有JP-4、JP-5、JP-6、JP-7和JP-8。简而言之，JP-4是一种可广泛开发使用的宽馏分燃料。JP-6比JP-4的馏分温度高，杂质少。JP-5是特别的混合煤油，JP-7是高级超音速飞机使用的特种高闪点煤油。JP-8是按航空A-1燃料（用于民用飞机）生产的煤油。从已有的数据来看，JP-4中烃链的典型长度是C_4～C_{16}。航空燃料主要由直链烷烃、支链烷烃和环烷烃组成。芳烃在整个燃料中的比重限定在20%～25%，因其燃烧时会产生烟雾。JP-4中烯烃的含量规定最高不超过5%。按化学类大致的分布是：直链烷烃（32%)、支链烷烃（31%)、环烷烃（16%）和芳烃（21%)。

汽油型航空燃料（gasoline-type jet fuel）包括所有介于100～250℃(212～480℉）之间的轻烃馏分油，供航空涡轮发动机组使用。它由煤油和汽油或石脑油调和而成，芳香族化合物所占的体积比不超过25%。可能会添加能够提高燃料稳定性和燃烧性能的添加剂。煤油型航空燃料（kerosene-type jet fuel）是供航空涡轮发动机组使用的中间馏分油。它的蒸馏特性和闪点同煤油一样，介于150～300℃(300～570℉）之间，通常不超过250℃(480℉)。此外，国际航空运输协会（IATA）也建立了特定的规范（如冰点）。

从化学组成看，煤油是烃类混合物；其化学成分由它的来源决定，但通常情况下它由

10种不同的烃组成，每种烃分子中含有10～16个碳原子；其成分包括正十二烷（$n-C_{12}H_{26}$）、烷基苯、萘及其衍生物。煤油的挥发性弱于汽油；沸点大约介于140～320℃（285～610℉）。

虽然煤油成分主要是饱和类物质，但有证据表明存在取代四氢萘。煤油中也存在大量的二环烷烃。同一分子中还含有具有芳香环和环烷基环的其他烃，如取代的茚满，也存在于煤油中。双核芳烃的主要结构似乎是缩合的芳香环，如萘，而孤立的（isolated）的双环化合物，如联苯，就算存在，也是痕量的。

煤油很大程度上是在常压和高温条件下裂解原油产生的低挥发馏分。

早期，质量较差的煤油是用大量的硫酸进行处理，将其转化为适销产品的。但是，这种工艺会导致酸和煤油有较大的损失，后来的爱德林（Edeleanu）精炼法的发展，克服了这些问题。

煤油是一种非常稳定的产品，不需要添加剂来提高质量。除了通过爱德林精炼法除去过量的芳烃外，如果煤油馏分中存在为了除去硫醇产生的硫化氢，可能需要碱洗或铅酸钠净化处理。

煤油的基本属性是闪点、着火点、馏程、燃烧、硫含量、颜色和浊点。就闪点（ASTM D-56）来说，其最低温度通常要高于当前的环境温度；着火点（ASTM D-92）决定了处理和使用时产生火灾的危险性。

馏程（ASTM D-86）对煤油来说不像对汽油那么重要，但它可以作为产品黏度的表征，由于煤油对黏度没有要求。煤油长时间稳定、清洁燃烧的能力（ASTM D-187）是其重要的性质，它表明了产品的纯度和成分。

燃料油中总硫含量的重要性因油的种类和使用情况的不同而有很大变化。当待燃烧的油产生污染环境的硫氧化物时，硫含量就非常重要。煤油的颜色并不重要，但颜色比平常深的产品可能已受污染或老化，事实上，一些用户对颜色深度超过规定（ASTM D-156）的产品可能是不满意的。最后，煤油的浊点（ASTM D-2500）指示了灯芯有可能被蜡颗粒包裹的温度，油的燃烧能力因此而降低。

1.3.2.3 燃料油

燃料油的分类有几种，但一般被分为2种主要类型：馏分油（distillate fuel oil）和渣油（residual fuel oil）。馏分油在蒸馏过程中经蒸发和冷凝得到，因而具有一定的馏程，且不含高沸点成分。渣油是含有一定量原油热裂化蒸馏残渣的燃料油。馏分油（distillate fuel oil）和渣油（residual fuel oil）这些术语正在失去意义，因为燃料油现在是为特定用途生产的，可能是馏分油或渣油，也可能是二者的混合物。民用燃料油（domestic fuel oil）、柴油（diesel fuel oil）和重燃料油（heavy fuel oil）这样的术语更能反映燃料油的用途。

柴油也是一种馏分油，蒸馏温度为180～380℃(356～716℉)。根据用途可分为几个等级：用于压燃（汽车、卡车和船用发动机）的柴油、用于工业和商业的燃用油。

重燃料油由所有渣油组成（包括混合燃油）。其成分包括可蒸馏成分和残留（不可蒸馏）成分，残留成分必须加热到260℃(500℉）或以上才可以使用。在80℃(176℉）时其运动黏度高于 10cSt[1]。其闪点始终在 50℃(122℉) 以上，密度高于 0.900。一般来说，重燃料油通常含有裂化渣油、常压渣油、或裂化蛇管重产物，它同裂化柴油和分馏塔底物混合（减少）到特定黏度。对于某些工业用途，火焰或烟气会接触产品（陶瓷、玻璃、热加工和开放的壁炉），燃料油必须混合至最低硫含量，因此，对于这类燃料而言低硫的残渣更受欢迎。

1 号燃料油（No. 1 fuel oil）是一种石油馏分，它是最广泛使用的燃油类型之一。它被用于雾化燃烧器，将燃料喷入燃烧室中，微小的液滴呈悬浮状态燃烧。它也被用作杀虫剂载体、除草剂、陶瓷制品和陶器行业以及清洗行业的脱模剂。也可用于沥青涂层、珐琅漆、颜料、稀释剂和清漆。1 号燃料油是一种轻质石油馏分（直馏煤油），主要由 $C_9 \sim C_{16}$ 范围的碳氢化合物组成。1 号燃料油组成与柴油非常相似，主要区别在于添加剂。

2 号燃料油（No. 2 fuel oil）是一种可称为民用或工业用的石油馏分。民用燃料油通常是沸点较低的直馏产品。主要用于家庭供暖。工业用馏分是裂化产物或两者的混合物。用于冶炼炉、陶瓷窑炉以及快装锅炉。2 号燃料油的烃链长度在 $C_{11} \sim C_{20}$ 之间。该产物组成包括脂肪烃（直链烷烃和环烷烃）(64%)、不饱和烃（烯烃）(1%～2%) 和芳烃（包括苯系物、双环和三环芳烃）(35%)，但多环芳香烃只有较少的量（小于 5%）。

6 号燃料油（No. 6 fuel oil）［也被称为 C 级重油（Bunker Coil）或渣油（residual fuel oil)］是原油提取汽油、1 号燃料油和 2 号燃料油后的渣油。6 号燃料油可直接与重油混合或制成沥青。渣油比馏分油组成复杂，杂质更多。6 号燃料油组成方面的资料有限。多环芳烃（包括烷基化衍生物）和金属成分是 6 号燃料油的组成要素。

炉具用油（stove oil），如煤油，始终是由适当的原油得到的直馏馏分，而其他燃料油则通常是两种或两种以上馏分的混合油，其中之一常为裂化汽油。可用于混合燃料油的直馏馏分包括重石脑油，轻柴油、重柴油，常压渣油和沥青。裂化馏分，如催化裂化的轻柴油和重柴油、裂化线圈焦油、催化裂化分馏塔残渣，也可以用作满足不同燃料油规格的调配油。

由于原油及其加工方式的不同，即使同一馏分的馏程、硫含量和其他属性也不相同，因此很难明确指出哪些馏分混合可以产生特定的燃料油。然而，一般说来，加热炉燃料油可用作直馏柴油和裂化油的混合油，用以生产馏程在 175～345℃(350～650℉) 范围的产品。

柴油燃料油（diesel fuel oil）与加热炉燃料油基本相同，但裂化柴油的比例通常低一些，这是因为裂化柴油的高芳烃含量会降低柴油的十六烷值。按照广义的柴油燃料定义，存在许多特性的可能组合（如挥发性、着火性、黏性、重力、稳定性和其他属性）。为了表征柴油燃料，并由此建立一个定义和参考的框架，不同的国家采用了不同的分类系统。例如，美国的 ASTM D975 中，编号 1-D 和 2-D 的等级是馏分燃料，是移动式高速发动机、中速平稳发动机和铁路系统发动机最常用的类型。编号 4-D 的等级涉及黏度更高的馏分类，有时，这些馏分油会作为渣油的混合油。编号 4-D 的燃料适用于低、中速发动机，服务于持续荷载和以恒定速度为主的情况下。

---

[1] cSt，运动黏度单位，$1cSt=1mm^2/s$。

十六烷值衡量柴油燃料在柴油发动机中的爆震倾向。十六烷值是基于正十六烷（鲸蜡烷）和2-、3-、4-、5-、6-、7-、8-七甲基壬烷这两种烃的着火特性进行衡量的。十六烷在点燃时有短暂的延迟期，其十六烷值定为100，七甲基壬烷延迟期较长，其十六烷值定为15。正如辛烷值对汽车燃料的意义，十六烷值可用来测定柴油燃料的点火质量。当十六烷和七甲基壬烷组成的混合物与被测燃料的点火质量相同时，该混合物中十六烷所占的体积百分含量即等于被测燃料的十六烷值（ASTM D-613）。

从前燃料油的生产主要涉及原油在取出所需产品后剩余残渣的利用。现在，燃料油的生产是一个复杂的问题，包括选择和混合各种不同的石油馏分以满足一定的规格，以及生产均匀、稳定燃料油所需要的实验室控制的经验。

1.3.3 固态燃料

焦炭（coke）是石油残渣破坏性蒸馏后的残留物。催化裂化过程形成的焦炭通常是不可回收的，因为它常常用作炼油工艺的燃料。

石油焦的组成随原油来源的不同而不同，但一般而言，大量的高分子量的复合碳氢化合物（碳含量很高，但氢含量相对较低）占的比例较高。据报道，石油焦在二硫化碳中的溶解度高达50%～80%，但这其实是一个误称，因为焦炭是不溶的、蜂窝状材料，是热处理工艺的终端产品。

石油焦有多种用途，但主要用途是用来制造精炼铝用的碳电极，这需要高纯度的、低灰、无硫的碳；焦炭中的挥发性物质必须经煅烧脱除掉。除用于冶金还原剂外，石油焦还用于炭刷、碳化硅磨料和结构碳（如管道和拉西环）的生产，以及产生乙炔的电石（碳化钙）的生产，即

$$\text{焦炭} \longrightarrow CaC_2$$

$$CaC_2 + H_2O \longrightarrow HCCH$$

适于市场销售的焦炭含有相对较纯的碳，可以作为燃料出售，或用于制造干电池、电极等。针状焦（needle coke）[针状焦（acicular coke）] 是一种高度结晶的石油焦，用来生产钢铁和铝行业用的电极。催化剂焦炭是沉积在炼油催化剂上的焦炭，如催化裂化装置用的催化剂上。这种焦炭不纯，仅用作燃料。

焦炭可以用来生产燃料气，如水煤气和发生炉煤气。反过来，合成气可以制造出各种各样的其他液体燃料产品。

水煤气是一氧化碳和氢气的混合物，是蒸汽流经炽热的焦炭产生的。发生炉煤气是一氧化碳、氢气和氮气的混合物，是空气流经炽热的焦炭（或任何碳基炭）产生的。

参考文献

ASTM. 2009. *Annual Book of Standards*, American Society for Testing and Materials, West Conshohocken Pennsylvania.

Bland W. F. and Davidson R. L., 1967. *Petroleum Processing Handbook*. McGraw-Hill, New York.

Dunning, H. N., and Moore, J. W. 1957. Propane Removes Asphalts from Crudes, *Petrol. Refiner*. 36 (5): 247-250.

Gary, J. H., and Handwerk, G. E. 2001. *Petroleum Refining: Technology and Economics*. 4th edn,

Marcel Dekker Inc. , New York.

Gruse W. A. and Stevens D. R. 1960. *Chemical Technology of Petroleum*, McGraw - Hill, New York.

Hobson G. D. and Pohl W. 1973. *Modern Petroleum Technology*. Applied Science Publishers, Barking, England.

Kobe K. A. and McKetta J. J. 1958. *Advances in Petroleum Chemistry and Refining*, Interscience, New York.

Nelson W. L. 1958. *Petroleum Refinery Engineering*, McGraw - Hill, New York.

Scholten G. G. 1992. *Petroleum Processing Handbook*. J. J. McKetta (ed.). Marcel Dekker Inc. , New York. p. 565.

Speight, J. G. , and Ozum, B. 2002. *Petroleum Refining Processes*. Marcel Dekker Inc. , New York.

Speight, J. G. 2007. *The Chemistry and Technology of Petroleum* 4th edn, CRC Press, Taylor & Francis Group, Boca Raton, Florida.

第2章　非常规燃料

JAMES G. SPEIGHT
CD&W Inc.，PO Box 1722，Laramie，WY 82070－4808，USA

2.1　引言

燃料资源（气体、液体和固体）是指那些可用来生产燃料（气体、液体和固体）的资源，是可燃的或是能够产生能量的分子，可以被用来产生机械能。

石油和天然气是众所周知的常规燃料资源，一百多年来为行业和消费者生产了行之有效的产品。尽管20世纪70年代发生了能源危机（energy shocks），但是过去四十年燃料的需求增加迅速，许多国家，特别是美国，均为石油和石油产品的净进口国，这种情况预计还将继续下去（图2.1）。然而，随着时间的流逝，曾经被认为是取之不尽的这些燃料，现在正在迅速耗尽。事实上，毋庸置疑的一点是原油供应会随着年复一年的使用被耗尽，但究竟多久之后油井才会枯竭却不明确。

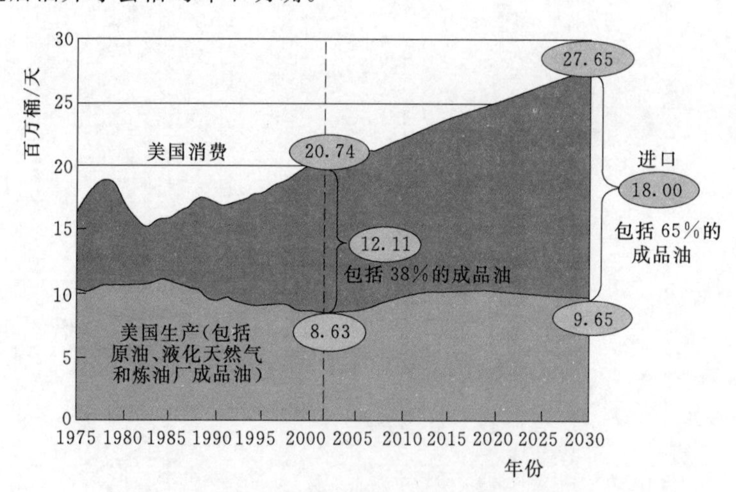

图2.1　美国石油和石油产品生产和消费简史
（来源：U. S. DOE EIA “Annual Energy Outlook 2006”）

克服石油短缺造成的冲击可以通过类似英国BP石油公司的“beyond petroleum”的认真的规划来缓冲，但这仅是权宜之计。需要权衡的是液体燃料的充足供应与石油替代燃料的高成本（最初的生产成本随技术进步而下降）。当然这种规划的缺陷在于因为政客们对再次当选的考虑，所以它被石油消费国各级政府所接受。因此，问题交给了消费者并要求他们认识到燃料价格会升高甚至短期内可能继续升高。至少到各严肃的选项能成熟且相关技术应用于生产为止。

替代燃料（alternative fuel）或合成燃料（synthetic fuel）是根据使用情况来定义的。在石油基燃料的替代品中，替代燃料或合成燃料的术语是指任何可获得的燃料或能源，也可以指由可再生能源衍生的燃料。然而，在环境可持续发展背景下，替代燃料（alternative fuel）往往是指生态友好的可再生燃料（Lee 等，2007；Speight，2008）。

因此，随着石油可获得量的减少，对能够生产液体燃料的替代技术的需求增加，这样的替代液体燃料可以源自生物质原料（Lee 等，2007；Speight，2008）。这些燃料可能有助于延长液体燃料文化，并缓解预计出现的运输燃料短缺所产生的影响。

构建利用生物质产业生产合成燃料的动力正在形成，这取决于政府的不同水平，不仅要提高这类产业的建设，而且要引导这种发展，要认识到这不仅是供需，而且是可用的可变技术。

本章概述非常规资源（非生物质）的燃料生产，比如油砂、煤炭、油页岩和天然气水合物，以便把这些非常规资源放在成长中的生物产业的恰当背景中。

2.2 油砂沥青

油砂沥青是液体燃料的另一来源，它完全独立于传统石油（US Congress，1976）。

焦油砂（tar sand），也称为油砂（oil sand）（加拿大），或地质上采用的更准确术语——沥青砂（bituminous sand），它通常是用来描述浸渍有重而黏稠的沥青材料的砂岩储层。焦油砂实际上是砂、水和沥青的混合物，但除加拿大以外的许多国家的焦油砂矿床缺少水层，人们认为这有助于促进热水回收过程。重沥青材料在储层条件下黏度很高，没办法通过钻井这样的常规生产技术获得。

地质上，焦油砂（tar sand）这一术语通常用来描述浸渍有沥青的砂岩储层，是一种天然存在的固体或半固体材料，在储存条件下基本不迁移。沥青不能通过钻井这样的常规生产技术获得，目前所使用的增强回收技术也不行。事实上，焦油砂在美国定义为（US Congress，1976）：含有极其黏稠烃的，自然状态下常规油井生产技术，包括目前使用的增强回收技术，都不能获得的几种岩石类型。这种含烃岩石被称为沥青岩油、浸渍岩石、焦油砂和岩沥青。

除了这一定义，必须进行几个测试，首先要确定某种资源是否是焦油砂矿床（参见 Speight，2001 及其中援引的参考文献）。最重要的是，从焦油砂矿床中取出的矿石以及从中分离的沥青，肯定不只是通过初步检查（视觉和触觉）来识别的。

在美国，做出判断的最终因素是该材料是否能够通过初级、次级或终级（增强级）回收方法进行回收（US Congress，1976）。

自然界中油砂沥青的相对地位最好是通过比较其与石油和重油的相对地位后得出。因此，石油被统称为是由有机沉积物（图 2.2）衍生的，并进一步被划归为烃资源的化石能源（fossil energy resource）。

有机沉积物的分支中将油砂沥青、煤和油页岩列入是必然的，由于这两种自然资源

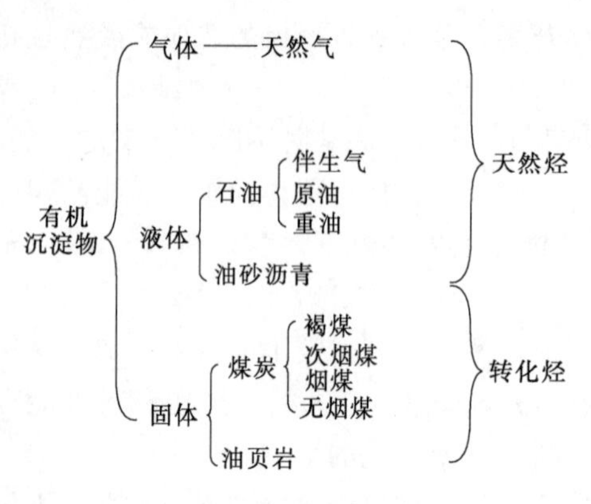

图 2.2　有机沉积物根据产烃能力划分的非正式分类

（煤和油页岩）通过热分解（高温处理）会产生烃。因此，煤和/或油页岩被包括在烃资源术语中，将其归类为产烃资源（hydrocarbon－producing resources）更为合适。

2.2.1　性质

认为油砂沥青是焦油（tar）或沥青（pitch）都是不正确的。沥青（bitumen）这个名称大多用来指道路沥青（road asphalt）。尽管“焦油”这个词是用来描述某种黑色的含沥青材料，但最好是避免将其用于天然材料。更正确地说，“焦油”这个名字通常用来指煤或其他有机物分解蒸馏后剩余的重产物。沥青（pitch）是指各种类型焦油蒸馏后的残余物。

油砂沥青通过物理方法分馏可以产生四类组分：饱和烃、芳烃、胶质和沥青质。然而，对于油砂沥青而言，分馏产物组成表明其含有高达50%（按重量计）或更高比例的分子复杂的沥青质（asphaltene constituents）和胶质成分（resin constituents），而饱和烃与芳烃所占的比例同汽油或重油相比要低得多。此外，含有成灰的金属成分，包括钒和镍形成的有机金属化合物，也是沥青的一个显著特性。

2.2.2　沥青回收与炼制

从油砂沉积物中提取沥青采用的方法是基于就地加工，或者油砂挖掘与就地进一步加工处理相结合的方法。典型的就地回收法不适用于沥青回收，因为处于静止状态下的沥青移动到生产井是极其困难的。需要采用极端的过程，通常是通过某种程度的热转换，产生出自由流动的产物油，流至油井并降低沥青对流动的阻力。油砂矿床不适合采用如蒸汽吞吐和蒸汽驱之类的注射技术。事实上，从油砂矿床中回收沥青唯一成功的商业方法是阿尔伯特省（加拿大）两家工厂使用的采矿技术。

油砂开采（tar sand mine）用的设备是采矿装备和现场运输系统的组合，运输（目前）可能采用传送带和/或大卡车。设备的不同导致采矿作业细节上有所不同；斗轮挖掘机置于工作台上；吊斗铲置于表面。

Suncor（原大加拿大油砂有限公司）采矿加工厂，位于阿尔伯特省麦克默里堡以北20英里[1]，1967年开始生产。加拿大Syncrude采矿加工厂，距Suncor厂5英里（8km），1978年开始生产。这两个工厂的项目中，有一半的地形覆盖着苔藓——一种类似泥炭藓的有机土，其深度范围从几英寸到23英寸（7m），覆盖层总厚度范围为23～130ft（7～40m）。

开采阿萨巴斯卡油砂目前存在两个主要问题：一是油砂就地开采需要非常大的切削力，对切削刃磨损厉害；二是必须针对设备和坑的布局进行专门设计，以便在温度低至－50℃（－58℉）的加拿大漫长冬季期间能够运行。

[1] 英里（mile），英制的长度单位，1mile＝1.609344km。

油砂露天开采有两种方法。第一种是几台斗轮挖掘机、大型吊斗铲同传送带一起使用。第二种是常规设计的多种较小采矿单元的采用。

随着时间推移，油砂开采已经采用了不同的技术。Suncor 作业开始时是采用斗轮挖掘机挖掘并将油砂卸在传送带上运送。最初 Syncrude 作业是使用大型吊斗铲将油砂剥离矿面并放置在料堆上，然后再由取料机斗轮将其装在输送带上运送至提取车间。现在 Suncor 和 Syncrude 的斗轮和基于挖掘机式的采矿系统都已经被弃用。

取代这些早期采矿系统的是大型矿用卡车和电铲。到了 20 世纪 90 年代初，Syncrude 大概 1/3 矿面开采用的是卡车和电铲，而 Suncor 在 1993 年完全换成了卡车和电铲作业。与早期采用的系统相比，卡车和电铲相当灵活，很少因故中断作业。在目前的采矿系统中，铲斗容量高达 $60yd^3$❶ 的电动和液压铲将矿料装到载重 420t 的卡车上，卡车将油砂运送至矿石制备装置，在此矿石被粉碎，准备好运往提取车间（沥青同沙子分离的地方）。

早期作业中，Suncor 和 Syncrude 均采用长输送系统运输矿石。这些系统已被水力运输取代，该技术 20 世纪 90 年代初开始首次商业应用。水力运输是将油砂矿石与热水（某些情况下添加化学物质）在矿石制备车间混合成油砂浆，然后经管道泵送至提取车间。同输送系统相比，水力运输矿石提取粗沥青的前提条件是提高能源效率和环保性能。

开采之后，油砂被输送到提取车间，通过热水处理从砂、水和矿物质中分离出沥青。分离在分离单元完成。将热水加至油砂中，所得浆液经管道输送到提取车间进行搅拌。热水和搅拌的双重作用使得沥青脱离油砂，并使微小的空气泡附着在沥青液滴上，使液滴浮在分离容器顶部，沥青液滴即可从容器中撇出。撇出物需进一步处理，以去除残留的水分和固体。然后这种沥青被送走，再经热处理转化为合成原油（synthetic crude oil）。

已经有两种焦化工艺用于从阿萨巴斯卡沥青生产液体。Suncor（原大加拿大油砂有限公司）厂采用延迟焦化（delayed coking），而 Syncrude 采用流化床焦化工艺（fluid coking process），该工艺比延迟焦化产生的焦炭少，以换取更多的液体和气体产物。

每种情况下，流体都会被转换成馏分油、焦炭和轻质气体。焦炭和气体产物可用作厂用燃料。焦化馏分油本身是一种经过部分提质的材料，适合用作加氢脱硫生产低硫分合成原油的原料。

硫分布于延迟焦化整个馏程的馏出物中，与直接焦化的馏出物一样。氮更多地集中于高沸点馏分，但在大多数蒸馏馏分中都会存在。原焦化石脑油中含有大量的烯烃和二烯烃，必须经下游加氢处理使之饱和。瓦斯油中芳烃含量较高，具有焦化蜡油的典型特点。

催化加氢处理用于二次精制以除去杂质并提高最终合成原油产品的质量。在典型的催化加氢处理装置中，原料与氢气混合，在火焰加热器中预热，然后在高压下流入固定床催化反应器中。加氢处理将原料中存在的硫化合物和氮化合物转化为硫化氢和氨。来自该加氢处理器（或多个）的酸性气体处理后用作厂用燃料。此阶段也可以进行加氢裂化，以提高产品的产量和质量。

因此，初级液体产物（合成原油）加氢［二次提质（secondary upgrading）］以除去硫和氮（分别转化为硫化氢和氨），以及将转化过程中暴露出的配位不饱和物氢化。轻馏

---

❶ yd^3（立方码）为体积单位，$1yd^3=0.7646m^3$。

分和中间馏分到重馏分可能需要分开用不同的加氢处理器；例如重馏分需要较高的氢分压和较高的工作温度，以达到理想地去除硫和氮的程度。因此，商业应用是基于两种或三种馏分进行适当严格的单独处理，以达到所要求的产品质量和工艺效率。

合成原油是石脑油、馏分油和瓦斯油范围材料的混合物，不含渣油（1050℉以上、565℃以上材料）。加拿大合成原油于1967年首次成为商品，当时Suncor（那时是加拿大油砂公司）开始向市场销售延迟焦化装置生产的石脑油、馏分油，以及瓦斯油加氢处理后生成的混合物。Suncor今天销售的轻质低硫合成原油被称为Suncor A级油砂混合物（OSA）。加拿大Syncrude有限公司于1978年开始生产，销售利用流化床炼焦技术作为初级提质并经过完全加氢处理的混合物。此产品被称为Syncrude低硫混合物（SSB）。

2.3 煤炭

煤炭是沼泽生态系统中的有机沉积物形成的化石燃料，沼泽中的水和泥浆避免了系统中的植物被氧化和生物降解，从而保存下来。煤炭是一种可燃的黑色或棕黑色有机岩石，主要由碳组成，还混杂一些硫等其他元素。煤炭经煤矿开采获得，包括地下采矿或露天采矿（地表采矿）。

地质过程中泥炭承受压力，随着时间推移，它被依次转化为：①褐煤（lignite，亦称brown coal），是最低级的煤炭，几乎专门用作蒸汽发电燃料；②次烟煤——特性介于褐煤和烟煤之间，主要用作蒸汽发电燃料；③烟煤——一种高密度煤，一般为黑色，有时深褐色，通常带有明显的明暗条带的材料，主要用作蒸汽发电燃料，在制造业和炼焦方面也大量使用烟煤提供热量和电能；④无烟煤——最高级的煤炭；一种硬度较高、富有光泽的黑色煤炭，主要为住宅和商业用房供暖使用。

21世纪原油价格急剧上升，有迹象表明，高原油价格不会是暂时现象，而是会保持下来。即使考虑能源产业各种经济因素的变化，通过煤炭液化生产运输燃料或燃料油也肯定是未来可持续发展的一个出色选择。此外，煤炭液化产品可以炼制并调制使其拥有传统运输燃料的特性，这样，既不需要改变燃料的配送，也不需要改变消费者的生活方式。

2.3.1 煤炭液化

煤炭转化为液体产品具有内在的技术优势，因为煤炭液化可以生产清洁的液体燃料，可以像汽油和柴油一样作为交通燃料销售。固体煤炭生产液体燃料有两个主要途径：直接转化为液体和间接转化为液体。

也可用Bergius法（通过加氢液化）进行煤炭直接液化。还开发有其他几种直接液化方法（Speight，1994）。另一种由煤炭生产液态烃的方法是低温炭化，即煤炭在450～700℃之间所进行的焦化。这个温度段可以充分生产出富含轻烃的、适合生产燃油的煤焦油。

Bergius法仅在德国使用，时间是第一次世界大战和第二次世界大战期间，还开发有其他几种直接液化法，其中包括由海湾石油有限公司开发，20世纪60年代和70年代（Speight，1994及其中援引的参考文献）在美国实现中试的SRC-Ⅰ和SRC-Ⅱ（溶剂精炼煤）法。

煤炭直接加氢是新加坡国立大学公司于1976年探索的，是干粉煤混入约1%（按重量计）的钼催化剂之后的热转化过程。该过程生成数量有限的丙烷和丁烷、合成石脑油（汽油的前驱体）、少量的氨和大量的二氧化碳（Lowe等，1976）。

由煤炭生产液态烃的另一种方法是低温炭化（LTC）（Karrick法）。与800～1000℃冶金焦焦化相比，煤的低温炭化温度为450～700℃。与高温煤炭炭化相比，较低的温度可以优化生产富含轻烃的煤焦油。然后这种煤焦油被进一步加工成燃油。

目前煤炭直接液化的工艺目标主要集中于缓解操作过程的剧烈程度，使氢需求最小化，并使液体产品更加环保。由于近期世界市场上石油价格较高，且呈波动趋势，煤炭液化经济性相对较好的工艺也更受欢迎。考虑到煤炭在世界各地丰富的储量及其在全球主要矿床的分布，这种替代会更具吸引力，也很实用。

2.3.2 煤炭气化

气化是固体或液体在高温、控制氧量的情况下转化为气体的过程。广义上包含加热蒸发，尽管气化这个术语通常被用于描述涉及化学变化过程。例如，煤气化（coal gasification）这一术语是指将煤炭转化为产品气的整个过程，包括初始裂解和随后的气体热改质步骤。所得的气体混合物［合成气（synthesis gas，syngas)］即为燃料。

气化是从多种有机材料中提取能量的非常有效的方法，而且还可用于废弃物处置。合成气清洁燃烧生成水蒸气和二氧化碳。或者，合成气可以通过Sabatier法被有效地转化为甲烷，或经费托法转化为类汽油/柴油的合成燃料。

Sabatier法是在含镍或含钌催化剂的作用下，在升高温度和压力的条件下氢气与二氧化碳反应生成甲烷和水的反应为

$$CO_2 + 4H_2 \longrightarrow CH_4 + 2H_2O$$

通常将镍或钌负载在氧化铝载体上。

输入材料中含的无机成分，如金属和矿物，被碳所捕捉，可能对环境是安全的，也可能是不安全的，因为无机成分有渗滤（被雨水、融雪或酸雨）进入周边环境的潜在可能。

气化的优势在于，使用合成气比直接燃烧原始燃料的效率更高；燃料中包含能量的利用率更高。合成气可以在内燃机中直接燃烧，用作生产甲醇和氢气的原料或通过费托法转换为合成燃料。气化也可以采用没有其他用处的燃料作为原料，如生物质或有机废弃物。

煤炭和石油气化目前被广泛应用于发电行业。几乎任何类型的有机材料，如生物质、木材、甚至废塑料，均可用作气化的原料。煤炭气化的产物可以是低、中、或高含热量（Btu[1]）的成分，这是由工艺及气体产品的最终用途控制的。

煤也可以经由间接液化（indirect liquefaction）的途径转换成液体燃料，包括煤气化生成一氧化碳和氢气的混合物［合成气（synthesis gas)］，然后通过费托法将合成气在一定温度和压力以及有催化剂存在条件下转化为烃。

间接合成液态烃的费托法在德国使用多年，目前在南非Sasol公司使用。该工艺中，煤气化生产合成气（合成气，比例平衡的纯的一氧化碳和氢气混合物），采用费托合成催

---

[1] Btu，英国热量单位（British Thermal Unit）。

化剂将合成气转化成低沸点烃类，再进一步加工成汽油和柴油。合成气也可以转化成甲醇，它可以用作燃料、燃料添加剂，或采用美孚甲醇制汽油工艺进一步加工成汽油。

过去50年间南非大规模地完善这项技术，Sasol公司就经营着一家煤制油工厂。产品油由80%的柴油和20%的石脑油组成。中国对Sasol转换法的升级版表示出了兴趣。其他一些小规模的项目也已经开始运作或正在建设中（Coaltrans，2003）。

热解过程的反应气氛中氧气、氢气、水蒸气、碳氧化物以及其他化合物的存在可能支持或抑制众多同煤炭及煤炭产物的反应。产物的重量分配和化学组成也受当时条件（即温度、升温速率、压力、滞留时间和其他任何有关参数），以及最后提到但也非常重要的一点，原料性质的影响。

如果用空气作气化剂，产品气的热值只有150～300Btu/ft^3（取决于工艺设计特性），而且气体中含有不期望出现的成分，如二氧化碳、硫化氢和氮气。如果用纯氧作气化剂，尽管昂贵，但是产品气的热值为300～400Btu/ft^3，所含的二氧化碳和硫化氢作为副产物（均可从中、低热值，即中低Btu的气体中除去），去除副产物的方法有多种，可采用其中的任何一种进行去除。

如果需要高热值（900～1000Btu/ft^3，33.5～37.3MJ/m^3）的气体，那就必须努力增加气体中甲烷的含量。生成甲烷的反应都是放热反应，反应热是负值，但反应速率相对较慢，因此，可能需要催化剂将反应速率提高至商业可接受范围。甚至煤和焦炭的整体反应性都可能受到催化剂的影响。煤和焦炭中矿物成分的催化效应也可能直接改变反应性。

费托合成是一氧化碳和氢气转化为各种形式液态烃的化学催化反应。使用的是典型的铁系和钴系催化剂。这种方法的主要目的是生产用作合成润滑油或合成燃料的合成石油替代品。目前，南非通过该方法利用合成气（煤气化产生）生产液体燃料。

化学上，费托合成表示一氧化碳和氢气转化为烃和水的反应为

$$nCO+(2n+1)H_2 \longrightarrow C_nH_{(2n+2)}+nH_2O$$

上述反应的初始反应物（即CO和H_2）可以由其他反应得到，如烃部分燃烧反应为

$$C_nH_{(2n+2)}+\frac{1}{2}nO_2 \longrightarrow (n+1)H_2+nCO$$

或由煤炭或生物质的气化反应产生，即

$$C+H_2O \longrightarrow H_2+CO$$

煤炭或生物质和水蒸气的这种吸热反应所需的能量通常由其在空气或氧气中燃烧（放热反应）提供。这是指以下反应，即

$$2C+O_2 \longrightarrow CO$$

一氧化碳和氢气的混合物被称为合成气［synthesis gas（syngas）］。所得的烃产物炼制后用以生产所需的合成燃料。

煤炭和生物基燃料部分氧化产生二氧化碳和一氧化碳。该过程的主要作用是将固体原料，如煤炭或各种类型的含碳废弃物，生成流动的烃。固体材料非氧化热解产生的合成气可以不经转化直接用作燃料。如果需要液体燃料，如润滑剂或蜡，则通过费托法可成功地将其生产出来。

费托法的问题之一是，它产生的是烃混合物，而其中许多烃是不作为燃料使用的。然

而，使用分子态特定催化剂将这些不期望出现的烃转化为特定液体燃料的技术是成熟的。这些催化剂作用下碳原子可以重新排列，例如，六碳原子的烃重排转化为双碳和十碳原子的烃。

这种方式生产的液体燃料具有几个潜在优势，其中最重要的是不含气味烃——产生颗粒物的芳烃。由费托法生产的液体燃料燃烧更清洁，更易被环境接受。

对于煤炭而言，将其转化为燃气有几种方法。特别是 Karrick 法，这是煤炭在隔绝空气的条件下加热至 360～749℃（680～1380℉）的低温炭化法，目的是生产燃油和可燃气。例如，1t（2000lb[1]）煤炭经 Karrick 处理后可生产高达 1 桶的煤焦油（占煤炭重量的 12%，富含适合加工成燃料的低分子量烃）和 3000ft^3 的燃料气（氢气、一氧化碳、甲烷和其他挥发烃的混合物）以及 1500 磅固体无烟炭或半焦。无烟炭在炼钢厂可用作电站锅炉和烹饪煤，比原煤产生的热量多，可转换成水煤气，进而，通过费托法转化为烃燃料。

在这个过程中，首先经三个系列反应将甲烷（天然气）制成甲醇：

蒸汽重整反应：$CH_4+H_2O \longrightarrow CO+3H_2$　　$\Delta rH=+206kJ/mol$

水煤气变换反应：$CO+H_2O \longrightarrow CO_2+H_2$　　$\Delta rH=+206kJ/mol$

甲醇合成反应：$2H_2+CO \longrightarrow CH_3OH$　　$\Delta rH=-92kJ/mol$

总反应：$CO_2+CO+5H_2 \longrightarrow 2CH_3OH+H_2O+$热

然后甲醇被转化汽油，首先脱水生成二甲醚，即

$$2CH_3OH \longrightarrow CH_3OCH_3+H_2O$$

然后在沸石催化剂 ZSM-5 作用下进一步脱水得到汽油。

许多煤制燃料的方法（包括煤转化为合成气），在转换过程中释放的二氧化碳（CO_2）量远远超过石油生产液体燃料。如果采用这些方法替代供应量不断下降的石油，则全球范围内的二氧化碳排放量将会大幅度增加。因此，人们提出封存二氧化碳的建议，避免其释放到大气中，但是还没有试点项目证实大规模采用该方法的可行性。然而，封存很可能会增加合成燃料的费用。

天然气费托合成是另一种完善的技术。进一步的扩建计划在 2010 年，这种能力大部分位于中东（卡塔尔）（Chemical Market Reporter，2004；IEA，2004）。转换效率大概为 55%，理论最大值约 78%。由于能量损失，这一过程只是对廉价的闲置天然气有经济意义。随着液化天然气运输成本的下降和需求的增加，这些选择的重要性或需求也可能下降。

2.3.3 煤制气体燃料

如上所述，煤炭及其衍生物（即煤炭生产的焦炭）的气化是指煤炭转化（通过任何一种方法）生产出可燃性气态产物的过程（Speight，2008）。从 15 世纪以后，随着煤炭使用量的快速增长，用煤炭生产可燃气体变得不足为奇，特别是水热煤的普遍利用。事实上，由煤炭生产煤气是煤炭技术领域的极大扩展，已经促使人们开展了大量的研究和发展计划。结果表明，煤的品级、矿物质含量、粒径和反应条件等特征都被认为和转化过程的

---

[1] lb（磅），英美制重量单位，1lb=0.45359237kg。

结果有关；不仅与产气率有关，而且与气体特性有关。煤炭转化工艺和煤气的最终用途决定了煤炭气化产物的热值，可以是低热值、中热值或高热值的气体。

2.3.3.1 低热值燃气

在用空气氧化生产煤气的过程中，氧气没有从空气中分离出来，因此，气体产物的热值总是较低（150～300Btu/ft^3；5.6～11.2MJ/m^3）。

高温条件下生产低热值燃气，包含几个重要的化学反应，以及一系列的副反应。低热值燃气含有多种组分，其中4种主要组分的含量总是维持在至少百分之几的水平，甲烷是含量略高的第5种主要组分。

低热值燃气中氮含量所占的体积从略低于33%到略高于50%（按体积计），没有合适的可以脱除氮的方法。顾名思义，燃气中这种水平的氮含量的存在使产品气被定义为低热值（low heat - content）气体。而且氮的存在也强烈限制了燃气化学合成的应用。其他两种不可燃成分（水和二氧化碳）进一步降低了燃气的热值；水可以通过冷凝的方法去除，二氧化碳也可以通过相对简单的化学方法脱除。

燃气中2种主要的可燃成分是氢气和一氧化碳，H_2 与 CO 比为（2∶3）～(3∶2)。甲烷对燃气的热值也有明显的贡献。次要组分硫化氢对燃气热值的影响很显著，事实上，硫化氢的产量和进料煤中的硫含量成正比。燃气中的硫化氢必须经一种或多种方法脱除(Speight，2007b)。对低热值气体感兴趣的是工业领域，可用作气体燃料，甚至有时可用作合成氨、甲醇和其他化合物的原料。

2.3.3.2 中热值燃气

中热值燃气的热值范围为300～550Btu/ft^3(6～11.2MJ/m^3)，除不含氮外，其成分组成和低热值气体非常类似。中热值燃气中主要可燃气体是氢气和一氧化碳。中热值燃气的用途比低热值燃气多得多；中热值燃气可以像低热值燃气一样直接用作燃料生产蒸汽，或通过联合动力循环驱动燃气轮机，排出的废气再用来加热蒸汽，但中热值燃气特别适合于合成甲烷（通过甲烷化反应)，生产高级烃（通过费托合成法）、甲醇和各种合成化学品。

用于生产中热值燃气的反应和生产低热值燃气的反应是一样的，主要的区别是隔离了氮气（如使用纯氧）来保持系统的低氮含量。

中热值燃气中，H_2 与 CO 比在（2∶3）～(3∶1) 范围内变化，热值增加既与甲烷和氢气的高含量有关，也与二氧化碳含量较低有关。此外，用于生产中热值燃气的气化工艺从本质上来说对后续的处理有显著影响。例如，CO_2 被吸收后的产物非常适合生产甲烷，因为它具有略超过3∶1的理想 H_2 与 CO 比，甲烷初始含量高，水和二氧化碳含量相对较低等特点。而其他的气体在甲烷化之前可能需要相当数量的转换反应，以去除大量的水和二氧化碳。

2.3.3.3 高热值燃气

高热值燃气基本上为纯甲烷，通常是指合成天然气（synthetic natural gas）或替代天然气（substitute natural gas，SNG）。然而，要能够成为替代天然气，产品气中必须含有至少95%的甲烷；合成天然气的热值为980～1080Btu/ft^3(36.5～40.2MJ/m^3)。

要合成高热值燃气，普遍接受的方法是氢气和一氧化碳的催化反应，即

$$3H_2 + CO \longrightarrow CH_4 + H_2O$$

为了避免催化剂中毒，用于该反应的原料气必须相当纯，因此，燃气中的杂质含量非常低。大量的生产水通过冷凝被脱除，作为超纯水在气化系统中进行再循环。氢气通常要稍微过量，这样可以确保有毒的一氧化碳被反应掉。这种少量氢的存在会略微降低燃气的热值。

一氧化碳/氢气反应生成甲烷的方法有些低效，因为该反应会释放出大量的热。此外，甲烷化反应的催化剂也有些棘手，因为它很容易发生硫化物中毒，金属分解也会对催化剂造成破坏。因此，为了尽量减少对甲烷化的需求，可以采用加氢气化，即

$$[C]_{煤炭}+2H_2 \longrightarrow CH_4$$

加氢气化的产物远不是纯的甲烷，甲烷化前需要额外脱除硫化氢和其他杂质。

2.3.4 液体燃料

煤炭生产液体燃料不是新概念，自从它确实代表了生产液体燃料的替代途径以来，这个概念已获得了相当多的关注（Speight，2008 和其中援引的参考文献）。事实上，这个概念通常被认为是缓解液体燃料短缺，以及为那些煤炭资源丰富，但原油净进口国家的能源独立提供可行的选择。

煤炭生产液体燃料的早期方法之一是柏吉斯法。该方法中，将褐煤和次烟煤磨细并与工艺过程中回收的重油混合。通常混合物中要添加催化剂，然后将混合物泵入反应器中。反应温度为 400～500℃，氢压力为 20～70MPa。反应产物有重油、中油、汽油和气体：

$$nC_{煤炭}+(n+1)H_2 \longrightarrow C_nH_{2n+2}$$

多年来已开发了许多催化剂，包括含钨、钼、锡、或镍的催化剂。

不同馏分油可以被送到炼制厂进一步加工处理，以生产合成燃料或质量满足需求的燃料调和产品。据报道，煤炭中可被转化为合成燃料的碳高达 97%，但这很大程度上取决于煤炭种类、反应器的配置和工艺参数。

最近，已经研发了煤炭转化为液体燃料的其他方法。德国用了多年的液态烃间接合成的费托法如今被南非 Sasol 公司所使用。煤炭气化生产合成气（比例平衡的，只含 CO 和 H_2 的混合物），合成气再经费托催化转化为低沸点烃，然后进一步加工成汽油和柴油。合成气也可转化成甲醇，用作燃料、燃料添加剂，或者通过美孚甲醇制汽油法进一步加工成汽油。

煤炭生产的液体产物与石油炼制不同，特别是其中会包含大量的酚。事实上，尽管人们对 20 世纪 70 年代和 80 年代期间出现的煤炭液化法表现出了兴趣，但是石油价格始终保持足够低，这确保了基于非石油资源的合成燃料产业的启动是不会成为商业现实的。

2.3.5 固体燃料

在本章中，固体燃料这一术语是指用作生产能量的燃料，以及通过燃烧释放热量的各种固体材料。然而，针对该部分讲述的意图，煤炭本身不包含在这个定义中。

最常见的煤基固体燃料——焦炭，是一种由低灰、低硫烟煤衍生的固态含碳残留物，是在温度高达 1000℃、无氧条件下在炉中加热析出挥发分后余下的固定碳和残留灰烬的熔合物。

焦炭可用作燃料和高炉中熔炼铁矿石的还原剂。煤基焦炭是灰色的，坚硬多孔，热值为2480Btu/t。煤制焦炭的副产物包括煤焦油、合成氨、轻质油和煤气。另一方面，石油焦是石油低温炼制过程中获得的固体残余物，和煤焦类似，但包含太多杂质，可用于冶金工业中。

仅次于燃烧，用于焦炭生产的炭化代表了煤炭最普遍和最古老的用途之一。

商业规模的煤炭热解通常是指煤炭炭化，实现炭化的温度通常高达1500℃(2730℉)。煤炭热解严格要求位于上述温度，还会产生（除期望获得的焦炭外）大量的气态产品。

加热煤炭生产焦炭的原工艺（圆形堆、炉膛工艺）将焦炭的主要生产方法维持了几个世纪，尽管大约1759年的时候在英国纽卡斯尔地区开发了蜂窝式的改进炉型。焦炭的生产方法最初和木炭的生产是一样的，即将库存的煤堆成圆形堆（称为milers），点燃煤堆，然后用黏土覆盖四周。煤焦油和气体的部分燃烧所产生的烟雾很快成了住宅附近的主要问题，而且由于下雨、刮风、结冰等气候因素使得焦化工艺本身不能控制。焦化窑炉的新的改进奠定了现代炼焦高炉的基础——蜂窝式工艺。

炭化实质上是有机物热分解（同时去除馏出物）生产残碳的方法，即

$$[\mathrm{C}]_{\text{有机碳}} \longrightarrow [\mathrm{C}]_{\text{焦炭/炭/碳}} + \text{液体} + \text{气体}$$

该工艺是一系列复杂的过程，可以用几个重要的物理化学变化来说明，如加热时（与煤的塑性特性或碳型有关）煤的软化和流动趋势。事实上，某些煤在400～500℃(750～900℉）温度下流动性变得很好，其最大可塑性的程度、最大可塑性的温度、还有不同类型煤炭的可塑性温度范围的变化非常大。煤焦油和低分子量液体的产率多少有点不同，但很大程度上取决于工艺参数，尤其是温度和煤炭的类型。

2.4 油页岩

油页岩（oil shale）是有机和无机材料紧密结合在一起形成的复杂混合物，其成分和性质变化很大。一般而言，油页岩是富含无机物的细粒度沉积岩，加热时会产生油。一些油页岩确实是页岩，但其他有一些会被错误地划分为页岩，实际上却是粉砂岩、不纯的石灰岩，甚至是不纯的煤。油页岩不含油，只是被加热到约500℃(约932℉）时产生油，这时候一些有机材料会被转化成类似原油的馏出物（Speight，2008）。

油页岩是包含大量有机质［被称为干酪根（kerogen)］的细粒沉积岩，是可以通过干馏从中提取大量页岩油和可燃气体的有机沉积物（Longwell，1990；Scouten，1990；Lee，1991；Bartis等，2005）。

油页岩，或其中所含的干酪根，并没有明确的地质定义或特定化学式。根据化学成分、干酪根类型、年代和沉积历史、包括衍生出油页岩的生物体的不同，油页岩可被划分为不同的类型。根据沉积环境的不同，油页岩可被分成三类：陆相油页岩、湖泊（湖）相油页岩和海相油页岩。

油页岩这一术语是误称，它既不含油通常也不是页岩。有机材料主要是干酪根，页岩通常是相对硬的岩石，称为泥灰岩。适当加工后，干酪根可以转化为与石油类似的物质。然而，油页岩中的干酪根没有经过产生石油并转化为液态烃产物的生油窗（oil window)，

它必须被加热到高温。通过该方法，有机材料转化为液体，它必须被进一步加工以生成油，这种油据说优于常规石油矿床产生的最低级别的石油，但是质量低于高等级的常规油。

油页岩在全球很多地方均有分布，包括没有或几乎没有经济价值的矿床，也有那些占据数千平方英里、包含数十亿桶潜在可提取页岩油的矿床。全世界油页岩的总资源量保守估计为2.6万亿桶（2.6×10^{12}桶）油当量。随着石油供应的持续下降，石油基产品的成本相应增加，油页岩的存在为今后几年世界化石能源需求提供了机会。

美国有两种主要类型的油页岩：位于科罗拉多州、犹他州和怀俄明州的绿河油页岩矿层中的绿河页岩和位于东部和中西部各州的泥盆纪—密西西比纪的黑色页岩。绿河页岩的有机质含量相当丰富，存在于较厚的矿层中，因此更有可能用于合成燃料的生产。

绿河油页岩中，干酪根不一定只存在于像页岩之类的特定岩石，最高浓度的干酪根发现于沉积的非储层岩石中，如泥灰岩（一种碳酸盐、硅酸盐和黏土的混合物）。相反，东部和中西部各州的黑色页岩是真的页岩，因为它的主要组成成分是伊利石。

油页岩的有机物含量比那些正常的和普通的岩石高得多，其质量比通常从1%～5%（贫页岩）到15%～20%（富页岩）。这种天然资源在全世界分布广泛，其出现情况是和地球历史及地质演化科学地紧密地联系在一起的。由于其含量丰富，并广泛分布在世界各地，故其利用有着悠久的历史，包括有记录的和无记录的。同样明显的是，页岩一定是古代家庭能源需求相对容易的来源，主要因为它易于操作和运输，在早期人类历史上固体燃料更方便使用，这样的例子很多，包括木材和煤炭。

油页岩加工有两种常规方法。其一，页岩被就地破碎，利用竖井加热获得气体和液体。其二，采矿，运输，将该页岩加热至约450℃，加氢制得产物，处置和稳定废弃物。这两种加工工艺均需消耗大量的水。总能量需求和水的需求，加上环境和货币成本（大量生产页岩油），使得迄今为止尚未取得经济性生产。20世纪70年代石油危机期间和之后，一些工作在美国西部世界上最富有的油页岩矿床上的各大石油公司，花费了数十亿美元尝试各种商业提取页岩油的方法，但均未成功。

2.4.1 页岩油生产

页岩油（shale oil），有时称为甑油（retort oil），是从油页岩干馏流出物中冷凝下来的液体油，通常包含大量的水和固体，此外还有不可抑制的形成沉淀物的趋势。然而，页岩油的加工与原油明显不同，存在一些不同寻常的问题。

就像术语油砂（oil sand）（美国叫沥青砂）一样，页岩油（shale oil）这一术语使用不当，因为矿物中既不含油脂也不总是页岩。有机质主要是干酪根（kerogen），页岩（shale）通常是称为泥灰岩的较硬岩石。经过适当处理，干酪根可以被转换成有点类似于石油的物质，该物质往往优于常规油气藏生产的最低级石油，但比传统轻油的质量差。

干馏是加热油页岩以回收有机质——主要是液体的过程。为了得到经济性良好的回收产物，需要将温度控制在400～600℃(750～1100℉)。干馏炉是一种简单的容器，油页岩在其中加热，收集器收集从中逸出的产品气和蒸汽。

从确定的油页岩矿床中可以回收的页岩油（shale oil）的量取决于多种因素。有些矿床或矿床中的某些部分，如美国东部大面积的泥盆纪黑色页岩，可能埋藏太深，在可预见的将来不具有经济可采性。表层土地的用途可能会极大地限制一些油页岩矿床开发的可行性，在那些西方工业化国家尤其如此。开发大型油页岩工业的最终效益将受石油价格的制约。如果由于原油资源的减少而使得页岩油的价格能与之媲美，那么页岩油可能会在世界化石能源结构中找到一席之地。

为了提取烃（或者广义而言叫油），油页岩通常需经热处理，科学分类为“干馏”。油页岩中有机物统一的科学术语叫干酪根（kerogen），一种界定模糊的大分子，加热时会产生物理变化和化学变化。物理变化包括相变、软化、膨胀、油气毛孔渗流，而化学变化通常涉及键断裂，大多是产生小分子和简单分子的碳-碳键的断裂。化学变化通常被称为热解或热分解。热解反应本质上是吸热的，吸收热量并产生轻分子，从而增大压力。

油页岩大概在350～400℃时开始析出活性挥发分，大约425℃时产油速率达到峰值，在470～500℃范围内挥发分基本上完全析出。温度接近500℃时，矿物质——主要是钙/镁碳酸盐和钙碳酸盐，开始分解，主要产物是二氧化碳。粗页岩油的性质受干馏温度影响，但更重要的是受温度—时间历程的影响，因为伴随着液体和气体产物的生产会有副反应发生。所生产的页岩油呈黑褐色，有气味，接近于含蜡原油。

油页岩产油的过程包括加热（干馏）页岩使有机干酪根转换为原页岩油。干酪根不经热作用转化为油尚未通过商业验证，虽然有完成这样任务的方案，尽管有相反的主张，但是还没有进入到可行的商业甚至是示范阶段。

因此，油页岩干馏有2种基本的方法：①采矿，然后进行地表干馏；②地下原位干馏，即在地下原位置加热页岩。每种方法还可以依次按照加热的方法进一步分类。

2.4.1.1 采矿和干馏

除原位处理以外，油页岩被转化为页岩油之前必须先要采矿。根据目标油页岩矿床的深度及其他特征，要么采用露天采矿，要么采用井下采矿的方法。

当目标矿藏的深度通过覆盖层去除就有助于到达的话，露天采矿（open - pit mining）即为优选的方法。一般情况下，覆盖层厚度小于150ft且覆盖层厚度与沉积层厚度之比小于1∶1的矿藏资源即可实行露天采矿。如果烃源岩很坚固，可能需要爆破才能移走矿石。其他情况下，裸露的页岩层可以用推土机推平。方法和操作的选择取决于矿石的物理性质、作业量和项目的经济性。

当覆盖层过厚时，需要采用井下采矿工艺。井下采矿需要垂直井、水平或定向井通往干酪根地层。因此，矿井顶部结构（roof formation）必须牢固，以防止出现坍塌或塌方，还必须提供通风并规划紧急出口。

油页岩开采可以采用以下两种方法之一：房柱式地下采矿法或露天采矿法。绿河地层的地下采矿首先选择了房柱式开采。目前，绿河地层中含矿区域可能有几百米厚，技术上允许的最大切削高度为90ft。机械连续采煤机（continuous miners）也选择在这种环境中进行测试。

开采之后，油页岩被输送到干馏设施，接下来必须通过进一步处理将油升级，然后送至炼制厂，废页岩必须进行处置，通常是将其放回矿井中。最终，开采的土地要回收利用。油页岩的采矿和加工会产生各种环境影响，如全球变暖和温室气体排放、矿区的扰动、废页岩的处置、水资源的利用，以及对空气和水质量的影响。商业油页岩产业在美国的发展也将会对当地社区产生显著的社会和经济影响。其他阻碍油页岩产业在美国发展的因素包括油页岩产油成本相对较高（目前每桶超过 60 美元），且缺乏租赁油页岩所有权的规范。

地表干馏（surface retorting）包括：将开采的油页岩运送至干馏设备、干馏并回收原干酪根油、原料油加工成可销售产品以及废（spent）页岩的处置。干馏工艺要求开采一吨多的页岩要生产 1 桶石油。开采的页岩被压碎以满足对粒径的需求，然后加入到加热式反应器［甑（retort）］中，将温度升至约 450℃（850℉）。在此温度下，干酪根分解成液体和气体的混合物。有许多不同干馏工艺分类，其中一种就是依据油页岩加热方式的不同进行分类，有热气体加热、固态热载体加热或通过热壁面导热。

其他矿产开采行业的采矿技术也在继续进步，包括煤炭行业。露天采矿是煤炭开采、油砂开采和硬岩开采的成熟技术。此外，房柱式地下采矿法先前也已经在美国西部的油页岩商业规模的开采中得到证明。房柱式开采成本会比露天开采高，但能获得更丰富的矿石资源，可以部分抵消这些成本。

目前，开采技术的进步使开采成本持续降低，也降低了页岩被运送到传统干馏设备的成本。无论是在油页岩还是在其他采矿行业，人们都在尝试露天矿采空后的恢复方法。

所有油页岩技术的根本问题是需要提供大量的热能供干酪根分解成液体和气体产品。每桶油的生产都必须把一吨多油页岩加热至 425～525℃（850～1000℉）的温度范围，必须供给品味相对较高的热能，以便达到油页岩的干馏温度。反应完成后，从热岩中回收显热对于工艺的经济性而言就是最优的非常理想的选择。

以经济合理的方式处置废页岩也是进行油页岩大规模开发必须要解决的问题。干馏后页岩含焦炭形式的碳，占页岩中原碳含量的一半以上。该焦炭有潜在可燃性，露天倾倒遇到热空气有可能自燃。由于随机粒子的填充，加热过程使页岩固体产物占据的体积比原页岩更大。日产 100000 桶页岩油的产业——这大概是世界最小的经营规模，能处理 100000t 以上的页岩（密度约 $3g/cm^3$），产生超过 $35m^3$ 的废页岩；这相当于一个每边边长超过 100ft 的方堆（假设花些精力将其打包以节省空间）。Unocal 公司在 20 世纪 80 年代的 25000 桶的项目运行几年后，产生的废页岩填满了整个峡谷。部分废页岩可以回填以修复采空区，有些可能被用作水泥窑的原料。

2.4.1.2 原位开采技术

原位开采（in situ）工艺是在干酪根仍然留在天然地质构造中时将热量引入。一般有两种原位开采办法：很少干扰或不干扰矿层的真正原位开采，以及通过表面上抬后或局部挖掘创建空隙后直接喷射让矿床产生碎石状纹理的改性原位开采。最近的技术进步有望提高油页岩技术的可行性，从而能够商业化生产。

原位开采工艺重要的一点是选择相对较硬的、流体不会流过的无渗透岩这类特性的油页岩。另外令人感兴趣的是油页岩的比重，因为大部分无机材料必须进行处置。绿河干酪根的比重约为 1.05，矿物馏分的比重近似值为 2.7。

岩石具有渗透性或通过压裂能够创造出渗透性，原位开采工艺在技术上才是可行的。目标矿床碎裂，注入空气，矿床被点燃以加热地层，所得的页岩油通过天然或人造裂缝移动到生产井，再输送到地面。然而，控制火焰前锋和热解油的流动比较困难，这会限制最终采收率，会留下部分未加热的矿床和部分未回收的热解油。

因此，尽管原位开采工艺不需要开采页岩，但是需要给地下供给热量，产品要从一个相对无孔的床回收。因此，原位开采过程往往操作缓慢。壳牌公司将资源加热至约343℃（650℉）进行原位开采的行动花了3～4年的时间。

该工艺采用了地层冻结技术，以便围绕萃取区周边建一堵被称为“冷冻壁”的地下屏障。冷冻壁通过在萃取区周围钻一系列井，经井泵入冷冻液形成。冷冻壁不仅会阻止地下水进入萃取区，而且阻止原位干馏产生的烃和其他物质从工程周边逸走。

由于废页岩留在原产生地，原位开采工艺避免了废页岩的处置问题，但是另一方面，废页岩包含的无法收回的液体会渗入地下水中，干馏时产生的蒸汽也有逃逸到含水层的可能。

原位改性采矿工艺试图通过加热更多的目标矿床，提高气液流经岩层的流动性，来增加产品油的产量和质量，以提高性能。原位改性采矿包括加热前在目标油页岩矿床下方挖掘，也需要在开采区域上方的矿床钻井和压裂，以创造出20％～25％空隙空间。该空隙空间有助于热空气、产品气和热解页岩油流向生产井。页岩通过点燃目标矿床的顶部进行加热。在火焰前被热解的页岩油冷凝后从加热区下方回收并泵送至地面。

西方的垂直原位改性采矿是专门为绿河深而厚的页岩矿床开发的。干馏区大概20％的页岩被采出，然后利用采空区小心地摧毁这种平衡，以允许整个干馏有膨胀和空隙均匀分布的空间。

该工艺中，部分页岩从地下移除，余下的页岩爆炸性粉碎，形成矿山内的填充床反应器。水平巷道（进矿山的水平隧道）提供了接近干馏顶部和底部的途径。矿床的顶部通过燃烧器引发燃烧进行加热，矿床底部的空气被抽入到燃烧区形成微真空区，生成的气态产物会填充至该区。为使下部干馏页岩燃烧产生的热量和火焰扩散至后面残存的焦炭中。成功的关键是在干馏区以合理的爆炸成本形成颗粒大小相对均匀的碎页岩。

如果油页岩含有较高比例的白云石（碳酸钙和碳酸镁的混合物，如科罗拉多州油页岩），该石灰岩在通常的干馏温度下发生分解，释放大量的二氧化碳。这会消耗能量，另外一个问题是产生封存二氧化碳以避免全球气候变化担忧。

2.4.2 页岩油炼制

页岩干馏过程产生的油中几乎没有重残余物。提质时，页岩油是一种比大多数原油更有价值的低沸点优质产品。然而，页岩油的性能是随生产（干馏）工艺的功能不同而变化的。干馏过程中细小的矿物质的进入，使目前干馏工艺生产的页岩油黏度高、不稳定，迫使页岩油运输到炼制厂之前必须提质。

去除微粒后，页岩油要进行加氢处理，以减少氮、硫和砷的含量，并提高稳定性；用作柴油和加热器油的那部分还要提高十六烷值。加氢处理步骤一般在高氢气压力下的固定床催化反应器中完成，与石油原料加氢处理的馏程相比，其处理条件略微苛刻，这是由于页岩油的氮含量较高的缘故。

页岩油中含有各种各样的烃化合物，而且与典型的石油中0.2％～0.3％（按重量计）的氮含量比，页岩油的氮含量较高。此外，页岩油的烯烃和二烯烃的含量也比较高。正是这些烯烃和二烯烃的存在，加上氮含量较高，使页岩油具有了炼制困难的特性，有可能形成不溶性沉淀。粗页岩油还含有相当数量的砷、铁和镍，也会干扰其炼制。

可以有多种提质或部分炼制的选择来改善粗页岩油的性质。加氢处理即为首选，以生成相当于基准原油的稳定产品。就炼油和催化剂活性方面，页岩油的氮含量是不利因素。但是，在页岩油渣油用作沥青改性剂方面，含氮物能够增强与无机骨料的结合，这点上氮含量是有利的。页岩油中的砷和铁如果不脱除的话，会对加氢处理所用的负载催化剂产生毒害和污染。

将页岩油产物同相应的原油产物混合，采用非常温和的页岩油加氢处理获得的馏分油，可以生产性能令人满意的煤油和柴油。因此，页岩油产物加氢处理，无论是单独加氢处理或是与相应原油馏分混合后加氢处理，都是有必要的。加氢处理的程度必须根据进料的特定性能和产品的稳定性要求的水准进行调整。

源于页岩油的汽油中芳香族和环烷化合物的百分比通常较高，这一点不受处理工艺不同的影响。尽管大多数情况下经炼制后烯烃含量会降低，但仍然很高。假设可以通过适当的处理过程除去汽油产物中的二烯烃和高级不饱和组分，同样应该也可以除去含氮和含硫成分，尽管程度较小。

由于页岩油自身的硫含量高，原页岩油汽油中的硫含量可能相当高，硫化合物经常均匀分布于各种页岩油馏分中。研究含硫化物的汽油中硫化物对汽油结胶趋势的影响时，硫化物的浓度和类型都是很重要的。

其他硫化合物中，硫化物（R-S-R）、二硫化物（R-S-S-R）和硫醇（R-SH）是汽油结胶的主要影响物质。因此，页岩油汽油脱硫不采用将硫醇转化为二硫化物的工艺；而是优先选取萃取脱硫的工艺。

当不饱和成分的比例较高时，催化加氢脱硫工艺不是脱除汽油中硫组分的良好解决方案。大量的氢会用于不饱和组分的氢化。然而，当想使不饱和烃氢化时，催化加氢方法将是有效的。

页岩油生产的汽油中含有数量不同的含氧化合物。产品中存在氧气，容易形成自由基，因此受到人们的关注。游离的羟基自由基的生成和聚合链式反应会迅速进入传播阶段。除非提供有效手段终止聚合过程，否则传播阶段很可能导致不可控的含氧自由基的生成，从而引起结胶和生成其他聚合产物。

由油页岩衍生的柴油燃料也受不饱和度、二烯烃、芳烃以及氮化合物和硫化合物的影响。

由页岩油生产的航空燃料必须要进行适当的炼制和特殊处理。所得产物的属性必须和常规原油中得到的相应产品相同。这可以通过页岩油产物严格的催化加氢处理之后加入添加剂以确保其耐氧化性来实现。

因此，页岩油不同于常规原油，已经开发了一些炼制技术来解决这个问题。过去确定的主要问题是原油中的砷、氮和蜡状天然属性。氮和蜡的问题可以采用加氢处理的方法解决，基本上是经典的加氢裂化，可以制备高质量的润滑油原料，这要求脱除蜡状物或使其异构化。但是，砷的问题仍然存在。

一般情况下，油页岩馏分中高沸点化合物的浓度高得多，这有利于生产中等馏分油（如柴油和航空燃料），而不是石脑油。油页岩馏分油中烯烃、氧和氮的含量也比原油高，还有较高的倾点和黏度。地面干馏工艺生产的页岩油的 API（美国石油学会）比重指数往往低于原位干馏工艺（产物油最高的 API 比重指数为 251）。将油页岩馏分转化为较轻范围的烃（汽油）需要与相当于加氢裂化的额外处理。然而，脱除硫和氮需要加氢处理。

通过比较，API 比重指数为 351 的典型原油可能由高达 50%的汽油和中间馏分油范围的烃组成。西得克萨斯中质原油（商品期货市场交易的基准原油）含有 0.3%（按重量计）的硫，阿拉斯加北坡原油含 11%（按重量计）的硫。纽约商业交易所（NYMEX）规格为轻质“低硫”原油的含硫量限制在 0.42%或以下（ASTM D4294），API 比重指数为 37～42（ASTM D287）。

传统的炼制厂会按照沸点范围将原油炼制成各种馏分，然后再进一步处理。按沸点范围和密度增加的顺序，馏分分别为燃料气体、轻质和重质直馏石脑油（90～380℉）、煤油（380～520℉）、瓦斯油（520～1050℉）和渣油（1050℉）（Speight，2007a）。原油可含有 10%～40%的汽油，早期炼制厂直接蒸馏得低辛烷值的直馏汽油（轻石脑油）。一个理想化的炼制厂可以将一桶原油“裂化”为 2/3 桶汽油和 1/3 桶馏分油（煤油、喷气燃油和柴油），这取决于炼制厂的配置、炼制原油的页岩和市场对季节性产品的需求。

正如天然黏土催化剂有助于通过降解将干酪根转变为石油一样，现代精炼工艺中金属催化剂有助于将复杂烃转变为轻分子链。第二次世界大战时期开发的催化裂化（catalytic-cracking）工艺使炼制厂生产出了提高作战能力所需的高辛烷值汽油。1958 年进入商业化运作的加氢裂化（hydrocracking），由于在渣油中添加氢将其转化为高品质车用汽油和石脑油基的航空燃料，而对催化裂化工艺进行了改良。很多炼制厂很大程度上依赖于加氢工艺（hydroprocessing）将低价值瓦斯油渣油转化为市场所需的高价值运输燃料。中间馏分范围的燃料（柴油和航空燃料）可以和各种炼制厂产物共混。炼制厂用脱硫的直馏煤油、加氢裂化装置生产的煤油沸程的烃类和轻质焦化瓦斯油（渣油裂化产物）作为航空燃料的混合油。石脑油、煤油、焦化装置的轻质裂化油和催化裂化装置的流体可用作柴油燃料的混合物。按照每桶原油生产 42gal 的标准，实际上美国炼制厂可能通过与氢的催化反应生产出超过 44gal 的产品。

页岩衍生的油被称为合成原油，因此与合成燃料生产密切相关。然而，干馏页岩油的过程更多地类似于常规炼制过程，而非合成燃料生产过程。对于本文的目的，油页岩馏分油（oil shale distillate）这一术语用来指通过油页岩干馏生产的中间馏分范围的烃。早期发展起来的两个基本干馏过程——地面干馏和地下干馏，或原位干馏。干馏装置是典型的大型圆柱状容器，早期的干馏装置是基于水泥生产用的回转窑炉。原位干馏技术会挖掘出一个功能如同干馏装置的地下室。从 20 世纪 60—80 年代许多设计概念被测试。

干馏基本上是在隔绝氧气的情况下油页岩的破坏性蒸馏 [热解（pyrolysis）]。热解（温度高于 900℉）是干酪根热分解 [裂化（cracks）] 以释放出烃，然后将烃裂化生成低分子量烃。传统炼油采用类似的热裂解工艺，称为焦化（coking），目的是分解高分子量的残留物。

随着对轻质烃馏分需求的不断增加，人们对在工业化规模上从油页岩中经济回收液态烃方法的开发表现出了极大兴趣。然而，与原油相比，从油页岩中回收烃尚不具备经济竞争力。此外，由于有害污染物的存在，减少了油页岩中获得烃的价值。主要污染物是硫、氮和金属（含有机金属）化合物，它们会对后面炼制工艺中用的各种催化剂产生不利影响。这些污染物还因为气味难闻、有腐蚀性，且排放引起环境问题的燃烧产物而受到人们的厌弃。

因此，人们对将页岩油形式的重质烃馏分转化为低分子量烃的更有效方法的开发表现出了极大兴趣。常规方法包括催化裂化、热裂化和焦化。据了解，重质烃馏分和耐高温材料可以通过加氢裂化转化成轻质材料。这些方法在利用液化煤或重渣油或馏出油生产大量低沸点饱和产物时最常用到，在利用中间馏分油生产民用燃料时一定程度上用到，以及利用重质产物生产润滑剂时仍会用到。这些破坏性加氢或加氢裂化方法可在严格的热力基础上或在催化剂的催化作用下进行操作。从热力学角度来说，受热后大的烃分子会被分解成较轻的物质。

这类分子的 H/C 原子比低于饱和烃，饱和反应时大量氢气的供给会提高这个比值，从而生产出液体产物。这两个步骤可以同时发生。然而，由于这类烃中某些污染物的存在，加氢裂化工艺的应用已经受到了阻碍。长期以来，人们一直不希望粗页岩油和各种炼制石油产品中含有和有机金属化合物一起存在的硫化合物和氮化合物。脱硫和脱氮工艺的开发就是为了这一目的。

热裂化是以回收气态烯烃作为主要裂化产物的过程，其次才是汽油范围的液体。通过该处理，页岩油原料中至少有 15%～20%转化为乙烯，这是最常见的气态产物。大多数进料页岩油被转化成其他气态和液态产物。其他一些重要的气体产物有丙烯，1,3-丁二烯，乙烷和丁烷。氢作为有价值的非烃气体产物也会被回收。液体产物占全部产物的 40%～50%（按重量计），或者更多。回收的液体产物包括苯、甲苯、二甲苯、汽油沸点范围液体，以及轻质油和重质油。焦炭是该工艺的固体产物，是通过不饱和物质的聚合产生的。焦炭通常是在缺氧气氛下通过脱氢和芳构化形成的。大多数形成的焦炭是作为夹带惰性载热体的固体沉积物被除去的。

处理页岩油的优选方法是采用移动床反应器，然后将页岩油生产的宽沸程原油通过分馏步骤分成独立的两部分。轻质馏分加氢处理的目的是除去残留的金属、硫和氮，而重质馏分通常是在非常严格的条件下在第二固定床反应器中被裂化。

流化床加氢干馏过程通过在诸如重油渣油加氢裂化一样的上流式流化床反应器中直接对粉碎后的油页岩进行加氢干馏处理，从而消除传统页岩提质的干馏阶段。该方法是单级干馏提质（single stage retorting and upgrading）法。因此，该方法步骤包括：①油页岩粉碎；②粉碎后油页岩与液态烃混合成可泵送的浆料；③以足以向上运送混合物通过反应器的表面流体速度将上述浆料与含氢气体一起引入到上流式流化床反应器中；④油页岩加氢干馏；⑤将反应混合物移出反应器；⑥将反应器流出物分离成几部分。

由于该工艺的工作温度低于干馏温度，使得矿物碳酸盐的分解最少。因此，该工艺气体产物的热值比其他传统方法更高。此外，由于加氢干馏反应放热的特性，每生产一桶产品所需输入的能量比较少。再者，对于能处理的油页岩的等级实际上是没有上下限的。

加氢裂化是一种裂化方法，是在氢气气氛下将高分子量烃通过热解降低分子量得到链烷烃和烯烃的方法。加氢使裂化过程中形成的烯烃饱和。加氢裂化可用来处理重金属含量高的低值原料。也适用于处理常规催化裂化方法不易处理的高芳香烃原料。页岩油不属于高芳香烃原料，然而，液化煤中芳香烃的含量是非常高的。

中等馏出液［通常称为中间馏分油（mid-distillate）］的加氢裂化需要贵金属作催化剂。反应器平均温度为480℃，平均压力为130～140atm。加氢裂化最常见的形式是两段式操作。第一阶段是从原粗油中除去氮化合物和重芳烃，而第二阶段是针对第一级的清洁油进行选择性加氢裂化反应。这两个阶段均为催化处理。加氢裂化阶段一旦结束，产物即被送入由硫化氢气提塔和产物回收分流器组成的精馏段。

通过催化加氢处理脱除油中的砷，会产生一种具有急性和慢性两种毒性的致癌物。当催化剂达到容砷极限时必须去除并更换。Unocal公司发现它的处置办法很有限。

2.5 天然气水合物

天然气水合物是烃——通常是甲烷，被冰中的晶格捕获形成的固态晶体。它们聚集在沉积物的孔隙空间，有可能形成胶质、节点或层。天然气水合物发现于海洋沉积物下或陆相沉积岩中自然产生的沉积物中。全球天然气水合物所含的碳量保守估计是地球上所有已知化石燃料中总碳量的2倍。

海洋沉积物中以天然气水合物形式固定的甲烷形成了如此巨大的碳库，因此它在估算非常规能源资源时是必须考虑的主要因素。甲烷作为温室气体（greenhouse gas）的影响，还需要仔细评估。天然气水合物储存巨量甲烷，对能源资源和气候有重大影响，然而，人们对天然气水合物的自然控制及其对环境产生的影响知之甚少。

天然气水合物在自然界中大量存在，无论是在北极地区还是在海洋沉积物中。气体水合物是由气体分子——通常是甲烷，被周围水分子组成的笼子包围起来形成的结晶固体。外观和冰非常相似。甲烷水合物在水深超过1000ft的洋底沉积物中是稳定的，水合物出现的地方，据了解是黏附在表层几百米厚松散的沉积层中。

从水合物中提取甲烷可以供给巨大的能源和石油原料资源。此外，常规天然气资源似乎被束缚在甲烷水合物层之下的海洋沉积物中。巨大的气体容量和丰富的矿层使甲烷水合物成了能源开发的有力候选。

由于气体被固定在晶体结构中，气体分子比常规的或其他非常规的气藏包裹得更为紧密，天然气水合物的黏附层也充当了密封被包裹游离气体的作用。这些气藏提供潜在资源，但对钻探来说也可能代表危害，因此必须很好地理解。从水合物密封的圈闭中生产气体可能是提取天然气水合物的简单途径，因为生产造成的压力降低可以启动水合物的分解和用气体回充圈闭。

在大西洋大陆边缘，5°或低于5°的海底坡度应该是平稳的，但存在许多山体滑坡残痕。这些残痕顶部的深度接近水合物区的顶部，地震剖面表明滑坡残痕下面的沉积物中水合物较少。现有证据表明，大陆边缘水合物的不稳定性和山体滑坡是有关联的。引起土地滑动的可能机制包含水合物层基础上水合物的分解。结果将会导致半硬质区向充有气体的小强度区转变，从而有利于滑动。水合物分解可能是由于海平面下降引起水合物压力降低，如在冰期巨大冰盖中的海水与陆地隔绝时发生的分解。

2.6 合成燃料

合成燃料（synthetic fuel，synfuel）的生产本质上是加氢处理。汽油和天然气之类的燃料 H/C 大约为 2.0，而燃料来源具有较低的 H/C（1.0～1.5）。氢源可能是碳质低氢残渣（如焦炭）中的分子内氢，或者是外源加入的分子间氢。

一方面是分子内加氢，是原料在没有任何添加剂存在条件下热解产生挥发性（高氢）产物和非挥发性（低氢）焦炭。在热解中，通过加热原料烃直到其热分解以产生固体碳，伴其产生的还有氢气分数比原始材料高的气体和液体，碳含量被降低。

另一方面是外源加氢，分为直接加氢或间接加氢。直接加氢是将原料置于高压氢气中。间接加氢是原料与蒸汽反应，在系统内产生氢气。

因此，通过将含碳材料分别转化为气态或液态形式可以获得气态或液态合成燃料。在美国和许多其他国家，天然存在、适合此目的且最丰富的材料是煤和油页岩。焦油砂也合适，加拿大有大量矿床。这些原料的转化被用来生产合成燃料，以替代枯竭的、不可用的或昂贵的天然燃料供应。然而，转化也可以用来除去硫或氮，否则，硫和氮将燃烧产生不期望出现的空气污染物。转化的另一个原因是通过除去不需要的组分，如灰分，来增加原燃料的热值，从而生产运输和处理费用低的燃料。

从替代燃料源生产合成燃料通常（但不总是）涉及一定程度的热转化。一般意义上，热分解通常用来表示通过热解生产液体，但是也可以生产气态和固体产物。

例如，裂化（cracking）[热解（pyrolysis）] 是指在隔绝空气的条件下将有机物加热分解。一般来说，热解的使用含义相同，但通常也意味着无机化合物的分解。石油工业倾向于使用裂化（cracking）和焦化（coking）这类词来表示石油成分的热分解。

当煤、油页岩或焦油砂热分解时，富氢的挥发性物质被蒸馏，剩余的是富碳的固体残余物。剩余的碳和矿物质即残炭。在这方面，术语碳化（carbonization）有时被用作煤热解的同义词。然而，碳化的目的是生产固体炭，而合成燃料生产中最大的兴趣集中在液态和气态烃。

热分解是煤生产液体燃料的一种方法，是将油页岩和焦油砂沥青转化为液体燃料的主要方法。此外，由于气化和液化在高温下进行，热解可以被认为是任何转化过程的第一阶段。

合成燃料生产中最令人感兴趣的是预测给定原材料及热解参数的反应中挥发分的析出速率、析出量和产物分布。重要的化学变量是有机和无机物质的元素组成和功能性成分，以及发生热解的环境气体的组成。在更重要的基本物理变量中有最终温度、加热时间和加热速率、粒度分布、淬冷类型和持续时间以及压力。该领域存在的不确定性是目前对于产率，即来自热解原料的质量损失是否随加热速率改变还没有一致看法。

最好理解的热解过程是石油的裂化和焦化（本篇第 1 章）。然而，替代燃料源生产燃料的预测能力完全是推测的，特别是因为该燃料源（甚至是石油）的性质可能随来源不同而发生变化。

一方面，假设所有工艺参数相同，原料组成对于判断可蒸馏产品的产率方面是重要的。限定产率大小的主要材料性质是氢碳原子比（由元素分析得出）。另一方面，热分解期间放出的挥发性产物的组成很大程度上是由有机原料决定的。

反应温度影响挥发性产物的产量和组成。当燃料挥发性产物析出时，产物在热区内的停留时间和热区的温度对最终产物的变化会产生显著影响。形成的次级和三级产物将会是主要产物，用延迟焦化方法作为类比（本篇第1章），产物可能要经历数次热转换，之后才能稳定在最终分子形式。

因为压力和停留时间之间存在关系，所以压力也会影响可蒸馏产物的产率。通常，较高的压力有利于裂化反应并产生出较高产率的低分子量烃组成的气体，而较低的压力将会导致大量焦油和油馏分的生成。

氢气气氛中热分解［加氢裂化（hydrocracking）或加氢热解（hydropyrolysis）］可以提高蒸馏产物的产率，因为随之产生的加氢反应减少了形成高分子量产物（焦油和焦炭）的趋势。

对于固态原料，已知粒度会影响产物的产率。大颗粒加热慢，平均颗粒温度低，因而预期的挥发性产物的产率也低。此外，热分解产物从大颗粒中扩散出来的时间（即热区停留时间较长）对产物分布也有影响。然而，如果颗粒尺寸足够小，则原料加热相对均匀，产物在热区的扩散迅速，可以预测，产物分布将会不同。

这种合成燃料（synthetic fuel，synfuel）是指从上述任一燃料源（即油砂、煤、油页岩、天然气、天然气水合物和生物质）获得的液体燃料，还包括生物乙醇和费托合成燃料。基于本文目的，术语合成燃料还包括源自农作物、木材、废塑料、和垃圾填埋材料的液体燃料。类似地，合成气体燃料（synthetic gaseous fuel）［合成气（syngas）］和合成固体燃料（synthetic solid fuel）也可以指（但不常）同一原料产生的气态和固态燃料。

事实上，合成气（synthesis gas，syngas）是赋予气体混合物的名称，该气体混合物包含由含碳燃料气化产生的、有一定热值的、不等量的一氧化碳和氢气。例如天然气或液态烃蒸气重整产氢，以及在某些类型废弃物转化为能量的气化设施中煤的气化。该名称源于它们作为合成天然气（synthetic natural gas，SNG）生产的中间体，最终生成氨或甲醇。合成气也用作生产合成石油的中间体，通过费托合成和先前的美孚甲醇制汽油工艺生产燃料或润滑剂。

合成气主要由一氧化碳、二氧化碳和氢气组成，其能量密度比天然气小一半。有可燃性，通常用作燃料源或生产其他化学品的中间体。用作燃料的合成气通常由煤或城市垃圾气化产生，即

$$C+O_2 \longrightarrow CO_2$$

$$CO_2+C \longrightarrow 2CO$$

$$C+H_2O \longrightarrow CO+H_2$$

当用作大规模工业合成氢和氨的中间体时，也可以由天然气（通过蒸汽重整反应）产生，即

$$CH_4+H_2O \longrightarrow CO+3H_2$$

大型废弃物制能源气化设施中产生的合成气可用作发电燃料。

煤气化工艺相当有效，并且在电照明广泛普及之前已使用多年，主要生产气体照明用

的照明气（煤气）。

当合成气含有大量的氮气时，必须脱除。当氮气含量相对较高时，由于一氧化碳和氮气的沸点非常相似，分别为－191.5℃和－195.79℃，因此低温处理回收纯一氧化碳的难度较大。代之以选择性去除一氧化碳的工艺技术，即通过一氧化碳在专用溶剂中的络合/解络合来纯化一氧化碳，专用溶剂是将四氯化亚铜铝（$CuAlCl_4$）溶解在有机液体如甲苯中。纯化的一氧化碳可以达到99%以上的纯度。该方法的废气中含有二氧化碳、氮气、甲烷、乙烷和氢气。可以在变压吸附系统上进一步处理该废气以除去氢气，以适当比率重新组合的氢气和一氧化碳可用于生产甲醇与费托合成烃。

生产合成燃料的过程通常被称为煤制油（coal - to - liquids，CTL）、天然气制油（gas - to - liquids，GTL）或生物质制油（biomass - to - liquids，BTL），名称依据初始原料而定。

天然气制油是将天然气转化为长链烃的过程。因此，通过直接转化或合成气作中间体，如费托法，富甲烷气体被转化为液体燃料。使用这些方法，炼制厂可以将它们的一些气态废弃物转化为有价值的燃料油，它可以作为柴油燃料出售或仅与柴油燃料混合出售。该方法还可用于在建造管线不经济的地方经济地提取气体沉积物。随着原油资源枯竭，天然气供应预计到22世纪也将面临枯竭，这一过程将会变得日益重要。

最著名的合成方法是第二次世界大战期间在德国大规模使用的费托合成法。其他工艺包括Bergius法、Mobil法和Karrick法。合成燃料生产中的中间步骤通常是合成气——一氧化碳和氢的当量混合物，有时直接用作工业燃料。

合成燃料商业化的领先公司是一家总部设在南非的Sasol公司。Sasol公司目前经营世界上唯一一家位于塞康达的商业煤制油设施，每天可制油15万桶。

美国能源部预计，到2030年，基于每桶57美元的高硫原油价格，由煤和天然气制成的合成燃料的国内消费量可能上升到每天近400万桶（Annual Energy Outlook 2006，52页表14）。然而，根据价格情况，合成燃料需要相对高的原油价格以及相对低的生产价格（relatively low price for production）（即原油价格不是唯一的参数），以便与没有补贴的石油燃料竞争。然而，如果油价继续上涨，合成燃料确实有补充或替代石油燃料的潜力。

相对于常规的石油燃料，以下几种因素会使合成燃料具有吸引力：

（1）当前需求状况下，原料（煤和油砂）量足以满足几个世纪的需求。

（2）许多原料可以直接生产汽油、柴油或煤油，而不需要其他的炼制步骤，如重整或裂化。

（3）某些情况下，不需要为了使用不同燃料而改装车辆发动机。

（4）分销网络已经形成。

然而，由于生产成本和风险较高，公司可能倾向于选择非常规原料生产合成燃料，以便获得税收抵免。在使用这些税收抵免时，人们强烈建议政府考虑能源独立性措施的价值。20世纪70年代，加拿大提出了位于阿尔伯塔省东北部的阿萨巴斯卡地区油砂（焦油砂）开发的问题。因此，加拿大目前合成原油的产量几乎为每天100万桶，这对原油的进口产生了重大影响。

参考文献

Bartis, J. T., LaTourrette, T., Dixon, L., Peterson, D. J., and Cecchine, G. 2005. Oil Shale Development in the United States Prospects and Policy Issues. Report No. MG - 414 - NETL. RAND Corporation, Santa Monica, California.

Chemical Market Reporter. 2004. GTL could become major chemicals feedstock. January 12.

Coaltrans (2003) Coal liquefaction enters new phase. May/June, pp. 24 - 25.

IEA. 2004. World Energy Outlook. IEA/OECD. Paris, France.

Lee, S. 1991. *Oil Shale Technology*. CRC Press, Boca Raton, Florida.

Lee, S., Speight, J. G., and Loyalka, S. K. 2007, *Handbook of Alternative Fuel Technologies*. CRC Press - Taylor and Francis Group, Boca Raton, Florida.

Longwell, J. P. 1990. (Chairman). *Fuels To Drive Our Future. Committee on Production Technologies for Liquid Transportation Fuels. Energy Engineering Board Commission on Engineering and Technical Systems*, National Research Council, Washington DC.

Lowe, P. A., Schroeder, W. C., and Liccardi, A. L. 1976. *Technical Economies, Synfuels and Coal Energy Symposium, Solid - Phase Catalytic Coal Liquefaction Process*. Proceedings. The American Society of Mechanical Engineers.

Scouten, C. 1990. In *Fuel Science and Technology Handbook*. J. G. Speight (ed.). Marcel Dekker Inc., New York.

Speight, J. G. 1994. *The Chemistry and Technology of Coal*, 2nd edn, Marcel Dekker Inc., New York.

Speight, J. G. 2001. *Handbook of Petroleum Analysis*. John Wiley & Sons Inc., New York.

Speight, J. G. 2007a. *The Chemistry and Technology of Petroleum*, 4th edn, CRC Press - Taylor and Francis Group, Boca Raton, Florida.

Speight, J. G. 2007b. *Natural Gas: A Basic Handbook*. GPC Books, Gulf Publishing Company, Houston, Texas.

Speight, J. G. 2008. *Synthetic Fuels Handbook: Properties, Processes, and Performance*. McGraw - Hill, New York.

US Congress. 1976. Public Law FEA - 76 - 4. Congress of the United States of America, Washington, DC.

第3章　生物质制取燃料概述

MUSTAFA BALAT
Sila Science，University Mah，Mekan Sok，No. 24，Trabzon，Turkey

3.1　发展史

当前能源基础设施中化石燃料的广泛使用被认为是二氧化碳人为排放的最大来源，这是导致全球变暖和气候变化（Zanganeh 和 Shafeen，2007）的主要原因。生物质是一种可再生资源，由于环境因素和全球能源需求的增加，其利用受到了极大的关注。自 20 世纪 70 年代能源危机以来，许多国家对生物质作为燃料来源很感兴趣，用于扩大发展国内可再生能源，减少能源生产对环境的影响。生物质能（生物能）可能是未来能源可持续供应的一个重要替代品。以下几方面使得人们对生物能源的兴趣日益增长（Karekezi 等，2004）：

（1）它有助于削弱发展中国家的贫困。

（2）无论何时，无需昂贵的转换设备即能满足能源需求。

（3）它能够以人们需要的所有形式（液体燃料和气体燃料、热和电）提供能量。

（4）它是 CO_2 中性原料，甚至可以作为碳汇。

（5）它有助于恢复非生产性的和退化的土地，增加生物多样性，增强土壤肥力和保水性。

生物质占发展中国家一次能源消费的 35%，将其在世界一次能源消费总量中的比例提高到了 14%（Demirbas，2006）。欧盟 15 国能源消费中生物能源将占到 8.5%，达到 5.6EJ/年（Ericsso 和 Nilsson，2006）。它仍然是一些国家和地区的主要能源（例如不丹 86%，尼泊尔 97%，亚洲 16%，东非萨赫勒地区 81%和非洲 39%）（Hoogwijket 等，2005）。事实上，对于发展中国家的大部分农村人口以及城市人口中最贫困的阶层来说，生物质通常是用于炊事和取暖等基本需求的唯一可用的和负担得起的能源（Demirbas，2006）。

生物质被认为是最好的选择，具有最大的潜力，既能满足这些要求，又可以确保未来的燃料供应。关于全球生物能源潜力的研究结果不同，变化幅度从几百到超过 1000EJ，这取决于他们对农业、产量和人口等所作的假设（Demirbas，2007a）。主要的潜力在南美洲和加勒比地区（47～221EJ/年）、撒哈拉以南非洲地区（31～317EJ/年）和 C. I. S. 和波罗的海国家（45～199EJ/年）。大洋洲和北美也有相当大的潜力：分别为 20～174EJ/年和 38～102EJ/年（Smeets 等，2007）。由于预测 2050 年世界上 90%的人口将居住在发展中国家，生物质能源很可能仍然是一种主要的能源资源（ChopraandJain，2007）。各种情景研究表明，到 2050 年，现代生物质的潜在市场份额为 10%～50%（Hoogwijk 等，2004）。图 3.1 为未来生物质能源的供应情况。

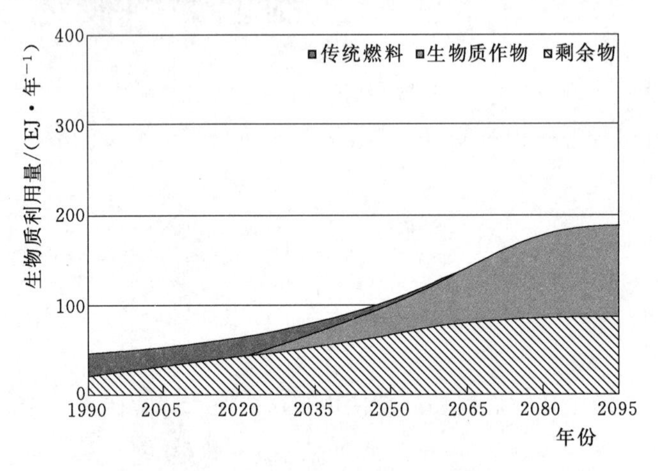

图 3.1　未来生物质能源供应情况
（来源：Smith，2004）

生物质（主要指从木材中得到），是人类使用的最古老的能源形式。生物质的传统利用方式是直接燃烧，而且世界上很多地方仍在广泛使用这种方式。生物质能有可能在世界范围内实现现代化，即通常以气体、液体或电力等更方便的形式有效地生产和使用、且具备成本竞争力（Larson 和 Kartha，2000）。生物质现代化利用的实例有：巴西利用蔗渣生产乙醇、奥地利和斯堪的纳维亚国家实行了热电联产（CHP）区域供热计划、荷兰将传统的燃煤电厂改造成和生物质混合燃烧的电厂（Hoogwijk 等，2005）。在工业化国家，未来生物质的主要利用途径预计是废弃物和垃圾直接燃烧发电、生产生物乙醇和生物柴油用作液体燃料以及利用能源作物进行热电联产。

3.2　生物质原料

最重要的生物质能源资源包括林业生物质、农作物及农业废弃物、城市固体垃圾（MSW）、动物粪便、食品加工废弃物、水生植物和藻类。一般说来，主要的生物质能产自林业生物质（64%），其次是 MSW（24%）、农业废弃物（5%）和垃圾填埋气（5%）（Demirbas，2001a）。

对于给定的生产线，原料对比包括几个方面（Gnansounou 等，2005）：①生物质的化学组成；②栽培模式；③土地利用效率和方式；④资源消耗情况；⑤能量平衡情况；⑥温室气体、酸性气体和损耗臭氧层气体的排放情况；⑦水和土壤吸附矿物质的情况；⑧喷洒杀虫剂的情况；⑨土壤侵蚀情况；⑩对生物多样性丧失和景观破坏的贡献；⑪生物质的农场收购价格；⑫物流成本（生物质的运输和储存）；⑬包括副产品在内的原料的直接经济价值；⑭创造就业机会或实现就业情况；⑮水资源的需求量和可用量。

3.2.1　生物燃料资源

目前，玉米、甘蔗、大豆等农作物用作可再生能源资源制取生物燃料受到了重点关注。虽然用可再生的植物原料生产生物燃料看起来是大有裨益，但是利用农作物废弃物和其他生物质原料生产生物燃料引起了人们对重大环境问题的关注，包括粮食短缺和基本农业用地的严重破坏（Pimentel，2008）。热带国家生产生物燃料作物的潜力最大：有更高的能量产出、生产得当的话有更好的温室气体（GHG）平衡、较低的成本、某些国家还储备有大量的未开垦的农田（Greiler，2007）。甘蔗和油棕是最高产的热带生物燃料作物，因此可以提供最大的碳补偿。制定有生物燃料发展目标的工业化国家（如美国和欧盟国家）不太可能拥有农业土地基础，以满足他们对当前生物燃料生产日益增长的需求，他们的生物燃料生产主要利用粮食和饲料作物（如玉米、油棕榈、油菜籽、大豆）（Gibbs 等，2008）。Banse 等（2008）预计：由于工业化国家强制实施添加生物燃料的政策，会引起农业土地利用的显著增加，特别是在非洲和拉丁美洲。一项粗略估计表明，2007 年，6 个主要生产国用了大约 1910 万 hm^2 的土地来种植生物燃料原料。这将占用这些国家可耕地面积的 3%～4%（Trostle，2008）。

生物乙醇原料可分为三大类：糖类原料（如甘蔗、甜菜、甜高粱和水果），淀粉类原料（如玉米、蜀黍、小麦、水稻、马铃薯、木薯、红薯和大麦），木质纤维素类生物质（如木材、秸秆和禾草）。短期内，用作车用燃料的生物乙醇的生产几乎完全依赖于现有粮食作物中的淀粉和糖类（Smith，2008）。糖或淀粉生产生物乙醇的缺点是原料价格往往较高，而且还有其他的应用需求（Engu danos 等，2002）。任何生物乙醇项目都会涉及七个主要的全国性问题：可持续性、全球气候变化、可生物降解性、城市空气污染、碳封存、国家安全、农业经济。从中长期看，木质纤维素类生物质会成为主要的生物乙醇生产原料，这得益于它的低成本和高可用性（Gnansounou 等，2005）。最近由欧盟资助的（LAMNET 计划）研究计划调查了将几种作物的所有废弃物联合用于生物乙醇生产的可能性。其中一项研究得出结论：甜高粱是一种非常有用的植物，整株植物可以得到利用而不留下任何废弃物。结论还得出，甘蔗生产生物乙醇这个提议很有吸引力（DSDG，2005）。不同原料生产生物乙醇的成本估算见表 3.1。这些成本数据可以和石油价格 100 美元/桶时汽油大约 0.70 美元/L 的生产成本进行比较（Dawson 和 Spannagle，2009）。

表 3.1　　不同原料生产乙醇的成本估算（Dawson 和 Spannagle，2009）　　单位：美元/L

原　料	2005 年生产成本*	2030 年估计生产成本*
甘蔗	0.20～0.50	0.20～0.35
玉米	0.60～0.80	0.35～0.55
甜菜	0.62～0.82	0.40～0.60
小麦	0.70～0.95	0.45～0.65
木质纤维素	0.80～1.10	0.25～0.65

*　扣除生物乙醇生产补贴。

全球约 60%的生物乙醇是由甘蔗生产的，40%来自其他作物（Dufey，2006）。巴西利用甘蔗生产生物乙醇，而美国和欧洲主要使用玉米、小麦和大麦淀粉生产乙醇。在适当条件下由甘蔗生产的生物乙醇基本上是一种清洁燃料，在温室气体减排和大城市地区空气质量改善方面，比石化汽油有几个明显的优点。图 3.2 表明，在整个生命周期内，使用生物乙醇比使用汽油排放的温室气体少。如图 3.2 所示，基于玉米的生物乙醇产生的效益相当有限，因为与汽油相比，它的温室气体减排只有 18%。相比之下，甘蔗和纤维素生物乙醇的温室气体减排有近 90%（Philippidis，2008）。生物质转化为乙醇的净能量平衡是一个关键参数，它说明了使用生物乙醇燃料而不是石化汽油所能产生的利益。

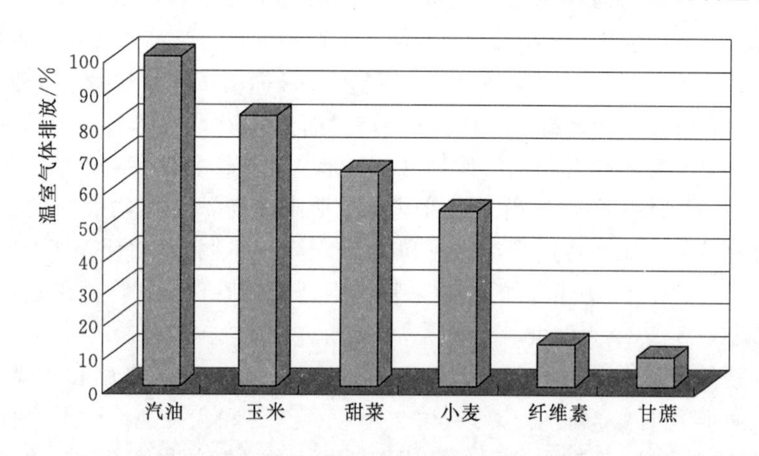

图 3.2　与汽油相比，不同原料生产生物乙醇的温室气体减排量（基于生命周期）
（来源：Philippidis，2008）

从生命周期评价（LCA）的角度来看，能量产出与投入比是指生物乙醇的含能量与生物质从生产到转化为乙醇的整个生产过程中所消耗的不可再生的一次净能量（分配给乙醇）的比率。按照 LCA 指示的方法，能量输入必须根据初级能量进行估算（Gnansounou 和 Dauriat，2005）。研究表明，玉米基生物乙醇比生产乙醇所消耗的能量（通常是化石燃料）多 20%～30%。甘蔗和纤维素生物乙醇产生的可再生能源是用于生产它们的化石能源的 9 倍（Philippidis，2008）。

过去十年中，甘蔗作为生物燃料作物有很大的发展，通过甘蔗汁和糖蜜的发酵与蒸馏，可以生产无水生物乙醇（汽油添加剂）和含水生物乙醇（Hartemink，2008）。巴西的甘蔗产量平均为 82.4t/hm^2（Prabhakar 和 Elders，2009）。目前乙醇的产量约为 6650L/hm^2（表 3.2）（Trostle，2008）。巴西是最大的甘蔗生产国，约占全球产量的 31%（Hartemink，2008）。巴西种植有近 900 万 hm^2 甘蔗。由于处理时间短，劳动力成本、运输成本和投入成本低，巴西生物乙醇比美国的玉米乙醇或者欧洲的甜菜乙醇的成本都要低。

可用于生产生物乙醇的另一类原料是淀粉类材料。淀粉是用于生物乙醇生产的高产率原料，但是需要通过发酵水解生产生物乙醇（Sanchez 和 Cardona，2008）。淀粉是生物聚合物，定义为仅由 D-葡萄糖一种单体组成的均聚物（Pongsawatmanitet 等，2007）。基于淀粉的生物乙醇工业用于商业上切实可行的生产已经有大约 30 年；在此期间，酶效率取得了巨大进步，降低了工艺成本和时间，提高了生物乙醇产量（Mabee 等，2006）。这种类型的原料是北美和欧洲生产生物乙醇用得最多的原料。玉米和小麦即主要用于这些目的。根据评估，玉米基生物乙醇生产在大多数国家是有限的，特别是与美国相比。目前

表 3.2　　不同能源作物生物乙醇产量

国　家	生物乙醇原料	生物乙醇产量/($L \cdot hm^{-2}$)
巴西	甘蔗，100%	6641
美国	玉米，98%	3770
	高粱，2%	1365
中国	玉米，70%	2011
	小麦，30%	1730
欧盟	小麦，48%	1702
	甜菜，29%	5145
加拿大	玉米，70%	3460
	小麦，30%	1075

约 90%的美国生物乙醇由玉米生产，预计玉米仍将是主要原料，尽管其份额在 2015 年可能会略有降低（Balat 等，2008）。2006 年，美国近 190 亿 L 的生物乙醇依靠其 20%的玉米种植面积。这 190 亿 L 仅占美国石油消费总量的 1%（Pimentel，2008）。

目前，全世界正在进行大量的关于利用木质纤维素生物质作为燃料乙醇生产原料的研究。对于能源作物种植困难的国家，木质纤维素原料是生物燃料生产的强有力的选择（Cardona 和 Sanchez，2007）。木质纤维素作为廉价且资源丰富的原料，是以合理成本从可再生资源生产燃料乙醇所必需的（Sassneret 等，2008）。木质纤维素原料生产生物乙醇可以缓和环境以及食品与燃料之间的矛盾，与人争粮是利用玉米或糖类原料生产生物乙醇的缺点（Seelke 和 Yacobucci，2007）。

生物柴油主要由世界各地的食用植物油生产。全球 95%以上的生物柴油由食用植物油生产（Gui 等，2008）。在 2004—2007 年，全球食用油的使用比其生产增长得更快。在 2004—2007 年期间，食用油用作生物柴油生产的量估计增加了 660 万 t，这为全球生物柴油消费的增长贡献了 34%（Mitchell，2008）。在 2005—2017 年期间，生物柴油生产用掉的食用油预计占到食用油预期增长量的 1/3 以上（FAO，2009）。最大的生物柴油生产国是欧盟、美国、巴西和印度尼西亚，2007 年生产生物柴油的食用油总计用量约为 860 万 t，而全球的食用油产量为 1.32 亿 t（Mitchell，2008；Lustig，2009）。2007 年欧盟生产生物柴油的食用油总计用量为 610 万 t，而 2001 年约为 100 万 t（Mitchell，2008）。

生物柴油由可再生的油料作物制成，如大豆（美国）、油菜籽和向日葵（北美、加拿大和欧洲）、油棕（马来西亚和印度尼西亚）和麻风树（印度）。它也可以由回收的植物油和动物脂肪制成。在欧盟和美国，生物柴油由菜籽油、大豆油和芥子油制成。油菜籽是主要原料，全球约 84%的生物柴油由菜籽油生产（Koh，2007）。目前，欧盟生物柴油总产量的大概 90%由菜籽油加工而来（Jank 等，2007）。另外的 10%是向日葵籽油、棕榈油和大豆油。

生物柴油的收益还与所使用的油籽类型有关。使用来自不同类型油籽的生物柴油，生物柴油的净节能、节油和“油井到车轮”的温室气体排放影响有很大的不同（Mendez，

2006)。高含油量的种子，如向日葵（含油量40%～50%）（Marwey，2008)、油菜籽（含油量42%～48%）（Sana等，2003）和大豆（含油量18%～20%）（Wright等，2008)，由于它们每公顷的产量相对较高，作为可再生能源最近获得了很多关注。油菜籽每英亩[1]约生产435L的生物柴油，但高产油菜籽的生物柴油产量可以高达550L。大豆每英亩约生产160L的生物柴油。向日葵每英亩可生产280L的生物柴油，棕榈油生产高达975L的生物柴油（Kojima和Johnson，2005)。

油料作物生产生物柴油用作替代燃料的量越来越多，但其大量生产是不可持续的。微藻生物燃料是切实可行的替代品。微藻是将阳光、水和CO_2转化为藻类生物质的光合微生物（Chisti，2008)。在太阳能光合生成化学能的效率方面，藻类具有优于所有其他生物柴油原料的潜力。常见能源作物的植物油产量见表3.3。许多藻类含油量非常丰富，可以将其转化为生物柴油。许多微藻的产油能力优于最好的油料作物。某些微藻的含油量超过藻类生物质干重的80%（Patil等，2008)。油含量在20%～50%的微藻相当普遍。具有高产油能力的微藻适合用来生产生物柴油（Chisti，2007)。

表3.3　常见能源作物的植物油产量（Mateos，2007)

能源作物	每生产1kg的油需要的作物面积/hm^2	能源作物	每生产1kg的油需要的作物面积/hm^2
玉米	145	罂粟	978
大麻	305	油菜籽	1000
大豆	375	麻风树	1590
芥菜籽	481	椰子	2260
红花	655	油棕	5000
向日葵	800	微藻	40000～120000
花生	890		

3.2.2　林业生物质

木材燃料是来自天然林、天然林地和林业种植园的燃料，即源于这些来源的薪柴和木炭。这些燃料包括锯末和来自林业和木材加工活动的其他残留物。世界上使用的所有木材中超过50%是薪柴。大部分薪柴在发展中国家使用。薪柴在发展中国家占木材总量的80%。

木材废弃物资源的规模取决于木材、纸浆和纸张的生产量。最后，薪柴可以像庄稼一样种植在种植园中。像杨树、柳树或桉树这种快速生长的树种可以每隔几年收获一次。对于采用3个7年轮作循环种植的短轮伐期杨树灌木，现在每年每公顷在一般或质量良好的土壤上可以获得10～13t干物质（Demirbas，2001b)。来自林产品加工业的废木材，如树皮、锯末、板屑等被广泛用于能源生产。许多情况下，这个行业现在是通过燃烧废弃物成为电力净输出者。

---

[1] 英亩（acre），英美制面积单位，一般在英国、美国等使用，1acre＝0.004047km^2。

3.2.3 农业废弃物

农业废弃物基本上是作为农业副产品的生物质材料。包括棉秆、麦秸和稻草、椰壳、玉米秆和玉米芯、黄麻秆、稻壳等。许多发展中国家有大量的农业废弃物。世界各地每年生产大量的农业植物剩余物，且利用严重不足。最常见的农业废弃物是稻壳，占大米质量的25%（Demirbas，2001a）。

3.2.4 城市垃圾

城市垃圾包括由家庭和商业活动产生的城市固体垃圾（municipal solid wastes）和废液或污水。目前大多数城市固体垃圾在垃圾填埋场处置。然而，这种废弃物处置方式在世界范围内引起的问题日益严重。大部分垃圾可以通过焚烧处理用来生产能源。日本目前80%以上的城市固体垃圾靠焚烧进行处理（Demirbas，2001a）。垃圾填埋场产生的甲烷也可用于能量生产。

每年产生和收集的城市固体垃圾，绝大部分通过露天堆放进行处置。城市固体垃圾中的生物质资源包括易腐烂物质、纸和塑料，平均占到城市固体垃圾总收集量的80%。城市固体垃圾可以通过直接焚烧或垃圾填埋场天然的厌氧消化过程转化为能量。在垃圾填埋场，城市固体垃圾自然分解产生的气体（约50%的甲烷和50%的二氧化碳）由填埋场收集，进行净化后送入内燃机或燃气轮机产热和发电。城市固体垃圾的有机部分可以在高效消化器中进行厌氧稳定化处理，以获得沼气用于发电或供蒸汽。

3.3 生物质植物化学

植物以固定碳的形式捕获太阳能，将二氧化碳和水转化为糖 $(CH_2O)_x$（Crocker 和 Crofcheck，2006），即

$$CO_2 + H_2O + 光 \longrightarrow (CH_2O)_x + O_2 \tag{3.1}$$

生物质的化学结构和主要的有机组分对于衍生燃料和化学品生产工艺的开发是很重要的（Saxena 等，2009）。生物质的元素组成主要是氧和碳，热值较低。生物质的元素组成见表3.4。生物质具有极高的活性，挥发分析出后可以获得大量挥发分和高活性的炭。干木材中炭约占50%、氢占6%、氧占44%（按质量计）。生物质具有低灰、低氮和低硫的特点（Prakash 和 Karunanithi，2008）。

表3.4 燃料元素组成、灰分含量和热值（干基）（Prakash 和 Karunanithi，2008）

燃料	C/%	H/%	O/%	N/%	S/%	灰分/%	热值/(kJ·g^{-1})
桦木	48.8	6.0	44.2	0.5	0.01	0.5	20.0
松木	49.3	6.0	44.2	0.5	0.01	0.5	20.1
树皮	47.2	5.6	46.9	0.3	0.07	3.9	20.9
麦秆	49.6	6.2	43.6	0.6	n.a.	4.7	18.6
芒属	49.5	6.2	43.7	0.6	n.a.	3.3	18.5
甘蔗	49.5	6.2	43.8	0.5	n.a.	3.7	18.5

续表

燃料	C/%	H/%	O/%	N/%	S/%	灰分/%	热值/(kJ·g^{-1})
芦苇	49.4	6.3	42.7	1.6	n. a.	8.8	18.8
泥煤	53.1	5.5	38.1	1.3	0.2	5.6	20.5
煤炭	80.4	5.0	6.7	1.3	0.53	7.0	30.4

生物质的组分包括纤维素、半纤维素、木质素、提取物、脂质、蛋白质、单糖、淀粉、水、烃、灰分和其他化合物。木材品种不同，上述各成分所占比例不同，硬木和软木之间差异明显。硬木或阔叶木的纤维素、半纤维素和提取物含量比软木高，但软木中木质素所占比例更高。不同生物质的组成见表3.5。

表3.5　不同类型生物质的组成（按重量计，干基）(Prakash 和 Karunanithi，2008)

类型	纤维素/%	半纤维素/%	木质素/%	其他/%	灰分/%
软木	41	24	28	2	0.4
硬木	39	35	20	3	0.3
松树皮提取物	34	16	34	14	2
麦秸	40	28	17	11	7
稻壳	30	25	12	18	16
泥煤	10	32	44	16	6

主要成分纤维素是β-D-吡喃葡萄糖单元通过β-(1,4)-糖苷键连接在一起组成的线型同聚多糖。纤维素的通式为 $(C_6H_{10}O_5)_n$，其中 $n=5$ 个或更多个葡萄糖单元。它有3个活性羟基官能团，写作 $[C_6H_7O_2(OH)_3]_n$(Okoro 等，2007)。它们之间通常通过广泛氢键作用平行排列，形成线型纤维素链。结果是形成了高度有序的结晶材料，使其在许多条件下难以快速反应。纤维素含量在大多数木本植物中约占碳水化合物总量的2/3，在草本植物中约占碳水化合物总量的一半（Lynd，1996）。

半纤维素，仅次于纤维素的第二大可再生的生物质聚合物，约占植物材料生物质的20%～35%（Varnaitë 和 Raudonienë，2008）。半纤维素是各种聚合单糖，如葡萄糖、甘露糖、半乳糖、木糖、阿拉伯糖、4-O-甲基葡萄糖醛酸和半乳糖醛酸残基的混合物(Mohan 等，2006)。木糖是大多数硬木原料半纤维素中的主要戊糖，但是在各种农业废弃物和其他草本作物（如柳枝稷）中阿拉伯糖是构成戊糖的主要组分，柳枝稷被认为是专用能源作物。然而硬木中阿拉伯糖仅占总戊糖的2%～4%，许多草本作物中阿拉伯糖占总戊糖的10%～20%。玉米纤维是玉米加工的副产物，其中阿拉伯糖在总戊糖中的含量可能高达30%～40%（Mohagheghi 等，2002）。

木质素是某些生物质细胞壁中，特别是木本类生物质中，高度支链化的、被取代的单核芳香族聚合物，通常和相邻的纤维素纤维结合形成木质纤维素复合物。这种复合物和纯的木质素通常对微生物系统的转化和许多化学试剂有相当强的耐受性（Yaman，2004）。木质素的基本化学单元是苯基丙烷（主要是紫丁香基、愈创木基和对羟苯基）通过连接键合在一起形成的非常复杂的基体（Demirbas，2008a）。该基体包含各种官能团，如羟基、甲氧基和羰基，这赋予了木质素大分子较高的极性（Feldman 等，1991）。软木和硬木分别属于第一类和第二类木质素。软木木质素含量通常比硬木高。

提取物是低分子量有机物，可溶于中性溶剂。树脂（下列组分的组合：萜烯、木脂素和其他芳香族化合物）、脂肪、蜡、脂肪酸和醇、龙脑烯、单宁和类黄酮被归类为提取物（Demirbas，2005）。

3.4 生物炼制

生物质可以通过热的或生物的途径转化为三种主要类型的产物：电/热能、交通燃料、化工原料。生物质用作能源、材料和化学品，与生物炼制的概念以及可持续发展的概念是一致的（Lucia 等，2006）。

生物炼制厂是将生物质转化过程和设备整合在一起生产燃料、电力和化学品的设施。石油炼制，生产多种燃料和石油产品，生物炼制的概念和当今的石油炼制是类似的（Gravitis，2007）。工业化的生物炼制产业已被确定为创造新的民用生物基产业的最有希望的途径。通过生产多个产品，生物炼制厂可以利用生物质成分和中间体的差异，使从生物质原料中获得的价值最大化（Gravitis，2007；Ahring 和 Westermann，2007；De Jong 等，2008；Cheng 和 Zhu，2009）。例如，生物炼制厂可能生产一种或几种量少但价值高的化学产品和价值低但量大的液体运输燃料，同时发电和产热供自己使用，发电量足够的话也许会销售电力。高价值产品提高了盈利能力，大量的燃料生产有助于满足国家的能源需求，电力生产会降低成本和避免温室气体排放（Lucia 等，2006；Gravitis，2007，2008；Ahring 和 Westermann，2007；Westermann 等，2007；Cheng 和 Zhu，2009）。

生物炼制概念建立在两个平台之上：糖平台和热化学平台（也称为合成气平台）（图 3.3）。糖平台基于通过化学和生物手段将生物质分解成原始组分糖。这个平台的目标是开发生物质生产廉价糖的能力，用于生产燃料、化学品和其他材料，这些材料较常规商品剩余物有成本竞争力，因为该工艺的剩余物可用来发电（混燃）或生产其他产品（如通过气化）。热化学平台旨在将生物质或生物炼制剩余物转化为中间产物，如热解油与合成气。这些中间产物可以直接用作燃料，或者精制加工成可替代现有商品（如运输燃料、油和氢）的燃料和化学品（Crocker 和 Crofcheck，2006）。

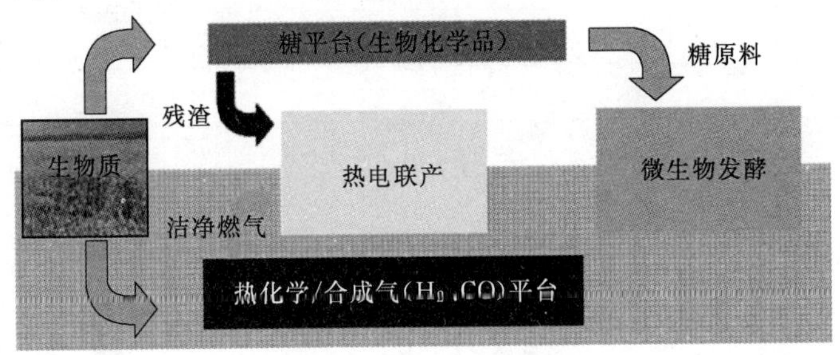

图 3.3 生物炼制概念
（来源：Pandey，2007）

采用生物炼制技术的关键驱动因素将来自化学产品生命周期的所有阶段（减少不可再生化石资源的使用、更清洁和更安全的化学制造、法律和消费者对产品的要求），也来自可再生能源工业（通过利用副产品的化学价值为生物燃料增值）和食品工业（在食品-产品生命周期的各个阶段都能实现废弃物的潜在化学价值）（Clark 等，2006）。

3.5 生物燃料

生物燃料是由植物和废弃物，如农作物、城市垃圾和农、林业副产物，制成的液体或气体燃料。生物燃料这一术语可以指用于直接燃烧发电的燃料，但是通常是用来指用于交通运输领域的液体燃料。生物燃料由于许多方面的因素被看成是和发展中国家与工业化国家都相关的技术，这些因素包括能源安全利益、环境问题、外汇储蓄和与农村领域相关的社会经济问题（Demirbas，2009a）。

生物燃料包括生物乙醇、生物甲醇、植物油、生物柴油、沼气、生物合成气体（生物合成气）、生物油、生物炭、费托合成液体和生物氢。全球有两种可以替代汽油和柴油的可再生液体运输燃料。那就是生物乙醇和生物柴油。

3.5.1 生物乙醇

生物乙醇（C_2H_5OH 或 EtOH）是无色透明液体，气味独特宜人。生物乙醇和生物乙醇/汽油混合物作为替代运输燃料具有悠久的历史。早在 1894 年，就已经在德国和法国使用，和当时的内燃（IC）发动机早期工业是同一时间（Demirbas 和 Karslioglu，2007）。生物乙醇具有比汽油更高的辛烷值（108）、更宽的可燃极限、更快的火焰传播速度和更高的蒸发热（Demirbas，2007b）。这些性能允许压缩比更高、燃烧时间更短，这使得生物乙醇在 IC 发动机理论效率方面优于汽油。辛烷值是评价汽油质量的指标，可以用于防止早期点火引起的汽缸爆震等情况的研究。在 IC 发动机中，高辛烷值是优选。生物乙醇燃料在技术上和经济上适合于 IC 发动机。乙醇、甲醇和汽油的理化特性见表 3.6。

表 3.6　乙醇、甲醇和汽油的理化特性（Stokes，2005）

特　性		甲醇 CH_3OH	乙醇 C_2H_5OH	汽油 $C_4\sim C_{12}$
分子量/($g\cdot mol^{-1}$)		32	46	～114
比重		0.789（298K①）	0.788（298K①）	0.739（288.5K）
相对蒸汽密度		1.10	1.59	3.0～4.0
298K 时液体密度/($g\cdot cm^{-3}$)		0.79	0.79	0.74
沸点/K①		338	351	300～518
熔点/K		175	129	—
311K 时的蒸汽压力/psia		4.6	2.5	8～10
蒸发热/($Btu\cdot lb^{-1}$②)		472	410	135
热值/($K\cdot Btu\cdot gal^{-1}$③)	低位热值	58	74	111
	高位热值	65	85	122

续表

特　　性		甲醇 CH_3OH	乙醇 C_2H_5OH	汽油 $C_4\sim C_{12}$
罐体设计压力/psia		15	15	15
黏度/cP④		0.54	1.20	0.56
闪点/K		284	287	228
可燃性/爆炸极限	%低（LFL）	6.7	3.3	1.3
	%高（UFL）	36	19	7.6
自燃温度/K		733	636	523～733
水中溶解度/%		易混（100%）	易混（100%）	可忽略（～0.01）
与水共沸浓度		无	乙醇含量95%	不溶
火焰最高温度/K		2143	2193	2303
空气中最小点火能/mJ		0.14		0.23

① K表示开尔文温度单位，0K＝－273.15℃。
② lb（磅）是英美制质量单位，1lb＝0.45359kg。
③ gal（加仑）是英美体积单位。
④ cP为黏度单位，1cP＝1mPa·s。

生物乙醇是源自可再生原料的燃料；通常是植物，如小麦、甜菜、玉米、稻草和木材。生物乙醇是替代燃料，几乎完全由粮食作物生产（Demirbas，2007c）。包含在生物质中的纤维素，或者碳水化合物，可以通过预处理、水解、发酵以及产物分离/蒸馏转化为生物乙醇。生物质经生物转化生产生物乙醇的流程如图3.4所示。纤维素类生物质制备生物乙醇，需要使用预处理工艺来粉碎样品、将半纤维素分解成糖、并且打开纤维素组分的结构。纤维素部分被酸或酶水解成葡萄糖，进一步发酵成生物乙醇。来自半纤维素的糖也可以发酵产生物乙醇（Demirbas，2007c）。

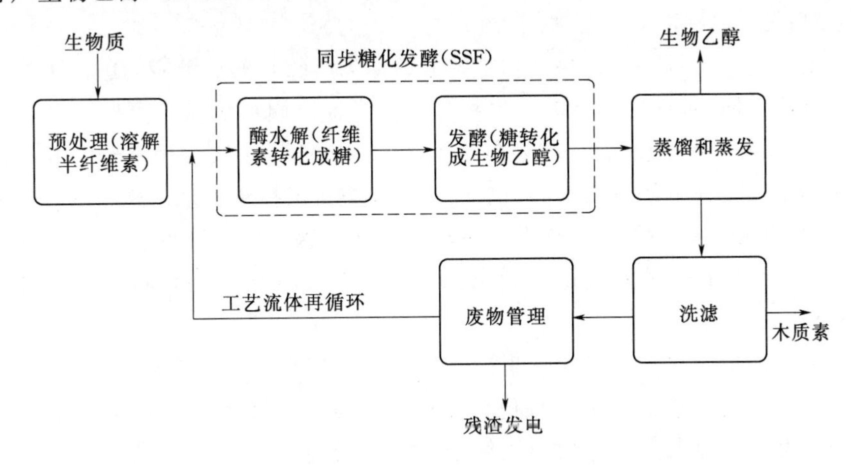

图3.4　生物质经生物转化生产生物乙醇的流程图
（来源：Hahn－Hagerdal等，2006）

木质纤维素材料中的碳水化合物（半纤维素和纤维素）可以转化为生物乙醇。木质纤维素进行脱木素、蒸汽爆破和稀酸预水解，然后经酶水解和发酵生成生物乙醇（Kim 和 Dale，2005）。生物乙醇厂主要的工艺步骤是经过酶处理将纤维素酶解糖化成糖；通常是在短期的预处理步骤之后进行这个步骤，处理需要较长的时间（Kumar 等，2005）。

水解可以将半纤维素和纤维素组分中的氢键断开，将它们分解成相应的糖组分：戊糖和己糖。然后这些糖发酵生成生物乙醇。最常用的水解方法有两类：化学水解（稀酸水解和浓酸水解）和酶水解。化学水解中，预处理和水解可以同步进行。常用的酸水解方法有两种基本类型：稀酸和浓酸（Demirbas，2004）。浓酸水解比稀硫酸水解有更大的降低成本的潜力（Wilson 和 Burgh，2008）。浓硫酸和稀硫酸水解在高温（分别为 373K 和 495K）下进行，高温会造成糖分解，减少碳源，最终导致生物乙醇产量降低（Cooper 等，1999）。

目前有两种采用热化学反应生产乙醇的工艺。第一种实际上是热化学和生物系统的混合系统。纤维素生物质材料首先被热化学气化形成合成气（H_2 和 CO 的混合物），然后鼓入特殊设计的发酵罐（Badger，2002）。在满足生物乙醇发酵的特定工艺条件下，将能够转化合成气的工程菌引入发酵罐（Ohgren 等，2006）。

第二种热化学乙醇生产法不用任何微生物。在这个工艺中，生物质材料首先被热化学气化，合成气通过含催化剂的反应器，使气体转化为乙醇。自那时起，人们已经做出了许多努力来开发商业上可行的热化学制乙醇方法。使用合成气制备乙醇的方法已获得高达 50%的乙醇产率。首先产生甲醇，然后使用催化转化产生乙醇的一些方法已获得 80%左右的乙醇产率。不幸的是，像其他工艺一样，找到一个具有成本效益的全热化学工艺是困难的（Badger，2002）。

对于纤维素生物质中木质素部分的转化，选择热化学处理比选择生物处理似乎更有前途，木质素可能对酶水解产生有害影响，但也用作过程能量的来源和潜在的副产物，这在生命周期分析中有重要的益处（Lynd 等，2005）。

3.5.2 生物柴油

生物柴油是衍生自可再生原料（如植物油或动物脂肪）的长链脂肪酸的单烷基酯，用于压燃式发动机（Meher 等，2006）。生物柴油用作运输燃料的概念可以追溯到柴油发动机的首次示范，1893 年，鲁道夫-迪塞尔将玉米油制成的生物柴油用于柴油发动机。随着兴趣和使用的增加，为了使生物柴油成功商业化和被市场接受，确保燃料的性质和质量已变得至关重要（Knothe，2006）。因此，世界上的几个国家已经开发了用于生物柴油的各种标准。其中一些生物柴油标准是 ASTM D6751（ASTM 指美国材料与试验协会）和欧洲标准 EN 14214。

生物柴油与常规柴油的物理性质非常相似。生物柴油的特征在于其物理和燃料性质，包括密度、黏度、高位热值、十六烷值、浊点和倾点、蒸馏特性，以及根据 ISO 标准确定的闪点和燃点。一般来说，生物柴油优于石油基柴油（表 3.7）。黏度是生物柴油最重要的性质，因为它影响燃料喷射设备的操作，特别是在低温下黏度的增加影响燃料的流动性时。生物柴油的黏度接近柴油燃料。高黏度会导致燃料喷雾雾化较差和燃料喷射器操作不准。

表 3.7 柴油和生物柴油燃料的规格（Lotero 等，2006）

特　　性	柴　　油	生物柴油
标准	ASTM D975	ASTM D6751
组成	HC[①]（C10～C21）	FAME[②]（C12～C22）
313K 时动力黏度/($mm^2 \cdot s^{-1}$)	1.9～4.1	1.9～6.0
比重/($g \cdot mL^{-1}$)	0.85	0.88
闪点/K	333～353	373～443
浊点/K	258～278	270～285
倾点/K	238～258	258～289
水体积百分比/%	0.05	0.05
C 质量百分比/%	87	77
H 质量百分比/%	13	12
O 质量百分比/%	0	11
S 质量百分比/%	0.05	0.05
十六烷值	40～55	48～60
HFRR[③]/μm	685	314
BOCLE[④]磨损/g	3600	>7000

① 烃。

② 脂肪酸甲酯。

③ 高频往复设备。

④ 球柱式润滑性评定仪。

植物油，如大豆油、菜籽油（芥花油）以及更多热带气候国家的热带油（棕榈油和椰子油），是生物柴油的主要来源。在不久的将来，他们有可能替代部分石油馏分和石油基化学品（Demirbas，2009b）。植物油的基本成分是甘油三酯。植物油包含 90%～98%的甘油三酯和少量的甘油单酯和甘油二酯（Srivastava 和 Prasad，2000）。它们通常含有游离脂肪酸（FFA）、水、甾醇、磷脂、气味剂和其他杂质。燃烧和流动是生物柴油重要的性质，主要由植物油中脂肪酸的含量决定（Marvey，2008）。不同类型的植物油含有的脂肪酸类型不同。脂肪酸的不同包括链长、不饱和度或其他存在的化学功能（Pinto 等，2005）。表 3.8 总结了不同植物油中的脂肪酸类型的百分比。

纯植物油用作柴油发动机燃料的主要问题是由压缩点火时燃料的高黏度引起的。植物油非常黏稠，黏度比 2 号柴油燃料大 10～20 倍（Demirbas，2007d）。当用作柴油燃料时，降低植物油黏度的方法至少有四种：用烃稀释（共混）、乳化、热解（热裂解）、酯交换（醇解）。

生物柴油最常见的生产形式是由植物油或动物脂肪等可再生原料通过酯交换过程（催化剂存在下油或脂肪与一元醇的反应）制备的长链脂肪酸单烷基酯。将植物油经转酯化反应生成其甲酯的目的是降低油的黏度。整个过程是有序的三个连续和可逆反应，二甘油酯

表 3.8　　不同植物油中的脂肪酸类型的百分比　　%

油类型	C16：0	C16：1	C18：0	C18：1	C18：2	C18：3	其他	参考文献
玉米	6.0	—	2.0	44.0	48.0	—	—	Pinto，2005
棉籽	28.3	—	0.9	13.3	57.5	—	—	Akoh，2007
橄榄	14.6	—	—	75.4	10.0	—	—	Pinto，2005
棕榈	42.6	0.3	4.4	40.5	10.1	0.2	1.1	Demirbas，2003a
花生	11.4	—	2.4	48.3	32.0	0.9		Akoh，2007
油菜籽	3.5	0.1	0.9	54.1	22.3	—	9.1	Pinto，2005
红花	7.3	0.1	1.9	13.5	77.0	—	0.2	Pinto，2005
大豆	11.9	0.3	4.1	23.2	54.2	6.3	—	Demirbas，2008b
向日葵	6.4	0.1	2.9	17.7	72.9	—	—	Demirbas，2003a
牛脂	29.0	—	24.5	44.5	—	—	—	Pinto，2005
麻风树	14.2	0.7	7.0	44.7	32.8	0.2	—	Edem，2002
番龙眼	10.2	—	7.0	51.8	17.7	3.6	—	Akoh，2007
芒果	24.5	—	22.7	37.0	14.3	—	—	Bhatt，2004
WCO①	20.4	4.6	4.8	52.9	13.5	0.8	—	Chhetri，2008

① WCO——废弃餐饮油。

和单甘油酯是反应中形成的中间产物（Schuchardt 等，1998）。反应在低温（～340K）和适度的压力（2atm，1atm=101.325kPa）下进行。生物柴油通过洗涤和蒸发除去剩余甲醇以进一步纯化。生物柴油生产过程中原料投入的比例是油（87%）、乙醇（9%）和催化剂（1%），主要产品是生物柴油（86%）（Lucia 等，2006）。生物柴油生产的工艺流程图如图 3.5 所示。

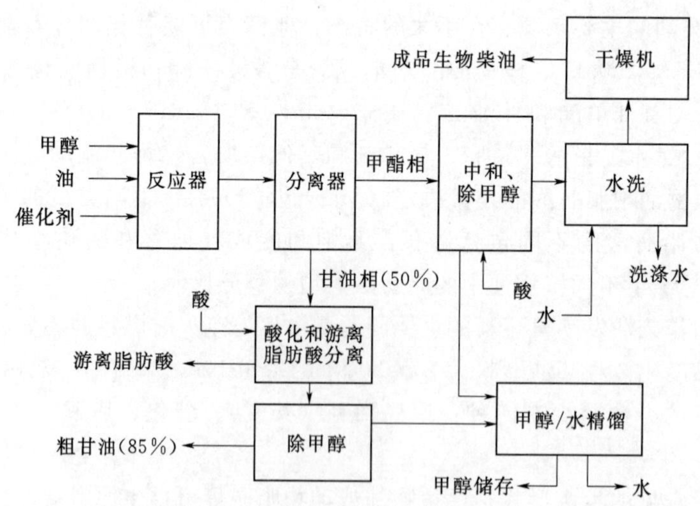

图 3.5　生物柴油生产工艺流程图
（来源：Van Gerpen，2005）

酯交换反应可以通过碱（Kotwal 等，2009）、酸（Miao 等，2009）或酶（Chen 等，2009）进行催化。植物油与甲醇的催化酯交换是用于生物柴油合成的重要工业方法。也称为甲醇分解法，人们已通过充分的研究建立了使用酸或碱，如硫酸或氢氧化钠作为催化剂的酯交换反应。尽管酸催化的酯交换反应比碱催化的酯交换反应慢得多，后者通常为前者的 4000 倍，但如果植物油中存在较高水分和游离脂肪酸（FFA），则可以采用酸催化的酯交换反应（De Oliveira 等，2005）。酸催化反应通常需要 373K 以上的温度，反应时间据报道为3～48h，高温和高压下进行的反应除外（Freedman 等，1984）。这些催化剂大大提高了酯交换过程的产率。

碱性催化剂更有优势，如仅用少量催化剂即可获得短的反应时间和相对低的反应温度，并且几乎不会或稍许使油的颜色变黑（Singh 和 Padhi，2009）。在获得高质量植物油过程中它们显示出了高性能，但经常出现问题；这些油含有大量的 FFA，不仅不能被转化为生物柴油，而且产生大量的皂（Furuta 等，2004）。这些 FFA 与碱性催化剂反应产生的皂会妨碍生物柴油、甘油和洗涤水之间的分离（Canakci 和 Van Gerpen，2003）。在碱催化甲醇转酯化方法中，催化剂通过在小反应器中的剧烈搅拌溶解在甲醇中。一般来说，碱催化酯交换过程是在低温低压（333～338K 和 1.4～4.2bar[1]）和低催化剂浓度（0.5%～2%，按重量计）下进行的（Lotero 等，2006）。碱金属氢氧化物（KOH 和 NaOH）比金属醇盐便宜，但活性较低。然而，它们是一种良好的替代物，因为它们仅通过将催化剂浓度摩尔百分比增加至 1%或 2%即可获得同样高的植物油转化率（Schuchardt 等，1998）。

尽管碱催化酯交换反应在较短反应时间内即能将甘油三酯高水平地转化为相应的脂肪酸烷基酯，但它有几个缺点：能耗高，甘油回收困难，酸或碱性催化剂必须从产品中除去，需要处理碱性废水，而且 FFA 和水会干扰反应。酶催化剂，如脂肪酶，能有效催化含水或不含水系统中甘油三酯的酯交换反应（Fukuda 等，2001；Meher 等，2006；Helwani 等，2009）。如表 3.9 所示，酶催化酯交换法可以克服上述问题。应当特别指出的是，副产物甘油可以用简单的分离方法轻易地回收。然而，酶催化剂通常比化学催化剂昂贵，因此为了商业上可行，通常必须将他们回收和再利用。

表 3.9　碱催化法和脂肪酶催化法生产生物柴油燃料的比较（Fukuda 等，2001）

项　目	碱催化法	脂肪酶催化法
反应温度/K	333～343	303～313
原料中游离脂肪酸	生成皂化物	生成甲酯
原料中水分	干扰反应	不影响反应
甲酯产量	一般	高
甘油回收	困难	容易
甲酯纯化	反复洗涤	不需要
催化剂生产	便宜	相对昂贵

[1] bar，压强单位，1bar＝100kPa。

最近，有一些关于使用超临界甲醇进行的非催化酯交换反应的报道（Saka 和 Kusdiana，2001；Kusdiana 和 Saka，2001；Demirbas，2002）。Saka 和 Kusdiana（2001）提出，在 623K、19MPa 条件下菜籽油的反应在 240s 内完成，甲醇与油的摩尔比为 42。而 Demirbas（2002）使用 6 种潜在植物油研究了不同醇油摩尔比、不同反应温度下超临界甲醇的酯交换反应，发现醇油摩尔比为 24，温度为 523K，反应时间为 300s 时，甲酯的产率最高，为 95%。

3.5.3 生物甲醇

甲醇（CH_3OH）是醇基燃料。20 世纪 70 年代石油危机期间，由于可用性和低成本，甲醇作为发动机燃料的使用引起了人们的关注（Wilson 和 Burgh，2008）。问题出在汽油—甲醇混合物开发的早期。由于价格低廉，一些汽油营销商过度掺混甲醇。许多测试表明，使用 85%～100%（按体积计）的甲醇作为汽车、卡车和公共汽车的运输燃料，可以得到期许的结果。甲醇可以用作常规发动机燃料可能的替代物。在汽油短缺的不同时期，甲醇已被视作大容量发动机燃料可能的替代品。在本世纪初廉价汽油广泛使用之前，为汽车提供动力的通常是甲醇（Demirbas，2007b）。

与汽油相比，甲醇是优质的发动机燃料。发动机热效率高，且没有排放问题。由于辛烷值高达 106，因而甲醇是高压缩发动机的优良燃料（Corlett，1975）。甲醇的物理和化学特性使其具有用作汽车燃料的几个内在优点（表 3.6）。甲醇的优点包括：低排放，高性能，可燃性低于汽油。2.2L 甲醇的能量相当于 1L 汽油，这意味着相同的能量需要更大的储罐。

20 世纪 20 年代现代生产技术开发之前，甲醇是木材制取木炭的副产物，因此通常被称为木醇。目前，世界各地甲醇的生产是通过合成气、天然气、炼制厂干气、煤或石油转化或衍生而来，即

$$2H_2 + CO \longrightarrow CH_3OH \tag{3.2}$$

来自煤和来自天然气的合成气的化学组成与其 H_2/CO 比是一致的。能够引起转化的催化剂包括：还原性 NiO 基制剂、还原性 Cu/ZnO 转换制剂、Cu/SiO_2 和 Pd/SiO_2 以及 Pd/ZnO（Takezawa 等，1987；Iwasa 等，1993）。

甲醇主要由天然气生产，但生物质也可以被气化转化为甲醇（生物甲醇）。生物甲醇可以通过 CO 和一些 CO_2 与 H_2 的催化反应由 H_2/CO_2 混合物（mixtures）生成。常规气化过程不能满足生物质生成生物合成气并进一步合成甲醇的要求。与用于电力生产的气化过程不同，用于甲醇生成过程的生物合成气受惰性气体组分（CH_4、N_2）的限制，他们在甲醇合成期间是不转化的。对生物合成气成分的第二个要求是高氢含量，因为生物质碳在气化步骤中主要被转化为 CO_2（CO_2 加氢生成甲醇需要 3mol H_2）。气化炉原料气的优选 H_2/CO 比必须大于 2（Specht 等，1998）。这种情况下，不需要变换反应器，因此无需附加设备。生物质气化总是产生氢碳比相对低的气体，为了合成甲醇，需要上调氢与碳的比率（Specht 和 Bandi，1999）。

产生的气体可以进行蒸汽重整以产生 H_2，然后进行水煤气变换（WGS）反应以进一步增强 H_2 的产生。当生物质含水量高于 35%时，可以在超临界水条件下气化。首先进行常规的蒸汽重整/WGS 反应，随后通过高压催化甲醇合成将气体转化为甲醇，即

$$CH_4 + H_2O \longrightarrow CO + 3H_2 \tag{3.3}$$

$$CO + H_2O \longrightarrow CO_2 + H_2 \tag{3.4}$$

生物合成气通过以下两个反应生成甲醇：

$$CO + 2H_2 \longrightarrow CH_3OH \tag{3.5}$$

$$CO_2 + 3H_2 \longrightarrow CH_3OH + H_2O \tag{3.6}$$

式（3.5）是主要的甲醇合成反应，进料中少量的CO_2（2%～10%）充当了该反应的催化助剂，有助于维持催化剂的活性（Hamelinck 和 Faaij，2002）。图 3.6 显示了碳水化合物通过气化以及O_2和H_2O的部分氧化然后合成生物甲醇的工艺流程（Demirbas，2008c）。

3.5.4 生物油

生物质热解的液体产物被称为生物质热解油，以及生物油，热解油或简称生物原油。生物油不是热解期间热力学平衡的产物，而是通过短反应器滞留期和快速冷却或淬冷产生的。生物油是分子大小不同的多组分混合物，是纤维素、半纤维素和木质素解聚和碎片化生成的（Zhang 等，2007）。生物油是含有羰基、羧基和酚官能团的含氧化合物组成的液体混合物。生物油的主要缺点之一是热解油的组成与原始生物质非常相似，且与石油衍生燃料和化学品的组成大不相同（Maher 和 Bressler，2007）。

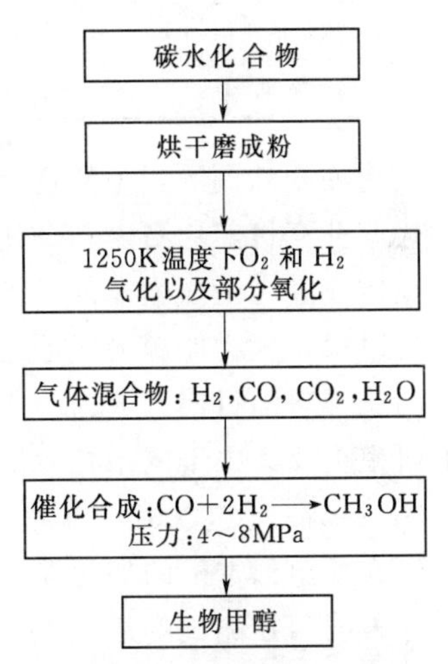

图 3.6 碳水化合物通过气化以及O_2和H_2O的部分氧化合成生物甲醇的工艺流程图

生物油可以用作锅炉、柴油发动机或燃气轮机的燃料，用于发电供热。生物油的性质使其在标准设备中，如锅炉、发动机和为燃烧石油衍生燃料设计的燃气涡轮机中，作为燃料使用时产生了几个显著问题（Czernik 和 Bridgwater，2004）。生物油是生物质快速热解生成的可再生液体燃料，与柴油 43MJ/kg 的热值相比，其热值较低，只有约 16MJ/kg（Brammer 等，2006）。它用作运输燃料成本太高，但它具有容易处理、运输、储存、燃烧、生产和销售易改型和灵活的优点（Pütün 等，2006）。

黏度在许多燃料应用中是重要的参数。生物油的运动粘度变化很大，315K 时从低至 $11mm^2/s$ 变化到高达 $115mm^2/s$，黏度受多种因素的影响，包括原料性质、热解温度、热降解度和催化裂化、生物油含水量、收集的轻馏分量，以及所用的热解工艺（Demirbas，2007e；Balat 等，2009）。含氧生物油的密度为 $1150～1300kg/m^3$，比石油衍生烃油高得多。含水量较低的生物油通常具有相对较高的密度。木材衍生热解油在 295K、含水量为 25%（按重量计）时通常具有 $1200kg/m^3$ 的密度（Islam 等，2003）。生物油有中等酸性，pH 值为 2.5～3.0（类似于醋的酸度）（Easterly，2002）。木材热解生物油和 2 号柴油燃料的典型性能见表 3.10。

表 3.10　　木材热解生物油和 2 号柴油燃料的典型性能（Becidan，2007）

项　目		生物油	2 号柴油燃料
含水量		15～30	—
pH 值		2.5	1
比重		1.20	0.847
元素分析	C 质量百分比/%	55～58	86
	H 质量百分比/%	5.5～7.0	11.1
	O 质量百分比/%	35～40	0
	N 质量百分比/%	0～0.2	1
	S 质量百分比/%	未检出	0.8
产品高位热值/($MJ \cdot kg^{-1}$)		16～19	44.7
黏度/cP		40～100（315K，25%水）	<2.39（325K）

生物油是黏稠的，呈酸性、具有热不稳定性，且含氧化合物含量较高。难题是生产可以替代或补充目前化石燃料使用的高品质生物油。确保高品质生物油生产的方法是通过生物油提质或者在全面生产前从源头提高生物油的品质（Pattiya 等，2008）。自 20 世纪 80 年代初以来，生物能源的发展已引起研究者的广泛关注，生物质热解粗生物油通过提质制备高品质燃料油目前已成为吸引更多研发投入的领域（Guo 等，2004）。目前对生物油提质的研究主要集中于两条技术路线：催化加氢和催化裂化。

Gutierrez 等（2007）在批量反应器系统中使用负载 CoMo 和 NiMo 的商业氧化铝催化剂研究了愈创木酚的加氢脱氧，总压力是 8.0MPa，温度在 475～625K 范围内变动。研究结果表明，在测试的最低温度（475～575K）下，愈创木酚的转化率和加氢脱氧产物的量在 NiMo 催化剂上比在 CoMo 上高。因此，该温度范围内 NiMo 催化剂的活性比 CoMo 高。Fisk 等（2009）研究了模型生物油在负载 Pt 的催化剂上的液相精制情况。在这项研究中，Pt/Al_2O_3 显示出最高的脱氧活性，模型油的氧含量从初始值的 41.4%（按重量计）降低到了提质后的 2.8%。在一项研究中（Peng 等，2009），研究亚临界和超临界乙醇对稻壳热解油的提质情况，用 HZSM－5 作催化剂。研究结果表明，超临界精制过程比亚临界精制过程更有效。Zheng 等（2008）研究了流化床中温度处于 753K～803K 之间时棉秆的快速热解，温度为 783K 时获得了最大的生物油产率（55%）。研究结果表明，这些条件下获得的生物油不需要任何提质即可直接用作锅炉或炉子的燃料油。

3.5.5　生物制氢

氢，最轻的元素，是在空气中发现的浓度约为 0.01%的无色、无臭、无味、无毒的气体（Suban 等，2001）。它是宇宙中最丰富的元素，构成了质量占比 75%和原子数目超 90%的普通物质（Mariolakos 等，2007）。由于氢气具有热值高（122kJ/g）并且清洁、有效、可再生、可持续和可循环的性质，它被认为是未来有希望的、绿色的和理想的能量载体（Mohan 等，2008）。氢气可以用作交通燃料，而核能和太阳能都不能直接使用。它具有用作 IC 发动机汽车燃料的良好性能。氢气可以直接用作 IC 发动机燃料，与汽油发动机没有大的不同。表 3.11 总结了氢气和汽油的化学和物理性质。

表 3.11　　　　　　**氢气和汽油的化学和物理性质（Kraus，2007）**

性　质		氢气	汽油（H/C=1.87）
分子量/(g·mol^{-1})		2.016	～110
压力 1atm（0.101MPa），温度 273K 时的质量密度/(kg·$N_A m^{-3}$)		0.09	720～780（液体）
温度 27K 时液态氢的质量密度/(kg·$N_A m^{-3}$)		70.9	—
沸点/K		20.2	310～478
高位热值（假定生成水）/(MJ·kg^{-1})		142.0	47.3
低位热值（假定生成水蒸气）/(MJ·kg^{-1})		120.0	44.0
可燃性极限体积百分比/%		4.0～75.0	1.0～7.6
爆轰极限体积百分比/%		18.3～59.0	1.1～3.3
空气中扩散速度/(m·s^{-1})		2.0	0.17
点火能/mJ	当量比混合气	0.02	0.24
	低可燃性极限	10	—
空气中火焰速度/(cm·s^{-1})		265～325	37～43
毒性		无毒	毒性高于 0.005%

所有一次能源都可用来生产氢气（Veziroğlu，1975）。目前，氢气生产的主要途径是天然气和其他轻质烃的转化（Wiltowski 等，2008）。化石燃料产氢的同时也会产生 CO_2，而 CO_2 被认为是引起所谓“温室效应”的主要因素（Resiniet 等，2006）。这些过程使用不可再生能源产生氢气，是不可持续的。因此，在未来几十年内，发展可再生能源制氢技术是必需的。

氢气可以由生物质通过热解、气化、蒸汽气化、生物油蒸汽重整和酶分解糖制取。生物质制氢的产率相对较低，达到生物质干重的 16%～18%（Demirbas，2001c）。在热解和气化过程中，使用水煤气变换将重整气转化为氢气，并使用变压吸附来净化产物（Demirbas，2008d）。气化和水煤气变换是最广泛的生物质制氢工艺路线（图 3.7）。通常，气化温度高于热解，气化的氢产率高于热解的氢产率（Balat，2009）。由于原料的可变性（组成、结构、反应性、物理性质等）和苛刻的操作条件（温度、停留时间、加热速

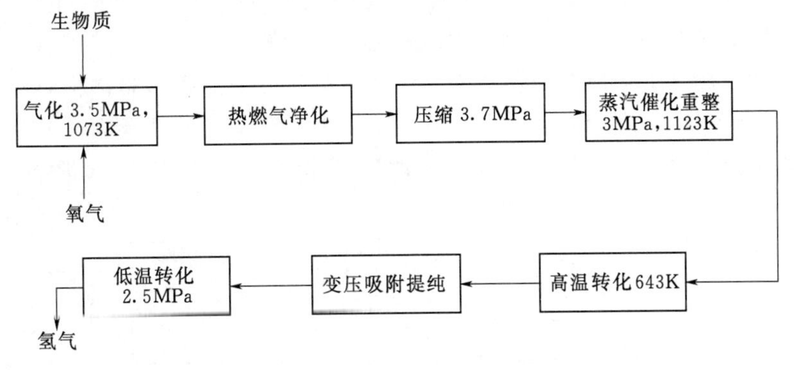

图 3.7　生物质制氢总流程图
（来源：Nath 和 Das，2003）

率等），生物质蒸汽气化制合成气的建模是一个挑战（Dupontet 等，2007）。氢气可以通过生物质的蒸汽气化产生。蒸汽气化的 H_2 产率随着含水与样品（W/S）比值的增大而提高（Maschioet 等，1994）。蒸汽气化的 H_2 产率会随着温度的提高而提高。

3.5.6 生物合成气通过费托合成生产柴油燃料

费托合成（FTS）是将生物合成气，即生物质气化的 H_2 和 CO 的气体混合物（合成气），生成不同链长的烃（Prinset 等，2004）。FTS 是一种由生物合成气生产汽油、柴油、蜡和醇的方法（Akgerman，1984）。

基本 FTS 反应是（Abatzoglou 等，2007）：

烷烃合成（Paraffin synthesis）：

$$nCO+(2n+1)H_2 \longleftrightarrow C_nH_{2n+2}+nH_2O \tag{3.7}$$

烯烃合成（Olefin synthesis）：

$$nCO+2nH_2 \longleftrightarrow C_nH_{2n}+nH_2O \tag{3.8}$$

乙醇合成（Alcohol synthesis）：

$$nCO+2nH_2 \longleftrightarrow C_nH_{2n+1}OH+(n-1)H_2O \tag{3.9}$$

在上述等式中，n 是烃链的平均长度。所有反应都是放热的，产物是不同烃的混合物，其中烷烃和烯烃是主要部分（Stelmachowski 和 Nowicki，2003）。

FTS 法使用的主要有已被广泛表征的铁（Fe）、钴（Co）、钌（Ru）和钾（K）基催化剂，它们在 2.5～4.5MPa 的高压和 495～725K 的温度下操作（Overend，2004）。Fe 基催化剂的使用是有吸引力的，因为它们的 FTS 活性和水煤气变换反应性高，这有助于弥补现代能源效率的煤气化炉产生的合成气中 H_2 的不足（Rao 等，1992）。对 Fe 基催化剂的兴趣源于它们相对较低的成本和优异的 WGS 反应活性，这有助于补充来自煤气合成气中 H_2 的不足（Jothimurugesanet 等，2000）。

FT 催化转化法可用于将生物合成气合成柴油燃料。图 3.8 显示了生物合成气通过 FTS 生产柴油燃料的流程。集成了 FTS 反应器的生物质气化炉的设计目标是必须实现液态烃的高产率。对于气化炉而言，重要的是将生物质中的所有碳主要转化为 CO 和 CO_2，尽可能避免甲烷形成（Balat，2006）。FT 法特别适合生产高品质柴油，因为产物主要是具有高十六烷值的直链烷烃。高十六烷值使柴油燃烧更干净，减少了有害排放（Lögdberg，2007）。FT 合成柴油燃料的物理性质与 2 号柴油燃料非常相似，而且化学性质优异，因为 FT 法如果处理正确（如采用 Co 基催化剂），会产生不含芳族化合物或硫化合物的中间馏分。表 3.12 给出了 FT 柴油燃料和 2 号柴油燃料的性质（Demirbas，2008e）。

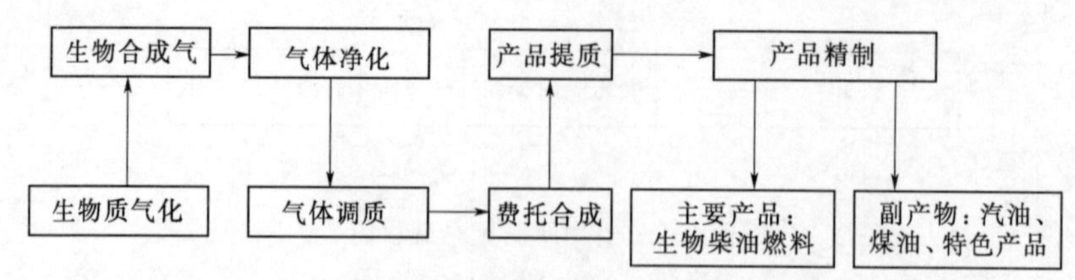

图 3.8 生物合成气通过费托合成（FTS）生产柴油燃料的流程图

表 3.12　　FT 柴油燃料和 2 号柴油燃料的性质

性　　质	FT 柴油燃料	2 号柴油燃料
密度/($g \cdot cm^3$)	0.78	0.83
高位热值/($MJ \cdot kg^{-1}$)	47.1	46.2
芳香烃含量/%	0～0.1	8～16
十六烷值	76～80	40～44
硫含量/10^{-6}	0～0.1	25～125

3.6　生物燃料：液体石化燃料的替代品

今天，世界面临三个关键问题：燃料价格高、气候变化、空气污染。专家认为目前石油和天然气的储量只够维持几十年（Demirbas，2007f）。众所周知，交通运输几乎完全靠化石燃料，特别是石油基燃料，如汽油、柴油燃料、液化石油气和压缩天然气。石油基燃料集中在世界某些地区，储量有限。这些资源即将达到最高产量。化石燃料资源会日益短缺（Demirbas，2009c）。已知的石油储量有限，在目前的消耗速率下估计会在不到 50 年的时间内耗尽（Liet 等，2009）。

根据《BP 世界能源统计年鉴》（BP，2008），2007 年世界石油产量为 39 亿 t。交通运输部门的消费占了世界石油消费总量的大约 60%（IEA，2008）。2006 年，全球交通运输部门贡献了 23%的二氧化碳排放总量，由于发展中国家增加了许多汽车，导致排放量日益增加。石油价格急剧上涨、化石燃料资源有限、对环境影响、特别是温室气体排放有关的关注日益增长以及健康和安全的考虑，迫使人们寻找新能源和替代方法以驱动世界上的机动车辆。

生物燃料，如生物乙醇和生物柴油，是化石燃料可能的替代品，在减少对化石燃料的进口依赖方面作出了重要贡献，特别是在交通运输部门。生物燃料的另一个优势是它们在气候保护方面的贡献：由于生物燃料通常被认为是二氧化碳中性，它们的使用有助于减少温室气体排放（Bunse 等，2006）。生物燃料工业作为收入来源以及农村和小农场主的大型新市场的潜力吸引了人们极大的兴趣。对生物燃料日益增长的国际需求特别令寻求经济增长和贸易机会的发展中国家感兴趣。在生物燃料生产方面发展中国家更有优势，因为土地供应更多，农业气候条件有利，劳动力成本较低。然而，可能存在其他社会经济和环境影响，从而影响发展中国家从全球对生物燃料的需求增加中获益的潜力（FARA，2008）。大规模生产生物燃料为某些发展中国家减少对石油进口的依赖提供了机会。在工业化国家，使用现代技术和有效生物能源转化的系列生物燃料正呈现出增长趋势，与化石燃料相比，生物燃料的成本竞争力正在增强（Demirbas，2008e）。

全球液体生物燃料（生物乙醇和生物柴油）的生产从 2000 年的不到 200 亿 L（Balat，2008）增加到了 2007 年的超过 540 亿 L（REN21，2008）。2000—2007 年期间，全球生物燃料生产如图 3.9 所示。生物乙醇是交通运输中使用最广泛的生物燃料，占全球生物燃料生产的 85%以上。2007 年生物乙醇产量占到了全球 1300 亿 L 汽油消耗量的大约 4%

(REN21，2008)。生物乙醇生产和用作运输燃料的前景非常乐观。到2012年，世界乙醇产量预计将达到650亿L（Gnansounou等，2005）。

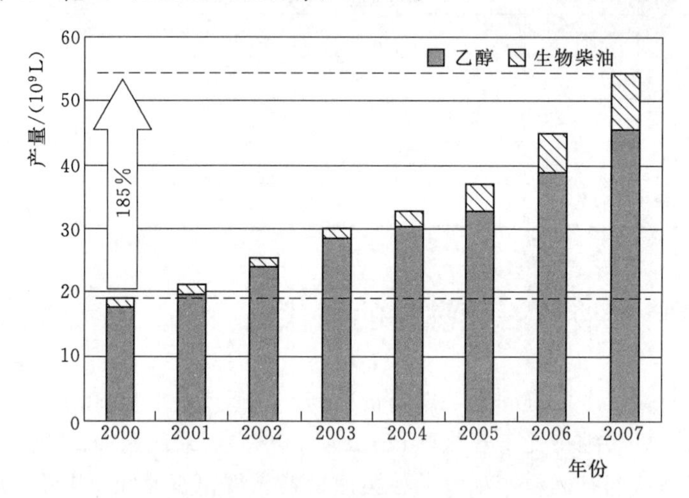

图3.9　2000—2007年期间全球的生物燃料生产

生物乙醇目前被添加到汽油中，但也可以单独使用。汽车使用生物乙醇混合燃料可以显著降低石油的使用和温室气体的排放。汽油和生物乙醇的混合物被称为乙醇汽油。E10，有时称为乙醇汽油，是10%生物乙醇和90%汽油燃料的混合物，可以在大多数现代汽车的IC发动机中使用（Demirbas，2008c）。根据欧盟质量标准EN228，汽油中可以混入5%的生物乙醇使用。使用该混合物不需要进行发动机改装，使用的车辆也在保修范围内。发动机进行改装后，生物乙醇可以在更高的水平使用，如E85（85%的生物乙醇）（Demirbas，2008f）。向汽油中添加生物乙醇增加了燃料的氧含量，改善了汽油的燃烧并减少了通常因为机动车辆中不完全燃烧（如CO和未燃烧的烃）产生的废气排放（Malça和Freire，2006）。表3.13列出了低水平和高水平生物乙醇汽油混合燃料的排放变化。

表3.13　低水平和高水平生物乙醇混合物的排放变化统计（Kadam，2000）

排　放	低水平混合（如E10）	高水平混合（如E85）
CO	降低25%～30%	降低25%～30%
CO_2	降低10%	降低高达100%（E100）
氮氧化物	增加或减少5%	减少高达20%
挥发性有机化合物排放	降低7%	降低30%或更多
蒸发性	无变化（加拿大）	降低
二氧化硫与颗粒物	降低	显著降低
醛	升高30%～50%（但是由于催化转化可以忽略不计）	数据不足
芳香烃（苯和丁二烯）	降低	降低50%以上

生物柴油可用作柴油发动机的纯燃料或以任何水平与石油基柴油混合使用。最常见的生物柴油混合物是B2（2%生物柴油和98%石化柴油）、B5（5%生物柴油和95%石油柴油）和B20（20%生物柴油和80%石油柴油）。生物柴油也可以单独（B100）使用，但发动机可能需要做些改装，以避免维护和性能问题（Demirbas，2003b）。在许多欧洲国家，生物柴油被广泛用作5%生物柴油和95%石化柴油（B5）的混合燃料。在美国，B20（20%生物柴油和80%石油柴油）是最常用的生物柴油混合燃料。此外，由于生物柴油主要由植物油制成，它将生命周期温室气体排放降低了78%之多（Ban - Weiss等，2007）。生物柴油及其混合物可以在柴油发动机中运行，而无须对发动机进行大的改动，并且相对于石化柴油，减少了发动机的碳氢化合物（HC）、一氧化碳（CO），二氧化硫（SO_2）和颗粒物质（PM）排放。高达20%的生物柴油混合燃料减少了HC、CO、SO_2和颗粒物的排放，并改善了发动机的性能（Sastryet等，2006）。氮氧化物（NO_x）的排放随着燃料中生物柴油含量的增加而增加。2002年10月，美国环境保护局（EPA，2002）评估了生物柴油燃料对排放的影响，并发布了总结测试结果的报告草案。该研究报告指出，与石化柴油相比，大豆基B20燃料的排放量减少了10.1%，HC减少了21.1%，CO减少了11%，这些抵消了NO_x增加的2%的排放量。生物柴油的平均排放影响如图3.10所示。

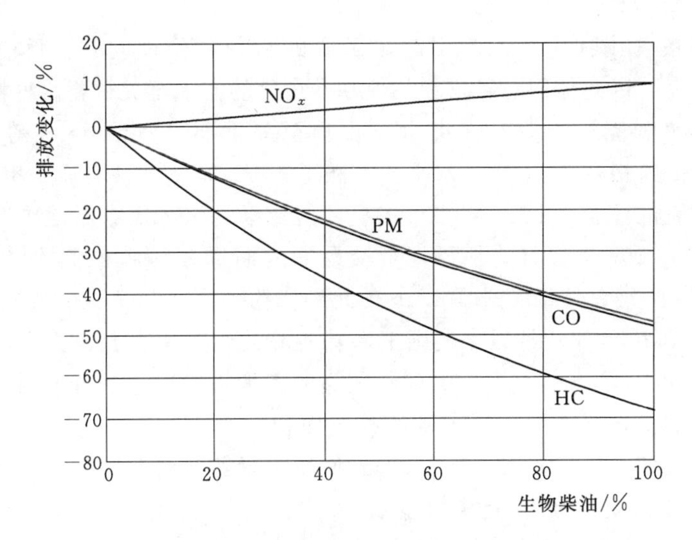

图3.10 生物柴油对公路用重型发动机平均排放的影响
（来源：EPA，2002）

生物燃料在世界各地日益受到关注，一些政府宣布对生物燃料计划作出承诺，作为减少温室气体排放和石化燃料依赖的一种方式。美国、巴西和几个欧盟成员国拥有世界上最人的促进生物燃料发展的计划。美国政府最近承诺在十年内将生物能源增加三倍，这为寻找可行的生物燃料增加了动力（Chen等，2008）。南美洲、巴西在继续执行车用燃料至少使用22%生物乙醇的政策，并鼓励使用燃烧含水生物乙醇（含水量4%的生物乙醇）代替汽油的车辆（Stevens等，2004）。

欧洲国际生物燃料市场的未来条件将主要由欧盟的可再生能源政策及其与国家能源政策的相互影响决定。到目前为止，欧盟委员会已经指出，未来生物质将发挥重要作用（Ericsson 和 Nilsson，2004）。在欧盟委员会看来，授权使用生物燃料将改善能源供应安全，减少温室气体排放，提高农村收入和就业。2008 年 1 月 23 日，欧盟委员会（EC，2008）在“关于促进使用可再生能源的欧盟指令”背景下，提出了生物燃料在交通运输燃料中的份额至少为 10%的目标，即到 2020 年，生物燃料占所有可再生能源总消费量的 20%。2007 年，为了实现生物燃料的充分混合，欧盟同意对燃料质量指令进行修订。在这些拟定的规则中，委员会将温室气体减排的最低值设定为 35%（Pfuderer 和 Del Castillo，2008；Thamsiriroj 和 Murphy，2009），生物燃料必须实现这一点才能计入生物燃料目标。

3.7 食物与燃料

现在世界粮食供应面临严重问题。世界人口的快速增长和生物燃料消费的日益增加使得对粮食和生物燃料的需求日益增加。这导致了更严重的食物和燃料短缺。人类面临严重的粮食短缺和营养不良。生物燃料生产需要大量的化石能源和粮食资源，这会加剧资源之间的冲突（Pimentelet 等，2008）。

使用玉米等粮食作物生产乙醇引起了重要的营养和伦理问题。目前，世界上有近 60%的人营养不良，因此他们对谷物和其他基本食物的需求至关重要。种植生产燃料的作物浪费的土地、水和能源资源对人类生产食物至关重要（Pimentelet 等，2009）。2007 年，美国零售食品价格在 2006 年的水平上上涨了 4%，是整个核心通胀率（2.3%）的两倍，引起了消费者的注意（Tiffany，2009）。乙醇驱动的玉米需求激增推动了玉米价格的急剧上升。例如，2007 年 3 月芝加哥期货交易所的期货合约从 2006 年 9 月的每蒲式耳 2.50 美元升至 2007 年 1 月每蒲式耳 4.16 美元的合约高位（上涨了 66%）。玉米价格急剧上升，主要是由于 2006 年中期以来美国玉米基乙醇的生产能力迅速扩大，带动了玉米需求的增加（Yacobucci 和 Schnepf，2007）。较高的玉米价格部分是由于制造乙醇的需求所驱动，这些较高的价格有效增加了玉米的种植面积，使土地应用远离其他回报较低的作物，如大豆、小麦和干草（Tiffany，2009）。使用玉米乙醇将美国牛肉、鸡肉、猪肉、鸡蛋、面包、谷物和牛奶的价格上涨幅度从 10%提高到了 30%（Pimentel 和 Pimentel，2008；Pimentel 等，2008；Pimentel 等，2009）。

食物与燃料是两难问题，农田或作物有转向服务于液体生物燃料生产的风险，这会损害全球范围内的食物供应。关于这点的重要性、产生的原因、造成的影响，以及可以做或应该做什么都存在不同意见。生物燃料生产近年来有所增加。一些商品，如玉米、甘蔗和植物油，可用作食物、饲料或生产生物燃料。例如，植物油最近更具吸引力了，这是因为它们的环境效益和它们由可再生资源制成的事实（Demirbas，2008g）。植物油是可再生的，也可能是含能量接近柴油燃料的用之不尽的能源。但是，大量使用植物油可能导致其他重要问题，如发展中国家的饥饿问题（Demirbas，2007f）。

为了满足世界上大多数的能源需求而继续使用化石燃料受到大气中 CO_2 浓度增加及

担忧全球变暖的威胁。此外，石油是有限的燃料资源，正迅速变得越来越少和昂贵。石油基燃料是集中在世界某些地区的有限储量。对环境、经济和政治的关注使人类对生物燃料的兴趣正日益增长。一些研究表明，生物燃料生产可以在不增加种植面积的情况下显著增加。

参考文献

Abatzoglou, N., Dalai, A., and Gitzhofer, F. 2007. Green diesel from Fischer - Tropsch synthesis: Challenges and hurdles 3rd IASME/WSEAS International Conference on Energy, Environment, Ecosystems and Sustainable Development, Greece, July 24 - 26.

Ahring, B. K., and Westermann, P. 2007. Coproduction of bioethanol with other biofuels. *Adv. Biochem. Eng. / Biotechnol.* 108: 289 - 302.

Akgerman, A. 1984. Diffusivities of Synthesis Gas and Fischer - Tropsch Products in Slurry Media. DOE Report - DOE/PC/70032 - T1, the US Department of Energy - USDOE Assistant Secretary for Fossil Energy, Washington, DC, USA.

Akoh, C. C., Chang, S. W., Lee, G. C., and Shaw, J. F. 2007. Enzymatic approach to biodiesel production. *J. Agric. Food. Chem.* 55: 8995 - 9005.

Badger, P. C. 2002. Ethanol from cellulose: A general review. In: *Trends in New Crops and New Uses*, Janick, J., and Whipkey, A (ed.), ASHS Press, Alexandria, VA.

Balat, M. 2006. Sustainable transportation fuels from biomass materials. *Energy Edu. Sci. Technol.*, 17: 83 - 103.

Balat, M. 2008. Global trends on the processing of bio - fuels. *International Journal of Green Energy* 5: 212 - 38.

Balat, M., Balat, H., and Oz, C. 2008. Progress in bioethanol processing. *Prog. Energy Combus. Sci.* 34: 551 - 73.

Balat, M. 2009. Gasification of biomass to produce gaseous products. *Energy Sources Part A* 31: 516 - 526.

Balat, M., Balat, M., Kirtay, E., and Balat, H. 2009. Main routes for the thermo - conversion of biomass into fuels and chemicals. Part 1: Pyrolysis systems. *Energy. Convers. Manage.* 50: 3147 - 3157.

Ban - Weiss, G. A., Chen, J. Y., Buchholz, B. A., and Dibble, R. W. 2007. A numerical investigation into the anomalous slight NOx increase when burning biodiesel; a new (old) theory. *Fuel Process Technol.* 88: 659 - 667.

Banse, M. A. H., Meijl, van, J. C. M., Tabeau, A. A., and Woltjer, G. B. 2008. Will EU biofuel policies affect global agricultural markets. *Research Report*, *Agricultural Economics Research Institute*, Netherlands.

Becidan, M. 2007. Experimental studies on municipal solid waste and biomass pyrolysis. Ph. D. Thesis, Norwegian University of Science and Technology, Trondheim, May.

Bhatt, Y. C., Murthy, N. S., and Datta, R. K. 2004. Use of Mahua oil (Madhuca indica) as a diesel fuel extender, *J. Inst. Eng.* (*India*): *Agri. Eng.* 85: 10 - 14.

Brammer, J. G., Lauer, M., and Bridgwater, A. V. 2006. Opportunities for biomass - derived "bio - oil" in European heat and power markets. *Energy Policy* 34: 2871 - 2880.

British Petroleum Company (BP). 2008. *BP Statistical Review of World Energy* 2008. BP plc, London.

Bunse M, Dienst, C, Fischedick M, Wallbaum H. 2006. Promoting sustainable biofuel production and use. WISIONS, German Wuppertal Institute for Climate, Environment and Energy, Wuppertal, Germany.

Canakci, M., and Van Gerpen. 2003. A pilot plant to produce biodiesel from high free fatty acid feedstocks. *Trans.* ASAE 46: 945 - 955.

Cardona, C. A., and Sanchez, O. J. 2007. Fuel ethanol production: Process design trends and integration opportunities. *Bioresour. Technol.* 98: 2415 - 2457.

Chen, C. S., Lai, Y. W., and Tien, C. J. 2008. Partitioning of aromatic and oxygenated constitutents into water from regular and ethanol - blended gasolines. *Environmental Pollution*, 156: 988 - 996.

Chen, Y., Xiao, B., Chang, J., Fu, Y., Lv, P., and Wang, X. 2009. Synthesis of biodiesel from waste cooking oil using immobilized lipase in fixed - bed reactor. *Energy. Convers. Manage.* 50: 668 - 673.

Cheng, S., and Zhu, S. 2009. Lignocellulosic feedstock biorefinery - the future of the chemical and energy industry. *Bioresources* 4: 456 - 457.

Chhetri, A. B., Watts, K. C., and Islam, M. R. 2008. Waste cooking oil as an alternative feedstock for biodiesel production. *Energies* 1: 3 - 18.

Chisti, Y. 2007. Biodiesel from microalgae. *Biotechnol Adv.* 25: 294 - 306.

Chisti, Y. 2008. Biodiesel from microalgae beats bioethanol. *Trends Biotechnol.* 26: 126 - 131.

Chopra, S., and Jain, A. 2007. A review of fixed bed gasification systems for biomass. *Agricult. Eng. Int.*: *The CIGR EJournal*, Volume IX, April.

Clark, J. H., Budarin, V., Deswarte, F. E. I., Hardy, J. J. E., Kerton, F. M., Hunt, A. J., Luque, R., Macquarrie, D. J., Milkowski, K., Rodriguez, A., Samuel, O., Tavener, S. J., White, R. J., and Wilson, A. J. 2006. Green chemistry and the biorefinery: a partnership for a sustainable future. *Green Chem.* 8: 853 - 860.

Cooper, C., Crabb, C., Ondrey, G., and Armesto, C. 1999. A renewed boost for ethanol. *Chem. Eng.* 106: 35.

Corlett, R. F. 1975. Conversion of Seattle's solid waste to methanol or ammonia. The Trend in Engineering, University of Washington.

Crocker, M., and Crofcheck, C. 2006. Biomass conversion to liquid fuels and chemicals. *Energeia* 17: 1 - 3.

Czernik, S., and Bridgwater, A. V. 2004. Overview of applications of biomass fast pyrolysis oil. *Energy Fuels* 18: 590 - 598.

Dawson, B., and Spannagle, M. 2009. *The Complete Guide to Climate Change*. Matt. Taylor & Francis Routledge, New York, NY.

De Jong, E., van Rea, R., van Tuil, R., and Elbersen, W. 2008. Biorefineries for the Chemical Industry - A Dutch Point of View. In: *Biorefineries - Industrial Processes and Products*, Kamm *et al.* (ed.), Wiley - VCH Verlag GmbH & Co. KGaA, Weinheim, Germany.

De Oliveira, D., Do Nascimento, I., Di Luccio, M., Faccio, C., Dalla, R. C., Bender, J. P, Lipke, N., Amroginski, C., Dariva, C., and De Oliveira, J. V. 2005. Kinetics of enzyme - catalyzed alcoholysis of soybean oil in n - hexane. *Appl. Biochem. Biotechnol.* 121: 231 - 241.

Demirbas, A. 2001a. Biomass resource facilities and biomass - conversion processing for fuels and chemicals. *Energy. Convers. Manage.* 42: 1357 - 1378.

Demirbas, A. 2001b. Energy balance, energy sources, energy policy, future developments and energy investments in Turkey. *Energy. Convers. Manage.* 42: 1239 - 1258.

Demirbas, A. 2001c. Yields of hydrogen of gaseous products via pyrolysis from selected biomass samples. *Fuel* 80: 1885 - 1891.

Demirbas, A. 2002. Biodiesel from vegetable oils *via* transesterification in supercritical methanol. *Energy.*

Convers. Manage. 43: 2349 - 2356.

Demirbas, A. 2003a. Biodiesel fuels from vegetable oils *via* catalytic and noncatalytic supercritical alcohol transesterifications and other methods: a survey. *Energy. Convers. Manage.* 44: 2093 - 2109.

Demirbas, A. 2003b. Current advances in alternative motor fuels. *Energy Explor. Exploit.* 21: 475 - 487.

Demirbas, A. 2004. Ethanol from cellulosic biomass resources. *Energy Sources* 26: 79 - 87.

Demirbas, A. 2005. Fuel and combustion properties of bio - wastes. *Energy Sources* 27: 452 - 462.

Demirbas, A. 2006. Global renewable energy resources. *Energy Sources Part A* 28: 779 - 792.

Demirbas, A. 2007a. Modernization of biomass energy conversion facilities. *Energy Sources Part B* 2: 227 - 235.

Demirbas, A. 2007b. Fuel alternatives to gasoline. *Energy Sources Part B* 2: 311 - 20.

Demirbas, A. 2007c. Producing and using bioethanol as an automotive fuel. *Energy Sources Part B* 2: 391 - 401.

Demirbas, A. 2007d. Alternatives to petroleum diesel fuel. *Energy Sources Part B* 2: 343 - 351.

Demirbas, A. 2007e. The influence of temperature on the yields of compounds existing in bio - oils obtained from biomass samples via pyrolysis. *Fuel Process Technol.* 88: 591 - 597.

Demirbas, A. 2007f. Importance of biodiesel as transportation fuel. *Energy Policy* 35: 4661 - 4670.

Demirbas, A., and Karslioglu, S. 2007. Biodiesel production facilities from vegetable oils and animal fats. *Energy Sources Part A* 29: 133 - 41.

Demirbas, A. 2008a. Heavy metal adsorption onto agro - based waste materials: A review. *J Hazard. Mater.* 157: 220 - 229.

Demirbas, A. 2008b. *Biodiesel: A Realistic Fuel Alternative for Diesel Engines*. Springer Publishing Co, London.

Demirbas, A. 2008c. Biofuels sources, biofuel policy, biofuel economy and global biofuel projections. *Energy. Convers. Manage.* 49: 2106 - 2116.

Demirbas, A. 2008d. Biohydrogen generation from organic waste. *Energy Sources Part A* 30: 475 - 482.

Demirbas, A. 2008e. Present and future transportation fuels. *Energy Sources Part A* 30: 1473 - 1483.

Demirbas, A. 2008f. The importance of bioethanol and biodiesel from biomass. *Energy Sources Part B* 3: 177 - 185.

Demirbas, A. 2008g. Studies on cottonseed oil biodiesel prepared in non catalytic SCF conditions. *Biores. Technol.* 99: 1125 - 1130.

Demirbas, A. 2009a. Global renewable energy projections. *Energy Sources Part B* 4: 212 - 224.

Demirbas, A. 2009b. *Biofuels: Securing the Planets Future Energy Need*. Springer - Verlag, London, January 1.

Demirbas, A. 2009c. Progress and recent trends in biodiesel fuels. *Energy. Convers. Manage.* 50: 14 - 34.

Dufey, A. 2006. Biofuels production, trade and sustainable development: emergin g issues. Sustainable Markets Discussion Paper No. 2, International Institute for Environment and Development, London, November.

Dupont, C., Boissonnet, G., Seiler, J. M., Gauthier, P., and Schweich, D. 2007. Study about the kinetic processes of biomass steam gasification. *Fuel* 86: 32 - 40.

Dutch Sustainable Development Group (DSDG). 2005. Feasibility study on an effective and sustainable bio-ethanol production program by least developed countries as alternative to cane sugar export. Ministry of Agriculture, Nature and Food Quality (LNV), The Hague, The Netherlands, May 20.

Easterly, J. L. 2002. Assessment of bio - oil as a replacement for heating oil. Northeast Regional Biomass Program Managed by the CONEG Policy Research Center, Washington, November 1.

Edem, D. O. 2002. Palm oil: Biochemical, physiological, nutritional, hematological, and toxicological aspects: A review. *Plant Foods Hum. Nutr.* 57: 319 - 341.

Enguídanos, M., Soria, A., Kavalov, B., and Jensen, P. 2002. Techno - economic analysis of bio - alcohol production in the EU: a short summary for decisionmakers. IPTS/JRC, Report EUR 20280 EN, Sevilla, May.

Environmental Protection Agency (EPA). 2002. A comprehensive analysis of biodiesel impacts on exhaust emissions. Draft Technical Report, EPA420 - P02 - 001, October.

Ericsson, K., and Nilsson, L. J. 2004. International biofuel trade—a study of the Swedish import. *Biomass Bioenergy* 26: 205 - 220.

Ericsson, K., and Nilsson, L. J. 2006. Assessment of the potential biomass supply in Europe using a resource - focused approach. *Biomass Bioenergy* 30: 1 - 15.

European Commission (EC). 2008. Proposal for a directive of the European Parliament and of the Council on the promotion of the use of energy from renewable sources. Brussels, January 23.

Forum for Agricultural Research in Africa (FARA). 2008. Bioenergy value chain research and development: stakes and opportunities. FARA Discussion Paper, Burkina Faso, April.

Feldman, D., Banu, D., Natansohn, A., and Wang, J. 1991. Structure - properties relations of thermally cured epoxy - lignin polyblends. *J. Appl. Polym. Sci.* 42: 1537 - 1550.

Fisk, C. A., Morgan, T., Ji, Y., Crocker, M., Crofcheck, C., and Lewis, S. A. 2009. Bio - oil upgrading over platinum catalysts using *in situ* generated hydrogen. *Appl. Catal. A: General* 358: 150 - 156.

Freedman, B., Pryde, E. H., and Mounts, T. L. 1984. Variables affecting the yields of fatty esters from transesterified vegetable oils. *J. Am. Oil Chem. Soc.* 61: 1638 - 1643.

Food and Agriculture Organization of the United Nations (FAO). 2009. The market and food security implications of the development of biofuel production. FAO Committee on Commodity Problems, Sixty - seventh Session, Rome, April 20 - 22.

Fukuda, H., Kondo, A., and Noda, H. 2001. Biodiesel fuel production by transesterification of oils. *J. Biosci. Bioeng.* 92: 405 - 416.

Furuta, S., Matsuhasbi, H., and Arata, K. 2004. Biodiesel fuel production with solid superacid catalysis in fixed - bed reactor under atmospheric pressure. *Catal. Commun.* 5: 721 - 723.

Gibbs, H. K., Johnston, M., Foley, J. A., Holloway, T., Monfreda, C., Ramankutty, N., and Zaks, D. 2008. Carbon payback times for crop - based biofuel expansion in the tropics: the effects of changing yield and technology. *Environ. Res. Lett.* 3: 034001 (10pp).

Gnansounou, E., and Dauriat, A. 2005. Ethanol fuel from biomass: A review. *J. Sci. Indust. Res.* 64: 809 - 821.

Gnansounou, E., Bedniaguine, D., and Dauriat, A. 2005. Promoting bioethanol production through clean development mechanism: findings and lessons learnt from ASIATIC project. 7th IAEE European Energy Conference, Bergen, Norway, August.

Gravitis, J. 2007. Zero techniques and systems - ZETS strength and weakness. *J. Cleaner Produc.* 15: 1190 - 1197.

Gravitis, J. 2008. Biorefinery: Biomaterials and Bioenergy from Photosynthesis, within Zero Emission Framework. In: *Sustainable Energy Production and Consumption*, Barbir, F., and Ulgiati, S (ed.), Springer, Netherlands, pp. 327 - 337.

Greiler, Y. 2007. Biofuels, opportunity or threat to the poor? Issues Paper, Swiss Agency for Development and Cooperation, SDC, Berne, July.

Gui, M. M., Lee, K. T., Bhatia, S. 2008. Feasibility of edible oil *vs. non* edible oil *vs.* waste edible oil as biodiesel feedstock. *Energy* 33: 1646 - 1653.

Guo, X., Yan, Y., and Li, T. 2004. Influence of catalyst type and regeneration on upgrading of crude bio - oil through catalytical thermal cracking. *Chinese Journal of Process Engineering*, 4: 53 - 58.

Gutierrez, A., Domine, M. E., and Solantausta, Y. 2007. Co - processing of upgraded bio - liquids in standard refinery units - fundamentals. 15*th European Biomass Conference and Exhibition*, Berlin, May 7 - 11.

Hahn-Hagerdal, B., Galbe, M., Gorwa-Grauslund, M. F., Liden, G., and Zacchi, G. 2006. Bioethanol - the fuel of tomorrow from the residues of today. *Trends Biotechnol.* 24: 549 - 556.

Hamelinck, C. N., and Faaij, A. P. C. 2002. Future prospects for production of methanol and hydrogen from biomass. *J. Power Sources* 111: 1 - 22.

Hartemink, A. E. 2008. Sugarcane for Bioethanol: Soil and Environmental Issues. *Adv. Agron.* 99: 125 - 182.

Helwani, Z., Othman, M. R., Aziz, N., Kim, J., and Fernando, W. J. N. 2009. Solid heterogeneous catalysts for transesterification of triglycerides with methanol: A review. *Appl. Catal. A: Gen.* 363: 1 - 10.

Hoogwijk, M., Faaij, A., de Vries, B., and Turkenburg, W. 2004. Potential of biomass. energy under four land use scenarios - Part B: Exploration of regional and global cost - supply curves. In: Hoogwijk, M, On the global and regional potential of renewable energy sources, PhD thesis, Dept. of Science, Technology and Society, Utrecht University, Utrecht.

Hoogwijk, M., Faaij, A., Eickhout, B., de Vries, B., and Turkenburg, W. 2005. Potential of biomass energy out to 2100, for four IPCC SRES land - use scenarios. *Biomass Bioenergy* 29: 225 - 257.

International Energy Agency (IEA). 2008. *Key World Energy Statistics* 2008. OECD/IEA, Paris.

Islam, M. R., Nurun, N., and Islam, M. N. 2003. The fuel properties of pyrolytic oils derived from carbonaceous solid wastes in Bangladesh. *Jurnal Teknologi* 38: 75 - 89.

Iwasa, N., Kudo, S., Takahashi, H., Masuda, S., and Takezawa, N. 1993. Highly selective supported Pd catalysts for steam reforming of methanol. *Catal. Lett.* 19: 211 - 216.

Jank, M. J., Kutas, G., Amaral, L. F., and Nassar, A. M. 2007. EU and U. S. policies on biofuels: potential impacts on developing countries. *GMF Study*, *The German Marshall Fund*, Washington, DC, May.

Jothimurugesan, K., Goodwin, J. G., Santosh, S. K., and Spivey, J. J. 2000. Development of Fe Fischer - Tropsch catalysts for slurry bubble column reactors. *Catal. Today* 58: 335 - 344.

Kadam, K. L. 2000. Environmental life cycle implications of using bagassederived ethanol as a gasoline oxygenate in Mumbai (Bombay). National Renewable Energy Laboratory, Technical Report, NREL/TP - 580 - 28705, Golden, CO, November.

Karekezi, S., K. Lata, and S. T. Coelho. 2004. Traditional biomass energyimproving its use and moving to modern energy use. *International Conference for Renewable Energies*, Bonn, June 1 - 4.

Kim, S., and Dale, B. E. 2005. Life cycle assessment of various cropping systems utilized for producing biofuels: bioethanol and biodiesel. *Biomass Bioenergy* 29: 426 - 439.

Knothe, G. 2006. Analyzing biodiesel: standards and other methods. *Journal of the American Oil Chemists' Society*, 83: 823 - 832.

Koh, L. P. 2007. Potential habitat and biodiversity losses from intensified biodiesel feedstock production. *Conservat. Biol.* 21: 1373 - 1375.

Kojima, M., and Johnson, T. 2005. Potential for biofuels for transport in developing countries. *Energy*

Sector Management Assistance Programme, *Joint UNDP/World Bank*, Washington, DC, October.

Kotwal, M.S., Niphadkar, P.S., Deshpande. S.S., Bokade. V.V., and Joshi, P.N. 2009. Transesterification of sunflower oil catalyzed by flyash-based solid catalysts. *Fuel* 88: 1773-1778.

Kraus, T. 2007. Hydrogen fuel - an economically viable future for the transportation industry? Duke *J. Econom.* Spring XIX.

Kumar, A., Cameron, J.B., and Flynn, P.C. 2005. Pipeline transport and simultaneous saccharification of corn stover. *Biores. Technol.* 96: 819-829.

Kusdiana, D., and Saka, S. 2001. Kinetics of transesterification in rapeseed oil to biodiesel fuels as treated in supercritical methanol. *Fuel* 80: 693-698.

Larson, E.D., and Kartha, S. 2000. Expanding roles for modernized biomass energy. *Energy Sustain. Develop.* 4: 15-25.

Li, Y., Xue, B., and He, X. 2009. Catalytic synthesis of ethylbenzene by alkylation of benzene with diethyl carbonate over HZSM-5. *Catal. Commun.* 10: 702-707.

Lögdberg, S. 2007. Development of Fischer-Tropsch catalysts for gasified biomass. Licentiate Thesis in Chemical Engineering, KTH School of Chemical Science and Engineering, Stockholm, Sweden, May.

Lotero, E., Goodwin, J.G., Bruce, D.A., Suwannakarn, K., Liu, Y., and Lopez, D.E. 2006. The catalysis of biodiesel synthesis. *Catalysis* 19: 41-83.

Lucia, L.A., Argyropoulos, D.S., Adamopoulos, L., and Gaspar, A.R. 2006. Chemicals and energy from biomass. *Can. J. Chem.* 84: 960-970.

Lustig, N. 2009. The Curse of Volatile Food Prices: Policy Dilemmas in the Developing World. Tenth Annual Conference on "Natural Resources and Development" Global Development Network, Kuwait City, Kuwait, February 1-5.

Lynd, L.R. 1996. Overview and evaluation of fuel ethanol from cellulosic biomass: Technology, economics, the environment, and policy. *Annu. Rev. Energy Environ.* 21: 403-465.

Lynd, L.R., van Zyl, W.H., McBride, J.E., and Laser, M. 2005. Consolidated bioprocessing of cellulosic biomass: an update. *Curr. Opin. Biotechnol.* 16: 577-583.

Mabee, W.E., Saddler, J.N., Nielsen, C., Nielsen, L.H., and Jensen, E.S. 2006. Renewable-based fuels for Transport. *In*: *Renewable energy for power and transport*, *Risø Energy Report* 5, November, pp. 47-50.

Maher, K.D., and Bressler, D.C. 2007. Pyrolysis of triglyceride materials for the production of renewable fuels and chemicals. *Bioresour. Technol.* 98: 2351-2368.

Malça, J., and Freire, F. 2006. Renewability and life-cycle energy efficiency of bioethanol and bio-ethyl tertiary butyl ether (bioETBE): Assessing the implications of allocation. *Energy* 31: 3362-3380.

Mariolakos, I., Kranioti, A., Markatselis, E., and Papageorgiou, M. 2007. Water, mythology and environmental education. *Desalination* 213: 141-146.

Marwey, B.B. 2008. Sunflower-based feedstocks in nonfood applications: perspectives from olefin metathesis. *Int. J. Mol. Sci.* 9: 1393-1406.

Maschio, G., Lucchesi, A., and Stoppato, G. 1994. Production of syngas from biomass. *Biores. Technol.* 48: 119-126.

Mateos, A. 2007. Biodiesel: production process and main feedstocks. *Energia J.*, Spring 1 (1).

Meher, L.C., Sagar, D.V., and Naik, S.N. 2006. Technical aspects of biodiesel production by transesterification—a review. *Renew. Sustain. Energy Rev.* 10: 248-268.

Mendez, M.C. 2006. Feasibility study of a biodiesel production plant from oilseed. Master of Science, University of Strathclyde, Glasgow, December.

Miao, X., Li, R., and Yao, H. 2009. Effective acid - catalyzed transesterification for biodiesel production. *Energy. Convers. Manage.* 50: 2680 - 2684.

Mitchell, D. 2008. *A Note on Rising Food Prices*. World Bank Policy Research Working Paper No. 4682, World Bank - Development Economics Group (DEC), Washington, DC, August 27.

Mohagheghi, A., Evans, K., Chou, Y. C., and Zhang, M. 2002. Cofermentation of glucose, xylose, and arabinose by genomic DNA - integrated xylose/arabinose fermenting strain of Zymomonas mobilis AX101. *Appl. Biochem. Biotechnol.* 98 - 100: 885 - 898.

Mohan, D., Pittman, C. U., and Steele, P. H. 2006. Pyrolysis of wood/biomass for bio - oil: A critical review. *Energy Fuels* 20: 848 - 889.

Mohan, S. V., Mohanakrishna, G., and Sarma, P. N. 2008. Integration of acidogenic and methanogenic processes for simultaneous production of biohydrogen and methane from wastewater treatment. *Int. J. Hydrogen Energy* 33: 2156 - 2166.

Nath, K., and Das, D. 2003. Hydrogen from biomass. *Curr. Sci.* 85: 265 - 271.

Ohgren, K., Bengtsson, O., Gorwa - Grauslund, M. F., Galbe, M., Hahn - Hagerdal, B., and Zacchi, G. 2006. Simultaneous saccharification and co - fermentation of glucose and xylose in steam - pretreated corn stover at high fiber content with Saccharomyces cerevisiae TMB3400. *J. Biotechnol.* 126: 488 - 498.

Okoro, A., Ejike, E. N., and Anunoso, C. 2007. Sorption model of modified cellulose as crude oil sorbent. *J. Eng. Appl. Sci.* 2: 282 - 285.

Overend, R. P. 2004. Thermochemical conversion of biomass. In: *Renewable Energy Sources Charged with Energy from the Sun and Originated From Earth Moon Interaction*, Shpilrain, E. E. (ed.), Eolss Publishers, Oxford, UK.

Pandey, A. 2007. Biorefinery approach on biofuel from biomass - Trends, challenges and Indian perspectives. International Biofuels Opportunities, Royal Society, April 23 - 24, 2007.

Patil, V., Tran, K. O., and Giselrød, H. R. 2008. Towards sustainable production of biofuels from microalgae. *Int. J. Mol. Sci.* 9: 1188 - 1195.

Pattiya, A., Titiloye, J. O., and Bridgwater, A. V. 2008. Fast pyrolysis of cassava rhizome in the presence of catalysts. *J. Anal. Appl. Pyrolysis* 81: 72 - 79.

Peng, J., Chen, P., Lou, H., and Zheng, X. 2009. Catalytic upgrading of bio - oil by HZSM - 5 in sub - and super - critical ethanol. *Biores. Technol.* 100: 3415 - 3418.

Pfuderer, S., and del Castillo, M. 2008. *The Impact of Biofuels on Commodity Prices*. The Department for Environment, Food and Rural Affairs, DEFRA, London, April.

Philippidis, G. 2008. The Potential of Biofuels in the Americas. Energy Cooperation and Security in the Hemisphere Task Force, Center for Hemispheric Policy - The University of Miami, July 24.

Pimentel, D. 2008. Biofuels, Solar and Wind as Renewable Energy Systems: Benefits and Risks. Springer - Verlag Netherlands: Dordrecht.

Pimentel, D., and Pimentel, M. 2008. Corn and cellulosic ethanol cause major problems. *Energies* 1: 35 - 37.

Pimentel, D., Marklein, A., Toth, M. A., Karpoff, M., Paul, G. S., McCormack, R., Kyriazis, J., and Krueger, T. 2008. Biofuel impacts on world food supply: use of fossil fuel, land and water resources. *Energies* 1: 41 - 78.

Pimentel, D., Marklein, A., Toth, M. A., Karpoff, M., Paul, G. S., McCormack, R., Kyriazis, J., and Krueger, T. 2009. Food versus biofuels: environmental and economic costs. *Hum. Ecol.* 37: 1 - 12.

Pinto, A. C., Guarieiro, L. L. N., Rezende, M. J. C., Ribeiro, N. M., Torres, E. A., Lopes,

W. A., Pereira, P. A. P., and De Andrade, J. B. 2005. Biodiesel: an overview. *J. Braz. Chem. Soc.* 16: 1313 - 1330.

Pongsawatmanit, R., Temsiripong, T., and Suwonsichon, T. 2007. Thermal and rheological properties of tapioca starch and xyloglucan mixtures in the presence of sucrose. *Food Res. Int.* 40: 239 - 248.

Prabhakar, S. V. R. K., and Elders, M. 2009. CO_2 Reduction Potential of Biofuels in Asia: Issues and Policy Implications. *International Conference on Energy Security and Climate Change: Issues, Strategies, and Options* (*ESCC* 2008), Bangkok, Thailand, August 6 - 8.

Prakash, N., and Karunanithi, T. 2008. Kinetic modeling in biomass pyrolysis - a review. *J. Appl. Sci. Res.* 4: 1627 - 1636.

Prins, M. J., Ptasinski, K. J., and Janssen, F. J. J. G. 2004. Exergetic optimization of a production process of Fischer - Tropsch fuels from biomass. *Fuel. Proc. Technol.* 86: 375 - 389.

Pütün, E., Uzun, B. B., and Pütün, A. E. 2006. Production of bio - fuels from cottonseed cake by catalytic pyrolysis under steam atmosphere. *Biomass Bioenergy* 30: 592 - 598.

Rao, V. U. S., Stiegel, G. J., Cinquergrane, G. J., and Srivastava, R. D. 1992. Iron - based catalysts for slurry - phase Fischer - Tropsch process: Technology review. *Fuel Process Technol.* 30: 83 - 107.

Renewable Energy Network for the 21st Century (*REN21*). 2008. *Renewable* 2007 *Global Status Report. Paris*: REN21 Secretariat and Washington, DC: Worldwatch Institute.

Resini, C., Arrighi, L., Delgado, M. C. H., Vargas, M. A. L., Alemany, L. J., Riani, P., Berardinelli, S., Maraza, R., and Busca, G. 2006. Production of hydrogen by steam reforming of C3 organics over Pd - Cu/γ - Al_2O_3 catalyst. *Int. J. Hydrogen Energy* 31: 13 - 19.

Saka, S., and Kusdiana, D. 2001. Biodiesel fuel from rapeseed oil as prepared in supercritical methanol. *Fuel* 80: 225 - 231.

Sana, M., Ali, A., Malik, M. A., Saleem, M. F., and Rafiq, M. 2003. Comparative yield potential and oil contents of different canola cultivars (Brassica napus L.). *Pakistan J. Agron.* 2: 1 - 7.

Sanchez, O. J., and Cardona, C. A. 2008. Trends in biotechnological production of fuel ethanol from different feedstocks. *Bioresour. Technol.* 99: 5270 - 5295.

Sassner, P., Martensson, C. G., Galbe, M., and Zacchi, G. 2008. Steam pretreatment of H_2SO_4 - impregnated salix for the production of bioethanol. *Bioresour. Technol.* 99: 137 - 145.

Sastry, G. S. R., Krishna, A. S. R., Murthy, Raviprasad, P., Bhuvaneswari, K., and Ravi, P. V. 2006. Identification and determination of bio - diesel in diesel. *Energy Sources Part A* 28: 1337 - 1342.

Saxena, R. C., Adhikari, D. K., and Goyal, H. B. 2009. Biomass - based energy fuel through biochemical routes: A review. *Renew. Sustain. Energy Rev.* 13: 167 - 178.

Schuchardt, U., Sercheli, R., and Vargas, R. M. 1998. Transesterification of vegetable oils: A review. *J. Braz. Chem. Soc.* 9: 199 - 210.

Seelke, C. R., and Yacobucci, B. D. 2007. Ethanol and other biofuels: Potential for U. S. - Brazil energy cooperation. *CRS Report for Congress, Order Code RL*34191, Washington, DC, September 27.

Singh, R. K., and Padhi, S. K. 2009. Characterization of jatropha oil for the preparation of biodiesel. *Natural Product Radiance* 8: 127 - 132.

Smeets, E. M. W., Faaij, A. P. C., Lewandowski, I. M., and Turkenburg, W. C. 2007. A bottom - up assessment and review of global bio - energy potentials to 2050. *Prog. Ener. Combus. Sci.* 33: 56 - 106.

Smith, S. 2004. *The Future Role of Biomass.* The Joint Global Change Research Institute, GCEP Energy Workshop, Stanford University, Stanford, California, USA, April.

Smith, A. M. 2008. Prospects for increasing starch and sucrose yields for bioethanol production. *Plant*

J. 54: 546 - 558.

Specht, M., Bandi, A., Baumgart, F., Murray, C. N., and Gretz, J. 1998. Synthesis of methanol from biomass/CO_2 resources. 4th International Conference on Greenhouse Gas Control Technologies, Interlaken, Switzerland, August 30 - September 2.

Specht, M., and Bandi, A. 1999. *The Methanol - cycle - Sustainable Supply of Liquid Fuels*. Center of Solar Energy and Hydrogen Research (ZSW), Stuttgart, Germany.

Srivastava, A., and Prasad, R. 2000. Triglycerides - based diesel fuels. *Renew. Sustain. Energy Rev.* 4: 111 - 133.

Stelmachowski, M., and Nowicki, L. 2003. Fuel from the synthesis gas—the role of process engineering. *Appl. Energy* 74: 85 - 93.

Stevens, D. J., Wörgetter, M., and Saddler, J. 2004. *Biofuels for Transportation: An Examination of Policy and Technical Issues*. IEA Bioenergy Task 39, Liquid Biofuels Final Report 2001 - 2003, Paris.

Stokes, H. 2005. Alcohol fuels (ethanol and methanol): Safety. Presentation at ETHOS 2005, Seattle, Washington, January 29 - 30.

Suban, M., Tuğek, J., and Uran, M. J. 2001. Use of hydrogen in welding engineering in former times and today. *J. Mater. Process Technol.* 119: 193 - 198.

Takezawa, N., Shimokawabe, M., Hiramatsu, H., Sugiura, H., Asakawa, T., and Kobayashi, H. 1987. Steam reforming of methanol over Cu/ZrO_2. Role of ZrO_2 support. *React. Kinet. Catal. Lett* 33: 191 - 196.

Thamsiriroj, T., and Murphy, J. D. 2009. Is it better to import palm oil from Thailand to produce biodiesel in Ireland than to produce biodiesel from indigenous Irish rape seed? *Appl. Energy* 86: 595 - 604.

Tiffany, D. G. 2009. Economic and environmental impacts of U. S. corn ethanol production and use. *Region. Econom. Dev.* 5: 42 - 58.

Trostle, R. 2008. Global Agricultural supply and demand: factors contributing to the recent increase in food commodity prices. *USDA Economic Research Service*, *Report WRS* - 0801, Washington, DC, July.

Van Gerpen, J. 2005. Biodiesel processing and production. *Fuel Process Technol.* 86: 1097 - 1107.

Varnaitë, R., and Raudonieneë, V. 2008. Destruction of hemicellulose in rye straw by micromycetes. *Ekologija* 54: 169 - 172.

Veziroglu, T. N. 1975. *Hydrogen Energy*, Part A. Plenum, New York.

Westermann, P., Jørgensen, B., Lange, L., Ahring, B. K., and Christensen, C. H. 2007. Maximizing renewable hydrogen production from biomass in a bio/catalytic refinery. *Int. J. Hydrogen Energy* 32: 4135 - 4141.

Wilson, J. R., and Burgh, G. 2008. *Energizing Our Future*. John Wiley & Sons, Inc., January 29.

Wiltowski, T., Mondal, K., Campen, A., Dasgupta, D., and Konieczny, A. 2008. Reaction swing approach for hydrogen production from carbonaceous fuels. *Int. J. Hydrogen Energy* 33: 293 - 302.

Wright, C. L., Boote, K., and Marois, J. J. 2008. Production of biofuel crops in Florida: soybean. *IFAS Report*, University of Florida, SS AGR 294, January.

Yacobucci, B. D., and Schnepf, R. 2007. Ethanol and biofuels: Agriculture, infrastructure, and market constraints related to expanded production. *CRS Report for Congress*, *Order Code RL*33928, March 16.

Yaman, S. 2004. Pyrolysis of biomass to produce fuels and chemical feedstocks. *Energy. Convers. Manage.* 45: 651 - 671.

Zanganeh, K. E., and Shafeen, A. 2007. A novel process integration, optimization and design approach for large - scale implementation of oxy - fired coal power plants with CO_2 capture. *Int. J. Greenhouse Gas Control* 1: 47 - 54.

Zhang, Q., Chang, J., Wang, T., and Xu, Y. 2007. Review of biomass pyrolysis oil properties and upgrading research. *Energy. Convers. Manage.* 48: 87 - 92.

Zheng, J., Yi, W., and Wang, N. 2008. Bio - oil production from cotton stalk. *Energy. Convers. Manage.* 49: 1724 - 1730.

第4章 生 物 炼 制

JAMES G. SPEIGHT

CD&W Inc.，PO Box 1722，Laramie，WY 82070－4808，USA

4.1 引言

原油——炼制厂和石油化工行业的基本原料，其供应量是有限的，由于供应/需求问题对其经济优势的削弱超过其他替代原料，导致其主导地位将变得不可持续。这种情况通过利用更具技术挑战性的化石资源，以及在天然气、煤炭燃料和化学品生产中引入新技术而在一定程度上得到缓解（Speight，2007；Speight，2008）。

然而，化石资源当前的使用速率将会对全球气候产生严重的和不可逆转的后果。因此，人们对利用植物性物质作为化学工业的原材料产生了新的兴趣。植物通过光合作用从大气中积累碳，并且广泛利用这些材料作为电力、燃料和化学品生产的基本投入是温室气体减排的可行途径。

因此，石油和石化行业正面临越来越大的压力，不仅要更好地利用得天独厚的烃原料与全球竞争对手有效竞争，而且要确保其工艺和产品符合日益严格的环境立法。

减少国家对进口原油的依赖对于长期安全和经济持续增长是至关重要的。利用可再生的生物质资源补充石油消耗是实现这一目标的第一步。将化学工业从石化炼制调整到生物炼制的想法，假以时日是可行的，已成为许多石油进口国的国家目标。然而，有必要明确构建生物炼制和在化工生产中越来越多地使用生物质衍生原料的目标，保持对目标的正确认识是很重要的。在此背景下，增加生物燃料的使用应被视为实现能源自给自足，而不是包治百病的系列可能措施之一（Crocker 和 Crofcheck，2006）。

生物炼制（biorefinery）是生物质转化为其他产物的手段。在当前背景下，其他产物指生物燃料（biofuels），它具有替代某些石油衍生燃料的潜力。

生物质（biomass）是指专门用作燃料的能源作物，如速生林或柳枝稷；农业残余物和加工副产物，如稻草、甘蔗渣和稻壳；来自林业、建筑业和其他木材加工业残余物（NREL 2003；Wright 等，2006）。生物质是一种可再生能源，与化石燃料资源（石油、煤炭和天然气）不同，又与化石燃料一样，是储存太阳能的一种形式（Speight，2008）。太阳能通过植物生长中的光合作用过程被固定下来。与大多数其他燃料类型相比，生物燃料的优点是可生物降解，因此，即使大量生产，对环境也是相对无害的。

目前，生物质提供世界能源需求的14%，但具有100%的理论潜力。大多数现代生物质能源的生产和使用的方式是不可持续的，带来了许多负面的环境后果。如果生物质要在未来提供更大比例的世界能源需求，那么面临的挑战将是：如何使生物质的生产、转化和利用对自然环境不产生伤害。目前的技术和工艺，如果使用得当，会使得生物燃料对环境的危害小于化石燃料。这些技术和工艺的应用要因地制宜，以便最大限度地减少对环境的负面影响，这是未来生物质能可持续利用的先决条件。这些技术在生物炼制中能够相互配合。

理论上，生物炼制厂可以使用各种生物质，包括木材和专用农作物、植物和动物衍生的废弃物、城市垃圾和水生生物质（藻类和海藻）。生物炼制生产一系列可销售的产品和能源，包括中间产品和最终产品：食品、饲料、材料、化学品、燃料、电力和/或热能。

然而，不同生物质原料之间存在的差异表明，生物炼制厂的构建和运行是建立在原料的化学组成和原料处理方法的基础上。

4.2 生物质原料

生物质这一术语用来描述源自近期生物体的材料，包括植物材料，如树、草、农作物，甚至是动物粪便。通常少量存在的其他生物质组分包括甘油三酯、固醇、生物碱、树脂、萜烯、萜类化合物和蜡。这包括直接从土地收获/收集的初级来源（primary sources）的作物和残留物，如锯木厂残余物之类的次级来源（secondary sources），以及消费后通常进入垃圾填埋场处理的剩余物等三级来源（tertiary sources）。第四个来源（fourth source），虽然通常不这样归类，为动物粪便厌氧消化或垃圾填埋场中的有机材料发酵产生的气体（Wright 等，2006）。

炼制厂设计的一个方面是依据原料的组成。例如，重油炼制厂与常规炼制厂有所不同，用于油砂沥青的炼制厂与两者又有显著差异（Speight，2007；Speight，2008）。再者，生物质的组成也是不同的（Speight，2008），反映在生物质的热值（热含量，发热量）范围中，通常其热值处于 6000～8500Btu/lb 的范围内，略小于煤且远低于石油的热值（表 4.1）。水分含量可能是决定热值的最重要因素。空气干燥基生物质的水分含量通常为 15%～20%，而烘干生物质的水分含量约为 0%。

表 4.1　　选定燃料的热值

燃料	热值/(Btu·lb^{-1})	燃料	热值/(Btu·lb^{-1})
天然气	23000	煤炭（褐煤）	8000
汽油	20000	生物质（草本，干基）	7400
原油	18000	生物质（玉米秸秆，干基）	7000
重油	16000	木材（林业剩余物，干基）	6600
煤炭（无烟煤）	14000	蔗渣（甘蔗）	6500
煤炭（烟煤）	11000	木材	6000
木材（人工养殖树木，干基）	8400		

水分含量也是煤的重要特性，在 2%～30%的范围内变动。然而，大多数生物质原料的堆积密度（及由此影响的能量密度）通常较低，即使致密成型后，也只是大多数化石燃

料堆积密度的10%～40%。

使用最先进的技术将可再生的植物原料转化为燃料和化学品，这为保持竞争优势和促进国家环境目标的实现提供了机会。生物加工途径比常规石油化工生产拥有更多令人信服的优点；然而，仅仅是在过去的十年中，生物技术的迅速发展才促进了一些植物基化学过程的商业化。

植物（表4.2）为化学品和生物燃料（biofuels）的生产提供了独特而多样化的原料，从生物质生产生物燃料需要了解生物质化学、生物质单个成分化学，以及生物质转化为燃料的化学方法。

表4.2 用作能源的典型植物

自然生物质	品 种	能源利用的主要模式
木材	紫矿、大麻黄、蓝桉、银合欢、印度楝、柽柳	薪柴（约收获50%）
淀粉	谷类，小米；根茎类作物，如土豆	生物乙醇
糖	甘蔗、甜菜	生物乙醇，如在巴西
烃	续随子、美丽马利筋、多对香脂苏木、微藻	生物柴油
废弃物	作物残留物，动物、人类避难所，污水	沼气

人们已广泛认识到，进一步重点生产植物基化学品只有在高效综合生产各种化学品的生产企业才有经济可行性。这种生物炼制厂的概念类似于常规炼制厂和石油化工厂，这些企业已经发展多年，目的是最大限度地实现过程协同、能量整合以及原料利用，以降低生产成本。

此外，植物的特定组分，如碳水化合物、植物油、被称为初级和次级代谢物的植物纤维和有机分子复合物，可用来生产一系列有价值的单体、化学中间体、药物和材料。

4.2.1 碳水化合物

植物以固定碳形式捕获太阳能，其间二氧化碳转化为水和糖 $(CH_2O)_x$，即

$$CO_2 + H_2O \longrightarrow (CH_2O)_x + O_2$$

产生的糖在聚合物大分子中的储存类型有三种：淀粉、纤维素和半纤维素。

通常，糖类聚合物，如纤维素（图4.1）和淀粉很容易通过水解分解成组成它们的单体，作为转化为乙醇或其他化学品的前一步骤。

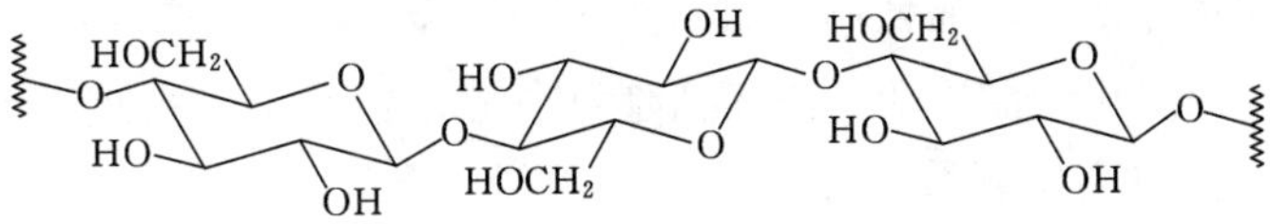

图4.1 纤维素的广义结构

相比之下，木质素是一种带有芳香基团的未知复杂结构，图4.2中结构完全是假设的，它比淀粉或纤维素更难降解。

虽然木质纤维素是生物质最便宜和最丰富的形式之一，但是将这种相对非活性的材料转化为糖是困难的。在其他因素中，木质纤维素的壁由木质素组成，木质素必须被分解才

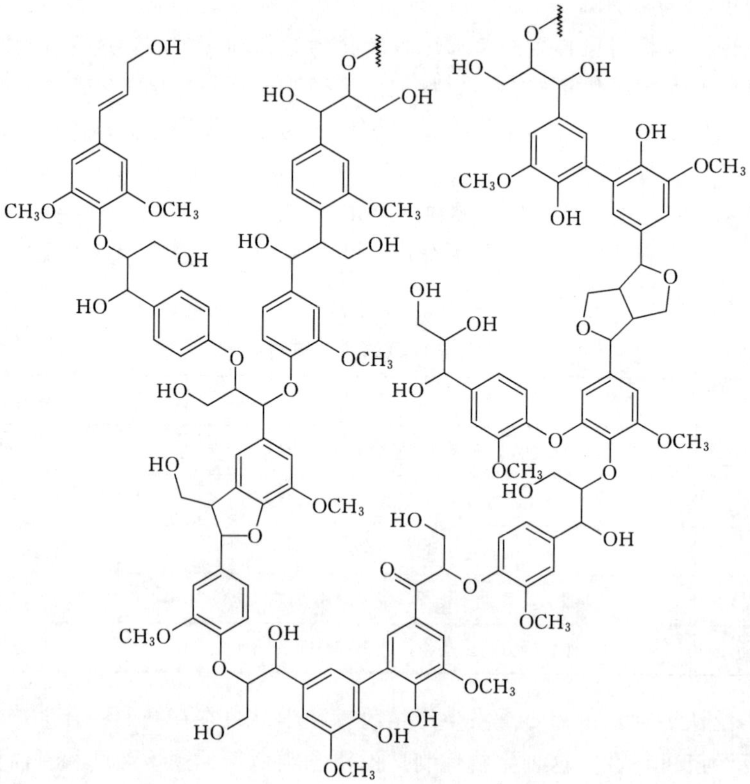

图 4.2　表现分子复杂性的木质素假设结构

能使纤维素和半纤维素易于酸水解。因此，生物质生产乙醇的努力几乎完全基于玉米中淀粉衍生的糖的发酵。

碳水化合物（淀粉、纤维素、糖）：淀粉容易从小麦和马铃薯中获得，而纤维素从木浆中获得。这些多糖的结构易于处理，可以产生一系列生物可降解聚合物，它们的性质类似于聚苯乙烯泡沫和聚乙烯膜等常规塑料。此外，这些多糖可以水解、催化或酶促产生糖——一种有价值的，用于生产乙醇、柠檬酸、乳酸和如琥珀酸等二元酸的发酵原料。

4.2.2　植物油

植物油获自种子油植物，如棕榈、向日葵和大豆等。在许多国家植物油的主要来源是菜籽油。植物油是油脂化学品工业（表面活性剂、分散剂和个人护理产品）的主要原料，现在正成功地进入新的应用领域，如柴油、润滑剂、聚氨酯单体、功能聚合物添加剂和溶剂。

4.2.3　植物纤维

从大麻和亚麻等植物中提取的木质纤维素纤维可以替代纺织材料中的棉和聚酯纤维，以及替代绝缘产品中的玻璃纤维。

木质素是最常见的来源于木材的复杂化合物，是植物细胞壁的组成部分，特别是在管胞、木质部纤维和石细胞中。木质素的化学结构尚不清楚，最多只能由假设的公式表示。

木质素［拉丁文：木素（lignum－wood）］是位于纤维素和几丁质之后的地球上最丰富的有机化合物之一。在这里说明一下，几丁质（$C_8H_{13}O_5N)_n$ 是由 β－葡萄糖连接而成的长链聚合多糖，形成了整个自然界中的硬质半透明材料。几丁质是真菌细胞壁的主要成分，也是节肢动物，如甲壳类动物（如螃蟹、龙虾和小虾）和昆虫（如蚂蚁、甲虫和蝴蝶油）外骨骼的主要成分，以及头足类动物喙（如鱿鱼和章鱼）的主要成分。

木质素占木材干重的1/4～1/3，通常被认为是一种大的、交联的疏水性芳香族大分子，分子量估计超过10000。降解研究表明，分子由看起来以随机方式重复排列的各种类型的亚结构组成。

木质素填充在纤维素、半纤维素和果胶组分之间的细胞壁空间中，以共价键连接到半纤维素上。木质素还与多糖形成共价键，使它能够与不同的植物多糖交联。木质素赋予细胞壁（稳定成熟细胞壁）机械强度，因此赋予了整个植物机械强度。

4.2.4 一般分类

一般来说，生物质原料是通过原料的具体植物含量或原料生产方式进行识别或分类。

例如，初级生物质原料（primary biomass feedstocks）是指从生长的田地或森林收获的或收集的初级生物质。目前用作生物能源的初级生物质原料的实例有：用于生产交通运输燃料的谷物和油籽作物，以及一些作物残余物（如果园修剪物和坚果壳）和目前用于供热和发电的伐木和森林作业残余物。

次级生物质原料（secondary biomass feedstocks）与初级生物质原料的不同之处在于次级原料是初级原料的加工副产物。加工（processing）的意思是初级生物质和生产的副产物存在实质性的物理或化学分解，加工者可以是工厂或动物。收获、捆扎、粉碎或压缩等田间处理不会影响由光合作用产生的生物质资源（如树顶和树枝）的归类。次级生物质的具体实例包括来自锯木厂的锯屑、黑液（造纸副产物）和干酪乳清（干酪制造的副产物）。集中饲养动物的粪便是可收集的二次生物质资源。用于生物柴油生产的，直接源自各种用途的油料种子加工的植物油也是次级生物质资源。

三级生物质原料（tertiary biomass feedstock）包括消费后残留物和垃圾，如脂肪、油脂、油、建筑和拆除木材碎片、来自城市环境的其他废木材，以及包装废弃物、城市固体垃圾和垃圾填埋气。来自城市环境的其他木材废弃物包括城市树木的修剪枝，在技术上是符合初级生物质定义的。然而，由于这种材料通常作为废弃物与来自城市环境的其他消费后废弃物（包括在这些统计中）一起处理，所以认为它是三级生物质的一部分是最有意义的。

三级生物质（tertiary biomass）通常包括脂肪（fats）和油脂（greases），是动物生物质转化为组成部分后的剩余物，因为大多数脂肪和油脂，以及一些油，直到它们被消费完变成了废弃物之后才可用于生物能源生产。由植物组分加工获得的植物油可直接用作生物能源（如用于生物柴油生产的大豆油），是次级生物质资源，尽管用于生物能源的量很可能要与脂肪、油脂和废油一起监测。

4.3 生物炼制

如果考虑到植物油、啤酒和葡萄酒等的生产需要预处理，那么生物炼制就不是新的概念。众所周知，这些活动中有许多已经实践了几千年。

生物炼制提供了一种获得化学品、材料和燃料的综合生产方法。虽然生物炼制的概念类似于炼制厂，但是各种生物质原料之间的差异要求将原料转化为燃料和化学品的方法有所不同（Speight，2007；Ruth，2004）。因此，生物炼制厂像炼制厂一样，可能需要整合生物质生产燃料、动力和化学品所需的生物质转化工艺和设备等设施。类似炼制厂的方式，生物炼制厂将整合各种转化工艺以生产多种生物质产品，如发动机燃料和其他化学品，这里仅举两个可能的工艺，如气化工艺和发酵工艺（图 4.3）。

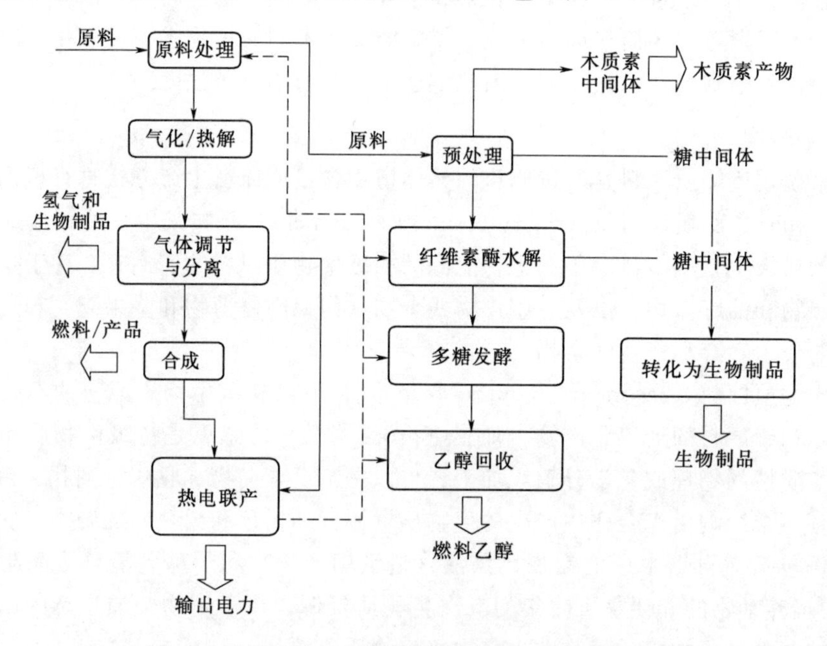

图 4.3 纤维素、半纤维素和木质素原料的生物炼制

简而言之，生物炼制应结合关键技术，将生物原料转化为一系列工业上有用的中间体。然而，生物炼制的类型必须依据原料的特性进行区分。例如，农作物生物炼制厂（crop biorefinery）将使用谷物或玉米等原材料，而木质纤维素生物炼制厂（lignocellulose biorefinery）将使用高纤维素含量的原料，如稻草、木材和废纸等。

正如炼制厂主要使用的原料是石油，并将其加工成许多不同的产品一样，生物炼制厂将使用木质纤维素生物质等作为主要加工原料并将其加工成许多不同的产品。目前，湿粉碎玉米加工厂和制浆造纸厂可以归类为生物炼制厂，因为它们是从生物质生产多种产品。目前正在进行培育新产业研究，目的是将生物质转化为更多产品，包括原本由石化产品生产的产品。关于生物炼制厂的这一做法是为了生产高产量液体燃料和高值化学品或产品，以满足国家能源需求，同时增强运营的经济性。

然而与原油相比，生物质原料的组成性质不同，因而需要在生物炼制中使用更多处理手段。单一组分加工会用到常规热化学处理和最先进的生物处理技术。

虽然一些新的生物过程已经商业化，但是很显然，在实现这一领域全部的潜力之前，仍然存在经济和技术障碍。生物炼制可以显著降低植物基化学品的生产成本，并促进其进入现有市场。这个概念类似于现代炼制厂的概念，生物炼制厂是高度集成的企业，它将有效地将生物质原料分离成单个组分并将其转化成可销售的产品，如能量、燃料和化学品。与原油类似；植物原料的每个元素都将被利用，包括低值的木质素组分。

生物炼制的关键要求是精炼厂具有开发经济地获取和转化五碳糖和六碳糖工艺技术的能力，这些糖存在于木质纤维素原料的纤维素和半纤维素组分中。虽然现有工程技术可以有效地从木质纤维素中分离含糖组分，但是将五碳糖经济地转化为有用产物的酶技术需要进一步开发。

就通过特定途径产生化学品而言，植物是非常有效的化学微型工厂或炼制厂。它们产生的化学物质（称为代谢物）包括植物生长必需的糖和氨基酸，以及更复杂的化合物。与石油衍生的石油化工产物不同，大多数化学品都是自下而上生产的，生物原料在被分解并用于构建新分子之前已经提取了一些有价值的产品。

作为原料，生物质可以通过热转化或生物转化路线生产各种形式的有用能量，包括工艺用热、蒸汽、电，以及液体燃料、化学品和合成气。作为一种原材料，生物质因其多功能性、生活可用性和可再生性而成为一种几乎普遍适用的原料。然而，它也有其局限性。例如，生物质的能量密度低于煤、液体石油或石化燃料。生物质的热值为 7000～9000Btu/lb（干基），最多与低等级煤或褐煤的热值相当，并且基本上比无烟煤、大部分烟煤和石油低 50%～100%。大多数收到基生物质的物理吸附水分含量高达 50%（按重量计）。因此，在没有大量干燥的情况下，每单位质量的生物质原料的含能量甚至更少。

由于生物质原料的这些固有特性和局限性，炼制厂已经集中于开发将生物质原料化学转化和精制的有效方法。炼制厂将基于两个平台来提升不同的产品：糖平台和热化学平台（图 4.4）。

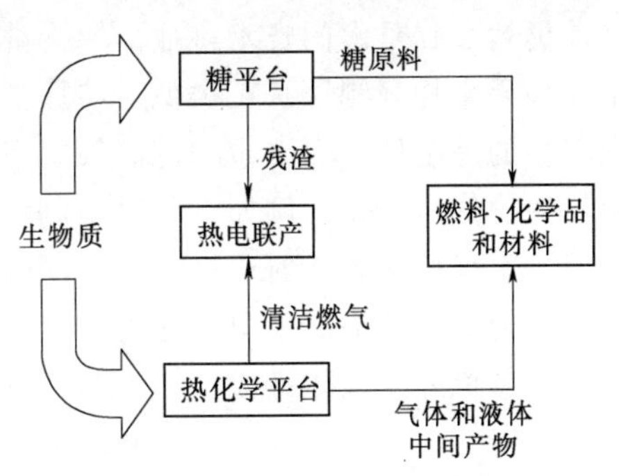

图 4.4　生物炼制选项——糖平台和热化学平台

（来源：National Renewable Energy Laboratory, Biomass Program, June, 2006; http://www.nrel.gov/biomass/biorefinery.html）

糖基包括使用化学和生物学手段将生物质分解成的原始组分糖。然后原燃料可以通过精制生产可与交通运输燃料、油和氢气等现有商品互换的燃料和化学品。

与原油类似，植物原料的每个元素都将被利用，包括低值的木质素组分。然而，与原油相比，生物质原料的组成性质不同，因而需要在生物炼制中使用更多处理手段。组分处理会用到常规热化学操作和最先进的生物处理技术。生物炼制厂生物燃料的生产将服务于现有的大批量市场，提供规模经济效益和大量副产品——以最低成本精炼而成的高价值化学品。和这种情况相关的一个例子就是生物柴油厂生产的丙三醇（甘油）副产物（图 4.5 和图 4.6）。

$$\begin{array}{l}H-\overset{\displaystyle H}{\overset{|}{C}}-O(O)CR \\ H-\underset{|}{\overset{|}{C}}-O(O)CR' \\ H-\underset{\displaystyle H}{\underset{|}{C}}-O(O)CR''\end{array} + 3MeOH \underset{}{\overset{\text{催化剂}}{\rightleftharpoons}} \begin{array}{l}RC(O)OMe \\ R'C(O)OMe \\ R''(O)OMe\end{array} + \begin{array}{l}H-\overset{\displaystyle H}{\overset{|}{C}}-OH \\ H-\underset{|}{\overset{|}{C}}-OH \\ H-\underset{\displaystyle H}{\underset{|}{C}}-OH\end{array}$$

甘油三酯　　　　　　甲酯（生物柴油）　　　　甘油

图 4.5　生物柴油生产化学品

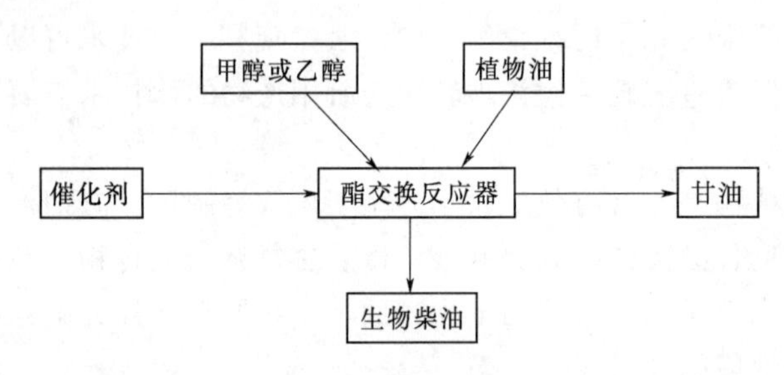

图 4.6　生物柴油催化生产

甘油的功能很多，是生产一系列高值化学品的潜在平台化学品。生物炼制大量生产的产物不一定是燃料，也可以是大量的化学中间体，如乙烯或乳酸。

此外，可以采用多种方法技术获得大批量的化学品、燃料和材料的不同产品组合。基于生物技术的转化过程可用于将生物质碳水化合物发酵成可进一步加工的糖。例如，发酵产乳酸的技术路径显示了乳酸有希望用作生物可降解塑料的生产途径。另一种替代方案是采用生物质热解或气化等热化学转化方法，生产可大量用于化学过程的富氢合成气。

大型生物燃料和可再生化学品生产设施的建设加上生物科学的发展和应用速度，表明非粮食作物的利用将在近期变得更加重要。生物炼制的概念提供了显著降低生产成本的方法，使得可再生化学品对石油化学品的实质性替代成为可能。然而，生物炼制概念在实现之前仍然面临重大的技术挑战。

如果生物炼制厂真正类似于将原油分离成汽油、取暖油、航空燃料和石化产品等一系列产物的炼制厂，那么生物炼制厂就可以利用生物质组分和中间体的差异，使来自生物质原料的价值最大化。例如，生物炼制可能产生一种或几种量少但价值高的化学产品和价值低但产率高的液态交通运输燃料，同时发电和产热供自身使用，并且还可能销售富余的电力。高价值产品提高了盈利能力，高产率燃料有助于满足国家能源需求，降低电力生产成本，并避免温室气体排放。

4.4　工艺选择

炼制厂是一系列单元工艺的集成，通过这些工艺，石油可以转化为一系列有用（可销售）产品。一个炼制厂，正如显示的那样，不适合处理生物质原料或者部分加工过的生物质。典型的炼制厂可能适合处理生物质加工过的产物，如气态、液态或固态产物。来自生物质的这些产物可以作为特定单元的单一原料被接受，或者更有可能，作为与炼制厂各种产物待混的原料，混合料将在不同炼制装置中被共同加工。

因此，生物炼制厂在开发的早期阶段，可能是一系列处理单元，它们将生物质转化为初级产物，并需要进一步加工转化为最终可销售产品。这与油砂沥青的加工是类似的，油砂首先被加工成合成原油（初级加工），然后送到炼制厂转化成可销售的燃料产品（Speight，2007；Speight，2008）。

生物质可以转化为适合替代化石燃料的商品燃料。这些燃料可用于运输、供热、发电或用作任何其他化石燃料所具有的用途。通过使用包括生化转化和热转化在内的几种不同工艺，可以将生物质转化为含能量高、易于运输且因此适合用作商品燃料的气态、液态和固态燃料。

可纳入生物炼制中将生物质转化为能量的基本工艺类型有：直接燃烧、气化、热解或热分解、厌氧消化、发酵、酯交换。

4.4.1 直接燃烧

从生物质获得能量的最简单、成本最低和最常见的方法是直接燃烧（direct combustion）。任何有机材料，只要水分含量低到足以允许持续燃烧，就可以通过燃烧获取能量。燃烧释放的热量可用于空间加热或工艺用热、水加热或使用蒸汽轮机发电。在发展中国家，许多类型的生物质，如粪便和农业废弃物，被燃烧用于炊事和加热。事实上，自从人们学会控制火以来，木材或干粪等生物燃料就已经被使用——除了干燥以降低水分含量外，没有尝试对这些原料进行精制。

直接燃烧包括燃烧能源作物，然后使用燃烧得到的热气体来产生蒸汽。蒸汽又反过来驱动蒸汽轮机，蒸汽轮机带动发电机发电。能源作物转化为能源的效率相当低，特别是对于小型系统来说，但是这可以通过直接燃烧系统相对低的资本投入和经过检验和测试的成熟技术来平衡。此外，废热利用可以获得更高的效率和经济性。

燃烧设施可以燃烧许多类型的生物质燃料，包括木材、农业残余物、木材制浆黑液、城市固体垃圾（MSW）和垃圾衍生燃料。燃烧技术将生物质燃料转化为用于商业或工业用途的多种有用能源形式：热空气、热水、蒸汽和电力。

火炉是最简单的燃烧技术。在炉中，生物质燃料在燃烧室中燃烧，将生物质转化为热能。随着生物质燃烧，热气体被释放出来。这些热气体包含大约85%的燃料能量。商业和工业设施使用炉子加热，然后直接或间接地通过热交换器以热空气或热水的形式供热。

生物质锅炉更用于直接燃烧，因为锅炉将燃烧的热量传递给蒸汽。蒸汽可用于发电、获得机械能或供热。生物质锅炉以较低成本为许多工业和商业用途提供能量。

柱式燃烧器（pile burners）采用单元组成结构，每个单元具有上燃烧室和下燃烧室。生物质燃料在下燃烧室的炉排上燃烧，释放出挥发性气体。气体在上（二次）燃烧室中燃烧，柱式燃烧器必须定期关闭除灰。

尽管能够处理高含湿燃料和与含杂燃料，但是随着具有自动除灰系统的更有效的燃烧设计的开发，柱式燃烧器已经过时。

在固定炉排或活动炉排燃烧装置中，自动进料器将燃料分配到炉排上，燃料在炉排上燃烧。助燃空气从炉排下方供入。在固定炉排设计中，灰分落入灰室用于收集。相反，活动炉排系统有一个将灰分投入灰斗的移动炉排。

流化床燃烧装置在装填颗粒材料（如砂子）的热床中燃烧生物质燃料。通过将空气注入床产生类似沸腾液体的湍流。湍流将燃料分布并悬浮在燃烧室中。这种设计增加了传热效果，允许操作温度低于972℃(1700℉)，减少了氮氧化物（NO_x）排放。流化床燃烧装置可以处理高灰分燃料和农业生物质废弃物。

常规燃烧设备的设计不是为了燃烧农业残余物。稻草和青草含有碱（钾和钠）化合物，它们也存在于所有一年生作物和作物残余物中，以及一年生的树木和植物中。在燃烧过程中，碱与二氧化硅结合，二氧化硅也存在于农业残余物中。该反应在为较高温度下燃烧木材而设计的常规燃烧设备中会引起结渣和结垢问题。

挥发性碱降低了灰分的熔化温度。在炉内气体出口温度超过1450℉的常规燃烧设备中，农业残余物的燃烧会引起结渣和传热表面上的沉积。专门设计的具有较低炉气出口温度的锅炉可以减少这些燃料燃烧引起的结渣和结垢问题。低温气化可能是这些燃料有效转化为能量、同时又能在直接燃烧中避免遇到结渣和结垢问题的另一种方法。

蒸汽驱动的涡轮发电机产生电力的配套燃烧设备的转换效率为17%～25%。使用锅炉发电和供热（热电联产）可以将整个系统的效率提高到高达85%。也就是说，热电联产将燃料能量的85%转换成了两种形式的有用能量：电和蒸汽热。

通过两个热电联产装置或循环，可用于将发电与生产工业蒸汽结合起来。蒸汽可首先用于工业过程，然后通过涡轮机发电，这种布置被称为后置循环。在其他可选的布置中，锅炉产生的蒸汽首先通过涡轮机发电，然后将来自涡轮机的乏汽用于工业过程或用于空间加热和水加热，这种布置称为前置循环。

直燃式燃气轮机是用于生物质发电的另一种燃烧技术。在该技术中，通过燃料预处理将生物质颗粒粉碎至2mm以下，水分含量降至25%以下。然后燃料与压缩空气混合燃烧。燃烧产生的气体在膨胀通过涡轮级之前要先净化，以减少颗粒物质。涡轮驱动发电机发电。

在使用高硫煤的燃煤发电厂中，将生物质作为二级燃料混合燃烧有助于减少二氧化硫和氮氧化物的排放。此外，混燃降低了发电厂二氧化碳的净排放量（如果生物质燃料来自可持续来源）。为了维持锅炉效率，混燃可能需要准备木材燃料或改装锅炉。

4.4.2 气化

气化（gasification）是产生燃气（然后可在内燃机或燃料电池中使用）的高温过程。

简言之，气化早在19世纪初就开始使用。该过程相当粗糙，最常见的燃料是煤。气体产品（城市煤气）用于加热和照明。例如，早在1846年的英国，煤气即通过管道用于路灯。

气化可以定义为在外部提供的空气、蒸汽、氧气等氧化（含氧）试剂存在条件下的热解。多年来已经开发了各种气化概念，主要目的是用来发电。然而，高效的生物质制油生产对气体组成提出了完全不同的要求。原因是在发电过程中，气体是作为燃料使用，而在生物质制油处理中，气体是用作化学原料以获得其他产物。这种差异对气体的纯度和组成有影响。

4.4.2.1 气化化学

在气化炉中，在蒸汽和可控氧量存在的条件下施加压力和热量，可将生物质转化成氢气、一氧化碳、二氧化碳，以及其他化合物组成的气态混合物。生物质生产合成气，即

$$C_6H_{12}O_6 + O_2 + H_2O \longrightarrow CO + CO_2 + H_2 + \text{其他产物}$$

上述反应中用葡萄糖代表纤维素。生物质组成复杂，且成分变化很大，纤维素是主要组成部分。

气化是在纯氧或富氧空气等氧化剂的帮助下发生的生物质热解，目的是产生可燃气体，如富含一氧化碳和氢气的合成气体（合成气）。为了将气化产生的烃转化为氢气和一氧化碳，要通过蒸汽重整或部分氧化对合成气进行后处理。然后使一氧化碳通过转换反应以获得更高比例的氢，二氧化碳通过甲烷化或变压吸附被去除（Mokhatab 等，2006）。

生物质（如木屑）的基本气化过程是众所周知的，它发生在热解（氧气供应量远低于完全燃烧所需的氧，是称为“当量比”的部分）或流化床反应器中。操作温度等条件确定了反应过程是耗氢还是产氢。当当量比接近零时，氢气析出最多，但是当当量比为 0.25 时，能量转换效率最高。对于大多数燃料电池应用，以及长距离管道输送的情况，氢气部分（在这种情况下通常约为 30%）必须被分离出来。在热解应用中，气体产量低，且大多数能量存在于油类物质中，接下来必须重整以产生大量的氢。典型的工作温度约为 850℃。总的能量转换效率可以达到约 50%，该值变化相当大。另一种概念是用膜来分离产生的气体，并且许多反应器使用催化剂以帮助反应朝所需方向进行，特别是在较低温度（低至约 500℃）下进行。

环境问题包括处置伴生的焦油和灰，特别是对于流化床反应器，这些物质必须与烟道气分离（与热解厂大多数焦油和灰沉积在反应器底部的情况不同）。对生物质运输的关注同上面提到的用于发酵的那些类似，许多情况下气化残余物也可以有良好的肥效。

生物质灰还具备以下使用潜力：用作水处理澄清剂、废水吸附剂、液体废弃物吸附剂、危险废弃物固化剂、道路、停车场和构筑物的轻质填料、沥青矿物填料或矿渣改良剂。

天然气原料生产甲醇由如下三个步骤组成：

（1）合成气体（合成气）生成——在以天然气为原料的情况下，合成气生产通过蒸汽重整将甲烷（CH_4）转化为一氧化碳（CO）和氢气。

（2）合成气改质——主要是除去 CO_2 和硫等污染物。

（3）甲醇合成和净化——在高的温度和压力下使一氧化碳、氢气和蒸汽以及少量的 CO_2 发生催化反应。甲醇合成是平衡反应，必须回收利用过量的反应物以优化产率。

生物质制备甲醇采用的方法包括将生物质转化为合适的合成气，之后的加工步骤与天然气制备甲醇非常相似。然而，采用的气化技术仍然处于使用生物质原料的相对早期的开发阶段，并且所用方法是基于已经广泛使用的天然气原料制备甲醇的类似技术。

4.4.2.2 气化炉

气化炉是气化工艺的核心。气化炉的设计是为了符合燃料类型、气体的最终用途、处理的原料尺寸和氧源的各种处理燃料的方式。氧源可能是引入的纯氧气，或者来自空气或蒸汽。有一些气化炉的操作需要增大压力，而另外一些则不需要。

最简单类型的气化炉是上吸式固定床气化炉（fixed - bed countercurrent gasifier）。生物质从反应器顶部加入，并随生物质的转化和灰烬的去除而向下移动。空气从反应器底部送入，气化气从顶部离开。生物质与气化气逆向流动，穿过干燥区、干馏区、还原区和氧化区。

这类气化炉的主要优点是简单、炭燃尽率高、气体出口温度低（由内部热交换引起）和气化效率高。这种气化方式，也可以气化高水分含量（高达50%，按重量计）的燃料。主要缺点是焦油和热解产物的含量高，原因是热解气体没有被引导通过氧化区。如果气体直接进行热应用，这就不是重要问题，因为其中的焦油被燃烧掉了。但是当气体用于发动机时，就需要进行气体净化，否则会导致焦油冷凝物的问题。

在常规的下吸式气化炉（downdraft gasifier）[有时称为顺流式（coflow）气化炉]中，生物质从反应器顶部进料，空气从顶部或侧面送入。气化气从反应器底部离开，因此燃料和气体的移动方向相同。热解气体被引导穿过氧化区（温度高），会或多或少被烧掉或分解。因此，生成的燃气焦油含量低，适合发动机应用。然而，在实践中，在设备的整个操作范围内，即使有的话也很少能获得无焦油气体。由于冷凝物中有机组分的含量低，下吸式气化炉造成的环境不利影响要小于上吸式气化炉。

下吸式气化炉的成功操作要求将生物质燃料干燥至水分含量低于20%。下吸气设计的优点是气化气的焦油含量非常低。然而，下吸式气化炉也有缺点，具体如下：

（1）燃气中灰分和灰尘颗粒含量高。

（2）很多未经加工的燃料不能被处理，通常需要将生物质加工成颗粒或压块。

（3）燃气出口温度高，会导致较低的气化效率。

（4）生物质的水分含量必须低于25%（按重量计）。

最近发展的开心式（open-core）气化炉，主要用于灰分含量高的小尺寸生物质的气化。气化气含有焦油；每公斤气化气焦油含量约为0.05kg。在开心式气化炉中，空气从反应床顶部的整个横截面上被吸入。这有利于更好地分布氧，因为氧是在整个横截面上被消耗，使得固定床温度不会由于传热性能差而引起局部极端高温（热点），而常规气化炉的氧化区会观察到这种现象。此外，常规气化炉中的空气喷嘴产生洞穴，并产生可能阻碍固体——特别是稻壳等低密度固体流动的障碍物。空气从反应床顶部进入，促使热解气体向下流动，将焦油产物带至燃烧区。因此，避免了因焦油返混引起稻壳结块所产生的流动问题。

气化过程适用于各种生物质原料，如稻壳废弃物、木材废料、青草和专用能源作物。气化是清洁过程，几乎没有空气污染物排放，当原料是农作物时，不产生或很少产生灰分。

为了满足气化炉的约束条件，生物质气化前必须经过预处理。通常涉及原料粉碎和干燥（为了保持水分含量低于特定水平）。此后，在低供氧（即低于完全燃烧生成二氧化碳和水所需的氧）的条件下加热生物质。超过一定温度，生物质将被分解成燃气和固体残余物。燃气的组成受气化炉操作条件的影响，某些气化方法比其他气化方法更适合生成用于甲醇生产的气体。特别地，用空气作气化剂的简单气化产生的合成气会被大量的氮气稀释。该氮气对随后加工成甲醇是不利的，因此气化技术优选使用间接气化或用氧气作气化剂。对于大规模气化而言，加压系统的经济性被认为比常压系统更好。

气化过程可以在实现温室气体减排目标方面发挥重要作用。在氢经济的过渡阶段和稳定发展阶段，相当一部分氢气可能来自国内丰富的农作物。此外，应用农作物（及其他生物质）与煤混燃，生物质可提供高达燃料混合物总能量输入的15%。这些概念通过生物质和煤混合燃烧来降低温室气体排放，以抵消煤燃烧过程（即使采用最佳设计的碳捕获和储存）中固有的二氧化碳向大气的排放。由于生物质的生长固定大气中的碳，其燃烧产物即使排出也不会导致大气二氧化碳净含量的增加。因此，在高效煤气化过程中，将作物或作物残渣（或其他生物质与煤）与其混合燃烧，提供了捕获和储存二氧化碳的机会，可以导致大气二氧化碳净含量的减少。虽然不太丰富，但更廉价的生物质废弃物可以代替作物作为气化炉原料，它产生的环境影响比农田生物能源作物的影响要小。

类似地，柳树生物质已被证明是使用先进气化技术的基于农场电力生产的良好燃料(Pian 等，2006)。该燃料气体可用于发电，用于改装过的适合低热质气体运行的微型涡轮机，或用于其他农场能量需求。人们发现柳树生物质可制备无灰气化炉燃料，预计净气化效率约为 85%。分析表明，开发一种柳树与不同比例低成本废弃物（如奶牛场动物粪便）共同气化的方法可能是降低燃料成本的极好方法，可以增加燃料的整体可用性和帮助解决生物能源作物季节性供应问题。奶牛场废弃物与柳树共同气化提供了一种比较经济地处理废弃物和管理奶牛场养分流的方式。

农业残余物分为两组：农作物剩余物和农产品加工剩余物。农作物剩余物是除去主要农产品后留在农田中的植物材料。这些剩余物具有不同的尺寸、形状、形式和密度，如稻草、茎秆、棍棒、叶子、干草、纤维材料、根、树枝和细枝。

由于含能量高，秸秆是固体生物燃料最好的作物剩余物之一。然而，秸秆也有一些缺点——灰分含量较高，这会导致热值降低；为了提高堆积密度，在运输前秸秆一般要打包；秸秆燃烧需要特定的技术。秸秆燃烧器有四种基本类型：接受碎的、松散秸秆的燃烧器，使用颗粒、压块或方块和秸秆原木等致密秸秆产物的燃烧器，燃烧小方捆料包的燃烧器和燃烧圆捆料包的燃烧器。为了适合热电联产，秸秆含水量不应该太高，优选低于 20%，因为水分会降低锅炉效率。此外，燃烧之前应考虑秸秆颜色以及秸秆的化学性质，因为它代表着秸秆的质量。

农产品加工剩余物是作物的收获后加工过程（如清洗、脱粒、筛分和粉碎）的副产物。可以是果壳、灰尘和稻草等形式。此外，农业残余物的生成量因作物而异，还受到土壤类型和灌溉条件的影响。农业残余物的生产与相应作物的生产直接相关，还与主要作物与残余物之间的比值直接相关，不同作物的比值不同，有时同一作物，品种不同，比值也不同。因此，对于已知产量的作物，可以使用草谷比来估算农业残余物的产量。

大部分农作物或农业残留物不会整年都有，只有在收获季节才能获得。可用量取决于收获时间、储存的相关特征和储存设施。

4.4.2.3 合成气

合成气（synthesis gas，syngas）是赋予气体混合物的名称，该气体混合物包含不等量的一氧化碳和氢气——含碳燃料气化产生的具有一定热值的气态产物。实例包括天然气或液态烃蒸汽重整产氢、煤气化以及某些类型的废弃物转化为能源的气化设施。该名称源于它们用作生产合成天然气（synthetic natural gas，SNG）、氨或甲醇的中间体的过程。合成气还用作费托合成生产合成石油的中间体，可用作燃料或润滑剂。

生物质生产的合成气不同于沼气。沼气是生物质产生的清洁和可再生形式的能源，可以很好地替代常规能源。沼气通常由甲烷（55%～65%）、二氧化碳（35%～45%）、氮气（0～3%）、氢气（0～1%）和硫化氢（0～1%）组成。

气体的热值是影响发电的主要因素——值越高越好。因此，通常人们欢迎任何可能提高热值的气体化合物含有一氧化碳（CO）、氢气（H_2）、各种烃［甲烷（CH_4）、乙烯（C_2H_4）、乙烷（C_2H_6）、焦油和焦炭］。存在惰性组分［水（H_2O）、二氧化碳（CO_2）和氮气（N_2）］也是可接受的，只是它们的值要保持在某一限度内。

合成气即生物质气化产物，主要由氢气和一氧化碳组成，也称为生物合成气（bio-syngas）（Cobb，2007）。生物质生产的高质量合成气是生物质制油（BTL）的原料（图4.7）。

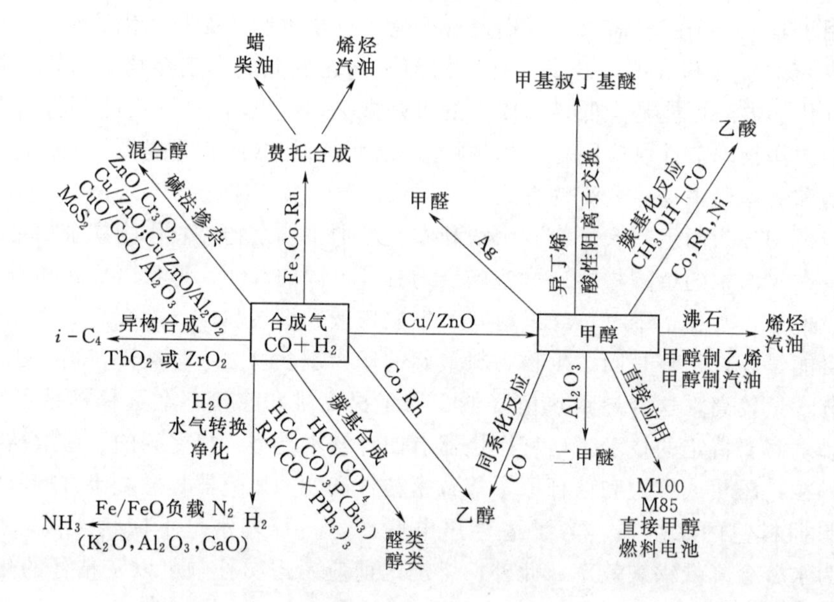

图4.7 合成气生产的产品

生物质生产合成气确实是气制油概念的新途径——从化石原料（天然气和煤）制取合成气是相对成熟的技术。例如，费托法（图4.8）可用于将合成气转化为交通运输所需的液体燃料。

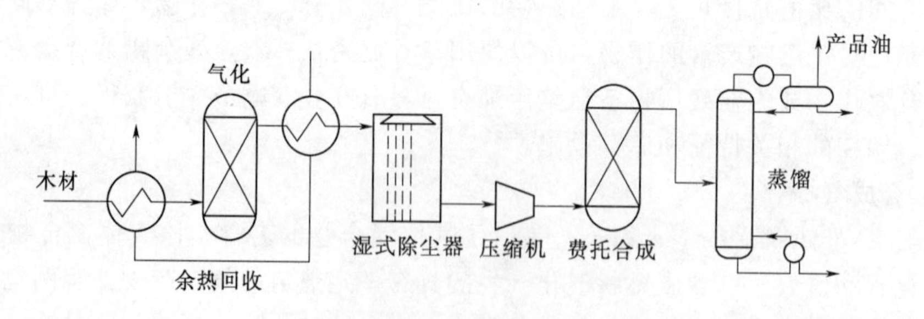

图4.8 木材费托合成生产柴油

水煤气变换过程将合成气转化为用于燃料电池的高浓度氢。各种其他催化方法可将合成气转化为无数的化学品或其他潜在燃料或产物。

4.4.3 热解

热解（pyrolysis）是中温条件下将农作物转化为气体、油和焦炭的方法，然后再进一步加工成有用的燃料或原料（图 4.9）（Boateng 等，2007）。

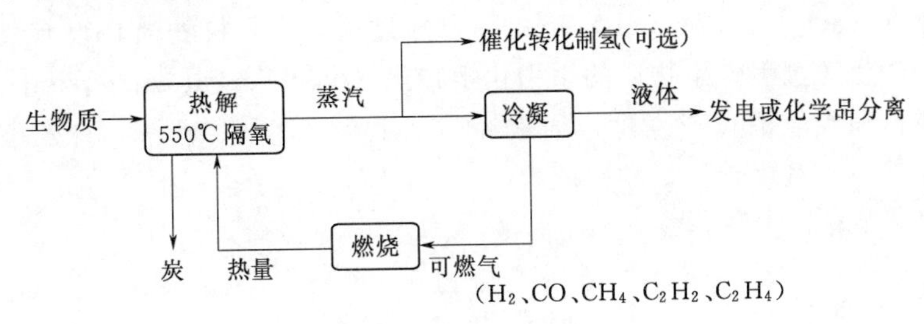

图 4.9　生物质热解液化

木材以及其他许多含有木质素和纤维素的类似生物质（农业废弃物、轧棉花废弃物、木材废弃物、花生壳等），可通过热解等热化学方法转化为固态、液态或气体燃料。热解，自文明开启以来就用于木炭生产，现在仍然是生物质转化为商品燃料的最常见热化学过程。

热解过程中，生物质在隔绝空气的条件下加热分解成液体、气体和残炭的复杂混合物。如果原料用的是木材，则残炭就是通常所知的木炭。利用更现代的技术，可以在各种条件下热解以获取所有组分，并且使所需产物（例如炭、液体或气体）的产量最大化。

热解通常被认为是生物质在隔绝氧的情况下的气化。然而，每个过程的化学性质可能显著不同。通常，生物质不像煤一样容易气化，在气化炉产生的气体混合物中含其他烃化合物；无氧条件下尤其如此。因此，通常必须采取额外的步骤对这些烃进行催化重整，以生产氢气、一氧化碳和二氧化碳的清洁合成气混合物。

快速热解是中等温度下发生的热分解过程，其中生物质颗粒的传热速率很高，而热蒸汽在反应区的停留时间很短。几种反应器构型以现实能确保该条件且能使液态产物的产率高达生物质干重的 75%。反应器包括鼓泡流化床、循环流化床和传输床、气旋反应器和消融反应器。

生物质快速热解产生易于储存和运输的热解油或生物油等液态产物（图 4.9）。热解油是可再生的液体燃料，也可用于生产化学品。目前，快速热解已成功实现了化学品的商业化生产，并在积极开发用于液体燃料的生产。热解油已经在发动机、涡轮机和锅炉中试验成功，并且已经升级为高品质烃燃料。

20 世纪 90 年代，几种快速热解技术达到了接近商业化状态，所产生的液体产物（生物油）的产率和性质取决于原料、工艺类型和反应条件，以及产物的采集效率（http：//www. eere. energy. gov/biomass/pyrolysis. html）。

直接水热液化是通过生物质与高温水（300～350℃）接触长达 30min 的时间，将生物质转化为油性液体，为使大部分高温水保持液态，还要有足够的压力（12～20MPa）。添加碱可以促进有机质转化。主要产物是低含氧量（约 10%）的有机液体，主要副产物是含可溶性有机化合物的水（http：//www1. eere. energy. gov/biomass/pyrolysis. html）。

由于农作物和其他生物质原料的供应被假设是用之不竭的，所以原料供给的重要性常常被低估。虽然这对于原料的长期供应是可能的，但短期的原料供应可能面临较多的风险。

4.4.4 厌氧消化

厌氧消化（anaerobic digestion）是一种自然过程，是有机物质在没有氧气的情况下转化为甲烷的微生物过程。生物质的生物化学转化（biochemical conversion）包括酒精发酵产生液体燃料和厌氧消化或发酵，通常经四个步骤（水解、产酸、产乙酸和产甲烷），产生沼气（氢气、二氧化碳、氨和甲烷）。

水解（Hydrolysis）：

碳水化合物──→糖

脂肪──→脂肪酸

蛋白质──→氨基酸

产酸（Acidogenesis）：

糖──→碳酸＋乙醇＋氢气＋二氧化碳＋氨

脂肪酸──→碳酸＋乙醇＋氢气、二氧化碳＋氨

氨基酸──→碳酸＋乙醇＋氢气、二氧化碳＋氨

产乙酸（Acetogenesis）：

碳、酸＋乙醇──→乙酸＋二氧化碳＋氢气

产甲烷（Methanogenesis）：

乙酸──→甲烷＋二氧化碳

该分解是由不同阶段中的自然细菌作用引起的，发生在各种天然厌氧环境中，包括含水沉积物、渍水土壤、天然温泉、海洋热喷口和各种动物（如牛）的胃。由厌氧消化过程产生的消化有机物通常称为消化液（digestate）。

共生细菌群在消化过程的不同阶段执行不同的功能，涉及四种基本类型的微生物。水解细菌将复杂的有机废弃物分解成糖和氨基酸。然后发酵细菌将这些产物转化为有机酸。产酸微生物将有机酸转化为氢、二氧化碳和乙酸。最后，产甲烷细菌利用乙酸、氢气和二氧化碳生产沼气。

厌氧消化过程发生在不同类型细菌作用的各个阶段。水解和发酵细菌首先将生物质原料中的碳水化合物、蛋白质和脂肪分解成脂肪酸、醇、二氧化碳、氢气、氨和硫化物。该阶段被称为水解（或液化）。

接下来，产乙酸（酸生成）细菌将水解产物进一步降解为乙酸、氢气和二氧化碳。然后产甲烷（甲烷生成）细菌将这些产物转化为沼气。

沼气燃烧可以提供热空气、热水或蒸汽形式的有用能量。沼气经过过滤和干燥，适合用作内燃机的燃料，与发电机组合可以发电。沼气的未来应用包括燃气轮机发电或燃料电池发电。沼气可以替代空间加热器、制冷设备、炊事炉灶或其他设备中用的天然气或丙烷。压缩的沼气可用作交通运输替代燃料。

厌氧消化有三种主要副产物：沼气、产酸消化液、产甲烷消化液。

沼气（biogas）是甲烷和二氧化碳为主的气体混合物，也含有少量氢气，偶尔含有痕量的硫化氢。沼气可以燃烧发电，通常使用往复式发动机或微型涡轮机。沼气通常用于热

电联产装置中发电，余热用来加热沼气池或建筑物。

由于气体不直接释放到大气中，并且二氧化碳来自短碳循环的有机源，所以沼气不会增加大气中二氧化碳的浓度。因此，它被认为是一种环境友好能源。沼气的生产不稳定，在反应的中期产率是最高的。在反应的早期阶段，细菌的数目仍然很少，因此产生的气体也很少。在反应结束时，仅剩下最难消化的材料，也会导致沼气量生产的减少。

第二种副产物［产酸消化渣液（acidogenic digestate）］主要是由木质素和壳多糖组成的稳定的有机材料，而且含有死亡细菌细胞基质中的各种矿物质成分；可能还存在一些塑料。这类似于家庭堆肥，可用做堆肥或制造纤维板等低档建筑产品。

第三种副产物是富含营养物质的液体［产甲烷消化渣液（methanogenic digestate）］，可以用作优质肥料，这取决于被消化材料的质量。如果被消化材料含有低水平的有毒重金属或者农药或多氯联苯等合成有机材料，消化作用将使消化渣液中的这些材料显著浓缩。在这种情况下，为了适当处理该液体，需要对液体进一步处理。极端情况下，这些材料的处置成本和环境风险会抵消使用沼气带来的环境收益。当处理来自工业化集水区的污水时，这会是一个重大风险。

几乎所有的沼气厂都有附属过程来处理和使用所有的副产物。气体在使用和储存之前要干燥，有时需要脱硫。沼渣混合液必须通过各种方式中的某一种进行分离，其中最常见的是过滤。过量的水有时也在序批式反应器（SBR）中进行处理，然后排入下水道或用于灌溉。

发酵可以是湿发酵或干发酵。干发酵是指混合液中固体含量为30%或以上，而湿发酵是指混合液中固体含量为15%或以下。

近年来，利用厌氧反应器可以处理动物粪便和控制臭味的意识不断增加，这激起了人们对该技术的新兴趣。新的反应器正在建设中，因为它们有效地消除了奶牛场和其他动物饲养场的环境危害。

厌氧消化系统可以将粪便中的粪大肠菌减少99%以上，这几乎消除了主要的水污染源。厌氧消化过程中通过固液分离可以去除粪便中大约25%的营养物，分离出的固体可以销售掉，以减轻排水池的营养物负荷问题。此外，消化池将粪便转化为甲烷并加以收集，否则这些甲烷会进入大气。科学家已将大气中的甲烷气体认定为全球气候变化的贡献者。

受控的厌氧消化需要一个被称为反应器的气密室。为了提高细菌的活性，反应器必须保持至少68℉的温度。使用高达150℉的高温可以缩短处理时间，并将所需的反应器体积减小25%～40%。然而，在标准设计的温度范围内茁壮成长的厌氧细菌（中温细菌）比在较高温度下生长的细菌种类（嗜热细菌）更多。由于温度波动，高温反应器更容易受到干扰，并且成功地操作它们需要密切监测和用心维护。

反应器产生的沼气［沼气池气体（digester gas）］实际上是气体混合物，其中甲烷和二氧化碳占总量的90%以上。沼气通常含有少量的硫化氢、氮气、氢气、甲硫醇和氧气。

甲烷是可燃气体。沼气的能量大小取决于所含的甲烷的量。甲烷含量在55%～80%范围内变化。典型的沼气，甲烷浓度为65%，每立方英尺含有约600Btu的能量。

基本的沼气池设计有三种，所有的都可以收集甲烷和减少粪大肠菌群，但它们的成本、气候适应性和它们消化的粪便固体的浓度有所不同。

覆盖式厌氧塘（covered lagoon digester），顾名思义，是一个有盖的粪便储存池。盖子采集粪便分解过程中产生的气体。这种类型的沼气池是三种里面最便宜的。

覆盖式粪便储存池是形式简单的沼气池技术，适用于固含量低于3%的液体粪便。对于这种类型的沼气池，工业纤维织成的不透水漂浮盖覆盖全部或部分的池体。沿池体边缘的混凝土地基用不透气的密封件将盖子固定在适当的位置。池体中产生的甲烷在盖子下面采集。气体使用时通过吸管提取。覆盖式厌氧塘需要大的体积和温暖的气候。覆盖式厌氧塘投资成本低，但是这些系统不适合在较冷的气候下或地下水位高的位置使用。

全混合厌氧反应器（complete mix digester）将有机废弃物在地上或地下加热罐中转化为沼气。机械或气体搅拌器可使固体悬浮。全混合厌氧反应器建造昂贵，运行和维护成本比塞流式反应器高。

全混合厌氧反应器适用于固体浓度为3%～10%的大量粪便的处理。反应器是圆形钢制容器或混凝土浇筑容器。在消化过程中，粪尿液被连续混合以保持固体悬浮。沼气积聚在反应器顶部。沼气可用作发动机燃料发电或用作锅炉燃料生产蒸汽。发动机或锅炉余热用来加热反应器中的浆料，可将滞留时间减至20天以下。

塞流式反应器（plug－flow digesters）适合于处理反刍动物粪便，固体浓度为11%～13%。塞流系统的典型设计包括粪便收集系统、混合池和反应器本身。在混合池中，可添加水将粪尿液中的固体比例调至最佳浓度。反应器是一个长方形容器，通常建在地下，带有可膨胀的密封盖。

反应器一端加入的新原料将之前加入的原料推向反应器的另一端。反刍动物粪便中的大颗粒固体在消化时形成黏性材料，它限制了反应器中的固体分离。因此，原料在填塞（plug）中流过反应器。平均滞留时间（粪便在反应器中塞流的时间）为20～30天。当粪尿液流过反应器时，被厌氧消化释放出沼气。气体由反应器上不透气的柔性盖捕获。盖子下面的管道将沼气从反应器送至发动机发电机组。

塞流式反应器需要的维护最少。来自发动机发电机组的余热可用于加热反应器。在反应器中，热水在悬挂式加热管中循环。循环的热水加热反应器，使料液温度保持在25～40℃(77～104℉)，这是适合产甲烷细菌生长的温度范围。热水来自燃用沼气的发动机发电机组回收的余热，或者来自直接燃烧反应器气体的锅炉。

生物质厌氧消化已经应用了近一个世纪，在中国和印度等许多发展中国家非常普遍。几乎任何形式生物质（包括生活污水、动物粪便和工业废水）的有机部分，均可通过厌氧消化分解成甲烷和二氧化碳。这种沼气是相当清洁的燃料，可以被采集并用于许多不同的最终用途，如炊事、供热或发电。

4.4.5 发酵和水解

许多过程可使生物质转化为气体燃料，如甲烷或氢气（Sørensen等，2006）。一种途径是使用基因改良的藻类和细菌而非传统生物能量载体直接产氢。第二种途径是使用农业残余物等植物材料发酵产沼气，然后将期望的燃料从沼气中分离出来。这种技术被建立并广泛用于废弃物处理，但是通常仅限于现场使用，这通常意味着产气小于最大能量产出。最后，高温气化提供粗燃气，它可以通过第二反应步骤转化为氢气。除沼气之外，还可能使用固体副产物作为生物燃料。

传统产沼气发酵厂是常规应用，从农场到大型城市污水处理厂。发酵厂用粪便、农业残余物、城市污水和生活垃圾做原料，通常产出甲烷含量为64%的气体。生物质转化过程通过大量不同的微生物完成，从分解和水解植物材料的微生物将生物质溶解在水溶液中的嗜酸性细菌，到负责产气的严格厌氧的产甲烷细菌。运行几个月的沼气厂通常会以适于获得高转化率（通常高于60%，理论极限接近100%）的方式形成稳定的菌群，人们发现，如果要保持最佳运行状态，重要的是原料的组成不发生剧烈变化。生物处理的操作温度仅略高于环境温度，如30℃左右的中温区。

玉米生产乙醇是一种成熟技术，具有很大的潜力（Nichols等，2006）。然而，如果使用纤维素基原料代替玉米，则可能大大降低成本。所有乙醇发酵用的原料都是糖——传统上是那些天然存在于甘蔗、甜菜和糖蜜中的己糖（六碳糖或C_6糖）。发酵的糖也可以来自淀粉，淀粉实际上是己糖［多糖（polysaccharide）］的聚合物。

生物质，以木材和小麦秸秆等农业残余物形式存在，被视为糖和淀粉的低成本替代原料。它的潜在可用量远高于糖和淀粉原料。因此，作为乙醇生产原料，它受到了极大的关注。像淀粉、木材和农业残余物等含有多糖。然而，与淀粉不同，虽然生物质的纤维素部分主要是易发酵的六碳糖聚合物，但半纤维素部分主要是五碳糖的聚合物，具有完全不同的回收和发酵特性，生物质中的纤维素和半纤维素在称为木质素的晶态有机材料的复杂结构中结合在一起。

水解的方法有几种：浓硫酸、稀硫酸、硝酸、酸预处理后酶水解。

然而，生物质生产乙醇的最大潜力在于纤维素的酶水解。纤维素酶，现在在纺织工业中用于石洗牛仔布和洗涤剂中，简单地替代了水解步骤中的硫酸。纤维素酶可以在较低的温度（30～50℃）下使用，这会降低糖的降解。此外，现在工艺的提高允许同步糖化发酵(SSF)。在糖化发酵过程中，纤维素酶和发酵酵母相结合，使得当糖产生时，发酵微生物将他们同步转化为乙醇。

纤维素一旦水解，所得糖须发酵生产乙醇。除葡萄糖外，水解还产生来自纤维素的其他六碳糖和来自半纤维素的五碳糖，五碳糖不易通过天然存在的微生物发酵成乙醇。目前可获得的基因工程酵母菌可以将它们转化为乙醇，但乙醇产量不足以使该方法具备经济吸引力。能否制备出足够强的可以商业规模上生产乙醇的酵母菌还有待观察。

纤维素生产丙醇和丁醇的发酵方法相当棘手，目前用于进行这些转化的丙酮丁醇梭菌会产生极其难闻的气味，这在发酵厂设计和选址时必须考虑。当任何发酵的丁醇含量上升至7%时，该微生物就会死亡。对比而言，当原料的乙醇含量达到14%时，酵母菌才会死亡。专业菌株可以耐受更高的乙醇浓度——所谓的超级酵母可以承受高达16%的乙醇。然而，如果普通酵母菌可以通过改良来提高它的乙醇耐受性，那么科学家们有一天就可能生产出丁醇耐受性高于天然边界7%的魏茨曼丁醇抗性微生物。这将是有用的，因为丁醇的能量密度高于乙醇，而且因为制备乙醇剩余糖渣中的废纤维可以制成丁醇，因而在不需要种植更多农作物的情况下提高了燃料作物的醇产率。

湿磨法（wet milling）和干磨法（dry milling）是将谷物和秸秆部分加工成各种最终产品的方法。该方法包括谷物（小麦、黑麦或玉米）的发酵和蒸馏。

湿磨法是先用加了二氧化硫的水浸泡谷物，以使谷粒软化、外壳松动，然后进行研磨。它使用众所周知的技术实现淀粉、纤维素、油和蛋白质的分离。干磨法研磨全谷物（包括胚芽和麸皮）。研磨后，将面粉与水混合后用液化酶处理，并且进一步蒸煮醪以使淀粉分解。通过向发酵罐中同时添加糖化酶和发酵酵母（同步糖化发酵），可以消除该水解步骤。

发酵后，将醪液送至多塔蒸馏系统，然后浓缩、纯化和醇脱水。废醪液（釜馏物）被分离成固相（湿颗粒）和液相（糖浆），可以组合干燥生产含可溶物的干酒糟，用作牛饲料。该酒糟的营养特性和高植物纤维含量使得它不适合给其他种动物作饲料。

4.4.6 酯交换反应

酯交换工艺是一种生产生物柴油的方法（Marchetti 等，2005），其中的甘油要从脂肪或植物油中分离出来。该方法有两种产物：甲酯（生物柴油的化学名称）和甘油（通常作为肥皂和其他产品中使用的高值副产物出售）。

生物柴油（脂肪酸甲酯，FAME）是广泛使用的石化柴油燃料的著名替代品，因为它可以由大豆、油菜籽、椰子、甚至再循环的食用油等国内天然来源生产，并因此降低日益减少的石油燃料的对外依存度。此外，由于生物柴油主要由植物油制成，它将生命周期温室气体排放降低了 78%之多（Ban - Weiss 等，2007）。

植物油和动物脂肪属于称为脂质的化学品大家族。脂质是活体生物的代谢生物产物。因此，它们广泛分布于自然界中。它们的生物功能是多样的，但最知名的是能量存储容量。大多数脂质易溶于普通有机溶剂，这意味着它们是疏水的。如果 25℃时脂质为固体，则归类为脂肪；否则，是油。通常脂肪是动物和植物产生的油，但两者的主要成分是甘三酯（TG）分子，它是甘油（三醇）和游离脂肪酸（长烷基链羧酸）的三酯。其他甘油酯，如甘油二酯和甘油单酯，是通过用羟基分别取代甘油三酯中的一个和两个脂肪酸部分获得的（Lotero 等，2006）。

4.4.6.1 原料

大豆被广泛用作生物柴油的来源。然而，各种油都可用来生产生物柴油。这些包括：

（1）初榨油原料。菜籽油和大豆油是最常用的，仅大豆油就占所有燃料原料的约 90%；它也可以从败酱草和麻风树等其他作物中生产，如芥菜、亚麻、向日葵、菜籽、棕榈、大麻等，甚至藻类也有望用来生产生物柴油。

（2）废植物油（WVO）。

（3）动物脂肪。包括牛油、猪油、黄油、鸡肉脂肪以及鱼油生产 Omega-3 脂肪酸的副产物。

全世界植物油和动物脂肪的产量还不足满足化石燃料替代燃油的生产。此外，有些人反对为了额外的植物油生产而导致的大量耕作，以及由此产生的过度施肥、农药使用和土地用途转变。许多倡导者认为废植物油是生物柴油生产的最好的油源。然而，其可用量远低于世界上交通运输和家庭供暖所用的石化燃料的量。

4.4.6.2 酯交换反应（醇解）

酯交换反应是甘油三酯在事先不分离游离脂肪酸的情况下通过醇转化为烷基酯的过程（May，2004）。

植物油的酯交换早在1853年首台柴油发动机开始工作之前就开始进行。鲁道夫-狄塞尔的主要模型，一个底部带有飞轮的10ft（3m）铁缸，于1893年8月10日在德国奥格斯堡第一次靠自己的力量运行。狄塞尔后来演示了他的发动机，并赢得了1900年法国巴黎世界博览会的大奖（Grand Prix）（最高奖）。这个发动机是狄塞尔关于未来柴油机愿景的一个实例，因为它是由花生油驱动的，尽管没经过酯交换，还不是生物柴油（biodiesel），但它是一种生物燃料。他认为，他的发动机的真正未来是利用生物质燃料，而且植物油用作发动机燃料将会变得与石油和当前煤焦油产品一样重要。

植物油脂交换的目的是植物油的甲酯化（生物柴油）过程，目的是降低油的黏度。酯交换反应受醇的类型、甘油酯与醇的摩尔比、催化剂的类型和用量、反应温度、反应时间以及植物油或动物脂肪中游离脂肪酸和水含量的影响。酯交换反应用的是如下所列的1～8个碳原子的一元伯醇或仲醇，无论使用或不使用催化剂，反应均可进行（Demirbas，2006a；Demirbas，2006b），即

$$甘油三酯+一元醇\longleftrightarrow甘油+单烷基酯$$

通常，推荐的反应温度接近醇的沸点（Çanakçý和Özsezen，2005）。反应在低温（约65℃）和适度压力（2atm，1atm=14.7psi=101.325kPa）下发生。通过洗涤和蒸发除去过剩甲醇，使生物柴油进一步纯化。生物柴油生产投入的原料是油（87%）、乙醇（9%）和催化剂（1%），主要产物是生物柴油（86%）（Lucia等，2006）。如果反应在高压（9000kPa）和高温（240℃）下进行，则不需要预处理，酯化和酯交换同时进行，当温度为60～80℃、醇油摩尔比为6∶1时，获得的产率最大（Barnwal和Sharma，2005）。酯交换反应使用的醇通常是短链醇，如甲醇、乙醇、丙醇和丁醇。据报道，当使用甲醇、乙醇和丁醇进行大豆油脂交换时，1h后可以获得96%～98%的酯（Dmytryshyn等，2004）。

4.4.6.3 催化酯交换

酯交换反应可以通过碱（alkalis）（Korytkowska等，2001；Dmytryshyn等，2004；Stavarache等，2005；Varghaa和Truterb，2005；Meher等，2006a）、酸（acids）（Lee等，2000；Goff等，2004；Lopez等，2005；Liu等，2006）或酶（Watanabe等，2000，2002；Ghanem，2003；Reyes - Duarte等，2005；Royon等，2007；Shah和Gupta，2007；Bernardes等，2007）催化。植物油与甲醇的催化酯交换是生物柴油合成的重要工业方法。该方法也称为甲醇分解，使用酸或碱，例如硫酸或氢氧化钠作为催化剂，充分研究和建立了该反应。然而，这些催化体系对长链醇的活性较低或完全无活性。通常，工业使用氢氧化钠或氢氧化钾或甲醇钠或甲醇钾作为催化剂，因为它们相对便宜并且对于该反应的活性相当高（Macedo等，2006）。酶催化过程，使用脂肪酶作为催化剂，不产生副反应，但是脂肪酶对于工业规模生产是非常昂贵的，为了实现95%的转化率，需要采取三步骤工艺。当植物油中存在大量游离酸时，酸催化方法是有用的，但是反应时间非常长（48～96h），温度甚至到了醇的沸点，且醇的摩尔比很高（醇油比为20∶1，按重量计）（Stavarache等，2005）。

酯交换方法由碱金属醇盐、氢氧化物以及碳酸钠或碳酸钾催化。例如，碱催化用短链醇的酯交换反应，短的反应时间内可以产生高产率的甲酯（Jeong和Park，1996）。碱性催化剂在获得高品质植物油方面性能很高，但常常出现问题，即油含有大量游离脂肪酸，

它不能转化为生物柴油，而是转化为大量的皂（Furuta 等，2004）。这些游离脂肪酸与碱性催化剂反应产生抑制生物柴油、甘油和洗涤水分离的皂（Çanakcý 和 Van Gerpen，2003）。甘油三酯在碱性催化剂存在、常压下以及温度为 60～70℃的条件下易于批量地与过量甲醇发生酯交换反应（Srivastava 和 Prasad，2000）。碱（NaOH 或 KOH）催化酯交换反应通常需要至少几个小时才能确保完成。此外，技术上这些催化剂是难以去除的，会增加最终产物的额外成本（Demirbas，2002；Demirbas，2003）。然而，它们是一种良好的选择，因为它们仅通过将催化剂浓度增加至 1mol％或 2mol％就可以使植物油有同样高的转化率。碱金属醇盐（作为用于甲醇分解的 CH_3ONa）是最具活性的催化剂，因为即使以低摩尔浓度（0.5mol％），它们也可以在短的反应时间（30min）内提供非常高的产率（498％）（Schuchardta 等，1998）。

酯交换过程可以由硫酸、盐酸和有机磺酸催化。酸催化反应通常在高醇油摩尔比、低至中等的温度和压力，以及高的酸催化剂浓度下进行（Lotero 等，2006）。这些催化剂的烷基酯产率非常高，但是反应缓慢，通常需要 100℃以上的温度和 3h 以上的时间才能完成转化（Meher 等，2006b）。酸催化体系的研究在数量上非常有限。迄今为止尚未报道有生物柴油厂在商业生产过程中使用酸催化方法。尽管反应速率相对较慢，但是酸催化方法的优势在于它不受游离脂肪酸含量的影响，因此原料无需经过预处理步骤。当使用餐饮废油作为原料时，这些优点有利于酸催化方法的使用（Zhang 等，2003）。

酶（如脂肪酶）催化反应具有优于传统化学催化反应的优点：无副产物、产物容易回收、反应条件温和以及催化剂可循环利用。此外，酶催化反应对废餐饮油中的游离脂肪酸和水含量不敏感（Kulkarni 和 Dalai，2006）。酶催化系统需要的反应时间较其他两个系统长（Zhang 等，2003）。酶反应具有高的特异性和化学清洁性。因为醇对酶有抑制，所以典型的策略是将每个反应所需 1∶1 摩尔比的醇分三个步骤加入到反应器中。反应非常缓慢，三步工序需要 4～40h 或更多。反应条件适中，温度为 35～45℃（Van Gerpen 等，2004）。酶催化方法的主要问题是用作催化剂的脂肪酶成本太高（Royon 等，2007）。

使用酶，如南极假丝酵母、假丝酵母、洋葱假单胞菌、固定化脂肪酶（Lipozyme RMIM）、假单胞菌和米黑根毛霉，催化生物柴油的合成在文献中已有很好的报道。在前述的 Shah 和 Gupta（2007）的工作中，用固定在硅藻土上的洋葱假单胞菌脂肪酶作催化剂，反应温度为 50℃，原料含 4％～5％（按重量计）的水，经过 8h 获得了 98％的最佳产率（按重量计）。

4.4.6.4 非催化超临界甲醇酯交换

超临界甲醇（SCM）、乙醇、丙醇和丁醇的甘油三酯的酯交换反应被证明是最有希望的过程。最近，超临界甲醇的使用开启了无催化剂生产生物柴油的方法（Saka 和 Kusdiana，2001）。菜籽油超临界酯交换反应生产生物柴油燃料的最佳条件是：350℃，43MPa 和 240s，甲醇摩尔比为 42（Kusdiana 和 Saka，2004a）。

为了实现更温和的反应条件，通过进一步努力完成了两步制备法（Kusdiana 和 Saka，2004b）。在该方法中，油/脂肪首先在亚临界水中处理，以发生水解反应产生脂肪酸。水解后，通过倾析将反应混合物分离成油相和水相。油相（上部）主要是脂肪酸，而水相（下部）是含有甘油的水。然后将分离的油相与甲醇混合并在超临界条件下处理，通过甲酯化反应制成 FAME。在除去反应中产生的未反应甲醇和水后，就可以获得作为生物柴油的 FAME。因此，在该方法中，甲酯化是形成 FAME 的主要反应，而在一步法中，酯交换是主要反应（Saka 和 Minami，2006）。

超临界甲醇反应有如下一些优点：

（1）甘油酯和游离脂肪酸以同样的速率反应。

（2）均相消除了扩散问题。

（3）该方法在原料催化过程中能耐受较大百分含量的水，需要定期脱除原料中或中间阶段的水分以防止催化剂失活。

（4）消除了脱除催化剂的步骤。

（5）如果使用高甲醇/油比，则几分钟内即能实现油的总转化率（Vera 等，2005）。

一级超临界法有如下一些明显的缺点：

（1）操作压力（25～40MPa）很高。

（2）高温使加热和冷却成本成比例增加。

（3）高甲醇/油（通常设定为 42）涉及蒸发未反应甲醇产生的高成本。

（4）迄今为止提出的方法不能解释如何将游离甘油降至 0.02%以下，正如 ASTM D6584 或其他等效国际标准中所确定的那样。

4.4.6.5 反应参数对转化率的影响

影响酯交换的主要因素是醇油摩尔比、催化剂、反应温度和压力、反应时间以及油中游离脂肪酸和水含量。

游离脂肪酸和水分含量是判断植物油脂交换过程可行性的关键参数（Meher 等，2006b）。在酯交换过程中，游离脂肪酸和水总是产生负面影响，因为游离脂肪酸和水的存在会导致皂的形成、消耗催化剂和降低催化剂效力，所有这些都会引起转化率降低（Demirbaş 和 Karshoĝlu，2007）。这些游离脂肪酸与碱性催化剂反应产生抑制生物柴油、甘油和洗涤水分离的皂（Çanakçý 和 Van Gerpen，2003）。要完成碱催化反应，所需的游离脂肪酸值要低于 3%（Meher 等，2006b）。

水的存在对酯交换的负面影响比游离脂肪酸大。游离脂肪酸和水存在的条件下，在氢氧化钠（NaOH）催化牛脂酯交换过程中，水和游离脂肪酸含量必须保持在指定水平（Ma 等，1998；Kusdiana 和 Saka，2004a；Bala，2005）。

酯交换可以在不同的温度下进行，这取决于所使用的油的类型（Ma 和 Hanna，1999）。有几家工厂报道了室温下的酯交换反应（Marinetti，1962，1966；Graboski 和 McCormick，1998；Encinaret 等，2002）。

反应温度对油酸丙酯生产的影响被检测，采用的温度范围是 40～70℃，酶为游离荧光假单胞菌脂肪酶（Iso 等，2001）。观察到油酸丙酯的转化率 60℃时最高，而 70℃时的活性大大降低。

转化率随反应时间增加。在醇油摩尔比分别为 4∶1、5∶1 和 6∶1 条件下开展的米糠油与甲醇的酯交换反应研究（Gupta 等，2007）表明，当摩尔比为 4∶1 和 5∶1，反应时间从 4h 增加到 6h 时，产率显著增加。在所研究的三个摩尔比中，6∶1 的摩尔比得到的结果最好。

影响酯产率的最重要因素之一是醇与甘油三酯的摩尔比。尽管用于酯交换的甲醇与甘油三酯的化学计量摩尔比为 3∶1，但是较高的摩尔比可用于增加甘油三酯的溶解度和甘油三酯与醇分子之间的接触（Noureddini 等，1998）。此外，摩尔比对向日葵油与甲醇的酯交换反应影响的研究表明，当摩尔比从 6∶1 变化至 1∶1 时，6∶1 的摩尔比获得了 98%的酯转化率（Freedman 等，1986）。

影响甲酯产率的另一个重要变量是与甘油三酯作用的醇的类型。通常，在酯交换反应中可以使用短链醇，如甲醇、乙醇、丙醇和丁醇，以获得高的甲酯产率。Çanakçý 和 Van Gerpen（1999）研究了不同醇类型对纯大豆油酸催化酯交换反应的影响。在反应 48 和 96h 后，它们的产率分别为 87.8%和 95.8%。

用于甘油三酯酯交换的催化剂被分为碱、酸和酶。碱催化酯交换比酸催化酯交换快得多，并且最常用于商业化生产（Ma 和 Hanna，1999），经常地，对于碱催化的酯交换，当催化剂以较小浓度（即油重量的 0.5%）使用时，即可获得最好的产率（Stavarache 等，2005）。数据显示，在由蓖麻油制备游离和结合乙酯（FAEE）期间，当反应温度较高时，盐酸比氢氧化钠更有效（Meneghetti 等，2006）。

4.5 生物燃料

生物燃料主要用作车用燃料，但也可用于燃料发动机或燃料电池发电。

替代石油和天然气的生物燃料生产正在积极发展，重点是使用便宜的有机物质（通常是纤维素、农业废弃物和生活污水）有效生产液体和气体生物燃料，从而产生较高的净能量增益。生物燃料中的碳源自种植植物最近从大气中获得的二氧化碳，因此它的燃烧不会导致地球大气中二氧化碳的净增加。因此，许多人认为，通过用生物燃料替代不可再生能源这一方式，可以减少释放到大气中二氧化碳的量。

4.5.1 气体燃料

大多数生物质材料比煤炭更容易气化，因为它们具有更高的点火稳定性。该特性还使得它们更容易通过热化学处理生成高值燃料，如甲醇或氢气。灰分含量通常比大多数煤低，而硫含量比许多化石燃料低得多。与可能含有有毒金属和其他痕量污染物的煤灰不同，生物质灰分可用作土壤改良剂，有助于补充收获时从土壤中带走的营养物。有几种生物质原料因其特有性质而显得突出，如硅含量或碱金属含量高——这些在收获、加工和燃烧设备利用中可能需要特殊预防措施。还要注意，矿物含量可能随着土壤类型功能和原料收获时间而变化。与它们基本一致的物理性质相反，生物燃料在化学元素组成方面的差异相当大。

沼气含有甲烷，可以在工业厌氧反应器和机械生物处理系统中回收。垃圾填埋气是垃圾填埋场中自然存在的厌氧消化产生的不洁净的沼气。矛盾的是，如果允许这种气体逃逸到大气中，那么它会是一种有效的温室气体。

当在隔绝氧气或仅供给有效燃烧所需氧气的大约 1/3（氧气的量和其条件确定生物质是否气化或热解）条件下加热生物质时，它会气化为一氧化碳和氢气的混合物。

燃烧是氧气与烃燃料混合的作用。气态燃料比液态燃料易于与氧气混合，两者又比固态燃料更容易与氧气混合。因此，合成气天生就比制造它的固体生物质的燃烧更有效、更清洁。因此，生物质气化可以提高大规模生物质发电设施的效率，例如林产品加工剩余物和纸浆和造纸工业黑液回收锅炉等专业设施，两者是生物质能的主要来源。像天然气一样，合成气也可以在燃气涡轮机中燃烧，这是比受固体生物质和化石燃料限制的蒸汽锅炉更有效的发电技术。

4.5.2 液体燃料

乙醇（ethanol）是农作物生产的主要燃料，至少1908年以来已经被美国在内的许多国家用作燃料。

目前，通过玉米衍生的碳水化合物发酵生产乙醇是生物质资源生产液体燃料的主要技术。此外，在适合用于交通运输的不同生物燃料中，生物乙醇和生物柴油似乎是目前最可行的。生物乙醇和生物柴油的关键优点是它们可以分别与常规汽油和常规柴油混合，这允许使用相同的处理和配送设施。生物乙醇和生物柴油的另一个重要优点是，当它们以低浓度（汽油中不大于10%的生物乙醇和柴油中不大于20%的生物柴油）混合时，不需要对发动机做任何改装。

或者，生物质可以间接地（通过气化生产合成气，随后催化转化为液体燃料）转化为燃料和化学品或通过热化学手段直接转化为液体产物。直接热化学转化方法包括热解、液化和溶剂分解（Kavalov 和 Peteves，2005）。

生物产生的醇，最常见的是乙醇和甲醇，不常见的是丙醇和丁醇，都是通过微生物和酶的作用发酵产生的。

甲醇（methanol）是无色、无臭和几乎无味的酒精，也是由农作物生产的，也可用作燃料。和乙醇一样，甲醇燃烧更完全，但释放的二氧化碳和对应的汽油一样多或更多。

丙醇和丁醇（propanol 和 butanol）的毒性和挥发性比甲醇低得多。特别是丁醇具有35℃的高闪点，这有利于消防安全，但是寒冷天气中可能引起发动机启动困难。

生物柴油（biodiesel）是来自生物源（如植物油）的柴油等效燃料，可以在未改装的柴油发动机车辆中使用。因此，它不同于一些柴油车辆中用作燃料的直链植物油或废植物油。在本文中，生物柴油指的是植物油或动物脂肪酯交换制得的烷基酯。生物柴油燃料是由某些油籽作物，如大豆、油菜、棕榈仁、椰子、向日葵，红花、玉米和数百种其他产油作物的油制成的燃料。通过榨油机提取油，然后以特定比例与其他试剂混合，这会引起化学反应。该反应结果有两种产物：生物柴油和皂。在最后过滤之后，生物柴油即可使用。固化后，作为副产物的甘油皂可以直接使用，或者加入香味油之后再使用。

一般来说，生物柴油优于石化柴油（Lotero 等，2006）。纯生物柴油燃料（100%脂肪酸酯）称为B100。当与柴油燃料混合时，该名称表示共混物中B100的量，如B20是20%的B100和80%的柴油，在欧洲使用的B5柴油中含有5%的B100（Pinto 等，2005）。

烃（hydrocarbons）是属于不同科的不同植物物种的产物，这些植物将大量的光合产物转化为乳液。一些植物乳液含有高分子量（10000）液态烃。这些烃可以转化为高级运输燃料（即石油）。因此，烃生产植物称为石油植物或岩生植物，它们的作物被称为石油作物。天然气也是从烃获得的产物之一。因此，石油工厂可以生产用于柴油发动机的燃料的替代来源。通常，大戟科、夹竹桃科、萝藦科、子叶科、桑科、双叶科等一些橡胶生产植物也是石油植物。类似的，向日葵（菊科）、羽状哈氏豆（豆科）也是石油植物。一些藻类也可产烃。

然而，烃本身通常不是作物生产的，植物组织中存在的烃量不足以使该方法有经济性。然而，生物柴油由农作物生产，从而为柴油发动机提供了优良的可再生燃料。

生物油（bio-oil）是通过与生物柴油生产完全不同的方法生产的产物。当固体燃料在350～500℃(570～930℉）的温度下快速加热（小于2s）时，该过程（快速热解、闪速热解）即发生。目前生产的生物油适合用于锅炉发电。在另一种方法中，将原料添加到流化床（450～500℃）中，原料闪蒸和蒸发，所得蒸汽进入旋风分离器，将其中的固体颗粒和炭分离出来。来自旋风分离器的气体进入骤冷塔，在那里它们通过使用该方法中制备的生物油的热交换而快速冷却。生物油冷凝进入产物接收器，不可凝气体返回到反应器以维持过程加热。从加料到淬冷，整个反应仅需2s。

4.5.3 固态燃料

来自生物燃料原料的固体燃料包括木材、木材制得的木炭和干粪，特别是牛粪。

这种燃料的广泛使用是家庭炊事和供暖。生物燃料可以在开放式壁炉或专用炉子上燃烧。这个过程的效率可能变化很大，从仔细烧火时的10%（如果没有仔细烧火甚至更低）到专门设计的木炭炉的40%。燃料的低效利用是造成森林砍伐的原因（虽然这与故意破坏森林以清理成农业用地相比可以忽略不计），但更重要的是，这意味着必须进行更多的工作来收集燃料，因此炊事炉具的质量会直接影响生物燃料的可用性。

4.6 展望

生物炼制极有可能利用生物质组分和中间体的差异生产多种产品，使来自生物质原料的价值最大化。

例如，生物炼制可能产生一种或几种量少但价值高的化学产品和价值低但量大的液体运输燃料，同时发电和产热供自身使用，富余的电力可用于销售。高价值产品提高了盈利能力，大量燃料有助于满足国家能源需求、降低电力生产成本、避免温室气体排放。

最佳工厂规模受原料运输需求的限制：更大的工厂需要更远的距离来满足全年的原料需求。远距离运输对于含水量（昂贵但无效的运输）、矿物质或有机组分（维持当地土壤质量所需）高的原料尤其有害。与通常按需求的确切时间获取的化石原料不同，大多数种类的生物质（木材除外）仅在一年内有短时间的收获。全年的生物质利用需要昂贵的储存设施，而水分含量高的作物是不能长期储存的。

在许多传统的生物炼制中，当处理量特别大时常常需要多台相同的设备，这是因为受物理性限制，不能建造更大的设备。可以选择使用仅有小规模经济效益的装置运行，例如使用膜工艺，而不是加热蒸发达到浓缩目的。另一种策略是将预期组分转化为方便回收的中间产物，甚至是将组分留在工艺水中，随后将这些组分转化为可以现场使用或输送到管网的沼气。

直到有了足够大型生物炼制厂运行的生物原料保证，才能构建基于两个（或更多个）不同转化平台（conversion platforms）的模块化生物炼制厂，以适应不同的原料，促进不同的产物分布，以及该设施与石油基炼制工艺的联系，这可能是最经济的近期现实。

最后，通过开发木质纤维素基材料使用技术，可以消除人们对能源和粮食生产之间认知上的冲突。生物炼制还需要进一步创新，但它为所有经济部门提供了机会。建立生物基经济有助于克服当前的困难，同时可以为可持续和环境友好产业奠定基础。

参考文献

Bala，B. K. 2005. Studies on biodiesels from transformation of vegetable oils for Diesel engines. *Energy Edu. Sci. Technol.* 15：1 - 43.

Ban - Weiss，G. A.，J. Y. Chen，B. A. Buchholz，and R. W. Dibble. 2007. A Numerical Investigation into the Anomalous Slight NOx Increase When Burning Biodiesel - A New （Old） Theory. *Fuel Process. Technol.* 88：659 - 667.

Barnwal，B. K.，and Sharma，M. P. 2005. Prospects of biodiesel production from vegetable oils in India. *Renew. Sustain Energy Rev.* 9：363 - 378.

Bernardes，O. L.，and Bevilaqua，J. V.，Leal，M. C. M. R.，Freire，D. M. G.，and Langone，M. A. P. 2007. Biodiesel fuel production by the transesterification reaction of soybean oil using immobilized lipase. *Appl. Biochem. Biotechnol.* 137 - 140：105 - 114.

Boateng，A. A.，Daugaard，D. E.，Goldberg，N. M.，and Hicks，K. B. 2007. *Ind. Eng. Chem. Res.* 46：1891 - 1897.

Çanakçý，M.，and Van Gerpen，J. 2003. A Pilot Plant to Produce Biodiesel from High Free Fatty Acid Feedstocks. *Trans. ASAE.* 46：945 - 955.

Çanakçý，M.，and Özsezen，A. N. 2005. Evaluating waste cooking oils as alternative diesel fu-el. *G. U. J. Sci.* 18：81 - 91.

Cobb，J. T. Jr. 2007. Production of Synthesis Gas by Biomass Gasification. Proceedings. Spring National Meeting AIChE. Houston，Texas，April 22 - 26，2007.

Crocker，M.，and Crofcheck，C. 2006. Reducing national dependence on imported oil. Energeia Vol. 17，No. 6. Center for Applied Energy Research，University of Kentucky，Lexington，Kentucky.

Demirbaş，A. 2002. Biodiesel from vegetable oils *via* transesterification in supercritical methanol. *Energy Convers. Manage.* 43：2349 - 2356.

Demirbaş，A. 2003. Biodiesel fuels from vegetable oils *via* catalytic and non catalytic supercritical alcohol transesterification and other methods：a sur - vey. *Energy Convers. Manage.* 44：2093 - 2109.

Demirbaş，A. 2006a. Biodiesel from sunflower oil in supercritical methanol with calcium oxide. *Energy. Convers. Manage.* 48：937 - 941.

Demirbaş，A. 2006b. Biodiesel production *via non* catalytic SCF method and biodiesel fuel characteristics. *Energy. Convers. Manage.* 47：2271 - 2282.

Demirbaş，A.，and S. Karshoğlu. 2007. Biodiesel Production Facilities from Vegetable Oils and Animal Fats. *Energy Sources*，Part A 29：133 - 141.

Dmytryshyn，S. L.，Dalai，A. K.，Chaudhari，S. T.，Mishra，H. K.，and Reaney，M. J. 2004. Synthesis and characterization of vegetable oil derived esters：evaluation for their diesel additive properties. *Biores. Technol.* 92：55 - 64.

Encinar，J. M.，Gonzalez，J. F.，Rodriguez，J. J.，and Tejedor，A. 2002. Biodiesel fuels from vegetable oils：Transesterification of Cynara cardunculus L. oils with ethanol. *Energy Fuel* 16：443 - 450.

Freedman，B.，Butterfield，R. O.，and Pryde，E. H. 1986. Transesterification kinetics of soybean oil. *J. Am. Oil. Chem. Soc.* 63：1375 - 1380.

Furuta, S., Matsuhasbi, H., and Arata, K. 2004. Biodiesel fuel production with solid superacid catalysis in fixed - bed reactor under atmospheric pressure. *Catal. Commun.* 5: 721 - 723.

Ghanem, A. 2003. The utility of cyclodextrins in lipase - catalyzed transester - ification in organic solvents: enhanced reaction rate and enantioselectivity. *Org. Biomol. Chem.* 1: 1282 - 1291.

Goff, M. J., Bauer, N. S., Lopes, S., Sutterlin, W. R., and Suppes, G. J. 2004. Acid - catalyzed alcoholysis of soybean oil. *J. Am. Oil. Chem. Soc.* 81: 415 - 420.

Graboski, M. S., and McCormick, R. L. 1998. Combustion of fat and vegetable oil - derived fuels in diesel engines. *Prog. Energy Combust. Sci.* 24: 125 - 164.

Gupta, P. K., Kumar, R., Panesar, P. S., and Thapar, V. K. 2007. Parametric Studies on Bio - diesel prepared from Rice Bran Oil. *Agricul. Eng. Int.: CIGR J.*, Manuscript EE 06 007. Vol. IX. April.

Iso, M., Chen, B., Eguchi, M., Kudo, T., and Shrestha, S. 2001. Production of biodiesel fuel from triglycerides and alcohol using immobilized lipase. *J. Molec. Catal. B: Enzymatic* 16: 53 - 58.

Jeong, G. T., and Park, D. H. 1996. Batch (one - and two - stage) production of biodiesel fuel from rapeseed oil. *Appl. Biochem. Biotechnol.* 131: 668 - 679.

Kavalov, B., and Peteves, S. D. 2005. *Status and Perspectives of Biomass - to - Liquid Fuels in the European Union*. European Commission. Directorate General Joint Research Centre (DG JRC). Institute for Energy, Petten, The Netherlands.

Korytkowska, A., Barszczewska - Rybarek, I., and Gibas, M. 2001. Side - reac - tions in the transesterification of oligoethylene glycols by methacrylates. *Design. Monom. Polym.* 4: 27 - 37.

Kulkarni, M. G., and Dalai, A. K. 2006. Waste cooking oils - an economical source for biodiesel: a review. *Ind. Eng. Chem. Res.* 45: 2901 - 2913.

Kusdiana, D., and Saka, S. 2004a. Effects of water on biodiesel fuel production by supercritical methanol treatment. *Biores. Technol.* 91: 289 - 295.

Kusdiana, D., and Saka, S. 2004b. Two - step preparation for catalyst - free biodiesel fuel production: Hydrolysis and methyl esterification. *Appl. Bio - chem. Biotechnol.* 115: 781 - 791.

Lee, Y., Park, S. H., Lim, I. T., Han, K., and Lee, S. Y. 2000. Preparation of alkyl (R) - (2) - 3 - hydroxybutyrate by acidic alcoholysis of poly (R) - (2) - 3 - hydroxybutyrate. *Enzyme Microb. Technol.* 27: 33 - 36.

Liu, Y., Lotero, E., and Goodwin, J. G Jr. 2006. Effect of water on sulfuric acid catalyzed esterification. *J. Molec. Catal. A: Chemical* 245: 132 - 140.

Lopez, D. E., Goodwin, J. G. Jr, Bruce, D. A., and Lotero, E. 2005. Transes - terification of triacetin with methanol on solid acid and base catalysts. *Appl. Catal.* A: General 295: 97 - 105.

Lotero, E., Goodwin, J. G. Jr., Bruce, D. A., Suwannakarn, K., Liu, Y., and Lopez, D. E. 2006. The catalysis of biodiesel synthesis. *Catalysis* 19: 41 - 83.

Lucia, L. A., Argyropoulos, D. S., Adamopoulos, L., and Gaspar, A. R. 2006. Chemicals and energy from biomass. *Can. J. Chem.* 8: 960 - 970.

Ma, F., Clements, L. D., and Hanna, M. A. 1998. The effect of catalyst, free fatty acids, and water on transesterification of beef tallow. *Trans. ASAE* 41: 1261 - 1264.

Ma, F., and Hanna, M. A. 1999. Biodiesel production: a review. *Biores. Tech - nol.* 70: 1 - 15.

Macedo, C. C. S., Abreu, F. R., Tavares, A. P., Alves, M. P., Zara, L. F., Rubim, J. C., and Suarez, P. A. Z. 2006. New heterogeneous metal - oxides based cat - alyst for vegetable oil trans - esterification. *J. Braz. Chem. Soc.* 17: 1291 - 1296.

Marchetti, J. M., Miguel, V. U., and Errazu, A. F. 2005. Possible methods for biodiesel production. *Renew. Sustain. Energy Rev.* 11: 1300 - 1311.

Marinetti, G. V. 1962. Hydrolysis of lecithin with sodium methoxide. *Bio-chemistry* 1: 350-353.

Marinetti, G. V. 1966. Low temperature partial alcoholysis of triglycerides. *J. Lipid Res.* 7: 786-788.

Meher, L. C., Kulkarni, M. G., Dalai, A. K., and Naik, S. N. 2006a. Transes-terification of karanja (Pongamia pinnata) oil by solid basic catalysts. *Eur. J. Lipid Sci. Technol.* 108: 389-397.

Meher, L. C., Sagar, D. V., and Naik, S. N. 2006b. Technical aspects of biodiesel production by transesterification—a review. *Renew. Sustain. Energy Rev.* 10: 248-268.

Meneghetti, P. S. M., Meneghetti, M. R., Wolf, C. R., Silva, E. C., Lima, G. E. S., Coimbra, D. A., Soletti, J. I., and Carvalho, S. H. V. 2006. Ethanolysis of Castor and Cottonseed Oil: A Systematic Study Using Classical Catalysts. *JAOCS* 83: 819-822.

Mokhatab, S., Poe, W. A., and Speight, J. G. 2006. *Handbook of Natural Gas Transmission and Processing*. Elsevier, Amsterdam, Netherlands.

Nichols, N. N., Dien, B. S., Bothast, R. J., and Cotta, M. A. 2006. *The Corn Ethanol Industry. In Alcoholic Fuels*. S. Minteer (ed.). CRC-Taylor & Francis, Boca Raton, Florida. Chapter 4.

Noureddini, H., D. Harkey, and V. Medikonduru. 1998. A Continuous Process for the Conversion of Vegetable Oils into Methyl Esters of Fatty Acids. *JAOCS* 75: 1775-1783.

NREL. 2003. Dollars from Sense. National Renewable Energy Laboratory, Golden, Colorado. http://www.nrel.gov/docs/legosti/fy97/20505.pdf.

Pian, C. C. P., Volk, T. A., Abrahamson, L. P., White, E. H., and Jarnefeld. J. 2006. *Biomass Gasification for Farm-Based Power Generation Applications. Transactions on Ecology and the Environment*, Wessex Institute of Tech-nology, Witpress, Southampton, UK. 92: 267.

Pinto, A. C., L. N. N. Guarieiro, M. J. C. Rezende, N. M. Ribeiro, E. A. Torres, W. A. Lopes, P. A. P. Pereira, and J. B. De Andrade. 2005. Biodiesel: An Overview. *J. Braz. Chem. Soc.* 16: 1313-1330.

Reyes-Duarte, D., N. Lopez-Cortes, M. Ferrer, F. Plou, and A. Ballesteros. 2005. Parameters affecting productivity in the lipase-catalysed synthesis of sucrose palmitate. *Biocatal. Biotransform.* 23: 19-27.

Royon, D., Daz, M., Ellenrieder, G. and Locatelli, S. 2007. Enzymatic pro-duction of biodiesel from cotton seed oil using t-butanol as a solvent. *Biores. Technol.* 98: 648-653.

Ruth, M. 2004. *Development of a Biorefinery Optimization Model. Renewable Energy Modeling Series Forecasting the Growth of Wind and Biomass*. National Bioenergy Centre, National Renewable Energy Laboratory, Golden, Colorado. (http://www.epa.gov/cleanenergy/pdf/ruth2_apr20.pdf).

Saka, S., and Kusdiana, D. 2001. Biodiesel fuel from rapeseed oil as prepared in supercritical methanol. *Fuel* 80: 225-231.

Saka, S., and Minami, E. 2006. A Novel Non-catalytic Biodiesel Production Process by Supercritical Methanol as NEDO "High Efficiency Bioenergy Conversion Project". The 2nd Joint International Conference on "Sustainable Energy and Environment (SEE 2006)", Bangkok, Thailand, November 21-23.

Sørensen, B. E., Njakou, S., and Blumberga, D. 2006. Gaseous Fuels Biomass. Proceedings. World Renewable Energy Congress IX. WREN, London.

Schuchardta, U., Serchelia, R., and Vargas, R. M. 1998. Transesterification of Vegetable Oils: a Review. *J. Braz. Chem. Soc.* 9: 199-210.

Shah, S., and Gupta, M. N. 2007. Lipase catalyzed preparation of biodiesel from Jatropha oil in a solvent free system. *Process Biochem.* 42: 409-414.

Speight, J. G. 2007. *The Chemistry and Technology of Petroleum*. 4th edn, CRC Press, Taylor and Francis Group, Boca Raton, Florida, 2007.

Speight, J. G. 2008. *Synthetic Fuels Handbook: Properties, Processes, and Performance*. McGraw-

Hill, New York.

Srivastava. A., and Prasad, R. 2000. Triglycerides - based diesel fuels. *Renew. Sustain. Energy Rev.* 4: 111 - 133.

Stavarache, C., Vinatoru, M. Nishimura, R., and Maed, Y. 2005. Fatty acids methyl esters from vegetable oil by means of ultrasonic energy. *Ultrason. Sonochem.* 12: 367 - 372.

Van Gerpen, J., Shanks, B., Pruszko, R., Clements, D., and Knothe, G. 2004. Biodiesel Analytical Methods: August 2002 - January 2004. National Renewable Energy Laboratory, NREL/SR - 510 - 36240, Colorado, July.

Varghaa, V., and Truterb, P. 2005. Biodegradable polymers by reactive blending trans - esterification of thermoplastic starch with poly (vinyl acetate) and poly (vinyl acetate - co - butyl acrylate. *Eur. Polym. J.* 41: 715 - 726.

Vera, C. R., D'Ippolito, S. A., Pieck, C. L., and Parera, J. M. 2005. Production of biodiesel by a two - step supercritical reaction process with adsorption refining. In: 2nd Mercosur Congress on Chemical Engineering and 4th Mercosur Congress on Process Systems Engineering (ENPROMER - 2005), Rio de Janeiro. Brasil, August 14 - 18.

Watanabe, Y., Shimada, Y., and Sugihara, A. 2000. Continuous production of biodiesel fuel from vegetable oil using immobilized Candida antarctica lipase. *J. Am. Oil. Chem. Soc.* 77: 355 - 360.

Watanabe, Y., Shimada, Y., Sugihara, A., and Tominaga, T. 2002. Conversion of degummed soybean oil to biodiesel fuel with immobilized Candida antarctica lipase. *J. Mol. Catal. B: Enzym.* 17: 151 - 155.

Wright, L., Boundy, R, Perlack, R., Davis, S., and Saulsbury. B. 2006. *Biomass Energy Data Book: Edition* 1. *Office of Planning, Budget and Analysis, Energy Efficiency and Renewable Energy*, United States Department of Energy. Contract No. DE - AC05 - 00OR22725. Oak Ridge National Laboratory, Oak Ridge, Tennessee.

Zhang, Y., Dube, M. A., McLean, D. D., and Kates, M. 2003. Biodiesel production from waste cooking oil: 1. Process design and technological assessment. *Biores. Technol.* 89: 1 - 16.

第5章 生 物 燃 料

NATASHA RAMROOP SINGH
University of Trinidad and Tobago，O'Meara Campus，Arima，
Trinidad and Tobago

5.1 概述

生物燃料（biofuel）是一些液体或气体燃料的通称，这些燃料不是源自石油基化石燃料，也不是只含一定比例非化石燃料。生物燃料包括诸如乙醇、甲醇和生物柴油之类的产物。

生物燃料是指由可再生生物资源——目前专指为燃烧供热种植的资源，生产的生物材料（biomaterials）（表5.1）。生物燃料资源有玉米、大豆、亚麻籽、油菜籽、甘蔗、棕榈油、甜菜、未经处理的污水、食物残渣、动物残渣和稻米等。

表5.1 每吨干原料经生物化学和热化学工艺路线生产的生物燃料产量（Mabee，2006）

项 目	生物燃料产量 /(L·t^{-1})		热值 /(MJ·L^{-1})	能源产量 /(GJ·t^{-1})	
工艺	低	高	低位热值	低	高
生 物 化 学					
酶水解产乙醇	110	300	21.1	2.3	6.3
热 化 学					
合成气费托合成柴油	75	200	34.4	2.6	6.9
合成气生产乙醇	120	160	21.1	2.5	3.4

生物燃料是植物材料衍生的进入市场的液体燃料，受油价飙升和需要增加能源安全等因素的驱动。固态生物燃料包括木材、锯末、修剪草、生活垃圾、木炭、农业废弃物、非粮能源作物和干粪等。

当生物质原料已处于合适的形式（如木柴）时，它可以在火炉或锅炉中直接燃烧以提供热量或产生蒸汽。当生物质原料处于不方便利用的形式（如锯屑、木片、草、城市废弃木材、农业废弃物）时，典型的工艺是将生物质致密化。该方法包括将生物质原料研磨成合适的颗粒大小，根据成型燃料类型，粉碎粒度可以是1～3cm，然后将其压缩成燃料产品。当前生产工艺类型有颗粒、环模或平模成型。颗粒燃料生产工艺在欧洲最常见，通常是纯木制燃料。其他类型致密成型燃料尺寸较颗粒燃料大，适合用作生产原料的种类较

多。与颗粒燃料相比，其他类型的成型燃料尺寸更大，并且适应的原料范围更宽。燃料致密成型后更易于运输和送入锅炉之类的产热系统。

生物燃料也称为非常规燃料或替代燃料。替代燃料可以指源自常规燃料（如石油、煤和天然气）之外的任何燃料。除生物燃料外，典型的替代燃料还有太阳能、风能和潮汐能、氢能、发动机空气能和非常规油。自人类学会用火以来，木材一直是用于加热和炊事的首选生物燃料。这种生物燃料也已经用来发电，液体生物燃料自产生以来也已经在汽车工业中使用。

与生物有机体死亡后必须经漫长的变质过程得到的化石燃料不同，生物燃料（或称为农业燃料）从最近死亡或活的生物有机体即可获得，换句话说，它源自生物质或生物废弃物。

使用最先进的转化技术从可再生的植物原料生产燃料（和化学品），为保持竞争优势和实现国家环境目标提供了机会（图 5.1）。与常规石油化工生产相比，生物加工途径具有许多令人信服的优点；然而，仅仅在过去的十年中，生物技术的迅速发展已经促进了一些植物基化学过程的商业化。人们普遍认识到，只有在生产各种化学品的高度整合和有效综合生产中，植物基化学品的进一步大量生产才具备经济可行性。

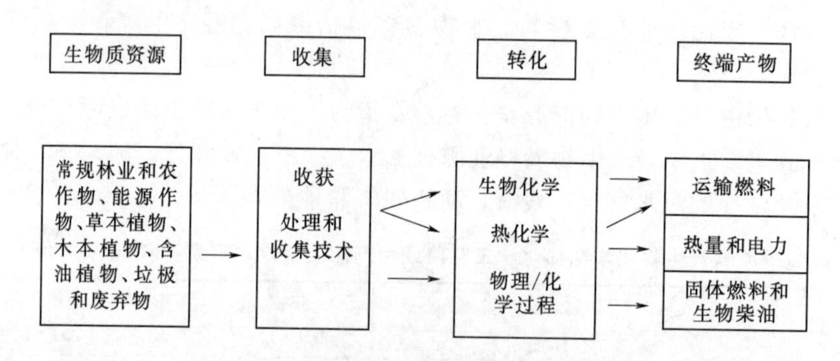

图 5.1　用于能源目的生物质的典型来源和用途
（来源：IEA 生物能源）

与化石燃料相反，生物燃料不会导致大气中 CO_2 总量增加，因为许多生物燃料用的是植物原料，它们通常吸纳大气中 CO_2，然后在燃烧时释放等量 CO_2。因此，被称为“CO_2 中性能源”。

在任何给定条件下，所用的生物燃料类型将取决于可用的自然资源和满足加工需求的本地能源等其他次要因素。将兴趣从化石燃料转向生物燃料的主要原因是石油价格上涨、温室气体排放增加、生物燃料准入门槛低以及政府支持力度的不断增大。使用生物燃料要求以经济的方式减少或完全消除有害排放物。

生物燃料可分为第一代生物燃料、第二代和第三代生物燃料（也称为高级生物燃料），而且其组成也由于所使用的原料和转化技术不同而不同（Piet Lens，2005）。

第一代生物燃料来自简单材料（United Nations Biofuel Report：Sustainable Bioenergy - A Framework for Decision makers），如单糖和二糖（简单的糖），直链淀粉和支链淀粉（淀粉），甘油酯和脂肪酸酯、游离脂肪酸、甘油单酯和甘油二酯（用于生物柴油生产的脂肪和植物油）（表 5.2），甲醇、乙醇、丙醇和丁醇（生物醇），甲基叔丁基醚MTBE

和乙基叔丁基醚 ETBE（生物醚），甲烷、二氧化碳、氮气、氢气、硫化氢和氧气（沼气），一氧化碳和氢气（合成气）和纤维素、半纤维素和木质素（固态生物燃料用木材）。第二代生物燃料使用生物质液化技术（Inderwildi 和 King，2009），利用木质纤维素、生物氢和木材生产乙醇等燃料。第三代生物燃料来自藻类，又称为燃料藻。常用的有丛粒藻（botryococcus braunii）和小球藻（chlorella vulgaris），以及大型藻类（海藻）。

表 5.2　　用于生产生物柴油的各种油和脂肪的组成
（不同类型原料中不同脂肪酸的百分含量）

油或脂肪	14：0	16：0	18：0	18：1	18：2	18：3	20：0	22：1
大豆		6～10	2～5	20～30	50～60	5～11		
玉米	1～2	8～12	2～5	19～49	34～52	痕量		
花生		8～9	2～3	50～60	20～30			
橄榄		9～10	2～3	73～84	10～12	痕量		
棉籽	0～2	20～25	1～2	23～35	40～50	痕量		
高亚油酸红花		5.9	1.5	8.8	83.8			
高油酸红花		4.8	1.4	74.1	19.7			
高油酸菜籽		4.3	1.3	59.9	21.1	13.2		
高介酸菜籽		3.0	0.8	13.1	14.1	9.7	7.4	50.7
牛油	7～10	24～26	10～13	28～31	1～2.5	0.2～0.5		
猪油	1～2	28～30	12～18	40～50	7～13	0～1		
脂	3～6	24～32	20～25	37～43	2～3			
亚麻籽油		4～7	2～4	25～40	35～40	25～60		
黄色油脂	2.43	23.24 16：1= 3.97	12.96	44.32	6.97	0.67		

因此，准确地说，许多粮食作物是生物燃料的主要原料，所以必须考虑生物燃料生产对特定地区自然资源的有害影响。这些原料可以是动物和人类的食物，随着生物燃料生产的增加，已经有人批评将食物从人类消费中转移出去的做法，这有可能导致食物短缺和食品价格上涨（Rogers，2009）。众所周知，对生物燃料的需求与石油价格直接相关。诸如砍伐森林、土壤侵蚀、水的消耗、碳排放和生物燃料价格等与能源平衡和效率有关的问题使“食物与燃料”的争论变得更为复杂。此后，在讨论生物燃料的益处时，也必须明白其缺陷，然后才能实现可持续的生物燃料生产。

5.2　组成

生物质这一术语是用来描述源于近期生物的任何材料，包括植物材料，如树木、草、农作物、甚至动物粪便。其他少量存在的生物质组分包括甘油三酯、固醇、生物碱、树脂、萜烯、萜类化合物和蜡。这包括一切来源的物质，从直接自土地中收获/收集的作物和残留物等初级来源（primary sources），到诸如锯木厂残余物等次级来源（secondary sources），再到通常最终进入垃圾填埋场的消费后剩余物类的三级来源（tertiary sources）。第四个来源（fourth source），虽然通常不这样归类，是指由动物粪便或垃圾填埋场中有机材料厌氧消化产生的气体（Wright 等，2006）。

由于生物质特性和性质的变化，可以预料由生物质生产的生物燃料的特性和性质严重依赖于生产用的初始生物质。但气化和费托合成燃料除外。

5.3 生物燃料分类

通常，生物燃料分类与制备方法有关，而制备方法又与生物质主要被转化为生物燃料的初始材料有关。方便起见，生物燃料通常分为第一代生物燃料、第二代生物燃料和第三代生物燃料。

5.3.1 第一代生物燃料

第一代生物燃料是直接由部分粮食类生物质制备，净化后可用于各种设备的燃料。如由糖、淀粉和纤维素制备的醇类燃料。然而在讲述这些燃料的特性和性质之前，需要先介绍糖的结构和化学特性。

5.3.1.1 糖和淀粉

通常生物质的 75%～90%（以重量计）由糖类物质组成，其他 10%～25%主要是木质素。

植物以固定碳形式捕获太阳能，将二氧化碳转化成氧和糖 $(CH_2O)_x$，即

$$CO_2+H_2O\longrightarrow(CH_2O)_x+O_2$$

产生的糖以三种大分子聚合物的形式储存：淀粉、纤维素和半纤维素。

单糖（图 5.2）是无色结晶固体，易溶于水。由于存在许多属性中心，不同的单糖存在多种同分异构形式。然而，由于生物燃料必须从天然来源获得，所以自然属性丰富的形式占主体。

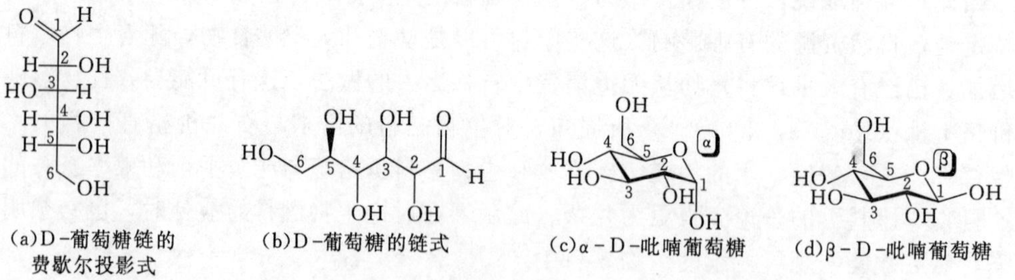

(a)D-葡萄糖链的费歇尔投影式　(b)D-葡萄糖的链式　(c)α-D-吡喃葡萄糖　(d)β-D-吡喃葡萄糖

图 5.2　简单单糖——葡萄糖天然存在形式的各种表示

（来源：http：//en. wikipedia. org/wiki/File：D-glucose-chain-2D-skeletal-numbers. png）

通常，纤维素和淀粉（图 5.3）之类的糖聚合物易于通过水解分解成单体组分，以备转化为乙醇或其他化学品。而木质素是含有芳香族基团的复杂结构，不易降解。尽管木质纤维素是生物质最廉价和最丰富的一种形式，但是将这种相对来说没有反应活性的材料转

化为糖是困难的。其他阻碍因素中，有一个是木质纤维素的细胞壁，它由木质素组成，而木质素必须被分解才能使纤维素和半纤维素可及，从而被酸水解。因此，许多生物质生产乙醇的项目几乎完全来源于玉米淀粉产生的糖发酵，这使得 20 世纪玉米的产量有明显增加（图 5.4）。

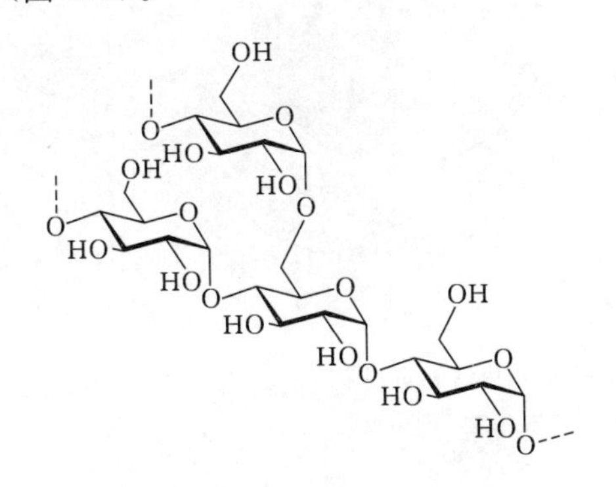

图 5.3 用作生物燃料生产原料的多糖——淀粉部分

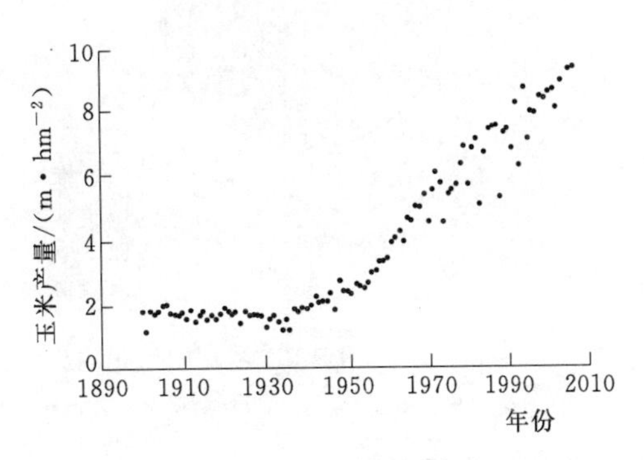

图 5.4 20 世纪美国玉米的产量
[来源：美国农业部（Dhugga，2007）]

葡萄糖（右旋糖）、果糖（左旋糖）、半乳糖、木糖和核糖是常见糖。葡萄糖是简单的糖，如果可及，易于发酵生成生物燃料，其燃烧方程为

$$C_6H_{12}O_6(s)+6O_2(g)\longrightarrow 6CO_2(g)+6H_2O(g),\ \Delta H=2810kJ/mol$$

1mol 纯葡萄糖完全燃烧会产生大量的热，这种放热反应是细胞中代谢能（ATP）的主要来源。葡萄糖和其他单糖通常被发酵生成直接用作燃料的醇。淀粉（starch，又写作 amylum)，是存在于所有绿色植物中的多糖，是食物储存的形式。葡萄糖单体在聚合物的线性螺旋部分（直链淀粉）中通过 β-1，4 糖苷键连接，在分支部分（支链淀粉）中通过 β-1，5 糖苷键连接。将甘蔗和玉米之类的生物燃料作物中的植物糖或淀粉发酵可以生产乙醇（Constable 等，2009）。

5.3.1.2 纤维素

纤维素是源自玉米、柳枝稷和锯末的生物质，用作固态生物燃料的主要原料。纤维素乙醇，通过如淀粉之类的多糖单体发酵获得，但是更简单的糖需要大量处理才能释放。

纤维素是由数千个通过 β-1，4 糖苷键排列的葡萄糖残基组成的直链聚合物，是地球上天然存在的最丰富的聚合物，柳枝稷和芒草纤维素的可用性促进了生物燃料的生产。

5.3.1.3 木质素

木质素是一种最常见的来源于木材的复杂化合物，是植物细胞壁的组成部分。木质素的化学结构尚不清楚，最多只能由假设的公式表示。

木质素在木材干重中的比例为 1/4～1/3（图 5.5），通常被认为是巨大的交联疏水部分，是分子量估计超过 10000 的芳香族大分子化合物。降解研究表明，木质素分子由以随机方式重复出现的各种类型的亚结构组成。

木质素填充在纤维素、半纤维素和果胶组分之间的细胞壁空间中，与半纤维素呈共价连接。木质素还与多糖形成共价键，从而与不同植物的多糖发生交联。

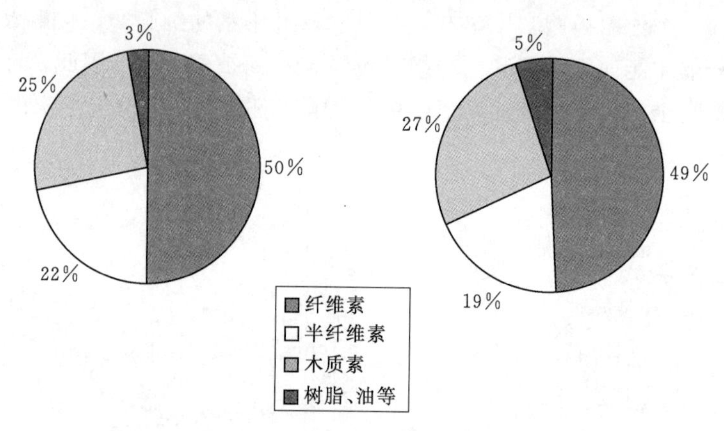

图 5.5 木材的生化成分（分别来自叶树和针叶树）
（来原：Nemestothy，2006）

5.3.2 第二代生物燃料

第二代生物燃料由未必是食物链的那部分植物生产。因此，它们的生产很大程度上依赖于生物质材料，如来自城市、林业和农业的废弃物，以及通常被填埋的城市固体垃圾中不可再利用的部分。

由于粮食供应和生物多样性在生产中没有受到威胁，因此降低了原料成本。这些生物质材料的主要成分是纤维素，故第二代生物燃料也称为纤维素燃料（cellulosic fuels)。可利用的原料有树皮、针叶、树枝等林木残留物，以及如蔗渣、稻壳和麦秆等收获和加工后田间余留的植物非糖部分（Advanced biofuels and Green chemicals - Second - generation Biofuels，2009)。

除了作为主要的第二代生物燃料纤维素乙醇外，上述生物质材料也可以生产生物甲醇、二甲醚、生物氢、合成柴油和合成汽油。这些是生物质液化工程，旨在使用先进技术，如费托工艺，使木质纤维素衍生产物的范围进一步多样化。

研究表明，第一代生物燃料应用所减排的二氧化碳实际上可能高于在生产它时所排放的二氧化碳，这是因为在许多情况下，自然栖息地被转化为农田，从而释放了包含在树木、草以及它们生长的土壤中的碳。这推动了第二代生物燃料的发展（Perine，2008)。下一代燃料生产商采用了两种主要方法：适用于均质生物质的酶平台或用于各种原料，包括非均质残留物的热化学平台（Labrie，2009)。

第二代生物燃料的益处是减少了垃圾填埋，最终将其转化为甲烷（重要的温室气体)，并减少石油依赖。正在进行的研究包括增加可用种植面积的供应和改变原料的组成，从而降低加工成本并增加副产品的价值（Abbas 和 Daniels，2008)。

5.3.3 第三代生物燃料

第三代生物燃料（third - generation biofuels)（有时称为“燃料藻”）来自藻类，它是单细胞或多细胞自养生物。它们能够进行光合作用，但又不含典型的植物器官。在光合作用期间，藻类能够将二氧化碳和来自阳光的能量转化为生物质和氧气。油藻收获后可以转化为生物柴油，同时可以将藻类所含的碳水化合物发酵生产生物醇（Biofuels from industrial/domestic wastewater，2008）。一些研究表明［Microalgal Production SARDI AQUATIC SCIENCES（PDF），2009］，藻类生物质可以生产高达60%的油，可以将其转化为车用生物柴油，因此抵消了用于酯交换的醇和催化剂生产所消耗的能量。藻类可以在盐碱地、贫瘠或干旱土地上生长，收获周期1～10天，这最大限度地减少了使用用于粮食作物生产的土地（Christi，2007）。藻类也可以完全生物降解，可以在海水或淡水上生产——如果有溢出，可以很容易处理。通过直接纤维素发酵生产第三代生物燃料在2008年由Carere等人报道过。涉及称为统合生物加工（CBP）的工艺，其中纤维素酶生产、底物水解和发酵在单步过程中通过微生物完成。代谢和生物工程技术允许通过支架蛋白（图5.10）固定酶亚基，这会加速纤维素降解，简化乙醇生产过程。这种更简单的原料处理使得能量输入和成本更低，且转化率更高。

5.4 生物燃料

生物燃料是指由生物质（即最近活的生物体或其代谢副产物）产生的任何燃料。生物燃料（biofuel）也被定义为至少含80%（以体积计）源于生产前十年内收获的活生物体材料的任何燃料。

5.4.1 生物柴油

生物柴油由长链脂肪酸烷基酯生产（图5.6），通常称为脂肪酸甲酯FAME（或乙酯，取决于所用的烷基）。酯的脂质部分可以来自动物或脂肪，在酯交换中通常涉及简单的醇，如乙醇或甲醇。废弃的、使用过的或低品质的植物油可用于生产生物柴油（表5.3），它通常可以作为燃料直接单独使用，而不需添加任何添加剂。生产中将生物质（油菜籽、大豆油、向日葵、麻风树、马府油树、亚麻、大麻、棕榈油、椰子等）与碱（氢氧化钠）和甲醇混合。由于生物柴油与柴油具有许多相似的性质，所以这两种油易于混合生产出均质、便宜的燃料，省去了加工成本。

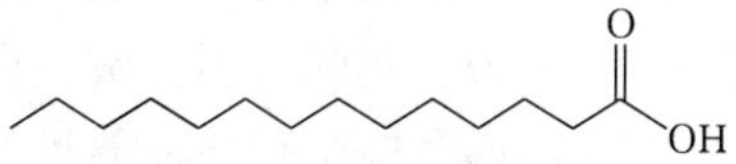

O
OH

图5.6 典型的饱和脂肪酸

表5.3 植物油生物柴油和柴油燃料的性质（Bajpai和Tyagi，2006）

来　源	38℃运动黏度 /($mm^2 \cdot s^{-1}$)	十六烷值	闪点 /℃	低位热值 /($MJ \cdot kg^{-1}$)	浊点 /℃	密度 /($kg \cdot L^{-1}$)	倾点 /℃
花生	4.9	564	176	33.6	5	0.883	—
大豆	4.5	45	178	33.5	1	0.885	～7
向日葵	3.6	63	127	31.8	4	0.875	—
棕榈	5.7	62	164	33.5	13	0.880	—
巴西棕榈树	4.6	49	183	33.5	1	0.860	—
牛脂	—	—	96	—	12		9
柴油	3.06	50	76	43.8	—	0.855	～16
添加20%生物柴油的混合油	3.2	51	128	43.2	—	0.859	～16

生物柴油的碳氧比低于石化柴油，因此燃烧更容易。由于它还是一种有效的溶剂，随着时间推移，在发动机上积聚的沉积物较少。

化学上，酯交换的生物柴油是包括长链脂肪酸单烷基酯的混合物。最常见的形式是用甲醇来生产甲酯，因为它是可获得的最廉价的醇，尽管乙醇，还有高级醇，如异丙醇和丁醇，也可以用于生产乙酯生物柴油。使用较高分子量的醇能改进所得酯的冷流性能，但代价是酯交换反应的效率较低。

脂质酯交换生产法用来将原料油转化为所需的酯。原料油中的任何游离脂肪酸要么转化为过程中除去的皂，要么使用酸性催化剂进行酯化（产生更多的生物柴油）。经该处理后，生物柴油会具有与植物油不同，而与石化柴油非常相似的燃烧性质，并且在目前的大多数应用中可以替代石化柴油。

酯交换过程的副产物是丙三醇（甘油）。每生产一单位的生物柴油，会产生 0.1 单位的甘油。最初，甘油的市场价值较高，这有助于提高整个生产过程的经济性。然而，随着全球生物柴油产量的增加，粗甘油（含有 20%的水和残余催化剂）的市场价格下降，带来了运营挑战。粗甘油通常需要被纯化，一般通过真空蒸馏，然后可以直接利用精制甘油（纯度 98%以上），或者将其转化为其他产物。

生物柴油燃料提供了额外的润滑作用，这有助于延长发动机寿命，并提高发动机性能，还有助于消除发动机爆震和噪声。此外，生物柴油燃料可以储存在任何类型的罐中，并且与石化柴油（闪点约 150℃）相比具有高得多的闪点（约 300℃）。

生物柴油的黏度与由石油生产的柴油［石化柴油（petrodiesel）］类似（表 5.4）。它可以用作柴油制剂中的添加剂，以提高纯的超低硫柴油（ULSD）燃料的润滑性，这是有优势的，因为它实际上不含硫。世界上许多地方使用一种被称为“B”因子的系统来描述任何混合物燃料中生物柴油的量，这与用于乙醇混合物的“BA”或“E”系统不同。

表 5.4　柴油燃料标准中的运动黏度（ASTM 标准）

标　准	地点	燃料	方法	运动黏度/($mm^2 \cdot s^{-1}$)
ASTM D975	美国	石化柴油	ASTM D445	1.9～4.1
ASTM D6751	美国	生物柴油	ASTM D445	1.9～6.0
EN 590	欧洲	石化柴油	ISO 3104	2.0～4.5
EN 14214	欧洲	生物柴油	ISO 3104	3.5～5.0

例如，含有 20%生物柴油的燃料记为 B20。纯生物柴油称为 B100。20%生物柴油与 80%石化柴油的共混物（B20）通常可用于未改装的柴油发动机中。也可以以纯生物柴油的形式（B100）使用，但可能需要对发动机进行某些改装，以避免维护和性能问题。生物柴油的能量密度比石化柴油低 5%～8%，但是具有更好的润滑性和更完全的燃烧，可以使柴油发动机的能量输出与石化柴油相比仅减少 2%——或减少约 35MJ/L。

在大多数现代柴油发动机中，生物柴油可以以纯形式（B100）使用，或者与石化柴油以任何比例混合使用。生物柴油会降解车辆中的天然橡胶垫圈和软管（主要存在于 1992 年之前制造的车辆），尽管这些天然橡胶往往会自然磨损，并且很可能也已经被与生物柴油不发生反应的垫圈所取代。

与石化柴油相比，生物柴油具有更高的润滑指数，这是有利的特点，有助于延长燃料喷射器的寿命。然而，生物柴油是比石化柴油更好的溶剂，已知可以分解先前运行石化柴油车辆上燃料管线中残余的沉积物。因此，如果快速转变为纯的生物柴油燃料，燃料过滤器和喷射器有可能被颗粒阻塞，这是由于该过程中生物柴油清理了发动机上沉积物的缘故。

纯的，非混合的生物柴油可以直接加入任何柴油车辆的油箱中。与正常柴油一样，冬季出售低温生物柴油以防止黏度问题。一些老的柴油发动机仍然带有会受生物柴油影响的天然橡胶部件。

纯生物柴油（B100）开始凝胶化的温度有很大不同，这取决于酯的混合物，因此也取决于用于生产生物柴油的原料油。例如，由低芥酸品种的油菜籽（RME）生产的生物柴油，大约－10℃开始胶凝。而由牛油生产的生物柴油约16℃时趋于凝胶化。截至2006年，只有非常有限数量的产品会显著降低直接生物柴油的凝胶点。冬季可以使用与其他燃料油混合的生物柴油，包括2号低硫柴油燃料和1号柴油/煤油在内，但精确的混合取决于使用环境。

生物柴油可能含有少量但会产生问题的水。虽然它是疏水性的（与水分子不混溶），但是与此同时，有迹象表明，生物柴油被认为是有吸湿性的，可以达到吸引大气中水分子的程度。此外，可能存在加工中残留水或储罐冷凝产生的水。水的存在是一个问题，因为：

（1）水降低了单位体积燃料的热值，这意味着更多的烟雾、更难启动和更低的功率。

（2）水会导致燃料系统重要部件——燃料泵、喷射泵和燃料管线的腐蚀。

（3）水在0℃(32℉）冻结形成冰晶，晶体提供成核的位点，会加速残余燃料的胶凝。

（4）水会加速微生物菌落的生长，因此，安装有加热燃料箱的生物柴油用户整年面临微生物问题。

生物柴油通用的国际标准是EN 14214，而ASTM D6751是美国和加拿大最常用的标准。在德国，生物柴油的要求由DIN EN 14214标准确定，在英国，生物柴油的要求在BS EN 14214标准中确定，这两个标准基本上与EN 14214相同，只是前缀为各国标准机构代码。

由不同油制成的三个不同品种生物柴油的标准包括：RME，菜籽油甲酯，DIN E51606；PME，植物油甲酯，纯植物产品，DIN E51606；FME，脂肪甲酯，植物和动物产品，参考DIN V51606。这些标准确保在燃料生产过程中满足的重要因素包括：完全反应、除去甘油、除去催化剂、除去醇、无脂肪酸、硫含量低。

判定产品是否符合标准的基本工业测试通常包括气相色谱法，这种测试仅验证上述变量中更重要的指标。满足质量标准的燃料是完全无毒的，毒性等级（LD_{50}）大于50mL/kg。

5.4.2 生物醇

生物醇是最常用的生物燃料之一，它在各种酶和微生物作用下由糖发酵产生。甲醇、乙醇和在较小程度上的丙醇和丁醇是“直接”使用或作为添加剂与汽油混合使用的有机醇。人们对这些感兴趣是因为它们可以生物合成。用于生产醇燃料的原料有马铃薯、玉米、小麦、甘蔗、甜菜和任何其他糖源，通过发酵可以从中获得乙醇。玉米是美国最大单一秸秆来源，每年会产生不等量的秸秆。玉米秸秆能够保持在柳枝稷（panicum virgatum L.）和芒草（miscanthus giganteus）等替代作物之上，是因为它的目标是生产玉米，具有无需专用土地的优势。

主要问题是在可持续基础上能够收集多少秸秆，而不会对土壤健康产生不利影响（Wright 等，2006）。乙醇的生产最广泛，因为它可以生物降解，而且可以减少有毒有害物的排放。能以高辛烷值清洁燃烧，并且通常可以从当地可再生资源获得，使其成为了比汽油更便宜的燃料。由丙酮、丁醇和乙醇（ABE）的发酵产生的另一种受欢迎的生物燃料——生物丁醇（图5.7），据称可以直接替代汽油。与汽油-乙醇混合物比，生物丁醇能提供更好的燃料经济性，提高车用燃料效率和里程。它可以与乙醇混合在一起，降低配方中乙醇的有效蒸汽压，且对水污染具有较高耐受性。乙醇的能量密度低于生物丁醇（意味着做等量的功需要更多摩尔的燃料），然而，乙醇的生产更简单且容易实现。

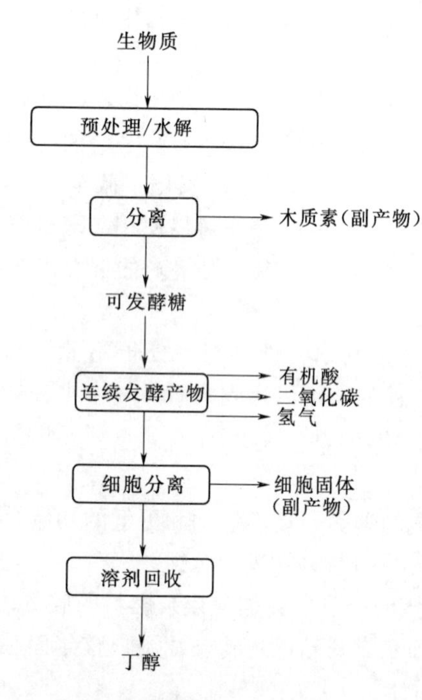

图 5.7 梭菌属细菌发酵淀粉和糖生产生物丁醇的过程
（来源：Power Technologies，2009）

作为生物醇（如果不是主要生物醇）之一，生物乙醇（C_2H_5OH 或 EtOH）是无色透明液体，具有特征性的、可以接受的气味，并且通常产自植物，例如小麦、甜菜、玉米、稻草和木材。

生物乙醇和生物乙醇/汽油混合物用作替代运输燃料具有悠久的历史。与汽油比，生物乙醇具有更高的辛烷值（108）、更宽的可燃极限、更高的火焰速度和更高的蒸发热（Demirbas，2007b）。这些性质允许更高的压缩比和更短的燃烧时间，这使得生物乙醇相对于内燃机中的汽油有更好的理论效率优势。

包含在生物质中的纤维素或碳水化合物可以通过预处理、水解、发酵和产物分离/蒸馏转化为生物乙醇。为了从纤维素生物质制备生物乙醇，需要使用预处理工艺来降低原料尺寸，将半纤维素分解成糖，并且打开纤维素组分的结构。纤维素部分被酸或酶水解成葡萄糖，然后发酵成生物乙醇。

木质纤维素材料中的碳水化合物（半纤维素和纤维素）可以转化为生物乙醇。将木质纤维素进行脱木素、蒸汽爆破和稀酸预水解，然后酶水解和发酵生成生物乙醇。生物乙醇厂中主要的加工步骤是通过酶处理将纤维素转化成糖；该步骤需要长时间处理并且通常放在短期预处理步骤之后。

此外，除生物乙醇外，生物甲醇（CH_3OH）也是醇基燃料。许多测试表明，使用85%～100%（按体积计）的甲醇作为小汽车、卡车和公共汽车的运输燃料可以取得令人满意的效果。甲醇可以用作常规发动机燃料的替代品。在汽油短缺期间，甲醇在不同的时期被看成是大容量发动机可能的燃料替代品。

5.4.3 生物醚

生物醚通过生物基醇脱水产生，与其他生物燃料相比，声称具有优越的燃烧和排放特性，另外还被称为燃料含氧物或燃料醚。最常见的生物醚是二甲醚（DME）、二乙醚（DEE）、叔戊基甲基醚（TAME）和甲基叔丁基醚（MTBE）（图5.8）。生物醚与发动机系统兼容并且用作辛烷值增强剂，20世纪70年代被引入，目的是替代燃料中的铅。像前面提到的生物乙醇一样，他们能够提高发动机性能，同时减少发动机磨损和减少有毒废气的排放。

关于燃料醚有趣的地方在于，它们能够极大地减少地面臭氧的量，从而改善我们呼吸的空气的质量。燃料不完全燃烧产生的一氧化碳对地面臭氧有重要贡献。（以燃料醚的形式）向汽油中添加氧会使得燃料更有效和更完全地燃烧。添加1%或2%的燃料乙醚，总碳氢化合物的排放会减少1%（Council Directive85/536/EEC，1985）。

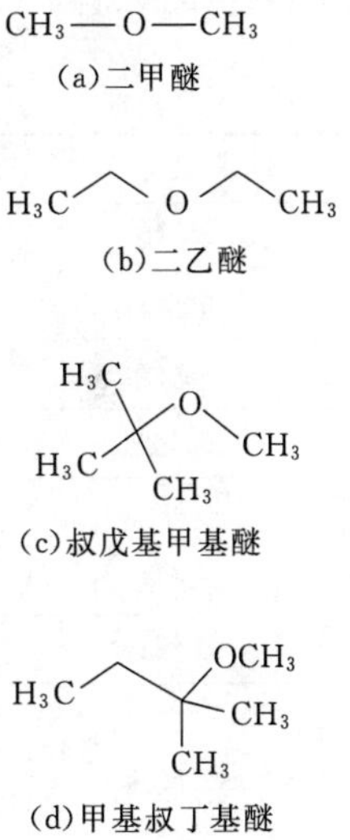

CH_3—O—CH_3

(a)二甲醚

H_3C O CH_3

(b)二乙醚

H_3C O CH_3 H_3C CH_3

(c)叔戊基甲基醚

OCH_3 H_3C CH_3 CH_3

(d)甲基叔丁基醚

图5.8 典型生物醚的代表

5.4.4 生物气

生物气（biogas），有时不适当地称为沼泽气体（swamp gas），通常是指在厌氧条件下通过有机物质的厌氧消化或发酵产生的生物燃料气体，有机物质包括粪便、污水污泥、城市固体废弃物、可生物降解的废弃物或其他任何可生物降解的原料。根据产生的位置，生物气也被称为沼泽气体（swamp gas）、沼气（marsh gas）、垃圾填埋气（landfill gas）和消化气（digester gas）。

生物气的组成随垃圾填埋场中废弃物的组成和厌氧消化过程而变化。垃圾填埋气的甲烷浓度通常约为50%。先进的废弃物处理技术可生产含55%～75%甲烷的生物气；通常引入空气（5%，按体积计）用于微生物脱硫。例如，生物气的成分（按体积计）通常是：甲烷（50%～75%）、二氧化碳（25%～50%）、氮气（0～10%）、氢气（0～1%）、硫化氢（0～3%）和氧（0～2%）。

如果被充分净化，生物气即具有与天然气相同的特性。这种情况下，生物气生产者可以利用当地的天然气分布管网。气体必须非常纯净才能达到管道气质量。如果以高品质存在，或者气体要被完全净化，则需要去除水（H_2O）、硫化氢（H_2S）和微粒。二氧化碳较少被去除，但它也必须被分离以达到管道气体的质量。如果使用气体而不进行广泛净化，则有时通过与天然气共燃改善燃烧。净化至管道气质量的生物气被称为可再生天然气（renewable natural gas）。这种气体形式可用于使用天然气的任何设备中。

生物气几乎与天然气（甲烷或CH_4）相同（表5.5）。下式给出了甲烷完全燃烧方程，即

$$CH_4(g)+2O_2(g)\longrightarrow CO_2(g)+2H_2O(l),\quad \Delta H=891kJ/mol$$

天然气，通常与化石燃料——煤和气体水合物（冰晶中甲烷的包合物）伴生，也可能

含有少量的乙烷、丙烷、丁烷和戊烷，这些烷烃是在天然气用作消费燃料前需除去的较重的烃，天然气还含有二氧化碳、氮气、氦气和硫化氢。沼气是垃圾填埋场、沼泽和湿地中的产甲烷微生物分解有机质（动物和植物）产生的。厌氧（系统中氧含量低或无氧）分解产生甲烷、二氧化碳、少量的氢和少量的热量。酸度、原料的碳氮比、固体的温度和百分含量都对沼气的质量和产量有影响。通常，富含植物性物质的牛粪是理想的原料。另一种主要类型的生物气是木煤气，是通过木材或其他生物质气化产生。这种类型的生物气主要由氮气、氢气、一氧化碳和微量甲烷组成。工业厌氧消化器和机械生物处理系统正变得越来越受欢迎。甲烷是一种有效的温室气体，但也是一种非常清洁、容易燃烧的燃料。

表 5.5　来自不同来源的沼气的组成（Spiegel 和 Preston，2003）

成分	农业沼气	污水沼气	垃圾填埋气
甲烷	55%～75%	55%～65%	40%～45%
二氧化碳	25%～45%	30%～40%	35%～50%
氮气	0～10%	0～10%	0～20%
硫化氢	0～1.5%	高达 0.02%	约 0.02%
水	饱和	饱和	饱和
卤素	痕量	高达 0.0004%	有；多少取决于垃圾填埋场
高级烃	痕量	痕量	高达 0.02%

5.4.5　生物油

生物油（bio-oil）[有时称为生物原油（biocrude）] 是通过诸如热解和热化学转化的方法从生物质（林业残余物、农作物秸秆、废纸和有机废弃物）产生的液体冷凝物。根据原料不同，生物油可以与现有炼油技术相互兼容，将其转化为燃料，如绿色柴油。

在水热精制工艺（HTU 工艺）中，生物质在高温（300～350℃，570～660℉）和压力 1770～2650psi 下用水处理生产生物原油。它可以通过闪蒸或萃取被分离成重质原油（适合用作燃煤发电站的共燃燃料）和轻质原油，可以通过加氢脱氧（HDO）将其升级为生物燃料。

当热砂的湍流使生物质闪蒸成蒸汽时，快速热处理过程（rapid thermal processing process，RTP™过程）在约 500℃(930℉）温度下发生。然后将蒸汽迅速冷凝成液体。该过程用时不超过 2s，会产生大量的生物油（干燥木质纤维素生物质生产的热解油通常占原料的 65%～75%，按重量计）。

生物油是深褐色黏稠液体，与化石原油有一些相似性。然而，生物油是由水、酸和酯等水溶性化合物和水不溶性化合物（通常称为热解木质素，因其来自生物质的木质素部分）组成的复杂含氧化合物。生物油的元素组成与其生物质原料相似。由于含氧量高，生物油的热值比化石燃料低，通常仅有化石原料（例如重质燃料油）热值的大约一半。然而，它含有较少的氮，金属或硫的量仅为痕量。

生物油是酸性的，pH 值在 2～4 范围内，这使其非常不稳定并具有腐蚀性——通过添加易得的碱性化合物可以减轻酸性。因此，它给运输/管道输送和存储（有腐蚀大多数金属的趋势）提出了挑战。所以它的运输和存储通常是在不锈钢容器中。

像其他生物燃料一样，生物油的性质是随着原料变化的。该液体的比重为1.10～1.25，这意味着它比水略重，比燃料油重，并且明显高于原始生物质的堆积密度。油的黏度变化从低至25cP到高达1000cP，这取决于含水量和原始原料的不同。

5.4.6 合成气

合成气（syngas）是由有机物质（可以是木材、塑料、生物质、有机废弃物或石油等化石燃料）通过称为气化的方法制备的（Syngas Biofuels Energy，Inc.，2009），主要含两种气体，氢气和一氧化碳——通过使用不同的热化学反应条件（合成气101）可以调整他们的浓度和其他次要分子的存在。

用碳源生产合成气的一般方程如下：

$$C_nH_m + nH_2O \longrightarrow nCO + (m/2+n)H_2$$

通常，生物材料与一定比例的氧和/或蒸汽在高温（>700℃）下反应。原始合成气含有水、碱、卤化物、金属（如Hg、As和Se）、可冷凝产物和酸性气体以及致命水平的硫化氢，其组合是爆炸性的（Felix，2006）。为了避免冷凝，在惰性环境中提取清洁合成气，然后进行受控的膨胀、稀释、热调节和快速样品运输，是技术人员和工程师面临的持续挑战。就化石燃料而言，原始燃料气化的主要目的是合成气的燃烧温度更高，并且可以直接用于发动机中。合成气还可通过费-托法生产烃或甲醇，或者可以转化为一系列其他产物（图5.9）的合成燃料。

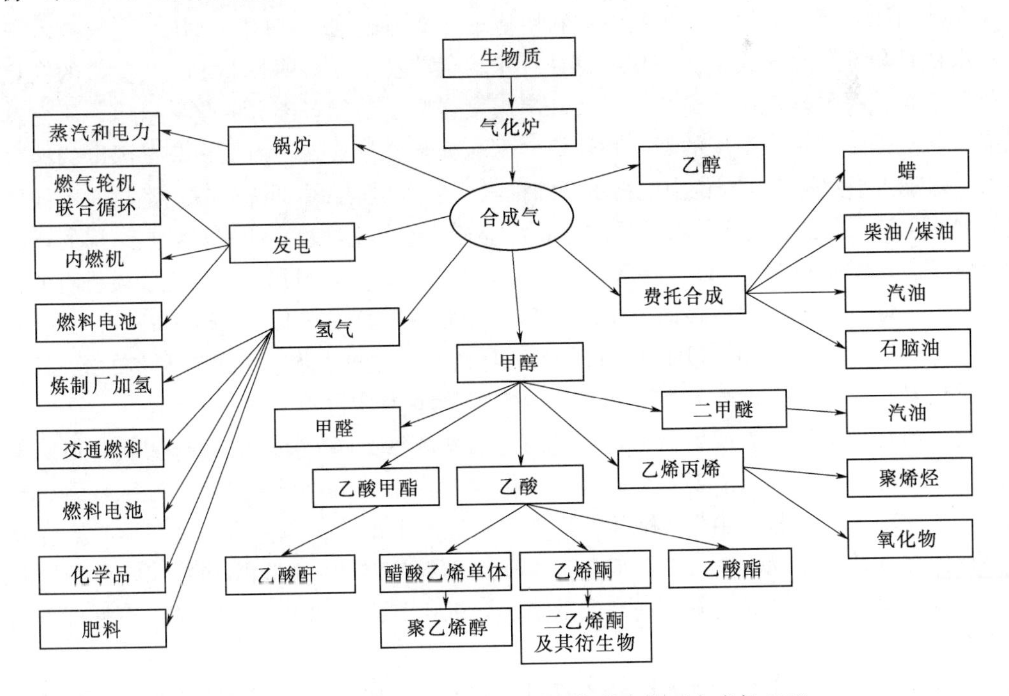

图5.9 由气化合成气获得的各种生物基产物（合成气101）

5.5 随原料来源而变的属性

生物燃料的质量和组成取决于生物质/原料的来源，以及在其制造过程中使用的加工和转化技术。生物质原料的组成最终决定了化学或生物化学转化过程的产率，进而影响其经济性。有许多植物品种被用作生物燃料源——地理、天气条件、土壤组成和法定位置通常规定了专门用于生物燃料生产的原料类型。乙醇、生物柴油和丁醇是生物燃料商业生产的主要类型（Ezeji，2007）。2007 年 Dhugga 进行的研究，分析了用于生物燃料生产的玉米生物质的产量和组成。结果发现当秸秆分数从总生物原料量的 1/3 增加到 1/2 时，玉米乙醇的产量几乎会翻倍。

土壤有机质含量对谷物和秸秆影响很大，因而影响玉米植物的碳水化合物含量。木质素和细胞壁交联也影响乙醇生产。在秸秆中选择性地减少木质素并增加纤维素预计可以增加机械强度以及乙醇的产量（Appenzeller 等，2004）。虽然预处理和酶水解是纤维素乙醇生产中成本高昂的两个步骤，但木质素含量减少后的秸秆在进行酶水解之前可能仍然需要处理。为减少木质素含量进行的预处理完全实现成本节约似乎是不可能的，因为生物量也会随着预处理减少。然而，为了使乙醇生产在商业上可行，不仅必须提高单位干物质的乙醇产率，而且还要提高单位土地面积的乙醇产率。2001 年 Thomas 等人假定，假如所有其他工艺变量在各批次之间保持相同，而玉米秸秆（常见生物质材料）的组成可以在较大范围内变动，那么由其生产的生物乙醇的最低出售价格（MESP）会在每加仑 1.04 美元到 1.36 美元之间变动。

2006 年 Ye 等进行的一项研究中，利用傅里叶变换近红外（FT－NIR）光谱技术来确定玉米秸秆各部分化学成分的变化。这种技术的优势在于允许通过监测工艺参数的变化和智能调节来获得最佳产率。遗传学以及环境因素会影响植物各部分的化学组成，研究发现果壳、其次是果皮和果中皮的糖（葡聚糖＋木聚糖）含量最高，而植物节点部位的糖含量最低。这是由于植物不同部位中生物质（纤维素、半纤维素和木质素，它们都具有不同的用途）主要化学成分的存在比例有差异的缘故。也有其他可用方法，如检测潜在结构的近红外漫反射光谱（NIR－PLS）（Hames 等，2003；Mabee，2006），可用于确定生物质材料的化学组成这类信息。柳枝稷（panicum virgatum L.）是暖季型草，在北美洲迅速成为有吸引力的生物质材料。1999 年 Madakadze 等人进行的一项研究，分析了加拿大蒙特利尔的冠层高度、干物质积累和柳枝稷化学成分的变化，发现水的可用性是限制因子。

由木质纤维素原料生产生物燃料可以通过两种截然不同的加工途径来实现。他们是生物化学，发酵生产乙醇前需要利用酶和其他微生物将原料中的纤维素和半纤维素组分转化成糖（图 5.10）；热化学路线，利用热解和气化技术生产合成气（CO 和 H_2），从合成气重整得到多种长链生物燃料，如合成柴油或航空燃料。对于生物化学途径，在改善原料特性、通过完善预处理降低成本、提高酶效率、降低生产成本以及完善整体过程整合方面仍有许多工作要做。

生物化学和热化学途径之间关键的不同在于木质素作为酶水解过程的残余物可以用于生产热和动力。表 5.1 给出了从两种方法所得产物的比较。

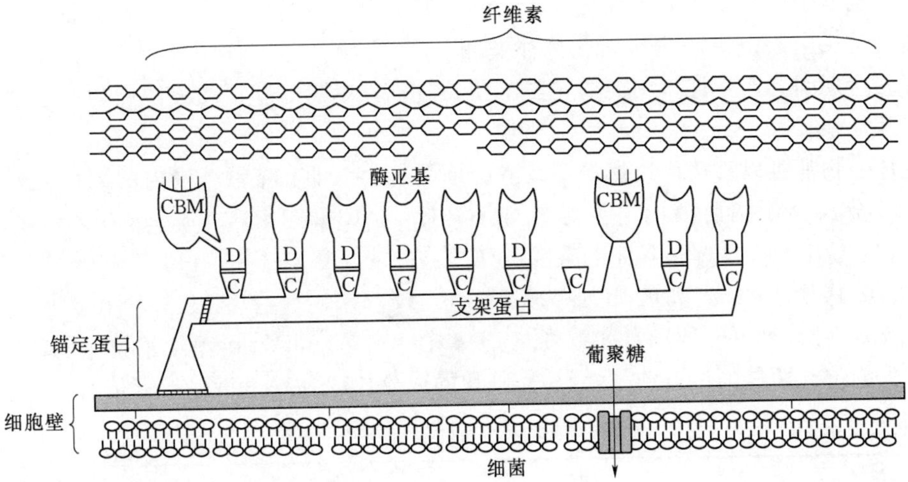

图 5.10　基因工程菌所产纤维小体水解纤维素示意图

（来源：Carere 等，2008）

沼气的生产基本上是依靠废水处理设施并通过厌氧消化技术降解污水污泥和动物废弃物中的有机物含量来完成的。生物质的有机物含量、预处理技术和生产过程决定了气体百分含量的变化。表 5.5 给出了来自三个不同沼气源的气体含量比较。除了主要组分（甲烷和二氧化碳）之外，沼气还可以含有各种污染物和杂质，如硫化合物（硫化氢，硫醇等）、卤素、氨和颗粒。

关于生物柴油生产，植物油、动物脂肪和食用油的烷基酯的化学组成决定了酯交换优化的期望值。最常见原料的脂肪酸组成主要包括五种 C16 和 C18 脂肪酸，即棕榈酸（十六烷酸）、硬脂酸（十八烷酸）、油酸 [9(Z)-十八碳烯酸]、亚油酸 [9(Z),12(Z)-十八碳二烯酸] 和亚麻酸 [9(Z),12(Z),15(Z)-十八碳三烯酸]，除了少数不在这个范围的油，如椰子油，含有大量超出 C12～C16 范围的饱和酸（Knothe，2009）。表 5.2 给出了用于生物柴油生产的各种油和脂肪的比较（Van Gerpen 等）。表 5.3 给出了植物油生物柴油和柴油燃料的物理性质（Bajpai 和 Tyagi，2006）。

改变脂肪酸组成可以通过物理方法、原料遗传修饰或使用具有不同脂肪酸组成的替代原料（例如木材衍生的脂肪酸和相关化合物）来实现。

妥尔油是一种黑色、黏稠、有气味的液体，会与木片制浆后留下的制浆液（碱性黑液）发生相分离，含有松香和脂肪酸的钠皂（Lee 等，2006）。妥尔油提取物部分的组成见表 5.6。

表 5.6　来自制浆黑液的妥尔油提取物的组成（Holmlund 和 Parviainen，2000）

成　分	北美软木	斯堪的纳维亚松木	斯堪的纳维亚云杉	北美硬木	北美桦木
松香酸/%	42	30～35	20～30	—	—
脂肪酸/%	47	50～55	35～55	76	55～90
中性脂肪/%	11	5～10	18～25	24	5～35

鱼油也是生产生物油的潜在优质脂肪酸来源。在一项特定研究中，废鱼油在525℃下的连续中试反应器中快速热解转化为生物油，产率为72%～73%（Wiggers等，2009)。在热解反应期间会产生许多不同的化学基团，甘油三酯热解获得的液体产物（生物油）的组成非常复杂。

这种生物油可以直接用作燃料，或者分馏后获得汽油和柴油范围内的纯烃。废鱼油的GC－MS分析显示脂肪酸的主要组成如下：$C_{16:0}$（15.87%)，$C_{18:2}$（20.96%)，$C_{18:1}$（17.29%)，$C_{20:5}$（5.11%)，$C_{20:1}$（7.59%)，$C_{22:6}$（4.53%)，$C_{22:1}$（10.42%)，GC－FID分析显示有482种化合物被归类为链烷烃（4.48%)、异链烷烃（8.31%)、烯烃（26.56%)、环烷烃（6.07%）和芳烃（16.86%）（Wisniewski等，2009)。表5.7给出了轻质生物油与两种随机石油基燃料A和B的成分比较（Wisniewski等，2009)。

表5.7　轻质生物油的类别比较

类　别	轻质生物油	汽油A	汽油B
芳香烃体积百分比/%	16.86	14.81	18.85
异构烷烃体积百分比/%	8.31	19.35	23.67
环烷烃体积百分比/%	6.07	16.26	19.89
烯烃体积百分比/%	26.56	11.72	13.53
含氧化合物体积百分比/%	0.06	17.76	0.16
正构烷烃体积百分比/%	4.48	13.65	16.55
C_{14+}体积百分比/%	5.30	0	0
未分类组分体积百分比/%	32.38	6.44	7.36
总计/%	100.00	100.00	100.00

绿藻（水生和单细胞）生物质也可用于生物柴油生产，是颇具吸引力的甘油三酯的来源，因为在良好的条件下，绿藻在不到24h内可使其生物量增加一倍。二氧化碳可利用性、阳光、水和空间等因素会影响藻类密度，并且藻类的年生产力和含油量远远超过籽食作物。每公顷大豆只能生产约450L的油。每公顷芥花籽油可以生产1200L油，而棕榈可以生产6000L。另一方面，每公顷藻可以生产90000L的油（Campbell，2008)。

表5.8给出了绿藻含油量的比较。必须注意的是，含油量只是选择栽培品种的一个标准。还必须考虑生长速率、密度和存活率（Christi，2007)。

表5.8　绿藻含油量的比较

种　类	含油量（基于干重)/%	种　类	含油量（基于干重)/%
小球藻	28～32	微绿球藻	31～68
菱形藻	45～47	裂壶藻	50～77

生物燃料的“能量平衡”是描述其经济生产可行性的重要标准。它描述了燃料中储存的能量与生长、加工和配送该燃料所需的能量的比较（Tickell，2000)。根据许多报告，生物柴油提供了正能量平衡：生产生物柴油所需的1单位能量可获得2.5～3.2单位的能量。据说，生物柴油的能量产出比其他任何液体燃料都高（表5.9)。

表 5.9　　各种生物燃料能源产量比较（明尼苏达农业部网站）

石化燃料	能量产出投入比	石化燃料	能量产出投入比
生物柴油	3.2（大豆）	石化柴油	0.843
生物乙醇	1.34	石化汽油	0.805

总之，生物燃料可根据来源和类型分类。它们来自森林、农业或渔业产品或城市垃圾以及来自农产品加工业、食品工业和食品服务业的副产物和废弃物。它们可以是固体，例如薪柴、木炭和木颗粒；液体，例如乙醇、生物柴油和热解油；气体，例如生物气。表 5.10 给出了不同原料和国家的生物燃料产量。

表 5.10　　不同原料和地点的生物燃料产量（Rajagoopal 等，2007）

作物	地点	生物燃料	作物产量/(t·hm^{-2})	转化率/(L·t^{-1})	生物燃料产量/(L·hm^{-2})
甜菜	全球	乙醇	46.0	110	5060
甘蔗	全球	乙醇	65.0	70	4550
木薯	全球	乙醇	12.0	180	2070
玉米	全球	乙醇	4.9	400	1960
稻米	全球	乙醇	4.2	430	1806
小麦	全球	乙醇	2.8	340	952
高粱	全球	乙醇	1.3	380	494
甘蔗	巴西	乙醇	73.5	74.5	5476
	印度	乙醇	60.7	74.5	4522
油棕	马来西亚	生物柴油	20.6	230	4736
	印度尼西亚	生物柴油	17.8	230	4092
玉米	美国	乙醇	9.4	399	3751
	中国	乙醇	5.0	399	1995
木薯	巴西	乙醇	13.6	137	1863
	尼日利亚	乙醇	10.8	137	1480
大豆	美国	生物柴油	2.7	205	552
	巴西	生物柴油	2.4	205	491

5.6　与石油、油砂沥青、煤和油页岩燃料的性能对比

根据美国农业部 2005 年的一份报告，到大约 21 世纪中期大规模开发生物炼制工业时，每年的干生物质供应量超过 13 亿 t，或者，如果转化为乙醇，可以替代大约 39%的石化燃料，可以在土地利用、农业和林业实践方面相对适度变化的条件下生产。为了阐明用可再生生物燃料替代化石燃料的吸引力，有必要对这两组燃料的特性加以比较。人们会想创造和使用替代燃料，而不是传统常规燃料的有害排放、成本、可用性和基础设施。然而，必须指出，总体环境影响可能在不同的地理和气候条件下有所不同。2008 年的一份

报告（Fontaras 和 Samaras，2008）指出，欧洲的生物燃料消费量分别为 71.6%的生物柴油、16.3%的乙醇、还有 12.1%的其他生物燃料，欧盟政策框架下生物燃料的使用会越来越多。对生物燃料利用粮食作物和生产费用方面的怀疑是有道理的，但新兴的第二代和第三代生物燃料似乎正在克服这些障碍。

与石油燃料相比，最大的问题之一似乎是各种生物燃料的总体温室气体排放。为了估计可再生和替代燃料对温室气体排放增加的影响，应考虑包括化石燃料提取或原料生长、燃料生产、配送和燃烧在内的整个燃料生命周期。图 5.11 很好地描述了不同燃料二氧化碳减排情况。

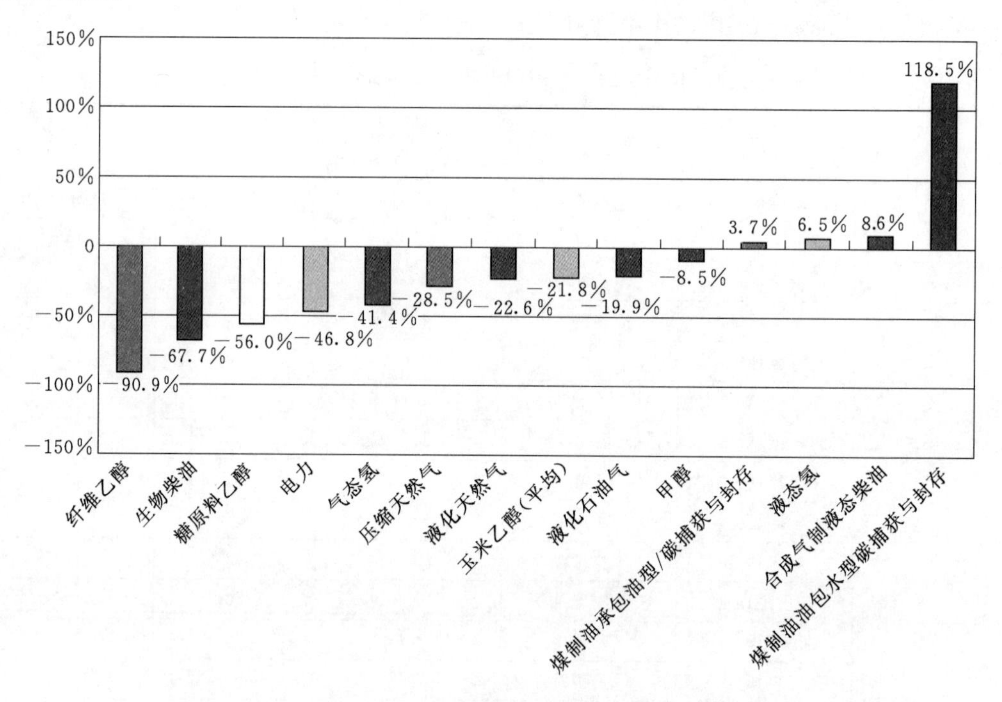

图 5.11　相对于被替代的石油燃料，一系列替代和可再生燃料的生命周期温室气体减排情况估计
（来源：EPA420 - F - 07 - 035，2007）

燃料以能量当量或 BTU 为基础进行比较。因此，例如，对于由玉米乙醇替代的每 BTU 汽油而言，汽油 BTU 产生的总生命周期温室气体排放将减少 21.8%。这些排放不仅涉及二氧化碳，而且还涉及甲烷和一氧化二氮（EPA420 - F - 07 - 035，2007）。

与油衍生燃料相比，生物燃料具有显著降低二氧化碳排放的潜力，这虽然已被普遍接受，但是在许多情况下并非这样。例如，由玉米制成的乙醇在施肥、灌溉、收获和发酵过程中需要大量的能量，并且这些能量大部分来自化石燃料。因此，一些乙醇生产方案的生命周期二氧化碳排放比汽油更多。然而，基于纤维素的乙醇燃料生产是更有效的、具有成本效益、且碳足迹减少（Weber，2007）。

然而，某些情况下，生物燃料的温室气体排放较低，如来自葵花籽和油菜籽的生物柴油，如图 5.12 所示。

另一份报告（Manuel，2007）中指出，与常规柴油相比，生物柴油使二氧化碳排放减少了41%，而乙醇比汽油减少了12%。因此，与石油相比，当涉及大气污染物和温室气体排放时，乙醇的价格低于生物柴油。长期以来，人们认为使用乙醇作为含氧化合物有助于减少空气污染。相同的报告指出，添加10%的乙醇而不是甲基叔丁基醚(MTBE)可以减少一氧化碳、挥发性有机化合物和直径小于10μm的颗粒物质的排放。然而，由于玉米生产、运输和转化为乙醇所涉及的排放，导致常见的E85汽油醇（85%乙醇和15%汽油）这三种污染物的总生命周期排放以及硫、氮氧化物的排放较高。

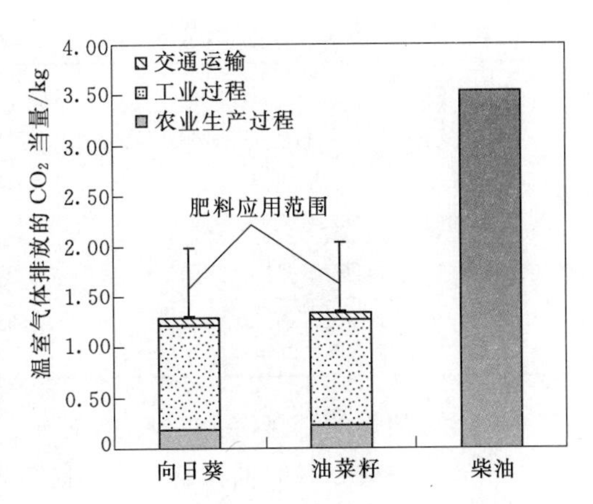

图5.12 以二氧化碳当量表示的柴油和两种类型的生物柴油的温室气体排放（来源：Fontaras 和 Samaras，2008）

相反，以较低含量与柴油混合的生物柴油减少了燃烧期间挥发性有机化合物、一氧化碳、颗粒物和硫氧化物的排放。此外，在整个生命周期中，生物柴油混合燃料与柴油相比减少了一氧化碳、颗粒物和硫氧化物的排放。

表5.11给出了一些常见生物能源原料和液体生物燃料与煤和油相比的化学特性。可清楚地看到，与农作物燃料相比，化石燃料的硫含量更高、热值中等（与水分含量直接相关）、灰分含量介于固体和液体生物燃料之间。通常，与化石燃料相比，生物质原料在许多燃料性质方面是相当均匀的。

表5.11　与煤和油相比常见生物能源原料与生物燃料的性质（Scurlock，1994）

燃料类型	来源	化学特性				
		热值/($GJ \cdot t^{-1}$)	灰分含量/%	硫含量/%	钾含量/%	灰熔点/℃
生物能源原料	玉米秸秆	17.6	5.6			
	甜高粱	15.4	5.5			
	甘蔗渣	18.1	0.2～5.5	0.10～0.15	0.73～0.97	
	甘蔗叶	17.4	7.7			
	硬木	20.5	0.45	0.009	0.04	900
	软木	19.6	0.3	0.01		
	杂交杨树	19.0	0.5～1.5	0.03	0.3	1350
	竹子	18.5～19.4	0.8～2.5	0.03～0.05	0.15～0.50	
	柳枝稷	18.3	4.5～5.8	0.12		1016
	细叶芒	17.1～19.4	1.5～4.5	0.1	0.37～1.12	1090
	芦竹	17.1	5～6	0.07		
液体生物燃料	生物乙醇	28		<0.01		—
	生物柴油	40	<0.02	<0.05	<0.0001	—

续表

燃料类型	来　源	化　学　特　性				
		热值/($GJ \cdot t^{-1}$)	灰分含量/%	硫含量/%	钾含量/%	灰熔点/℃
化石燃料	低阶煤；褐煤/次烟煤	5～19	5～20	1.0～3.0	0.02～0.3	～1300
	高阶煤；烟煤/无烟煤	27～30	1～10	0.5～1.5	0.06～0.15	～1300
	油（典型馏分）	42～45	0.5～1.5	0.2～1.2		—

许多类型的煤的总热值为20～30GJ/t，而大多数生物质原料在15～19GJ/t范围内。大多数固体生物质原料的堆积密度（与能量密度相关）通常即使压缩之后也较低，大多介于多数化石燃料堆积密度的10%～40%，然而，液体生物燃料的价值具有可比性。由于生物质材料更具反应性，点火稳定性更高，它们通常更容易气化并通过热化学工艺转化成甲醇和氢（高价值燃料）。煤灰可能含有有毒金属和少量其他痕量污染物，而生物质灰可用作土壤改良剂，有助于补充作物收获带走的营养物。生物乙醇的热值约为石油馏分的70%，但它的硫和灰分含量明显较低。

一些报告（Viewpoint，2008）指出，生物燃料有助于控制石油成本。他们指出，如果不是生物燃料生产商增加产量，石油和天然气价格将提高约15%。这意味着，今天一桶油的成本将超过130美元，而不是约115美元，汽油将以4.50美元的价格出售，而不是约4美元。此外，过去五年里，石油价格的上涨幅度几乎为玉米和大豆上涨幅度的两倍。

然而，乙醇的一般成本仍然略高于无铅汽油，如图5.13所示。图5.13中价格是1982—2008年内布拉斯加州每加仑乙醇和汽油的成交价（Official Nebraska Government

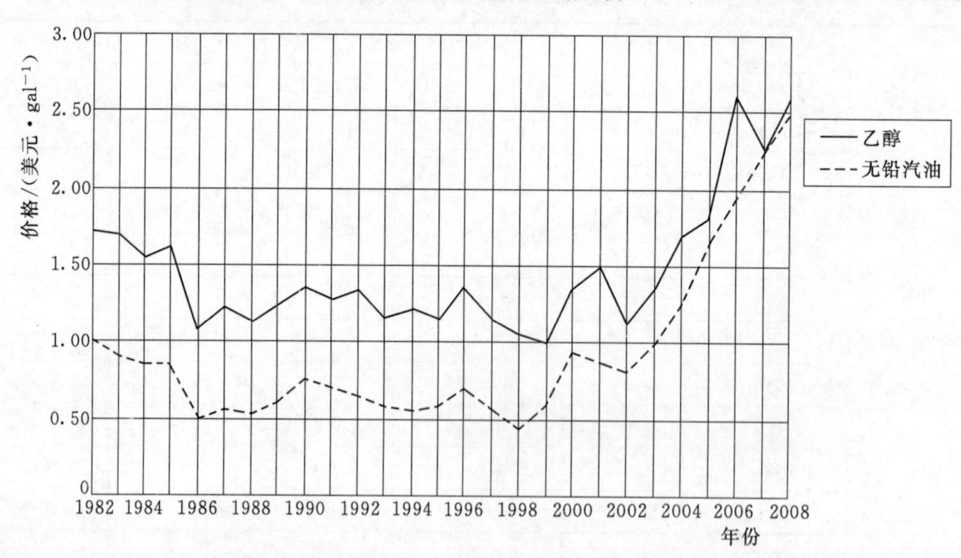

图5.13　内布拉斯加州奥马哈市1982—2008年乙醇和无铅汽油成交价（离岸价，船上成交价）

Website)。研究人员评估了每年生产 900 亿 gal 乙醇的可行性、可能产生的影响、限制和推动因素，这将足以替代到 2030 年每年预计使用的 1800 亿 gal 汽油中的 600 亿 gal。每年生产 900 亿 gal 超过了美国能源部 2006 年建立的乙醇生产目标。可以确定的是，到 2022 年，在不取代目前能效比的情况下，每年可以生产 210 亿 gal 的纤维素乙醇。因此，到 2030 年，在现实世界的经济参数中，可以实现持续地将乙醇生产增加到 900 亿 gal。在成本竞争力方面，研究发现，假如高级生物燃料技术成熟，总成本下降，油价为每桶 90 美元时，纤维素生物燃料可以在没有激励的情况下具备竞争性。

乙醇的能量密度低于汽油，因此对于给定体积的汽油，要产生等量能量则需要更大体积的乙醇。不幸的是，因为能量密度与燃料里程相关，当使用乙醇驱动车辆时，会导致较低的燃料里程。乙醇的能量密度比汽油低大约 30%，因此，当与汽油混合（现在美国的通常做法）时，会降低燃料里程。乙醇作为汽车燃料的另一个问题是其极易吸湿。乙醇与水分离困难，且易从周围环境中吸收水分。这是乙醇运输和储存时存在的问题，还有乙醇的脱水纯化问题。含乙醇的燃料容易吸收，而且净化（即从燃料中除去水）困难。汽油和乙醇性质之间的差异也会引起发动机兼容性问题。生物柴油是完全满足“清洁空气法”健康影响测试要求的唯一替代燃料。

与柴油燃料的排放物相比，在常规柴油机中使用生物柴油会使得未燃烧烃、一氧化碳和颗粒物的排放显著减少。此外，与柴油相比，生物柴油基本上消除了含硫氧化物和硫酸盐（酸雨的主要组分）废气的排放。在主要的废气污染物中，未燃烧烃和氮氧化物都是臭氧或烟雾形成的前驱体。使用生物柴油会使未燃烧烃显著减少。氮氧化物的排放稍减或稍增，这受发动机工作循环和使用的测试方法影响。基于发动机测试的结果，使用美国 EPA 要求的适用于美国的燃料或燃料添加剂认证的最严格的排放测试协议，可知生物柴油指定烃排放的总臭氧形成潜力比柴油燃料低将近 50%。在 2009 年发表的一篇评论（Gomes 等，2009）中，检测了与生物燃料生产相关的环境指标。

据报道，在美国国家可再生能源实验室进行的美国石化柴油和大豆柴油的比较研究中，生物柴油的二氧化碳排放量几乎为石化柴油排放量的 20%：源于大豆的生物柴油的排放量为 136gCO_2/bhp h[1]，而石化柴油为 633gCO_2/bhp h [National Renewable Energy Laboratory - NREL/SR - 580 - 24089]。除此之外，对当地产生的重要环境影响也有很大不同。与柴油生产的水耗相比，大豆柴油生产的水耗要大得多。

如我们所见，与化石燃料相比，农作物燃料假定的优越性质必须在成本、环境影响、能量密度、化学组成和可用性以及粮食作物的生命周期各种因素中非常仔细地加以权衡。毫无疑问，技术的不断进步对生物燃料规模化是有利的。

5.7 燃料的规格和性能

ASTM 国际，正式名称为美国材料与试验协会，是一个国际组织，开发和发布关于各种产品、材料、系统和服务的技术标准的信息（http://en.wilkipedia.org/wiki/

[1] bhp：bake horse power，制动马力。

ASTM _ International)。它是世界上最大的和最受尊重的标准开发组织之一。与传统化石燃料相比，关于生物燃料性能的现有文献通常使用 ASTM 和 ISO（国际标准组织）规格和参数。规格提供了关于燃料特性要求以及用于每种燃料特性的相关标准测试方法的详细信息。

关于生物柴油，世界上大多数人使用称为“B”因子的系统来描述任何混合物燃料中生物柴油的量，与用于生物醇系统的“BA”或“E”不同。纯生物柴油被称为 B100，而含有 20%生物柴油的燃料被标记为“B20”。生物柴油的共同国际标准是 EN 14214，而 ASTM 6751 在美国最受欢迎。在德国，对生物柴油的要求体现在 DIN EN 14214 标准中。

适用于不同油制成的三个不同品种的生物柴油标准如下：

（1）RME（油菜籽甲基酯，依照 DIN E 51606）。

（2）PME（植物甲酯，纯植物产品，依照 DIN E 51606）。

（3）FME（脂肪酸甲酯、植物和动物产品，依照 DIN V 51606）。

这些标准确保了燃料生产过程中要满足一些重要因素，包括：完全反应、除去甘油、除去催化剂、除去酒精、不含游离脂肪酸。

判定产品是否符合标准的基本工业测试通常包括气相色谱法，这种测试仅用于验证上述变量中的重要参数。满足质量标准的燃料完全无毒，具有大于 50mL/kg 的毒性等级（LD_{50}）。

2008 年，ASTM 发布了新的生物柴油混合规格，包括（http：//nbb.grassroots.com/09Releases/ASTMBlend/）：

（1）ASTMD975－08a，柴油燃料油规格，适合在公路和越野柴油车中使用。为了满足含高达 5%的生物柴油的要求进行了修订。

（2）ASTMD396－08b，燃油规格，适合在家庭供热和锅炉应用中使用。为了满足含高达 5%的生物柴油的要求进行了修订。

（3）ASTM D7467－08，柴油燃料油和生物柴油混合燃料（B6～20）规格，是一个全新的规格，涵盖 6%（B6）和 20%（B20）之间的生物柴油成品燃料混合物，适合在公路和越野柴油车上使用。

美国第一个国家级生物柴油规范是 ASTM 标准 D6751《用于馏出燃料的生物柴油燃料（B100）混合燃料的标准规范》，于 2002 年通过。D6751 标准涵盖了生物柴油（B100）用作石化柴油燃料的混合组分。目前在美国没有涵盖车用纯生物燃料（B100）的标准。由于不需要对成品混合油进行标记，所以除非进行了分析，否则购买者不可能知道燃料中是否含有生物柴油。

生物柴油和衍生自石油的常规柴油燃料最重要的燃料性质之一是黏度，这也是润滑剂的重要性质。在各种生物柴油和石化燃料标准中规定了运动黏度的可接受范围。降低黏度是植物油或脂肪通过酯交换反应转化为生物柴油的主要原因之一，因为纯植物油或脂肪的高黏度最终会导致操作问题，如发动机沉积（Knothe 和 Steidley，2005）。表 5.4 给出了在美国和欧洲生物柴油和常规石化柴油燃料标准中包含的运动黏度（40℃时）。

生物柴油的黏度稍高于石化柴油，但是大概典型生物柴油的浊点（燃料变得浑浊或混浊并开始凝胶的温度）量级比石化柴油高。这使得它在较冷气候下使用不切实际，而且限制了它的潜在市场。ASTM 标准中描述的用于生物柴油的其他重要的化学和物理性质是酸值（TAN，总酸值，表示所含的游离脂肪酸和羧酸的量）、腐蚀（描述了铜腐蚀的可能性，使用 ASTM 方法 D-130）、低温性能［使用 ASTM D-5949 和 ASTM D-5773 方法描述倾点（PP）和浊点（CP）］，以及氧化稳定性（通常使用差示扫描量热法和氧化稳定性指数评价）（Sharma 等，2009）。

根据 EMA（发动机制造商协会），符合 ASTM D975 的石化柴油燃料和符合 ASTM 6751 或 EN 14214 的 100%（纯）生物柴油燃料的混合物，其中生物柴油含量不超过混合燃料体积的 20%（B20），燃料在交付最终用户时将满足表 5.12 中确定的要求（www.enginemanufacturers.org，2006）。

表 5.12　　最终混合燃料的要求（从实施性角度）

项目	性　能	要　求		测试方法
		D1 混合燃料	D2 混合燃料	
1	闪点（最低）/℃	38	52	ASTM D93
2	水和沉积物，体积百分数（最高）/%	0.05	0.05	ASTM D2709 或 D1796
3	物理蒸馏，T90（最大）/℃	343	343	ASTM D86
4	运动黏度，cSt(40℃)	1.3～4.1	1.9～4.1	ASTM D445
5	灰分，质量百分数（最高）/%	0.01	0.01	ASTM D482
6	硫，质量百分数（最高）/%	根据相关规定	根据相关规定	
7	铜片腐蚀速度（最大）	No. 3	No. 3	ASTM D130
8	十六烷值（最小）	43	43	ASTM D613
9	浊点	第十个百分位数，在地理区域和季节性时间的最低环境温度下		ASTM D2500
10	兰氏残炭 10%蒸馏残渣，质量百分数（最大）/%	0.15	0.35	ASTM D524
11	润滑性能，60℃ HFRR（最大）/千分尺	460	460	ASTM D6079
12	酸值（KOH 含量）（最大）/($mg \cdot g^{-1}$)	0.3	0.3	ASTM D664
13	磷，质量百分数（最大）/%	0.001	0.001	ASTM D4951
14	甘油总量	—	—	—
15	碱金属（K+Na）（最大）/10^{-6}	未检出	未检出	EN1410
16	碱土金属（Mg+Ca）（最大）/10^{-6}	未检出	未检出	EN1410
17	混合体积百分数/%	±2	±2	EN14108
18	热氧化稳定性，每 110mL 中不溶物（最大）/mg	10	10	ASTM D2274 修正版
19	氧化稳定性，诱导时间（最低）/h	6	6	EN14112

就生物柴油对燃料过滤器的影响而言，已经表明，使用不符合指定规格的生物柴油混合燃料会大大降低过滤器的寿命。大于 B20 的共混燃料可能具有足够的溶剂分解存在于燃料储存罐壁上或燃料系统的漆膜沉积物。这些漆膜沉积物的分解会使颗粒物污染燃料，

这可能会导致燃料过滤器快速堵塞。堵塞量级小于原植物油或脂肪。生物柴油及其与石化柴油的混合燃料随温度变化的黏度表现与纯石化柴油类似。影响因素有链长度、位置、双键的数量和性质以及氧化部分的性质。

生物柴油的另一个缺点是它倾向于降低燃料的经济性。能源效率是发动机输出能量占燃料供给热能的百分比，生物柴油对任何测试发动机的能源效率没有显著影响。体积效率是大多数车辆用户更熟悉的度量，通常表示每加仑燃料行驶的里程（或每升燃料行驶的公里数）。每加仑生物柴油的能量含量比石化柴油低约 11%。因此，应用 B20 的车辆预计每加仑燃料行驶的英里数可降低 2.2%（20%×11%）。

B100 中约 11%的重量是氧。生物柴油中氧的存在改善了燃烧，因此减少了碳氢化合物、一氧化碳和微粒的排放；但氧化燃料倾向于增加氮氧化物的排放。发动机试验已经证实了对没有排放控制的发动机中每个排气成分增加和减少的预期。

生物柴油用户还注意到，排气的气味要优于燃烧常规柴油的发动机排气（http：//www. eia. doe. gov/oiaf/analysis paper/biodiesel/）。

欧盟为欧洲炼油企业设定了挑战目标，就是到 2010 年要将燃料中的最低生物燃料含量提高至 5.75%（与之前的最低 5.0%的要求相比）。精炼厂认识到，用生物醚作为稳定的生物燃料成分有优势，所以需要其他技术来使生物醚的生产最大化。目前的欧洲汽油规格要求乙醇最大的体积分数为 5%，醚最大的体积分数为 15%，氧最大的质量分数为 2.7%，烯烃最大的体积分数为 18%（根据“世界燃料宪章”，压力降至 10%体积的压力）（Rock 和 Korpelshoek，2008）。

令人关注和感兴趣的地方是生物燃料工业有一个良好的质量控制协议，用于测量生物醇，避免水和酸蚀（由于溶液中的弱酸、强酸和无机氯化物）造成的金属腐蚀。同样重要的是对磷含量（在乙醇中小于 5.0mg/L）设定值的限制，目的是防止发动机催化剂变质，连同限制铜含量（小于 0.1mg/kg）以及硫含量小于 10mg/kg（Wissmann 和 Schulz，2007）。

高达 10%混合水平的生物乙醇混合汽油的性能与普通汽油非常类似。然而，如果继续提高混合水平，一些发动机就可能开始出现问题，如轻微加速时出现加速后坐。高浓度生物乙醇燃料的侵蚀性也更强，这增加了一些组分变质的可能性。汽油必须具有足够的挥发性，以便从化油器或喷油器进入汽缸并在燃烧之前气化。然而，挥发性不能太大，以至于在喷射器、化油器、燃料管线或燃料泵中发生气化和沸腾，这可能会妨碍汽油的正确计量。此外，如果汽油挥发性太大，会有更多的汽油蒸发到空气中，这会增加环境问题。有一些挥发性规格，目的是确保供应商获得正确的权衡行动。向汽油添加低水平混合的生物乙醇会增加混合燃料的挥发性。发动机燃料规格明确规定了生物乙醇混合汽油和汽油的挥发性测量方法。混合汽油的限制与汽油的限制相似，以确保不需要改变车辆。生物乙醇向燃料中引入了更多的氧气。在简单燃料计量系统（例如化油器）车辆中，这会导致混合物变得稍微稀薄。稀薄运行有利于燃料的经济性，并且通常有利于降低某些类型废气的排放。然而，如果它们已经调整到合理的稀薄，它可能导致某些发动机加速后坐。如果生物乙醇混合汽油车辆有加速后坐问题，重新调整应该能解决问题。使用普通汽油的车辆在使用生物乙醇混合物时，只要正确调整，通常不会出现问题（Energy Efficiency and Conservation Authority，2008）。

为了满足欧洲季节和地理条件下的冷热车辆驾驶要求，表5.13定义了两个挥发性级别。无论混合燃料水平如何，加入到汽油中的乙醇质量是至关重要的。乙醇的工业标准是ASTM D4806标准规格，适用于与汽油混合后用作火花点火汽车发动机燃料的变性燃料乙醇。表5.14中给出了ASTM D4806中包含的主要质量规格。

表5.13　气候相关要求和测试方法

特　性		A级	B级	测试方法
（乙醇+高级醇）体积百分数（最小）/%		75	75	EN 1601 EN 13132
如EN 228规定的优质无铅汽油体积百分数/%		14～22	14～30	100减去水和乙醇总的百分含量
蒸汽压	最小/kPa	35.0	50.0	EN 13016-1
	最大/kPa	60.0	100.0	
终馏点（最高）/℃		210	210	EN ISO3405
蒸馏残渣体积百分数（最大）/%		2	2	EN ISO3405

表5.14　ASTM D4806变性燃料乙醇与汽油混合用作汽车火花点火发动机燃料的标准规格

特　性	规　定	ASTM测试方法
乙醇体积百分数（最小）/%	92.1	D5501
甲醇体积百分数（最大）/%	0.5	—
溶剂洗胶质（最大）/[mg·$(100mL)^{-1}$]	5.0	D381
含水量体积百分数（最大）/%	1.0	E203
变性剂含量体积百分数（最小）/%	1.96	—
变性剂含量体积百分数（最大）/%	4.76	—
有机氯含量（质量最大）/(mg·L^{-1})	40	D512
铜含量（最大）/(mg·kg^{-1})	0.1	D1688
酸度（以乙酸CH_3COOH计），质量百分数（最大）/%	0.007	D1613
pH值	6.5～9.0	D6423
外观——清澈透明	无可见悬浮物或沉淀污染物	—

总而言之，替代能源行业要以公平的方式去说服政府和公众，那就是，生物燃料生产和使用是可持续的、环境友好和先进的。必须仔细权衡和评估制造商可用性、价格和独立性，健康收益，发动机改进和政治影响等因素，然后由掌权者作出明智的决策。然而，尽管生物燃料生产出现了一些明显的挫折，但希望它仍然被视为是朝着正确方向迈出的一步，新兴技术和创新想法毫无疑问将鼓舞燃料的未来发展。

参考文献

"Biofuels from industrial/domestic wastewater" 2008. www.merinews.com/catFull.jsp? ArticleID=135399.

Abbas C. A.; Daniels A. Plant Breeding Lecture Series: Breeding Lignocellulosic crops for the bioeconomy May 2008, Iowa State University.

Advanced biofuels and Green chemicals - Second - generation Biofuels. Newsletter www. enerkem. com.

Appenzeller L. ; Doblin M. S. ; Barreiro R. ; Wang H. ; Niu X. ; Kollipara K. ; Carrigan L. ; Tomes D. ; Chapman M. ; Dhugga K. S. *Cellulose*, 2004, 11, 287 - 299.

ASTM standard D6751. Standard specification for biodiesel fuel (B100) blend stock for distillate fuels. ASTM, West Conshohocken, PA.

ASTM standard D975. Standard specification for diesel fuel oils. ASTM, West Conshohocken, PA.

Bajpai D. ; Tyagi V. K. *J. Oleo Sci*. 2006 55, #10, 487 - 502.

Campbell. Biodiesel: Algae as a Renewable Source for Liquid Fuel. Guelph Engineering Journal, (1), 2 - 7. ISSN: 1916 - 1107. © 2008. Biodiesel: Algae as a Renewable Source for Liquid Fuel. Matthew N. Campbell.

Carere C. R. ; Sparling R. ; Cicek N. ; Levin D. B. *Int. J. Mol. Sci*. 2008, 9, 1342 - 1360.

Christi Y. "Biodiesel form microalgae" *Biotechnol. Adv*. 2007, 25, 294 - 306.

Constable J. ; Dupree P. ; Perry C. *Ingenia Biofuels: The Future* 2009, 38.

Council Directive 85/536/EEC of 5 December 1985 on crude - oil savings through the use of substitute fuel components in petrol http: //eurlex. europa. eu/LexUriServ/LexUriServ. do? uri = CELEX: 31985L0536: EN: HTML. Dhugga K. S. *Crop Sci*. 2007, 47.

EN14214. Automotive fuels - fatty - acid methyl esters (FAME) for diesel engines - Requirements and test methods. Berlin, Germany: Beuth - Verlag.

Energy Efficiency and Conservation Authority. http: //www. eeca. govt. nz/sites/all/files/bioethanol - trade - booklet- may - 09. pdf Working with Bioethanol - blended petrol.

EPA420 - F - 07 - 035, April 2007, EPA chart Greenhouse Gas impacts of Expanded Renewable and Alternative Fuels Use. http: //www. epa. gov/oms/renewablefuels/400f07035. htm.

Ezeji, T. C. , N. Qureshi, and H. P. Blaschek. *Curr. Opin. Biotechnol*. 2007, 18, 1 - 8.

Felix L. The Real - Time Measurement of Gas Concentration & Composition for High Temperature/Pressure Gasification Processes. *Presented at GTC* 2006 Washington, DC October 4, 2006.

Fontaras G. ; Samaras Z. Experimental Evaluation of Various Bio - Fuel Blends as Diesel Engine Fuels. Transport Research Arena Europe, Ljubljana, Slovenia, 2008.

Gomes M. S. P. ; Araujo M. S. M. *Renew. Sustain. Energy Rev*. 13 (2009) 2201 - 2204.

Hames B. R. ; Steven R. ; Thomas A. D. ; Sluiter C. J. ; Templeton D. W. *Appl. Biochem. Biotechnol.*, 2003, 105 - 108, 5 - 16.

Holmlund K. ; Parviainen K. "Evaporation of black liquor" in *Chemical Pulping*, J. Gullichsen and C. - J. Fogelholm, ed. Fapet Oy, *Papermaking Sci. Technol*. Ser. 6B, Ch. 12, B37 - B93.

http: //en. wilkipedia. org/wiki/ASTM _ International.

http: //nbb. grassroots. com/09Releases/ASTMBlend/.

http: //www. eia. doe. gov/oiaf/analysispaper/biodiesel/.

Inderwildi O. R; King D. A. *Energy Environ. Sci*. 2009, 2, 343.

Knothe G. *Energy Environ. Sci.*, 2009, 2, 759 - 766.

Knothe G. ; Steidley K. R. *Fuel* 2005, 84, 1059 - 1065.

Labrie M - H. 2009. www. biomassmagazine. com Gasification Technologies: Making second - generation biofuels a reality.

Lee S. Y. ; Hubbe M. A. ; Saka S. Prospects for biodiesel as a byproduct of wood pulping - review. *BioResources* 1 (1), 150 - 171, 2006.

Mabee W. Economic Environment and Social Impact of 2nd Generation Biofuels in Canada, BIOCAP Research Integration Program (2006).

Madakadze I. C. ; Stewart K. ; Peterson P. R. ; Coulman B. E. ; Smith D. L. *Agronomy J.* , 1999, 91.
Manuel J. Environ. Health Perspect. 2007 February; 115 (2): A92 - A95 "Battle of the biofuels" .
Microalgal Production SARDI AQUATIC SCIENCES (PDF). Government of South Australia. www. pir. sa. gov. au/ _ data? assests/pdf _ file/0006/77055/microalgal _ prod. pdf. Retrieved 2009.
Minnesota Department of Agriculture Website (Groschen R, www. mda. state. mn. us).
Nemestothy K. P. *Austrian Energy Agency*. 2006.
Official Nebraska Government Website. Ethanol and Unleaded Gasoline Average Rack Prices. http: // www. neo. ne. gov/statshtml/66. html.
Perine S. 2008. www. worldchanging. com Second - Generation biofuels.
Piet Lens, Publ: London [u. a]: IWA Publ. , 2005. Biofuels for fuel cells: renewable energy from biomass fermentation.
Power Technologies 2009, Bioalcohols: The Future of fuel. http: //www. powertechnology. com/features/feature1323/feature1323 - 3. html.
Rajagoopal D. ; Sexton S. E. ; Roland - Host D. ; Zilberman D. 2007. Challenge of biofuel: filling the tank without emptying the stomach? *Environ. Rese. Lett.* , 2, 30 November.
Rock K. L. and Korpelshoek M. www. eptq. com. Increasing refinery biofuels production. 2008.
Rogers H. *Org. Consumers Assoc.* , Article # 17183, April 2009.
Scurlock J. Oak Ridge National Laboratory, Bioenergy Feedstock Development. http: //bioenergy. ornl. gov/papers/misc/biochar _ factsheet. html.
Sharma B. K. ; Suarez P. A. Z. ; Perez J. M. ; Erhan S. Z. *Fuel Process. Technol.* 2009, 90, 1265 - 1271.
Spiegel R. ; Preston J. *Energy* 2003, 28, 397 - 409.
Syngas 101. www. biomassmagazine. com/article. jsp? article _ id=1399.
Syngas Biofuels Energy, Inc. http: //syngasbiofuelsenergy. com/economics. htm, 2009.
Thomas S. ; Ruth M. ; Macfarlane B. ; Hames B. Biofuels Program FY01 C Milestone report # FY01 - 273, National Renewable Energy Lab, 2001.
Tickell J. (2000) From the fryer to the fuel tank: the complete guide to using vegetable oil as an alternative fuel. 3rd edn, Tickell Energy Consulting, Tallahassee, Florida. p. 36, 52 - 54.
United Nations Biofuel Report: Sustainable Bioenergy - A Framework for Decision makers. http: // esa. un. org/un - energy/pdf/susdev. Biofuels. FAO. pdf.
US Department of Agriculture "Biomass as Feedstock for a Bioenergy and Bioproducts Industry: The Technical Feasibility of a Billion - Ton Annual Supply" April 2005. US Department of Energy.
Van Gerpen J. ; Shanks B. ; Pruszko R. ; Clements. ; Knothe G. "Biodiesel Production Technology," National Renewable Energy Laboratory Subcontractor report NREL/SR - 510 - 36244, Chapter 1, p. 1.
Viewpoint, May 8, 2008. Business Week, *What's right with biofuels*.
Weber J. , *Survey of Perspectives*, *Coal - to - liquid and Biomass Comparison*, Office of Fossil Energy, Department of Energy, August 2007.
Wiggers, V. R. , A. Wisniewski Jr. , L. A. S. Madureira, A. A. Chivanga Barros, H. F. Meier. Biofuels from waste fish oil pyrolysis: Continuous production in a pilot plant *Fuel*, 2009, doi: 10. 1016/ j. fuel. 2009. 02. 006.
Wisniewski A. Jr, V. R. Wiggers, E. L. Simionatto, H. F. Meier, A. A. C. Barros and L. A. S. Madureira. Biofuels from waste fish oil pyrolysis: Chemical composition. *Fuel*, 2009, doi: 10. 1016/ j. fuel. 2009. 07. 017.
Wissmann, Dirk and Schulz, Olaf. http: //las. perkinelmer. com/content/relatedmaterials/articles/atl _ elementalanalysisofbiofuels. pdf. Spectro Analytical Instruments - Elementary Analysis of Biofuels.

Wright L. L. B.; Boundy B.; Perlack S.; Davis M.; Saulsbury B. *Biomass Energy Databook*: Edition 1. USDOE, Oak Ridge, TN, 2006.

www.enginemanufacturers.org, 2006 EMA Engine Manufacturers Association "Test Specifications for Biodiesel Fuel.".

Ye, X. P.; Liu S.; Kline L.; Hayes D. G.; Womac A. R.; Sokhansanj S.; Narayan S. *Am. Soc. Agricul. Biolog. Eng.* Paper # 066155, 2006.

第二篇 木质纤维素基生物燃料

第1章 农作物生产燃料

AYHAN DEMIRBAŞ
Sila Science，University Mah，Mekan Sok，No 24，Trabzon，Turkey

1.1 引言

开发能够满足各国未来能源需求的可再生生物质农作物的方法是一个新的挑战。乔木和灌木类的多年生植物可以作为提供大量生物燃料的原材料，这些植物不仅能够为生态系统作出贡献，而且能使正在衰退的农村经济恢复活力。

目前全球大约10%的一次能源由生物质提供。预计随着这一比例还将急剧增加。能源作物的生产将会和传统农业、林业用地产生竞争。整合农业和林业建立一个生物质能综合系统，从而让土地利用价值最大化地满足我们日益增长的能源需求至关重要。其中，在农业用地上种植快速生长短期轮作的木本作物就是一种很有前景的方法。在综合系统中生产时，短期轮作的木本作物在多个空间和时间尺度上将林业和农业的可持续发展这一目标紧密结合。

木质生物质除了采用混燃或气化的方法为电力生产和采暖提供能量外，高半纤维素和纤维素含量的生物质还很适合通过生物炼制生产乙醇、甲醇和生物油等液体燃料，及生物可降解塑料和专用化学品等其他生物产品。

农作物是指能够大量种植，并按季节或年收获，能够用作食物和饲料、生产燃料或者其他任何经济目的的植物。这个范畴同时包括了农作物的种类以及与耕种相关的农业技术。

多种农作物都可用于工业目的。例如有些农作物被大量种植在适于种植的特定地区，用来产生利润或为人们提供粮食。

农作物对于人类和动物，其本身就具有许多功能和益处。它们的产物不仅可以作为人类食物和动物饲料的主要来源，而且还可以作为木材、纤维及生物质能源的来源。另外，农作物对于维持生态系统和自然环境也具有至关重要的作用。

大部分的农产品都被用于粮食生产。最近，人们开始种植越来越多的农作物用来满足非食物需求，例如用来制药，生产营养品，生产诸如黏合剂、绘画颜料、高分子聚合物、塑料的化学衍生产品，以及生物柴油、乙醇、二冲程油、传动液、润滑油工业用油。

人们已经在种植农作物生产方面作出了很大努力来保证食品安全以及有效缓解饥饿和贫穷，这一点在发展中国家尤为明显。然而，我们的注意力也应该放在非食用农作物的种植上。在某种程度上，耕种生产非粮作物可能会产生更高的附加价值，更高的利润和更高的收入，从而增加农民的收入。饥饿与贫困问题本质上并不依赖于食物自身的产出，而是取决于通过食物获得收入的能力。

在美洲种植最多的农作物种类之一——玉米被用来生产食物、燃料以及食品添加剂。玉米同样也在印度、中国、墨西哥、意大利、法国及其他国家种植。玉米不耐寒，所以它们需要温暖的土壤生长。

小麦被认为是一种发源于近东地区的禾本植物，同时也是继玉米和水稻之后第三大谷物。它被用来制作面包、面点、蛋糕以及谷类食品。它同时也被用于生产酒精和生物燃料。世界各地栽培的小麦主要分为以下几类：面包小麦、硬质小麦、单粒小麦、二粒小麦和斯佩耳特小麦。中国是世界上最大的小麦生产国，排在其后的是印度和美国。

燕麦是另一种谷类粮食，被用于满足人类和动物的食用消耗。马和牛主要用燕麦来饲养。相比于小麦或大麦，燕麦更能适应多雨气候。它们被用来制作燕麦粥、格兰诺拉燕麦卷和牛奶什锦早餐，同时也被用来酿造啤酒。俄罗斯是最大的燕麦生产国，排在其后的是加拿大和美国。

另一种被归为谷物的禾本植物是与小麦和大麦有亲缘关系的黑麦。它被用来生产面粉、面包、啤酒、伏特加并且被用作动物饲料。黑麦可能发源于土耳其，并向北方与西方传播到欧洲。黑麦的主要生产国是俄罗斯，其次是波兰和德国。黑麦被大量用于生产在北欧和东欧地区广受欢迎的黑麦威士忌和黑麦面包，同时黑麦被用于制作裸麦粗面包。相比于小麦粉，黑麦的谷蛋白含量更少。

麻类植物作为一种耐用且柔软的纤维，被用来生产纺织品、食物、燃料以及纸张。它的栽培与利用最早大约可以追溯到中国的石器时代。直到 14 世纪，麻类植物比亚麻布更广泛地被使用，而在中世纪欧洲它被用于烹饪。它的主要产地有加拿大、中国、法国和美国。在医药学中，麻类植物有助于缓解湿疹的症状。由于生长密集且有合适的生长高度，麻类植物也可有效地用于农业除草。

能源作物是能够以较低的成本进行生长维护和收割，同时被用来生产生物燃料或者直接对其能源成分进行开发的一类植物。

商业能源作物属于典型的具有密集种植、高产量特点的作物种类，同时这些作物将会被燃烧以生产电能。木质作物例如柳树和白杨被广泛用于此种用途，同时热带禾本植物例如芒草及象草（矮象草）也被用于这一方面。一些作物本身所含的碳水化合物成分适宜于生产生物燃气，例如全株作物玉米、苏丹草、小米和白香草木樨等，在被制成青贮饲料然后可转化为生物燃气。

农作物废弃物是指农作物在被收割后所残留的废弃物。典型的农作物废弃物含有丰富的 N、P、K 等营养元素，因此可以作为肥料使用。如果这些废弃物被用于直接燃烧产生能量，那么只有少部分的营养会残留在灰渣之中。

在生物燃料生产方面，糖类和淀粉类作物有价值的部分是茎秆和叶片，这些部分主要由纤维素构成。纤维素中的六碳糖分子单元被一种比淀粉中化学键更强的化学键连接在一起，形成了极长的链。淀粉在通过酵母生产乙醇之前，纤维素必须被分解成糖单元。然而，纤维素的化学键的断裂相较于淀粉化学键的断裂要更加复杂，因此要付出更多的代价。

将木质纤维素类作物分解成单糖分子的过程中，因为木质素这种成分（一种包围着纤维素的复杂化学成分）具有复杂性，木质素相较于纤维素对酶或酸的预处理有着更强的抵抗力。由于将液化纤维素转化为可发酵糖需要过高的成本，农业废弃物以及其他具有高纤维素含量的农作物对于小规模乙醇工厂来说还不是一个具有实际意义的原材料。

农业区收割残留的农作物废弃物（穗轴、茎、叶，尤其是稻秆及其他植物部分）具有生产固体生物燃料的潜力。由于稻秆含有高能量成分，是用来生产固体生物燃料最好的农作物废弃物之一。然而，稻秆存在一些缺陷——它具有较高的灰分，可能会导致其热值较低。为了提高其体积密度，稻秆在运输前通常会被包装成捆。稻秆的燃烧需要一项专门的技术。稻秆燃烧炉有四种基本类型：燃烧切碎的疏松稻秆的燃烧炉；燃烧致密稻秆产品诸如颗粒、球型、立方体及条形稻秆的燃烧炉；小型方捆燃烧炉和圆柱形草捆燃烧炉。为了适应热电生产，稻秆不应含有大量的水分，因为水分会降低锅炉效率，其含量最好不要超过20%。同时，在燃烧之前，稻秆的成色及化学成分也必须加以考虑，因为它决定稻秆的质量。

大部分农作物废弃物回到了土壤之中，由它们分解得来的腐殖质有助于维持土壤的养分、土壤孔隙度、水分入渗和储存，同时减少了水土流失。

1.2　谷类农作物的特性和组分

生物质指的是来自生物源的植物、动物及微生物中没有形成化石并且能进行生物降解的有机材料。生物质的成分包含了纤维素、半纤维素、木质素、可提取物、脂类、蛋白质、单糖、淀粉、水分、碳水化合物、灰分和其他成分。

两个较大的具有重要价值的碳水化合物是纤维素和半纤维素（综纤维素）。脂类部分则包括了非糖类型的大分子。三个结构成分主要包括了纤维素、半纤维素以及脂类，它们的近似分子式分别是$CH_{1.67}O_{0.83}$、$CH_{1.64}O_{0.78}$以及$C_{10}H_{11}O_{3.5}$。生物质包含了60%的木质材料与40%的非木质材料。将木质材料转化为生物燃料和生化药剂在技术上是可行的。木材增值过程包括分馏、液化、热解、水解、发酵以及气化。

生物质原料具有多样性，因此很难将其作为一个整体来描述它们的特征。那些可以被用来进行转化的原料主要是目前正在被填埋的有机材料。这些材料包括林业产品废弃物，农业废弃物，城市固体废弃物中的有机成分，如纸张、硬纸板、塑料、食物残渣、绿色垃圾以及其他废弃物。无法进行生物降解的有机原料，例如大部分的塑料，是无法通过生化过程进行转化的。生物基材料需要通过化学、物理或生物途径来对生物质的结构进行开发。生物质原料的主要分类见表1.1。

很多不同种类的生物质可以被栽培用来生产能量。用来生产能量的农作物包括甘蔗、玉米、甜菜、谷物、象草、海藻和许多其他种类的作物。一种作物是否适合用来生产能量主要由两个因素决定。优良的能源作物所含的干物质在单位土地面积上具有很高的产量（干基，t/hm^2）。高产量降低了对土地的需求并且减少了生物质产能的成本。同理，一种生物质作物所能生产的总能量必须低于其在生长过程中所消耗的能量。

对人类来说农作物具有很多功能和用途。它们的产品不仅仅能作为人类食物和动物饲料的主要来源，同时还可以作为木料、纤维以及生物质能的来源。另外，农作物还具有维

表 1.1　　生物质原料的主要分类

林业产品	木材，伐木残料，乔木、灌木及木材残料，锯屑、树皮
可再生生物废弃物	农业废弃物、农作物残料、研磨后的木材废料、城市木材废料、城市有机废料
能源作物	短期轮作木质作物、草本木质作物、禾本植物、淀粉作物、糖类作物、柳枝稷、芒草
水生植物	藻类、水草、凤眼兰、芦苇以及灯心草
粮食作物	谷物、可榨油的作物
糖类作物	甘蔗、甜菜、糖蜜、高粱
填埋物	危险废弃物、无害废弃物、惰性废弃物、液体废弃物
有机废弃物	城市固体垃圾、工业有机垃圾、城市污泥
藻类	原核藻类、真核藻类、巨藻
苔藓植物	苔藓植物门、金发藓目
地衣类	壳状地衣、叶状地衣、枝状地衣

护生态系统和自然环境的重要功能。

人们已经通过种植农作物生产食物以保障食品供给，并在缓解发展中国家尤为突出的饥饿及贫困问题方面作出了很大贡献。然而，我们的注意力仍应放在非食物用途上。因为在某些情况下，种植非食物作物会产生更高的附加值，更高的利润，从而得到更高的收入。

事实上，所有的农作物无论是用来生产食物、动物饲料、纤维还是用于其他目的，在满足它们的主要用途后，都会产生某些形式的有机废弃物。这些有机废弃物或者动物废弃物（排泄物）可以通过直接燃烧或生化转化过程来生产能量产品。

目前世界范围内的农业废弃物产量是非常巨大的，但是提高用废弃物生产燃料的规模可能会对环境产生重大影响，其中最严重的影响就是导致土壤肥力的损失及水土流失。农产品政策的起源可以追溯到20世纪30年代。从那以后，农产品计划就是农业部门发展不可缺少的一部分。总的来说，他们的目的是针对农作物市场的三个主要特性进行管理：供大于求、非弹性的作物供应以及非弹性的食物需求。这三个因素是农作物无法通过市场机制进行自我修正的根源，或者换句话说是政治上无法接受的农业对经济资源进行修正的那部分成本的根源（DemirbaS，2000）。

液体燃料、生物原油、生物炭以及沼气之类的生物燃料可以用农作物生产。以农业为基础的液态生物燃料包括生物乙醇、生物柴油、生物甲醇、甲烷以及生物油。各种各样的农业废弃物（例如谷物尘、农作物废弃物，以及果树废弃物）可以用作农业能量的来源。源自废弃物及能源作物所含生物质的能源，可以被转化为现代载能体。

生物乙醇从可再生原料中生产而来，典型的植物例如小麦、甜菜、玉米、稻秆和木材。生物柴油则是一种可以从植物油和动物脂肪中通过酯交换作用获得的非化石燃料，可以用来替代矿物柴油。生物原油则是农作物，城市垃圾和农林业副产品的生物质材料通过生化或热化学过程生产的液体或气体燃料。

生物燃料例如生物乙醇和生物柴油来源于植物油和甜菜的粮食作物。如今用粮食作物生产生物乙醇的成本仍然太高，这是生物乙醇还没有出现突破性进展的主要原因。在使用玉米或甘蔗生产生物乙醇时原材料部分的价格占生产成本的40%～70%。

生产生物乙醇的原料本来由甘蔗和甜菜组成。这两种植物出产于不同的地域。甘蔗生长于热带及亚热带国家，而甜菜则只生长于温带气候国家。

在欧洲的一些国家，甜菜糖浆是最常用的含蔗糖原料。甜菜在欧盟大部分地区都有生长，并且每公顷甜菜所生产的乙醇产量实质上比小麦更多。用甜菜生产乙醇的优势在于作物生产的周期较短，产量更高，并且对大范围气候变化的耐受力更强，对水和肥料的要求更低。甜高粱由于能够在最干燥的时期可以保持休眠从而成为了最抗旱的农作物之一。

另一种可以用作生产生物乙醇的原料是淀粉基材料。淀粉是一种生物高分子聚合物并且被定义为只由一种单分子D-葡萄糖所组成的高分子聚合物。为了从淀粉中生产生物乙醇，需要破坏这种碳水化合物的分子链来获得可以被酵母转化为乙醇的葡萄糖浆。当用玉米生产乙醇时，影响成本的最大可变因素就是玉米本身。图1.1展示了用谷物生产生物乙醇的流程图。

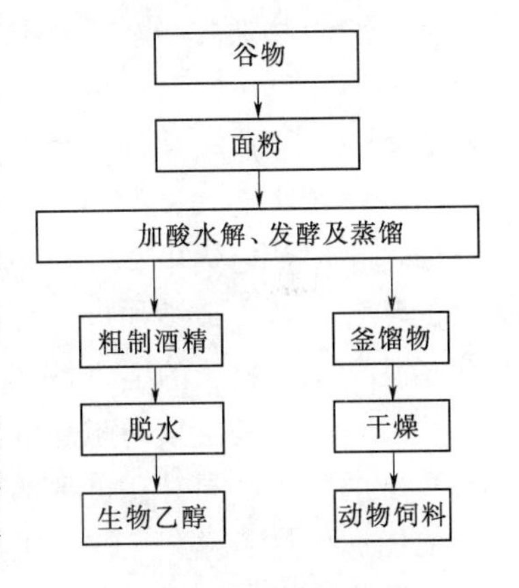

图1.1　用谷物生产生物乙醇的流程图

生物乙醇可以由各种各样的有着通用分子式 $(CH_2O)_n$ 的碳水化合物生产。其中的化学反应包括蔗糖的酶法水解，然后是单糖的发酵。蔗糖的发酵是利用商业用的酵母（例如酿酒酵母）完成的。

首先，酵母中的蔗糖酶将会催化蔗糖水解并将其转化为葡萄糖和果糖，即

$$\underset{\text{蔗糖}}{C_{12}H_{22}O_6} \longrightarrow \underset{\text{葡萄糖}}{C_6H_{12}O_6} + \underset{\text{果糖}}{C_6H_{12}O_6} \tag{1.1}$$

第二步，酿酒化酶，在酵母中存在的另一种酶，将葡萄糖和果糖转化为乙醇，即

$$C_6H_{12}O_6 \longrightarrow 2C_2H_5OH + 2CO_2 \tag{1.2}$$

葡萄糖淀粉酶将淀粉转化为D-葡萄糖。酶法水解后将会紧接着进行发酵、蒸馏以及脱水来生产无水乙醇。玉米（60%～70%淀粉）是世界范围内淀粉—乙醇工业的主要原料。

多年生木质纤维素类植物（例如短期轮作的小灌木林和禾本植物）由于产量高、成本低，对低土质土地（对于能源作物来说更具有可获得性）的较强适应性及其对环境影响较小的特性，是一种十分有前途的原料。

目前，用玉米来生产乙醇的第一代工艺只用到了玉米整株植物的一小部分，并且玉米穗上的玉米粒只有占干玉米粒质量50%的淀粉被转化为乙醇。两种不同类型的第二代流程正在开发之中。第一种类型使用酶和酵母将植物纤维素转化为乙醇，而第二种类型则使用热解将整株植物转化为液态生物油或合成气。第二代流程也可被应用在禾本植物、木材或农业废弃材料中。

1.3 能源作物

能源作物这一术语指代那些以低输入来获得高生物质产量的作物，也可用来表示那些可以提供特定产物的农作物，这些农作物的产物可以被转化成其他生物燃料，例如糖类或淀粉可以通过发酵转化为生物乙醇，植物油则可通过酯交换作用生产生物柴油。

能源作物例如禾本植物，芒草油料作物，短期轮作木本作物，草本植物残留生物质，淀粉作物，糖类作物，以及柳枝稷都可以通过热化学和生化转化过程转化成液体燃料。

禾本科植物通常指具有从基部生长的狭窄叶片的草本植物。它们包括早熟禾科（gramineae）、莎草科（cyperaceae）以及灯心草科（juncaceae）的禾本科植物。早熟禾科植物包括谷物、竹子以及草坪和草原上的草。莎草科则包括许多种野生的湿地和草原植物，还有一些栽培植物例如荸荠（eleocharis dulcis）以及纸莎草（cyperus papyrus）。虽然禾本生物质的主要益处集中在其经济收益上，但当考虑其作为固体生物质能源的潜力时，有一系列的特性仍然应该被加以考虑和评估。这些特性一般来说对社会是有益的，或许会对一个农场运营的生物质的适宜性产生影响。

芒草是一种具有较高耐寒能力的多年生根茎类禾本科植物，它可以产出一种高达4m类似竹子的藤条，同时在过去的5～10年，在欧洲被评估为一种新型的生物质能作物。像其他的能源作物一样，从芒草上收割的茎可以被用作生产电能或热能的燃料，也可以用来转化成其他有用的产物例如乙醇。

芒草的根茎型会通过地下的储存器官（根状茎）自然地扩张。芒草可以生长到10ft高且理论上其年产量可以达到每英亩12t。像其他的生物能作物一样，从芒草上收割的茎可以被用作生产电能或热能的燃料，也可以用来转化成其他有用的产物例如乙醇。芒草具有很高的木质素及木质纤维素。它可以在较冷的气候和多种类型的耕地上生长。由于芒草可以循环利用大量的营养物质，它并不需要大量的肥料。芒草和木材有着相近的单位质量热值，因此它可以被应用于那些使用木头或农业废弃物作燃料的发电厂。

油料种子作物包括诸如大豆和油菜籽之类的植物。这些作物可以生产油料并储存在种子中，这些油料可以从成熟的种子中压榨出来。

短期轮作木本作物（短期轮作矮林SRC）指的是作为能源作物种植能快速生产的落叶树，例如柳树和白杨，最适合用作能源作物，因此最受欢迎的短期轮作矮林的树种是白杨和柳树（可能还包括桦木），这是因为它们都需要深处含水量大的土壤以正常生长。柳树尤其能够忍耐水浸因而可以更好地适应更潮湿的土壤。

草本植物残留生物质（秸秆）是主要的用作能源应用的草本废弃材料。由于这是一种残余产物，它对能源应用的可得性主要受到谷物市场的影响，同时不具有自主的市场走势。另外，农场内部也会消耗大量秸秆——用作家畜休息处的材料以及谷物干燥。一部分秸秆被处理并送回田地作为土壤改良剂。秸秆用作能源用途的每公顷的净产量还取决于农作物每公顷产量，气候以及种植条件。虽然如此，人们可以粗略地估计每公顷土地的平均秸秆产量大概是谷物和油料种子的每公顷产量的50%～65%。

和草本作物相似，秸秆比木质生物质的含水量更低。相反地，秸秆含有较低的热值，体积密度，灰熔点和更多的灰分以及容易导致环境问题的成分例如氯、钾和硫，这些成分可能会导致腐蚀和污染。最后两个缺陷可以通过将秸秆在田地上滞留一段时间来克服。使用这种方法降雨将会将大部分钾和氯“清洗”掉。作为另一种选择，新鲜的秸秆可以直接运往气化工厂，在那里将会有专业的设备在中等温度（50～60℃；120～140℉）下对其进行清洗。由于清洗，这两种情况下秸秆的含水量会由低变高，因此在此之后必须进行强制干燥。在这两种情况下，腐蚀性成分虽然减少了，但是并没有被完全清除。为了减少处理成本，秸秆和专门的草本能源作物通常在运往气化工厂前会打包成捆。一捆秸秆的重量和尺寸取决于打捆的设备和气化工厂的要求。

在淀粉作物中，大部分的六碳糖单元被链接在一起形成了带分支的链。酵母无法用这些长链生产乙醇。这些淀粉链必须被分解成单独的六碳单元或者包含两个单元的结构。因为淀粉链中的化学键可以通过使用酶和高温这种低成本的方法或者用弱酸来使其断裂，淀粉转化过程相对简单。

糖类作物包括多种植物例如饲用甜菜、瓜果作物、洋姜、甜菜、甘蔗以及甜高粱。利用这些农作物生产乙醇带来的利润在很多国家促进了还没有大规模商业种植糖类作物的开发。预处理基本上就是对酵母可以立即作用的糖类进行碾碎和萃取的过程。但是糖类作物必须在它们的高糖分和水分导致腐烂之前快速处理。由于存在腐烂的危险，糖类作物的储存是不现实的。

（1）饲用甜菜是由两个甜菜种（甜菜和莙达菜）杂交获得的高产量饲料作物。农业上这种甜菜和一般的糖用甜菜在大部分方面是相似的。这种甜菜引人注目的地方在于它与糖用甜菜相比有着更高的每英亩发酵糖产量，同时它对储藏过程中的可发酵糖的损失具有相对较高的抵抗力。

（2）瓜果作物（例如葡萄、杏子、桃子和梨）是糖类作物的另一种类型。具有代表性的瓜果作物例如葡萄被用作酒生产的原料。由于这些作物在人类的直接消费时有着很高的市场价值，它们不太可能用作生产燃料乙醇的原料。然而在加工瓜果作物过程中所产生的副产物则可能被用作原料，因为发酵过程是一种减少未处理发酵类糖类废弃物对环境影响的十分经济的途径。

（3）洋姜已经展示出了作为一种可供选择的糖类作物的突出潜力。作为菊科植物的成员之一，这种作物原产于北美而且对北方气候有着良好的适应性。像甜菜一样，洋姜在顶端生产糖类并将其储存在根部和块茎处。它可以在多种不同的土壤中生长，并且对土壤的肥力没什么要求。洋姜是一种多年生植物，其留在土壤中的小型块茎可以生长出下一季的作物，所以并不需要耕作或播种。

（4）虽然甜菜在美国的很多地区都有种植，但它们必须和非根茎类作物轮换种植（通常的规则是每四年一季甜菜作物）。甜菜副产物不能送入蒸馏室生产燃料，不论干湿，甜菜渣和甜菜叶都是极好的饲料，也可留在田里作为肥料以及防止土壤被侵蚀。

（5）每公顷甘蔗的糖产量和农作物废弃物的产量很高，这两者都是十分重要的甘蔗产物。农作物废弃物被称为甘蔗渣，在巴西被用来为蒸馏室提供热量。

（6）甜高粱是对一种高粱属植物不同品种的通称。这种作物在过去曾被小规模种植并用以生产食用糖浆，但是其他一些品种可以种植用作生产糖类。最常见的高粱品种是那些用于生产谷物的种类。因为甜高粱可以在所有的亚洲地区种植，并且可以适应热带、亚热带、温带地区气候，同时还可在贫瘠的土壤中生长，它被考虑用作一种能源作物。甜高粱是一种在高温和短日照条件下会较早成熟的暖季作物，不仅仅因为其具有很高的经济价值，还因为它可以生产可再生能源、工业用品、食物以及动物饲料。甜高粱是一种非常有前途的多功能作物。甜高粱生物质富含易发酵糖类，因此它可以被考虑作为一种优秀的发酵产氢原料。鉴于可行的生物乙醇生产，几种作物（甜高粱、甘蔗、番薯）联合生产技术以及作物的不同成分（淀粉、糖类、木质纤维素）同时加工技术可以大幅度改善全球生物质能的经济情况。

柳枝稷是一种在草皮上生长的有着粗大强韧茎部的草本植物。柳枝稷作为一种能源作物的优势在于其生长迅速，具有显著的适应力，及较高的产量。柳枝稷更深层次的优势在于在需要重栽之前人们可以连续十年使用传统工具对其进行一年一次或半年一次的收割，同时柳枝稷的根系能够深植于土壤以获得水分并能非常高效地利用水分。

柳枝稷是一种原生于北美的多年生草本植物。由于柳枝稷生长迅速，能够固定大量的太阳能并将其转化为储存在纤维素中的化学能，柳枝稷是一种优秀的能源作物。

因为柳枝稷所含的能量能与木材相媲美，同时柳枝稷的含水量更少，它具有成为一种通用的生物质能原料的潜力。柳枝稷能通过目前的同步糖化及发酵技术产出大量乙醇。对柳枝稷中灰分及碱成分的大量分析显示，其碱含量一般较低，并且在煤燃烧系统中产生熔渣的可能性较小。作为制浆的一种农业纤维原料，柳枝稷具有相当高的纤维素含量，较低的灰分，以及优秀的纤维长宽比。在种植后第三年柳枝稷能达到它的最大潜在产量，大概每英亩能产出6～8t；这意味着每英亩500gal乙醇。

诸如对柳枝稷（*panicum virgatum*，禾本科）能源作物的利用是一种与全球生态和经济议题息息相关的理念。对一个国家利用多年生饲料植物的重要能力的开发，例如将柳枝稷用作生物燃料，可以使国家从多年生作物系统中得到一个新的能量来源，同时这种技术可以与传统的农耕方式相兼容，也能有助于减少农业土壤的衰退并降低国家对进口石油的依赖。

能源作物可以被划分为根据作物和系统以2～20年为一个周期收获的能源作物短期轮作，以及每年收获的草本能源作物。尽管种植成本高昂，草本能源作物例如芒草一类的木质，多年生，根茎型禾本科植物具有每年收获的优点。所有的农作物，包括一些二年生、永久性和多年生作物，都被用作能源目的来种植。能量通常通过将产能植物的干燥部分颗粒化后进行燃烧产生。能源作物通常被用于火电厂单独燃烧或者与其他燃料共燃。另外，它们也可以用于产热或热电联产（CHP）。

沼气工厂可以用能源作物来进行原料补充。欧洲用能源作物生产生物柴油在过去十年已经基本上保持稳定增长，主要是油菜籽生产生物柴油。在美国，由于大豆油的产量比其他的脂肪和油料来源的产量总和还多，生物柴油主要源于大豆。还有很多备选原料包括回收的烹饪用油、动物脂肪和多种其他的油料作物。2005年，欧盟生产了全球范围内几乎89%的生物柴油产品。

1.4　转换路径

将生物质转化为有用的具有高价值的成分的过程并不新颖。举个例子，甘蔗在公元前6000年已被用作生产生物乙醇。乳酸在1780年第一次由C.W.舍勒发现。

由木质纤维素生产的生物燃料主要可以通过两种不同的途径获得：热化学平台和生物转化平台。这两者之间没有一个明确的“最佳技术途径”。酶法水解的技术难题在于：目前商业用酶的低活性，酶的高生产成本，以及缺乏对酶的生化及基本机械原理的理解。

热化学主要将热解、气化以及催化相结合来将木材转化为合成气（一氧化碳和氢气的混合气体），然后再将其转化为燃料或化学药剂。通过热解来产生合成气伴随着焦炭的生成，焦炭可以在之后的过程中被气化并为热化学平台提供加工过程所需的热量和电能。目前存在着多种将化石能源例如煤和天然气转化为包括费托合成燃料的液体燃料的商业规模加工。然而，用生物质代替化石燃料改变了合成气的成分，产生了一种更加多相的中间产物，并且增加了接下来的催化难度。在生物质成为一个经济上可行的化石原料替代物之前的二代生物燃料生产还存在着一系列的技术难题有待克服。即使如此，热化学平台非常适于进行生物质能利用。

这一平台结合的加工要素包括预处理、热解、气化、净化以及调节以生产氢气、一氧化碳、二氧化碳和其他气体的混合气。该平台的产物可以被视作中间产物，这些中间产物可以被送入化工模块并得到最终产物。

在热化学平台中，唯一需要进行的预处理包括了对材料进行干燥、研磨及筛选以得到一种方便送入反应室的基质。这一阶段所需的技术已经可以进行商业化的运用，并且经常与初级或二级木材加工或者农业废弃物收集与分配过程结合在一起。热化学平台会生成一部分副产物，电能和热能以及生物燃料。合成气的各个成分（例如CO、CO_2、CH_4以及H_2）也许会被获得、分离和利用。

生物可再生原料可以转变为气体或液体形式来满足电能、热能、化学药剂或气体及液体燃料的生产。主要的生物质转化过程包括了直接液化、间接液化、物理萃取、热化学转化、生化转化以及电化学转化。图1.2是一个农场沼气系统的示意图。

生物转化平台是通过生化反应以及/或生化制剂由生物质生产燃料的一个工业化选项（也可能被用于生物质炼制中）。举个例子，通过发酵或厌氧消化将有机原料转化为燃料和化学制剂就是一种生物转化平台。因此生物转化平台可以作为基于木质原料生物质炼制系统运作的基础，并用于为林区生产具有附加价值的生物产品以及燃料和能源。

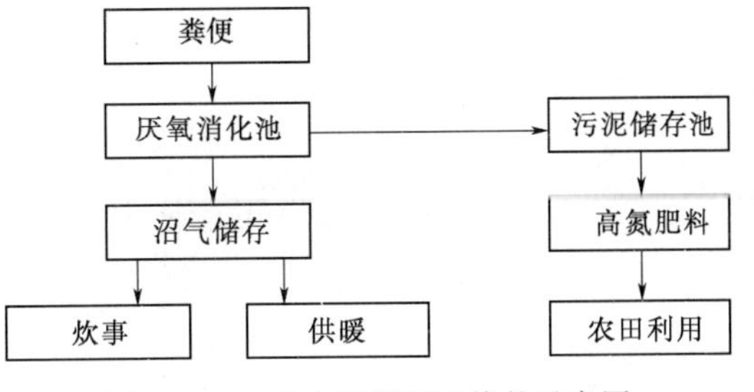

图1.2　一个农场沼气系统的示意图

典型的生物转化平台会将物理或化学预处理以及酶法水解结合起来用以将木质纤维素转化为组成它的单体。一旦将其分解后，木质的碳水化合物成分可以被加工转化为若干种化学药剂和燃料产品。

生物转化技术正在为基于木质纤维素的生物质炼制生产新型化学产品领路，这些化学产品包括生物乙醇、乳酸、聚乳酸、丙二醇，以及氧化燃料。其他的化学产品可以用来生产生物塑料的消费品，或者许多工业化应用中的平台化合物。

生物转化平台利用生物制剂来进行木质纤维素成分的结构解体并且将预处理加工和酶法水解相结合以将木质中的碳水化合物及木质素释放出来。

生物转化平台的优势在于它提供了多种中间产物，包括葡萄糖、半乳糖、甘露糖、木糖，以及树胶醛醣这些可以被相对容易地加工为增值生物产品的产物。生物转化平台还生产了大量的木质素以及木质素成分。依预处理情况而定，木质素成分可以在酶法水解或者预处理阶段清洗过程中的水解液中找到。

一旦水解以后，六碳糖可以通过利用存在已久的酵母加工处理发酵成乙醇。然而五碳糖则难以发酵，可以加工这类糖的新型酵母菌株正在被开发，但是问题仍然存在于加工效率和发酵时长这些要素之中。其他类型的发酵方式，包括在需氧和厌氧条件下的细菌发酵，可以通过糖类来生产多种其他产品，包括乳酸。

在低温及较低反应速率下的生物转化过程中可以为产物提供更高的选择性。生物乙醇生产是一种用生物质来生产能量的生化转化技术。对于乙醇生产，生化转化研究者们已经专注于一种对半纤维素进行稀酸水解并对纤维素进行酶法水解的加工模型的研究。生物柴油的生产则是一种利用油料种子作物生产能量的生化转化技术。

纤维素材料可以用来生产生物乙醇。生物乙醇代表了一种可用于机动车辆的可再生液体燃料。用生物质生产生物乙醇是一种可以同时减少原油消耗及环境污染的方法。为了用纤维素生物质来生产生物乙醇，通过预处理减少原料尺寸，将半纤维素分解为糖类，并破坏纤维素的结构。纤维素成分被酸或酶水解成可被发酵成生物乙醇的葡萄糖。由半纤维素转化来的单糖也被发酵成生物乙醇。生物乙醇作为引擎燃料具有和车辆的使用一样长的历史。它始于内燃机中乙醇的应用。

发酵原料需要通过化学、物理或生物学途径的预处理来破坏生物质的结构并将复杂的碳水化合物化为简单糖类。这种类型的预处理通常被称为水解。水解所得的糖类可通过加工过程中应用的酵母和细菌进行发酵。富含淀粉和糖类的原料最容易水解。纤维素原料包括城市固体垃圾所含有机物的主要成分最难被水解，也需要更进一步的预处理。发酵主要在工业上将葡萄糖一类的基质转化为酒精、燃料，化学应用中的乙醇以及其他化学药品（例如用于生产可再生塑料的乳酸）和产品（例如洗涤剂用酶）。严格地说，发酵是一种酶控制的厌氧消化过程，尽管这一术语常泛指包含好氧呼吸在内的生物氧化。

1.5 转化方法

秸秆、坚果壳、水果壳、水果种子、植物茎秆、绿叶和糖浆等农业废弃物是潜在的可再生能源。

1.5.1 厌氧消化

甲烷消化池系统，通常被称为厌氧消化池，是一种促进动物排泄物分解或排泄物中有机成分消化分解为简单有机物及沼气产品的设备。

厌氧消化是生物粪便通过微生物在潮湿缺氧条件下进行分解以产生一种主要由二氧化碳及甲烷组成的气体的过程。

只要有潮湿温暖缺乏空气的条件，任何有机物都可以参与厌氧消化过程。具体来说，沼气是一种池塘底部植物被厌氧消化的产物，该气体是可燃的。通过人类的介入，这一过程主要有两种产物：沼气和填埋气。这些气体产生背后的化学过程是非常复杂的。

厌氧消化是一种多阶段的生物废弃物处理过程，在这一过程中细菌在缺氧条件下将有机物质分解为二氧化碳、甲烷和水。通过这种方式，废污泥被稳定下来并且其中臭气被移除。该过程涉及两种类型细菌的作用，可简单地描述为两个阶段。

厌氧消化在缺少空气的条件下发生，这种情况下的分解并不是由于热量而是由于细菌反应所导致的。在第一阶段，污泥中的有机原料被产酸细菌转化为有机酸（也被称为挥发性脂肪酸）。在第二阶段，严格厌氧的产甲烷菌把有机酸作为基质，将酸类转化为甲烷和二氧化碳。厌氧消化过程分解了污泥中40%～60%的挥发性固体，最终固体产物是未被分解固定下来的污泥。其最终气体产物是60%～75%甲烷以及二氧化碳的可燃气。

几种类型的生物消池已经被开发出来，包括浮罩式、固定圆顶式、袋式、经济塑料管式（Beteta，1995），塞流型以及上流式厌氧污泥床反应器。图1.3展示了植物材料和生物燃料转换过程。

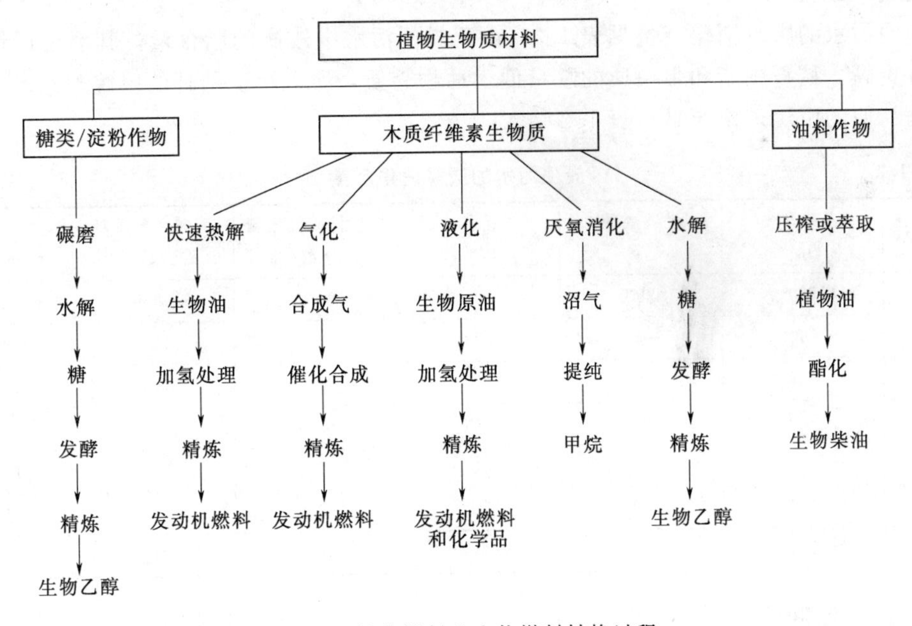

图1.3　植物材料和生物燃料转换过程

一个消化池是一个密闭容器或外壳，在消化池中细菌将水中的生物质分解生产沼气。分批式和连续型消化池在商业上都是可行的。分批处理系统可能适合某些应用，这些应用具有劳动密集型的特点，并且在发展中国家可能不适合进行大规模连续沼气生产。

搅拌可以在分批和连续消化池中被用以促进细菌和基质之间的接触。然而，搅拌可能只是增加了转化速率而非能源效率这一点备受争议。

在两阶段系统中，只有第一个阶段是搅拌的。多阶段系统则为连续消化步骤提供了适当的条件，而进一步的开发可能会证实这些系统对某些生物质材料是经济的。

在某秸秆和粪便混合厌氧消化过程中，最初 3 天，甲烷产量几乎为 0，而二氧化碳产量几乎占 100%。甲烷产量和二氧化碳产量在第 11 天各占 50%。在第 21 天，消化作用达到了一个稳定的阶段。在稳定期间，沼气中的甲烷含量大概为 73%～79%，剩下气体的大部分为二氧化碳，在一个 30 天消化周期内，在前 15～18 天大概生产 80%～85%的沼气。这说明消化池持续时间可以被设计为 15～18 天以代替 30 天。

这一过程中的最后阶段是渣液处理。基本上所有进入系统的污泥都存在水分中。将水从沼渣中分离出来并直接回收并不能实现，因为这样会导致有毒物质逐渐累积并完全破坏掉整个系统。将一部分水安全回收是可能的，尽管该方面的数据仍没有被测量计算过。对大容量水分的处理以去除其有毒成分要付出高昂的代价并且可能导致除了大规模运行成本之外的浪费。这些被认为含有一定养料的水通常被认为可用于灌溉。应对水中微量金属及其他存在的有毒材料的影响以及被灌溉作物的最终处理进行适当地考虑。沼渣相较于原材料具有更高的氮元素含量，同样可以被应用于土地。从绝对意义上讲，由于氨的损失当然也使得氮变少，同时由于污泥中的氮主要以一种更易挥发的形式存在，在应用于土地时氮可能会有一个额外的损失。尽管如此，动物粪便经消化后所得的污泥被认为在肥料价值上已经超过了原料。

粪便污水的厌氧消化产量见表 1.2，由于粪便污水中较高的脂含量，其甲烷产量比小麦秸秆更高。秸秆中脂和蛋白质的总量低于动物粪便，所以小麦秸秆的甲烷理论产量远低于动物粪便的甲烷理论产量（表 1.2）。

表 1.2　粪便污水的厌氧消化产量

运行次数	注入溶液 /mL	动物粪便 /g	秸秆 /g	挥发性固体质量百分数/%	沼气产量质量百分数/%	甲烷产量质量百分数/%
1	930	280	0	89.2	29.8	14.7
2	960	0	294	81.3	21.6	10.4
3	945	143	144	85.3	26.8	12.9
4	900	90	180	83.4	24.0	11.9
5	927	185	93	85.7	27.6	14.2
6	936	70	210	82.9	23.5	11.5
7	942	214	72	88.3	28.4	14.0

动物粪便和小麦秸秆的平均甲烷产量分别为其挥发性固体的 14.7% 和 10.4%（Demirbaş 和 Ozturk，2004）。图 1.4 展示了小麦秸秆和动物粪便发酵液的 pH 值随时间变化而变化的情况。粪便发酵液的 pH 值由最初的 6.4 到达到最大甲烷生产速率时的 6.9～7.0。小麦秸秆发酵液在达到最大甲烷生产速率时的 pH 值则为 7.0～7.1。由于过程的稳定性以及甲烷菌的最佳活性，沼液的 pH 值会增长到中性值（6.9～7.1）（DemirbaS 和 Ozturk，2004）。

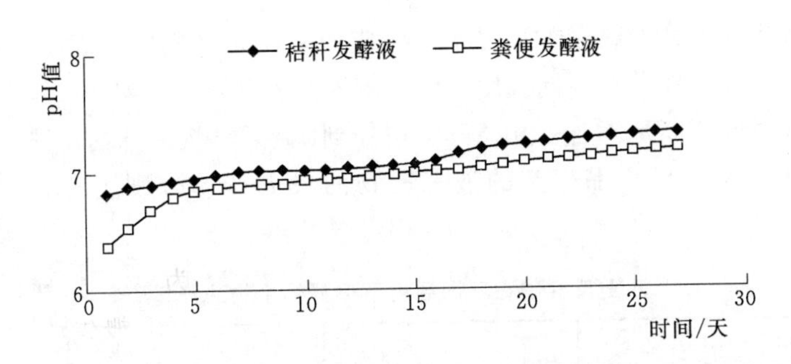

图1.4　小麦秸秆和动物粪便发酵液的pH值随时间的变化图

几乎所有的沼气厂都有辅助过程来处理和管理所有的副产品。沼气在储存和使用之前都会被干燥，有时会被过滤。发酵液混合物需要从多种方式中选择一种进行分离，最常用的方式就是过滤。过量的水分也有时会在序批式反应器（SBR）中处理以排入下水道或用于灌溉。

1.5.2　热解

热解（也被称为脱挥发分）是生物质在高温［高于204℃（400℉）］缺氧情况下的热分解过程，热解的最终产物是固体（焦炭）、液体（氧化油）以及气体（甲烷、一氧化碳和二氧化碳）的混合物。

当含碳材料例如生物质被热解后，含氢量高的挥发性物质被蒸馏出去而含碳量高的固体残余物被留下。被留下的碳和矿物质就是残余焦炭。就这点来说，碳化这一术语有时被用作煤炭热解的同义词。

然而，碳化的目标是要生产一种固体焦炭，而在合成燃料生产中更大兴趣集中在了液体和气体烃类上。热解是一种由生物质生产液体燃料的途径。此外，当气化和液化都在高温条件下进行时，热解可以被考虑作为任意转化过程的第一阶段。

在热解的所有阶段中，尤其在其较高温阶段中，将分解得来的初级挥发产物和那些由次级裂化和焦化反应以及气化反应所得的产物区分开来是非常重要的，例如焦炭和蒸发水。

升温速率对于热解挥发分的成分和产量的影响是一个重要的话题。热解中逐步形成的焦炭，焦油以及气体相对量主要取决于升温速率以及最终达到的温度。慢速升温，低温热解有助于提高焦炭产量。理论上，纤维素可以被碳化并只产生碳和水分。实际上，纤维素热解的最初分解产物是左旋葡萄糖，是葡萄糖的一种脱水物。随后的焦化和裂解反应会生成包含氧、氢和碳的焦炭。木质热解后残留的焦炭包含了大概80%的碳、17%的氧和3%的氢。

当热解温度升高时，生物炭的产量降低。生物炭的产量随着原料颗粒尺寸增加而增加。原料热解生物油的产量随温度增加而增加。厌氧沼气生产是一种将多种农业生物质转化为甲烷来代替天然气和中等热值燃气的有效途径。

如果采用快速热解技术，热解农业废弃物就可以被用于生物油的生产，目前这一技术还处于试点阶段（EUREC Agency，1996）。生物油的转化及利用过程还存在一些需要克服的难题，这些难题包括热稳定性差以及油的腐蚀性。通过对油进行氢化作用及催化裂化以降低氧含量并移除碱金属的改善方法对于一些应用来说是必需的。表 1.3 展示了榛子壳、茶叶废料以及烟草杆等样品在不同温度下的热解液态产物产量。如表 1.3 所示，样本的液态产物产量随着温度不断地增加，由 675K 增加到 875K，然后开始减少。由榛子壳、茶叶废料、烟草杆以及黄松样品生产的液态产物的最大产率分别为 42.2%、38%、43%(Gullu，2003)。

表 1.3　　农业废弃物在不同温度下热解的生物油产量

温度	675K	725K	775K	825K	875K	925K	975K	1050K
榛子壳	38.0	39.5	40.4	41.9	42.2	41.0	39.2	38.5
茶叶废料	34.9	35.8	36.0	36.2	38.0	37.0	35.5	33.4
烟草杆	41.0	41.8	43.0	40.2	40.0	40.6	37.3	36.8

1.5.3　发酵

发酵是通过微生物将含碳化合物转化为酒精、酸类以及含能气体之类的燃料或化学产品的过程。

纤维素的水解和发酵可以通过两种不同的加工方案来实现，这两种方案主要取决于发酵进行的场所：分步糖化发酵（SHF）或同步糖化发酵（SSF）。

在分步糖化发酵过程中，水解在一个容器中进行而发酵将在第二个反应器中进行。大约 73%的纤维素会在 48h 内转化为乙醇，同时剩余的纤维素、半纤维素以及木质素会被燃烧。该方案中最重要的参数是水解部分产量，产物质量以及需要装入的酶，这些参数都是互相关联的。在最小化的系统中，由于酶被不断的稀释，葡萄糖和纤维二糖产生的抑制作用减小，产量显然会更高。增加酶的装入量可以有助于克服抑制作用并增加产量和产物浓度。延长反应时间也有利于提高产量和产物浓度。不同有机物的纤维素酶可以得到明显不同的效果。

在同步糖化发酵过程中，水解和发酵都在同一容器中进行。在这个过程中，葡萄糖生成后很快就会被酵母发酵成乙醇，这样防止的糖类积累以及终产物的抑制作用。通过使用酵母、假丝酵母以及杰能科酶（由杰能科国际生产），产物产率增长到 79%，同时生产的乙醇浓度为 3.7%。

1.5.4　气化

气化是一个生产可用于内燃机或燃料电池燃气的高温处理过程。

简单来说，气化早在 19 世纪就开始被利用了。这个处理过程相当粗糙同时其原料大部分情况下是煤。其燃气产品（Speight，2007）被用于供暖和照明。早在 1846 年的英格兰，这些燃气就通过管道输送给路灯。

气化过程通过控制温度、压强以及大气条件下对作物加热以产生燃料气体。气化的关键在于使用比在燃烧器中更少的空气或氧气，其产物（生物气或燃气）可以在高效率的燃气轮机中燃烧。

气化炉是整个气化过程的核心（Speight，2008）。气化炉有多种设计方式以适应燃料的类型，气体的最终用途，加工规模以及氧气的来源。氧气的来源包括纯氧、空气和水蒸气。有些气化炉在一定压力下运行。

最简单的气化炉是固定床上流气化炉。生物质从反应器的顶部被送入并在下落过程中进行转化以及移除灰分。进气口则在反应器底部，气体将会从顶部离开。生物质与气流逆向流动，并通过干燥层、热解层、还原层以及氧化层。

这种类型的气化炉的优势主要在于其简易性，高木炭烧尽点以及其内部热交换所导致的较低的出口气体温度和高气化效率。通过这种方式具有高水分（质量百分数到50%）的燃料也可以被利用。这种方式主要缺陷在于热解气没有被导向氧化区域，产生了大量的焦油以及热解产品。如果这些气体被直接用于产热，那么焦油也会被燃烧用于产热，这些缺点的影响就无足轻重了。当这些气体用在发动机上时，气体的净化就是必需的，这样的缺陷可能会导致焦油凝固。

在传统的下吸式气化炉（有时被称为同向流动气化炉），生物质被从反应器的顶端送入，同时进气口位于顶部或者侧面。气体从反应器底部排出，所以燃料和气体向同一个方向移动。热解气（带着高温）被导向氧化层并且或多或少得经过了燃烧或裂解。因此，发生炉气的焦炭含量较低且适用于发动机。然而实际上，在全部运行范围的设备中，产生无焦油气体从未实现过。由于冷凝物中含有低含量的有机成分，下吸式气化炉比起上升式气化炉更少受到环境的影响。

气化工艺可以应用在多种生物质原料上，例如废弃稻壳、木材废料、草和专门的能源作物。气化是一种有着很少气体排放的清洁工艺，而且当原料为作物时，很少或几乎没有灰分生成。

气化炉中，在一定压力以及一定量的蒸汽和氧气中，加热生物质被转化为包含氢气、一氧化碳、二氧化碳，以及其他成分的气态混合物。生物质由此生产出了合成气，即

$$C_6H_{12}O_6+O_2+H_2O \longrightarrow CO+CO_2+H_2+\text{其他产物}$$

以上的反应用葡萄糖代替了纤维素。生物质具有多变的组成和高度的复杂性，纤维素是其中一种主要成分。

气化工艺在满足全球温室气体减少的需求中发挥了重要的作用。无论在氢经济的过渡阶段或是其稳定阶段，一大部分的氢可能会来源于国内丰富的作物。另外，农作物（或其他种类）生物质和煤共燃的应用可以提供15%的总燃料混合物输入。这意味着通过生物质和煤的共燃以抵消煤燃烧工艺中所固有的释放到大气中的二氧化碳（即使采用最佳设计的碳捕捉和储藏技术）来减少温室气体。由于生物质的生长会将大气中的碳固定，那么即使将生物质燃烧所产生的气体排放出去，也不会有任何的二氧化碳净排放量。因此，作物或作物废弃物（或其他生物质与煤）在一种有效率的煤气化工艺中共燃，为二氧化碳的捕捉和储藏提供机会，可以导致大气中二氧化碳净含量的减少。尽管不够丰富，但是生物质废弃物更便宜，可以用来替代农作物用作气化原料，这样相较于种植生物质能作物对环境产生的影响更小。

然而，大部分作物或农业废弃物只在一年中的收获季能够获得。这样虽然使得收集变得容易，但如果要将这些废弃物进行保存以便于一年中的剩余时间使用，这样储存问题就会产生，由于生物质废弃物的低容积密度。能够获得的生物质总量主要取决于收获时间、储存特性以及储存设备。

1.6 产物

1.6.1 乙醇

乙醇从史前时期就被人们用作醉人的酒精饮品原料。古埃及人通过对植物原料进行自然发酵来生产酒精。同样在古代，中国人发明了蒸馏工艺，这种技术增加了发酵方案中的酒精浓度。人们在中国发现了具有 9000 年历史的陶器中的干燥残余物。一位波斯炼金术士 Zakariya Razi 首先将酒精作为一种相对纯净的成分分离出来。1826 年，大不列颠的 Henry Hennel 通过不懈的努力合成了乙醇。早在 1840 年，乙醇就在美国被用作灯内的燃料。然而，20 世纪 70 年代，在 OPEC 的石油禁运导致的汽油短缺期间乙醇被当作一种燃料添加剂时，乙醇工业开始重新兴起。在此之后，当汽油供应更加丰富，乙醇开始寻求更广泛的用途，比如乙醇可以当作一种更清洁的辛烷燃烧增强剂，并且可以完美的替代其他较差的汽油成分例如铅。

表 1.4 展示了世界上排名前十的生物乙醇生产国。2006 年生物乙醇的全球产量达到了 135 亿 gal (Demirbas，2008)。生物乙醇目前在全球生物燃料产品的占比超过了 94%，其中大部分来自于甘蔗。全球大概 60%的生物乙醇产品来自甘蔗，40%来自其他作物。巴西和美国是生物乙醇生产的领头羊，它们分别利用甘蔗和玉米总共生产了全世界 70%的生物乙醇。

表 1.4 **十大生物乙醇生产国** 单位：gal

国　家	2004 年	2005 年	2006 年
美国	3.54×10^9	4.26×10^9	4.85×10^9
巴西	3.99×10^9	4.23×10^9	4.49×10^9
中国	0.96×10^9	1.00×10^9	1.02×10^9
印度	0.46×10^9	0.45×10^9	0.50×10^9
法国	0.22×10^9	0.24×10^9	0.25×10^9
德国	0.07×10^9	0.11×10^9	0.20×10^9
俄罗斯	0.20×10^9	0.20×10^9	0.17×10^9
加拿大	0.06×10^9	0.06×10^9	0.15×10^9
南非	0.11×10^9	0.10×10^9	0.10×10^9
泰国	0.07×10^9	0.08×10^9	0.09×10^9

早在 1894 年，乙醇就在德国和法国被用于当时的初期内燃机工业。巴西自 1925 年起就将乙醇作为一种燃料来利用。到那时，乙醇的产量就比汽油的产量和消耗量多 70 倍。

目前，乙醇由甜菜和糖浆生产。每吨甘蔗典型的乙醇产量是 72.5L。现代甘蔗的农作物产量是土地的 $60t/hm^2$。通过生物质生产乙醇是一种可以减少原油消耗以及环境污染的途径。由于多种原因，酒精汽油混合燃料作为一种可供选择的发动机燃料的使用量已经在全世界稳定增加。国内乙醇作为燃料的生产和使用可以降低对进口石油的依赖，减少贸易逆差，在贫困地区创造工作岗位，减少空气污染，并且减少全球气候变化中二氧化碳引起的作用（Bala，2005）。

发酵主要涉及了以可发酵糖类为食的微生物，同时在发酵过程中这些微生物会生成乙醇和其他副产品。这些微生物会利用最常见的六碳糖之一——葡萄糖。因此含有大量葡萄糖或可以转化为葡萄糖的前体物质的纤维素生物质原料是最容易转化为乙醇的。木糖发酵微生物主要存在于细菌、酵母和丝状真菌中。最高效的生物乙醇生产酵母是酿酒酵母，这是因为其在木质纤维素生物质的酸性水解液中可以利用已糖生产大量乙醇，同时还对生物乙醇和其他的具有抑制作用的成分具有高耐受力等优势。

用于生物乙醇发酵的微生物最好用它们的性能参数以及其他诸如与存在产物、工艺和设备的兼容性这些要求来描述。发酵的性能参数有：温度范围、pH 值范围、酒精耐受力、生长速率、生存率、渗透耐受力、专一性、产量、遗传稳定性以及抑制剂耐受力。

1.6.2 其他醇类

可以被用作发动机燃料的醇类有甲醇（CH_3OH）、乙醇（C_2H_5OH）、丙醇（C_3H_7OH）、丁醇（C_4H_9OH）。然而，只有前两种醇类在技术上和经济性上适用于内燃机燃料。在全球能源市场中，主要的可再生能源生产的商业化生物醇类是生物乙醇和生物甲醇。

甲醇也被称为木醇。一般来说，比起乙醇，甲醇更容易得到。可持续的甲醇生产途径目前还不具有经济可行性。甲醇主要通过合成气或沼气来生产，并作为内燃机燃料。甲醇的生产是高成本的化学过程。

甲醇是传统发动机燃料的另一种潜在替代品。事实上，在数次汽油短缺时期，甲醇已经被考虑作为一种大容量发动机燃料替代品。在 20 世纪初期，廉价的汽油被引进之前，甲醇就经常被用来驱动汽车。此后，第二次世界大战期间合成生产的甲醇在德国被大范围应用。20 世纪 70 年代石油危机期间，由于其可用性和低成本，与发动机燃料混合的甲醇应用再次受到了关注。甲醇是有毒的，同时燃烧时会产生不可见的火焰。与乙醇相似，甲醇具有很高的辛烷值，因此很适合四冲程内燃机。如今，甲醇由于其与植物油的反应在生物柴油的生产中广泛应用。甲醇可以被当作传统发动机燃料的一种可能替代品。很多测试都显示了将 85%～100%体积分数的乙醇作为汽车、卡车以及公交车的运输燃料具有一定的前景。

20 世纪 20 年代之前，甲醇主要作为木炭生产的一种副产品从木材中获得，因此通常被称为木醇。目前甲醇在世界各地都通过合成气来生产。合成气主要来源于天然气、精炼厂废气、煤或石油。甲醇的生产反应为

$$2H_2+CO \longrightarrow CH_3OH$$

以上反应可以在包括 Ni、Cu/Zn、Cu/SiO_2、Pd/SiO_2 以及 Pd/ZnO 的多种催化剂的催化下进行。在这种情况下，煤首先会被粉末化并清洗，然后送入气化炉与氧和蒸汽进行反应以生产合成气。氢与一氧化碳物质的量比为 2∶1 的混合气体会被送入固定催化剂床反应器以生产甲醇。同样的，利用天然气来生产甲醇的技术也已经就位并被广泛使用。目前天然气原料如此廉价以至于即使有着税收优惠政策，可再生甲醇还不具有经济上的竞争力。

由生物质气化生产的生物合成气的成分见表 1.5。生物合成气中的氢和一氧化碳比小

于产自于煤或天然气中的合成气，因此要将其完全转化为甲醇额外添加氢气是必要的。由生物质生产的气体可以通过蒸汽重整来生产氢气然后通过水煤气变换反应来进一步提高氢含量。湿生物质可以通过使用超临界水更轻松地气化。生产甲醇和生物甲醇的几种主要方式的比较见表1.6。

表1.5　生物质气化生产的生物合成气的成分

成　分	体积百分数（干燥且不含氮）/%	成　分	体积百分数（干燥且不含氮）/%
一氧化碳（CO）	28～36	甲烷（CH_4）	8～11
氢气（H_2）	22～32	乙烯（C_2H_4）	2～4
二氧化碳（CO_2）	21～30		

表1.6　甲醇和生物甲醇的主要生产方式

甲　醇	生物甲醇	甲　醇	生物甲醇
利用CO和H_2催化合成	利用CO和H_2催化合成	石油气	生物质气化的气态产物
天然气	木材热解生成液体并进行精馏	煤热解生成液体并进行精馏	源于生物质和煤的合成气

甲醇本质上可以利用任何一次能源通过生物质生产。因此运输燃料的选择，在一定程度上取决于生物质的可用性。至于氢气和甲醇产品成本的差异，将天然气、生物质和煤转化为氢气通常更节能并且比转化为甲醇更便宜。

1.6.3　生物柴油

化石燃料资源日益减少。生物柴油燃料作为车辆发动机柴油燃料的混合成分或直接替代品正在引起全世界的关注。生物柴油指的是一种源于生物资源的加工燃料，等价于柴油。典型的生物柴油燃料包含了较少的烷基脂肪酸（链长为C_{14}～C_{22}），短链醇（主要是甲醇和乙醇）类酯。各种各样利用植物油来生产生物柴油的方式已被报导，例如直接利用以及混合、微乳化技术、热解和转酯基作用。在这些方法中，转酯基作用是一个具有吸引力且被广泛接受的技术。转酯基过程的目标是降低油的黏性。影响转酯基反应中甲酯产量的最重要因素是醇类和植物油的摩尔比以及反应温度。一定程度上由于其低成本，甲醇是这一过程中常用的醇类。

脂肪酸甲酯（生物柴油）相对于其他新型清洁可再生燃料替代品具有一些显著的优势。生物柴油燃料是一种源自植物或动物脂肪的可再生的石化柴油或柴油燃料的替代品。由于其与柴油有着相似的性质，同时却具有更少的排放，它可以被用来与柴油进行任意程度的混合。生物柴油燃料作为一种车辆发动机中柴油燃料的混合成分或替代物正在全世界引起越来越大的关注。生物柴油，作为一种具有吸引力的内燃机燃料替代品，被界定为一种源于诸如植物油和动物脂肪的可再生脂类原料的长链脂肪酸的单烷基脂类（FAME）的混合物。

生物柴油燃料相比柴油燃料有更佳的性能。它可再生，可生物降解，无毒，并且基本上不含硫和芳香族化合物。生物柴油似乎可以作为一种可实现的未来燃料。由于其环境效益，生物柴油在最近一段时间变得更具吸引力。生物柴油是一种可以不做任何改变就应用于任何柴油发动机的环境友好型燃料。

生物柴油的制动功率与柴油几乎相同，而生物柴油的比燃料消耗率比柴油更高。除了进气阀沉积之外，碳在发动机内部沉积也是正常的。生物柴油可以作为提高压燃发动机性能的添加剂。性能测试表明，与2号柴油燃料相比，所有生物柴油样品的功率降低且制动比燃料消耗增加，但变化程度与生物柴油的低位热值成正比。

1.6.4 烃类产品

图1.5展示了植物油品位提高的过程。棕榈油固定床微反应器在大气压、723K条件下进行裂解反应以生成生物油。该反应在多微孔HZSM－5沸石、介孔MCM－41以及复合微介孔沸石的催化下进行。获得的产物包括气体、液体（生物油）、水分以及焦炭。生物油产品由对应于汽油、煤油和柴油沸点范围内的烃类组成。棕榈油的最大转化率是99%，通过微孔沸石催化剂可获得48%的汽油（Sang等，2003）。汽油产量随着硅铝比增加而增加，这主要是因为二次裂解反应的减少以及气态产物产量的降低，植物油可以被转化为含有汽油沸程烃类的液体产物。这些结果说明产物的成分受到催化剂成分及温度的影响。

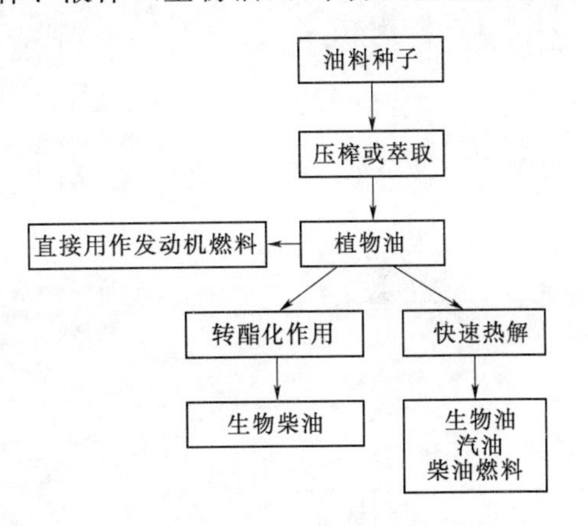

图1.5　植物油品位提高的过程

通过生物质快速裂解得到的生物油具有较高的含氧量。酮类和醛类，羧酸和酯类，脂肪族和芳香族醇类，以及醚类都被发现大量存在于生物油中。由于氧化成分的反应性，生物油的主要问题是不稳定性。因此，生物油脱氧的研究是必需的。在之前的工作中，人们研究了生物油在钴钼酸盐的催化下进行加氢脱氧（HDO）的机理（Zhang等，2003）。

加氢脱氧（HDO）的主要反应为

$$\text{-(CH}_2\text{O)-} + H_2 \longrightarrow \text{-(CH}_2\text{)-} + H_2O$$

这是提高品位最重要的化学途径。加氢脱氧反应可以类比于典型的精炼氢化作用，例如加氢脱硫和加氢脱氮。一般而言，大部分的加氢脱氧研究都是利用已有的加氢脱硫催化剂（镍钼合金，钴镍合金置于合适的媒介上）催化进行的。这些催化剂需要用合适的硫源进行活化，同时这也是使用像生物油这类几乎不含硫资源的主要缺陷。

参考文献

Bala B. K. 2005. Studies on biodiesels from transformation of vegetable oils for diesel engines. Energy Edu. Sci. Technol. 15：1－45.

Beteta，T. 1995. Experiences with Plastic Tube Biodigesters in Colombia. Universidad Nacional Agraria，Managua，Nicaragua.

Demirbaş，A. 2000. Biomass resources for energy and chemical industry. Energy Educ. Sci. Technol. 5：21－45.

Demirbaş，A. 2008. Biofuels：For securing the planet's future energy needs. Springer－Verlag，London.

Demirbaş，A.，Ozturk，T. 2004. Anaerobic digestion of agricultural solid residues. Int. J. Green Energy 1：483－494.

EUREC Agency. 1996. The future for renewable energy，prospects and directions. James and James Science

Publishers Ltd. , London, UK.

Gullu, D. 2003. Effect of catalyst on yield of liquid products from biomass *via* pyrolysis. Energy Sources 25: 753 - 765.

RFA. 2007. Renewable Fuels Association (RFA). Ethanol Industry Statistics, Washington, DC, USA.

Sang, O. Y. , Twaiq, F. , Zakaria, R. , Mohamed, A. , Bhatia, S. 2003. Biofuel production from catalytic cracking of palm oil. Energy Sources 25: 859 - 869.

Speight, J. G. 2007. Natural Gas: A Basic Handbook. Gulf Publishing Co. , Houston, TX, USA.

Zhang, S. P. , Yan, Y. J. , Ren, J. W. , Li, T. C. 2003. Study of hydrodeoxygenation of bio - oil from the fast pyrolysis of biomass. Energy Sources 25: 57 - 65.

第2章 农作物燃料的特性

AYHAN DEMIRBAŞ
Sila Science，University Mah，Mekan Sok，No 24，Trabzon，Turkey

2.1 引言

生物质能的持续发展为木质纤维素在未来的潜在应用和产品生产提供了可能。这些即将成为能源供应的一个重要组成部分的专用能源作物自身的物理和化学特性对其发展过程来说非常重要。无论是从化学或转化过程的能量收益还是从农业和工业经济的角度来看，都说明了这一点。但是，必须意识到不同燃料（表2.1）的特性差异相当大，并且同种类型的燃料因其来源不同其性质也有差异。

柳枝稷作为一种合适的草本能源作物具有很多不同的最终用途，例如，它有合适的市场和价格定位，能给种植者提供额外的经济保障。工业消费者可能会因为原料的多样性面临激烈的价格竞争，但也可能因此了解到更广泛的供应品种。

这样一来，生物燃料可以通过植物油、甜菜、谷类、有机废弃物和生物质的处理过程得到。所含的糖分或可以转化为糖的物质，比如淀粉和纤维素作为生物原料，数量相当可观，而且还能发酵产生乙醇，从而在内燃机中使用。

最后，是对生物燃料进行不同程度的提炼。提炼的程度越高，生物燃料越标准，也越能达到理想的特性。使用者必须为这样的目标付出代价，但反过来得到能在燃烧设备上使用的燃料，该燃料会使燃烧设备的运行和维修工作减少。高度提炼的生物燃料的另一个优点是易于储存，并且燃烧过程更容易调节。

2.2 醇类燃料

醇类燃料是可以作为燃料燃烧的任何醇类。任何的醇类都可能作为燃料，但是乙醇和甲醇是最便宜的。虽然醇类分子中的氧原子会降低其热值，但醇类仍然可以被作为可用燃料，因为醇类的分子结构会增加其燃烧效率。

虽然化石燃料已经成为当今世界上最主要的能源，但是醇类（一般化学式为 $C_nH_{2n+1}OH$）有史以来就作为燃料在使用。前四个脂肪族醇类（甲醇、乙醇、丙醇、丁醇）都是人们感兴趣的燃料，因为它们可以生物合成，而且它们具有在现在的发动机中使用的特性。这四种醇类都有的一个共同的优点：辛烷值高。

醇类是含氧燃料。众所周知，醇类分子中有一个或多个氧原子，这也有助于燃烧。尽

表 2.1　各种燃料的特性

(http://www.afdc.energy.gov/afdc/pdfs/fueltable.pdf)

性质		汽油	2号柴油	甲醇	乙醇	甲基叔丁基醚	丙烷	压缩天然气	氢气	生物柴油
化学方程式		C_4～C_{12}	C_8～C_{25}	CH_3OH	C_2H_5OH	$(CH_3)_3COCH_3$	C_3H_8	CH_4(83%～99%)，C_2H_6(1%～13%)	H_2	C_{12}～C_{22}(FAME)
分子质量		100～105	约200	32.04	46.07	88.15	44.1	16.04	2.02	约292
质量分数/%	C	85～88	87	37.5	52.2	68.1	82	75	0	77
	H	12～15	13	12.6	13.1	13.7	18	25	100	12
	O	0	0	49.9	34.7	18.2	—	—	0	11
比重(60℉/60℉)		0.72～0.78	0.85	0.796	0.794	0.744	0.508	0.424	0.07	0.88
密度(60℉)/(lb·gal^{-1})		6.0～6.5	7.079	6.63	6.61	6.19	4.22	1.07	—	7.328
沸点/℉		80～437	356～644	149	172	131	−44	−263.2～−126.4	−423	599～662
瑞德蒸气压力(100℉)/psi		8～15	<0.2	4.6	2.3	7.8	208	2400	—	<0.04
热值(2)	低位热值/(Btu·gal^{-1})	116090	128450	57250	76330	93540	84250	—	—	119550
	低位热值/(Btu·gal^{-1})	18676	18394	8637	11585	15091	19900	20263	52217	16131
	高位热值/(Btu·gal^{-1})	124340	137380	65200	84530	101130	91420	—	—	127960
	高位热值/(Btu·gal^{-1})	20004	19673	9837	12830	16316	21594	22449	59806	17266
辛烷值(1)	研究法辛烷值	88～98	—	—	—	—	112	—	130+	—
	马达法辛烷值	80～88	—	—	—	—	97	—	—	—

续表

性　质		汽油	2号柴油	甲醇	乙醇	甲基叔丁基醚	丙烷	压缩天然气	氢气	生物柴油
十六烷值(1)		—	40～55	—		—	—	—	—	48～65
凝固点/°F		−40	−40～30	−143.5	−173.2	−164	−305.8	−296	−435	26～66
黏度/(mm²·s⁻¹)	104°F条件下	—	1.3～4.1	—	—	—	—	—	—	4.0～6.0
	68°F条件下	0.5～0.6	2.8～5.0	0.74	1.50	0.47	—	—	—	—
	−4°F条件下	0.8～1.0	9.0～24.0	1.345	3.435	0.77	—	—	—	—
闪电(密闭杯中)/°F		−45	140～176	52	55	−14	−156	−300	—	212～338
自然温度/°F		495	约600	867	793	815	842	900～1170	932	—
水溶性(70°F)	燃料溶于水的体积分数/%	忽略	忽略	100	100	4.8	—	—	—	—
	水溶于燃料的体积分数/%	忽略	忽略	101	101	1.5	—	—	—	—
可燃性极限，体积分数/%	下限	1.4	1	7.3	4.3	1.6	2.2	5.3	4.1	—
	上限	7.6	6	36.0	19.0	8.4	9.5	15	74	—
蒸发潜热	以Btu/gal为单位(60°F)	约900	约710	3340	2.378	863	775	—	—	—
	以Btu/lb为单位(60°F)	约150	约100	506	396	138	193.1	219	192.1	—
	比热容/[Btu·(lb·°F)⁻¹]	0.48	0.43	0.60	0.57	0.50	—	—	—	—

管甲醇和乙醇因为其独特的性质而最常用做燃料，但是醇类的命名却是根据甲醇、乙醇、丙醇、丁醇这些碳氢化合物的基本分子结构而来的。理论上讲，醇类家族的任何有机分子都可以用作燃料。表 2.1 中列举的有点宽泛，从技术和经济方面来讲只有两种醇类适合用作内燃机的燃料。这些醇类有最简单的分子结构，如甲醇和乙醇。

生物丁醇的优点在于它的能量密度比其他的醇类更接近汽油的能量密度（而且仍有高于 25%的辛烷值），然而在产品方面这些优点却不足以抵消其缺点（相对于甲醇和乙醇来说），比如，一般来说，在醇类燃料的化学式 $C_nH_{2n+1}OH$ 中，n 值越大，对应的能量密度也越大。

醇类燃料通常来源于生物而不是石油。因此当醇类燃料从生物资源得到时被称为生物乙醇。生物产生的乙醇和通过别的非生物资源得到的醇类并没有化学性质上的差异。然而，来源于石油的乙醇并不是安全的消费，因为其中含有 5%体积的甲醇，而甲醇可能会导致失明或者死亡。这种混合物不能用简单的蒸馏来提纯，因为它会形成一种共沸混合物。

2.2.1 甲醇

甲醇（CH_3OH 或者 MeOH）是能生产的最通用和最便宜的液体燃料。它比汽油更不易燃烧，导致的意外火灾可以用水扑灭而不至于随燃烧薄层而蔓延。

历史上，甲醇是通过木材的分解干馏首次得到的，因此甲醇通常又叫做木醇。目前，甲醇通常通过天然气中的甲烷做原材料来生产。

生物甲醇可以通过生物质气化的合成气用传统的方法来合成。通过综合气体可以制得（生物质液化）甲醇，其生产效率能达到 75%。这种途径的广泛使用不仅会使得甲醇燃料成本低廉，并且对环境也是有利的。

甲醇作为赛车燃料由来已久。早期大奖赛赛车使用混合的以及纯净的甲醇。战后，甲醇最开始在北美使用。然而，由于赛车用的甲醇很大程度上来源于天然气，因此，并不被认为是生物燃料。

但是相比于乙醇，甲醇更有可能成为一种生物燃料，因为它主要的优点是利用合成气生产时具有很高的利用率。甲醇也可以通过利用核能以及任何的可再生能源使 CO_2 俘获 H_2 来生成。

甲醇燃烧时，产物既没有颗粒物（炭黑），也没有二氧化硫，并且产生的氮氧化物也比其他任何燃料都少。用天然气或者固体燃料生产的甲醇可以再次气化作为天然气的替代品，在这过程中能量的损失很少。甚至把昂贵的高纯度甲醇用于汽车也只要做相对较小的改变，而且里程费用也比使用汽油做燃料时要低。

甲醇（和乙醇）中含有可溶和不可溶的污染物。卤素离子是可溶的污染物，比如氯离子对醇类燃料的腐蚀性有很大的影响。卤素离子增强腐蚀性的方式有两种：用化学的方法攻击在一些金属上形成的氧化物保护膜，导致点状腐蚀；增加燃料的导电性，这会促使燃料系统发生电腐蚀、电偶腐蚀以及普通腐蚀。

可溶解的污染物如氢氧化铝，其本身也是卤素离子腐蚀的产物，会随时间的推移堵塞燃料系统。为了防止腐蚀，燃料系统必须由合适的材料制成，电线必须适当绝缘，油位传感器必须是脉冲的，持续型的（或者类似型）。另外，高品质的醇类中污染物浓度应该很低，并且添加了合适的腐蚀抑制剂。

甲醇是有毒的，吸入仅 10mL 就可以导致失明，60～100mL 则会致死。它也不需要吞咽就会引起危险，因为液体可以通过皮肤来吸收，蒸汽会通过肺来吸收。美国允许暴露在空气中（40h/周）的最大值是乙醇 1900mg/m^3，汽油 900mg/m^3，甲醇 1260mg/m^3。

然而，甲醇的挥发性比汽油的弱，因此降低了蒸发的排放。甲醇的使用和乙醇的使用一样，会大大减少某些与之相关的有毒碳氢化合物的排放，比如苯和 1、3 -丁二烯的排放。但是因为汽油和乙醇毒性都非常大，因此它们的安全协议是相同的。

因为甲醇蒸汽比空气重，它会在接近地面或者在地面上的凹陷处逗留，除非有很好的通风设备。当甲醇在空气中的浓度达到每体积 6.7%，它就可以被火花点燃，并且在大于12℃（54℉）时会发生爆炸。一旦着火，火焰发出很小的光，尤其是在白天就会很难看见火，甚至很难估计其规模。

对于通过呼吸系统摄入的有毒物质来说，有毒物质的刺激气味应该给了其存在的警示。但是，空气中小于每体积 0.2%的甲醇是很难闻到的，而危险浓度比此浓度高得多。

2.2.2 乙醇

乙醇（CH_3CH_2OH，ETOH）（图 2.1）是一种液体生物燃料，它可以由几种不同的生物质原料和转化技术来生产。生物乙醇是一种极具吸引力的替代燃料，因为它是一种基于生物的可再生资源，并且因其被氧化性，从而可以减少内燃机中颗粒物的排放。

生产乙醇燃料的原料可以简单分为三类：含有蔗糖的原料，含有淀粉的物料和含有木质纤维素的生物质。

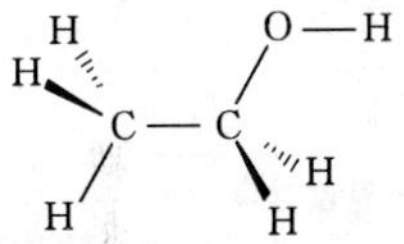

图 2.1 乙醇的结构式

乙醇在汽油发动机中燃烧得很好，有高的辛烷值（表 2.2），乙醇汽油是一种在加油站出售的普通燃料，它是在每体积汽油中溶解5%～15%的绝对无水乙醇。无水乙醇可以与汽油完全混溶。而乙醇在提纯之前，通常含有 5%体积的水，这会导致乙醇和汽油混合时产生分离，因此，95%含量的乙醇不适合使用在乙醇汽油中。大部分的水会通过蒸馏来去除，但是因为低沸点的水—乙醇共沸混合物的形成，其纯度限制在每体积 95%～96%。为了使乙醇和汽油在内燃机中充分混合燃烧，剩余的部分水通常要通过进一步处理来去除。

乙醇可以通过石油来合成，或者生物质原料经过微生物发酵转换得到。世界上90%～93%的乙醇都是通过发酵的方法来生产的，大约 7%的乙醇是合成的。发酵的方法通常有三个步骤：可发酵糖溶液的形成，糖发酵为乙醇，通过蒸馏来提纯乙醇。

葡萄糖本身不是植物发酵的唯一来源，简单的果糖也会被发酵，植物中其他的三种成分在被水解为葡萄糖和果糖分子以后也会被发酵。

淀粉和纤维素分子是葡萄糖分子的聚合物，蔗糖（白砂糖）是葡萄糖分子和果糖分子的结合。植物中产生果糖的能量基本上来自于光合作用产生的葡萄糖的新陈代谢，所以阳光也提供了其他分子发酵产生的能量。

表 2.2　　甲醇、乙醇、异辛烷的燃料性质

项目		异辛烷	甲醇	乙醇
化学式		C_8H_{18}	CH_3OH	C_2H_5OH
分子质量		114.224	32.042	46.07
碳氢比（W）		5.25	3	4
含碳质量分数/%		84	37.5	52.17
含氢质量分数/%		16	12.5	13.4
含氧质量分数/%		0	50	34.78
1标准大气压下沸点/℃		99.239	64.5	78.4
1标准大气压下凝固点/℃		−107.378	−97.778	−80.00
15.5℃下密度/($lb \cdot gal^{-1}$)		5.795	6.637	6.63
20℃下黏性/cP		0.503	0.596	1.2
1标准大气压25℃下比热容/($Btu \cdot lb^{-1}$)		0.5	0.6	0.6
1标准大气压沸点温度下气化热/($Btu \cdot lb^{-1}$)		116.69	473	361
1标准大气压25℃下气化热/($Btu \cdot lb^{-1}$)		132	503.3	—
25℃下	高热值/($Btu \cdot lb^{-1}$)	20555	9776	12780
	低热值/($Btu \cdot lb^{-1}$)	19065	8593	11550
化学计量数（空气/燃料）		15.13	6.463	9
研究法辛烷值		100	106	105
闪点温度/℃		−42.778	11.112	12.778
自燃温度/℃		257.23	463.889	422.778
爆炸	下限	1.4	6.7	4.3
	上限	7.6	36	19
20℃下气化潜热/($kJ \cdot kg^{-1}$)		349	1177	921.36
辛烷值		—	5	8

在石化产业中，乙醇也可以通过乙烯来进行工业生产。乙烯双键加水可转化为乙醇，即

$$H_2C=CH_2+H_2O \longrightarrow CH_3CH_2OH$$

反应的完成需要一种酸来催化。乙烯是石油通过蒸发裂解产生的。

与汽油不同，乙醇是含氧量为35%的氧化燃料，在燃烧过程中降低颗粒物和氮氧化物的排放。乙醇是作为一种更环境友好型的燃料而生产出来的。

乙醇的系统效应和甲醇的不同，乙醇可以快速被氧化为二氧化碳和水，相对地，甲醇没有累积效应的发生。乙醇相对于甲醇在酯交换反应中也是首选的醇类，因为它来源于农业产品，可再生，并且从生物上来讲，对环境的抵抗也较小。

当乙醇在空气中燃烧而不是在纯氧中时，会和空气中的不同成分，比如氮气发生反应。这会导致严重的空气污染物——氮氧化物的产生。

生物乙醇具有比汽油高的辛烷值、火焰速度、蒸发热以及更广泛的可燃性。这些属性需要一个更高的压缩比，更短的燃烧时间和稀燃发动机，这使其理论效率高于汽油内燃机。生物乙醇的缺点包括：能量密度比石油的低（但是比甲醇的能量密度要高35%），具有腐蚀性、低火焰亮度、较低的蒸汽压力（让冷启动变得困难），可以和水混溶，对生态系统有毒性。

因为生物乙醇燃料含氧（氧含量为35%），它可以在柴油机中有效地降低颗粒物的排放。生物乙醇适合在汽油机中混燃，因为其高辛烷值，低十六烷值，高蒸发热，从而会阻碍其在柴油机中自燃。对于轻型车辆最流行的混合是E85，含有85%的生物乙醇和15%的汽油。在巴西，生物乙醇来源于甘蔗，既可作为纯净物使用，或者和汽油混合形成乙醇汽油（24%的生物乙醇和76%的汽油）。在美国的几个州，少量的生物乙醇（10%）加在汽油中被称作汽油乙醇或者E10。混合了高浓度生物乙醇的汽油也会被使用，比如机动燃料车可以使用混合了高达85%生物乙醇的E85燃料来运行。一些国家已经采用了生物乙醇—汽油混合的计划，比如美国（E10和应用于机动燃料车的E85）、加拿大（E10和应用于机动燃料车的E85）、瑞典（E5和应用于机动燃料车的E85）、印度（E5）、澳大利亚（E10）、泰国（E10）、中国（E10）、哥伦比亚（E10）、秘鲁（E10）、巴拉圭（E7）、巴西（E20、E25，应用于机动燃料车的混合了任意比例乙醇的汽油）。

在美国几乎所有的乙醇燃料都是通过玉米葡萄糖发酵产生的，在巴西是用蔗糖，故任何一个有一定的农业基础经济的国家都可以使用现代技术来发酵生产乙醇。

今天，利用木质纤维素材料来生产生物乙醇的成本仍然很高，这也是制取生物乙醇还没有取得突破的一个主要原因。利用玉米或者甘蔗生产生物乙醇时，这些原材料成本占了生产成本的40%～70%。

生物乙醇的原料基本上包含了甘蔗和甜菜，它们产自地理不同的区域。甘蔗长在热带和亚热带国家，而甜菜只长在温带气候国家。

在欧洲国家，甜菜糖浆是最常用的含这样的原料。甜菜作物生长在大多数的欧盟国家，每公顷可以比小麦生产更多的乙醇。甜菜的优点在于具有较短的作物生产周期，更高的产量，可以耐受大幅度的气候变化，对水和肥料的要求低。甜高粱是最能抗旱的农作物之一，因为它有能力在最干旱的时期保持休眠状态。

蔗糖转化为乙醇比淀粉物料和木质纤维素生物质原料更容易，因为二糖可以被酵母细胞分解而前期的原料水解就不要求了；另外，甘蔗汁或蜜糖也有利于蔗糖的水解。

另一种可以生产生物乙醇的原料是淀粉基材料。淀粉是一种生物高聚物，定义为只包含一种右旋葡萄糖的同聚物。为了通过淀粉来生产生物乙醇，有必要分解这类糖来获得葡萄糖浆，葡萄糖浆再被酵母转化为乙醇。玉米生产生物乙醇的单一成本最高，其中成本最大的是玉米的成本。

随着生物水解和糖发酵技术越发趋近商业化，产品回收技术仍需要进一步提高。对于发酵产品比水更易挥发的情况，通常选择的技术是蒸馏回收。可以从含有各种杂质的生物流中经济回收稀释的挥发性产物的蒸馏技术，已经发展到了商业示范的程度。蒸馏系统可以把生物乙醇同混合液体中的水分开。

第一步是在蒸馏塔或啤酒塔中回收生物乙醇，其中大部分水分会留在固体中。然后这些产品（37%的生物乙醇）在精馏塔中浓缩至小于共沸化合物的浓度（95%）。将剩余的塔底产物送入汽提塔以除去多余的水分，汽提塔中的生物乙醇馏出物与进料重新结合后送入蒸馏装置。工厂里蒸馏塔中生物乙醇回收率可以达到 99.6%，可以降低生物乙醇的损失。

第一步以后，用离心机把固体分离出来，并在旋转干燥机中干燥。一部分离心机废水（25%）再循环进行发酵，其余的送到第二级、第三级蒸发设备中。大部分的蒸发器冷凝水会作为一次冷凝水再回到工艺中（很小的一部分，10%，会被分离出来进行废水处理，避免组成沸点低的化合物）。高浓度糖浆的质量会占总质量的 15%～20%（Balat 等，2008）。

2.2.3 丙醇和丁醇

丙醇（C_3H_7OH，正丙醇）还有其同分异构体，2-丙醇（C_3H_7OH，异丙醇，图 2.2）是一种常见的无色、有强烈刺激性气味的易燃化合物。它是仲醇的最简单化合物，仲醇就是羟基碳连有两个碳，有时也写作 $(CH_3)_2CHOH$。

丁醇指化学式一般为 C_4H_9OH 的任何一种同分异构体：1-正丁醇、2-异丁醇、2-甲基-1-丙醇、2-甲基-2-丙醇（图 2.3）。

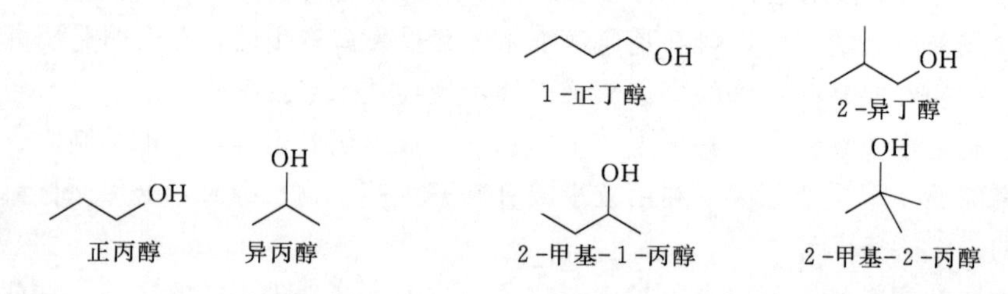

图 2.2 丙醇的同分异构体

图 2.3 丁醇的同分异构体

通过纤维素生产丙醇和丁醇的发酵过程实施起来相当棘手，并且目前使用的用来执行生产转化的微生物（丙酮丁醇梭杆菌）很难闻，所以这一点是在设计和选择发酵工厂的时候必须考虑的。这种微生物也会当发酵的丁醇含量高于每体积 7%时死亡。相对的，当原料的乙醇体积分数达到 14%时，酵母会死亡。

丙醇和丁醇（C_4H_9OH）可以通过用与乙醇发酵原料相同的原料发酵获得。丁醇燃料的一些性质是好于乙醇燃料的——丁醇比乙醇每加仑有更高的能量，它也不容易像乙醇一样吸水，这一点就能允许汽油管道运输丁醇，并且汽油和丁醇的混合有比乙醇—汽油混合有更低的蒸发压力，而这对于减少蒸发的碳氢化合物的排放是很重要的。

传统上，丁醇由丙酮、丁醇、梭杆菌通过所谓的 ABE（丙酮-丁醇-乙醇）发酵得到，而 ABE 发酵产生的丙酮占 30%，丁醇占 60%，乙醇占 10%。但是，最终产物浓度很低时会阻碍发酵，这就要求过程中有较大的体积流量，反应器和储水池。

丙醇和丁醇毒性很小，挥发出的甲烷也很少。尤其是丁醇有 35℃的燃点温度，这种温度是有益于火灾安全的，但是也可能在寒冷的冬天使发动机启动困难。然而，燃点温度的概念并不能直接适用于发动机。因为空气在汽缸中压缩意味着点火之前温度要达到几百摄氏度。

一定程度上，这些醇类不像汽油那样用作汽油发动机的直接燃料来源，因为醇（与乙醇、甲醇、丁醇不同，尽管有时使用丁醇）大部分是用作溶剂的。丙醇在某些类型的燃料电池中作为氢的来源使用。它会比甲醇产生更高的电压，这是醇基燃料电池首选的燃料。但是，因为生产丙醇比甲醇困难（通过微生物或者通过石油），所以甲醇仍然比丙醇使用得更多一些。

丁醇的明显优势是高辛烷值（高于 100），只比汽油低 10%的高能含量，还有比乙醇高 50%、比甲醇高 100%的能量密度。主要的缺点是高燃点（35℃，95℉）。

2.3 烃类燃料——汽油馏分

汽油是源于石油的液体混合物，主要在内燃机中作为燃料使用，尤其是在火花点火发动机中。在奥托循环发动机中，汽油和空气的混合物被压缩，然后由火花塞点火。

奥托循环内燃机是由 Nikolaus August Otto 博士在 1876 年发明的，它也通常因含有四个冲程而被称为四冲程内燃机。

可以从原油中蒸馏出来的汽油的相对量取决于原油中含有的汽油的量。委内瑞拉原油中含有少量的汽油（大约是 5%），而德克萨斯州和阿拉伯原油含有约 30%的汽油。这就是所谓的“直馏”汽油。2007 年，美国炼制厂的平均汽油产量是 45%。

汽油的密度是 0.71～0.77kg/L。汽油可以比柴油产生更多的挥发分，原因是其基本成分，以及加入的添加剂。对挥发性物质的最终控制通常是通过和丁烷混合来实现的。预期的挥发性物质取决于环境温度：在温度较高的气候条件下，汽油由更高的分子量组成，因此会有很少的挥发分；在寒冷的气候条件下，太小的挥发性物质导致汽车无法发动；在高温的气候条件下，过多的挥发性物质导致所谓的“蒸汽锁”，即燃烧在里面难以发生，因为液体燃料在燃油管已经变成了气体燃料，表现为燃料泵无效和内燃机不能启动。

汽油的一个重要特征是其辛烷值，它是汽油抵抗异常燃烧现象（爆震，点火爆震或其他名称）的量度。辛烷值是相对异辛烷和正庚烷混合物来测量的。辛烷值是汽油质量的量度，用于防止早期点火导致的汽缸爆震。高辛烷值在内燃机中是首选。对于汽油生产，芳香烃、环烷烃、异烷烃是合适的，而烯烃和正链烷烃就不太适合。

汽油烃的典型成分（体积分数）如下：4%～8%的烷烃；2%～5%的烯烃；25%～40%的异烷烃；3%～7%的环烷烃；1%～4%的环烯烃；20%～50%的总的芳烃（0.5%～2.5%苯）。碳氢混合物中可以加入添加剂和混合剂来改善汽油的性能和稳定性。这些化合物包括抗爆剂、抗氧化剂、金属纯化剂、铅清除剂、防锈剂、防结冰剂、高压汽缸润滑剂、清洁剂和染料。表 2.3 给出了汽油的主要组成。

水热液化过程（HTL 过程）或者直接液化是一种有前途的技术，用来处理不同来源的废蒸汽和生产有价值的生物产品，比如生物柴油。今天对于可商业化的生物质水热液化过程的一个主要的问题是，相比于柴油和汽油产品的成本它仍然是不经济的。

表 2.3 汽油的主要组成

组成		质量百分数/%	组成		质量百分数/%
正构烷烃	C_5	3	环烷烃	C_6	3
	C_6	11.6		C_7	1.4
	C_7	1.2		C_8	0.6
	C_9	0.7	环烷烃总质量分数		5
	$C_{10}\sim C_{13}$	0.8	烯烃 C_6		1.8
正构烷烃总质量分数		17.3	烯烃总质量分数		1.8
支链烷烃	C_4	2.2	芳香烃	苯	3.2
	C_5	15.1		甲苯	4.8
	C_6	8		二甲苯	6.6
	C_7	1.9		乙苯	1.4
	C_8	1.8		C_3 -苯	4.2
	C_9	2.1		C_4 -苯	7.6
	$C_{10}\sim C_{13}$	1		其他	2.7
支链烷烃总质量分数		32	芳香烃总质量分数		30.5

大量生物质的运输成本，低的转化率加上缺乏对复杂的反应机理的理解抑制了商业过程的发展。

在水热液化过程中，生物质在温度和压力升高了的液体水中发生反应。在水热液化过程的平衡阶段，由于水、超临界二氧化碳、乙醇、所谓的生物原油的存在而变得很复杂。生物原油是一种由多种分子组成的混合物，分子量分布范围广。生物原油包含质量分数为10%～13%的氧，在中心设备中可以通过催化加氢脱氧来改善。对不同生物质类型转化为液体燃料的初始过程的研究表明，水热液化比热解或者气化更有吸引力。

在水热液化过程中，生物质通常在有25%浆体的水中，以575～700K的温度和12～18MPa的压强来处理5～20min产生的液体生物原油、气体（主要是 CO_2）和水的混合物。后续的过程可能是改善生物原油为可用的燃料。大部分的氧以二氧化碳的形式去除掉（Goudriaan和Peferoen，1990）。

低能量密度的生物质（例如木材）被转化为具有较高能量密度的生物原油、有机化合物（主要包括醇和酸）和气体（主要包括 CO_2）。水也是一种副产物。在产品中，气体产品的主要成分 CO_2 可用于代表所有产生的气体，甲醇和乙醇代表有机化合物。在表2.4中，给出了基于生物原油真空闪蒸数据和试验工厂数据的每种成分的质量分数（Feng等，2004）。图2.4还给出了商业水热液化工厂的方框图。表2.5给出了原料、反应条件和水热液化过程的产物。

不同类型的生物质转化为液体燃料的初始过程的研究表明，水热液化过程比水解或者液化过程更有吸引力。

Kranich（1984）用城市废弃物作为产油来源做了第一个HTL研究。研究使用的是来自城市废弃物工厂的三种不同的物料：初级污水污泥、消化池沉淀污泥和消化池废液。

表 2.4　　水热液化过程的代表产物

产　物	组　成	质量百分数/%
原油	聚碳酸酯	47.5
	甲基丙基醚	2.5
煤气	二氧化碳	25
有机混合物	甲醇	5
	乙醇	3.5
水	水	16.5

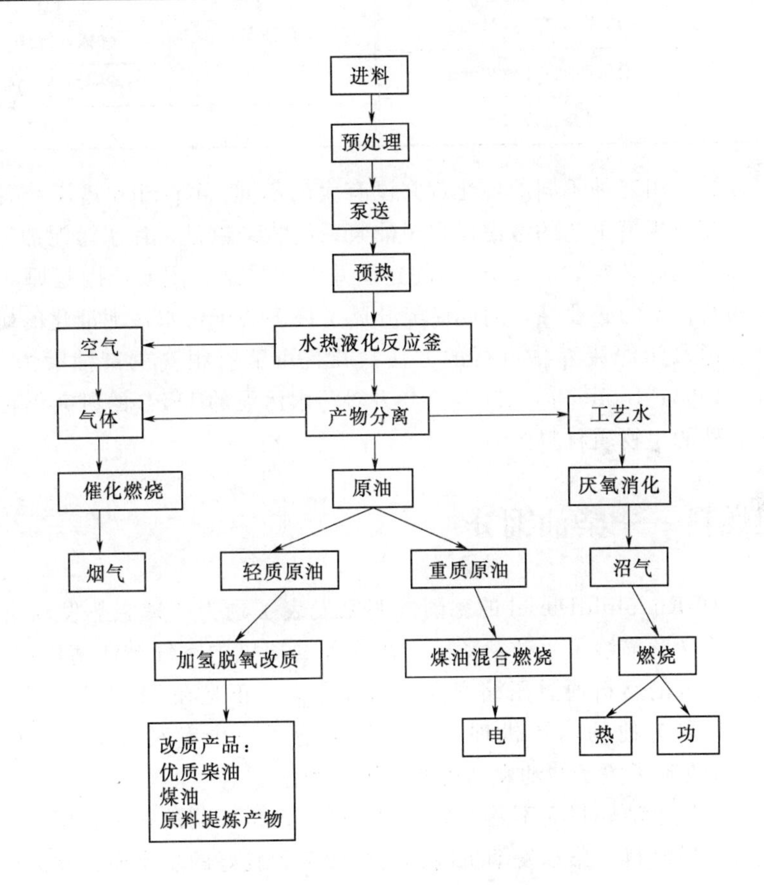

图 2.4　商业水热液化过程

Kranich 使用带有供氢系统的磁力搅拌间歇式高压釜、浆料进料装置、压力和温度记录仪以及用于测量气体产品的湿式测试仪，对废弃资源进行了处理。原料先进行干燥，再弄成粉末。把废弃物分成不同的油和水泥浆，再分别进行处理。温度范围为 570～720K，压强为 14MPa。保持时间在 20～90min。氢作为还原气体在初始压强为 8.3MPa 时使用。研究的三种类型的催化剂是：碳酸钠、碳酸镍和钼酸钠。泥浆原料通过一个加压注射器注入反应器，通过戊烷和甲苯萃取出油产品。结果显示有机转化率为45%～99%，产油率据报道为35.0%～63.3%。气体产品中发现含有H_2、CO_2和C_1～C_4烃类。

表2.5　　水热液化过程的原料、反应条件和产物

生物质原料	木材和森林废弃物	主要化学反应	解聚作用
	农业和家庭残留物		脱羧反应
	城市生活垃圾		脱水反应
	有机工业残留物		去除CO_2和H_2O中的氧
	污水污泥		加氢脱氧
反应条件	温度：300～350℃	产物（原料的质量/%）	原油：45
	压强：12～18MPa		水溶性有机物：10
	滞留时间：5～20min		气体（>90%CO_2）：25
			过程中的水：20
	媒介：液态水	热效率	70%～90%

实验结果显示，用三种不同的催化剂并没有大的不同。Kranich建议水泥浆系统不适用于扩大规模，商业规模工艺的考虑仅限于油浆系统。结论是，污水污泥加氢液化为油的进一步发展工作还是有必要的。Kranich的建议并没有采纳，主要原因是原油价格上涨以及寻找能源采购新技术的必要性，因此已经开展了许多关于污水污泥液化的研究。调查表明，液化是处理污水污泥废弃物可行的方法，并且可能有很高的产油潜力（Suzuki等，1986；Itoh等，1994；Inoue等，1997）。今天对污水污泥的HTL的研究仍在进行，但是焦点转向了多品种的生物质材料。

2.4　烃类燃料——柴油馏分

1893年一个叫Rudolph Diesel的德国发明家发表了题为“理想热发动机的理论和结构”的文章，这篇文章描绘了一种发动机，在这种发动机中空气被活塞压缩，压力变大，从而温度升高。通入的燃料通过压缩产生的高温点火。正是在1892年的2月27日这天Diesel在德国专利局为他的内燃机理论和设计申请了一个专利。Rudolf Diesel博士在1983年2月23日收到了关于柴油发动机的德国专利。

柴油发动机燃烧重油燃料而不是汽油，和汽油发动机不同的是，它用汽缸中的压缩空气而不是火化来点燃燃料。柴油发动机因其高的效率和较好的功率而在欧洲广泛运用，并且今天在大部分的重工业机械中仍然在用。1977年，通用汽车（GM）成为美国第一家引进柴油汽车的公司。柴油燃料一般是指柴油机中使用的燃料。

柴油发动机主要应用在重型车辆上。柴油发动机的主要优点是效率高于奥托循环发动机。这就意味着燃料中有更多的能量被利用。柴油发动机的效率最高可以达到45%，而奥托循环发动机的效率只有30%。

原油按照沸点主要分离为六种等级的烃类：炼油气（作为炼制厂燃料使用）、汽油（石脑油）、煤油、轻质油（柴油或者柴油燃料）、重质油（燃料油）和常压渣油。初始的分离通过蒸馏来完成。精炼原油的第一步，不论是简单的还是复杂的炼制，都是把原油分离成馏分（分馏或者蒸馏）。馏分是包含碳氢化合物的混合物，其沸点位于特定的范围内。

紧接着 Fischer - Tropsch 做的气化是现在升级低热值煤和生物质为高热值的液体燃料和化学品的最有潜力的方法。每年农业和森林作业中总的生物质产品废弃物可以转换为大约 400 亿 gal 的液体燃料（大约为美国当前使用的汽油的 25%）。

Tijmensen 等（2002）检查了该技术的可行性并整合了 Fischer - Tropsch 气化过程（BIG - FT）中生物质的经济性，也指出研究与开发的关键问题及过程的商业化。Boerrigter 和 den Uil（2002）给出了相似的检查，鉴定 BIG - FT 过程配置是有潜力的。通过煤基合成气来生产液体烃的 Fischer - Tropsch 工艺重新燃起了把煤和天然气转化为液体燃料的兴趣（Jin 和 Datye，2000）。图 2.5 给出了柴油燃料和生物质通过费托过程合成工艺生产的产品。

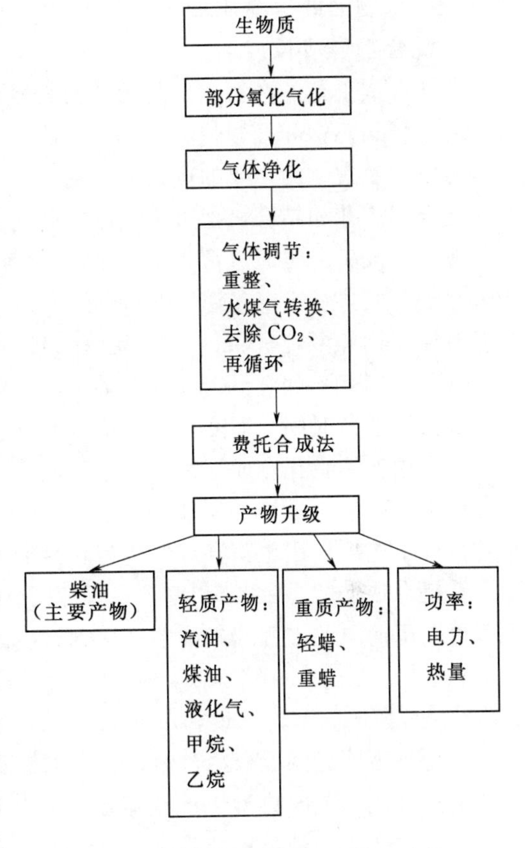

图 2.5　生物质通过费托合成生产的油品和其他产物

为了通过生物燃料来生产生物合成气，下面的过程是有必要的：生物质的气化，气体产品的净化，通过费托工艺用合成气体来生产液体燃料。

通过化石燃料或者生物质的气化来生产的合成气（一氧化碳和氢气的混合物）可以转化为大量的有机化合物，其可以作为化学原料、燃料和溶剂来使用。许多的转化技术是基于煤的气化发展的，但是工艺的经济性导致转向以天然气为来源来制取合成气。这些转化技术的成功应用和以生物质为来源制取生物合成气是相似的。Franz Fischer 和 Hans Tropsch 在 1923 年第一次研究了把合成气转化为更大、更有用的有机化合物（Spath 和 Mann，2000）。

发展中国家和工业化国家应考虑和生物质燃料技术相关的一些东西，包括能源安全的原因、环境问题、外汇储蓄和与农业问题相关的社会经济问题。催化转化是工业生产有价值的燃料、化学品、生物质平台化学品材料的主要方法。在合成气方面，生物质的催化得到了最大的发展。经济方面的考虑，要求目前从合成气中生产液体燃料转化为使用天然气作为碳氢化合物的来源。生物质是唯一能满足生产碳基液体燃料和化学产品要求的可再生能源。由生物质通过费托合成工艺生产的生物质燃料和绿色汽车燃料是最现代的基于生物质的交通燃料。绿色汽车燃料是可再生的石油基柴油的替代品。通过热解获得生物油的生物质能量的转换设备很重要。费托合成工艺的目的是由一氧化碳和氢气混合物合成长链。

费托合成工艺的产物主要是无环的直链烷烃（C_xH_y），除了 C_xH_y 也形成了少量的带支链的烷烃、不饱和烃和伯醇。费托合成工艺可以通过生物合成气生产液体烃类燃料。大的烃可以加氢裂化为主要的优良品质的柴油。用生物质生产液体燃料的过程将生物质气化与费耗合成工艺相结合，把可再生原料转化为清洁燃料。

费托合成工艺是通过富含 CO 和 H_2 的合成气来生产主要的直链烷烃的过程。通常应用催化剂。其典型工况是温度 200～350℃，压力很高，但取决于想获得的产品。产品包括轻质烃，比如甲烷（CH_4）、乙烷（C_2H_6）、丙烷（C_3H_8）和丁烷（C_4H_{10}），还有汽油（C_5～C_{12}）、柴油（C_{13}～C_{22}）、光蜡（C_{23}～C_{33}）。产品的分配随催化剂和工艺条件（温度、压力、滞留时间）而变化。合成气必须含很少的焦油和颗粒物质。

实际中使用费托合成工艺转换生物质合成气为燃料的文献很少。Jun 等（2004）报道了使用生物合成气模型的实验结果。在 Demirbas（2007）生物质燃料的评论中，他认为费托合成工艺可以用生物合成气作为新兴的替代。

费托合成工艺是 1923 年德国科学家 Franz Fischer 和 Hans Tropsch 建立的。其化学过程可以由简单的方程式来描述（尽管指出的简单方程式更复杂）（Schulz，1999），即

$$nCO+(n+m/2)H_2 \longrightarrow C_nH_m+nH_2O \tag{2.1}$$

其中，n 是烃链的平均长度，m 是每个碳对应的氢原子的数量。所有的反应都是放热反应，产物是不同烃的混合物，混合物中石蜡和烯烃占主要部分。

费托合成工艺的典型工况是温度 475～625K，压强 15～40bar，随工艺不同而变化。包含的液体产品的种类和数量由反应温度、压力、滞留时间、反应器类型和使用的催化剂来决定。铁催化剂可以耐更高的硫，更便宜，也会产生更多的烯烃和醇类。但是，铁基催化剂生命周期短，在商业应用中不超过 8 周（Davis，2002）。大部分的铁催化剂是通过费托合成工艺转变生物质或者煤气化产生的低 H_2/CO 比率的合成气为燃料的选择。这些相对低成本的催化剂有低的甲烷选择性和高的水气交换活动。但是，结合了高费托合成反应、低甲烷选择性、高耐磨性、长期稳定性的非载体铁催化剂的发展依然难以捉摸，并呈现出对转化生物质的费托合成商业化应用的广泛的认识障碍。费托合成工艺中决定的铁催化剂活性和失活的临界特性似乎并没有在金属状态时表现出来，而是渗碳铁表面表现。

生物质气化炉和费托合成工艺反应器的结合必须以获得的高产量的液体烃为目的。对于气化炉来说，尽可能避免甲烷的形成和转换生物质中所有的碳为一氧化碳和二氧化碳是很重要的（Prinset 等，2004）。费托合成工艺之前气体的净化也是很重要的。对于生物质气化炉和催化反应器的结合，气体的净化甚至更重要。为了避免过程中催化剂的中毒，焦油、硫化氢、羧基硫化物、氨气、氰化氢、碱和粉尘必须彻底去除（Stelmachowski 和 Nowicki，2003）。

费托合成工艺的柴油燃料可以有极好的自燃特性。柴油燃料只有直链烃组成而没有芳香族化合物和硫。反应参数是温度、压力和 H_2 与 CO 比。工艺中的产物组成很受催化剂组成的影响：用钴催化剂会产生很多石蜡，用铁催化剂会产生很多烯烃和含氧化合物

(Demirbaş，2007)。

图 2.6 给出了生物质合成气通过费托合成法得到的柴油燃料。表 2.6 给出了费托合成工艺在平衡合成气下（供给 H_2 的生物合成气）的反应结果（Jun 等，2004）。

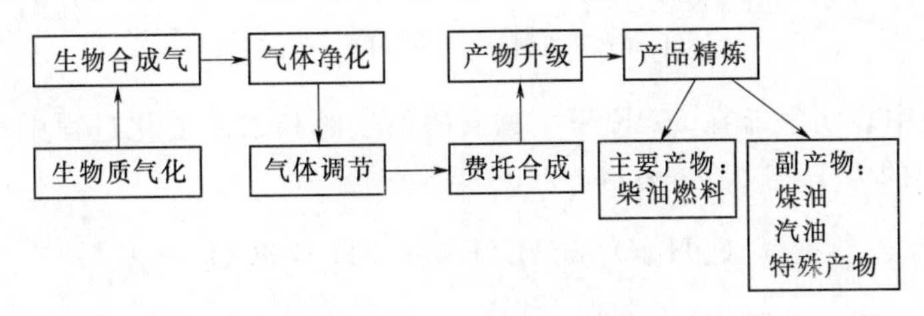

图 2.6 生物质合成气通过费托合成法得到的柴油燃料

表 2.6 费托合成工艺在平衡合成气下（供给 H_2 的生物合成气）的反应结果

转 化/%			烃的分布 C 的摩尔百分比/%				C_2～C_4 的烯烃选择性/%
CO	CO_2	$CO+CO_2$	CH_4	C_2～C_4	C_5～C_7	C_{8+}	
82.9	0.3	21.2	12.6	39.2	21.9	26.3	84.9
88.2	28.9	43.6	13.8	37.7	22.2	26.4	84.0
90.4	29.6	45.3	14.6	35.9	24.7	25.7	83.1

注 反应条件：Fe : Cu : Al : K(100 : 6 : 16 : 4)，$CO : CO_2 : Ar : H_2$(6.3 : 19.5 : 5.5 : 69.3)，1MPa，573K，1800mL/(g_{cat}h)。

2.5 烃类燃料——其他的燃料

通过生物质快速热解获得的生物油有很高的氧含量。因为氧化反应，不稳定性是油的主要问题。因此，需要生物油脱氧的研究。之前的工作研究了在氧化钼钴做催化剂时生物油的加氢脱氧（HDO）(Zhang 等，2003)。

主要的加氢脱氧（HDO）反应为

$$-(CH_2O)-+H_2 \longrightarrow -(CH_2)-+H_2O \tag{2.2}$$

这是最重要的化学改质的路径。该反应与典型的炼制厂加氢相似，像加氢脱硫、加氢脱氮有很强的类比性。一般来说，大部分的加氢脱氧的研究都是使用现有的加氢脱硫催化剂（NiMo 和 CoMo 在合适的载体中）来进行的。这类催化剂需要使用合适的硫源来激活，这也是使用像生物油这种几乎不含硫的资源的主要缺点。

催化部分加氢脱氧的主要目的是通过去除水中结合的氧来增加油的能量价值。生物油的加氢脱氧是在中等温度、高压的氢气和非均相催化剂存在的条件下处理。过程在两个截然不同的阶段进行，第一个阶段在相对低的温度（525～575K）下进行，目的是稳定生物油；第二个阶段在较高的温度下（575～675K）下对中间产物去氧。对不同类型的催化剂进行了筛选，从传统的脱硫加氢过程中促进硫化物的催化剂（也就是 $NiMo/Al_2O_3$，$CoMo/Al_2O_3$）到新颖的促进无硫的基于贵金属（也就是 Ru/Al_2O_3）的催化剂。对过程条件进行了优化来获得最高的烃类液体产品的产量（Huber 等，2005；Metzger，2006）。

通过对来源于生物质的含氧化物，比如山梨醇进行水相重整生产轻质烷烃是可能的，山梨醇可以通过对葡萄糖加氢脱氧来获得。碳氧化合物溶液中含水有利于得到的烃类产品，因为烃和水很容易分开。需要很多的氢来转化来源于生物质中的含氧化合物为烷烃，即

$$C_6H_{14}O_6+6H_2 \longrightarrow C_6H_{14}+6H_2O \tag{2.3}$$

更早的研究中表明氢能在 500K 下生物质的衍生醇和水的催化过程中生成，其中醇的 C/O 比如山梨醇的为 1∶1（Metzger，2006），即

$$C_6H_{14}O_6+6H_2O \longrightarrow 13H_2+6CO_2 \tag{2.4}$$

总反应，方程式（2.5）是一个放热过程，把大约 1.5mol 的山梨醇转化为 1mol 的己烷，即

$$19C_6O_6H_{14} \longrightarrow 13C_6H_{14}+36CO_2+42H_2O \tag{2.5}$$

放出大约 95%的热量，但是只有来源于生物质的反应物质量的 30%留在产品中。生物质剩余的 70%的质量以 CO_2 和水的形式存在。在最优的反应条件下用山梨醇可以在 Pt/Al_2O_3 表面获得最大产量的氢气，为 61%。图 2.7 中给出了合理的反应路径（Metzger，2006）。

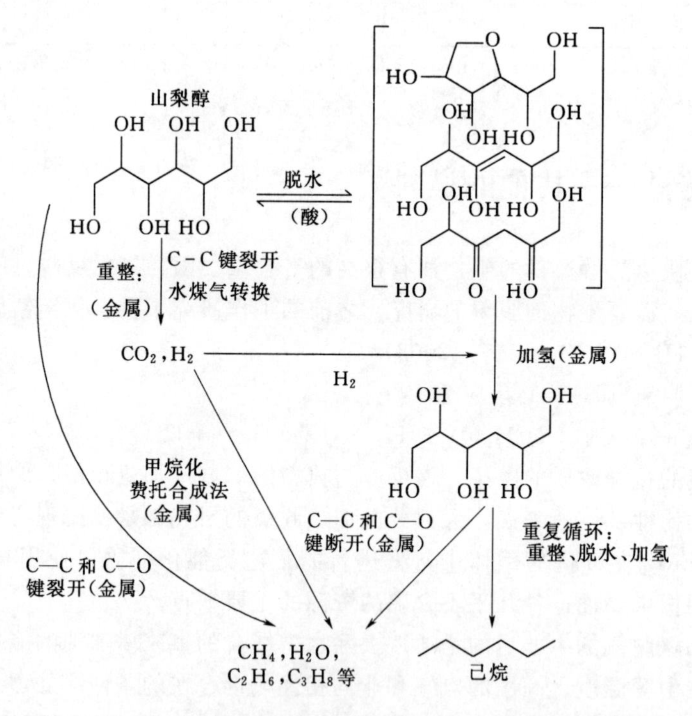

图 2.7 $Pt/SiO_2/Al_2O_3$ 催化山梨醇水溶液生产烷烃的反应路径

纤维素的解构反应是在低于 321K 的温度下开始的，主要表现为聚合度的降低。纤维素的热降解主要经过了以下几个过程：逐渐降解，低温下的加热分解和碳化，以及高温下热解形成左旋葡萄糖的快速挥发。纤维素中的葡萄糖链首先裂解为葡萄糖，然后葡萄糖失水聚合生成葡聚糖。开始的脱氧反应包括解聚合作用、水解作用、氧化反应、脱水反应和

脱羧反应（Demirbas，2000）。图 2.7 为发生在 475K 的脱水反应，主要是因为木质素的热降解。在 425～675K，发生了 α-和 β-芳基-烷基-醚键的断裂。大约 575K 时，芳香环上的脂族侧链开始断裂，它主要由脂族烃用异辛烷或芳香烃甲苯和苯增强以提高其辛烷值。最终，木质素结构单元中的碳—碳键在 645～675K 时裂开。木质素的降解反应是放热反应，放热峰主要出现在 500～725K；在氮气或者空气中的样品是否发生热解决定了这些峰出现的温度和峰的振幅（LeVan，1989）。Hwang 和 Obst（2003）给出了β-O-4木质素热解反应机理的详细研究。图 2.8 给出了 β-O-4 纤维素热解的产物。

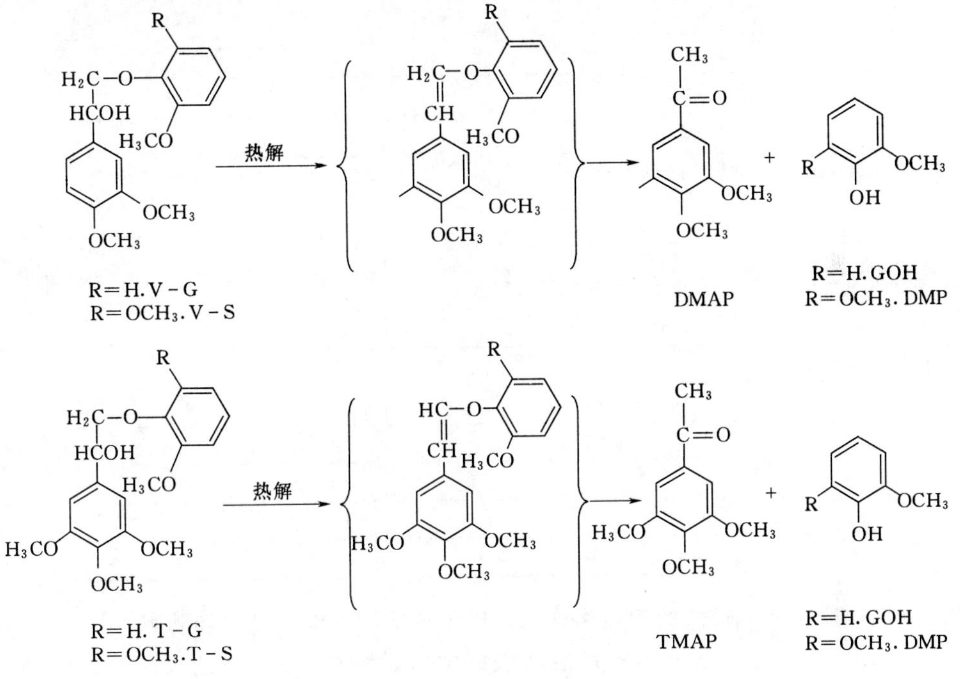

图 2.8　β-O-4 纤维素热解的产物
（来源：Hwang 和 Obst，2003）

2.6　特性

汽油是包含 500 多种烃类的复杂的混合物，烃包含的碳为 5～12 个。汽油是碳氢化合物与一些含硫、氮、氧和某些金属的具有污染特性组分的混合物。汽油的四种主要的组分是烯烃、芳香族化合物、石蜡和环烷烃。它主要由脂族烃组成，增强异辛烷或芳香族甲苯和苯的含量以提高其辛烷值。

汽油的重要性质是密度、蒸汽压力、蒸馏区间、辛烷值和化学组成。优质的车用汽油必须具有以下性能：理想的蒸发性、抗爆性（与辛烷值有关）、良好的燃料经济性、发动机部件表面沉积的最小、完全燃烧和低污染排放。表 2.7 给出了汽油的物理和化学特性。

柴油通过蒸馏原油生产得到，蒸馏原油由基岩提取出来。柴油是一种化石燃料。柴油由一个链上含 9～27 个碳原子的烃，以及少量的硫、氮、氧和金属化合物组成。对于更易挥发的烃类物质，自燃温度更高，这是烃的一般性质。柴油燃料中存在的烃包括链烷烃、环烷烃、烯烃和芳香族化合物。另外，加入一些别的物质也可以改善柴油燃料的性质。柴油的沸点为 445～640K。良好的柴油应该具有较低的硫和芳香烃含量、良好的着火性、合适的寒冷气候适应性、较低的污染物含量，以及合适的密度、黏度和沸点。

表 2.7　汽油的物理和化学特性

颜　色		无色到浅褐色或者粉红色
平均分子量		108
密度/(kg·L^{-1})		0.7～0.8
燃点/K		227.2
在空气中的爆炸极限		1.3%～6%
燃烧极限		1.4%～7.4%
自燃温度/K		553～759
沸点/K	初始时	312
	蒸馏物达到 10%以后	333
	蒸馏物达到 50%以后	383
	蒸馏物达到 90%以后	443
	最终的沸点	447
溶解度	水在 293K 时	不溶解
	纯乙醇	溶解
	乙醚	溶解
	氯仿	溶解
	苯	溶解

合成的 FT（费托）柴油燃料可以有极好的自燃特性。FT 柴油只由直链的烃组成，没有芳香族化合物和硫。表 2.8 给出了 FT 柴油和 2 号柴油的特性。

表 2.8　FT 柴油和 2 号柴油的特性

性　质	费托柴油	2 号石化柴油
密度/(g·cm^{-3})	0.7836	0.8320
高热值/(MJ·kg^{-1})	47.1	46.2
芳香族化合物/%	0～0.1	8～16
十六烷值	76～80	40～44
硫的含量/10^{-6}	0～0.1	25～125

2.7　未来需求

在过去的 200 年里，发达国家的能源消费已经转向以化石燃料为主。在人类历史上，可再生能源很早就被作为一次能源使用。木材用来做饭、烧水以及供热。第一次可再生能源技术主要是简单的机械应用，并没有达到高的能量效率。工业化使得一次能源的种类由原先的可再生能源向煤、石油这些具有高能量价值的化石燃料转变。无限的化石燃料的潜力更有吸引力，并且快速的技术进步使石油和煤的工业应用变得经济。

如今，化石燃料已经成为最主要的能源，近一个多世纪化石燃料被广泛用于运输、发电和各种农业、商业、家庭和工业活动。由于石油价格的上涨，特别是1973年的汽油危机和1991年的海湾战争之后，再加上从地理位置上减少了石油的可用性和政府对废气排放有了更严格的规定，越来越多的研究人员开始研究替代燃料和替代解决方法（Durgun和Sahin，2007）。在化石燃料快速枯竭和化石燃料燃烧造成的环境恶化的背景下，世界石油形势已经引起人们重新寻找替代燃料的兴趣。

可再生能源的发展已经成为必要，因为化石燃料的供应有限。全球环境问题和原油资源的减少推动了人们对可替代燃料的需求。全球环境变化也是当前面临的主要问题。全球变暖、《联合国气候变化框架公约的京都议定书》约定、温室气体的排放和化石燃料的消耗，是全球环境问题诉求的主题。与世界技术发展并行的迅速增长的能源需求、研究和开发活动聚焦于新的和可再生能源的调查研究。

在不久的将来可再生液体燃料与石油液体燃料的竞争将不可忽视。这可以通过研究与发展、技术的发展以及通过建立合适的能源税收制度达到的工业调动而实现。税收制度要考虑环境和社会对传统能源的需求，这需要通过对整个能源系统的正确计算，不只是技术成本的计算，还有所有能源链成本，以此计算因进口化石能源而导致的每个外国国民经济的负担等。这需要一个全面的能源观。

能源是社会发展和经济增长必不可少的输入。能源作为催化经济增长和生活水平提高的催化剂的角色是决策者在评估环境、经济和社会目标做出决定时应该考虑的。国际能源署估计世界能源需求在现在到2030年将会又增长一半，其中2/3来自发展中国家和新兴国家。发展中国家人口到2055年估计是现在的2倍，与此同时，工业国家将只增长15%。新的常规燃料的探索、能源之战和政治军事演习不会阻碍非传统燃料的生产和真正全球能源市场的持续发展。

生物质燃料被发展中国家和工业国家认为是相关技术的原因包括：能源安全、环境问题、外汇储备和与世界所有国家的农村问题相关的社会经济问题。对所有国家来说，生物质燃料有可能是和平能源的载体。

生物能源为产品提供得到经济附加值的机会。生物质资源的分散性使其适用于50MW左右的小规模生产。在社区的能力范围内提供原料和操作，来创造和保留当地经济的财富。

在种植和收获生物质，运输和处理，设备的使用中出现了新的就业机会。机会也会扩展到设备生产商和维护员。农民可能会提高回报，因为边际作物通过能源副产品增加能源收入会成为可能。退化的森林可以重新恢复活力，废液可以转变产生能量。

生物能源也可以为地方和国家能源安全作出贡献，这可能要求建立新的产业。生物能源对为国家和地区发展的所有重要因素作出贡献：通过企业收益和就业实现经济增长；进口代替对GDP和贸易平衡有直接和间接的影响；能源供给安全和多样化。其他的利益包括：对传统产业的支持，农村多样化和农村社会经济发展。这些都是可持续发展的重要因素。

参考文献

Balat, M., Balat, H., Oz, C. 2008. Progress in bioethanol processing. *Progress Energy Combust Sci*. 34: 551–573.

Boerrigter, H., den Uil, H. 2002. Green diesel from biomass *via* the Fischer–Tropsch process: New insights in gas cleaning and process design, Pyrolysis and Gasification of Biomass and Waste, Expert Meeting, Strasbourg, France (30th Sep–1st Oct).

Davis, B. H. 2002. Overview of reactors for liquid phase Fischer–Tropsch synthesis. *Catalysis Today* 71: 249–300.

Demirbaş, A. 2000. Mechanisms of liquefaction and pyrolysis reactions of biomass. *Energy Convers. Manage* 41: 633–646.

Demirbaş, A. 2007. Progress and recent trends in biofuels. *Prog Energy Combust. Sci.* 33: 1–18.

Durgun, O., Sahin, Z. 2007. Theoretical investigations of effects of light fuel fumigation on diesel engine performance and emissions. *Energy Convers Manage* 48: 1952–1964.

Feng W., van der Kooi, H. J., Arons, J. D. S. 2004. Biomass conversions in subcritical and supercritical water: driving force, phase equilibria, and thermodynamic analysis. *Chem. Eng. Proc.* 43: 1459–1467.

Goudriaan, F., Peferoen, D. 1990. Liquid fuels from biomass *via* a hydrothermal process. *Chem. Eng. Sci.* 45: 2729–2734.

Huber, G. W., Chheda, J. N., Barrett, J. A. 2005. Production of liquid alkanes by aqueous–phase processing of biomass–derived carbohydrates. *Science* 308: 1446–1450.

Hwang, B., Obst, J. R. 2003. Basic studies on the pyrolysis of lignin compounds, Proceedings of the IAWPS 2003 International Conference on Forest Products: Better Utilization of Wood for Human, Earth and Future. The Korean Society of Wood Science and Technology, International Association of Wood Products Societies, Daejeon, Korea, April 21–24. 2: 1165–1170.

Itoh, S., Suzuki, A., Nakamura, T., Yokoyama, S. 1994. Production of heavy oil from sewage sludge by direct thermochemical liquefaction. Proceedings of the IDA and WRPC World Conference on Desalination and Water Treatment 98: 127–133.

Inoue, S., Sawayma, S., Dote, Y., Ogi, T. 1997. Behavior of nitrogen during liquefaction of dewatered sewage sludge. *Biomass Bioenergy* 12: 473–475.

Jin, Y., Datye, A. K. 2000. Phase transformations in iron Fischer–Tropsch catalysts during temperature–programmed reduction. *J. Catal.* 196: 8–17.

Jun, K. W., Roh, H. S., Kim, K. S., Ryu, J. S., Lee, K. W. 2004. Catalytic investigation for Fischer–Tropsch synthesis from bio–mass derived syngas. *Appl. Catal. A.* 259: 221–226.

Kadiman O. K. 2005. Crops: Beyond Foods, In: Proceedings of the 1st International Conference of Crop Security, Malang, Indonesia, September 20–23, 2005.

Kranich, W. L. 1984. Conversion of sewage sludge to oil by hydroliquefaction. EPA–600/2 84–010. Report for the US Environmental Protection Agency. Cincinnati, OH. US EPA.

LeVan, S. L. 1989. *In*: Schniewind, Arno P, ed. Concise Encyclopedia of Wood & Wood–Based Materials. 1st edn. Elmsford, NY: Pergamon Press, pp. 271–273, 1989.

Metzger, J. O. 2006. Production of liquid hydrocarbons from biomass. *Angew. Chem. Int. Ed.* 45: 696–698.

Prins, M. J., Ptasinski, K. J, Janssen, F. J. J. G. 2004. Exergetic optimization of a production process of Fischer–Tropsch fuels from biomass. *Fuel Proc Technol*. 86: 375–389.

Schulz, H. 1999. Short history and present trends of FT synthesis. Applied Catalysis A: General 186:

1 – 16.

Spath, P. L. , Mann, M. K. 2000. Life cycle assessment of hydrogen production *via* natural gas steam reforming. National Renewable Energy Laboratory, Golden, CO, TP – 570 – 27637, November.

Speight, J. G. 2007. The Chemistry and Technology of Petroleum, 4th Edition. CRC Press, Taylor and Frances Group, Boca Raton, Florida.

Stelmachowski, M. , Nowicki, L. 2003. Fuel from the synthesis gas – the role of process engineering. *Appl. Energy* 74: 85 – 93.

Suzuki, A. , Yokoyama, S. , Murakami, M. , Ogi, T. , Koguchi, K. 1986. New treatment of sewage sludge by direct thermochemical liquefaction. Chem. Lett. CMLTAG. I 9: 1425 – 1428.

Tijmensen, M. J. A. , Faaij, A. P. C. , Hamelinck, C. N. , van Hardeveld, M. R. M. 2002. Exploration of the possibilities for production of Fischer – Tropsch liquids and power *via* biomass gasification. *Biomass Bioenergy* 23: 129 – 152.

Zhang, S. P. , Yan, Y. J. , Ren, J. W. , Li, T. C. 2003. Study of hydrodeoxygenation of bio – oil from the fast pyrolysis of biomass. *Energy Sources* 25: 57 – 65.

第3章　林业资源生产燃料

MRINAL K. GHOSE

Department of Environmental Science and Engineering，

Indian School of Mines，Dhanbad 826004，India

3.1　引言

对20多亿人来讲，木材是能量的主要来源，特别是对发展中国家的家庭。目前，生物燃料特别是薪材、木炭，可以提供整个世界总的主要能量的14%以上。生物燃料是指固体燃料、生物气和液体燃料，比如生物乙醇和生物柴油，它们来自于像甘蔗和甜菜、玉米和具有能量的草等农作物，或来自于薪材、木炭、农业废料及副主品、林业残留物、家畜粪便以及其他产品。社会和经济形势表明，对于木材燃料的需求会持续增长并且持续几十年。

生物质是一种可再生能源，其能量来源于树木和农作物的燃烧、蒸馏和气化过程。将生物质转化为能量最普通的方法就是燃烧。木质生物质以木屑片、湿混合废木材、木质颗粒、锯末和刨花的形式存在，可以在锅炉中燃烧得到热水和蒸汽，或在火炉中燃烧取暖，或用于单个建筑或建筑群中收藏。木材生物质可以通过蒸馏生成乙醇这样的生物燃料，也可以作为一种产热和运输燃料。乙醇一般都是来自于玉米和其他含有高淀粉的植物，它们比从木材生物质中更容易提取乙醇。木材生物质也可以被气化或在一个可控氧环境中加热生成低热值的气体（1908kJ/m^3 热量相当于天然气 11356kJ/m^3 的热量）。这种气体可以代替天然气或丙烷在燃气锅炉和火炉中用作采暖供热燃料。因为其低热值，所以需要修改输送气体进入锅炉的孔。也因此生产木质生物质气化炉的制造商为数不多。木质生物质的气化产生非常小的颗粒，并且可能在未达标区域应用。木质生物质的气化也会产生焦油，如果在气化过程中没有很好地从气化中移除，它会损坏燃烧装置。

由于能源消耗的增长，人们对于全球气候变化和大气污染也越来越关注。如果化石能源的价格增长，木质资源可能会在能源生产中发挥重要作用。森林生物质是丰富的，并且木材相关工业加工过程、建造以及拆除房屋还有城市固体废弃物中也会产生大量的木材废弃物。环境需求和技术的发展将扩展木质生物质在发电和生产乙醇方面的应用前景。

环境需求包括：①减少化石燃料的碳排放和碳封存；②减少来自森林的木材，促进森林健康；③将城市垃圾从垃圾填埋场分流；④减少含氧化合物，特别是来自于汽油中的乙醇。

技术需求包括种植园的短轮伐集中培养技术以及电力和乙醇生产过程。这些努力可以有利于提高木质生物质原料相对于化石燃料原料的相对优势。环境担忧会限制来自于森林和植物的木质生物质的利用；特别是木材燃料对植物和动物多样性管理的影响及对水土资源枯竭的影响。

木制燃料主要由三部分组成：薪材、木炭和黑液。薪材和木炭是传统的森林产品，其源自于森林、木材加工行业和社会的循环木产品，而黑液是纸浆造纸工业的副产品。

虽然木材燃料只占世界能源供应总量的7％，大约23000PJ，但它们在一些城市里很重要。以其占一次能源消费总量的15％来划分发达国家和发展中地区的话（图3.1），发展中国家消耗世界木材燃料总量的77％，剩下的23％用于发达国家，占他们总能量消耗的2％。

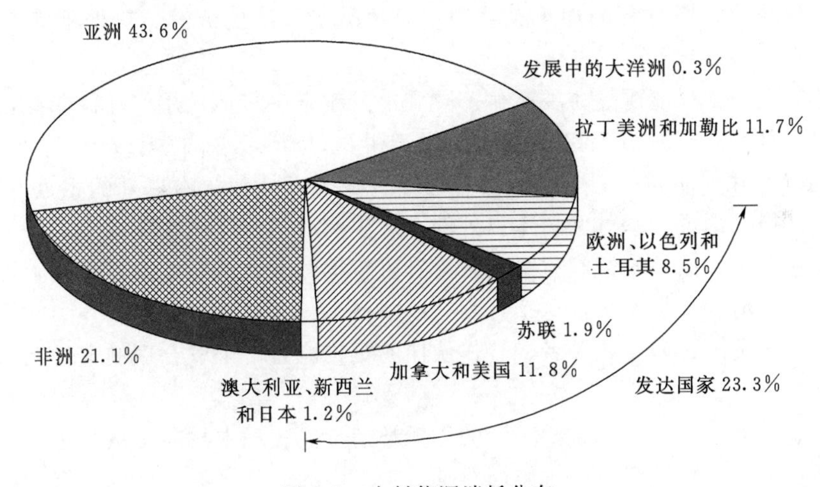

图3.1　木材能源消耗分布

这些图表在国家和分区域方面暗含巨大的差异。对于非洲萨哈尔带、中美洲、加勒比海、热带亚洲的大部分国家，木材燃料是能量的主要来源，主要是用来满足家庭的能量需求。木材燃料满足了这些地区34个国家高于70％的能量需求。而布基纳法索、柬埔寨、喀麦隆、佛得角、海地和乌干达这些国家也非常依赖木材薪料。

木材能源的重要性在发达国家之间也存在着很大的差别。在欧洲，比如英国、比利时和德国只是用相对较少的木材燃料，但在芬兰、瑞士和澳大利亚却要提供国家所需能源的17％。

木材燃料的需求与所有木材产品的消耗之间有很大的联系。1995年，总的木材产量将近39亿m^3。这其中的大部分（23亿m^3）被用来作为木材燃料。这意味着世界上来自森林和非林地的总木材的近60％是用于能源目的的。在发达国家30％的木材产品被用为燃料，而在发展中国家这一比例达到了80％。

实际上，在非洲、亚洲和拉丁美洲大量的木材都用作木材燃料，分别占他们各自总消耗的89％、81％和66％。在国家层面上，木材燃料占总木材消耗的比例在从属欧洲国家的马来西亚可以占到22％，而在另一些国家，比如孟加拉国、柬埔寨和巴基斯坦，可以占到98％。

来自纸浆造纸工业的黑液对满足能源需求也有很大的作用。主要是在大洋洲、北美和欧洲，那里大型的纸浆和造纸工业都有热电厂，其在黑液中获取燃料。然而在欧盟，很多木材燃料仍被家庭利用，木材燃料占总木材能量消耗的60%。

3.2 木材的利用

生物燃料是由植物或者粪便构成，并且在减少温室气体上有巨大的潜力，也会减少对进口石油的依赖以及进口可能带来的混乱。在发展中国家，对这种燃料的依赖更严重；在非洲一部分区域有80%左右的能源来自于生物燃料，它可以提供其总能量的1/3。最广泛利用的木材和木炭对发展中国家的一些贫穷乡村和城市的能量供给尤其重要。除了被用作家庭烹饪和取暖，它们对食品加工企业中烘焙、酿造、产生蒸汽、热处理和产电也都很重要。

在发达国家，木材能源（主要是生产热和电）越来越多地被用作环保能源，它可以替代化石燃料并且有利于减少温室气体的排放。在2000年，总的木材产量将近39亿m^3，其中23亿m^3被用作木材燃料。这意味着世界上除了森林和树木以外的将近60%的木材被用作能源。换句话说，森林和树木以外的木质生物质主要应用在能源上。

对木材能源设计的粮农组织方案用来提升可持续的木质能源体系，有利于可持续的森林管理、生存环境和食品安全，这个计划有以下要求：

(1) 加强成员国、利益相关者、合作伙伴的机构能力，采取合理的木材能源政策和完成成本效益的项目。

(2) 发展、促进和监督利益相关者的创新举措，以实现木材能源系统化。

(3) 通过推广更容易获得的木质燃料及减少室内的空气污染，减少贫穷和提升食品安全，特别关注妇女和儿童。

(4) 通过利用对环境友好的木材能源，缓解气候变化。

木材燃料的热值有许多不同的值。在实验室里，木材燃料的热量将近8660Btu/lb。该数字通常用于确定设备的输出和效率。这个高热值只针对完全干燥的木材（水分含量为0)，并且在弹筒式热量计纯氧的气氛下才可获得。对于实验室的利用，这是一个很有用的数字，对理论问题的分析也很方便。但对实际问题，它有点不太实用。

活着的树木主要是由水组成的，实际上水占其中大部分重量。当它被砍断并放置一到两年后，平均水含量就会降到20%。另一种说法就是1.25lb干燥的木材仍含有0.25lb的水和1.0lb的木纤维。很容易可以看到，每1.25lb干燥的木块有8660Btu的能量，即6930Btu/lb。

问题是样品中含有0.25lb的水，必须蒸发这部分水并将其温度升高到烟气温度。这里还需要考虑另外的两种其他来源的水，它们也会被加热。它们是用于燃烧和据相对湿度可变的过量空气中的水和在燃烧过程中作为副产物而生成的水分。

木材中的氢原子与空气中的氧原子结合形成水蒸气。这是燃烧过程中发生的一个释放能量的主要的化学反应。在木材的加热过程中，通常是在产生能量的过程中很快的发生碳氧化生成一氧化碳和二氧化碳的反应。

用于蒸发和加热水或水蒸气的能量是作为潜热存在于水汽中的。原则上，所有的潜热都可以回收，以产生更多的可用输出。因为这种可能性的存在，许多研究人员表示木材热值使用“高热值”，以考虑它被忽略的潜热。因此，他们用 8660 或含 20%水分木材的热值来表示，在计算中用 6930 这个数。在实际中，有必要在初进风的温度下将烟气排放，初进风的温度可能是 0℉。

另一种情况是考虑到潜热效应。这是所谓的欧洲系统方法，也是在 1978 年之前唯一的分析方法（实验室研究除外）。因为它更接近于产品的实际使用条件。三个来源的水蒸气潜热，在实际应用中因不可回收而在计算中被移除。

因为蒸发和煮沸 1lb 的水需要 1050Btu 的热量，并且另外需要 1Btu 的能量使 1lb 的水提高 1℉，通过由加热而蒸发的水蒸气总重量可以很容易地确定潜热。燃烧的产物有 0.25lb 的水分含量和大约 0.54lb 的水蒸气。假设低湿度条件的贡献很小。现在有 0.79lb 的水蒸气，初始温度平均在 60℉，加热到 400℉。潜热是 0.79 倍或 880Btu/lb。所以按这个数额木材燃料的低热值远小于高热值。结论是，实际使用的在环境中干燥的木材（含 20%水分）可提供的能量是 6050Btu/lb。这是用于国内木材燃烧最现实的数字，因为如果用户将他的木材作为决定其应用效率的一部分时，这是一个可以应用的数字。

一些图表中使用一个数字来描述每一捆或 1lb 的木材热值。这始终基于对所使用设备的效率的一些假设。通常假设 50%或 40%，因此如果实际装置具有显著不同的效率，则数字将是错误的。如果烟气温度并不如假设的，即使是低热值也必须微调，但是这些变化是比较小的，一般不会对比较结果产生重大影响。

不同木材的能量含量也是不同的。软木的树脂含量通常较大，具有较高的能量含量，所以它们的总能量含量通常高于硬木（通常为 5%左右）。软木相对于硬木来说燃烧的更快，另外还存在其他作为燃料的劣势。事实是它们的平均密度通常低于硬木，意味着一捆木材的重量更轻，即使额外 5%的挥发分也不能够弥补。

相比之下，使用低热值产生的结果比产生相同结果的高热值要多 8%。因利用低热值计算时，80%效率的装置和高热值时 74%效率装置是等价的。45%的高热值相当于大约 49%的低热值。这也有助于解释这些概念怎样适用于没有干燥的（绿色的）木材。如果只风干很短的时间，50%的水分是一个很实际的数据。然后，一个 2lb 的木块有 1lb 的木纤维（热值为 8660Btu）。这将有 1.54lb 的水分需要被蒸发和加热（消耗 2200Btu 的能量）。2lb 的木块净能含量为 6460Btu，即 3230Btu/lb。这只是风干木材燃烧可提供的能量的一半。绿色木材消耗大量的能量，只是为了保持自身的燃烧，显然很容易熄火。

一棵刚砍下的树含有更高的水分，多达 60%。相同的计算显示这新鲜的木材只有 2000Btu/lb 的可用能量。这就解释了为什么新鲜的树木不易燃烧。

在亚洲粮农组织区域，木材能源发展计划（RWEDP）已经开发出一种木质能源数据库，包含有 16 个木材能源发展计划的成员国家的有关木材能源的各方面数据。数据被分为五大类：资源量、利用率、木材燃料流动特性、技术和社会经济方面。它们与来自众多来源的区域木材能源发展项目相契合，来源包括国家、国际机构，研究工作及其他刊物。

除了数据库，运用者可以找到将近 50 个出版物和所有的区域木质能源发展计划木材能源新闻问题，结合木材能源重大问题的概述，以及各个国家、计划和机构的木材能源形势。RWEDP 还开设了网站，制作了光盘，没有数据库，可通过接触 RWEDP 的秘书处而下达命令。通常，生物质燃料在干燥和塑形后以它们基本的形式或木炭的形式直接燃烧。新的转换技术比如气化和厌氧消化已经被发展起来以提供双向选择和通过现代终端使用设备来匹配生物质资源。然而，至今这些技术还没有被广泛应用，所以在不久的将来木质能源转换将会主要由调整大小、干燥和木炭生产组成。

在与印度尼西亚和日本的当地组织合作，RWEDP为培训师举办了一个关于木炭生产的培训课程以介绍新技术。参与者都来自于以木炭为重要燃料的国家选定的组织。

3.3 木质生物质

木材燃料与化石燃料相比有几个环境优势。主要的优势是木材是一种可再生能源，提供一个可持续的、可靠的供给。其他的优势包含在燃烧的过程中，其中二氧化碳的排放量比燃烧化石燃料低90%。木材燃料含有少量的硫和重金属。它不是酸雨污染的威胁，颗粒排放是可控的。木质生物质的主要经济优势是木材通常比与之竞争的化石燃料要便宜得多。

公共机构，比如学校、医院、监狱和市城区的供热项目是利用木质生物质能量的主要机构。在建造或改造一个利用木材生物质能源的设施前，潜在用户应评估当地市场的可用木材供应量。运输成本可能限制木材燃料的收益，方圆50英里以外运输木材生物质通常是不经济的。这应该遵从能量系统的严格生命周期分析。因为按照燃料处理和储存系统要求，木质生物质能源系统的初始成本一般为50%，大于化石燃料系统的成本。现在，安装100～500万Btu/h（0.3～1.5MW）的木质燃料燃烧器/锅炉系统的成本估计为每100万Btu/h（0.3MW）热输入要50000～75000美元。新的和现有的有效利用生物质燃料的技术包括木材燃烧，气化、热电联产和混合燃烧相组合，主要取决于燃料。

3.3.1 木炭生产

许多木炭都来自于木材，也可能是椰子壳和作物残茬。木炭是在窑中通过热解生产的，即在隔绝空气的高温环境下破坏木材的化学结构。在这个过程中，首先是除去木材中的水分（干燥），然后当窑中的温度足够高时开始热解，当热解完成后，窑开始逐渐冷却，直到木炭可以从窑中移出。因为除去水分需要燃烧掉一些木材，所以干燥木材生产的木炭更好，效率更高。特别是在这个过程中，损失了2/3的能量。炭在火炉里比薪柴有优势，有更高的效率，更方便也更容易分配。

在窑中生产木炭是最古老的，也可能仍然是最广泛使用的方法。有土坑窑和土窑两种。土坑窑是首先在地上挖一个小坑，然后把木材放在坑里，坑的上部先覆盖绿色的树叶或金属片，再覆盖一层土以防止木材被完全燃烧，最后在下部点火。当坑里的土是多岩石并且坚硬或者是浅滩时，坑里的木材应高出坑或接近水平面。通过在适当的位置堆叠收集的木材，并允许它在覆盖和燃烧之前干燥，这样土堆也可以使用较长的时间。

土窑可以用很少的花费建造，通常用的是就近的木材资源，因为它可以完全从当地的材料中获得。土窑可以被做成各种大小的，这个过程需要花费三天到两个月不等。木炭的总质量可能不同，因为在一次批处理中，一些木材被烧掉了，而一些木材只是部分碳化。效率通常很低，占重量比的10%～20%，能量比的20%～40%。效率和质量的变化取决于窑的构造（比如墙壁可以用石头或砖砌成并且可以使用外墙烟囱）和碳化过程的监测。

还有一些其他的木炭窑，它们有更高的效率，但相比土窑也需要更大的投资。常用的两种类型是由泥浆、黏土、砖制成的固定窑和便携式钢窑。固定窑通常为蜂窝状。小的蜂窝通常是由泥构成并且承受能力低。大的蜂窝是由砖构成并且有外部烟囱。蜂窝窑有一个开口，是用来装填木材和卸载木炭的，装好后就关闭。

便携式钢窑由油鼓制成，有卧式和立式之分。但它们的寿命通常很短。卧式的开口在里面，通过它装载木材。立式的顶部会被砍掉以作为一个盖子来使用。

3.3.2 致密成型

致密成型可用来改善材料的运输特性，并被作为能源资源来利用。原料包括木屑、松散的作物残渣和炭粉。材料在压力作用下的压实情况取决于不同的材料、压力和致密化速度，而且可能需要添加黏合剂来黏合材料。活塞式压力成型机和螺旋压力成型机是两种常见的压力成型机。其中，活塞式压力成型机中，通过高压冲兴将材料冲压成成型燃料。在螺旋压力成型机中，旋转原料被螺杆连续不断地将原料压实，通常可以产生高质量的成型燃料。

3.3.3 热电联产、区域供热和制冷

生物质锅炉可以用蒸汽活塞或汽轮机来生产电能。比如，一种烧柴的锅炉可以产生高压蒸汽，来驱动活塞或使汽轮机产电。蒸汽通过活塞或汽轮机以后压力减小，从而变成低压蒸汽，并以此来供暖取热。这种发电方式可以满足当地的用电需求，所以可以出售给当地用户或一般市场。产电过程中剩余的低压蒸汽可以为单一的设施或学校供热，或转换为家用热水，并在小区供热系统中分配。比如，圣保罗能源区就利用生物质原料为保罗明尼苏达市中心地区提供热能、热水、冷凝水以及电力。

吸收式冷却装置可用于从凝结蒸汽循环中提取冷量并为分布式冷却系统提供冷却水。位于内布拉斯加州的爱达荷大学和沙德伦州立大学就用生物质锅炉产生蒸汽热和冷凝水。热电联产设施和地区供热系统代表了一种有效的方式，可以在中心站点设置专职工作人员来加强对燃料使用情况的监视，同时监督除灰和排放系统。这个项目团队发现，热电联产系统通常需要“蒸汽主机”或主用户如一个木材厂、医院或监狱，他们有大量的热能和电力需求。

热电联产设施与区域供热配电系统联合发展将有助于实现格兰霍姆州长的目标，即扩大密歇根的可再生能源投资组合，到 2015 年达到 10%，到 2025 年达到 20%。热电联产项目与区域供热分配系统的联合也将减少整个密歇根州用于取暖和制冷的化石燃料的使用。

3.3.4 生物质

生物质的产量约为每年全世界所有能源消耗的 8 倍。目前世界上所有人也仅用了生物质每年产量的 7%。澳大利亚对生物质能源的需求约为 5%。生物质主要是以蔗渣（甘蔗渣）、木柴（国内加热）和木材废料（林产品行业）的形式存在。

生物质燃料的高热值通过 Channiwala 方程（Gaur 和 Reed，1998）计算，最终分析得到，即

$$HHV(MJ/kg)=0.3491C+1.1783H-0.1034O[0.1005S-0.0151N-0.0211Ash]$$

在这个方程中，元素值是以百分比的形式表示。对160种生物质，预测的平均绝对误差为1.45%。

（1）经验法则包括如下内容：

1）典型生物质的能量含量为18MJ/kg。

2）1kg的生物质可以产生5kWhth[1]或1kWhe[2]（20%的效率）的能量。

3）1kg的生物质通过气化可以生成$3m^3$的气。

4）$1m^3$的气体重1kg。

5）闪速热解产生的生物柴油能量大约是16MJ/kg。

（2）焦耳和电能之间的转换。

电能通用kW·h表示，而其他形式的能量是以J表示。通常1J=1W·s，1GJ=277.8kW·h。据保守估计，在澳大利亚每年填埋的废木材量为870000t。

世界银行已经认识到，能源是发展的关键，而农业以及城市废弃物产生的生物质将带来重要的商机。世界银行报告了各国最先进的生物质燃烧和气化系统，并评论了它们的优点。它还鼓励投资和利用这些技术，以使发展中国家更好地利用本国的生物质资源，消除其能源需求与供应之间的差距。这个77页的报告可以在库存号14335号（国际标准书号0-8213-4335-1）中查到，花20美元就能买到。该报告可在澳大利亚D.A.信息服务处订阅[3]。

3.3.5 木材燃烧

林业公司利用他们的木材残留物作为燃料来发电和产热，而不需要支付处理费用。通常，木材有很多的存在形式，特别是绿色植物（按湿基来算水分占40%～50%），它们在能源工厂的特定地点被装运和加工。螺旋输送器或带式输送机将木屑运输到燃烧室燃烧，燃烧的热量传递给蒸汽或热水锅炉。蒸汽通过汽轮机转换为电力。多余的蒸汽可以用于工厂的其他过程，比如用于干燥窑中。热水锅炉可以通过管网给建筑提供供暖。

最近几年，美国总能源和木材能源消耗的增长速度低于全球能源和木材消耗速度。自1980年，相比于世界每年能源消费总量增量1.9%，美国每年能源消费总能量增量是1.3%。美国消耗世界总能量的25%（1992年美国总能耗是91EJ，世界是363EJ）。从1980年开始，美国的木质能源消耗每年增加1%，而世界的木质能源的消耗每年增加2%。目前，美国的木质能源消耗是总能源消耗的3.2%。这个比例和1980年是一样的。未来美国的木质生物质作为能源和化工的使用将会由以下一系列的因素决定。

通过一系列终端利用（如木浆）而不是作为能源原料，可以改变现有的木材燃料的相对价格；增加能源和化工的一般需求；木质生物质能源的丰富和可利用性；因为化石燃料带来的负面环境影响，所以需要减少其消耗。美国的森林木质生物质是很丰富的，木材加

---

[1] Whth为热能形式能量的计量单位。

[2] Whe为电能形式能量的计量单位。

[3] 该地地址为648 Whitehorse Road，Mitchham 3132，Victoria。

工生产的废料和短期集约化养殖（SRIC）是潜在的扩展资源。一系列的经济因素和环境担忧将共同促进和限制这些资源的使用。包括正在增长的木材供应，木质能源的新使用和一些特定的环境限制。

随着化石燃料的价格变化、人工种植木材的供应和木材转化技术（改进燃烧或电力生产系统，改善木材转化为乙醇或其他液体、气体和固体燃料的方法）的更新，木材燃料的相对优势将发生变化。如果造纸木材和定向结构刨花板（OSB）的价格持续走高，那么木材将不会再作为燃料使用。但木质燃料的价格可能会随化石燃料的价格增长而变得越来越有竞争性。

3.3.6 木材气化

木材气化是在一个缺氧的环境中加热木材直到挥发性热解气体（一氧化碳和氢气）从木材中释放出来的过程。典型的低能量（150Btu/ft^3，5.6MJ/m^3）木材气体有多种用途，这些气体可以和空气或者纯氧混合且完全燃烧，产生的热量转移到锅炉进行分配。另外，气体会被冷却、过滤和净化以除去焦油（任何气化过程中的主要问题）和颗粒物，然后作为内燃机、微型燃气轮机和燃气涡轮机的燃料来使用。不过，在最近几年，用于能量转换的木材和其他生物质在现代应用中有所增长，比如热电联产（CHP）和废热联产。

生物质燃料即木材、农作物和来自于锯木厂和木工店有机残留物。可再生的木质燃料的供应更容易控制。随着石油变得越来越稀缺，油价上涨，这意味着木质燃料的使用比以往更有意义。必须意识到在过去的100年里我们已经用掉了地球上一半的石油，而石油需要数亿年才能形成并且是不可再生的。

使用木材燃料系统有很多好处，比如锅炉负荷不高；高效、可靠、干净；可控；有安装补助；比石油便宜，降低用于石油的花费；高达500kW；环保；可以自给自足；增加本地就业岗位；消除浪费，可循环利用。

能源在最终使用前，经常从其主要形式被转化成另一种更方便运输和使用的形式。以得到能量为目的，转化为木炭、煤球、天然气、乙醇和电力等。木材能量转化技术从简单、传统的过程（如土窑生产木炭）到现代、高效的过程（如水力发电和热电联产）。

3.3.7 转化过程

木质燃料的主要转化过程如下：

（1）干燥和调整大小。木材被切割成不同的大小以方便运输，在燃烧和作为下列过程的原料在使用之前都需要干燥。

（2）干馏。在隔绝空气的环境下加热木材和生物质使其生成液体、气体和木炭。

（3）气化。固体生物质燃料（比如木材、木炭）被加热分解产生可燃烧的气体即可燃气。

（4）致密成型。为了克服原料体积大、热效率低以及木头和农业残留物燃烧过程的烟雾排放，原料可加工成无烟木煤。残留物可能先碳化然后成型，加不加黏合剂都可以，或者先加工成型再碳化。

（5）通过水解、厌氧消化等过程可以生产液体燃料（如乙醇/酒精）。液体燃料可以用很多不同类型的生物质生产，比如木浆残留物（黑液）、甘蔗和木薯。

（6）燃烧。生物质燃料也可以通过直接燃烧用于发电和/或产热，无论是以其原始形式还是在一种或多种上述转化过程之后的形式。

生物质燃料特别是燃料木材以及木炭可以提供世界一次总能源的 14%。生物燃料包括固体燃料、生物气、液体燃料，比如生物乙醇和生物柴油，这些都来自甘蔗、甜菜、玉米和干草或燃料木材、木炭、农业废弃物和副产品、林业残留、牲畜粪便或者其他的农作物。社会和经济情况表明木材燃料需求持续增长并将持续几十年。

3.3.8 生物质利用研究

除了检验蒙大纳学校燃料项目的两个评估结论之外，团队已经在东部俄勒冈州、美国审计总署、北与南达科塔州、科罗拉多州和塞拉俱乐部进行了研究。以下是每个研究的执行摘要，更多的信息可以从网站上获取。

3.3.8.1 热电联产

热电联产（CHP）即由同一种燃料同时生产电能和热能。虽然木材的气化/内燃机也可以是一个热电联产装置，传统上还是用汽轮机产电。影响热电联产装置经济可行性的一些因素，包括木材废弃物处理问题，高电力成本和全年蒸汽使用。两个常见的错误是安装热电联产系统时，购买小于 100psi（689kPa）或过大的蒸汽锅炉。购买一个小于 100psi 的蒸汽锅炉会使通给汽机运转的蒸汽不足。过大的系统会产生额外的投资花费，而不是高质量的蒸汽。与分别供热供电（SHP）的装置相比，热电联产装置能以更少的燃料产生更多的电能和热量。所有木质燃料燃烧系统的共同挑战是确保采购足够的燃料和解决复杂燃料的加工和存储问题。

3.3.8.2 混燃

混燃是指燃煤电厂把生物质作为补充燃料与煤混合燃烧。这是使用木质残余物的一个短期的、低成本的选择，花费大约 0.02 美元/(kW·h)，其中包括处理污染物的花费。据美国能源部统计，有 20 个电力公司混燃生物质与煤。大量的示范和试验表明，有效的生物质能可以替换总能量输入的 10%～15%。投资预计的生物质能是 100～700 美元/(kW·h)，平均 180～200 美元/(kW·h) 不等。混燃可减少温室气体以及硫氧化物及氮氧化物的排放。

3.3.8.3 经济性

必要的大型锅炉和垃圾处理厂的投资成本是燃油锅炉的 1.5～4 倍。相比天然气或石油 80%的燃烧效率，燃烧木材废料时的燃烧效率预期有 65%～75%。燃烧木材废料具有自动点火难，对高峰需求反应迟缓，需要对灰分进行去除和处置的缺点，所以，使用看似是一个廉价的燃料时必须仔细权衡优缺点。

木质电厂发电的成本范围从 0.06 美元/(kW·h) 到高于 0.11 美元/(kW·h)。热值是 14000～18000Btu/(kW·h)，这些电厂有 18%～24%的效率。当他们以非常低的价格收购原料或当地的电力成本较高时，他们就会有竞争力。虽然使用木材废料作为燃料来发电，在技术上是可行的，但大多数情况下是不经济的。

明显的好处是，燃烧木材残留物可以减少厂商的燃油和电费。这些好处可能会被高成本、低电厂效率和增加维护水平抵消。当然，当传统燃油价格提高时，木材废料能源发电的经济性会变得更有吸引力。在进行比较研究之前，必须考虑作为燃料来源的木材废料的实际热值以及电厂用于处理和将燃料转化为可用能源所需的投资和运营成本。

3.4 木材的组成和性质

木材的硬度高，我们发现树木和灌木的树皮里的茎枝中存在纤维物。然而，几乎所有的商用木材都来自于树木。树木资源是充足并且是可循环的。由于一棵新的树木可以生长在那些原有树木被砍掉的地方，曾经树木被称为世界上唯一可再生的自然资源。

造纸纤维素原料有两个最重要的特性是：该材料中的纤维素含量以及这些纤维素的存在时间。木头中纤维素的数量决定了纸浆产率、制造纸浆的难易程度和成本。在纸浆性能中已经对纤维长度的重要性做了说明。平均长度最大的纤维纸浆原料是木材，因为无论是哪种制浆法，都贯穿着化学机械过程，这将使纤维被损坏。机械制浆时，纤维的损伤是物理性的（切割、撞击等）：化学制浆时，纤维的损伤是化学降解（聚合度低）。

3.4.1 木材的化学成分

3.4.1.1 纤维素

纤维素是一种高分子量、由β-D-吡喃葡萄糖单元组成的立式结构的线性聚合物。简单地说，它是树木和植物细胞壁的主要构造元素和组成成分。纤维素的经验化学式是$(C_6H_{10}O_5)_n$，其中“n”是聚合度（DP）。表3.1所示为各类纤维素的聚合度和分子量。

表3.1　各种纤维素的聚合度和分子量

物　质	聚合度（DP）	分 子 量
天然纤维素	>3500	>570000
纯棉	1000～3000	150000～500000
木纤维	600～1000	90000～150000
商业再生纤维素（比如人造纤维）	200～600	30000～150000
β纤维素	15～90	3000～15000
Y纤维素	<15	<3000
炸药硝化纤维	3000～5000	750000～875000
塑料硝化纤维	500～600	125000～150000
商业醋酸纤维素	175～360	45000～100000

3.4.1.2 半纤维素

半纤维素是树木的组成成分，也就是说，它类似于纤维素，是一种多糖，但结构没有纤维素复杂，并且容易水解，见表3.2。

3.4.1.3 木质素

木质素是木头的一种复杂的成分，它使纤维素纤维更加紧密地聚在一起，呈棕色，在很大程度上决定了植物的强度和刚度。

表 3.2　　半纤维素的造纸性能及纸浆百分比

制浆工艺	产率/%	纸浆百分比/%			造纸性能			
		β纤维素	半纤维素	木质素	初始拉伸	最大拉伸	撕裂	游离度的速率增长
硫酸盐法	44	没有	14	1～2	低	很高	低	很高
亚硫酸盐法	50	高	11	1～2	中等	中等	中等	中等
亚硫酸盐碱煮预处理法	52	中等	17	1～2	中高	中等	很高	低
高产率亚硫酸氢盐法	60	低	19	10	高	高	低	中等

木材中的可溶性物质或提取物由可以溶解于中性有机溶剂中的组分组成。在木材中所提取到的二氯甲烷是一些物质，如蜡、脂肪、树脂、植物甾醇、非挥发性碳氢化合物的测度。提取物的数量在很大程度上取决于季节的变化和木材的干燥程度。

木材中乙醇-苯的提取物由一定量的二氯甲烷不溶组分组成，如低分子量碳水化合物、盐和其他水溶性物质。

大部分水溶性和挥发性化合物在制浆的过程中都会被除去。如果不除去这些化合物，将会使纸浆产率降低，增加制浆和化学漂白的成本，还会产生一些问题，如造纸过程中的起泡。

测量溶剂提取物的标准程序是以 TAPPIT204 为基准的。

对于各种制浆工艺来说，木材的化学组成是制浆产量的决定性因素（表 3.3 和表 3.4）。

表 3.3　　不同类型木材成分

木材成分	阔叶材/%	针叶材/%
纤维素	40～50	40～50
半纤维素	25～35	25～30
木质素	20～25	25～35
果胶	1～2	1～2
淀粉	痕量	痕量

表 3.4　　不同工艺的制浆产量

制浆工艺/纸浆等级	纸浆中含有的木材元素	残留的木材元素	产　量
软化学蒸煮和漂白	只含纤维素	木质素、半纤维素和萃取物	少于 40%
化学制浆和漂白	纤维素和部分半纤维素	木质素、部分半纤维素和萃取物	45%～55%
没有漂白的化学制浆	纤维素、部分半纤维素、木质素的痕迹	部分木质素、半纤维素和萃取物	45%～55%
半化学	纤维素、大量半纤维素、部分木质素	部分木质素、一些半纤维素和萃取物	50%～65%
TMP、RMP 和 GW	纤维素、半纤维素和木质素	萃取物	大于 95%

非木质的植物材料，如农业残余物、草等，与木材相比，纤维素含量更低，因此纸浆产量较低。

3.4.2 木材的类型

3.4.2.1 阔叶材

被子植物的木材，通常有宽大的叶子，一般生长在热带气候的地区。与针叶材相比，阔叶材生长速度更快，但纤维更短。

3.4.2.2 针叶材

该类树木长有针状或鳞片状的叶子，除少数例外，一年四季中都不会落叶。因此，针叶树有时被称为常青树。在植物学上，它们被称为裸子植物，来自希腊语，意思是“裸露的种子”。裸子植物的球果中含有裸露的种子，而不是从花朵里长出种子。

针叶树一般生长在气候寒冷的地区，其生长速度比阔叶树慢，但其纤维比阔叶树长。

3.4.2.3 单棵树木里木材的类型

1. 类型

(1) 心材。心材（图 3.2）是树木的中间部位，颜色较深，由休眠木组成。与软木的边材相比，心材通常含有略少量的木质素和纤维素。

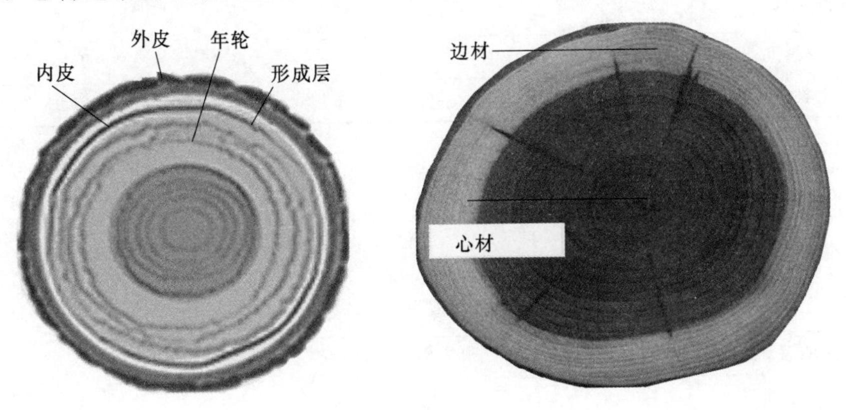

图 3.2　木材示意图

(2) 边材。边材（图 3.2）有输导树液的功能，可通过树干和树枝的外部将树液从根部往上输送，帮助树木生长。与心材相比，树液中的乙酰含量较高。

(3) 春材（早材）。春材是生长季节早期或春季生产的木材。针叶林中早材和晚材纤维的组成和形态均不相同。早材纤维壁薄，内腔大，而晚材的细胞壁较厚（表 3.5）。

(4) 夏材（晚材）。夏材是在生长季节后期或夏季生产的木材。与早材相比，晚材的纤维素含量高，木质素含量低（表 3.5）。

(5) 应压木。这种木材形成于针叶材树枝以及倾斜树干的下侧。与普通木材相比，应压木木质素含量高，纤维素含量低（表 3.6）。

(6) 应拉木。这种木材形成于阔叶材树枝以及倾斜树干的上侧。与普通木材相比，应拉木纤维素含量高，木质素含量低（表 3.6）。

表 3.5　　不同时期木材的比较

对 比 项	春木与夏木相比（针叶材）	春木与夏木相比（阔叶材）
比色皿长度	更短	更短
壁厚	更薄	更薄
纤丝角	更高	更高
纤维素含量	更低	更低
木质素含量	更高	更高
D.P. 纤维素	更低	更低
纤维素结晶度	更低	更低

表 3.6　　不同成因木材的比较

项　目	应压木与普通木相比	应拉木与普通木相比
部位	茎底端	茎上端
纤维素含量	更低	更高
木质素含量	更高	更低
纤丝角	增加	降低
蒸煮时间	更长	更短
化学成分要求	更高	相等

（7）髓心。髓心指树干中心部位的木材。

（8）板皮。板皮指树干的外部。

（9）幼龄材（表 3.7）。

表 3.7　　幼龄材与成熟材的对比

影响因素总结	针叶材	阔叶材
细胞长度	更低	更低
原纤角	更高	更高
纤维系含量	更低	更低
木质素含量	更高	更高
蒸煮时间	更短	更短
化学成分要求	更高	更高

1）最初 10～20 年的生长材。

2）与树冠联系紧密。

3）不适合制浆。

4）维管形成层尚未具备好的再生能力。

5）针叶材和阔叶材的幼龄材的比较特性相同。

6）靠近树梢区域，幼龄材占最初的 10 个年轮。

7）靠近树根区域，幼龄材占最初的20个年轮。

8）与成熟木相比，幼龄材的热值低，因为其密度低得多。

2. 水分含量

刚砍伐木材的含水量按重量计约为50%。木头中的水分增加了装卸质量。潮湿的木材有弹性，而干燥的木材比较脆。

木材水分为磨石提供润滑，并保持研磨区的低温。由于木材水分的扩散作用，在加热制作过程中有助于化学元素更好地渗透。了解木材的含水量很重要，因为木材的有用部分是干组分，这也是木材值钱的地方。为消除水分含量的影响，木材通常是按体积来交易。$100ft^3$ 是用于测量制浆木的一种形式，也就是 $100ft^3$ 的实木，不包含树皮。$1ft^3$ 的木材对应 $2.83m^3$。

通过甲苯蒸馏测量水含量的标准程序在TAPPI T211一一列出：在加利福尼亚的工作手册中，可以查到关于木材结构的有用信息。

在燃烧或气化系统中，固体燃料的转化模型需要挥发性气体组成成分的描述，挥发性气体指在固定床或流化床中脱挥发分时从典型尺寸的燃料颗粒中析出的气体。

需要描述在脱挥发分期间在固定床或流化床中留下具有典型尺寸的燃料颗粒的挥发性气体的组成。关于挥发性气体的析出已出版了大量的作品，但是仍然没有关于挥发性气体的通用模型，以及与燃料热化学性质相关的全面描述。这里，提出了一个对任何固体燃料都有效的简化模型，该模型由热量平衡和质量平衡构成，并补充了经验数据。

经验系数必须指定特定类型的燃料：本章处理的燃料是一种阔叶材和一种针叶材，颗粒大小在电站锅炉的使用范围。挥发性气体包含 CO_2、CO、H_2O、H_2、轻质烃和重质烃。此外，还给出一组全面的关于所需要木材性质的数据，供构建固定床和流化床中转换模型的需要。这组数据来自文献和目前工作所做的测量。

含氯试剂漂白纤维素的现有流程必然伴随着有毒氯化有机化合物（二噁英）对环境和目标产物（漂白纤维素）的污染。在这方面寻找使用生物制剂来漂白纤维素的无害环境的处理方法迫在眉睫。众所周知，可以用白腐真菌菌丝体、纯的半纤维素酶（木素的碳水化合物键断裂）和木质素酶制剂（木质素降解）直接处理，也可以用菌丝培养中产生的一种酶来直接处理，以去除纤维素中的木质素，同时增加其白度。在后一种情况下，需要培育具有低纤维素水解活性的木质素降解菌。

在圣彼得堡林业工程科学院处理中的代表废弃物为真菌子实体，其中含有几丁质、纤维素、黑色素及其他在研究高效纤维素漂白过程中使用的不同木腐真菌菌株的木质素降解酶。这些包括了工业和医药的各个分支中使用的成分。这项工作的目的是研究木腐菌白腐真菌血红16365、树舌灵芝4394、和树舌灵芝40390的化学成分，并评估真菌材料的吸附能力及其利用的前景。

3.4.3 木材的性质

对受到威胁以及濒危物种栖息地的管理是森林管理者应该考虑的最重要的因素。在国家森林管理中，红嘴啄木鸟（北方斑啄木鸟）（RCW）栖息地的管理实践影响、立地生产力和树心木形成的特点都是很重要的。RCW、T&E物种需要至少12.7cm空腔深度的心材来包裹巢腔。这项长期研究的结果会增加森林管理者对于怎样和在哪里会找到增加心材

RCW 栖息地腔的知识。

基于胸径、树的年龄和心材直径为 1.4m，应用 Clark（Clark 和 McAlister，1988）创造的回归方程可以估计心材直径为 6.7m，其中每个研究细节由收集的核心增量决定。研究结果确认心材腔直径高度（6.7m）的增加不仅与树的年龄有关还与区域生产力有关。高 6.7m，却只有 12.7cm 的心材的比例比位于 SI224 山麓的火炬松和短叶松木的要高，并且比位于 SI221 海岸平原的长叶松的要高。在山麓和海岸平原，松树的年龄都在 50 岁以上，并且有大量的高 6.7m 的用于 RCW 腔的心材。这些研究表明，管理者不仅需要在老的山麓，还要在高产地区注意红嘴啄木鸟的归林活动。

3.4.4 树木的质量

树干粗细、平直度和分枝的多少是衡量树木商品价值的重要指标。每公顷种植松树的林地上 1 级、2 级和 3 级的锯木材、纸浆木和枯立木所占的面积比是衡量林分生态和商品价值的一个很好的指标。平均而言，随着林龄的增加，位于山麓的每公顷松林中纸浆木所占面积的比例在减少，而 1 级松木材所占面积的比例显著增加，2 级松木材和枯立木所占面积的比例略有增加，3 级松木材所占面积的比例保持相对稳定。

在沿海平原，纸浆木和不同等级松木材随林龄的变化情况与山麓地区类似。然而，1 级锯林的比例仅为 1 级树木的一半。沿海平原区基本没有枯立木。收获作业对砍伐的、砍伐但没移走的、收获时意外倒塌的木材的体积和剩余林分健康状况有很重要的影响。在建立了自然松监测图后，七部分林地中，一部分通过利用切割来收割，两部分是用群选择，四部分是砍种子树收割。通过重新测量这些树的长度来进行评估。

在山麓林地的部分收割区域中，只有标记 1%的断面面积被砍伐并且没有收获，1%在收割时被推倒，65%还留着健康的生长，但是 7%的最初的断面区域或者 11%的剩余树干有伐木损坏。在山麓林地的选择性砍伐区域中，5%的标记的原林木断面区被砍但没有被移走。这增加了砍伐而并没有移走的树量，因为伐木者是按公顷砍倒所有的树并弄成交错桩，然后集材者把砍倒的树移走。当在这些小的砍过的地方上操作时，最好是在一定的时间内砍掉并移走一定比例的树。

在被标记的作为种子树的山麓中。没有一颗被标记过的树被砍掉和移走，3%的原断面区域在砍伐的时候被推倒，25%的被留下健康的生长。然而，5%的原断面区域或 16%的剩余生长的树干被损坏。

3.5 木材制取气体燃料

由于不可持续能源利用造成的未来能源供应和气候变化成为人们日益关注的问题。因此，发展替代新能源应运而生取代传统能源。采用火花点火（SI）的气体燃料内燃机（ICE）就是该领域的一个应用。这些气体替代燃料的来源多种多样，比如生物质、废品和煤炭等。不同原料的成分和性能千差万别，目前对此还没有完善的研究，爆震性是研究得比较多的关键性质。本节的主体描述了混合替代气体燃料的模拟和甲烷值（MN）测试的实验装置，用 Leikerd 等（1972）的结果验证了该装置的有效性，并以此装备测定了八种替代气体燃料的 MN。

爆震是一种异常规燃烧现象，其对 SI－ICE 的性能、排放和使用寿命的影响都是不可逆转的。一般在 SI－ICE 中的燃烧是湍流火焰，这种火焰起源于火花塞，受氧化反应的化学动力学约束，以一定形态穿过燃料与空气混合物。火焰前锋前端没有燃烧的部分就是末端气体。发动机正常运行时，火焰保持可控的形态穿过尾气，消耗燃料和气体混合物。

与之相反，爆震是一种有声响的异常燃烧现象。爆震期间，末端气体在火焰前锋到达之前即自动点火并燃烧，导致压力快速升高和局部极度高温。高温高压导致发动机的材料腐蚀和性能降低（Heywood，1985）。因而发动机制造商致力于设计无爆震的发动机。爆震受多种变量的影响，包括燃烧室的设计、当量比、进气口温度和压力、燃料性质等。

特定工况下的爆震测试中，甲烷-氢气混合物中甲烷的体积比与未知气体混合物的爆震强度是相匹配的。爆震强度大于 100MN 时，参考混合物为甲烷-二氧化碳混合物，根据定义，MN 是甲烷—二氧化碳混合参考系中 CO_2 体积分数加上 100（Leiker 等，1972）。

例如，20％氢气和 80％甲烷的混合物的 MN 为 80，则 20％的二氧化碳和 80％的甲烷混合物的 MN 为 120。通过这种相关性可以计算基于燃料组分的 MN 值。1985 年 Schaub 和 Hubbard 首次提出可行的气体燃料爆震特性的测试方案。

1993 年，Ryan 等为了深入理解爆震测试方法的实验装置，重复了 Leiker 等的实验，提出可以基于混合物间 MN 值的相关关系来计算测试对象的 MN 值。这不仅揭露了 C_1－C_5 烃类与甲烷含量为 60％～100％的 CO_2 混合物之间的相关性，而且研究了当量比对 MN 值的影响（Ryan 等，1993）。1996 年，Callahan 等提出了 MN 方法更深层次的应用，并对井口气的 MN 值作了评估。相关性被称为 Waukesha 爆震指数（WKI），虽然我们对 WKI 的研究甚多，但却尚未有学者给出详细的方程式。

虽然关于气体燃料爆震测试的文章发表过很多，然而关于替代气体燃料的却很少。沼气作为一种替代气体燃料，其爆震性质常被一些学者所研究（Holvenstor，1961；Kilmistra，1986；Neye loff 和 Gunkel，1981）。1981 年，Neyeloff 和 Gunkel 评估了沼气在 CFR 发动机中的爆震特性，认为沼气的最佳压缩比为 15：1。然而，在已发表的文献中并未确定过爆震速率。最近加拿大的一群学者着手研究替代气体燃料的燃烧和爆震特性（Li 和 Karim，2006），他们的研究方向是“合成气”（$2H_2$ 和 CO）。他们的文章也仅展示了 H_2 和 CO 的成分变化对爆震性质的影响，未涉及其他替代气体燃料的爆震特性，也未给出燃料的 MN 值。

总体来说，近 50 年来涌现了大量关于气体燃料爆震率的研究方法，每种方法各有千秋，MN 法是研究替代气体燃料爆震率最合适的方法。首先，MN 法兼具较广的适用范围和较高的灵敏度，其优越性在 1999 年欧洲天然气行业先锋联盟发表的公告中可见一斑（Kilmistra 等，1986）。其次，前人做过天然气混合物的 MN 值测试，虽然并没有测出可替代气体燃料的 MN 值。

3.5.1 混合气体系统

现在已发展利用电脑控制的混合气体系统模拟替代气体燃料以及混合 0～140MN 的二元参考混合物。选择源于欧米茄工程的电子质量流量控制器（MF）来控制气体成分。系统压力由控制软件和循环的微生物燃料电池监测，以满足发动机燃料需求。

3.5.2 测试程序

测试燃料爆震性时的主要困难是爆震的测量和量化。用 ASTM 汽油的辛烷值测法时，直接用未知燃料与参考混合物进行比较。当测试气体燃料时这种方法是比较困难的。因此，以前的 MN 测试使用的是一种间接测试方法（Karim 和 Klat，1966）。创立参考燃料 MN 的地图以对比轻微爆震压缩比，称为“MN 引导线”。然后，用一个未知的燃料在发动机中进行测试，产生轻微爆震的压缩比与 MN 引导线进行比较，由此得出 MN 值。

相比这下，这个工作体系开发的方法是直接将未知燃料与参考混合进行比较。当增加了测试时间和燃料消耗后，它消除了出现在间接方法中的许多固有的变量。如果把一个测试产生相同的爆震强度的燃料作为在相同压缩比下的基准燃料，无论周围温度、大气压力或其他不可控因素变化，已知的测试燃料的 MN 值都是一定的。直接比较法优于间接方法，因为不可控变量的影响减少到了最低限度。

在测试方法中另一个重要的变量是空燃比（AFR）。在先前的工作中等值比保持在 $\phi=1$（Hardin 等，2003）。为了提高 MN 测试方法和复制 ASTM MON 方法，在 AFR 下操作产生了最大程度的爆震。这消除了 AFR 测量相关的各种误差。测试过程如下：

（1）在发动机中加入天然气并采用表 3.8 中的操作条件。

（2）改变发动机燃料供给来测试气体。

（3）调整压缩比观察可听的轻微爆震。

（4）扫描 AFR 观察最大爆震。

（5）调整爆震仪获得 50KI。

（6）记录引擎和 GC 数据。

（7）开始引用混合气运行引擎。

（8）一旦稳定，观察 KI；调整混合物到 KI=50；如果少于 50 增加参考混合气氢的浓度。如果大于 50 则减少氢的浓度。

（9）记录引擎和 GC 数据。

（10）一旦适合的参考物被决定，MN 就等于参考混合物中的甲烷的百分数。

表 3.8　　发动机运行参数

速度	900r/min	冷却剂温度	95℃
油的温度	54～60℃	火花定时器	15℃ ABTDC

气化是 19 世纪到 20 世纪早期一个重要且成熟的技术，而内燃机的发展潜力与实用性在其发展初期已经被发现。从煤中获得的城市燃气作为当地商业在早期主要是用来照明，在贸易中也广泛运用；大多数实践技术人员会知道这是一笔好交易。

当基于奥托循环固定内燃机变得可用时（特别是在奥托发动机的专利到期进入到公共领域），在许多需要固定动力的工作中，内燃机作为原动机开始取代蒸汽机。气态燃料内燃机在 19 世纪后期普遍使用城市燃气（照明用）。然而，在 20 世纪早期，城市燃气的高昂价格使得许多需要固定引擎的工作转向使用发生炉煤气。发生炉煤气热量较低，但相比煤气要便宜很多。因为发生炉煤气是煤燃烧的副产物，是由焦炭部分生成，而不是通过煤的裂解过程生成。

在20世纪三四十年代的美国和英国发生第二次世界大战时，许多奥托型内燃机应用于汽车。然而，它们是以石油基汽油作为燃料，而非煤基和木材基的城市燃气和发生炉煤气。因为战争，可用石油在两个国家急剧减少。在英国，石油短缺并且定量配给的现象很常见；在美国，石油配给是国法，并且所有的石油都用到了战场上去了。由于缺少源于石油的汽油，年老的人开始回忆如何使用煤和木材建造气化炉，如何用气体燃料使内燃机运转，并且积极生产木材气体发生器。很多这样的发生器被制造甚至临时制作；商业发生器在战前和战后都在生产，用于特殊环境或陷入困境的经济体。一些第二次世界大战时期的木制气体发生器是“Imbert”类型。他们在1920年左右由法国发明家Georges设计。

煤基城市燃气生产被石油天然气和/或天然气替代。然而，20世纪六七十年代北海发现天然气，英国才停止使用煤基城市燃气。通常木制气体发生器可以燃烧木材，可以通过使用木炭来提高效率，改善能量密度，因为产生的清洁气体中不含焦油挥发物，并且木材中没有过多水分。因为燃气工程、城市煤气、天然气发电、木煤气和发生炉煤气等工程出现较早，在公共领域有很多参考文献（Clark和McAlister，1998）。

FEMA木煤气发生器（由FEMA手册定义）是紧急气化炉。它的目的是在真正的燃料危机时迅速组装，虽然这种简化的设计和背离标准的欧洲设计确实有一些独特的优势(便于加油和施工)，但它也有许多新的问题。固定氧化区的缺乏使氧化区蠕变到更大的区域，从而引起温度下降。较低的温度会导致焦油产生。它也缺乏一个真正的还原区，进一步改善这个设计会产生焦油。木气流中的焦油被认为是一种脏的煤气并且焦油会快速黏结发动机，可能导致阀门被卡或吊环被卡住。FEMA装置没有成为可靠装置的成熟记录。事实上，在欧洲和美国使用的大多数成功的木煤气发生器都是一些Imbert的变体。联合国发布的FOA 72文件有木煤气发生器的设计和施工的信息。

书中提出的构建现代木煤气发生器的移动应用已经经过了验证。这种类型的气化炉可以使用木材和泥煤燃料，由于其独特的炉排设计，它可以处理部分熔融灰。这种类型的气体发生器可以很容易与不同尺寸的发动机匹配，还可以使用潮湿的燃料，因为燃料的水分在燃烧之前会被分离。在战争时期，气体的清洗也是一个问题，它最近才被现代耐热过滤器介质解决。现代高效过滤器可以分离几乎所有的颗粒，也可以很容易地实现一次性清洁和干灰。

2005年，一个欧洲的未来能源项目在Güssing开始，它由奥地利与欧盟共同研究推进。该项目包括一个有木煤气发生器和燃气发动机的电厂，该燃气发动机把木煤气转化为2MW的电力和4.5MW的热量。在木煤气发电厂中，可以用两个容器与木煤气来进行实验。其中一个容器是用实验来转换木煤气，将土煤气通过费托合成工艺转化为柴油类燃料。到2005年10月，已经可以将5kg木材转化为1L燃料。

（1）优点。

1）在缺乏石油或天然气的情况下，如燃料短缺期间，可以使用木材这种可再生资源来运转内燃机（为了达到最大效率，甚至可以是燃气轮机）。

2）它们有一个封闭的碳循环，对全球变化没有影响，在本质上是可持续的。

3）它们在材料危机时也可以相对容易地制造使用。

4）它们的燃烧更清洁，甚至优于汽油动力发动机（无排放控制），即使有煤烟产生，也很少。

5）在固定设计中使用时，它们发挥其真正的潜力，因为它们是在小的热电联产方案中使用（来自木气中的热量回收，也可能是发动机/发电机热回收，例如，将水加热实现热水供暖），即使在工业化国家，甚至在经济繁荣时期，充足的木材供应也是可以实现的。大型装置能获得更好的效率，并且对区域供热也有用。

（2）缺点。木煤气发生器的缺点是其尺寸大，启动速度相对缓慢，并且批量燃烧操作，这是一些设计上的特点。另外，气化期间产生的主要燃料气体中的一种是一氧化碳：它是一种不好的燃烧产物，但随后会在发动机（或其他应用）和其他燃料气体燃烧中生成安全的二氧化碳；然而，一氧化碳即使在小到中等浓度也是对人体有毒的。

（3）安全性。木煤气发生器会严重影响生命和健康。设计、建造、操作任何类型木煤气发生器的人必须谨慎小心。如果不谨慎设计和使用，可能会导致相当大的受伤或死亡，因为木煤气中含有百分比很高的有毒气体一氧化碳（CO）。一般认为经过验证的设计和彻底的结构测试的木材气化炉在户外或部分封闭的空间使用是安全的，例如，两侧通空气的住所；它们在通风极其良好的（比如负压）的室内区域是相对安全的，在用于睡眠的室内区，配备有充足的（大于1）、完全独立的、电池供电的、定期检测一氧化碳的探测器。而且，必须谨慎使用任何形式的实验木材气化炉，其设计或新结构需要在户外进行彻底的测试，并且只能在室外进行，任何时候都要与工作同伴一起，并时刻对头痛、嗜睡或者恶心的任何迹象保持警惕，因为这些都是一氧化碳中毒的最初症状。

此外，应避免过量的空气与气体混合，因为如果存在一个燃烧源，就可能导致气体的爆燃（爆炸）。若要长期储存木煤气，储气水置换装置不应该被使用，因为如果允许过量冷凝的话，气体中存在的挥发性元素将凝结在储存容器中。任何情况下，木气都应该被压缩到超过周围环境 15lb/in^2，虽然这可能会导致挥发物冷凝，并且如果容器发生泄漏或故障，会有一氧化碳泄漏或爆燃，从而可能导致严重受伤或死亡。

木煤气是合成气，是由生物质或其他含碳材料诸如煤在气化器或木煤气体发生器或煤气发生器中发生热气化而产生。它是两个高温反应［高于700℃（12921℉）］的结果：一个是放热反应，其中碳燃烧生成 CO_2，但是之后会部分减少生成CO（吸热）；另一个是吸热反应，其中碳与蒸汽反应，产生一氧化碳（CO）、氢气（H_2）和二氧化碳（CO_2）。

在一些气化炉中，实际的气化过程是先热解、生物质或煤释放甲烷（CH_4）和富含多环芳烃（PAH）的焦油。其他气化炉用先前热解的焦油。木气因为含一氧化碳、氢气和甲烷而易燃。

（4）用于发动机。木材气化炉可用于装有普通内燃机的动力汽车中。这在第二次世界大战期间的几个欧洲和亚洲国家非常流行，因为战争的阻碍使低成本油的获取变得困难。近年来，木煤气在发展中国家已经作为一种清洁有效的方法来供热和烹调，或者与燃气轮机或内燃机组合以产生电力。相比于第二次世界大战期间的技术，由于先进的电子控制系统的使用，气化器已经变得不那么受关注，但仍然很难从它们中得到清洁的气体。燃气净化后送入天然气管道，将其与续加燃料的设施相连是一种改革；另一种可能是可以通过费托工艺进行液化。

气化器系统的效率比较高。气化阶段将约75％的燃料转换为可以用于内燃发动机的可燃性气体。通过木煤气作为驱动汽车超过 10 万 km 的长期实践实验发现：其能耗比同款车的汽油能耗多 1.54 倍（不包括为了获取汽油进行提取、运输和精炼所消耗的能量）。这意味着，以相似的驾驶条件使用相同的未修改的车辆（Ahrenffldt 等，2003），在实际运输中，1000kg 木材的可燃性物质已可替代 365L 的汽油。这是一个很好的结果，因为不需要提炼其他的燃料。该研究还考虑了木煤气系统中的所有可能损失，如系统预热和携带额外重量的气体发生系统。

在偏远的亚洲国家已建成了使用稻壳的气化炉，因为在许多情况下稻壳没有其他用途。在缅甸安装的一个改性柴油机单元可以提供 80kW 的功率，为约 500 人提供电力。灰分可以用作肥料，所以这被认为是可再生的燃料（Yoshiba 等，2004），与以往的观念相反，一个内燃机的废气排放水平用木气要比用汽油低很多，尤其是低碳氢的排放。普通催化转化器用木气就能很好工作，但大多数未安装催化转换器的汽车发动机很容易有低于 20×10^{-6} HC 和 0.2%CO 的排放（Song 和 Guo，2007）。木煤气燃烧不会产生颗粒和气体，因此机油中的炭黑非常少。普通催化转换器和木气配合操作非常适当。

(5) 用于炉灶。某些炉子实际上是基于气流上升原理设计的气化管。空气通过燃料向上，燃料可以是堆成柱形的稻壳，进行燃烧，然后通过表面上的残炭还原成一氧化碳。所产生的气体通过同心管的二次加热燃烧。这种装置非常像一个中国的煤气灶，所以也被称为中国式燃烧器。

(6) 生产。一个木材气化器需要木屑、锯屑、木炭、煤、橡胶或类似的材料作为燃料，并在火箱中不完全燃烧，产生固体灰、煤烟（其必须从气化器周期性地取出）和木气。然后木气从焦油和烟灰/煤灰颗粒中过滤、冷却，并用于发动机或燃料电池以产生电力。大多数发动机对木气纯度有严格要求，因此气体必须常常经过大量的气体净化装置，以除去或转换（使"破裂"）焦油和颗粒。通常用水洗涤器来去除焦油。在未改进的燃烧汽油的内燃机上使用木气可能会产生未燃烧的化合物。

相比其他燃料，发生炉煤气的燃烧热值是相当低的。发生炉煤气具有 5.7MJ/kg 的低热值，而天然气是 55.9MJ/kg，汽油是 44.1MJ/kg。木材的热值通常为 15～18MJ/kg。据推测，不同样品中这些值也不同。根据相同的报告来源，以体积分数的形式表示了下列的化学组成，这些也是可变的：氮气（N_2）为 50.9%；一氧化碳（CO）为 27.0%；氢气（H_2）为 14.0%；二氧化碳（CO_2）为 4.5%；甲烷（CH_4）为 3.0%；氧气（O_2）为 0.6%。

来自不同气化炉的气体差异很大。其中热解和气化分开发生（而不是在像在二战气化炉中一样，在同一空间区域反应）的分级气化器可以被设计与产生基本上无焦油的气体（小于 $1mg/m^3$），而单一反应器流化床气化炉可能超过 $50000mg/m^3$ 焦油。流化床反应器具有更紧凑的优点（更大的容积和价格）。焦油也可以通过增加气体的热值而变得更为有用，这取决于气体用途。

(7) 发展史。第一台木材气化炉显然是由 Bischof 于 1839 年建造。首辆由木煤气驱动的汽车是 Parker 于 1901 年制造的。20 世纪初，水煤气被作为一些飞艇的辅助燃料，存储在氢气气室下面的含有封套的气室中。引擎可以使用水煤气或基于石油的液体燃料作动力，但前者的密度与空气的类似，当它被消耗时，镇流器会有一定的变化。

在1900年前后，许多城市为住宅提供木气（源于煤的集中生产）。而此时 Rudolf Diesel 和 Georges Imbert 也在开发不同的发动机。理论上来说，这些内燃机是通过观察火活塞点火设备的操作而得到的启发，火活塞点火设备是在19世纪初期的新几内亚和苏门答腊被发现的。天然气在1930年才开始使用。木材气化器在新加坡、中国和俄罗斯仍然用在汽车上，并加工为工业应用中的发电机。

（8）常见气体燃料的化学组成。气体燃料的化学组成随燃料的来源和燃料的类型而不同。一般地，气体燃料并没有标准组成内容（表3.9）。

表3.9　气体燃料的化学组成

燃料	组　成/%									
	二氧化碳（CO_2）	一氧化碳（CO）	甲烷（CH_4）	丁烷（C_4H_{10}）	乙烷（C_2H_6）	丙烷（C_3H_8）	氢气（H_2）	硫化氢（H_2S）	氧气（O_2）	氮气（N_2）
一氧化碳		100								
煤气	3.8	28.4	0.2				17			50.6
焦炉煤气	2.0	5.5	32				51.9		0.3	4.8
沼气	30		64				0.7	0.8		2.0
氢气							100			
填埋气	47	0.1	47				0.1	0.01	0.8	3.7
天然气	0～0.8	0～0.45	82～93		0～15.8		0～1.8	0～0.18	0～0.35	0.5～8.4
丙烷				0.5～0.8	2.0～2.2	73～97				

3.6　木材制取液体燃料

用木材制造液体燃料的过程已经为人熟知，比起用于交通工具的化石燃料运用时间更久。但是，与从化石燃料提炼的发动机燃料相比，其经济性更低。过去的75年里，人们针对其经济性低，在林产品实验室及其他地方进行了研究。本节回顾这部分研究的进展，以及在当前全球经济和世界贸易波动的形势下，讨论采用不同方式用木材制造液体燃料的适用性，并且估算用于生产液体燃料的木材的供给和成本。用木材制取的三种最有前景的液体燃料是甲醇、乙醇和柴油，但是其他种类的液体燃料也可能制取到。甲醇是第一种从木材中制取的燃料，常被称作木醇。乙醇一直是林产品实验室的研究重点。

尽管有一些关于合成油和木材提取物产品利用的研究，但人们几乎一直没有关注过从木材中制取柴油。世界二氧化碳排放中，美国约占23%。1987年，美国在二氧化碳的来源中，电力占35%，交通占30%，工业占24%，住宅占11%。显然，如果打算减少二氧化碳的排放，我们应当考虑使用更多的非矿物燃料。交通运输行业几乎完全使用液体化石燃料，因此，我们应当考虑采取措施来减少这部分消耗。在很长一段时间里，适合交通运输车辆的液体燃料已经从木材中制取了。甲醇过去常被称为木醇，现在也仍然沿用。Braconnot 在1819

年发现木材中最大成分的纤维素可以溶解在浓酸溶液中，并转换为乙醇的前体糖。

第二次世界大战期间，稀硫酸水解过程被用在乔治敦、南卡罗来纳州和洛杉矶的植物制作乙醇的过程中，木材水解工厂在第一次世界大战和第二次世界大战期间都受到了欧洲极大的关注。第二次世界大战期间，植物水解在德国和瑞士都可以实现，甚至到今天在苏联也可以实现。但是，甲醇和乙醇并不是只能从木材中制取，多种多样的燃料都能替代生产。最有前景的生物质燃料和当前市场没有补贴但最有竞争力的燃料是：乙醇、甲醇、乙基叔丁基醚和甲基叔丁基醚。其他候选燃料包括异丙醇、仲丁醇、叔丁醇、混合醇和叔戊甲基醚。乙醇或酒精并不局限于用稻谷做原料。它可以用其他农作物如木材等的木质纤维生产。乙醇或酒精常用作发动机燃料，并常被利用在汽油匮乏时期。目前，巴西是唯一大量使用乙醇作为汽车燃料的国家，在美国其使用量为每年近 10 亿 gal。在巴西，把纯度为 95%的酒精作为清洁燃料使用，或者把无水乙醇与汽油混合使用。而美国则使用 10%的无水乙醇和 90%的汽油的混合物。

与汽油相比，生产乙醇的主要的缺点是高成本，且在美国只有大量补贴才能使生物质乙醇具有竞争力。联邦补贴预计在 1992 年年底到期。然而，我们认识到乙醇和其他包括酒精、乙醚在内的含氧燃料能减少美国 90%的一氧化碳和臭氧层空洞区域的空气污染，成本劣势在这些地区可能是次要的。其他考虑替代石油燃料的原因包括国家边境能源安全、贸易平衡和税收政策。根据美国农业部和经济研究局第 562 号农业经济报告《乙醇经济与政策权衡》可知，乙醇的生产成本差价很大。然而，从玉米中制取乙醇的生产成本估计为 1.41～1.52 美元/gal。还有从谷物和木材中制取乙醇的生产成本的相关比较数据。

拉斐尔·卡丁内斯联合国际有限公司提供了关于预处理和酶水解过程的估计。他们估计如果每天有 2000t 的新闻用纸原料，乙醇售价在 1.10～2.30 美元/gal，且每年容量为 3500 万 gal，那么根据热机预处理和中试装置测试，每吨原料会产出 50gal 的乙醇。报告假定了一定的市场债券融资安排，以适用于建设并运行城市固体垃圾设施。每吨新闻用纸 60 美元的低售价会引爆信贷费用，高售价则会抵消成本。由于新闻用纸通常是至少 80%的磨木浆纤维。这种过程是从木材中制取乙醇的合适方法。然而，原料成本和融资不同，用木材制取乙醇的工厂的经济性完全不同。

生产乙醇的木材成本预计在每吨干木材 35 美元，并且不可能达到相似的融资安排，因为它不是一个城市固体废弃物工厂。每吨木材成本为 35 美元的话，则售价将在每加仑 3 美元。然而，由于每吨干木材成本在 36 美元且每吨生产 85gal 的乙醇，太阳能研究所的学者预测了过程改进的可能性，用以减少成本至每加仑乙醇 0.60 美元。如果能实现低成本生产的话，这将会是一个重大的突破。稀酸水解过程尚未得到充分的证明，来确定其所有的步骤中没有其他副产品产出，预计售价将高于每加仑 3 美元。除了生产成本的比较，还有每加仑同等价格的乙醇是否和汽油等价值的问题。乙醇的燃料热值更小，与汽油 124800 的热值相比，只有 76500Btu/gal。然而，由于乙醇的辛烷值高于汽油，乙醇能达到与汽油相同的英里数。因此，我们假设汽油和乙醇的热值是等值的。

另一种含氧燃料是甲醇。甲醇可以从谷物中提取，但其最常见的来源是天然气。与其他化石燃料相比，使用天然气更能减少二氧化碳的产出，但用可再生能源替代天然气会更好。从煤或木材中提取甲醇比从天然气中更困难且效率更低。从天然气中提取甲醇的成本大约在 0.40 美元/gal，并且作为发动机燃料，售价大概在 0.60～0.70 美元/gal。由于汽油有更大的热值（甲醇只有 64500Btu/gal 的燃烧热值），相当于汽油售价大约在0.92～1.03 美元/gal。1985 年斯托内和韦伯斯特咨询公司估计，在最有利的条件下，木材取自远离深水港口的甲醇工厂的话，从木材中制取甲醇比取自其他来源的有 0.70～1.11 美元/gal 的成本竞争力。

天然气提取甲醇的工厂目前一般靠近深水港口，因而从木材中制取甲醇的优点将体现在节省运输成本上。总统布什在一些报告中曾提出发展清洁燃料的项目。1989 年年底由美国环保署发布的一项报告中显示，已经彻底完成了支持甲醇作为道路运输燃料的工作。这项研究否定了早前美国石油研究所关于甲醇车辆会释放不可控的甲醇排放量的言论的研究。美国环保署的报告声明，甲醇动力车辆释放的甲醇不会多于汽油车。然而，美国石油学会不认可该报告结果。

作为已列出的致癌物，甲醛的致癌程度尚不明确。然而，美国环保署引证了甲醇在其他方面明显的优势。美国环保署发现，甲醇主要的环境优势是将改善被破坏得最严重的臭氧层区。根据美国环保署报告，用甲醇替代汽油作为汽车燃料也会降低机动车有毒气体的排放，并减少癌症的发病率。美国环保署提出，考虑到汽油机所排放的污染物（苯、汽油、再燃气、丁二烯和多环物）和其他已知的可能的致癌物质，预计如甲醇等的清洁燃料将大大降低癌症病例。该报告指出，甲醇车辆排放的有机挥发性物质主要由未燃烧的甲醇组成，而汽油车辆排放的碳氢化合物仅有 1/5。在反应等价的基础上，美国环保署估计柔性甲醇燃料汽车比典型未来汽油动力车辆少 30％的有机挥发性物质，而优化的甲醇汽车将减少 80％的排放。

甲醇一直被用作印第安纳波利斯赛车和其他赛事的燃料，不仅仅是出于其清洁的特点，还有其效率高、低轮胎风险和高辛烷值。高辛烷值是所有含氧燃料包括甲醇、甲基叔丁基醚在内的共有特点。当前美国成功地从谷物中提取了甲醇，并用于机动车燃料，能在很大程度上提高 10％乙醇和汽油混合物的辛烷值。然而，最近趋于使用甲基叔丁基醚（MTBE）来强化辛烷值，并引起了全世界的关注。甲基叔丁基醚（MTBE）由异丁烯和甲醇反应制成。乙基叔丁基醚（ETBE）是使用乙醇替代甲醇制成的。因此，从谷物或者木材中制取乙醇或甲醇，会成为提高丁基醚辛烷值的影响因素之一。醚的特性通常接近汽油而不是醇类。醚对燃油系统的影响良好，并易溶于汽油。因此，它们和甲醇、乙醇一样，不受遇水则分离的限制。醚是非极性的。它们具有低挥发性，因而蒸发性排放较低。

少数地区授权在冬天使用增氧剂。科罗拉多州最初集中在丹佛的 Frontal Range 区域调查。1987—1988 年的冬天，需要至少 1.5％的含氧燃料。这段时期大约 90％的燃料是含有 8％甲基叔丁基醚（MTBE）的汽油混合物，另外 10％为汽油醇（10％乙醇和 90％汽油混合）。官方认为该项目能成功，且 1988—1989 年冬天需要至少 2％的含氧燃料（11％ MTBE）。目前，美国环保署期望在未来达到更高层次的前提下，使用 15％MTBE。美国环保署之所以鼓励这种方法是源于其潜在的效益评估，评估显示未来十年 CO 将减少 10％～20％。

从木材和谷物中制取的替代燃料即使没有资金补助，与原料来自石油的汽油和柴油相比还是有竞争潜力的。目前，从谷物和少量木材中提取的乙醇是有竞争力的，但仅仅是在大联邦和部分国家有补贴的前提下。因为如果乙醇没有补贴而直接去竞争的话，石油可能会卖到 40 美元/桶或更多。然而，从木材或者谷物中制取的乙醇和其他含氧燃料的环保和高辛烷值的优点，可能使其更有价值。

可以通过各种方法从木材中提取柴油或汽油。最简单的方法是使用热带木材的渗出物或树胶，据说苦配巴树可以直接在柴油机中烧。费托合成工艺成功地将南非的煤转化为了合成气，该过程也可以从木材中制取合成气。合成气又能用于制造汽油或柴油。或者先从木材中提取甲醇，然后通过美孚过程催化反应转化为汽油。虽然在理想情况下，从木材制取乙醇或甲醇的每个过程应该会有额外的试点测试，而开发生产乙醇的技术仅接受了部分试点测试。这种技术是能快速实现的，在全球石油危机下，替代燃料是迫切需求的。基于原料成本和其他变量，从木材中制取乙醇也可能不会与从谷物中提取乙醇竞争。另一个重要因素是副产品的生产销售，比如高糖分的玉米糖浆、玉米中蒸馏的干谷物、木材中的糖浆或糖醛。在林产品实验室、田纳西流域国家肥料发展中心进行了稀硫酸两级水解过程的开发和试点测试，使得从低级硬木中生产甲醇有可能商业应用。

在两级水解过程中，每 100kg 烘干的木材原料，在第二阶段的碳水化合物中大约有 20kg 适合制取乙醇，第一阶段大约有 24.9kg 碳水化合物，或者更多，但是这些碳水化合物许多并不一定能发酵为乙醇。

如果木糖可以发酵为乙醇是经济的话，则是可以用来制取乙醇的。相比仅仅在第二阶段发酵葡萄糖，在第一阶段的木糖和葡萄糖的发酵能翻倍生产乙醇。一级碳水化合物的产品可能是单细胞蛋白、糖醛和饲料蜜糖。以前，甲醇是从木材中提取的，是作为生产木炭的副产品，但总体效益较低。从木材中制取高产量甲醇需要合成气产品，过程类似于用煤制取甲醇。气化木材的过程相比两级水解生产乙醇过程并不成熟。

要想用木材制取液体燃料，另一个需要考虑的是用于生产燃料的木材数量。将木材转化为液体燃料，最看好的设定通常是，木材可以转化为液体燃料的热值与木材热值的比值为 0.5。至少短期来看，为此很难找到每年超过 1 亿 t 的干木材。如果输出为甲醇，预计每年最大为 130 亿 gal，并且如果汽油能添加甲醇，达到 10%甲醇和 90%汽油，则每年需要 115 亿 gal 甲醇，假设每吨干柴的热值为 1700 万 Btu。

2010 年木材使用量的预测是相当适度的。目前木材产能为 2.7 夸德[1]。2010 年总数预计在 4.0 夸德。这并不能提供甚至 1.7 夸德的总增长量。然而，如果真的很希望防止大气中 CO_2 积累，制取固体和液体燃料的木材使用量会增加，我相信每年 10Quad 当量是可实现的。虽然这违背了减少使用木材的目标，尤其给国家森林带来了更多荒漠化、濒危物种栖息地、纯净水资源和其他环境问题。然而，我们在某些情况下必须牢记，为增加植被生机、避免森林火灾并且使土壤新增长，需要加强砍伐并清除残余物。在许多情况下，开放式露天燃烧来削减伐木已经被取缔，获取这种材料作为燃料而不是露天燃烧，对于更好地森林管理和经济利润是可观的选择。通过供给可再生液体燃料和其他效益，我国的林业以及日益增长的稀缺垃圾（44%的纸张）填埋领域，会有助于对抗全球气候变化的威胁，但必须确保计划能明智地实现。

---

[1] 夸德为能量单位，1 夸德$=10^{15}$ Btu。

目前，由于充足的石油供应和相当稳定的世界能源价格，从木材中制取液体燃料不再是像世界石油供应缩减的1973年和1979年的流行话题了。尽管如此，过去的12年里从木材中制取液体燃料的技术已经进步，并且进一步研究是有前景的。化石燃料的供应是有限的并且会枯竭。尽管美国的煤炭供应预计会持续数百年，但是石油的长远勘探会更糟。并且与其他燃料相比，石油成本势必趋于增加。因此，从木材中制取液体燃料会缓解石油供应减少造成的压力。

3.6.1 木材资源的能量

木材可以替代用于直接燃烧的石油，而减少石油的需求，比如作为替代锅炉燃料的石油。估计表明，在美国大约有5.46亿公吨❶（6亿t）的干木材，超过现在消耗的消费产品。只用这些残留物中的一半作为燃料就可以提供我们国家目前能量需求的7%；相当于9亿桶的石油。然而，因为未来的石油短缺，石油在车辆上的应用将带来很高的成本。在这种情况下，源于木材的液体燃料将会是石油最好的替代品，将固体木材转换为液体燃料是有效且经济的。

随着更多木材作为化工原料用于制造燃料，来自木材的液体燃料的影响可能会更大。短期轮作集约化种植被认为是增加木材生产能源的替代品。美国能源署正尽最大的努力提高短轮伐树生物质的产量。华盛顿大学的杂交杨在3年期间，每公顷年产量干木材约为22.5t［10.0干吨❷/(英亩·年)］——是正常工作效率的两倍多。佛罗里达州和夏威夷的桉树物种正在实现更高的生产率。随着从农业到林业的基本生物技术的进步，还需要进一步的研究。

将遗传工程先进的传播技术、有效的除草剂、肥料和灌溉系统结合，保证了美国和世界许多地区产量的大幅度增长。即使如此，对于美国大部分地区，我们发现短期轮作能源种植园以现如今的价钱是不经济的。然而，夏威夷的情况可以促进发展，可能改变这种说法。在那里，糖种植者在锅炉中使用甘蔗渣来供蒸汽发电，产生的电部分卖给当地公用事业。在这个时期，对糖的需求很低并且没有足够的甘蔗渣提供给发电，但是有很多多余的种植糖类植物的土地。在当前发展的将木材转换为液体燃料的试验基础上，使铵树快速增长而产生燃料来补充甘蔗渣以产生所需要的电力。目前在美国，对于大多数地区来说，存在足够的残留木材，从集约栽培转换到更昂贵的木材是没有吸引力的，在未来的几十年也是不可能的。

剔除木材和废木材以及超过收获量的商业木材的生长量约为所用木材的4倍。这些数据表明，更多的木材可用于酒精或其他液体燃料等要求不高的用途，而不会耗尽资源或减少林产品工业所需木材的数量或质量。实际上，通过除非商业性增长来缓解拥挤与土壤养分和阳光的竞争，可以提高森林的质量。

3.6.2 乙醇

源于木材的液体燃料的首要竞争者是酒精，主要也就是乙醇。燃料乙醇不管是以前还

---

❶ 公吨为质量单位，即吨，1公吨=1000kg。

❷ 干吨与湿吨对应，为扣除水分后的质量。

是现在都源于木材。然而，都需要花费钱来使这种燃料能和汽油相竞争。70 年前美国的两个电厂用稀硫酸水解工艺从木材中制取乙醇。但是这些电厂都因为木渣的需求减少并且它们的花费增加而关闭了。此外，粗劣糖浆的费用，作为酒精生产原料的主要竞争者，也减少了（Baker，1981）。四五十年前，其他木材生产乙醇的工厂在不同的国家建成。在美国，战时生产委员会在斯普林菲尔德建造了一个用稀硫酸水解木材生产乙醇的电厂。在 1947 年，这个电厂完全由美国农业部赞助。试产计划表明，根据修订条款，这个电厂可以盈利运营。然而，租用该电厂的两个不同的公司并没有成功的运营。华盛顿州贝灵翰姆的硫酸盐纸浆厂的操作员在那个时期也建立了一个生产乙醇的电厂，乙醇通过糖的发酵，作为纸浆制造的副产品。

这个电厂，以及世界上其他相似的电厂仍然在运营，用亚硫酸盐制浆是为了去除硫的氧化物和木质素磺酸盐，这个方法优于发酵。在这个过程中，每吨亚硫酸盐浆可生产 95L（25gal）含 95％的乙醇。不同于源于亚硫酸废液的糖发酵，这个过程可以更好地将木材转换为乙醇，并且是稀酸的水解。第二次世界大战时，在德国和瑞士运营这种电厂，以及苏联仍在运营一些这样的电厂。在 1984 年 12 月的 *World Wood* 杂志中，据报道，在西伯利亚东部建造了一座新的木材水解厂加工木材。另一种类型的电厂是用浓酸水解。这些电厂中有的仍然在德国运营。它没有稀酸水解有竞争性，因为它需要更多的酸，并且在木材转换为液体酸燃料时不能有效恢复。浓酸相对稀酸水解的一个优势是，木材中的纤维素可以在发酵酒精作用下水解生成葡萄糖，并且有很高的产率。

最近发展了关于纤维素和酶共同水解的新方法。该方法由美国军队所做的关于生物降解纤维素的性质和在热带地区保护纤维素材料不衰减方法的研究。在降解纤维素、羊毛、皮革中有超过 14000 种真菌存在，也储存和研究了其他材料。这导致了一种有机体酶对木霉菌的选择性，其在水解纤维素时作用很大。它是因为有商业性而在这个过程中被提出的，可以使纤维素高效的转换为葡萄糖。不利条件是，在酶的作用下，纤维素木材需要进行预处理，而酶的花费是很高的。如今这三类过程的试验电厂和商业电厂在运营或处于考虑中。但是，稀酸水解得到更好的验证，并且可能是最适合在工厂装置中实施的。许多类型的稀酸水解处理已经被用。在美国最初的处理是一批单级类型。每公吨（20gal/t）干木头可以产生 69L 乙醇。之后，被称为朔勒处理的过滤过程在德国发展。在 1940 年，这个过程是在林产实验室改进并且在麦迪逊得以处理发展。麦迪逊处理比朔勒处理进行的更快，因为它除去水解过程中的糖更快。麦迪逊处理可以从每公吨（64.5gal/t）的干花旗松木材废料中生成 222L 95％的乙醇。这个过程和前苏联所运营的电厂中的一个过程很像；而这个技术最近被运用在巴西的一个从木材中获取乙醇的电厂建设中。最近林产研究院的很多研究旨在用软木提升稀酸水解工艺。

两阶段过程的一个重要优势是高浓度糖产品的解决方案。如果合适的工艺设备可以被发展，两阶段过程中糖的浓度至少是过滤过程中的两倍。后续处理步骤中能量消耗和设备大小被两阶段过程减半。然而，水解本身的资本需求并没有大幅度的减小。在渗透过程中，所有的操作都是在一个单一的容器里。在两级操作中，需要两个反应器和两套清洗设备。水解中的设备和能量消耗的净差额只是稍稍有利于两阶段过程。对于乙醇生产，两级操作中的能量需求应该是 40％，少于过滤过程，而设备费用应该少于 25％。

两阶段过程中生产乙醇解决方法被认为比从过滤过程中生成的好。两阶段过程的优势是通过渗透过程中的高产量在一定程度上弥补其劣势。而产量的优势取决于被考虑的木材的类型及后续处理的解决方法。不幸的是，过滤过程中可提供的数据主要与软木相关，给出的产量也是得到的糖的总量或是回收乙醇。没有关于浓度的改变和产品组成的解决方法的可提供数据。源于木材每一部分的碳水化合物——半纤维素和纤维素的产量，是不知道的。因此，下面所给出的产量比较是不确定的评估，但提出了一些参考。

这篇文章中所用到的南方红橡木含有37.8%的脱水葡萄糖和18.4%的脱水木糖。水解作用下，它可以产生42%的葡萄糖和20.9%的木糖，共有62.9%的潜在糖，基于这种木材，每吨木材完全转换为95%酒精的量可以达到420L，其中280L来自葡萄糖，140L来自木糖。当只有葡萄糖被认为是可以发酵生成乙醇时，在两阶段工艺中生成的乙醇为每100kg反应木生成8.7kg乙醇，这也等价于114L/t。

乙醇产率是可以从木材的潜在葡萄糖获得的乙醇理论产量的40.7%。通过渗透过程，估计的乙醇产量为124L/t，比通过两阶段工艺获得的产量高约9%。渗透产率是理论上可获得乙醇量的44%。渗透过程中的糖化效率实际上比这高，大概为55%～60%，但是大量葡萄糖的产生伴随着半纤维素蒸汽的产生并且加工乙醇是不经济。

渗透的方法是在硬木上操作的，并且只从富含葡萄糖的部分中产生乙醇，会比两阶段过程有更好的产量优势。如果假定木糖和葡萄糖可以在等效情况下通过发酵生成乙醇，那么渗透过程有更好的产量优势。这是因为木糖发酵有机体也可以利用葡萄糖，少量糖的分离是不必要的。利用这个假设，木材转换为液体燃料的渗透过程的产量估计为267L/t，而两阶段工艺是234L/t，渗透过程有14%的产量优势。如果假设源于葡萄糖的逆转材料可以转换为乙醇，两阶段过程的产量被认为是更高的。如果是这种情况，可以从含有葡萄糖的部分中获得133L/t。假设木糖不能发酵成乙醇，低聚物发酵产乙醇的量增加19L/t，该产量使排名顺序发生逆转，两阶段工艺占有7.3%的优势。如果假设所有的碳水化合物（木糖、葡萄糖和逆产物）都发酵了，那么渗透过程有多于5.5%的乙醇产量。田纳西州流域管理局正采取基于两阶段过程的研究来设计和建造试验工厂。

通过稀酸过程产生乙醇的费用很难估计。最终在实际的工厂中，乙醇生产的成本在产品和副产品的销售过程中很可能减少。因为副产品信贷处理的不同方法、不同原料成本的假设以及源于木材的乙醇的估量费用都变化很大。我相信假设每升乙醇为0.4～0.7美元是合理的。

3.6.3 甲醇

因为这个项目概述是关于气化，从木材中生产甲醇比乙醇更好。从木材中生产甲醇最可行的路线是通过气化。尽管乙醇是与汽油混合的首选燃料，在美国一些甲醇用于完成辛烷的增强，因为它比乙醇更便宜。如果甲醇在汽油中使用了几个百分点，那么甲基叔二丁醚、叔丁醇、乙醇等助溶剂是必需的。另一个方法是使用甲醇作为一种清洁的燃料。在美国的一些汽车舰队只在甲醇下操作，同时在德国对于没有与其他燃料混合的甲醇的使用进行了研究。天然气是首选的合成甲醇的原料，但石油、天然气的短缺，天然气价格显著提高仍然是威胁。人们也在考虑煤炭作为甲醇的原料。

作为甲醇的来源，木材相比煤炭有一些独特的优势。由于木材不含大量的硫或重金属，易于热解，灰分含量低，表明含能量相同的情况下，从木材制造甲醇比从煤制造甲醇更便宜。因为环境和安全担忧，用木头比用煤炭好。由于煤具有水分含量低，能量密度高的优势，可以用在许多高浓度的地方。声称煤炭的主要优点是经济。因此，一个每天用20000t煤炭的电厂生产每升甲醇比每天使用1000t木材的电厂更经济。以煤为集中的大型矿床，如果提供甲醇的电厂靠近煤矿区域，则可提供20000t/d的煤炭，但如果可能每天提供相同量的木材是很困难的。然而，投资这么大一个煤炭制甲醇装置需要很大的投资，而一家私人公司不太可能冒风险投入运行。

使用木材制造甲醇的电厂还没有建成，但是已经在加拿大和巴西提出。在美国至少有一个用煤制甲醇的电厂。它在田纳西州的金斯伯特。提高从木材中制甲醇的竞争的关键是提高气化效率，增加气体中的CO和H_2的含量，但是减少烃的含量。

其他从木材中生产液体燃料的方法是油的热解和加氢来提取树木中的天然油脂和树脂。热解油的生产过程是由巴特尔西北德州农工大学的乔治亚理工学院及其他大学研发的。然而只有半工业规模的工厂被建造和运营。有几年，美国能源部在俄勒冈州的奥尔巴尼建造和运营一个实验性的电厂，通过加氢过程从木屑等生物质生产石油材料。这个过程的操作是困难的，因为需要高压（大约27600kPa）。

3.6.4 生物柴油

有时候电厂可以生产更高还原性的自然物质如碳氢化合物。美国农业部林务局的研究表明，除草剂百草枯对某些松树种的应用使含油树脂的产量增加了10倍。油性树脂中的松脂在日本被用于石油的基。松脂有着比汽油更高的能量密度。

像石油这样的化石燃料的燃烧已经被证明了对我们的环境是有害的。它们是城市污染的主要原因和温室气体的主要来源，温室气体被认为是气候变化现象的主要元凶（Ghose，2004）。Rudolph Diesel博士在1895年发明了一种独特的发动机，设计的这种发动机是基于燃烧花生油或者其他植物基燃料的工作原理。在他1913年离奇死亡后，Diesel的发动机采用了一种汽油精炼得到的副产品来工作。石油工业称这种副产品为柴油。植物基油类的使用如发动机用油在现在看起来似乎不是很重要，但是这类油在未来一段时间后将会和现在的石油和煤焦油产品一样重要（Ali和Hanna，1994）。由脂类、醇类、醚类和其他生物质制成的生物柴油是一种液体燃料。生物柴油利用完善的农业实践可以在任何气候下生产。生物柴油是一种处理过的类似柴油的植物油，也是一种从植物油或者油类燃料制取的脂类（Buchigham，1982）。常见的生物燃料包括：乙醇和生物柴油。乙醇由淀粉或者糖类制成，谷物或者玉米是最典型的。生物柴油是可再生的，因此，它们能补充碳氢化合物燃料，帮助它们的储存，还可以减轻碳氢化合物燃料对气候的不良影响（eNREE，2004）。

印度每年原油需求量接近70%都是进口的。2003—2004年油类净进口账单（进口减去出口）是77058千万卢比，相比较前一年的则为74174千万卢比。原油的支出将会大规模地影响到国家的外汇储备。现今石油工业非常坚定地把乙醇视为燃料。按照估算，燃油的世界需求增长量中75%将来自交通。在未来几年，印度的交通将消费更多的燃油。关于由生物资源生产的产品的全球联合市场年度价值大概在5000亿美元到8000亿美元。印度是全球12个超级生物多样性中心之一，仅在陆地面积的2.4%中拥有8%的全球生物多样性（Anon，2004），也是世界25个热点地区的其中两个的家乡。印度蕴藏着超过4500种的已知品种的植物资源，代表了地球上11%的植物种类。单独地以开花植物的多样性来说，印度排在世界第十。大约开花植物中的33%和所有植物的29%是该国特有的。因此，我们应该花时间来探索并选择和利用传统的智慧。考虑到石油产品的成本和使用产品后产生污染的严重性，许多发达国家和发展中国家已经投资植物油，作为柴油的替代品。在化学上，生物柴油是通过酯交换反应衍生，可再生原料（如植物油和动物油脂）的长链脂肪酸的单烷基酯的混合物。印度的政府机构、研究机构和汽车工业已经制定了合适的计划。研究的目的是找出制造脂肪酸甲酯的有效方法来提高生物柴油的产量。

种子油有作为燃料的前途，特别是用于柴油发动机（Morgan和Shultz，1981）。生物质可以用来替代石油和天然气（Lipinisky，1981）。光合作用转化是一种主要选择，生产能量来制造适用于用甲醇或者乙醇燃烧的内燃机。这些化学物质任何一个都可以用作燃料，只要设计出适合它们燃烧的发动机。更常见的是，有人提议将乙醇汽油中混合的乙醇比例提高到汽油的20%，这是一种可以用于现存的内燃机的燃料，发动机需要一点或者不需要调整就可以使用该燃料（Ghose，2000a；Ghose，2002b）。甲醇也是可以从生物质中制取的。通常是将生物质，如木材，转化成一氧化碳和氢气，然后将这些气体合成甲醇（Haggin，1982）。由于化石燃料资源的不断消耗，生物柴油作为有吸引力的燃料变得越来越重要。

从化学成分来讲，生物柴油是由长链脂肪酸中的单烷基脂类组成的混合物，是可再生原料（如植物油和动物脂肪）通过脂类转换过程得到的（Coupland和McClements，1997）。用作燃料的生物柴油的玉米吸收的二氧化碳的数量等于它们作为燃料释放的。这样的话，可再生燃料就不会造成全球变暖了。生物乙醇和生物柴油这两种用于交通方面主要的生物燃料在世界上许多国家变得越来越受欢迎。生物乙醇（称作乙醇）是由像糖浆、甜菜、甘蔗汁、谷物和块茎这样的未加工材料制成的，而生物柴油则是由油制成的（这些油来自于像麻风树和水黄皮也就是卡兰贾这样的含油种子）。发展出一个有效的方法来得到各种纤维素原料，包括森林植物的残余物和乙醇作物，这种网络计划已经得到了赞成和支持。德拉敦的印度汽油机构已经完成了对麻风树属、水黄皮属、紫荆木属、山柑藤和混合油用均匀的碱金属催化剂的酯基转移的实验室研究。这些生物柴油的提取物正在与传统柴油一起用于常规柴油发动机的运行测试。更进一步的扩大规模和均匀催化剂作用的工艺过程管理正在进行。在工作台和实验台规模里分别进行纯化过程中产生的副产品甘油。

麻风树迄今被认为是热带地区中一种野生的含油种子的植物，现在被认为是理想中合适种植在印度荒地的有前途的生物燃油作物。这种作物甚至在国际上也是有很大的需求量。研究包含了用作生物柴油的麻风树属种子的用法，特别强调了应用生物科技原理来提高麻风树属种子的产量。这些潜在的生物燃料作物带来了主要的经济活动，像给农村社区提供农村电气化、收入和工作机会。目前研究计划采用的方法是为了提高应用了生物科技方法得到的含油种子成分中的棕榈酸（C_{16}）和油酸（C_{18}）的产量。现在的工作内容有，在限定条件下，在实验室里培养出四种不同的大肠杆菌。这些菌株有不同的表达载体，这些载体克隆于它们自身，而且它们展示了不同的和在某些情况下是新的脂肪酸。对于菌株来说，生产脂肪酸和酯基转换是同时进行的，人们尝试用带火焰电离的气相色谱仪和质谱仪作为探测设备来估计和鉴定生产出来的脂肪酸。

每加仑矿物柴油的燃烧释放出 13lb 的二氧化碳（作为化石燃料储存），但是生物柴油不释放二氧化碳。超过 350 种不同类型的植物可以提供油。表 3.10 是其中一小部分。

表 3.10　　不同类型植物可提供油量的对比

植物种类	油/($lb \cdot acre^{-1}$)	油/($kg \cdot hm^{-2}$)	植物种类	油/($lb \cdot acre^{-1}$)	油/($kg \cdot hm^{-2}$)
棕榈油	4585	5000	向日葵	720	800
椰子油	2070	2260	红花	605	655
麻风树	1460	1590	黄豆	345	375
油菜籽	915	1000	大麻	280	305
花生	815	890	玉米	135	145

麻风树是里面最适应印度气候的。在干旱和半干旱的荒地里，它可以生长至 15～20ft 高。目前麻风树已经在许多州大规模地种植，最初的投资是每英亩 12000～14000 卢比，产量是每年每英亩 12000～15000 卢比，种子的产量是每英亩 800～1000kg，按 5%混合，所需土地约为 200 万 hm^2，已确定盈余的土地总面积为 6600 万 hm^2。

生物柴油的生产过程容易实现。该过程中油与甲醇和氢氧化钠混合，并让它搁置一段时间。甘油放在箱体的底部，让甲酯或者生物柴油置于顶部。甘油可以用作制取高质量皂，或者精炼后以一定范围的价格售卖，这取决于它的纯度，不同的纯度可以制取大范围的产品，包括化妆品、牙膏、防腐剂、管接黏合剂、咳嗽药和烟草（作为湿润剂）。

木材资源制成的燃料产品，基本的化学反应为

$$\begin{matrix} CH_2COOR' \\ | \\ CHCOOR'' \\ | \\ CH_2COOR''' \end{matrix} + 3ROH \xrightarrow{\text{催化剂}} \begin{matrix} CH_2OH \\ | \\ CHOH \\ | \\ CH_2OH \end{matrix} + \begin{matrix} R'COOR \\ + \\ R''COOR \\ + \\ R'''COOR \end{matrix}$$

60kg 油　　6.78kg 醇类　　0.60kg NaOH　　6.5kg 甘油　　0.60kg 生物柴油（脂肪酸甲酯）

在当今市场最有竞争力的木制液体燃料厂是用稀酸水解植物，规模为每天用 1000 千吨的木材来生产乙醇，每年可以生产 1 亿 L。然而在美国和其他大部分国家，没有补贴的话，这种工厂是不可能有竞争力的。在美国，每年生产 15 亿 L 的生物乙醇，以乙醇与汽油为 1∶9 的比例进行混合。大部分乙醇玉米，用玉米作为材料有联邦政府的高额补贴，以及该补贴和各州销售混合汽油的补贴一样高或者更高。等量的乙醇将会从木材中制取，以及申请同样的价格补贴。

为了减少二氧化碳的排放，积极促进可再生能源资源如生物质的使用是必需的。太阳能在木质生物质中固定碳的能力相当高，所以发现经济上良好的技术是非常重要的，该技术能够利用未使用的木材、砍伐的木材以及建筑废料等组成的有很高利用价值的生物质。

而且，来自生物质的液体燃料可以有效减少 SPM（悬浮颗粒物）和硫氧化物，为环

境保护作贡献。

考虑到液体燃料的合成是经过气化过程的，以甲烷作为主要成分的天然气制成的液体燃料（GTL）已经发展成有前途的燃料生产技术。然而，为了能与那些来源于石油的柴油产品进行成本竞争，该技术需要继续发展。

此外，例如木质原料这样的生物质资源通常在山区是分散的，难以收集，这样会提高产品的成本。因此，设计一个应用于可以当场利用小巧轻便的植物的系统是有必要的。

3.7 木质固体燃料

许多固体燃料装置现在是混燃的，可以燃烧木材和煤。这些包括壁炉、电炉、室内加热器、炊具和独立锅炉。制造商的规格会告诉你可以燃烧的东西；特别重要的，如果该设备有一个锅炉，可以通过燃烧不同的燃料得到你期待的平均输出。

有些装置是完全用来燃烧木材的，他们没有炉排。然而，一些可以通过加装炉排转换为烧煤的，燃烧烟煤和无烟煤的时候必须使用炉排，因为这些燃料比木材产生的灰分更多。炉排可以使灰远离火床。只要你了解技术辅助和支撑的水平，从网上或批发商店采购可能会比其他途径花费少，更加令人满意。我们总是推荐去找工程师咨询购买设备，他们将会问你的出烟口是否满足要求，这个设备是否满足你的燃烧条件。

1. 木质颗粒

木质颗粒在专门设计的炉子上使用。颗粒通常是由锯木厂的木材废料制成。木材经过一个相当漫长的转化过程，最终挤压为硬颗粒。尽管有加工，燃料仍然是碳平衡的，所以对环境的危害小于其他化石燃料。对商业经营，如同其他任何木材燃料，木材颗粒不吸引气候变化征税。在英国，虽然鼓励本地生产，但是生产量还是有限的。所以，同时从国外进口。这个国内用在室内加热器和锅炉颗粒用预包装袋供应，通常有 10kg 的重量，这个大小方便他们存储和加载到料斗。对于较大的锅炉模型，颗粒可以散装，但必须提供合适的连接到锅炉的筒仓。目前，大多数该颗粒是由市场上的锅炉店供应。

必须确保用在炉子上的颗粒质量很好。目前欧洲标准正在制定中，但与此同时知道的颗粒一般有两种尺寸，并且 6mm 的最常见于房间内的热水器/炉。质量好的颗粒可以从原始木材中获得，他们在输送过程中可以保持完整性，不应该使用来自再生木材的木质颗粒。它可能包含有害化学物质。

2. 原木

现在最常见的木材燃料是原木。这些通常来自于当地，可以从很多渠道获得，例如煤炭商人、农民、树木修剪人员。很重要的一点是这些原木必须是干的并且易于风干的，湿或未干的木材燃烧效率较低，会导致在很短的时间内，烟囱里堆积有害物质。厚木馏油或树脂材料涂层会导致烟囱火灾，或妨碍烟囱正常运作，这会让有害的烟雾进到居民区。通过煽动装置设备来实现高效燃烧，这可以使设备里的气体充分燃烧。当所有木材燃烧成木炭和灰时应该减小燃烧速度。新添加的木材燃烧会在烟囱里产生烟和杂酚油。炉子里应该不能堆放木材到第二天燃烧。明火会使木材燃烧成木炭，会留下燃烧了一天的灰，没有二次空气和最小一次空气。

未风干的原木应储存在盖下，但应开放以允许自由空气流通至少一年。一些原木完全风干需要3～4年。在使用它之前的几天把它搬入房间以使它尽可能的干。来自不同树木的木材有不同的热值。木材燃料的热值通常不到煤炭和无烟燃料热值的一半，所以必须准备使用更大体积的木材来加热家庭或房间，除非同时使用木材和矿物固体燃料。

根据度量衡法，煤和无烟燃料必须按照规定的量卖，这很容易和供应商比较成本。除非有当地有效的法定文书，那么木材的交付就没有这种法定的重量。原木和木材通常是在网上或者用卡车装载出售，所以要小心检查你所花的钱应该得到的量。刚砍伐的木材重约1t，当把它完全暴露在空气中风干，每立方米固体反而会失去多达一半的重量，所以在交易之前一定要知道这些木材风干了多久。

如果你烧木头，你应该至少一年清扫两次烟囱。不要焚烧任何涂了油漆或处理过的木材。涂了油漆和处理过的木材燃烧时会释放对健康和环境有潜在危害的化学物质。中密度纤维板和刨花板也会释放对健康和环境有潜在危害的化学物质。

3. 木屑

木屑通常是栽培工业的副产品或由废木材制成。燃料在具有容量螺杆式锅炉中使用，锅炉用在燃料自身的微芯片系统和大型建筑，如休闲中心，需要用在商业规模的锅炉。重要的是要确保存储木屑含水量较少。

4. 热火木材

这些产品是用木屑制造的，是以木材形状约束或压制在一起。它们包含一种易燃物质，使产品很轻。一些品牌（包括市场上的Bryant、May、Bord和Mona brands）在烟气控制地区被授权使用。它们相对昂贵，但是燃烧可以持续两三个小时。它们是清洁并且容易使用的，是在寒冷的夜晚快速生火的理想燃料。该产品可以从超市、车库，以及其他一些煤店商人那里购买。

5. 木块

木块（特别是那些水分含量低，约3%）被认为是适用于多种燃料炉的。所有化石燃料（煤、无烟煤、石油、天然气、液化石油气和木材），当他们燃烧时放出二氧化碳，二氧化碳加剧了大气中温室效应，影响了气候变化，所以思索如何减少这种气体排放的方法是非常重要的。可以通过良好的维护和整合，适当的控制采暖系统，确保采暖系统是有效的来完成。还应采取其他节能措施，比如增加家里的保温隔热。木材燃料是碳中性的，当它在燃烧时，它会释放出生长过程中吸收的二氧化碳。因此，木材燃料设备根据建筑法规来安装更有利。

参考文献

Ahrenfeldt，J.，Jensen，T.，Henriksen U.，Gøbel，B. 2003. CO and PAH emissions from engines operating on biomass producer gas，Technical University of Denark Publication.

Ali，Y.，Hanna，M. A. 1994. Alternative diesel fuels from vegetable oils. Bioresource Technology，50：153-163.

Anon 2004. National Biotechnology Development Strategy-A Draft report prepared by Department of Biotechnology；Ministry of Science and Technology，Government of India.

Buckingham，F. 1982. Vegetable oil fuels-not quite yet! Agricultural Engineering，63（10）：27-29.

Callahan, T. J. , Ryan, T. W. , Buckingham, J. P. , Kakockzi R. J. , Sorge, G. 1996. Engine knock rating of natural gases - expanding the methane number database, vol. 274, ASME, Internal - combustion engine Division ICE, 59 - 64.

Clark III, A. , McAlister, R. H. 1998. A visual tree grading system for estimating southern pine lumber yields in young and mature southern pine. Forest Products J. 48 (10): 59 - 67.

Clark, A. , III. 1994. Heartwood formation in loblolly and longleaf pine for red - cockaded woodpecker nesting cavities. In: Jones, E. J. ed. Proceedings of 461h annual conference of southeastern association of fish and wildlife agencies. 1992 October 25 - 28; Corpus Christi, TX, pp. 79 - 87.

Coupland, J. N. , McClements, D. J. 1997. Physical properties of liquid edible oils. Journal of the American Oil Chemists' Society, 74 (12): 1559 - 1564.

eNREE 2004. A quarterly electronic newsletter on renewable energy and environment, Ministry of Environment and Forests, govt. of India. 1 (1) March.

Gaur, S. , and Reed, T. B. , 1998. Thermal Data for Natural and Synthetic Fuels. Marcel Dekker Inc. , New York.

Ghose, M. K. 2002a. Environmentally sustainable supplies of energy in Indian Context, J. Institution of Public Heath Engineers, 2 (2002): 51 - 56.

Ghose, M. K. 2002b. Potentials of geothermal energy, *J. Energy in Southern Africa*, 13 (4): 144 - 148.

Ghose, Mrinal K. 2004. Environmentally sustainable supplies of energy with specific reference to geothermal energy, *Energy Sources*, 26 (6): 531 - 539.

Haggin, J. 1982. Methanol from biomass draws closer to market, Chemical and Engineering News, 12 July: 24 - 25.

Hardin, G. R. Henkel, W. Plohberger, D. 2003. Experience with gas engines optimized for H_2 - rich fuels, ASME, Internal - combustion engine Division ICE, 679 - 90.

Heywood, J. B. 1985. Internal - combustion engine fundamentals, McGraw - Hill, New York.

Holvenstot, C. E. 1961. Performance of spark ignition 4 - cycle engine on various fuels, ASME, Internal - combustion engine Division ICE.

Karim, G. A. , Klat, S. R. 1996. The knock and autoignition characteristics of some gaseous fuels and their mixtures, *Inst Fuel J*, 39 (302): 109 - 119.

Klimstra, J. 1986. Interchangeability of gaseous fuels - the importance of the Wobbe - index. SAE technical paper 861578.

Klimstra, J. , Hernaez, A. B. , Bouwman, W. H. , Gerard, A. , Karil, B. , Quinto, V. , et al. 1999. Classification methods for the knock resistance of gaseous fuelsan attempt toward unification. In: Fall technical conference, Paper No. 99 - ICE - 214. 127 - 7.

Leiker, M. , Christoph, K. , Rankl, M. , Cantellieri, W. , Pfeifer, U. 1972. Evaluation of anti - knocking property of gaseous fuels by means of methane number and its practical application to gas engines. ASME - 72 - DGP - 4.

Lipinsky, E. S. 1981. Chemicals from biomass: petrochemical substitution options, *Science*, 212: 1465 - 1471.

Li, H. , Karim, G. A. 2006. Experimental investigation of the knock and combustion characteristics of CH_4, H_2, CO, and some of their mixtures, *J. Power Energy* 220: 459 - 471.

Morgan, R. P. , E. B. Shultz, Jr. 1981. Fuels and chemicals from novel seed oils. Chemical and Engineering News, 7 Sept, pp. 69 - 77.

Neyeloff, S. , Gunkel, W. 1981. Performance of a CFR engine burning simulated anaerobic digerster's gas, vol. 2, ASAE publication, 324 - 9.

Ryan, T. J., Callahan, T. W., King, S. R. 1993. Engine knock rating of natural gases - methane number, *J. Eng. Gas Turb. Power* 115: 769 - 776.

Schaub, F. S., Hubbard, R. L. 1985. A procedure for calculating fuel gas blend knock rating for large bore gas engine and predicting engine operation, *J. Eng. Gas Turb. Power* 107 (4): 922 - 930.

Song, X., Guo, Z. 2007. Production of synthesis gas by co - gasifying coke and natural gas in a fixed bed reactor, *Energy* 32 (10): 1972 - 1978.

Watson, J., Hopkins, N., Roberts, J., Steiz, J., Weiner, A. 1987. Molecular Biology of the Gene. Benjamin - Cummings, Menlo Part, CA, 4th edn.

Yoshiba, F., Izaki, Y., Watanabe, T. 2004. System calculation of integrated coal gasification/molten carbonate fuel cell combined cycle reflection of electricity generating performances of practical cell, *J. Power Sources* 132 (1 - 2): 52 - 58.

第4章　木材燃料的性质

JAMES G. SPEIGHT
CD & W Inc.，Laramie，Wyoming，USA

4.1　引言

木材是一个广义的名词，用来描述各种各样未经开发的资源。这些资源除了用来发电之外，还可以经过处理制备各种木质产品。其中木质产品不仅包括各种燃料，而且包括这些可用燃料所处的能源体系。例如，木质能源产品包含气体燃料、液体燃料、燃料颗粒物以及块状燃料，它们都可以用来满足燃料的需求。

木材是人类最早使用的燃料。在不成文的编年史册中就记录了木材是第一个作为燃料来使用。早期的考古工作证实了在地面上支起柴火的使用以及在居住的帐篷的顶部有一个通风孔，这个通风孔是通过对流的方式将柴火燃烧产生的烟尘排到帐篷外。在固定的构筑物如史前所使用的洞穴中，人类用所建造的灶台生火，这些灶台的表面由石头或不可燃材料制作而成（Youngs，1982）。

希腊人、凯尔特人、英国人、高卢人和罗马人等能比较容易地获得适合作为燃料使用的林木。千百年来，由于木材作为燃料的需求不断增长，使得部分森林土地遭到毁坏。随着18世纪工业革命的到来，对木材作为燃料的需求有了相当程度的增长，直到这种不断增长的需求被一种新的燃料资源——煤所满足；相对于木材，煤更适合新的大规模的产业。而在欧洲的许多地方，林地继续供给木材燃料直到（甚至超出许多情况下）第二次世界大战结束（Youngs，1982）。

20世纪后几十年间，随着煤、石油、天然气等较小的劳动密集型燃料使用的不断增加，把木材作为热能来使用有所降低。然而，预测到21世纪后半叶，会出现石油和天然气的短缺，因此使用木材作为燃料越来越受到关注（Speight，2008）。

燃料是指与氧气和火源接触时，能燃烧并释放热量的化学品。源自木材的燃料一般分为三类：气体燃料、液体燃料、固体燃料。然而，燃料只有处于气体的形式下才能燃烧。从木材燃烧产生的挥发分一旦与空气接触，燃烧才开始。随着挥发分的燃烧，更多的挥发物质释放。

4.2　木材的性质

木材产品的性质由组成决定。而木材的物理和力学特性由特定的结构、水分含量所控制，并在较小程度上受矿物质含量及木材中可提取物的影响。木材产品的性质也受木材的定向性质的影响，纵向、切向和径向或者轴向存在显著性的差异。不同的树之间，单个品种的木材性状和单个轴向的木材性质都有很大的差异（Bergman 等，2010）。

木材是世界上最丰富的原料资源之一，物种繁多，遍布世界各地，可用来制作固液气形式的生物燃料。

一般情况下，木材是由木质素和碳水化合物（纤维素和半纤维素）等大分子有机分子组成，通过物理化学方式结合在一起。物种的种类的不同，其纤维素、半纤维素和木质素的含量有所不同。这些组分和矿质元素影响木材的热值和可利用潜力（Bergman 等，2010）。

所有的树和灌木物种含有丰富碳水化合物和油，适合生产液体和气体能源。纤维素、淀粉和糖可用来生产乙醇。与此同时，植物油可用作生物油。木质纤维素类的植物可作为固体燃料直接提供能源或者通过转换间接提供能源（Wright 和 Berg，1996）。

木材在化学组成方面有显著的差异，因此其能量密度图谱的宽度由木材品种决定。具有最高能量密度的木材是白橡木，其能量密度接近无烟煤。

了解木材的物理性质很重要，因为在生产燃料过程中，物理性质可能会显著地影响木材的性能。通过一定量木材转化的选择度、能量密度的极限值、收到基含水量和颗粒尺寸，将针对燃料种类来确定木材燃料的品质。由木材资源生产的燃料的最重要的性质有：水分含量、密度、热值、粒度分布、灰分含量和性质、化学组成、挥发分的量、工业分析和元素分析的结果。

一般情况下，干木材越重，能量和利用效率就越高。一些木材，如硬木，就不能燃烧；而有些木材如果燃烧，可能会很危险。毒橡木、常春藤或漆树就不应该燃烧——其燃烧产生的烟不仅有刺激性而且对某些人是致命的。

能量密度取决于对应的燃料的净热值、含水量、密度和粒度。当针对能量密度和含水量来选择极限值时，在使用不同木材燃料的特征值之前，应该考虑不同特征的相互依存。在交付不同木材混合燃料或混合物（如树皮/木屑、机芯片/研磨粉/其他木材残留物）时，应考虑到使用和安全的问题，各部分应该符合燃料的品质等级和质量测定的应用指标。将针对燃料的机械性质（即超粒径颗粒）和其他性质来具体说明对于燃料的其他特征的质量的限制。当预备交付协议的时候，由于可能的季节变化，双方各自应该考虑性质方面的差异并达成一致。

木质生物质作为可代替能源原料有一些显著的优势。不仅木材是一种可再生能源，而且用生物质能源资源取代化石能源资源将减少温室气体 CO_2 组分。因此，增加源自木质生物质的全球能源生产有助于碳循环的平衡，并且能确保全球经济中能源的需求得到满足。

木材的物理性质是木材和其特性的量化特征，这种量化特征是一种不同于作用力的外在的影响因素。木材的物理性质包括含水量、温度和热解特性以及密度。

影响木材密度的因素有以下几个方面：

（1）水分含量。水分含量越高，密度越低，且一直低至纤维素饱和点。在干燥过程中，这个饱和点代表仅有水附着在细胞壁上、自由水已从细胞腔中除去的那个点。

(2) 不同细胞类型和细胞壁厚度的木材所占比例，含水率为零时密度最大。

(3) 细胞以及细胞腔的尺寸。细胞腔以细胞壁为边界，具有大的细胞腔的大型细胞的密度较小。

元素分析和工业分析以及总热值（高位发热值）的测定可以概括木材燃料的性质。

木材元素分析的结果是50%碳、6%氢、44%氧和矿物质自由基（表4.1）（Tillman等，1981；Wilén等，1996）。木材的矿物质含量（由矿物灰测定）接近0.6%，而树皮接近3%；但由于收获时夹带泥土，木材燃料的矿物质含量可能会高。木材和树皮的硫和氮一般低于0.1%，但是有些树皮的氮含量高达0.3%。

表4.1　木材的元素分析

元素	硬木平均值/%	软木平均值/%	栎树皮/%	松树皮/%
C	50.2	52.7	52.6	54.9
H	6.2	6.3	5.7	5.8
O	43.5	40.8	41.5	39.0
N	0.1	0.2	0.1	0.2
S	—	0.0	0.1	0.1

木材所含的灰分中最普遍成分是钙、钾、镁、钠、磷、硅（Ragland等，1991；Winandy，1994）。木材燃尽后的灰烬的溶解度约25%，且其提取物有很高的碱性。木材灰分的熔点温度在1300～1500℃（2370～2730℉）（Ragland等，1991；Winandy，1994；Wilén等，1996）。

木材的工业分析的结果是75%～80%的挥发分和20%～25%的固定碳（表4.2）（Wilén等，1996）。由于没有充分地取样和检验，所以针对物种所列举的数值不是有效的。软木一般有较高的热值，约9000Btu/lb，然而硬木的热值只有约8600Btu/lb。

表4.2　木材燃料产品的总热值

燃　料	总　热　值	
	kJ/kg	Btu/lb
酒精（96%）	30000	—
无烟煤	32500～34000	14000～14500
烟煤	17000～23250	7300～10000
碳	49510	20900
木炭	34080	—
焦炭	29600	12800
煤	15000～27000	8000～14000
柴油	44800	19300
乙醇	29700	12800
甲醚	43000	—

续表

燃　料	总　热　值	
	kJ/kg	Btu/lb
汽油	47300	20400
木质素	16300	—
甲醇	55530	—
植物油	39000～48000	—
汽油	48000	7000
石油	43000	—
丙烷	50350	—
煤油	35000	154000
干木材	14400～17400	6200～7500

注：总热值（GCV）假设燃烧的水是完全冷凝的，包含在水蒸气中的热量都被回收。

$1kJ/kg=1J/g=0.4299Btu/lb_m=0.23884kcal/kg$；

$1Btu/lb_m=2.326kJ/kg=0.55kcal/kg$；

$1kcal/kg=4.1868kJ/kg=1.8Btu/lb_m$。

不同的树之间以及同一种树不同部位的含水量有所不同；理论上含水量在30%～70%，但通常情况是在45%～50%（Wilén 等，1996）。软木一般有较高的热值，约9000Btu/lb，然而硬木的热值只有约8600Btu/lb。

木材的主要组成部分，如纤维素、半纤维素、木质素、提取物和木炭，有不同的热值；其中一些组分的热值在文献中有所说明。半纤维素和纤维素的热值约8000Btu/lb。木质素的热值在10000～11000Btu/lb。从软木中提取树脂材料的热值约16000Btu/lb。绝大部分挥发分析出后所形成的木炭的热值约12000Btu/lb。

含水量对净热量有很大的影响，即水吸收了从燃烧过程释放的热量，从而减少了燃料的净热值（图4.1）。

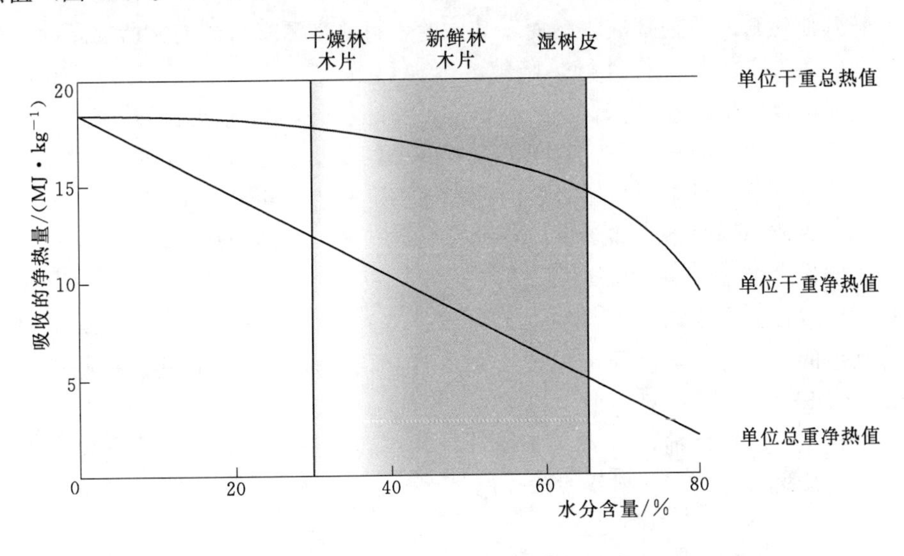

图4.1　含水量对木材热值的影响

木材燃料的含水量在20%～65%不等，且其受以下参数的影响（Bergman等，2010）：气候条件、季节、树的种类、茎的部位、储存阶段。

堆积密度（kg/m^3）表示干质量与实体积间的关系，或者说是每单位实体积干木材的质量。表4.3列出了不同木材的堆积密度。当一种所谓的燃料的容积量转化成固体量时，需要知道燃料的实体积比。北欧木质生物质是松散的或者未经压缩的，其堆积密度为200～350kg/m^3。

表4.3　各种木材的堆积密度（Wilén等，1996；Ragland等，1991）

燃料种类	堆积密度/($kg \cdot m^{-3}$)	燃料种类	堆积密度/($kg \cdot m^{-3}$)
硬木木屑和树皮	227	松木树形芯片	181
混合松木与硬木木屑	219	经干修剪的硬木	221
干净的阔叶木浆芯片	210	硬木刨屑	157
硬木树形芯片	211		

因为木材不含灰分，所以木材的灰分含量的说法是不正确的。木材含有矿物质，燃烧过程中这些矿物质会转化为矿物质灰。

燃烧所产生的灰烬用空气干燥基质量百分比表示或者用收到基质量百分比表示。任何燃料（如煤）的高矿物质含量一般会降低燃料的热值（Speight，2008）。

由木材产生的矿物质灰的质量百分数为0.05%～3.0%。固体燃料的可燃物可分为两组：挥发分和固定碳。由木材生产的挥发分的量高达能量的80%，该能量源自挥发分燃烧释放的能量。

4.3　木材燃料的性质

就燃料的生产而言，有三种主要的燃料来源：石油、天然气、煤。由这些化石燃料生产的燃料是其他燃料的评判基准。然而，其他的燃料的来源来自如前文所提及的木材。

在合适的条件下，木材将进行热降解或者说热解（Spearpoint和Quintiere，2000）。热解的副产品可以燃烧，并且木材产生并积蓄足够的热量，木材也可以燃烧。在存在一个引燃火焰（单个火源）的条件下，对于着火所必要的最小加热速率约0.3cal[1]/cm^2。在缺少引燃火焰的条件下，对于着火所必要的最小加热速率约0.6cal/cm^2，是接近有引燃火焰条件下最小加热速率的两倍。如果反应物没有混合充分，这样的热处理所产生的焦炭将起到热绝缘体的作用。

木材可以以各种形式来生产燃料，如原木、木屑片以及重组燃料（如加工成颗粒）。当然还有其他的一些方式，在研究阶段，用木材和压缩成型的林业废弃物制备液体燃料（Speight，2008）。

在木材转化为燃料之前，首先应干燥木材，然后切割，最后筛选一定尺寸大小的颗粒，这样容易传热和传质。在燃烧或作为原料之前，木材转化为燃料的主要过程分为以下

[1] cal（卡路里），热量单位，1cal=4.184J。

几类：

（1）碳化是可燃的木材或生物质在缺氧的条件下裂解转化为液体、气体和木炭等产物的过程。

（2）气化是加热固体生物质燃料（如木材、木炭），使其裂解而制备可燃气体（被称为水煤气）的过程。

（3）成型过程克服了原料体积大、低热效率和由有无粘连剂的无烟煤球的木材副产品释放的烟尘等问题。

（4）液体燃料的生产，如通过热解或发酵来生产乙醇；生物质如纸浆残留物也可以制备液体燃料。

（5）燃烧是木材以最初的形式或木材经过以上所提及的一个或多个过程所制备的燃料直接燃烧产生热量的过程。

燃烧过程产生了有用能以供热或推动蒸汽轮机驱动电动机来发电。可替代过程涉及了一个中间步骤，也即制备液体或气体燃料，该燃料随后通过燃烧将能量传递终端使用。这些可替代过程包括生物化学和热化学方法，这些方法是将木材裂解成可以用来制备各种各样的液体燃料（如乙醇、丁醇、柴油和生物油等）和气体燃料（如水煤气、合成气、甲烷和氢气等）的化学品。这些化学品所制备的一些燃料本身可以作为原料，经过工艺处理生产更高热值的生物产品。比如费托合成工艺，该工艺是一个有名的工业方法，能将合成气催化转化为液体车用燃料如合成柴油或者乙醇。

通过这样一个过程，我们可以生产各种各样的气体产品、液体产品和固体产品（表4.4）。

表 4.4　干木热解产物的分布（Bowersox 等，1979）

产　物	质量百分比/%	产　物	质量百分比/%
H_2O	0.25	低碳烃	0.047
CO	0.183	焦油	0.20
CO_2	0.115	焦炭	0.20
H_2	0.005		

4.4　气体燃料的性质

气体燃料是在常温常压的条件下以气体形式存在的燃料，它可以在火炉或发动机中燃烧产生能量或（如合成气的例子）转化为其他的燃料产品。

由木材制备的气体是氢气和一氧化碳的混合气体，与从北海进口天然气之前所产的煤气比较相似。这种气体可以在内燃机或燃气轮机发电过程中燃烧，燃烧释放的能量可用于驱动发电机发电。尽管目前由木材制备的液体燃料较少，但是在一些国家的遥远地区，木煤气发电的地位举足轻重。

木材气化是给木材加热制备可燃气体的过程。该过程可以通过在一个限制助燃空气吸入的燃烧器中燃烧木材，使得燃料不能完全燃烧来实现。一个相关的过程是采用外在热源给置于密闭的容器中的木材加热。每个过程制备的产物不同。

如果氧气过量，木材燃烧的产物将是二氧化碳、水、少量的灰烬（来自木材中的无机组分）和热量。

如果缺氧但有足够的热量，燃烧将继续，但并不充分。在这种限燃条件下，一个氧原子将与一个碳原子结合，与此同时氢原子有时和氧原子结合，有时不和氧原子结合。这个限燃的过程产生了一氧化碳（和汽车尾气产生的机理一样）、水和氢气。这个过程也会产生一些其他的化合物和单质，如碳（木炭、焦炭）。

由木材制备气体燃料的技术相对简单。一个设计得当的由木材和空气混合燃烧的燃烧器，是一个相对安全的制备气体燃料的方式。木材体积较大不容易处理，而木煤气处理起来就很方便了。它可以在各种现有的装置中燃烧，而不仅仅是在内燃机中燃烧。

木材的气化产物是有选择性的，木材气化可转化为可燃性混合气体，俗称水煤气。这种水煤气由氢气（H_2）和一氧化碳（CO）以及相对较少的二氧化碳（CO_2）、水（H_2O）、甲烷（CH_4）和较高的碳氢化合物（C_xH_y）以及氮气（N_2）组成（表 4.5、表 4.6）。

表 4.5　木材和焦炭的气化产物组成

气　体	木煤气	木炭气
氮气/%	50～54	60～63
一氧化碳/%	20～22	23～33
二氧化碳/%	9～11	3～7
氢气/%	12～15	4～14
甲烷/%	2～3	—
热值/(kJ·m^{-3})	5500	4100

表 4.6　木煤气和天然气的组成及性质

性　质		木煤气	天然气
空气中可燃性极限(体积百分数)/%	下限	12	4.8
	上限	74	13.5
组成(体积百分数)/%	甲烷	1.0	96.0
	乙烷	—	3.0
	二氧化碳	6.0	0.2
	氧气	50.0	0.8
	一氧化碳	30.0	—
	氢气	10.0	—
	焦油和油挥发	3.0	—
热值/(kJ·m^{-3})		7450	38220
近似火焰温度/℃		1760	1925
干空气/气体		1.59	9.65
气体与空气混合物的热值/(kJ·m^{-3})		2875.7	3587.2
可燃烧气体产物/气体		1.83	10.6
可燃燃料气体的热值/(kJ·m^{-3})		4060	3600

水煤气的能量高达木材中储存能量的60%。它有以下几个方面的用途：可以直接燃烧产生热量或者作为内燃机和燃气轮机的燃料来发电；除此之外，它也可以作为原料来制备化学品，如乙醇。

在气化过程中，木材（加上所选的生物质）在150～500℃温度范围内可降解生成碳氢化合物、气体产品和焦炭。

$$木材 \longrightarrow C_xH_y + C_xH_yO_z + H_2O + CO_2 + H_2$$

烃馏分由甲烷与高沸点焦油组成。其组成受许多参数的影响，如生物质粒度大小、温度、压力、加热速率、停留时间和催化剂。有效反应为

$$C + CO_2 \longrightarrow 2CO$$

$$C + H_2O \longrightarrow CO + H_2$$

$$C + H_2O \longrightarrow CO_2 + H_2$$

$$C + 2H_2 \longrightarrow CH_4$$

$$CO + 3H_2 \longrightarrow CH_4 + H_2O$$

水煤气的成分随木材的性质、气化剂和过程条件变化而变化。热解生成的焦炭占总输入能量的20%～60%，其大小取决于原料的性质和过程条件。因此，焦炭的气化是固体生物质完全转化为气体产物和生物质中能量的有效利用很关键的一步。

还原层生成的水煤气离开还原层进入反应器的冷却区域时，温度下降以及上文所提及的反应将停止。未反应的焦炭将进一步与空气中的氧气在反应器最底层发生如下反应：

$$C + O_2 \longrightarrow CO_2$$

最终，灰烬将留在反应器的底部。产生的二氧化碳向上流动，参与还原层的反应。氧化层所释放的热量供还原过程和热解过程所用。

甲烷是木材气化过程（Schulz等，2005）生成最重要的碳氢化合物；它有各种已知的属性（表4.7）。木煤气（可能含有很多的甲烷）由于其较高的含氧量不能压缩成液体，它在压力的作用下将会发生爆炸，且在进一步使用前需要净化处理。甲烷以气体的形式储存于低压的袋状容器中；甲烷作为气体储存在极低压的袋状结构中，由木材制备的甲烷每立方英尺的能量含量低，部分原因是二氧化碳含量高。甲烷可用作污水处理厂中内燃机的运行燃料来发电。

表4.7　　甲烷的性质

项　目	数　量
分子量	16.043g/mol
熔点	−182.5℃
熔化潜热（三相点）	58.68kJ/kg
液体密度（沸点）	422.62kg/m^3
液体/气体等效（15℃，59℉）	630
沸点	−161.6℃
挥发分的潜热（沸点）	510kJ/kg

续表

项　目	数　量
临界温度	−82.7℃
临界压力	675psi
气体密度（沸点）	1.819kg/m^3
气体密度（15℃，59℉）	0.68kg/m^3
压缩因子（Z）（15℃，59℉）	0.998
比重（空气=1）（21℃，70℉）	0.55
比体积（21℃，70℉）	1.48m^3/kg
等压热容（C_p）（21℃，70℉）	0.035kJ/(mol・K)
等体积热容（C_p）（21℃，70℉）	0.027kJ/(mol・K)
比热率（函数，C_p/C_v）（21℃，70℉）	1.305454
黏度（0℃，32℉）	0.0001027 P❶
热导率（0℃，32℉）	32.81mW/(mK)
水中溶解度（2℃，35.6℉）	0.54
自燃温度	595℃(1070℉)

4.5　液体燃料的性质

木材也可以用来制备液体燃料。当木材在缺氧或减少空气供应条件下加热时，可以生产液体燃料。传统石油燃料可以用类似的方法来生产。

由木材制备液体燃料最有前景的三种途径分别是制备甲醇、乙醇和柴油；制备其他的一些液体燃料也是可能的（Zerbe，1987）。甲醇是木材中的第一种燃料，通常被称为木醇。

4.5.1　甲醇

甲醇是一种具备许多价值特征的产品，这使得它有很多方面的用途。它可以用作燃料或燃料添加剂、化学原料、溶剂、制冷剂和许多消费品中的一种组分或媒介。甲醇也具有毒性、易燃性和可反应等一些危险的化学性质；当使用不当时，甲醇可能对人类健康和环境造成致命的影响。

甲醇是一种无色、无味、有毒的液体（Methanex，2006；Methanol Institute，2008）；它是最简单的醇类、木材干馏的天然副产品以及以前木炭生产过程的副产品。

甲醇是一种无色的液体，完全溶于水和有机溶剂，具有很强的吸湿性。它一般溶解于丙酮中储存和装运。它的沸点和凝固点分别是 64.96℃（148.93℉）和−93.9℃（−137℉）。它与空气形成爆炸混合物，其燃烧时的火焰呈无光火焰；如压力超过 15psi 时甲醇可以自发地分解。它具有很强的毒性；饮用含有甲醇的物质会引起失明，甚至造成死亡。其重要的物

❶ P（泊）为动力黏度单位，1Poise=0.1Pa・s。

理性质（表 4.8）如下：

（1）化学式：CH_3OH。

（2）分子量：34.042。

（3）凝固点：－97.7℃。

（4）沸点：65℃。

（5）密度：0.7913g/mL，在 25℃下，0.7866g/mL。

（6）生成热：－201.3MJ/kmol。

（7）气化潜热：35278kJ/kmol。

（8）临界温度：512.6K。

（9）临界压力：81bar。

（10）临界摩尔体积：0.118m^3/kmol。

（11）黏度：在 20℃下，0.59cP。

表 4.8　　甲醇的热物理性质

温度/℃	潜热/(kJ·kg^{-1})	液体密度/(kg·m^{-3})	挥发分密度/(kg·m^{-3})	液体热导率/[W·(m·℃)$^{-1}$]	液体黏度/cP	挥发分黏度/10^2cP	挥发分压力/bar	挥发分比热/[kJ·(kg·℃)$^{-1}$]	液体表面张力/(10^{-2}kg·m^{-1})
－50	1194	844	0.01	0.210	1.700	0.72	0.01	1.20	3.26
－30	1187	834	0.01	0.208	1.300	0.78	0.02	1.27	2.95
10	1182	819	0.04	0.206	0.945	0.85	0.04	1.34	2.63
10	1175	801	0.12	0.204	0.701	0.91	0.10	1.40	2.36
30	1155	782	0.31	0.203	0.521	0.98	0.25	1.47	2.18
50	1125	764	0.77	0.202	0.399	1.04	0.55	1.54	2.01
70	1085	746	1.47	0.201	0.314	1.11	1.31	1.61	1.85
90	1035	724	3.01	0.199	0.259	1.19	2.69	1.79	1.66
110	980	704	5.64	0.197	0.211	1.26	4.98	1.92	1.46
130	920	685	9.81	0.195	0.166	1.31	7.86	1.92	1.25
150	850	653	15.90	0.913	0.138	1.38	8.94	1.92	1.04

由于甲醇无色、无味、有毒，需要向甲醇中加入木精或煤油使其具备强烈气味以便工人能意识到其泄露和漏损。甲醇能与水混溶，也能与绝大多数的有机溶剂混溶，包括汽油。它极易燃，其燃烧火焰呈几乎看不见的蓝色。甲醇是合成醋酸的主要原料，在生成甲酯过程中，消耗了大量的甲醇。甲醇本身可作为许多物质的萃取剂和溶剂，且在寒冷的天气与汽油混合做冷凝剂来缓解冷凝不完全的问题。

甲醇是一种比较常见的工业溶剂，在脱漆剂、净化剂和防冻剂中，都能见到甲醇的身影。甲醇利用最广泛的是作为生产甲基叔丁醚（MTBE）的原料，一种汽油添加剂。它也可以用来制备可萃取甲醛、醋酸、甲烷氯化物、异丁烯酸甲酯、甲胺类、酞酸二甲酯和作为脱漆剂、气溶胶喷雾剂、墙漆、化油器清洁剂和汽车挡风玻璃清洗剂中的溶剂或防冻剂。

纯净的甲醇是一种化学合成品中的重要原料。它的衍生物广泛用于制备大量的化合物，包括许多重要合成染料、松香酯、药品和化妆品等。如大量的纯净甲醇可转化为二甲基苯胺和可萃取甲醛等衍生物；二甲基苯胺和可萃取甲醛可分别用来生产颜料和合成染料。它也可以用于汽车防冻剂、火箭燃料和作为一般溶剂。甲醇也是一种高能量、清洁燃料，是潜在的重要的车用汽油燃料的替代品。甲醇是木材的衍生物，其主要指的是工业酒精，而非啤酒和精神类饮料，因而不适合饮用。许多失明或死亡的案例都是误饮用含甲醇的饮料造成的。

甲醇的摄入往往是偶然的，但是对于一些酗酒者情况就不一样了，当他们不能获得乙醇饮料时，他们会转而摄入过度的甲醇。在通风差的环境中工作的工人可能会遭受吸入甲醇带来的副作用，且甲醇的摄入被认为是一种医疗紧急情况。

类似肝代谢酶（乙醇脱氢酶和乙醛脱氢酶）分解乙醇，甲醇代谢生成甲醛和甲酸，甲醛和甲酸是有毒的代谢产物，是促使甲醇中毒症状的罪魁祸首。摄入甲醛几天后将会出现这些症状。视力模糊进而导致双眼永久失明是甲醇中毒的特征。甲酸在体内的积累将导致严重代谢性酸中毒，进而加速昏迷和死亡。甲醇中毒的症状还包括眩晕、头疼、四肢湿冷、腹痛和严重的腰酸背痛。

处理轻度甲醇中毒的方法是服用小苏打以中和酸中毒。对于重度甲醇中毒的情况，可能需要进行透析医疗；除此之外，还需要静脉注射医用酒精，因为乙醇能与乙醇脱氢酶结合，因此降低了有毒代谢产物的生成，且使未改变的甲醇从尿道中排出体外（Klaassen，1996）。

4.5.2 乙醇

乙醇也叫谷物酒精，其化学式为 C_2H_5OH，它具有一些好的品质，由可再生资源如木材衍生而来。它是通过富含蔗糖的果汁发酵后蒸馏制备的。其原料可能含有纤维素或其他种类木材的组分。

纤维素是木材最主要的组分，可溶于浓酸溶液中，且可转化为糖，进而制备乙醇。在第一次世界大战期间，稀硫酸水解方法被用来制备乙醇；在第一次世界大战和第二次世界大战期间，木材水解在欧洲受到广泛关注。在俄罗斯，木材水解厂依然在运作。

有许多和乙醇高度相关的不同的性质，且有必要对这些性质作适当地了解以获得各种实际解决一般乙醇问题的方法。再者，对于工业和燃料使用，乙醇必须净化。分馏可以按体积（摩尔百分比 89.5%）将乙醇浓缩至 95.6%。该混合物是沸点为 78.1℃的共沸混合物，且不能通过蒸馏进一步地净化。

对于获得纯乙醇的普遍方法包括干燥。干燥过程会使用到吸附剂，如淀粉或者沸石；沸石具有亲水性。绝大多数乙醇燃料精炼厂使用吸附剂或者沸石干燥乙醇蒸汽。另一种获得无水乙醇的方法是将少量苯加入到高纯度的乙醇中，然后对其进行蒸馏。纯净的乙醇在 78.3℃下蒸馏得到。然而，仍有少量使用的苯残留在乙醇溶液中。因为甲苯有毒，所以通过这种方法制备的纯乙醇不适合日常消费者。

乙醇是一种易挥发、无色的、有强烈刺激性气味的液体，且其燃烧火焰呈无烟蓝色火焰；并且火焰颜色并非一直可见。乙醇的物理性质主要源于能够参与氢键的存在，使其比具有相似分子量的极性较小的有机化合物更黏稠且挥发性更低。其物理性质如下：

（1）化学式：C_2H_5OH。

（2）分子量：46.07。

（3）碳：52.2。

（4）氢：13.1。

（5）氧：34.7。

（6）比重，在60℉/60℉条件下：0.796。

（7）密度（60℉）：6.61lb/gal。

（8）沸点温度：172℉。

（9）里德蒸汽压力：2.3psi。

（10）研究法辛烷值：108。

（11）马达法辛烷值：92。

（12）(R+M)/2：100。

（13）凝固点：−173.2℉。

（14）闪点：55℉。

（15）自燃温度：793℉。

乙醇是一种全能型的溶剂，能与水、许多有机溶剂以及低沸点碳氢化合物（如戊烷和己烷）混溶。乙醇的溶解度比高碳醇类的要高，且随着醇类碳链的加长，其溶解度降低。乙醇与烷烃的混溶仅限于十一烷烃。在低于某个温度（对于十二烷烃而言，该温度约13℃，即55℉）下，乙醇与十二烷烃或更高分子量的烷烃混合显示混溶间隙，且这个混溶间隙随着烷烃碳链的加长而变大，并且为了完全混溶，温度也将不断升高。

在给定混合比的条件下，乙醇与水混合物的体积比单独存在时两者的体积总和要小。如混合相同单位体积乙醇和水最终得到1.92倍单位体积的混合物。

在常压和78℉条件下，按摩尔百分数约89%乙醇和11%水（也即体积百分数96%和4%）的混合比混合乙醇和水来构成一种共沸混合物。该共沸混合物有较强的温度和压力依赖性，且在低于86℉的温度下，消失殆尽。

氢键结合在一定程度上引起纯甲醇吸湿，其容易吸收来自空气中的水分。羟基的极性使得乙醇溶解许多离子化合物，尤其是钠和钾的氢氧化物。因为乙醇分子也有非极性端，所以它也可以溶解非极性物质，包括大多数精油和很多的调料、颜料以及药剂。

添加少量乙醇到水中都能显著降低水表面张力。含有多于约50%乙醇的水和乙醇的混合物是可燃的，而且易燃。含有少于50%乙醇的乙醇水溶液在预热的条件下也可能燃烧。

从1998年以来，美国生产的许多汽车已经做了改装使其能够以汽油或E85作为其燃料；其中E85是85%的乙醇和15%汽油的混合物。然而，E85并没有广泛的使用。变性的或工业的酒精就是乙醇，将有毒的或令人作呕的物质加入到乙醇中，使得它不能作为饮料来使用，饮料税就不会加入这种酒精中，所以它的价格非常低。

在医学上，乙醇是一种催眠剂，也即促使人昏睡。尽管它的毒性没有其他酒精强，但是如果在血液中的乙醇含量超过约5%，会改变人的行为，使其视力受损，或者在低浓度下无意识地受到伤害。

许多国家在使用乙醇。这些国家是重要的甘蔗生产国，如巴西。无水乙醇加入到车用汽油中最大体积比达25%。巴西的汽车广泛使用无水乙醇。乙醇在家庭洗涤剂和消毒剂中也得到了应用。在巴西，含水乙醇储存在0.5～1.0L的塑料容器中用作家庭用电所需。由于误使用造成的家庭失火事故比较高，因此出台了一项法律，强制要求用乙醇凝胶代替含水乙醇；这种乙醇凝胶是一种乙醇与增稠添加剂的混合物；这种添加剂包括羧乙烯聚合物或羧甲基纤维素，它能改变乙醇，使其转变为一种具有高黏度的胶质，且增加操作过程的安全性。

甲醇和乙醇不是唯一的由木材制备的交通燃料。还存在许多制备其他燃料的可能性。最有前景的生物质燃料有乙醇、甲醇、乙基叔丁基醚和甲基叔丁基醚，它们不需要补贴，且在当今市场存在一定的竞争性。其他候选燃料包括异丙醇、二级丁基醇、叔丁醇、低碳醇和叔戊基甲基醚。

乙醇的能量比汽油要低，约为汽油的1/3，则车行驶相同的路程消耗的乙醇比汽油要多。然而，乙醇还有其他的一些特性，如较高的辛烷值，能提高发动机的效率和性能。

大多数作为燃料来使用的乙醇以5%～10%浓度混入到汽油中。在加利福尼亚，乙醇取代甲基叔丁基醚（MTBE）作为汽油的组分。目前，大于95%的汽油中都含有6%的乙醇。燃烧E85燃料（85%乙醇和15%汽油）的灵活燃料汽车（FFV）的市场规模虽小，但不断增长，其中数百万辆由美国汽车制造商生产。因为其燃料系统组件设计与更高的乙醇浓度兼容，所以可以使用任何乙醇含量高达85%的燃料。

在E85燃料中混入15%的汽油是为了确保在冷天气条件下汽车引擎能够发动，且提高火焰光度以预防火灾。低浓度的乙醇与汽油混合将导致蒸汽压力增大，对于这种情况可以通过在燃料构成过程中调节或用车载车辆系统控制。目前，所有美国使用的汽油车把混入10%乙醇的汽油作为其驱动燃料，这种燃料有时被称为乙醇汽油。

乙醇有时也用来与柴油混合来作为小型飞行器中含铅航空汽油的替代品（Torres - Jimenez 等，2010）。

4.5.3 二甲醚

二甲醚主要由烃转化生产，这种烃源自于天然气或者煤气化合成气。然后煤气化合成气在铜基催化剂的作用下生成甲醇，接着用一种不同的催化剂（如 SiO_2/Al_2O_3）对甲醇进行脱水，最终制得二甲醚。木材或生物质也可用来制备二甲醚，工艺与煤制备二甲醚相同（Speight，2008）。

二甲醚的化学式为 CH_3OCH_3，它是一种清澈的液体，其沸点是－25℃，与液化石油气（LPG）比较相似。表4.9中二甲醚的其他性质也使其可与丙烷和丁烷相媲美。因此，液化石油气的储存和使用技术也适用于二甲醚。

二甲醚是带有特殊气味的无色气体，密度比空气大，因而可贴近地表面流动，减少被点燃的可能性，且可聚集在地势较低的地方从而引起该处的缺氧。它在光和空气的作用下生成易爆的过氧化物。燃烧时，二甲醚产生刺激性气味。

表 4.9　二甲醚的性质

项　目	数　量
分子量	46.07g/mol
熔点	−141.5℃
熔化潜热（三相点）	111.34kJ/kg
相对液体密度（水=1）	0.73
液体密度（沸点）	734.7kg/m^3
沸点	−24.8℃
挥发分的潜热（沸点）	466.9kJ/kg
蒸汽压（20℃）	75psi
临界温度	126.9℃
临界压力	790psi
临界密度	271.4kg/m^3
气体密度	1.97kg/m^3
压缩系数（Z）（15℃）	0.9806
比重（空气=1）（21℃）	1.59
比容（25℃）	0.507m^3/kg
摩尔定压热容（C_p）(25℃)	0.065kJ/(mol·K)
摩尔定体积热容（C_v）(25℃)	0.057kJ/(mol·K)
比热容比（$r=C_p/C_v$）	1.142
热导率（15℃）	15.5mW/(m·K)
水中溶解度（20℃）	35V/V
自燃温度	350℃

醚类对燃油系统材料影响温和，易与汽油混溶。因此，它们溶于水中不会相分离，溶于甲醇和乙醇也如此。

醚类没有醇类的羟基，也没有强烈的极性氢氧键。醚类分子是非极性分子，不能进行氢键相互结合。因而，醚类具有低挥发性，进而其挥发量较低。

因为醚类分子不能进行氢键相互结合，所以它们的沸点比对应有相同分子量的醇类要低。例如，乙醚（$C_4H_{10}O$）的沸点是35℃（95℉），而正丁醇（或者丙基甲醇$C_4H_{10}O$）的沸点是118℃（244℉）。实际上，醚类的沸点非常接近有相同分子量烷烃的沸点。例如，戊烷（C_5H_{12}）的沸点是36℃（97℉），就接近于乙醚的沸点。

由于二甲醚作为内燃机的燃料时降低了颗粒物的排放这一卓越的特性，因而它被提议作为液态天然气（LNG）或柴油燃料的替代品，其中天然气液化必须在低温下冷藏。

4.5.4 热解油和碳氢化合物

由木材或其他生物质制得的油的最普通的形式是混合物，该混合物由干馏制得，称为热解油。它是一种合成燃料，可作为石油的替代品，但它不是由碳氢化合物组成。

热解油是一种焦油馏分，一般其氧含量较高，因此它不是真正的碳氢化合物的混合物。同样的，它与相似的石油产品有显著性的差异。分解馏分中除了液体产物，还有气体和固体产物。

大多数热解油（也叫原油）由森林（或纸）废弃物生产。这种方式产生的经济分析相对较少，比较有利。气化过程中不需要过高的温度，且转化过程在一个单一反应室中进行，反应过程不需要催化剂。虽然后处理和精炼增加了生产碳氢化合物的成本，但是由于原料成本较低，与农作物生物燃料相比，还是比较有优势的。

该过程产生了大量无用焦炭。再者，对于森林废弃物作为原料的重点倾向于定位工业化；尽管不怎么好，但在一些地区，如纳维亚和加拿大，有大量的木材工厂。

自然状态下的热解具有腐蚀性、不稳定性和黏性。尽管它在实验中用于燃料发动机，但离实际应用还很遥远，大多数已生产的热解油用作锅炉或熔炉燃料。然而，有许多将热解油转化为类似物的过程，该过程的目的是精制石油产品。

热解油（也叫生物油）带酸性，其 pH 值为 1.5～3.8；可通过加入现成的有效盐基化合物来降低其酸性。原油的组成取决于生物质的种类和过程条件（表 4.10 和表 4.11）(Ringer 等，2006)。

表 4.10　　热解油一般的性质及组成

水含量/%		15～30
pH 值		2.8～4.0
密度/(kg·L^{-1})		1.1～1.25
元素分析/%	C	55～64
	H	5～8
	N	0.05～1
	S	0～0.05
	O	差异
	灰分	0.03～0.3
黏度（42℃）/cP		25～1000

表 4.11　　源自不同原料热解油的性质

性　质	桦树	松树	白杨木	其他
固体含量/%	0.06	0.03	0.045	0.01～1
pH 值	2.5	2.4	2.8	2.0～3.7
水含量/%	18.9	17.0	16.8	15～30
密度	1.25	1.24	1.20	1.2～1.3
黏度(50℃)/cSt	28	28	13.5	13～80
灰分/%	0.004	0.03	0.007	0.004～0.3
碳残留量/%	20	16	—	14～23
C/%	44.0	45.7	48.1	32～49
H/%	6.9	7.0	5.3	6.9～8.6

续表

性　质	桦树	松树	白杨木	其他
N/%	<0.1	<0.1	0.14	0～0.2
S/%	0	0.02	0.04	0～0.05
O/%	49.0	47.0	46.1	44～60
Na+K/10^{-6}	29	22	2	5～500
Ca/10^{-6}	50	23	1	4～600
Mg/10^{-6}	12	5	0.7	—
闪点/℃	62	95	64	50～100
流动点/℃	−24	−19	—	−36～9

油的密度为1.2～1.3g/cm³，比汽油和柴油的密度都大。其含氧量为40%～50%，绝大多数来源于水。流动点为−33～−12℃，且其焦炭残渣的量为17%～23%，矿物质灰约0.13%。闪点为40～100℃；油不能在柴油发动机中自动点燃，且十六烷值约为10。热解油不能与柴油燃料混合。

热解油有极性性质，不能与碳氢化合物真正混合。生物质组分降解产物包括有机酸（如甲酸和乙酸），该酸使得油的pH值为2～4。水是单相化学溶液的主要组分。典型的亲水热解油的水含量为15%～35%；如果水含量高于30%～45%这个区间，将发生相分离。相比传统燃料油的热值42～44MJ/kg，热解油的高位热值一般低于19MJ/kg。

可以通过改变热解条件，或在催化剂作用下进行热解来调控生物油的化学性质（表4.12）。已知增加裂化程度（时间—温度关系）会改变所得油的化学特征（Elliot，1986）。

表4.12　　不同热解温度下的产物

混合含氧化合物	酚醛树脂	烷基酚	杂环醚	多环芳烃	芳香烃
400℃	500℃	600℃	700℃	PHA 800℃	更大的PHA 900℃

固体生物质转化为液体热解油的主要特征之一是可以储存油的能力，需要在急需使用能源时可以派上用场（Elliot，1986；Ringer等，2006）。这个技术在发展初期，生物油的长期储存受一些主要问题的困扰；其中一个主要问题是新鲜生物油的黏度会缓慢增加。石油及其衍生物燃料也有同样的问题（Mushrush和Speight，1995；Mushrush和Speight，1998），但其黏度增速相比更慢一些。就保质期而言，碳氢化合物储存的时间长达6个月；而热解油似乎只有几个星期或最多几个月的保质期，其保质期的长短取决于油的性质；尽管如此，通过适当处理还是有很大潜力延长其保质期（Elliot，1986）。然而，热解油的不稳定性是一个重要的问题，且伴有黏度的增加，这是由于高分子量的焦油、油泥、蜡状物和水等多相产物的形成，最初该多相产物是以单相产物形式而存在。由于燃烧器、喷油嘴和其他终端使用设备是按照具有一致特性的液体设计的。

通过一些方法，由木材制备汽油和柴油也是可能的（Zerbe，1987）。其中最简单的方法是使用源自一种热带木材品种的渗出物或树胶；该木材品种是香脂树属，据说可以直接在柴油发动机中燃烧。

双环萜烯碳氢化合物的主要来源是硫酸原油松脂（CST）。CST 是从木纸浆中获得，而木纸浆是通过硫酸酸化方法生产纤维素过程中的废弃品。双环萜烯碳氢化合物的次要来源是松木油，该松木油是通过切碎的树干和朽木的蒸馏获得。所有的松子油的主要组分是双环萜烯碳氢化合物。

由美国南部造纸厂获得的双环萜烯碳氢化合物 CST 主要由 60%～70%α-蒎烯和 20%～25%β-蒎烯以及少量的柠檬烯（3%～10%）、茴香脑（1%～2%）和脂肪族叔醇（3%～7%）组成。在西部造纸厂，所得到的双环萜烯碳氢化合物由少量的β-蒎烯（3%～11%）、较高含量的结构相关的二环烃 δ-3-蒈烯（1%～38%）以及脂肪族叔醇混合物（8%～20%）组成（Derfer 和 Traynor，1992）。

木材和其他生物质气化除可制备合成气（一氧化碳和氢气的混合物）外，还可以制备碳氢化合物。然而，一些生物质气化的成本可能高于其他的。例如，含有高含量的钠和钾的木材残留物在使用前需要进行预清洗。通过费托合成工艺合成气体可以用来制备汽油或柴油。此外，木材可以制备甲醇，然后经美孚催化反应转化为汽油（Speight，2008）。

4.5.5 辛烷值

除非燃料指定为锅炉燃料，否则热解油基本不具备作为燃料来使用的特征。

高辛烷值是特定的碳氢化合物燃料和含氧化合物燃料的特征，该类燃料包括乙醇、甲醇、乙基叔丁基醚和甲基叔丁基醚等（Speight，2007）。由谷物制备的可在燃料发动机中使用的乙醇，很大一部分成功的原因是提高 10%的乙醇和 90%的汽油混合燃料辛烷值的能力。然而，甲基叔丁基醚（MTBE，由异丁烯和甲醇反应制得）的使用最近有显著地增长，其作为辛烷增强剂，引起了来自全世界的关注。乙醇代替甲醇制备乙基叔丁基醚。因此，由谷物或木材制备的乙醇或甲醇是制作叔丁基醚辛烷增强剂的一个因素。醚类的特征一般更接近汽油的而非醇类的特征（Zerbe，1987）。

非极性醚类的特征一般更接近汽油而非醇类。醚类对燃料系统原料的影响比较温和，且易与汽油混溶，因此，在水中不受相分离的影响，在甲醇和乙醇中也如此。实际上，二甲醚作为未来的柴油燃料可能更有优势，这是由于它有高辛烷值（55）以及可以通过木材或其他生物质的气化制得（Speight，2008；Olah 等，2006）。

4.6 固体燃料的性质

在本文中，术语固体燃料是应用于木材或由木材生产的任何其他非气体或非液体燃料的术语。

木材的主要组分是纤维素、半纤维素和木质素，约占木材原料的 99%。纤维素和半纤维素由长链碳氢化合物基团组成，而木质素则是一种复杂的酚类聚合物。

木质素富含碳和氢两种元素，而这两种元素又是主要的产热元素。因此，其热值高于纤维素和半纤维素的。木材和树皮也含有所谓的提取物，如萜烯、脂肪和酚类。与树皮和树叶提取物的量相比，木材提取物的量相对较少。

木材的氮含量约 0.75%，但由于树木的种类不同，其氮含量也有所不同。木材中硫的含量很少，一般不足0.05%。

4.6.1 木材和木材颗粒

木材和木材产品均可以用木材燃料这样一个名词来表示，其中木材和木材产品包括矮林木、浴灌木、树枝和林业废弃物以及工业废弃物，其燃烧主要用于供热、烹饪或照明。

木材的性质在本篇4.2节有所提及，这里就不赘述了。但是，有些木材的性质必须考虑；尤其当木材作为燃料时，需要将其处理。

目前，木材作为能源资源最广泛的应用是燃烧供热和照明。所使用的木材燃料的不同形式取决于它的来源、数量和质量（表4.13）。

表4.13　不同树种木材的热值 [Btu/(b)]

(http://www.daviddarling.infolencyclopedial WLAE _ wood _ heat _ value _ BTU.htm)

种类	密度/(lb·ft^{-3})	每考得质量/lb	每考得热值/10^6Btu
白橡树	47.2	4012	25.7
糖枫	44.2	3757	24.0
红橡树	44.2	3757	24.0
山毛榉	44.2	3757	24.0
黄桦林	43.4	3689	23.6
白蜡树	43.4	3689	23.6
榆木	35.9	3052	19.5
黑蜡树	35.2	2992	19.1
枫树	34.4	2924	18.7
叶枫	32.9	2797	17.9
斑克松	31.4	2669	17.1
红松	31.4	2669	17.1
杰克松	28.0	2380	15.2
白杨	27.0	2290	14.7
白松	26.3	2236	14.3
黑云杉	29.2	2482	15.9
杨木	24.8	2108	13.5

木材的有效形式包括原木、积木、薪柴、火炉木（一般源自分割块）、木炭、小木片、斑片、颗粒和木屑等。锯木厂废弃物和建筑行业的副产品也包括木材尾渣。

燃料木材，也即木材本身，是目前最普遍的固体燃料，它一直以来是家庭的主要利用能源，尤其在发展中国家。由于人口由农村地区向城市地区迁移比较频繁，在许多非洲国家，城市居民的木炭使用量在不断增加。

薪柴可以按重量出售；新鲜的木材含水量为40%～60%，而经过适当处理的木材仅含15%～20%的水量。当按重量购买木材时，应选择最干燥的木材。经适当的处理，新鲜的木材将收缩约8%的体积，也即约每考得10ft^3。

木材在燃烧之前应尽可能的干燥。适当处理的木材的热值约7700Btu/lb，而新鲜的木材的热值仅约5000Btu/lb。为达到最理想的结果，木材切割之后干燥至少6～8个月，可将水含量降低至15%～20%。

木材燃烧是化学反应。如果燃烧完全，则木材中的碳和氢将完全转化为二氧化碳和水，反应式为

$$C+O_2 \longrightarrow CO_2$$

$$2H_2+O_2 \longrightarrow 2H_2O$$

实际上，燃烧过程并不是完全的。燃烧过程总会生成少量没有充分燃烧的碳氢化合物（CO、C_xH_y）。

燃烧过程是否充分取决于燃烧效率。灰烬中可能含有易燃物。灰烬的形变温度是其开始融化时的温度。灰软化温度是灰烬在一层支撑瓷砖间传播时的温度，该层的高度是在灰烬半球温度下实验样品高度的1/3。灰温度是灰烬的融化温度；该温度是在具体条件下加热得到的灰烬的特有的物理状态。

木材一般可以由木屑压缩而成，其中木屑是其他工业的废弃品，如锯木厂。颗粒是通过木材中的天然木质素结合在一起的，通常不需要粘连剂。木质素占干木的1/4～1/3；强化了木材以及是木材具有防水的性质。

木质颗粒的水含量非常低，通常6%～10%；因此用来使水分挥发的热量比较少，说明木质颗粒是一种非常好的能源资源。木质颗粒通常的性质如下：

（1）水含量：3.5%～5.5%。

（2）灰含量：0.2%～0.5%。

（3）热值：8800Btu/lb。

（4）体积密度：600～750kg/m^3。

木质颗粒极其密集，且其含湿量较低，一般低于10%，这使得它具有较高的燃烧效率。颗粒和小尺寸等规则的几何形状使得自动给料可以得到非常好的校准。高密度也使得它便于储存以及长途运输。木片是由木材制成的一种固体燃料；通常用作木材技术加工过程的原料。在工厂中，由于不同的化学性质，对于树皮片的处理一般是在剥落原木之后进行分离。

4.6.2 木炭和焦炭

木炭是木材在缺氧的条件下加热制得的。当木材缓慢加热到约280℃时，将发生放热反应。在缺乏空气的条件下，继续将温度升至400～500℃（750～930℉）来延长碳化过程。以干燥基来计算木炭的产量约25%。

商业木炭有块状的木炭、煤球状的木炭和压缩木炭。

块状木炭直接由硬木原料制成，且产生的灰分远小于块状成型燃料产生的。块状成型燃料是由涂有黏合剂（一般为淀粉）的木炭压缩而成，其中木炭通常由木屑和木材的副产物制备而成的。压缩木炭在不使用黏合剂的条件下通过将原产地木材或炭化木挤压成原木的方式制备而成，挤压过程的热量和压力使得木炭聚集在一块。如果压缩木炭由原木原料制成，则压缩原木必须随后碳化。

木炭的质量可以采用各种方式具体说明和测定，一般是通过终端使用的方式来判断其质量。木炭的使用效率通常指的是木炭传递给所加热物体的最大热量，其取决于所使用的设计得当的木炭燃烧设备。

木炭的工业分析是20%～25%的挥发分、70%～75%的固定碳和5%的灰分；其热值约为12000Btu/lb（表4.14）。木炭成型燃料由于添加了一些材料如黏合剂，其热值为10000～11000Btu/lb。

表4.14　所选木炭的分析

（http：//www.fao.org/docrep/X5328E/x5328e0b.htm）

水分/%	灰分/%	挥发分/%	固定碳/%	体积密度/($kg \cdot m^{-3}$)	粉状体积密度/($kg \cdot m^{-3}$)	总热值（干燥基）/($kJ \cdot kg^{-1}$)
7.5	1.4	16.9	74.2	314	708	32410
6.9	1.3	14.7	77.1	264	563	35580
6.6	3.0	24.8	65.6	290	596	29990
5.4	8.9	17.1	68.6			
5.4	1.2	23.6	69.8			
5.9	1.3	8.5	84.2			
5.8	0.7	46.0	47.6			
3.5	2.1	13.3	81.1			32500
4.0	1.5	13.5	83.0			30140
5.1	2.6	25.8	66.8			

木炭与空气中的氧气反应燃烧不充分产生无色的一氧化碳气体，随着空气中氧气增加，燃烧火焰呈蓝色，产生二氧化碳气体。由于这些反应都是放热反应，木炭达到红热状态，辐射热量，接着生成的热的二氧化碳气体离开燃烧区。当气体转移热量并把热量传递到室内时，其温度将降低。通过燃烧木炭可以产生一氧化碳，但由于一氧化碳有毒，燃烧木炭的地方需要通风。

焦炭是木材热解产物之一。热解产物由水分、挥发分、焦炭和灰分组成。挥发分能进一步分解成气体和液体。产物的一些性质会随树的种类，生长的地点和生长环境变化而变化。其他的性质取决于燃烧环境（Regland等，1991）。

焦炭通常是一种有细密纹理的木炭，富含有机碳，且不易降解。其他的植物和废弃的原料也可以用来制备焦炭。

热解过程中，随着温度的升高，木材中发生一些变化，其化学组分将进行热分解，从而影响木材的特性。变化的程度取决于暴露条件下的温度和时间。

例如，当温度高于65℃（150℉）时，木材的性质将发生永久性的变化，变化的多少取决于木材的热解温度和pH值、水含量、热载体、暴露时间和木材的种类。这可能是由于解聚反应涉及碳水化合物的失重。超过100℃（212℉）化学键将开始断开，碳水化合物和木质素失重，随着温度的升高，产物的种类将随之增加（Shafizadeh，1984）。温度为100～200℃（212～390℉），木材脱水，它将失去水分和其他不可燃烧的气体和液体，比如二氧化碳。随着暴露在较高温度下时间的延长，木材开始形成焦炭。从 200～300℃（390～570℉），木材的组分开始进行重要的热解反应以及将产生大量的一氧化碳和焦油；其中半纤维素和木质素在 200～500℃（390～840℉）温度范围下热解。

脱水反应主要发生在半纤维素和木质素的热解过程。对于木材，其将生成大量的焦炭。尽管仍有大量未热解的纤维素，但在水、酸和氧存在条件下，可以加速热解。

当温度继续升高，纤维素解聚反应的程度将进一步降低，且当蒸汽通过热的焦炭残留物时，生成的焦油将裂解产生小分子气体并再聚合生成焦炭。

所有木材成分在约 450℃（840℉)$_{GH}$，结束挥发性排放；在较高温度下，剩余木材残留物为焦炭，其进一步（如果不存在氧气）降至较高碳残留物或（如果存在氧气）至二氧化碳、一氧化碳和水。

一旦木材完全热解，焦炭的孔隙率约为 0.8～0.9，且最初的焦炭的密度为干木材的 10%～20%。此外，随着焦炭继续反应，其密度将进一步降低（Ragland 等，1991）。

参考文献

Bergman，R.，Cai，Z.，Carll，C. G.，Clausen，C. A.，Dietenberger，M. A.，Falk，R. H.，Frihart，C. R.，Glass，S. V.，Hunt，C. G.，Ibach，R. E.，Kretschmann，D. E.，Rammer，D.，Ross，Robert J.，and Star，N. M. 2010. WoodHandbook - Wood as an Engineering Material. US Department of Agriculture，Forest Service，Forest Products Laboratory. General Technical Report FPL - GTR - 190. Madison，Wisconsin.

Bowersox，T. W.，Blankenhorn，P. R.，and Murphy，W. K. 1979. Heat of Combustion，Ash Content and Chemical Content of Populus Hydrids. *Wood Science*，11：257 - 262.

Derfer，J. M.，and Traynor，S. G. 1992. The Chemistry of Turpentine. In Naval Stores. D. Zinkel and J. Russell (ed.). Pulp Chemicals Association，New York.

Elliot，D. C. 1986. Analysis and Comparison of Biomass Pyrolysis/Gasification Condensates. PNL - 5943. Final Report. Pacific Northwest Laboratory，Richland，Washington.

Hakkila，P. 2004. Developing Technology for Large Scale Production of Forest Chips. Report No. 6/2004. Technology Program - Final Report. Wood Energy Technology Program，Helsinki，Finland.

Klaassen，C. D. 1996. Nonmetallic Environmental Toxicants：Air Pollutants，Solvents and Vapors，and Pesticides. In The Pharmacological Basis of Therapeutics. J. G. Hardman，L. E. Limbird，P. B. Molinoff，R. W. Ruddon，and A. G. Gilman (ed.). The Pharmacological Basis of Therapeutics，9th edn. McGraw - Hill，New York. pp. 1673 - 1696.

Methanex 2006. Technical Information & Safe Handling Guide for Methanol. Version 3. 0. Methanex Corporation，Vancouver，British Columbia，Canada. September.

Methanol Institute. 2008. Methanol Safe Handling Manual. Methanol Institute，Arlington，Virginia.

Mushrush，G. E.，and Speight，J. G. 1995. Petroleum Products：Instability and Incompatibility. Taylor & Francis，Washington，DC，1995.

Mushrush，G. W.，Speight，J. G. 1998. Instability and Incompatibility of Petroleum Products. In Petroleum Chemistry and Refining. J. G. Speight (ed.). Taylor & Francis，Washington，DC. 1998. Chapter 8.

Olah，G. A.，Goeppert，A.，and Prakash，G. K. S. 2006. Beyond Oil and Gas：The Methanol Economy. Wiley - VCH Verlag GmbH & Co.，Weinheim，Germany. Chapter 11.

Ragland，K. W.，Aerts，D. J.，and Baker，A. J. 1991. Properties of Wood for Combustion Analysis. *Bioresource Technology* 37：161 - 168.

Ringer, M., Putsche, V., and Cahill, J. 2006. Large - Scale Pyrolysis Oil Production: A Technology Assessment and Economic Analysis. Report No. NREL/TP - 510 - 37779, National Renewable Energy Laboratory, Golden, Colorado.

Schulz, T. F., Barreto, L., Kypreos, S., and Stucki, S. 2005. Methane from Wood: Assessment of Wood - Based Synthetic Natural Gas Technologies with the Swiss MARKAL Model. Paul Scherrer Institute, Villigen, Switzerland. September.

Shafizadeh, F. 1984. The Chemistry of Pyrolysis and combustion. In The Chemistry of Solid Wood. R. M. Rowell (ed.). Advances in Chemistry Series No. 207, American Chemical Society, Washington, DC.

Spearpoint, M. J., and Quintiere, J. G. 2000. Predicting the Burning of Wood Using an Integral Model. *Combustion and Flame*, 123 (3): 308 - 325.

Speight, J. G. 2008 Synthetic Fuels Handbook: Properties, Processes, and Performance. McGraw - Hill, New York.

Tillman, D. A., Rossi, A. J., and Kitton, W. D. 1981. Wood Combustion: Principles, Processes, and Economics. Academic Press Inc., New York.

Torres - Jimenez, E., ak - Jerman, M. S., Gregorc, A., Lisec, I., Pilar Dorado, M., and Kegl, B. 2010. Physical and Chemical Properties of Ethanol - Biodiesel Blends for Diesel Engines. *Energy Fuels*, 24 (3): 2002 - 2009.

Wilén, C., Moilanen, A., and Kurkela, E. 1996. Biomass Feedstock Analyses. VTT Publications No. 282, Technical Research Center of Finland, Espoo, Finland.

Winandy, J. E. 1994. Wood Properties. In Encyclopedia of Agricultural Science. C. J. Arntzen (ed.). Academic Press Inc., New York. Volume 4, p. 549 - 561.

Wright, L. L., and Berg, S. 1996. Industry/Government Collaborations on Short - Rotation Woody Crops for Energy, Fiber and Wood Products. In: BIOENERGY '96: The Seventh National Bioenergy Conference; Partnerships to Develop and Apply Biomass Technologies. Nashville, Tennessee.

Youngs, R. L. 1982. Every Age, the Age of Wood. Interdisciplinary Science Reviews, 7 (3): 211 - 219.

Zerbe, J. I. 1987. Liquid Fuels From Wood - Ethanol, Methanol, Diesel. *World Resource Review*, 3 (4): 406 - 414.

第三篇
废弃物衍生燃料

第1章　生活垃圾与工业废弃物燃料的生产及其特性

EJAE JOHN AND KAMEL SINGH
University of Trinidad and Tobago，Point Lisas Campus，
Couva，Trinidad and Tobago

1.1　简介

废弃物是人类文明的副产品，是材料有用组分被消耗之后的剩余物质。从经济学角度来看，废弃物是在生活中或技术上现今价值小于其使用成本的物资。从管理的角度来看，废弃物是任何被遗弃或再也不能实现其最初用途的物资。固体废弃物这个词不仅包括固体物料，也包括液体以及气体材料。如果某种材料可以被重复利用，那么它就不会被视为废弃物。

生活废弃物（也被称为垃圾）是人们不再需要的物资（尽管谚语“一个人的垃圾是另一个人的宝藏”有时也不无道理）。在英语中有许多词语常被随意用作“废弃物（waste)”的同义词，例如，“rubbish、trash”是指包括纸屑和包装袋在内的生活垃圾；“food、waste”和北美常用的“garbage”是指厨余垃圾和餐桌垃圾；“junk、scrap”则是指金属或工业垃圾。由于实际这些同义词有其特定的涵义，人们一般用废弃物“waste”来统称垃圾。其他种类的废弃物还包括：污水，粪便，灰尘，修剪的草屑、树枝、落叶等植物垃圾。

工业废弃物一般产自于工厂、制造厂和矿井等，有毒废弃物和化学废弃物（一般是属于同一个子类的化学废弃物）是两种特指的工业垃圾。

城市固体废弃物（MSW）包括大部分的生活垃圾（生活废弃物），有时也包括指定地点收集的商业垃圾。它们以固体或者半固体的形式存在，通常不包括危险的工业垃圾。残余废弃物与生活垃圾之间有联系，其中包含一些没有被分类处理或者再加工的生活残余物。

本章内容将描述废弃物的组成成分，然后进一步阐释利用通过生活、城市、林业、农业的废弃物生产燃料的过程以及相关燃料的特点。本文根据不同燃料生产工艺，把这些燃料分为以下几种：

（1）热处理：焚烧，气化，热解。

（2）化学处理：加酸水解，酯交换。

（3）生物处理：厌氧消化。

（4）物理处理：压块。

1.1.1 废弃物的来源以及种类

社区会产生各种各样的废弃物，而且这些废弃物来自几种主要排放源（表1.1和表1.2）。

表1.1　废弃物的主要来源（Sharma和Reddy，2004）

疏浚和灌溉	废弃物主要包括从排水渠、港湾、河口、灌溉水渠中的泥土和沉积物。这些废弃物的数量巨大而且含有工农业排放的有毒有害物质，所以并不适合用来供能
农业、畜牧业、乳产品业	这部分的废弃物主要有变质食物、肥料、秸秆、化学品和农药。并不是所有的农业废弃物都能用来供能，因为部分废弃物会作为养分回归到土壤中去
工业	工业废弃物的来源主要有建筑施工、拆除、装配、轻型和重型制造业、石油精炼、化工厂、非核电站。一些大型的工厂会对废弃物进行回收利用并且拥有自己的填埋场。这一方面的废弃物难以统计
采矿业	废弃物主要是尾矿（石粉、细沙和其他材料），由于废弃物的体量较大，且在某些情况下具有的危害性质，对环境影响显著。这部分废弃物不适合用来供能
核能利用和防护业	民用核电工业、核防护设施和核研究项目等会产生放射性废弃物，这对健康和环境都会造成严重的危害，导致放射性废弃物几乎不可能被安全利用
住宅、商业以及机构	废水的主要来源是家庭、商业和机构的活动、建筑物的建造和拆除、公共服务、垃圾处理厂

表1.2　社区内废弃物的主要来源（Speight，2008；Tchobanoglous等，1993）

来　源	设施、活动、位置	废弃物类型
商业	商店、餐馆、市场、办公楼、宾馆、汽车旅馆、打印店、服务区、修理店等	纸、硬纸板、塑料、木材、低品位生物质能余料、餐厨垃圾、玻璃、金属、废弃食用油、特殊废弃物（电子产品、电池、机油和轮胎）
建筑物的建造和拆除	建筑工地、道路维修处、拆除现场、破旧的路面	木材、钢材、混凝土、土、石头、砖、石膏、瓦砾、管道、加热部分、石棉等
机构	学校、医院、监狱、政府机构	同商业的废弃物
市政服务	街道清扫、景观美化、下水道清理、公园、海滩和其他娱乐休闲场所	垃圾、街上的尘土、修剪下来的树枝、下水道污垢、死亡动物、无主汽车以及公园、海滩和娱乐场所产生的废弃物
住宅	住宅（单人的、多人的）、公寓（低、中、高级）	食物残渣（肉类、水果、蔬菜等）、纸、硬纸板、塑料、织物、家具、橡胶、庭院杂物、木材、玻璃、锡罐、铝和其他金属、废弃食用油、灰烬、街上的落叶、特殊废弃物（电子产品、电池、机油和轮胎）、家庭废弃物等
处理厂	水、废水和工业处理过程	工厂废弃物、污泥

废弃物可大致分为固体废弃物、有害废弃物、放射性废弃物、医疗废弃物、电子废弃物。由于有害废弃物、放射性废弃物、电子废弃物以及医疗废弃物会对人类的健康和环境产生负面影响，所以它们需要特殊处理。按照USEPA的定义，固体废弃物（SW）是指

"来自于废弃物处理厂，供水处理厂或者空气污染控制设备的一切废弃物，而且工业、商业、矿业、农业经营和群体活动也会产生液体、半固体以及被污染气体材料等废弃物。"USEPA 还将固体废弃物进一步分类（表 1.3）。

表 1.3　　固体废弃物种类和来源

固废来源种类	来　源
商业	商店、办公室、餐馆、仓库和其他服务业
建筑物的建造和拆除	建筑物、道路、拆除和打捞承包商、建筑公司
家庭	住宅、宾馆、汽车旅馆、露营地、野餐地
无毒工业	制造业和工业过程：发电机、化肥、农药、食品及其副产品、钢铁制造、污水处理

另一方面，由于任何类型垃圾子类中都包含有害垃圾，因此许多国家都制定了法规来定义以及分类有害垃圾。一般来说，有害垃圾有着独特的性质，包括易燃性、易爆性、有毒性（慢性的和急性的）、传染性、腐蚀性、生态毒性以及与空气或者水接触容易释放有毒气体（表 1.4）。因此，它们在批量生产、存储以及运输的过程中被严格监管。

表 1.4　　有害废弃物的种类和来源

来　源	产　业	废弃物类型
商业化工生产	商业化工产品的生产和制造	氯仿、杂酚油、酸和杀虫剂
无特定来源	制造业和工业过程	在除油、污水污泥处理、电镀过程中产生的氯族溶剂和二恶英废弃物
某些特定来源	木材防腐、石油精炼以及有机材料的制造	污泥、废水（颜料生产过程中产生）、残渣

放射性废弃物可以分为 4 类，分别是强放射性废弃物、超铀废弃物、低放射性废弃物和尾矿（表 1.5）。

表 1.5　　放射性废弃物种类

强放射性废弃物	主要是国防项目、核电站产生的固体液体废弃物以及使用过的核燃料。由于高浓度放射性核素的存在，这些废弃物十分危险，需要进行永久性隔离。部分强放射性废弃物在存放 3 个月后放射性会降低 50%，1 年后可降低 80%，但是这些废弃物的放射强度降低到安全水平通常需要 10000 年之久
超铀废弃物	核废弃物的回收和国防项目核武器的制造产生的辐射为中等强度，并且辐射强度能在 20 年后达到安全水平。自从 1977 年关于核废弃物回收的禁令颁布后，尽管该禁令在 1981 年被取消，但超铀废弃物仍然十分稀少。核废弃物的回收过程十分昂贵，而且其中的钚元素可能被用来制造核武器
低放射性废弃物	包括放射性废弃物的残余物。低放射性废弃物体积超过放射性类废弃物总体积的 80%，而其辐射仅占总量的 2%。低放射性废弃物的来源包括上面提到的强放射性废弃物和超铀废弃物，以及医院、工厂、高校和商业化的实验室。低放射性废弃物的危险性要低于强放射性废弃物，在储存或掩埋一段时间后，其中同位素的放射水平能够降低到普通废弃物的水平
尾矿	从铀矿开采和提取铀时产生的残余物。这些废弃物产生的放射性并不强，大多数时候可以通过掩埋来降低其排放的危险性

在大多数国家和地区，医疗废弃物的处理是由政府机构来管理的，有潜在风险的医疗废弃物（感染性废弃物、传染性废弃物）也在政府严密的监管下进行处理。以下为一些医疗废弃物样品：

（1）微生物废弃物（感染性废弃物和可致病的相关生物材料）。

（2）人体血液及其成分（血清、血浆和其他血液成分）。

（3）人体病理废弃物（在手术期间或尸检中产生的组织、器官和肢体）。

（4）被感染的动物废弃物（在医学研究，药物测试或生物材料的生产中暴露在致病原中的动物的尸体或肢体、草垫等）。

（5）隔离废弃物（强感染性人畜废弃物）。

（6）感染性利器（包括针头、手术刀、碎玻璃等）。

（7）未被污染的利器。

医疗垃圾只是所有废弃物中的一小部分。目前，医疗废弃物的主要处理手段有焚烧、辐照、微波、高压灭菌以及物理或化学消毒。

电子废弃物（废弃的电气电子产品，英文缩写 WEEE）是指被损坏的或者废弃的电气电子设备（表 1.6）。

表 1.6　电子废弃物的种类和来源［联合国环境规划署（UNEP），2007］

种　类	来　源
自助发行系统	自动售票机
娱乐性电子产品	电视机、音响、便携式 CD 播放器
电气化工具	钻床、割草机
大型家用设备	烤箱、冰箱、冷柜、洗衣机
照明设备	荧光灯管
医用设备和器材	放疗仪器、心脏病治疗仪、透析治疗仪、肺换气机的控制 电脑、打印机、手机、传真机
小型家用电器	烤面包机、真空吸尘器、扫毯器、煎锅
运动休闲设备	电动玩具、训练机器
监控设备	烟雾探测器、加热管控装置、恒温器

当前，最广为采纳的电子废弃物定义是依照欧盟 2002/96/EC 指令定制的，欧盟成员国和欧洲的其他国家都采纳这一电子废弃物定义。该指令定义电子废弃物为电气电子产品被遗弃时的所有零部件和耗材（欧盟，2003；Widmer 等，2005）。

电子废弃物需要进行专业分离、收集、运输、处理和处置。它是全世界增长最快的废弃物之一。由于电子产品在发展中国家不断提升的市场渗透率，以及发达国家的高报废率和置换率。在发展中国家，电子废弃物平均占固体废弃物总量的 1%，这一比例在 2010 年估计会达到 2%。在中国和印度，电子废弃物数量呈指数增长。在美国，电子废弃物占据了市政废弃物总量的 1%～3%。在欧盟，电子废弃物的产生量每 5 年增长 16%～28%，这比城市废弃物年增长速度快 3 倍。最近的研究指出：欧洲电子废弃物的产量为 500～700 万 t/年，人均产生量为 14～15kg/年，并且还在以每年 3%的速率增长。

电气电子产品组件的生产组装方式决定了其回收利用率，且各类产品的生产方式各不相同。这些组件/材料大概分为六类：用于制作外壳和框架的钢和铁（约50%），塑料（21%），非铁材料，尤其是用在电缆中的铜、铝和金（13%），玻璃，电子组件，其他（橡胶、木材、陶瓷等）。

电子废弃物包含了超过1000种不同的成分，其中包含无害成分和有害成分。若产品中含铅、汞、砷、镉、硒、铬以及超出阈值的阻燃剂，则归为有害成分一类，这些成分拆解或者焚化后是有毒的。因此，电子废弃物主要靠回收利用或者用专门的方法进行处理，不会被用来供能。金属（电子废弃物中的）的回收利用是能够生产经济效益的，同时推动了本地、跨区域甚至全球的电子废弃物贸易发展。

1.1.2 废弃物的环境问题

废弃物对环境的影响已经引起了公众的关注，公众的关注点包括不断增长的总产量、不合理的处理方法、有毒的化学物质以及这些废弃物对健康和整个生态系统的影响。

由于老旧垃圾填埋场接近饱和状态，加上环境法规的严格化以及新垃圾填埋场选址日趋困难，垃圾填埋场的处理能力正在逐渐下降。考虑到某些机构的不当处理以及对健康和环境的潜在危害，大多数居民都极力反对在居民区附近修建垃圾填埋场。

在相关的环境法律颁布之前，废弃物处理过程中往往对公众健康和环境的影响考虑不足，这导致土壤和地下水被污染，并且威胁到公众的健康安全。例如在美国有超过1400个需要立即清洁的地区被列在大型基金计划的国家级优先列表中。美国环境保护局指出，还有额外的2500个被污染的地区需要修复，以上数据并不包括总量为五百万到七百万，并且有15%～20%正在泄露的地下垃圾存储罐。此外，向海洋随意倾倒垃圾使得某些毒素可以通过食物链快速进入人体，这就是1972年颁布关于向海洋倾倒垃圾的《伦敦公约》的原因（联合国国际海事组织IMO）。

城市污水、生活垃圾、工业制造和有害废水中可能含有一些有毒的化学物质。表1.7列举了和环境关系密切的几种化学物质。

表1.7　生活垃圾中的有害废弃物及其对健康的影响

[Tchobanoglous等，1993；美国环保署（EPA）]

名称		符号	影响
非金属	砷	As	诱变及致癌。长期影响：可能导致疲劳及精力流失，皮炎
	硒	Se	长期影响：使手指、牙齿和头发变成红色；全身乏力；抑郁；鼻子和嘴巴感到刺激性
金属	钡	Ba	粉末状的钡在室温下易燃。长期影响：影响循环系统，使血压升高，加强神经阻滞
	镉	Cd	粉末状的镉易燃。含镉元素的粉尘被吸入人体后有毒性，能够致癌。可溶性镉是剧毒的。长期影响：镉会在肝、肾、胰腺、甲状腺等处富集；对高血压可能有影响
	铬	Cr	铬的六价化合物是致癌的且对人体组织有腐蚀性。长期影响：皮肤致敏以及肾脏损伤
	铜	Cu	摄入或吸入含铜元素的粉尘是有毒的。长期影响：影响大脑、神经系统，造成肾脏损伤；使新生儿有先天缺陷

续表

名称		符号	影　响
金属	铅	Pb	摄入或吸入含铅元素的粉尘是有毒的。长期影响：影响大脑、神经系统，造成肾脏损伤；使新生儿有先天缺陷
	汞	Hg	皮肤接触和吸入含汞元素的粉尘和气体都是剧毒的。长期影响：不利于中枢神经系统；可能造成新生儿先天缺陷
	镍	Ni	长期影响：造成中枢神经系统紊乱
	银	Ag	是一种有毒的金属。长期影响：使皮肤、眼睛和黏膜永久性变成灰色
有机化合物	苯	C_6H_6	致癌、剧毒且易燃
	乙苯	$C_6H_5C_2H_5$	吸入、摄入或接触皮肤都有毒
	甲苯	$C_6H_5CH_3$	易燃、有毒
卤素化合物	氯苯	C_6H_5Cl	可燃，吸入或摄入均有毒
	氯乙烷	CH_2CHCl	在所有情况下都有剧毒且极其危险
	二氯甲烷	CH_2Cl_2	有毒、致癌、有麻醉效果
	四氯乙烷	HCl_2CCHCl_2	对眼睛和皮肤有刺激性，可能致癌
农药	安氏剂（安特灵）	$C_{12}H_8Cl_6O$	吸入或接触皮肤有毒，有生物累积现象
	六氯化苯（六六六）	$C_6H_6Cl_6$	吸入、摄入或接触皮肤均有毒，会造成持久性有机污染且有生物累积现象

考虑到污水中的各类有毒化学物质，人们发现这些有毒物质给人类健康带来很大的副作用，并会引发疾病（表 1.8）。

表 1.8　　废弃物对人类的影响

来　源	影　响
有害废弃物	癌症、慢性疾病，天生生殖缺陷，出生体重偏轻，流产
放射性废弃物	躯体损伤（长期和短期）；大剂量的辐射会直接导致恶心呕吐，然后会使血液严重变质，造成大出血、感染，最终导致死亡。慢性影响包括白血病和骨癌、肺癌、乳腺癌等癌症。在基因方面的影响包括基因突变，染色体异常导致的寿命减短、易感性增强、不孕不育甚至胎儿死亡等

废弃物中的有害化学物质对整个生态系统都有重大的影响。污染物可能通过植物或者微生物进入食物链，然后动物们会通过摄取将其影响放大。由于污染物进入了食物链并沿之传递，化学物质会慢慢累积起来。随着处于食物链顶端的生物慢慢死去，整个生态系统会变得不稳定并产生灾难性后果。污染物会影响小溪、河流、湖泊、海洋中的水化学物质等，并会毁灭浮游生物以及水下生态系统。

1.2　废弃物处理

1.2.1　焚烧

焚烧是用于将固态废弃物变为二氧化碳、水蒸气、烟气以及灰的可控燃烧过程。其中灰烬残渣可能需要在了解其毒性、浸出潜力以及所含有毒物质后用单独填埋或者卫生填埋的方法来处理，此外还需控制排放的大气散佚物，从而保证空气质量处于优良的条件下。并不是所有的固态废弃物都能用焚烧的方法来处理，像白色垃圾、工业废弃物、街边和下水道污物以及废钢就不能放进焚烧炉中，它们需要用其他的方法来处理。无论是焚烧还是气化，将废弃物作为原料最困难的点来自于废弃物存在异构性。废弃物的组成结构受许多条件的影响，诸如人口结构、废弃物分类、回收制度等。而且，废弃物的组成有季节性，也就是说不同季节的废弃物组成可能会不同，甚至每天的废弃物组成也不一样。化学组成、水和灰分含量、热值以及其他杂质（例如硫、氯化物和金属物质）的存在会影响整个热交换过程（Hamel 等，2007）。

焚烧的基本工艺发展于 20 世纪 60 年代和 70 年代的欧洲。随着这项技术的发展，它已经得到了有效地改进和提高，并且在美国得到了广泛应用。因为废弃物焚烧技术可以高效益地处理废弃物，该技术已经被美国、欧洲、日本、加拿大和澳大利亚普遍采用，并且今后也将持续推进该领域的实践。焚烧的一大好处是能够使废弃物的体积减小 95%～96%，以此来延长垃圾填埋场的使用寿命，但是焚烧的成本比填埋的成本要高。焚烧也用于处理某些特殊机构的废弃物，如医疗临床废弃物和其他某些危险废弃物，可以通过高温处理，破坏其中的病原体和毒素（Speight，2008）。

现代化的焚烧厂在物料搬运输、燃烧控制以及烟气净化方面取得了巨大进展，并且更加契合当今越发严格的空气保护法律法规。焚烧后能量的回收和产出形成了直接的经济效益，并且减轻了废弃物处理过程中（加工处理的）对能量需求的压力。在过去 10 年中，由于不断攀升的能源成本，有潜力成为燃料的废弃物尤其是城市废弃物的类型、数量和分布都受到越来越多的关注。

废弃物焚烧厂通常是一个垃圾集中焚烧或产生垃圾衍生燃料（RDF）的场所。目前，在现存的 98 个将废弃物转变为能量的设施中，焚烧厂占 86 个（Kreith 和 Goswami，2007）。集中式焚烧厂会把所有的废弃物都进行焚烧，这些大型焚烧厂的日焚烧量通常超过 200t。大多数的集中式焚烧厂会把废弃物分别放入单一的燃烧室进行富氧燃烧，废弃物会在移动的倾斜炉排上进行燃烧，这有利于搅动废弃物，使其与空气充分接触。在一个焚烧厂中会有许多不同的炉排以焚烧不同的废弃物，炉排的设计十分严格，这是因为它必须能搅拌废弃物使其充分燃烧，同时要将烟气中的灰分控制在最小的范围内。在焚烧系统的锅炉/熔炉部分，废弃物的重要指标包括了热值、含水量、不可燃物含量以及会产生污染性烟气的成分（例如重金属、氯含量和硫含量等）。焚烧系统的锅炉/熔炉的焚烧能力和废弃物的热值是成比例的。集中式焚烧会产生不利于环境的副产品，但污染控制系统能减少集中式焚烧对环境的污染。

从城市生活垃圾中回收能量的焚烧技术包括水冷壁焚烧和模块化焚烧两种技术。

水冷壁焚烧是在有水冷壁的熔炉中焚化未处理的城市生活垃圾（集中式焚烧）和处理过的城市生活垃圾（转化为燃料）。水冷壁式焚烧的处理能力不强，被设计参数为每天处理 75～100t 废弃物。然而，这种方法的单位花费也是相对较高的。一般焚烧单元的设计焚烧能力是每天 250～300t，而集中式焚烧的能力会达到每天 750～1200t。

水冷壁式焚烧的优点有：①除了个别巨大的废弃物，其他废弃物在焚烧前都不需要预处理；②产生的烟灰可以用来制造砖块；③在稳态燃烧过程中不需要辅助燃料。但另一方面，水冷式焚烧也存在着一些不足：①投资和运营成本较高；②操作、控制和维护较为复杂；③在不运行的时候储备炉容量不足。

模块化焚烧一般用于小型焚烧厂，它是将工厂中预先制造的主要组件装配起来以便组成一套完整的运行系统。模块化焚烧系统模块单元的焚烧能力为每天100t，组合后可达到每天400t。

模块化焚烧系统和集中式焚烧系统相似，都用以焚烧未处理的城市生活垃圾，它们都有两个燃烧室，城市生活垃圾由液压油缸压入，燃烧则在固定式壁床中进行，城市固体废弃物（MSW）被液压油缸从一个炉床推到下一个。目前已建设并正在运行的两类模块式焚烧系统中，分别为缺氧型（轻微缺氧）和富氧型（实际氧气量远大于化学计算所需）。

模块化焚烧系统的优点是建造成本低廉，并且由于其模块化的结构特征，建造时间比较短。

其缺点是废弃物的焚烧并不是十分完全，这会导致烟尘增加和回收能量的减少；燃烧的控制效率较低，可能会有微量有机物的泄漏；设备的质量较差；与更大型的集中水冷壁式和垃圾衍生燃料供能厂相比，结构冗余。

在任何废弃物的热处理过程中，原料的制备十分重要。在焚烧前，城市生活垃圾需经过机械方法（如采集、分拣惰性材料，如玻璃、矿物质、铁质和非铁质金属等）、敲击、筛查、破碎、调剂，从而生产出更加均匀一致的材料。

垃圾衍生燃料（RDF）的生产是利用预处理过的城市生活垃圾（MSW）。被加工成粗糙的、绒状的、粉末状的和致密状的RDF。这些加工方法在复杂程度、能量消耗、颗粒尺寸以及将原材料压缩成颗粒或者块状上有所区别。为了对垃圾衍生燃料进行统一定义，规范说明以及为生产者和使用者提供其分析流程，成立了在资源收集方面的ASTM委员会E—38。委员会为垃圾衍生燃料制定了分类标准（表1.9），以及一套测试垃圾衍生燃料总热值的测试方法（E711—81），同时给出了垃圾衍生燃料中一些数值的转换公式（E791—81）（Corbitt，1989）。

表1.9　ASTM委员会对垃圾衍生燃料（RDF）的分类（Corbitt，1989）

种类	俗称	描　述
RDF-1		被丢弃的城市固体废弃物（不包括超大件的垃圾）
RDF-2	粗糙状RDF	被加工成粗颗粒状含铁或不含铁的城市固体废弃物（95%的废弃物可通过孔径15cm的网孔筛）
RDF-3	绒状RDF	从城市固体废弃物中分离处出来然后被切成片的废弃物，其中的金属、玻璃和有机物都被剔除了，这种RDF的颗粒95%可通过孔径50mm的网孔筛
RDF-4	粉末状RDF	被制成粉末的可燃性废弃物，95%可以通过10目（0.89mm）网孔筛
RDF-5	致密状RDF	被压制成微丸、块形状的可燃性废弃物
RDF-6		制成液体燃料的可燃性废弃物
RDF-7		制成气体燃料的可燃性废弃物

垃圾衍生燃料可以作为专用锅炉的基础燃料，也可以与天然气（NG）和垃圾填埋气

(LFG) 等常规化石燃料共同燃烧，垃圾衍生燃料中的含碳量决定了其热值。此外，其中的灰分含量一般较低，而水分的含量会有较大的波动，这由水分的产生过程和垃圾衍生燃料的处理储存方式来决定。表 1.10 列举了一些固体废弃物燃料的特点。

表 1.10　　固体废弃物燃料特点 (Corbitt, 1989)

固态垃圾衍生燃料	高位热值/$(kJ \cdot kg^{-1})$，干燥无灰基	含水量/%，收到基	灰分含量/%，干燥基
黑液（硫酸盐）	15118	35	40～45
牛粪	17211	50～75	17
咖啡渣	23258	65	1.5
玉米穗	21630	10	1.5
棉饼	22096	10	8
MSW	20933	20～50	20～40
松树皮	22096	40～50	5～10
水稻秆和谷壳	13955	7	15
废轮胎	38144	0.5	6
小麦秸秆	19770	10	4

废弃轮胎可以生产出废弃物衍生燃料（WDF），这些燃料不需要较多处理就可以与其他燃料一起混合加入现有的燃烧装置里去。轮胎衍生燃料（TDFs）一般作为水泥窑的补充燃料。由于水泥窑内部条件如火焰温度（1850℃）、停留时间、碱性环境、气体强流动性和充分混合保证充分燃烧等，使轮胎衍生燃料在技术上和环保上优于其他挑选过的废弃物衍生燃料。不仅如此，采用这种燃料无底灰处理问题，因为残余材料（如钢带轮胎中的钢）被加入到熟料中。利用废弃轮胎衍生燃料的原因包括：有着良好的燃烧特性以及高位热值（HHV）；成本较低且应用范围广泛；硫含量相对较低，尤其是以英热单位计算时；减轻轮胎积压对环境和健康的影响。

废轮胎的热值范围一般为 34890～37216kJ/kg，碳含量为 89%～90%，氢含量为 7.5%。废轮胎和轮胎衍生燃料的含硫量通常在 1.5%～2%之间，这种燃料单位能量的二氧化硫排放量（0.0021kg/MJ）与低硫煤是相近的。

焚烧后回收的热量可用于地区供暖以及发电。Penner 和 Richards 分析了美国的情况认为，即使仅有 30%的城市固体废弃物被回收再利用，其燃烧所产生的电量也相当于 8 个大型核电站或燃煤电站（Kreith 和 Goswami，2007）。他们的分析还指出，这样的发电方式能够满足全美 1%～2%的用电需求，并且可以与传统燃煤电厂在价格上进行竞争（Kreith 和 Goswami，2007）。水泥制造厂在废弃物回收利用方面有着重要的作用，它利用水泥窑让焚烧能量回收和废弃物能量转换的过程更为顺利，并且可以通过在窑中控制燃烧条件使废弃物的热值得到充分利用。

由于人们担心焚烧的方法会对环境产生不利的影响，焚烧的潜在优势并没有被全部挖掘出来。现代焚烧厂较高的环境保护标准和严格的污染物监管措施将会促使焚烧技术变得更加安全且低成本，因此，焚烧在接下来的十年中将会是一种十分重要的废弃物处理方法。随着环保法规的进一步完善以及可供垃圾填埋的空间减少，而城市固体废弃物具有可再生、数量充足以及低成本的特点，以及焚烧城市固体废弃物能缓解垃圾处理问题，因此人们越来越支持利用废弃物生产燃料。目前公众对于焚烧城市固体废弃物最大的担忧就是产生的大量有毒气体和呋喃类物质，人们认为这些东西对健康有很大危害，因此通过焚烧废弃物的方式来处理垃圾问题和生产能源成为了一个具有争议性的话题。

1.2.2 气化

气化指的是在缺氧条件下，将含碳的燃料转化为可燃性气体（如混合煤气，即一氧化碳和氢气）的过程，一般合成气是不含焦油的。气化被视为一项关键的热化学技术，并且为部分工业过程和发电系统提供了更多的可能性。与焚烧方法相比，气化有着额外的优势，能够将废弃物中的有机物全部用于燃料、电力和化工生产。据报道，与焚烧发电系统相比，气化发电系统的效率更高。

煤的气化和液化技术最早出现在20世纪20年代的德国，运用的是Franz Fischer和Hans Tropsch发明的技术（后称为FT合成）。在第二次世界大战期间，德国和日本从煤中提炼出了柴油，南非也采用煤的液化技术来应对国际上的汽油贸易禁令。原则上来讲，存在众多可选的流程配置将气化产物转化为燃料，其选择方案主要取决于原料、气化炉的类型、气体的净化过程、产生的燃料以及是否利用部分气化炉中产生的合成气废热来产生电能。

农业、工业和城市产生的废弃物极有可能成为气化的原料，因为这些废弃物中存在着大量无法通过生物降解过程处理的木质素。一些无用和低价值的废弃物（例如制造家具留下的废弃木材、山毛榉材、坚果壳、橄榄皮、葡萄残渣、御谷茎、甜玉米秸秆、甘蔗渣、甘蔗叶、锯末、木屑、玉米穗、花生壳和谷壳）能够作为生产高热值气体的原料（Sheth和Babu，2009）。这些废弃物大量产生于发展中国家，可以被用来生产燃料和石油化工产品的中间产物。因此，了解废弃物在气化过程和随后的燃料生产过程中的重要性对减轻传统能源的压力是十分重要的。

气化技术使合成气生产燃料和化工物料得以实现，合成气的应用主要受合成气质量（清洁程度）的限制。现在的研究焦点在于反应装置的设计，相关运行参数的最优化选择以及催化剂的选择等方面。现代的气化技术中已经将下游热气流的净化和焦油催化转化技术纳入其中，气化的过程可以根据以下几点进行分类：气体产物中热量含量（高、中和低），反应装置的硬件设计（单级反应装置，多级反应装置和熔融盐分批式反应装置），反应装置是否增压。

气体产物的热值是一个关于废弃物原料化学组成、挥发分成分和含水量的函数，并且可通过气体不同的应用情况调整上述参数。低热值的气体主要由一氧化碳、氢气和一些热值在11.15MJ/m^3以内的气体组成，主要用途局限于化学合成方面。中等热值的气体由甲烷、一氧化碳、氢气和许多种热值在11.15～26.02MJ/m^3的气体混合而成，主要用于合成甲醇，以FT方法合成高分子烃类以及用于合成许多其他的化学物质，也可以用来生产蒸汽或者直接驱动燃气轮机。在中等热值的气体中氢气与一氧化碳的比例在2∶3～3∶1的范围。热值的增加得益于甲烷和氢气浓度的提高以及二氧化碳浓度的降低和无氮气的环境。高热值的混合气主要由甲烷组成（大于95%），热值大约为37.18MJ/m^3，这与天然气的热值是相当的，可以用来制作合成燃料气或者天然气的替代气体（Lee等，2007）。

在单级反应装置中，气体的转换在使用蒸汽、空气或氧气的单一气化炉中进行，常用的反应装置有固定床气化炉、流化床气化炉和携带床气化炉。在固定床气化炉中，是从顶部放入燃料，在底部注入气化介质，然后燃料会从上往下运动，气体会逆流而在并行设计的装置中，燃料和气化剂是同向流动的，燃料会依次经过干燥、热解、氧化和还原的过程。逆流设计的优点是对燃料水分含量和颗粒大小的限制更少，因此对燃料的选择空间更大。相对而言，并行设计能够产生更加优质的合成气，但是对燃料的特性有着较高的要求。在流化床气化炉中，由于消除了反应装置中的热点，气化的过程更加快捷高效，这种反应器的适用范围广泛，可以运用在相对较大的气化工厂中，但是其建造的成本较高，且由于气体产物中存在着较多的微粒，需要对气体进行进一步的净化。流化床中没有严格定义的反应区域，燃料的转化和次级热解反应发生在同一个区域中，通过催化剂就可以在流化床中催化裂解焦油。

装置中床的温度由灰分的软化温度决定，这个温度一般为815～1040℃。气流床气化炉需要煤粉作为燃料，煤粉是由空气流或者氧气流带入的，并在几秒内转化为气态产物。这种气化炉可以在较低的温度下（灰分是干燥的固态），或者在高于灰分熔化温度下以一种熔渣的形态（灰分以液态流出）进行操作。在更高的温度下还可以生产出几乎没有污油和焦油的气体产物。虽然气流床气化炉非常适合用于在石油化工中生产无焦油的混合气，但是在废弃产物的尺寸控制方面（研磨和粉碎）还未能让人满意。单级反应装置可以应用在对气体产物质量要求不高的生物质和废弃物气化过程中，气体产物可与热原料气或者燃料气共燃。

目前各种多级反应装置正在发展和应用，在这些反应装置中进行的过程有干燥、热解、气化和燃烧，可以通过优化工作参数来提升反应过程的效率和气体产物的质量。这些装置可以分为“单行”（一条主要的反应物质流通过一系列的反应装置）和“多行”（至少两条物质流通过几个并行的反应装置）两类。在“单行”的装置中，燃料在一个间接加热的热解器中的第一级反应中被干燥热解。热解产物在热解区和炭气化室之间的狭小空间内被部分氧化，气体产物要先经过热炭床，然后经过大量的焦油裂解过程后才能成为优质的气体产物。在“多行”装置中，燃烧和气化的反应装置是分开的，仅仅由热交换器相连接，热解过程将燃料分离为炭和气体。为了提供必要的热量，焦炭和热解气需要在反应器外面被氧化后才能使用。

在熔融盐分批式反应器中，原料在熔融盐浴或熔融金属浴中随着蒸汽或者氧气流进入反应器，温度在1000～1400℃，残余的产物（如灰分和硫）被当成废渣清理掉。

在Herhof Stabilat过程中，生活垃圾先经过生物干燥和分类（除去了惰性成分和金属），随后被加工为蓬松、低密度的垃圾衍生燃料（WDF），人们称为Stabilat。经过干燥和均质化处理的Stabilat燃料具有高热值和挥发性，这些特性使得它适合气化，接下来将其通入两级并行的气化装置（固定床式和鼓泡流化床气化炉）中来生产含氢量高的气体产物（Hamel等，2007）。

Ze-gen公司研发的熔融金属气化技术和废弃物合成气工艺申请了7项专利。他们起初是想致力于木材废料的重建和拆除来解决复杂的市政垃圾问题。这些过程的设备是钢铁行业的标准设备，而钢铁行业一般用融化的铁来除去矿石中的杂质。Ze-gen公司的试验厂使用钢铁行业中的电加热坩埚，通过在坩埚里面融化的铁来处理废木材。Ze-gen公司计划建造一个装机容量为30MWhe的商业合成气站，其生产的合成气可用于汽油柴油生产以及石油精炼等方面。

在生物质方面，气化技术的一项优势是能将所有的有机质，尤其是木质素（阻止木质纤维被酶降解的一种成分）都气化然后液化。从农田中收集的生物质在流化床气化装置（负荷量2.5kg，温度为567～747℃，可生成初级丙烷燃料）的作用下可以生产出颗粒、焦炭、不凝气、煤焦油和一种含水的废弃物。可以使用旋风分离器和洗涤器来调整燃气，这些燃气能够维持一台33kW的内燃机以25%的效率运行（Lee等，2007）。

VEGA工艺也利用生物质来进行整体气化联合循环（BIGCC）和热电联产（CHP）（6.0MWhe，9.0MWhth），但是生物质在干燥后才能作为生物流气化炉生产燃气的原料。

Battelle工艺（Ferco SilvaGas工艺）在间接的气化过程中利用了生物质，这种方法用热沙生产一种中热值的合成气（热值为16731～18590kJ/m^3）。FERCO公司于1997年在柏林顿的柏林顿电气部门（BED）Mc Neil实验站采用SilvaGas过程建造了一个商业规模的实验站，其设计能力是每天消耗200t的干燥生物质。Mc Neil实验站使用的是传统的生物质燃烧技术，包括Stoker锅炉，传统的蒸汽能量回收和静电除尘装置由Silva气体发生器得到的合成气可以在现有的锅炉系统中使用。

Choren是一家由DaimlerChrysler、Volkswagen和Royal Dutch Shell投资的公司，他们2003年在德国的弗赖伯格建造了一个利用废木材转化成合成柴油的示范装置，并在2003年试运行成功。目前他们也正在计划建设规模更大的示范装置，从而完善相关技术，忙实现商业化生产。示范工厂每年能液化13000t的生物质，同时这也为以后建设生产能力为200000t的商业化工厂奠定基础。

CUTEC是一家德国公司，该公司建造了一个带有催化重整装置的氧气环流流化床气化炉（CFB），该炉生产的合成气一部分会被压缩充入FT反应器中来合成液态烃。CFB的理论功率为0.4MW_{th}，这个气化装置在生物质制油（BTL）方面有着一定的潜力。

Chrisgas欧盟的一个投资项目，该项目在瑞典的威纳姆建造了一台功率为18MWth的木材合成气生产装置，这个装置使用的是CFB技术。试验装置使用的是氧气/蒸汽流环境下的增压CFB，为了增加合成气中氢气的含量，还增加了催化重整装置和水煤气转化器（WGS）。气流环境下的CFB气化炉的工作温度为900℃，催化重整装置将产品气体（H_2、CO、CO_2、CH_4、C_2H_4、苯、焦油）转化为合成气。

Buggenum整体气化联合循环工艺（IGCC）采用携带床反应装置来气化加工过的（碾碎、做成细小颗粒等）生物质，这是一种高耗能且高成本的工艺。在进入携带床式反应器（1300℃、无催化剂、反应快速、产品为细微颗粒）变成气体产物之前，被碾碎的生物质先会经过烘烤（中温，250～300℃）。Buggenum IGCC工厂的生产能力为250MWe，工厂的负责人NUON从2001—2004年采用各种原料来测试该项目和运行程序：6000t的污水处理厂残余物、1200t的鸡舍废弃物、1200t木材、3200t纸浆和50t咖啡渣。加入装置的生物质颗粒一般尺寸为1mm，然而结果表明，碎木屑的转化比鸡舍废弃物和污物的转化要困难。在他们的测试过程中，烘烤只是作为预处理的一个步骤。他们在各种生物质原材料方面的经验能为今后这个领域的发展提供宝贵的数据。

生物质生成合成气的气化过程是利用压缩空气或者氧气，以城市固体废弃物为原料，在鼓泡流化床（BFB）燃气发生器中利用硅或铝在 1.6MPa 的气压下为甲醇的生产提供合成气。BIOSYN 有限公司是 Nouveler 有限公司的一个子公司，也是加拿大魁北克电力公司的一个部门，该公司在 1984—1988 年大量测试了利用压缩空气或氧气，在流化床式燃气发生器中合成气体的装置，该装置每小时能处理 10t 原料。这个系统能够利用多种原料（整块的、零碎的、泥炭、城市固体废弃物、初沉污泥、RDF、残留橡胶、颗粒状聚乙烯、聚丙烯）。生物质合成气的主要用途是替代工业锅炉中的燃油，此外，这些气体还能用于合成甲醇和一些热值低的气体。

Hydrocarb 工艺即在两个串联的反应器中运行双气体热解系统。生物质、天然气（NG）和富氢气流在一个加氢热解装置（800℃时气化）中被转化为气态产物，然后用来生产富含一氧化碳的气体，这些气体是为甲烷裂解炉（热解反应器，工作温度 1100℃）提供燃料。得到的氢气和一氧化碳接着会进入甲醇合成反应器当中（一氧化碳和氢气的催化反应温度为 260℃）。甲醇合成气在 50 个大气压及相应的温度下工作的时候，每 100kg 生物质和 18kg 甲烷能生产出 67kg 甲醇和 40kg 焦炭。这个反应过程的优点如下：

（1）所得的焦炭是纯净的炭（不含硫、灰分和氮），是一种清洁燃料。

（2）甲烷转化为甲醇的过程中使用生物质可以减少甲烷气化过程的二氧化碳排放量。

（3）原料具有可替代性：生物质可能被城市固体废弃物替代；甲烷取代煤。然而，原料的替代技术尚未发展成熟。

合成气可以用来产生工艺用热和蒸汽或驱动汽轮机发电（Sheth 和 Babu，2009）。合成气还可以被转化为多种燃料，例如氢气、甲醇、二甲醚以及合成柴油和汽油（通过 FT 合成）。气化过程和 FT 合成法也许能够提高单位质量生物质的燃料产量。然而，这些技术目前主要在欧洲得到运用（世界观察研究所，2006）。生物质气化技术由于其相较于传统焚烧和热解手段的高效性，目前已经受到了越来越多的关注（Sheth 和 Babu，2009）。

由于生物质的燃烧模仿了自然过程，所获得的能量不会向环境中添加 CO_2（Sheth 和 Babu，2009）。不完全燃烧的生物质会生成有机颗粒物，包括一氧化碳和其他有机酸（Alter，2008）。如果燃烧温度过高的话还会生成氮氧化物（Sheth 和 Babu，2009）。与填埋分解相比，燃烧处理有机废料可以减少甲烷排放对环境造成的影响。传统农业的谷物残渣会留在田地里以保护田地免遭侵蚀，并为之提供微量元素、土壤有机质，还能增强土壤的耕种能力（改善土壤质地、结构和孔隙）（世界观察研究所，2006）。在一些地形相对平坦的地区和采用保护性耕种措施的地区，一部分谷物残留物会被用于气化生产。为了保证生物质残留物能够以可持续的方式生产能源，建立以研究为基础的指导方针是十分必要的。

目前这项技术还未成为主流，而是主要运用于实验性和示范性项目。此外，项目建设的费用十分昂贵，同时保持气体产物和设备的清洁也是一大难题。生产出的合成气中可能含有焦油、颗粒物、碱化合物和卤素，这些物质会堵塞反应装置，使催化剂失活并且腐蚀发电装置中的汽轮机。获得商业化规模的废弃物原料是另一个问题。许多残渣都有着相应的利用价值，如用来制作饲料、肥料、土壤改良剂或生产其他产品（颗粒板，中密度纤维板，再生纸张）。除此以外，这些残渣的可用性还受天气条件的影响（天气会影响农业收成）。此外，生物质残余物和废弃物的市场价格通常取决于许多因素，包括收获、收集和运输成本、市场需求、原材料的市场需求以及所选取的废弃物处理技术类型（世界观察研究所，2006）。由于废弃物处理收费会使一些有机废弃物贬值，因此商业化和规模化的原料收集就显得尤为重要。

1.2.3 热解和裂解

热解是将某些材料在可控条件下缺氧燃烧或加热分解的过程，产物包括合成气、合成液和焦炭。除了合成液和油外，热解过程还能产生一种中热值的气体，在净化后能当做燃气来使用。所有的热解产物都可能成为燃料或者其他石化工业产品的中间产物。

根据反应过程的条件（温度、加热速率、颗粒大小、固态停留时间），热解可以分为三类：传统热解、催化加热热解、快速热解。例如，为了使生物油生产能力最大化，应该使用快速热解，这需要在少于 10s 的时间内将生物质加热到 500℃。在塑料热解过程中，大分子会变成小分子（低聚物和单体），进一步的热解过程取决于温度、停留时间，是否有催化剂和一些其他条件。

热解的目的是将废弃物转化为能用作下游工业生产的原料和运输燃料这类有价值的化学物质。方法有熔融盐法，裂解（催化剂，加热加氢）以及液化。

在 520℃时，熔融盐的成分为氯化锂、氯化钾以及 10%的氯化亚铜（LiCl - KCl - 10% CuCl），可以用来热解聚合态废弃物得到燃油；在 420℃时，气态产物的含量是最低的，这有利于回收液态和固态的产物。回收到的产物有轻质油、芳香烃、石蜡和一些单体（Lee 等，2007）。

废弃聚合物的加氢裂化包括：在适当的温度和压力下（一般 423～673K，3～10MPa）在反应釜中加入氢气和催化剂（固体酸如氧化铝、沸石、磺化氧化锆配合上铂、镍、钼或铁）的反应。典型的塑料废弃物包括聚乙烯（PE）、聚对苯二甲酸乙二醇酯（PET）、聚苯乙烯、聚氯乙烯（PVC）和混合聚合物，他们通常在 150～400℃，3～10MPa 的条件下加入氢气和催化剂进行反应，能够得到高质量的汽油。

催化裂化和裂解需要合适的催化剂来开展裂化反应，催化剂能降低反应所需的温度和时间。催化解聚得到的产物并不多，最多的是轻质烃类化合物，其反应所需的温度也较低。在高分子废弃物裂解过程中会采用固体酸催化剂，HZSM - 5、稀土金属交换 Y 型（REY）分子筛和硅铝，能够生产出 30%的汽油和 20%的重油（Panda 等，2009）。催化剂的不同体现在产生的焦炭和气态成分上。催化剂失活之后得到的焦炭并不理想，还会在装置中结垢和阻塞通道。催化裂化和裂解由于其更低的反应温度似乎在技术上比热解更行得通，但是其成本更高。与纯热裂解相比，催化剂的加入提高了转化率和燃料质量。

催化解聚有许多理论上的机制，包括正碳离子机理和自由基机制（Panda 等，2009）。在正碳离子（R+）机理中有四个步骤：起始反应、键断裂、异构化和芳构化。在起始反应中，通过烯键［式（1.1）］、β-断链［式（1.2）］或低分子量的正碳离子提取氢负离子［式（1.3）］，从而得到正碳离子。

$$RCH_2CH=CHCH_2R+YX \longrightarrow RCH_2CH_2CH_2^+CHCH_2R+X^- \tag{1.1}$$

$$RCH_2CH_2^+CHCH_2CH_2CH_2R \longrightarrow RCH_2CH_2CH=CH_2+{}^+CH_2CH_2R \tag{1.2}$$

$$RCH_2CH_2CH_2R+R^+ \longrightarrow RCH_2^+CHCH_2R+RH \quad (1.3)$$

在链断裂过程中，聚合物主链的分子量可以通过β断链的方式连续减小。在异构化作用中，正碳离子的中间产物能进行氢原子转变或碳原子转变，最终完成分子的重新排列。正碳离子也能进行环化反应形成芳香烃。

在自由基机制下有三个已知的步骤：开始、扩散和结束。在一般的情况下，随机的化学键断裂会产生自由基［开始，式（1.4）］。接着，自由基会通过β断链，自由基提取和分解等过程扩散［扩散，式（1.5）和式（1.6）］。最后，两个自由基的重新结合完成了最终的反应［式（1.7）］。

$$R_1R_2 \longrightarrow R_1^* + R_2^* \quad (1.4)$$

$$R_1^* + R_3 \longrightarrow R_3^* \quad (1.5)$$

$$R_1^* \longrightarrow C_x + R_4^* \quad (1.6)$$

$$R_4^* + R_5^* \longrightarrow R_4R_5 \quad (1.7)$$

塑料的催化解聚被认为是最有可能商业化的工业过程（Panda 等，2009）。最成功的例子之一是 Alka Zadgaonkar 在印度的独特废塑料管理和研究公司，该公司利用废弃塑料生产出和普通汽油价格相同的燃油。表 1.11 给出了该公司利用 Zadgaonkar 工艺生产的燃油和普通汽油之间不同特性的对比（Alka Umesh Zadgaonkar，2007）。

表 1.11　废弃塑料再生燃料与传统汽油的对比

（Alka Umesh Zadgaonkar，2007；Panda 等，2009）

特　　性	汽　　油	废弃塑料再生燃料
颜色，外观	橘黄	鹅黄
28℃时密度	0.7423	0.7254
15℃时密度	0.7528	0.7365
总发热量	11210	11262
净发热量	10460	10498
API 比重	56.46	60.65
硫含量（质量分数）	0.1	小于 0.002
燃点（Abel）（℃）	23	22
凝固点（℃）	小于－20	小于－20
浊点（℃）	小于－20	小于－20
与不锈钢反应	不反应	不反应
与轻钢反应	不反应	不反应
与氯反应	不反应	不反应
与铝反应	不反应	不反应
与铜反应	不反应	不反应

用这种方式生产的油与用商业化方式生产的汽油在所有的方面都是相似的，它能为发动机提供更好的续航能力。此外，其成本也相对更低（Fanning，2006；Alka Umesh Zadgaonkar，2007）。

目前已有许多国家开展了不同催化剂对催化解聚废弃塑料生产燃油的研究。表1.12根据不同的生产规模列举了一些国家级的生产者。

表1.12　塑料的催化裂化（Panda等，2009）

产生的燃料	过程	国家	产能/(t·年$^{-1}$)
燃油	外部加热流化床式反应器、液相反应器	美国	1000～40000
汽油和柴油	常压模块化催化反应器	英国	2740～30000
液态和气态烃类	—	新加坡、印度	—
液态烃类	糖酵解、ASR气化、HP气化、焦炉热裂解、液化	日本	—
石油化工原料	管形裂解器	德国	15000

加热裂解（裂化）包括了无氧条件下的解聚过程，该过程一般在350～900℃的温度下进行。形成的产物有碳化焦炭和一些挥发性成分，这些挥发性成分又能分为由石蜡组成的可凝固碳氢油、异构烷烃、烯烃、环烷烃、芳香烃和不凝性高热值气体。

480℃以上的聚合物热解会产生气-液烃类。在650～760℃之间会有更多的气态产物，相应的，在更低的温度下，85%的产物是液态烃类（Romanow - Garcia，1993）。每一种产物的具体组成主要由废弃塑料的特性以及反应条件决定（Panda等，2009）。废弃聚合物的气态和液态的产物能作为石油化工的原料。一般来说，在中等温度下热解得到的液体具有低辛烷值和高残渣含量的特点，这是生产汽油的一种有效方法。热解得到的气体不能用作燃料，需要进一步的炼化才能成为有使用价值的燃料。一部分研究人员正在寻找不需要催化剂就能热解废弃塑料的方法，然而，目前并没有取得突破性的进展，即使发现了可行的办法也会导致反应的复杂性或成本大大增加。

在位于德国的联邦研究和技术部（FMRT），废弃聚合物（废弃的聚乙烯和使用过的注射器）通过热解能力为0.4kg/h的流化床式反应器（FBR）被热解。热解反应会产出苯、甲苯、苯乙烯和C_3～C_4烃类（40%～60%的原料作为热解产物被回收）。

通常情况下废弃轮胎能通过研磨、切割、粉碎等手段减小尺寸，并用分类器等手段去除钢圈，接着轮胎碎片在300～500℃条件下热解1h，并在封闭的反应罐里加热2h，然后将其蒸馏（提纯和分析）。在蒸馏过程中能得到油、气和焦炭。废弃轮胎在西式快速热解之前会经过预处理，通常是被切成25mm的小块及压成24孔的网状物，而热解过程包括了快速热解和产品收集（热解反应过程中没有使用氢或催化剂）。经过这些步骤以后会生成一股气流，这股气流通过骤冷塔后会生成燃油、燃气（回收到热解反应器中当做燃料）和炭黑（35%）。在Nippon Zeon工艺中，轮胎碎片经流化床热解裂解（流化床，400～600℃）会产生一股气流，这股气流经过骤冷塔后会得到燃油（部分回收到骤冷塔并存储起来）和燃气（硫化氢气体）。根据表1.13可知，轮胎在450℃下热解裂解的最终产物，这些最终产物能够作为处理厂的燃料，也可以作为石油化工的原料。

表 1.13　　在 450℃下 1t 废弃轮胎热解产物的分布（Lee 等，2007）

产物	质量/kg	百分比/%
焦炭	166	33.6
气	72	14.4
油	257	52
共计	495	100

FZK（Forschungszentrum Karlsruhe 过程）工艺利用农业废弃物生物质进行热解。例如，秸秆在分散式快速热解后成为密度更大的生物质，这有利于运输到集中式气化站和 FT 柴油工厂。在 500℃时，热解反应产生一种含有焦炭的生物油，称为生物混合物，能够用来生产合成气。FZK 工艺是基于 LurgiRuhrgas 煤气化工艺发展的。

FZK 公司建造了一个处理能力为 5～10kg/h 的工艺开发单元。在这个工艺过程中秸秆被快速热解成混有焦炭的液体，可以用来生成生物油和焦炭浆。这种浆被泵入（降低处理固态生物质处理上的技术困难）并送往增压富氧型气流床气化炉，气化炉的操作条件为焦炭浆日消耗量 0.35～0.6t、压力 26 个大气压，温度 1200～1600℃。目前的 FZK 工艺概念包括快速热解木材产物的气化，慢速热解秸秆炭浆的气化（伴随着水汽凝结）以及慢速热解秸秆炭浆（包含快速热解油）。由秸秆获得的焦炭浆能高效地转化为甲烷含量几乎为零的合成气。最终的目的是发展使用费托合成法的生物质制油（BTL）的转化工厂。

水热液化和热解反应过程是不容易区分的，因为它们都是把有机化合物转化为液体产物的热化学过程。然而，在水热液化过程中，高分子化合物被催化分解为不稳定的活性轻分子，这些产物会重新聚合为高分子量的油质化合物。

水热液化过程包括溶剂分解、脱羧、氢解作用和氢化作用，引发了充满挑战性的机械转换研究（Demirbaş，2009c）。在溶剂分解过程中，溶剂与周围的分子进行反应，以促进生物质的降解。解聚半纤维素、纤维素、木质素使生物质进一步降解为小分子。在脱羧过程中，失去二氧化碳可能会导致分子重新排列。通过氢解反应（水分子分解成 H^+ 和 OH^- 和分子进行反应）和氢化反应（在分子中添加氢气）可以让分子进一步转化。

在蛋白质类废料中，蛋白质降解为氨基酸，进而降解为低分子量的羧酸。在纤维素类废弃物中，纤维素水解为葡萄糖，进而降解为醛和酮，这些醛和酮可以降解为低分子量的羧酸。最后，PET、聚丙烯、聚乙烯等塑料废弃物会降解为 TPA、乙烯和乙二醇。这些产物可以进一步降解为低分子量的羧酸，这些羧酸则可以转化为碳的氧化物（CO_2、CO）和水（He 等，2008）。

美国纽约的西汉普斯特德的“改变世界”技术是基于早期美国矿务局在 20 世纪 70 年代和 80 年代的技术，该技术直接通过水热解，把生物质转化为液态燃油。目前该技术已经得到进一步改善，并且在费城建立了一座实验设施，用于尝试处理食品废弃物、污泥、碎屑、橡胶废弃物、动物粪便、纸浆黑液、塑料、煤炭、多氯联苯（PCB）、二噁英、沥青并将之转化为热解油以及固体、气体产物（世界观察研究所，2006）。他们在密苏里州迦太基屠宰场建立了一个处理火鸡尸体的完备设施。但是由于其产生的难闻气味，该厂已经遭到了附近村民的指责。水热液化技术的开发者还包括美国佐治亚州亚特兰大的

EnerTech环境公司以及荷兰海姆斯凯尔克的 Biofuel BV 公司。

一部分的热解工厂已经采用废弃物作为原料来源。在美国，以 500℃运行的 30kg/h 生物质原料热裂解热解装置产生具有与原油相同的氧和能量含量的生物原油。在加拿大，生物质热解厂利用木质废料在 200kg/h，500℃条件下进行反应，生成了一种生物原油，生物原油在干燥基条件下的日生产量为 1000t，相当于 3.40 美元/GJ，目前轻质燃油的价格为 4.00～4.60 美元/GJ，因此热解生物质燃油是一种更加经济的选择。美国马萨诸塞州 ECRO 能源公司为 USEPA 开发了一种移动热解原型设备，每天可以处理的生物质量达到 100t（含水 10%），产生气体（5577kJ/m^3）、油（23260kJ/kg）以及碳（27912kJ/kg）。相比于原来的生物质，最终产物为热解油和热解炭，在运输方面更加经济。热解气体热值可以达到 5577kJ/m^3，一般用于热电联产系统。

纤维素基固体垃圾会被分离，并在 116℃标准大气压下进行热解反应，生成一种热值约为 1624kJ/kg（湿重）的液体燃料（$C_6H_{18}O$），其结果主要取决于原料的组成和反应温度［式(1.8)］（Lee 等，2007）。

$$C_8H_{10}O_5 \longrightarrow 8H_2O + 2CO + 2CO_2 + CH_4 + H_2 + 7C + C_6H_8O \quad (1.8)$$

热解反应的温度为 500～900℃，压强为 1bar，会生成固态、液态、气态燃料，例如轻质油（苯）、溶液（溶解在水中的有机物）和气体（家用煤气、工业煤气、氢气、一氧化碳、甲烷、挥发性碳氢化合物）（表 1.14）。混合有聚乙烯塑料的城市固体垃圾在 100～400℃，一个标准大气压下会生成类似的产物，只是产生的气体量较少。

表 1.14　MSW 中 1t 纤维素基材料热解产品组分（Lee 等，2007）

成　分	质量/体积	成　分	质量/体积
炭	70～192kg	溶液	367～503L
煤气	0.21～0.5m^3	焦油	1.92～2.7L
轻油	3.8～15L		

热解产品可用于发电、供热、燃料（气态、液态、固态），也可作为精炼石油化工产品的原料。热解油可以应用于许多地方，例如锅炉、固定式柴油发动机、工业燃烧涡轮机和斯特林发动机等，但在车用引擎上并没有太大的发展前景（世界观察研究所，2006）。

可以把工业、城市、农场、农业、农作物和林业废弃物转化为清洁、可持续的能源是热解技术的主要优势之一。这些论述的事项在也适用于气化技术（第 1.2.2 节）。

在热解成为商业上可行的能源生产方式之前，我们必须克服几个挑战。热解油需要进一步的处理，因为它可能含有炭、碱金属、浓度为 20%～25%的酸。由于热解油具有温度敏感性和高黏性，会导致存储装置和发动机出现问题。2006 年年初，尽管有几个小型的设施在进行生产，但是依然没有大规模的生物质热解设施。Ensyn 技术在北美建立了几个小型的商业化工厂来生产特殊产品。加拿大温哥华的动力学能源系统最近在安大略省木制品工厂启动了一台生产量为 100t/天的生产设备，其产物可以用于热电联产（CHP）。位于荷兰的生物科技集团（BTG）已经展示了产量为 5t/天的旋转锥技术，并且计划建立一个规模为 50t/天的工厂。值得注意的是，热解油目前不适用于交通系统。此外，相比于柴油或汽油，热解油的经济性仍然较差。热解油进一步发展的障碍包括生物质较高的运输和生产成本、较低的转换效率，并且我们对于其中复杂的机制也缺乏理解，复杂的混合物也使相平衡难以辨别。气化条件下的因素分析也适用于热解过程。

1.2.4 其他工艺

1.2.4.1 酸水解

酸水解可以把纤维素材料转化为制作燃料所需的低分子量产物。

在林业和农业生产中，每年都会产生大量廉价的可再生木质纤维素废弃物。这些废弃物包括水果加工残留物，乳品工业废弃物，玉米和糖的副产品以及造纸工业废弃物。木质生物质可以通过转化为单糖进而转化为生物燃料，如单糖转化为乙醇和氢气。木质纤维素是嵌在木质素一半纤维素框架里的纤维素纤维所形成的复合物，可以构成植物的躯干，为植物生长提供动力。虽然木质纤维素含量丰富，但由于木质纤维素废弃物复杂的化学结构：纤维素（晶体结构及无定型结构）、半纤维素和木质素三个主要成分必须单独处理（Lee 等，2007)，很难转化为可发酵的糖。

纤维素由线性且高度有序的葡萄糖链组成，是地球上含量最丰富的生物聚合物之一。由植物产出的纤维素既包含大间隙的高度非结晶区域，也有无规律的紧密结晶区域。由于纤维素可以抵抗大多数形式的降解，会在环境中不断积累（Levin 等，2009)。

半纤维素是许多糖类的复杂聚合物（Levin 等，2009)。这些糖类主要包括六碳糖和五碳糖。

木质素是一种多酚聚合物，填补了细胞壁中纤维素、半纤维素和果胶成分之间的空缺。半纤维素之间通过共价键相互连接，以及不同植物多糖之间的交联作用使细胞壁拥有了一定的机械强度，进而影响整个植物（Levin 等，2009)。

表 1.15 展示了常见的农业残留物中纤维素、半纤维素和木质素的含量。

表 1.15　纤维素、半纤维素和木质素在农业残留物所占的比例
（Prasad 等，2007；世界观察研究所，2006）

农业残留物	纤维素/%	半纤维素/%	木质素/%
竹子	41～49	24～28	24～26
沿海百慕大草	25	35.7	6.4
玉米棒	45	35	15
玉米秸秆	35	28	16～21
棉籽毛	80～90	5～20	0
禾本种植物	25～40	35～50	10～30
硬木茎	40～50	24～40	18～25
树叶	15～20	80～85	0
报纸	40～55	25～40	18～30
坚果壳	25～30	25～30	30～40
纸张	85～99	0	0～15
主要废水固体	8～15	—	24～29
稻秆	40	18	5.5

续表

农业残留物	纤维素/%	半纤维素/%	木质素/%
软木茎	45～50	25～35	25～35
固体粪便	1.6～4.7	1.4～3.3	2.7～5.7
分类垃圾	60	20	20
甘蔗渣	32～48	19～24	23～32
甜高粱	27	25	11
猪粪	6.0	28	—
柳枝	30～51	10～50	5～20
化学纸浆	60～70	10～20	5～10
麦秸	33～40	20～25	15～20

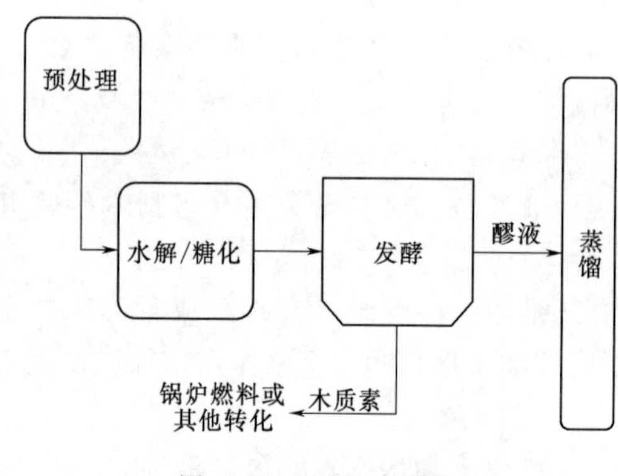

图 1.1　乙醇生产图解

因为木质生物质的结构很复杂，所以它很难作为生物燃料的原料。为了把木质纤维素分解为纤维素、半纤维素和木质素，人们已经开发了许多物理、化学以及酶解的方法。木质纤维素通过预处理、水解、发酵和蒸馏可以生产乙醇（图 1.1）。

预处理的目的是为了提高木质纤维素材料的表面积，通过分离木糖结晶纤维素和木质素，使多糖更容易水解。但是预处理必须避免消耗珍贵的碳水化合物，并避免生成抑制后续步骤的副产物。在木质纤维素转化为糖的过程中，预处理大概占总处理成本的 33%，同时预处理经常会生成影响发酵的生物抑制剂。

迄今为止，人们开发了各种各样的预处理工艺，常见的预处理方式有蒸汽爆破、酸处理、生物方法和粉碎。这些方法既可以单独地使用，也可以组合在一起使用。

蒸汽爆炸涉用蒸汽渗入植物材料的孔隙，然后快速减压。蒸汽的爆炸性膨胀让植物材料分解为更小的纤维，提高了随后多糖水解过程的效率。氨纤维爆破（AFEX）工艺除了使用的材料是液氨之外，跟蒸汽爆破很相似。这种工艺在农业废弃物的处理上效率很高，但是不能成功应用在木质生物质的预处理上。

生物方式进行预处理主要利用了能产生木质素降解酶的微生物。

粉碎过程是预处理必要的一部分，该过程通过锤式粉碎机产生可以通过直径 3mm 筛孔的颗粒。

预处理提高木质纤维素分解率的机制目前并不明确，其效果总是与去除半纤维素、木质素有关。木质素的水解有利于后续的水解过程，但是也可能会生成抑制酶活性的产物。一些预处理工艺可以降低纤维素的结晶度，提高反应活性，但这似乎不是许多预处理工艺成功的关键所在。

水解是利用水分子把材料分解的过程。半纤维素易水解为戊糖（五碳糖），但是戊糖很难发酵（Prasad 等，2007）。纤维素可以水解为己糖（六碳糖）（Prasad，等，2007）。结晶纤维素难以水解，然而产生的已糖很容易发酵（Prasad 等，2007）。把多糖水解为可发酵糖（葡萄糖、木糖、阿拉伯糖）的三种基本方法是浓酸水解、稀酸水解、酶水解（Lee 等，2007）。

酸处理是利用酸水解纤维素材料的过程，在进行浓酸水解和稀酸水解时，除了将木质纤维素材料粉碎成尺寸为约 1mm 的颗粒，纤维素和半纤维素几乎不需要预处理。

浓酸水解通过溶解木质生物质中的碳水化合物，与酸形式均匀的明胶，形成纤维素极易水解的环境，这里的浓酸通常是指室温下浓度为 70%～90%的浓硫酸。在发酵之前，处理低聚糖的办法是将其放置在稀释至 4%的硫酸里加热 4h，也可以在 120℃的高压炉内处理 1h 让其分解为单糖，然后用石灰石中和，通过发酵形成糖，这一过程会花费 10～12h 的时间。浓酸水解的相对简单且产糖量较高，纯样品得到的已糖产量接近理论产量的 100%，而通过仿制城市垃圾混合物得到的混合样品生成的已糖产量接近理论产量的 90%。然而浓酸处理所需的设备必须耐腐蚀，并且酸液的回收成本十分昂贵。

稀酸水解（酸含量 1%）大大减少了水解木质素所需酸的数量，高温会加快其反应速率，半纤维素所需的温度为 100～160℃，纤维素所需的温度为 180～220℃。高温会让木质纤维素中的低聚糖分解，使得单糖产量大大降低到理论产量的 55%～60%，而且反应得到的产物会包括一些抑制发酵的有毒物质（乙酸、糠醛）。

1.2.4.2 酶解法

酶解法能够更好地利用木质纤维素原料中的纤维素和半纤维素。酶促反应必须要有大量的预处理过程，这些过程需要分离纤维素、半纤维素和木质素。因为酶解纤维素过程所需的条件比酸解更加温和，所以在随后酶解法的预水解过程中不会使戊糖的含量降低。纤维素是葡萄糖通过 1、4 糖苷键连接而成的多聚糖。纤维素的酶解是通过纤维素酶的运作系统，逐步断开糖苷键。该酶系统还包括半纤维酶，它可以水解经过酸处理不溶解的半纤维素。然而，酶解技术不太可能应用于未分类的城市固体垃圾，因为这些垃圾具有较高的异质性，所以对于转换这些半纤维素含量极高的废弃物开展深入研究是非常必要的（Hayes，2009；世界观察研究所，2006）。

在发酵过程中，葡萄糖发酵会产生较稀的乙醇溶液。木糖虽然能够转化为乙醇，木质素很难进行生物转化，不过可以通过化学的方法进行改善，并且木质素经常被用作锅炉燃料。

为了把木质纤维素中的糖发酵，人们发展了同步糖化和发酵技术（SSF）（Kreith 和 Goswami，2007）。这一技术结合了水解和发酵过程，目的是为了克服最终产物抑制反应进行的问题。结合水解和发酵过程，葡萄糖在产生抑制作用之前就已经被迅速地隔离开。SSF 的过程如图 1.2 所示。

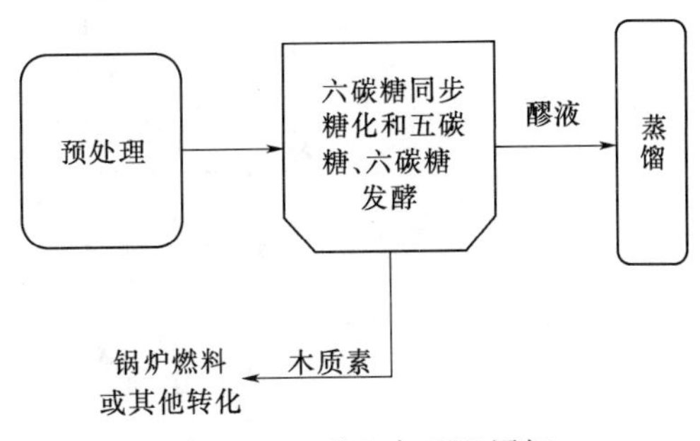

图 1.2 乙醇生产 SSF 图解
（来源：Kreith 和 Goswami，2007；Lee 等，2007）

在这个过程中，把生物质原料研磨后通过预水解生成戊糖（木糖和阿拉伯糖）

和纤维的混合物，再将其与石灰石中和，然后与纤维素酶、半纤维素酶混合。纤维素以及剩下的所有半纤维素都被水解为已糖（葡萄糖）和戊糖（木糖和阿拉伯糖），这些产物可以立即发酵用以产生乙醇（Lee 等，2007）。水解和发酵反应的最适温度介于纤维素酶与酵母的最适温度之间。木质素通常会与混合物分离，之后作为锅炉燃料或者转化为高附加值的辛烷增强剂，它可以和汽油混合使用。

蒸馏法与从啤酒中得到乙醇的过程类似。蒸馏过程中的能量消耗是对乙醇生产消耗的能量超过其产生的能量进行批评的部分原因。虽然旧工厂存在批评的情形，但现代化工厂密切关注能源消耗。据报道，一些工厂每生产 1L 乙醇仅需 5.6MJ，总能耗（产品乙醇）为 11.1～12.5MJ/L（Lee 等，2007）。

BlueFire 乙醇公司得到了 4000 万美元的拨款用来在加州建立商业设施，利用含有纤维素的废料以及预先分类的城市固体垃圾来生产乙醇（Hayes，2009）。这是世界上唯一一家将垃圾通过酸解来生产乙醇的公司。然而在硫酸水解方面的领头公司 Akenol 和巴西糖业的主要设备供应商 Dedini 都在研发通过酸解过程来转化木质纤维素的技术（世界观察研究所，2006）。

在酶法水解方面，为了进一步研究这项技术，加拿大石油公司和荷兰皇家壳牌石油公司联合成立了艾欧基公司。然而，它们生产乙醇的成本是传统乙醇生产工艺的 2～3 倍（世界观察研究所，2006）。

通过以上方式生产的乙醇都期望能够达到商业品质乙醇。表 1.16 把通过垃圾生产的乙醇产量与传统工艺生产的乙醇产量相比较。与收集和转化过程所需的能量相比，目前所生产的总能量只是理论值，并且随着技术的改进而不断变化。

表 1.16　　传统工艺与通过垃圾生产的乙醇产量对比

（Balat 等，2008；Kim 和 Dale，2004；Najafi 等，2009；Stichnothe 和 Azapagic，2009）

来　源		每千克生物质产出的乙醇量
传统来源	玉米	0.46
	甘蔗	0.50
	甜菜	0.12
垃圾来源	大麦秆	0.31～0.35
	纤维素材料	0.31
	玉米秸	0.29～0.36
	MSW	0.14～0.18
	燕麦秸	0.26
	稻秆	0.40～0.44
	高粱秆	0.27
	甘蔗渣	0.40～0.44
	麦秸	0.29～0.40

每年数百万吨的市政固体废弃物有大约1/3是纤维素，利用这些纤维素来生产酒精不会影响食物生产计划（Veziroglu，1982）。从先前的讨论研究中可以看出，很多公司对于利用这个机会十分感兴趣。

在酸解过程中只有少数环境因素需要考虑。这个过程中，水的消耗量很大。此外，大量使用酸时，不仅仅需要考虑酸的腐蚀泄露问题，还需要考虑中和步骤以及一些化学物质的使用问题。

收集、运输以及把垃圾转化为乙醇的过程是比较困难的。为了达到最好的效果，纤维素、半纤维素和木质素都需要单独处理。此外，对于研究来说，每部分都有着自己的缺点以及困难和机遇。例如，木糖很难被发酵成乙醇，但是它占生物质中可发酵糖的30%～60%（Levin等，2009）。

把糖转化为乙醇必须是一个经济上可行的过程。这需要在微生物乙醇生产研究中取得重大进展。利用目前所使用的低生产力技术，把乙醇从稀释的混合物中分离出来的成本十分昂贵。最后，为了增加生产过程的产品价值，必须要开发一个副产物（还未被定义的）市场。

1.2.4.3 酯交换工艺

在20世纪70年代，人们发现可以通过酯交换的简单过程来减少新鲜植物油（生物油）的黏度（Tashtoush等，2004）。酯交换是甘油三酯（植物油、废弃食用油和脂肪）与甲醇或乙醇反应，生成甲酯或乙酯以及副产物甘油的过程（Kreith 和 Goswami，2007）。这个过程可以让自然资源中的生物原油转化为生物柴油。

与从石油中得到柴油不同的是，生物柴油是从生物质或其他可替代资源中得到的一种柴油燃料。生物柴油与传统柴油相比，具有可再生、可生物降解、无毒和低排放的优点。最新的研究表明，一些烹饪使用的植物油，来自屠宰场以及其他肉类加工单位的不能食用的动物脂肪等废油都可以用来生产生物柴油。

植物油基生物柴油已经被证实比传统柴油具有更低的黏度、较低的燃点、较高的蒸汽压，且加工过程更为容易（Guru等，2009）。动物脂肪比植物油更受青睐，这是因为动物脂肪更便宜，并且供应更加充足（Demirbaş，2009b；Dias等，2009；Guru等，2009；Oner和Altun，2009）。动物脂肪不能直接使用，因为其物理性质会影响雾化效果，导致其不能很好地与空气混合，并且蒸汽压力较低，燃烧不充分，甚至在发动机中产生沉积（Guru等，2009）。酯交换方法恰好能改善这些缺点。动物脂肪生产的柴油具有更高的发热值和十六烷值，但是相比于植物油生物柴油，动物酯基生物柴油更容易被氧化，并且会堵塞过滤器（Dias等，2009）。

在传统方法合成生物柴油的过程中，生物柴油在有甲醇与碱（通常是氢氧化钠）的条件下进行酯交换（图1.3）。

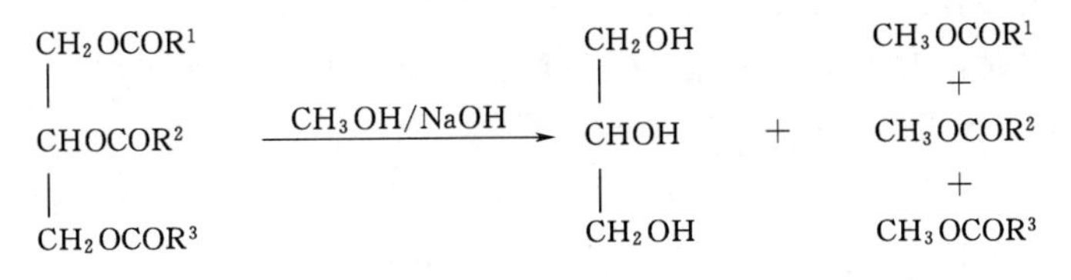

图1.3 碱催化甲醇酯交换反应

在这个反应中，生物质油（三酯和甘油三酸酯）在有催化剂的条件下和甲醇反应生成甘油和三个新的甲基酯。从结构上看，甘油三酸酯转化为双甘酯，进而转化为单甘酯。最后转化为甘油（Demirbaş，2009b）。在酯交换反应中，要求甲醇相对于油的含量很高。高比例的甲醇也有助于形成的甘油相分离（图 1.4）。一旦甘油从生物柴油中相分离，生物柴油会经过水净化洗涤、真空干燥和过滤等过程。生物柴油的高耗能净化，是其生产不节能的众多原因之一。

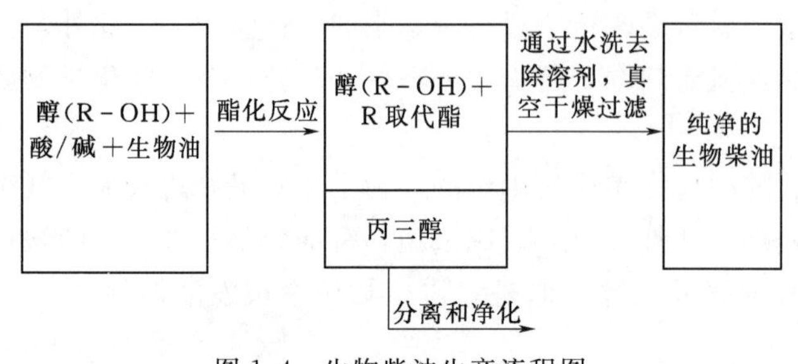

图 1.4　生物柴油生产流程图

生物柴油的产量取决于许多变量，包括原料、催化剂、溶剂、温度和压力、醇与油的比例等。

原料通常包括动物酯和废弃的厨用植物油。新鲜收集的动物酯中游离脂肪酸含量较低，并且比较昂贵和稀缺，这是许多动物酯研究的重点。如果动物酯不立即进行转化，酸值会随着水解的进行逐渐增加。游离脂肪酸在反应过程中会消耗催化剂，并且很难从生物柴油中分离出所谓的“皂化产品”。废弃的厨用植物油也含有较多的游离脂肪酸和水分（Banerjee 和 Chakraborty，2009）。

由于水分和游离脂肪酸的含量较高，通常需要利用酸来进行预处理，这会引起对游离脂肪酸的酸性催化酯基的转移作用，随后会产生生物油的碱性酯交换反应。事实上，当原料中含有大量的游离脂肪酸时，许多研究都引入了酸性预处理操作或者简单的酸性催化反应（Banerjee 和 Chakraborty，2009；Tashtoush 等，2004），例如最近的一项研究表明，先对高酸的动物脂进行酸性预处理（2% H_2SO_4，651℃，5h，6：1 甲醇猪油），会使得在传统的生物柴油生产过程中生物柴油的转化率达到 66.2%，并且纯度达到 95.7%，符合国际标准（EN14214）（Dias 等，2009）。

通常情况下使用碱作为酯交换的催化剂，不过现在也开始使用酸性催化剂。常见的基本催化剂包括氢氧化钠、氢氧化钾以及它们的醇盐或者碳酸盐（Banerjee 和 Chakraborty，2009；Bhatti 等，2008；Dias 等，2009）。常见的酸性催化剂是硫酸和盐酸（Banerjee 和 Chakraborty，2009）。新型的催化剂正在进行测试，科学文献表明它们具有极强的活性，并且会抑制多余副产物的生成。但是，新型催化剂的成本却比较昂贵（Bhatti 等，2008；Demirbas，2009b；Gui 等，2008）。

使用同相的强碱作为催化剂生产生物质柴油是一个非常典型的过程，不过现在已经有了很多关于异相催化剂的研究。在大规模的生产过程中，由于异相催化剂更易分离，所以首选使用异相催化剂。因为最终产品的（生物柴油）价格便宜，所以所有新型催化剂的成本都必须低廉。因此，有人提议鸡蛋壳是生产生物柴油的潜在催化剂。当质量比为 3% 的煅烧鸡蛋壳（1000℃，2h）加入到甲醇与石油的混合溶液（摩尔浓度比为 9：1）中时，3h 后生物柴油的产量会超过 95%。以上过程的反应条件和产量与同相催化剂催化的反应相似，但是却具有了低成本、多相催化的优点（Wei 等，2009）。

最常用的醇是甲醇和乙醇。甲醇由于成本比较低所以更常用（Banerjee 和

Chakraborty，2009）。当溶剂为甲醇时，会生成甲基酯产物。因为乙醇和乙酯的混合物的黏度比较低，并且乙醇可以通过可再生能源以及废弃能源来生产，所以乙醇正在被进一步地研究。此外，在分离甘油方面，乙醇的效果要好一些（Tashtoush 等，2004）。

如果反应持续的时间足够长，酯交换反应可以在室温下进行。然而，通常情况的反应温度接近标准大气压下醇的沸点。已经有研究表明，最佳的反应温度和压强取决于被加工的餐饮业废油的类型与质量（Banerjee 和 Chakraborty，2009）。

通常使用超过所需化学计量比例的醇。在酸催化转换含大量游离脂肪酸油的反应中，与碱催化的酯交换相比，使用了更高的醇油比。具体来说，醇与油的比例变化可以从碱催化中的 6∶1 到酸催化酯交换反应中的 250∶1（Banerjee 和 Chakraborty，2009）。

从废弃物中生产生物柴油已经可以与传统的生产方式相比较了。例如在发动机没有经过任何改造的情况下，采用直接喷射的方式进行驱动，使用动物酯生物柴油与使用纯柴油的发动机在引擎性能方面具有可比性（Oner 和 Altun，2009）。然而，由于动物酯生物柴油的流动点比较低，所以不能在寒冷的环境下使用（Dias 等，2009；Oner 和 Altun，2009）。如果把燃油产品用作锅炉燃料来供热，就不用与传统生物柴油进行混合（Dias 等，2009）。此外，生物柴油可以相互混合直到达到期望的产品品质。例如 20％动物酯生物柴油与传统柴油的混合物有着比常规柴油更高的十六烷值（Guru 等，2009）。表 1.17 比较了餐饮业废油、废食用油生物柴油、动物酯生物柴油以及商用柴油的属性。

表 1.17　　不同来源的生物柴油与常规柴油性质的比较

（Bhatti 等，2008；Demirbas，2009b；Dias 等，2009；Oner 和 Altun，2009；Tashtoush 等，2004）

燃油性质	餐饮业废油生产的生物柴油	动物酯生物柴油	高酸废弃猪油生物柴油	废弃动物酯和酒精生物柴油	商用柴油
化学式		$C_{53}H_{102}O_6$		0.023％SO_2	
运动黏度（313K）/($mm^2 \cdot s^{-1}$)	5.3	5.072	4.64～7.73	7.06（20℃，cSt）	1.9～4.1
密度（288K）/($kg \cdot L^{-1}$)	0.890～0.897	0.856～0.877			0.075～0.840
燃点/K	469	303～308		<298	340～358
流动点/K	262	267～273		276	254～260
十六烷值	54	58.8～61			40～46
含灰量/％	0.004	0.022～0.025			0.008～0.010
含硫量/％	0.06	0.18		0.023	0.35～0.55
炭渣/％	0.33				0.35～0.40
含水量/％	0.04				0.02～0.05
高热值/($MJ \cdot kg^{-1}$)	42.65	39.86		38.8	45.62～46.48
游离脂肪酸（KOH/油）/($mg \cdot g^{-1}$)	0.10				
皂化值	244.50～251.23				
碘值	126～130		77		

可以使用传统柴油的地方都可以用生物柴油来代替。例如轻型和重型卡车的测试显示，除了因为使用生物柴油需要频繁加油外，两者几乎没有任何差异（Lee 等，2007）。

目前有许多公司在商业化地生产生物柴油。意大利的 Desmet Ballestra 公司是这一领域的领导者。他们建造了大量使用废植物油和动物脂肪作为原料生产生物柴油工厂。

使用废料作为生物柴油的来源主要有以下优点：

（1）由于原料是非食用的，避免了燃料与食品的争夺。

（2）因为非食用原料价格便宜，所以降低了燃料的最终成本。

（3）回收废弃物。

（4）生物柴油的燃烧不会导致大气中二氧化碳的含量升高。

（5）生产的燃料可以生物降解（Bhatti 等，2008；Demirbas，2009a；Dias 等，2009；Gui 等，2008）。

生物柴油的生产也有它的缺陷。酯交换反应通常使用碱性催化剂，这些催化剂具有腐蚀性，会产生副产品，但是把副产品分离出来的代价却比较高昂。柴油生产也可以使用酸性均相催化剂，但这种催化剂很难回收，需要在很高的温度下进行操作，会产生明显的腐蚀现象并且会引起环境问题（Wei 等，2009）。

从废弃物到燃油的转化过程目前还面临着一些困难，主要是收集和净化两个方面，很大程度上会影响最终成本以及操作的可实现性（Gui 等，2008）。

1.2.4.4 厌氧消化

厌氧消化（AD）目的在于加速生物质转化为气体燃料（沼气）的自然过程。这方面的研究主要是为了确定厌氧发酵的最佳条件，其中包括原料、营养物质、温度、水分、pH 值、大气条件。大部分关于生物质原料（MSW、WWTPS、农业、农场、农作物以及林业废弃物）的试验都产生了富含甲烷的沼气。这些高能量的气体（中高热值的气体）在一些条件下可以代替合成天然气（NG）。由于原料的不同，反应最终可能会生成硫。表 1.18 对比了不同沼气原料的性质。

表 1.18　不同沼气原料的比较（Lee 等，2007）

原　料	发电量 /(MWhe · t^{-1})	原始含硫量 /(mg · m^{-3})	最终硫占比
液体和固体粪污	0.2～0.5	300～500	0.5
有机废料	0.5～2.0	100～300	0.3
污泥	100～500	300～500	0.6
木屑	5～50	300～1000	0.3

在生物质的厌氧消化过程中，各种络合物的混合物被转化为一些简单的化合物，主要是甲烷和二氧化碳。厌氧细菌可以让可生物降解的有机成分进行生化转化（BOF）。如图 1.5 所示，有机材料的厌氧消化主要包括水解、酸化、乙酸化和甲烷的生成过程。这些转换过程包括复杂的聚合物的分解，如纤维素、脂肪、蛋白质到长链再分解为短链脂肪酸，最后生成甲烷、二氧化碳和水。基本生化反应利用氢气、二氧化碳、一氧化碳、乙醇、有机酸，甲胺以及其他蛋白质衍生物作为底物，这些反应的产能方程见表 1.19。

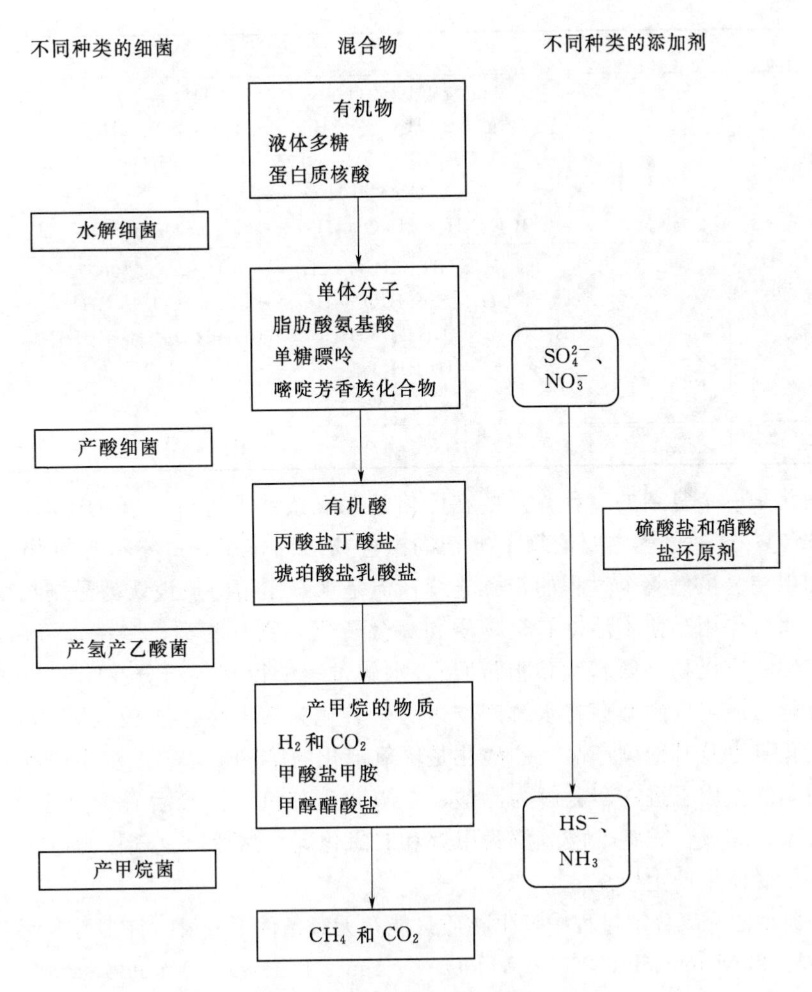

图 1.5　酸水解过程中化学变化

（来源：Kreith 和 Goswami，2007；Valdez－Vazquez 和 Poggi－Varaldo，2009）

表 1.19　　厌氧分解过程中常见的生化反应

（Kreith 和 Goswami，2007；Valdez－Vazquez 和 Poggi－Varaldo，2009）

底　物	生　化　反　应
H_2 和 CO_2	$4H_2+CO_2 \longrightarrow CH_4+2H_2O$
CO	$4CO+2H_2O \longrightarrow CH_4+3CO_2$
酒精	$4CH_3OH \longrightarrow 3CH_4+CO_2+2H_2O$ $CH_3OH+H_2 \longrightarrow CH_4+H_2O$ $4HCOO^-+2H^+ \longrightarrow CH_4+2H_2O$
单糖	$C_6H_{12}O_6+H_2O \longrightarrow 2H_2+$丁酸盐$+2HCO_3^-+3H^+$ $C_6H_{12}O_6+4H_2O \longrightarrow 4H_2+2$ 乙酸盐$+2HCO_3^-+4H^+$

续表

底物	生化反应
有机酸	丁酸盐$+2H_2O \longrightarrow 2H_2+2$乙酸盐$+H^+$ 丙酸盐$+3H_2O \longrightarrow 3H_2+$乙酸盐$+HCO_3^-+H^+$ $HCOO^-+3H_2+H^+ \longrightarrow CH_4+2H_2O$ $CH_3COO^-+H_2O \longrightarrow CH_4+HCO_3^-$ $4CH_2NH_2+2H_2O+4H^+ \longrightarrow 3CH_4+CO_2+4NH_4^+$
产甲烷物	$2(CH_3)_2NH+2H_2O+2H^+ \longrightarrow 3CH_4+CO_2+2NH_4^+$ $4(CH_3)_3N+6H_2O+4H^+ \longrightarrow 9CH_4+3CO_2+4NH^+$ $2CH_3CH_2-N(CH_3)_2+2H_2O \longrightarrow 3CH_4+CO_2+2CH_3CH_2NH_2$ $4H_2+HCO_3^-+H^+ \longrightarrow CH_4+3H_2O$ $4H_2+2HCO_3^-+H^+ \longrightarrow$乙酸盐$+4H_2O$
硫酸盐	$4H_2+SO_4^{2-} \longrightarrow HS^-+3H_2O+OH^-$

厌氧消化是一个复杂的过程，需要在严格的无氧条件下进行［氧化还原电位（ORP）小于－200mv］，这一过程主要依赖于复杂的微生物协同作用，最终将有机物主要转化为二氧化碳和甲烷。虽然整个过程的步骤连续，但是水解作用一般被认为是制约生产速率的主要因素。水解作用会使不溶性有机物质和高分子化合物（脂类、多糖、蛋白质和核酸）转化为可溶性的有机物（氨基酸和脂肪酸）。水解过程中得到的组分在第二步的酸化过程中进一步分解。产生发酵细菌将水解产物进一步转化为挥发性脂肪酸（VFAs）和氨、二氧化碳、硫化氢以及其他副产品。乙酸化是厌氧消化的第三步，第二步中得到的有机酸和醇类在乙酸菌的作用下进一步分解为乙酸、二氧化碳和氢气。最后一个过程是生成甲烷，由两组甲烷菌来完成，先将乙酸分解为甲烷和二氧化碳，然后以氢气作为电子供体，二氧化碳作为电子受体来产生甲烷。

在一个典型的厌氧分解过程中，生物质只能在无氧条件下分解。许多因素都会影响整个过程（Jingura 和 Matengaifa，2009；Valdez - Vazquez 和 Poggi - Varaldo，2009；Veziroglu，1982）。包括底物的温度、负荷、固体浓度、滞留期、pH 值、养分浓度和有毒物质。

在温度方面，最适温度是 35℃（此时分解和气化的速度达到最快）。当温度低于 15℃时，反应速度非常慢，只能生成少量的气体。温度同样取决于细菌的种类：嗜温菌和嗜热菌。嗜温菌的最适温度为 30～40℃，嗜热菌的最适温度为 50～60℃。

负荷是指送入每立方米消化器的可发酵物质的量。负荷的变化会影响消化器内的平衡，所以应该保持负荷的稳定。对于一个给定的容积，如果负荷增大了，发酵周期也会相应的增加。常见固体浓度范围是 7%～9%，脱离这个范围会让发酵过程变得十分缓慢。

可发酵材料在消化器内存在的时间称为停留时间。经过观察后发现，前四周内的沼气产量是最大的，然后逐渐减小。如果温度升高，消化器内的组分性质受到搅动，以及增大分解炉内营养物的供应时，都会造成滞留时间的显著减少。

pH 值为 7～8 时最适合气体的生成，如果 pH 值过小，气体的生产会完全停止。

细菌需要氮、磷、钾作为它们的营养物质。当满足这些条件时，发酵过程会进行得十分迅速，通常都需要加入部分营养物质来促进沼气的产生。

如果发现沼气产生过量，可以加入铜等一些有毒物质来进行抑制，然而这种情况非常罕见。

厌氧细菌能把消化器和垃圾填埋场中的废料分解为简单的化合物，主要为甲烷（45%～57%）和二氧化碳（40%～48%）。在不经过进一步处理的情况下，填埋场产出的沼气（LFG）根据其甲烷含量的不同，能量密度为 24～28MJ/m^3。

废水处理厂的污泥（WWTPS）在密闭的容器内进行厌氧消化产生的气体包含65%～70%的甲烷，30%～35%的二氧化碳以及少量的氮气、氢气、硫化氢和水。该气体混合物的相对密度约为 0.86，气体混合物的甲烷平均浓度为 65%，热值是 21～25MJ/m^3，比热值为 37.3MJ/m^3 的天然气低 30%～40%（Appel 等，2008）。

虽然厌氧细菌不能消化木质素，但是它可以消化除了稳定的木材以外的全部有机物质。沼气具有很高的热值，并且被认为是一种可再生能源。合成沼气过程中的主要缺点为：

（1）由于微晶硅的形成，可能会生成硅氧烷，进而对沼气能源用户的发动机和锅炉造成严重的破坏。

（2）由于消化过程中污泥里的有机物含量显著减少，重金属浓度和各种工业“有机物”逐渐增加，使得矿物质和不可降解的物质含量保持不变。

沼气可用于发电、热电联产（CHP）、废热发电、车辆燃料以及生产液态燃料。液态燃料是低灰、低硫燃料，可以投入商业使用，更容易存储、处理和运输。沼气也能够通过改善品质以达到管道运输的标准，从而通过运输线路输送给用户。

尽管厌氧消化的产物包含二氧化碳、水蒸气、氢气、硫化氢和硅氧烷污染物，但是它依旧是一种清洁环保燃料。

推行大规模厌氧消化的问题包括：

（1）只能分解部分有机物中的可降解挥发性固体。

（2）反应速率缓慢，需要大容积的消化器，并且成本比较高。

（3）整个过程容易受各种抑制剂的影响。

（4）上层清液的质量非常低。

（5）沼气的成分包括二氧化碳、硫化氢和多余的水分。

除此之外，其投资成本比较高，合适的消化器容量不易控制，细菌菌落对脱离最适条件的情况非常敏感，且反应会产生有毒物质。在大规模使用之前，这些问题必须得到解决。

1.2.4.5　压块

从历史上看，成型燃料（特别是煤炭和焦炭煤球）已经被使用了一百多年。然而，随着现代燃料系统的出现，煤球的使用率变得越来越低，一般只有在烧烤的时候才用到它们。虽然煤球仍然是畅销的产品，但是它们（例如无烟燃料）并不经常用于家庭和工厂供热。

由于这些材料的能量密度比较低并且不能直接使用，因此需要进行压块。压块操作包括易燃材料的收集和把这些材料压缩成任意适合燃烧的形状（Speight，2008）。本节内容主要研究用废弃材料生产成型燃料的过程。

把废料加工为成型燃料通常需要使用易燃材料和黏合剂。易燃材料包括煤炭，低品位的生物质（LGB）和甘蔗渣等（Alzate 等，2009；Osadolor，2009）。低品位生物质包括稻类、野草、细树枝、维护修剪植被产生的废料、伐木产生的森林废弃物、农业废弃物、锯末、木屑和叶子。

黏合剂可以用来增加可燃材料之间的黏合力。如果可燃材料之间没有黏合，成型燃料从模具中脱离的时候就会破碎。一般根据成本、当地资源和燃烧特性来选择黏合剂，黏合剂可以包括动物粪便、脱水处理过的污泥、淀粉、蜡、黏土、蜂蜜、水泥、木材胶、当地植物的树脂或合成树脂（Osadolor，2009）。黏合剂一定不能引起烟雾或黏性沉积，同时需要避免产生多余的灰尘。因此，一般使用不可燃的黏合剂，例如黏土、水泥和一些几乎不含矿物质的黏合剂。通常情况下使用淀粉作为黏合剂，因为它比较便宜并且易于获得。由于蔗糖渣压块通常是在糖厂附近，所以一般使用糖浆作为甘蔗渣成型燃料的黏合剂（Speight，2008）。

不同的成型燃料使用不同的可燃材料和黏合剂组合，也会使用填料。例如焦炭煤块会使用75%的焦炭、5%的黏合剂和20%的水，而低品质生物质成型燃料使用90%粉末状的 LGB 和10%的黏合剂（Demirbas，2009b）。在足够高的压力下，木质素会软化，可以当做锯末成型燃料的黏合剂使用，所以锯末材料通常不使用额外的黏合剂（Speight，2008）。

成型燃料的制造有六个基本步骤：碳质材料的干燥、粉碎、混合、压块、干燥加工、包装（图 1.6）。

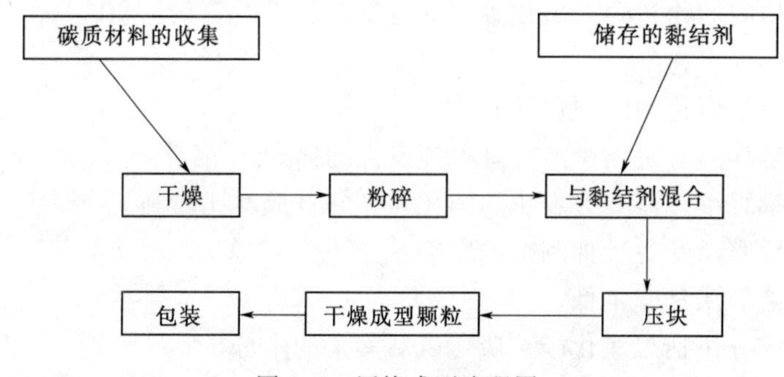

图 1.6　压块成型流程图

加工甘蔗渣需要一个额外的步骤，其加工步骤为碳质材料的干燥、碳化、混合、压块、干燥加工、包装（Demirbas，2009b）。

易燃材料必须充分干燥，这样燃烧才会均匀。LGB 需要在太阳下晒 5～7 天（Osadolor，2009）。常用的方法是通过露天通风干燥，或者在大型的滚筒中用热空气进行强制干燥来去除甘蔗中的水分（Speight，2008）。

材料的大小通常需要加工到一致的尺寸，这有助于材料在结合、压块和燃烧的过程中保持步调一致。焦炭会被加工的很碎，并通过各种滤网来确保颗粒的尺寸足够小。甘蔗渣通常会被切碎、轧制、锤打以加工成小块。

在碳化过程中，甘蔗渣被埋在井里或沟里，并在有限的氧气中燃烧，直到碳化完成。早期的焦炭就是从木材和坚果壳废弃物的热解中得到的。

在压块过程中，混合物是通过手动、自动按压、挤压机进行加工的。为了方便之后的干燥过程，按压或者挤压机必须经过精心的设计，保证混合物之间形成足够的内聚力，能够顺利通过干燥过程。当直接用挤压机生产燃料块时，挤压机会挤出木炭棒。如上所述，锯末成型燃料是在压力高到足以在木质颗粒间产生内聚力的条件下生产的。

在压块操作后，成型燃料通常还需要进一步的干燥处理。在使用之前，煤块需要在阳光下曝晒3天左右。挤压机产出的木炭棒会在干燥过程中断裂成块。

木屑成型燃料的热值约为18000kJ/kg，这几乎等同于中品质的煤。坚果壳生产的成型燃料的热值为10.7GJ/m^3（Mohod等，2009）。此外，由木材工业的废料、亚烟煤和纤维素钠（CMC）制作成的小球可以作为一氧化碳气体的黏合剂（Alzate等，2009）。

从历史上看，石油能源发展以前，煤球和木材燃料一直得到广泛的应用。然而，许多发展中国家没有跟上能源革命的步伐，仍然在使用普通的煤炭、自制的煤块或者木材燃料，而爆炸式增长的人口和大规模的森林砍伐又导致木材燃料严重短缺。由于技术的进步和利用废料生产成型燃料，使得成型燃料在发展中国家家庭能源供应中成为一个非常经济的选择。

废料生产的成型燃料燃烧只会产生很少的灰尘（小于5%），并且几乎没有异味。到目前为止，并没有使用废料生产的成型燃料会导致环境问题的相关报道。

成型燃料大规模使用的主要问题是所需固体废弃物的收集和分离。

1.3 结论

考虑到现代社会所产生的大量垃圾废弃物，简单填埋或者不合理弃置已经不适合现代的垃圾处理方式，我们迫切地需要新型技术来改变这一现状。本章展示了在用废弃物生产燃料这一领域取得的一系列令人振奋的工程进展，然而，如文中所述，这些工程同样面临着挑战。在这样一个背景下，贷款担保、税收优惠、补贴、优惠的价格和市场的保证、调配要求以及各种复杂的经济政治手段都对世界范围内的废弃物能源生产技术的发展至关重要。只有社会愿意投资这些技术，并且给其一段发展时间，同时政府给予必需的支持，才能使其跨入经济可行的门槛。最后，废弃物能源生产技术的发展不仅是一个以环境友好的方式管理垃圾的机会，也是一个以符合经济成本效益的方式生产能源的机会。

缩略词列表

AD	anaerobic digestion 厌氧消化
AFEX	ammonia fiber explosion 氨纤维爆破
BFB	bubbling fluidized bed 鼓泡流化床
BIGCC	biomass integrated gasifier combined cycle 生物质整体气化联合循环
BOF	biodegradable organic fraction 生物可降解有机组分
BtL	biomass to liquid 生物质制油
CFB	circulating fluidized bed 循环流化床
CHP	combined heat and power 热电联产
CMC	carboxymethyl cellulose 羧甲基纤维酯

CtL	coal to liquid 煤制油
DME	dimethyl ether 甲醚
ESP	electrostatic precipitator 静电除尘器
FBR	fluidized - bed reactor 流化床反应器
HHV	higher heating value 高位热值
IC	internal combustion 内燃机
IGCC	integrated gasification combined cycle 整体气化联合循环
LFG	landfill gas 垃圾填埋气
LGB	low - grade biomass 低品位生物质
MDF	medium - density fiber board 中密度纤维板
MSW	municipal solid waste 城市固体废弃物
NG	natural gas 天然气
ORP	oxidation reduction potential 氧化还原电位
PCB	polychlorinated biphenyl 多氯联苯
PDU	process - development unit 工艺开发单元
PE	polyethylene 聚乙烯
PET	polyethylene terephalate 聚对苯甲酸乙二醇酯
PVC	polyvinyl chloride 聚氯乙烯
RDF	refuse - derived fuel 垃圾衍生燃料
REY	rare - earth metal - exchanged Y - type 稀土金属交换的 Y 型
SNG	synthetic or substitute natural gas 合成或替代天然气
SSF	simultaneous saccharification and fermentation 同步糖化发酵
TDF	tire - derived fuel 轮胎衍生燃料
VFA	volatile fatty acid 挥发性脂肪酸
WDF	waste - derived fuel 垃圾衍生燃料
WEEE	waste electrical and electronic equipment 废旧电器
WGS	water - gas shift 水煤气转换
WTE	waste - to - energy 垃圾焚烧发电
WWTPS	wastewater treatment plant sludge 污水处理厂污泥

参考文献

Alter NRG. 2008. Westinghouse Plasma Corporation. Pennsylvania, USA, (June 6).

Alzate, C. A., Chejne, F., Valdes, C. F., Berrio, A., De La Cruz, J., and Londono, C. A. 2009. *Fuel*, 88, 437.

Appels, L., Baeyens, J., Degreve, J., Dewil, R. 2008. *Progress in Energy and Combustion Science*, 34, 755.

Balat, M., Balat, H., and Oz, C. 2008. *Progress in Energy and Combustion Science*, 34, 551.

Banerjee, A., and Chakraborty, R. 2009. *Resources, Conservation and Recycling*, 53, 490.

Bhatti, H. N., Hanif, M. A., Qasim, M., and Rehman, A. 2008. *Fuel*, 87, 2961.

Corbitt, R. A. 1989. *Standard Handbook of Environmental Engineering*. 2nd edn, McGraw - Hill Handbooks.

Demirbas, A. 2009a. *Energy Conversion and Management*, 50, 14.

Demirbas, A. 2009b. *Energy Conversion and Management*, 50, 923.

Demirbas, A. 2009c. *Energy Conversion and Management*, doi: 10. 1016/j. enconman. 2009. 06. 035.

Dias, J. M., Alvim - Ferraz, M. C. M., and Almeida, M. F. 2009. *Bioresource Technology*, 100, 6355.

European Union. 2003. EU Directive 2002/96/EC of the European Parliament and of the Council of 27 January 2003 on waste electrical and electronic equipment (WEEE) - joint declaration of the European parliament, the council and the commission relating to article 9. Official Journal L037: 0024 - 39.

Fanning, R. 2006. Chinese Invent Technology to Convert Plastics Back Into Oil. *The Local Planet*. http://localplanet. ie/index. php? option = com _ content andtask = viewandid = 197andItemid. (last accessed June 2009).

Gui, M. M., Lee, K. T., and Bhatia, S. 2008. *Energy*, 33, 1646.

Guru, M., Artukoglu, B. D., Keskin, A., and Koca, A. 2009. *Energy Conversion and Management*, 50, 498.

Hamel, S., Hasselbach, H., Weil, S., and Krumm, W. 2007. *Energy*, 32, 95.

Hayes, D. J. 2009. *Catal. Today*, 145, 138.

He, W., Li, G., Kong, L., Wang, H., Huang, J., and Xu, J. 2008. *Resources, Conservation and Recycling*, 52, 691.

Introduction - Prof. Alka Umesh Zadgaonkar. 2007. http://www. plastic2petrol. com/AlkaZadgaonkar. html. (last accessed June 2009).

Jingura, R. M. and Matengaifa, R. 2009. *Renewable and Sustainable Energy Reviews*, 13, 1116.

Kim, S. and Dale, B. E. 2004. *Biomass and Bioenergy*, 26, 361.

Kreith, F. and Goswami, D. Y. 2007. *Handbook of Energy Efficiency and Renewable Energy*, Florida: CRC Press Taylor and Francis Group.

Lee, S., Speight, J. G., and Loyalka, S. K. 2007. *Handbook of Alternative Fuel Technology*, Florida: CRC Press Taylor and Francis Group.

Levin, D. B., Carere, C. R., Cicek, N., and Sparling, R. 2009. *Int. J. Hydrogen Energy*, doi: 10. 1016/j. ijhydene. 2009. 05. 091.

Mohod, A. G., Khandetod, Y. P., and Powar, A. G. 2009. *Energy for Sustainable Development*, 12, 73.

Mountouris, A. E. 2006. *Energy Conversion and Management*, 47, 1723.

Najafi, G., Ghobadian, B., Tavakoli, T., and Yusaf, T. 2009. *Renewable and Sustainable Energy Reviews*, 13, 1418.

Oner, C., and Altun, S. 2009. *Applied Energy*, doi: 10. 1016/j. apenergy. 2009. 01. 005.

Osadolor, O. O. 2009. *Renewable Energy*, 34, 486.

Panda, A. K., Singh, R. K., and Mishra, D. K. 2009. *Renewable and Sustainable Energy Review*, doi: 10. 1016/j. rser. 2009. 07. 005.

Prasad, S., Singh, A., and Joshi, H. C. 2007. *Resources, Conservation and Recycling*, 50, 1.

Romanow - Garcia, S. 1993. *Hydrocarbon Processing*, 72, 15.

Sharma, H. D. and Reddy, K. R. 2004. *Geoenvironmental Engineering: Site Remediation, Waste Containment and Emerging Waste Management Technologies*. John Wiley and Sons, Inc., New Jersey.

Sheth, P. N., and Babu, B. V. 2009. *Bioresour. Technol.* doi: 10. 1016/j. biortech. 2009. 01. 024.

Speight, J. 2008. *Synthetic Fuels Handbook: Properties, Process, and Performance*, McGraw - Hill

Inc, New York, NY.

Stichnothe, H. and Azapagic, A. 2009. *Resources, Conservation and Recycling*, 53, 624.

Tashtoush, G. M., Al-Widyan, M. I., and Al-Jarrah, M. M. 2004. *Energy Conversion and Management*, 45, 2697.

Tchobanoglous, G., Theisen, H. and Vigil, S. 1993. *Integrated Solid Waste Management: Engineering Principles and Management Issues*. McGraw-Hill, Inc., New York, NY.

United Nations Environmental Programme (UNEP). (2007) *E-waste, Volume 1: Inventory Assessment Manual*.

United Nations International Maritime Organization. nd. www.imo.org (last accessed September 2009).

US Environmental Protection Agency. nd. www.epa.gov (last accessed September 2009).

Valdez-Vazquez, I., and Poggi-Varaldo, H. M. 2009. *Renewable and Sustainable Energy Reviews*, 13, 1000.

Veziroglu, T. Nejat. (ed.). 1982. Energy Research, Volume 3 Alternative Energy Sources V, Part D: Biomass/Hydrocarbons/Hydrogen, Proceedings of the 5th Miami International Conference on Alternative Energy Sources, Miami Beach, Florida, USA, 13-15 Dec.

Wei, Z., Xu, C., and Li, B. 2009. *Bioresour. Technol.*, 100, 2883.

Widmer, R., Oswald-Krapf, H., Sinha-Khetriwal, D., Schnellmann, M., and Boni, H. 2005. *Environmental Impact Assessment Review*, 25, 436.

Worldwatch Institute. 2006. Biofuels for Transport: Global Potential and Implications for Energy and Agriculture, prepared by Worldwatch Institute for the German Ministry of Food, Agriculture and Consumer Protection (BMELV) in coordination with the German Agency for Technical Cooperation (GTZ) and the German Agency of Renewable Resources (FNR), published by Earthscan, London.

第2章　生活垃圾和工业废弃物衍生燃料的特性

EJAE JOHN AND KAMEL SINGH
University of Trinidad and Tobago，Point Lisas Campus，Couva，
Trinidad and Tobago

2.1　引言

固体废弃物的处理是众多国家面临的最严重的环境问题之一，当今被广泛接受的理念是将有价值的废弃物以“减排、循环、利用、回收”的原则发挥其价值。通过废弃物回收，居民生活废弃物、城市废弃物、农业废弃物、农作物废弃物乃至林业废弃物都可以利用费托反应（Fischer－Tropsh reactions）、厌氧微生物发酵、有机废弃物和（或）污水产沼气等技术，转化为固态炭、气态和液态燃料。将木材、纸、塑料、废轮胎、轻工业污染物进行热解和气化也能制造合成柴油和天然气。一些生物燃料的原材料是食品和动物饲料，利用不同种类的废弃物制备高质量燃料的技术将使废弃物能够替代食品和动物饲料，从而减少食品和动物饲料与生物质燃料间的竞争。这些富氢的气态和液态燃料也是一种潜在的低碳燃料。

无论是通过气化和高温热解城市固态废料、谷物、木质废弃物、生物质、废弃轮胎获得的热解气体和合成气体，还是通过厌氧微生物发酵和垃圾填埋得到的沼气，两者都可以和天然气相提并论。

源自液体废弃物的燃料，例如使用过的润滑油、柴油、类汽油燃料、植物油和柴油混合物、生物原油和热解液体等，它们和来自于石油的普通燃料（柴油、重油、汽油等）相似，都拥有类似的十六烷值、辛烷值、残碳、浊点、燃点、凝固点、酸度（KOH，mg/g)、黏度、灰分、碘价（氧化稳定性）和热值。这些相似的性质表明它们在压缩点火发动机和火花点火式发动机上具有很高的应用价值。

十六烷值是衡量燃料被注入燃烧室后，引燃迟滞时间的一种无量纲指标。十六烷值越大的燃料，迟滞时间越短，反之亦然。一系列十六烷族都是由碳氢化合物构成的，并且用正十六烷的辛烷值CN作为参照（CN＝100）。

辛烷值是衡量燃料质量的指标，辛烷可以防止造成气缸爆震的过早点火，高辛烷值的燃料更适合在内燃机中使用。对于汽油生产，非常需要芳族化合物、环烷烃和异烷烃，而不太希望存在烯烃和正链烷烃。

黏度指的是油的致密程度，即油类物质黏滞阻力的大小。

闪点即油类物质开始燃烧的温度。

浊点指燃料最先出现固体凝结物的温度，即使此时燃料仍能保持流动性，这些固体将导致燃料过滤器的堵塞。对于生物柴油在低温环境下的性质已有数种理论来描述了，例如冷滤点（CFPP）和低温流动性检测（LTFT）。这些生物柴油的低温性质显然受到其中含有的各种不同物质的影响。

倾点即油类物质完全失去流动性的温度。凝固点通常比浊点略低，因为这是燃料不能自由流动的温度。

低温流动性：像生物柴油这样的混合物，它们并不具备特定的熔点，而是有一定的熔化温度范围，这个特点反映在生物柴油冷流质量规格标准中。脂肪酸酯的熔点通常随着链的长度的增加在逐渐增加，尽管含有奇数个碳原子的链比含有偶数个碳原子的链熔点略低，并随饱和度的升高而提高。

碘值（IV）是衡量油品不饱和度的粗略指标。通常来说，碘值与样品的氧化稳定性有关，高碘价的材料比低碘价的材料抗氧化能力更弱，并且碘价也取决于相对分子质量。例如乙酯的碘价比甲酯要低，尽管酯的种类与决定氧化稳定性的脂肪酸双链是无关的。因此碘价并不在选择最优生物柴油的考虑因素之内。

热值通常描述为高位发热量（HHV）和低位发热量（LHV）。低位发热量指的是一定量的燃料在燃烧中所释放的显热（焓）的总量。高位发热量则是低位发热量再加上由于燃烧产生的水蒸气吸收的热量，这个修正值在富含氢元素的燃料中是相当可观的，尤其在可再生能源的应用中是不可忽略的。我们在研究中倾向于考虑高位发热量，因为高位发热量值在利用能量守恒定律进行能量计算和检查时更加方便，同时在检查技术运用的相关情况时也更加简单。

生物质热解液体具有成为燃烧系统（引擎、锅炉、涡轮机）生物燃料的潜力，这使得其具有重大的价值。而生物质热解液的质量由几项物理和化学性质所决定：相分离，液体产品的固体和水分含量、以及液体产品和有机相中的高位热值。相分离是热解液商业化应用面临的最主要问题之一。其中较低的固体含量是非常重要的，因为固体中含有的金属具备很强的催化能力，使得其中储存的液体相当不稳定。同时固体的腐蚀性也会造成涡轮机和引擎产生化学问题。适当的水含量（小于 27%）会在黏度和喷雾化方面展现出更好的性质，过高的水含量会导致热值太低，并形成热解液的相分离。液体产品的热值对于衡量其成为燃料的可能性和能量热平衡的检验是必要的。

最后，我们通过工业分析和热值，比较了产生自废弃物的固体燃料，例如垃圾衍生燃料、煤球、煤炭补充剂、颗粒燃料、热解固体。固体燃料的工业分析包括分析其含水率、挥发分、灰分和固定碳。挥发分和固定碳是产热的主要成分，而密度、压缩强度和燃点对于储存、运输和燃烧安全性都有重要影响。

2.2 气态燃料（源于厌氧消化的合成气、填埋气体和沼气）

2.2.1 引言

从废弃物中生产气体燃料有如下三种方式：

（1）高温气化（特别是在 850～1400℃）。废弃物部分氧化，且有机物转化为主要成分为氢气和一氧化碳的合成气体。

(2) 热解。将废弃物在无氧环境和 400～850℃下热解成焦炭、灰和液体，热解产品作为石油化工和精炼等其他工业的原料和燃料。

(3) 沼气和垃圾填埋气（主要为甲烷）是利用微生物厌氧消化废弃物中可降解的挥发性固体获得。

对于咖啡渣、城市固态废弃物、废弃轮胎、废塑料、污水处理厂沉淀物等废弃物，气化和热解是处理这些废弃物的常见方法。目前，很大范围的废弃物都可以作为燃料的生产原料。最开始这些加工方法都是为木头以及木质废弃物设计的，然而，这些方法经过调整同样适合其他种类的废弃物。用厌氧微生物来消化污水处理厂的沉淀物，从城市固态废弃物中提取生物气体，垃圾堆埋气的生产分别在本篇第 1 章和第 3 章中进行了说明。

2.2.2 气化化学

废弃物气化和气态燃料的生产原理都是将含碳废弃物用气化化学的方法转化为气体产物。因此，当废弃物通过气化炉时，水还有易挥发物质将最先被分离，而炭残留物将留下来进一步反应。炭的气化控制着整个转化过程。在固态碳中，气体主要通过以下化学方程式产生：

废弃物材料用最简化学式表达（$C_xH_yO_z$）为

$$C_xH_yO_z + wH_2O + mO_2 + 3.76mN_2 \longrightarrow n_1H_2 + n_2CO + n_3CO_2 + n_4H_2O + n_5CH_4 + n_6N_2 + n_7C \tag{2.1}$$

式中：w、m 分别为每千摩尔液体原料中的水和气体的量；n_1、n_2、n_3、n_4、n_5、n_6 和 n_7 是气体产物和烟灰的系数（都是以 kmol 为单位的化学计量系数）。以下的化学方程简式描述了基本的气化过程（Mountouris 等，2008）：

$$C(s) + H_2O \longrightarrow CO + H_2\text{（多相水气变换反应——吸热反应）} \tag{2.2}$$

$$C(s) + CO_2 \longrightarrow 2CO\text{（气化反应——吸热反应）} \tag{2.3}$$

$$C(s) + 2H_2 \longrightarrow CH_4\text{（加氢气化——放热反应）} \tag{2.4}$$

$$CH_4 + H_2O \longrightarrow CO + 3H_2\text{（甲烷分解——吸热反应）} \tag{2.5}$$

$$CO + H_2O \longrightarrow CO_2 + H_2\text{（水煤气转变反应——放热反应）} \tag{2.6}$$

这些气体产物一般包含大量的氢气和一氧化碳成分以及少量的甲烷、二氧化碳、水蒸气以及空气中的氮气。另外，大量的有机气体成分（如焦油）都在这些反应中形成。由于农业废弃物、农作物废弃物、农场废弃物、林业废弃物、庭院垃圾、城市固体废弃物和餐厨垃圾中有机物含量较高，使得它们成为合适的气化和热解的原料。

2.2.3 性质

2.2.3.1 城市固体废弃物

城市固体废弃物的焚烧产生了大量废气，这些废气的灰分达到 10%，水分含量达到 15%。城市固体废弃物气化和焚烧产物的化学式和大概含量见表 2.1。

燃料性质被分类为物理、化学、热力和矿物性质。燃烧城市固体废弃物所产生的废气含有82%的挥发物（Garg等，2007）。

表2.1　　城市固态废弃物加工后的近似物质组成

加工方式	化学物质组成	灰分/%	含水量/%
气化（Onwudili，2007）	0.03～1.64g C_1～C_4气体；0.01～0.20g H；0.12～0.83g CO；1.86～3.96g CO_2；2.10～3.23g Na_2CO_3；0.10～0.57g可溶于水的物质		
燃烧（Garg，2007）	47.1 C；7.1 H；29.4 O；0.7 N；0.24 S；0.6 Cl	10.90	15
固定床热解（Buah，2007）	CO_2；CO；H_2；CH_4；C_2H_6；C_3H_8		

2.2.3.2　农作物废弃物和木材废料

与天然气（CV为38～41MJ/m^3）相比，产自于农作物废弃物气化和热解的合成气体属于中低热值气体，同时合成气体的热值受到其含水量和含碳量影响。生物质中的水分以及灰产生的结垢和灰渣将造成点火和燃烧困难。由于农作物废弃物具有热值较低、火焰稳定，以及易腐蚀的特点，我们通常会将其和高质量的炭混合使用来解决上述问题。生物质燃料（如秸秆）的高含氯量和含碱量，使其腐蚀性渐渐引起人们的关注。生物质作为燃料和焦炭具有高活性和易燃性的特点，使得它作为燃烧原料有着重要优势。木头、木质材料与其他农业材料（甘蔗渣、柳树枝、苜蓿和秸秆等）有着较低的氮含量和灰分含量，见表2.2。

表2.2　　农作物和木材废料加工后的近似物质组成

燃料来源	加工方式	燃料种类	化学物质组成	灰分/%	含水量/%
煤灰+25%麦秆（Arvelakis，2008）	焚烧		5.8 Al_2O_3；30.8 SiO_2；21.37 K_2O；2.85 Na_2O；2.76 CaO；2.85 MgO；3.2 Fe_2O_3；2.69 P_2O_5；9.8 SO_3；0.58 TiO_2；14.5 Cl		
废气植物油（Gornay，2009）	空气热解	合成气体	H_2和CO摩尔比=2∶1		
葵花油饼（Shie，2008）	等离子体炬热解	合成气体	873 K：49.10 CO；48.72 H_2 973 K：51.17 CO；48.65 H_2 1073 K：44.24 CO；47.35 H_2 1173 K：39.82 CO；56.13 H_2		
秸秆（Arvelakis，2008）			0.5 Al_2O_3；59.6 SiO_2；12.0 K_2O；0.8 Na_2O；12.5 CaO；2.1 MgO；0.4 Fe_2O_3；3.5 P_2O_5；2.1 SO_3；0.1 TiO_2；3.88 Cl		
煤灰+50%麦秆（Arvelakis，2008）	焚烧		4.18 Al_2O_3；30.12 SiO_2；19.24 K_2O；5.25 Na_2O；9.53 CaO；3.38 MgO；5.25 Fe_2O_3；3.92 P_2O_5；11.22 SO_3；0.26 TiO_2；7.58 Cl		

续表

燃料来源	加工方式	燃料种类	化学物质组成	灰分/%	含水量/%
腰果（Ramanan，2008）	气化	气体	13.45 H；27.55 CO；5.10 CO_2；0.23 CH_4		
咖啡渣（Xu，2006）	热解气化（1073K，120s）	气体和焦炭	19.26 H_2；37.74 CO；16.54 CO_2；14.51 CH_4；7.71 C_2H_4；3.91 C_2H_6；0.33 C_3H_6；0.0 C_3H_8		
蔗渣（Bjorkman，1997）	热解和气化	气体	44.6 C；6.2 H；0.8 N；43.5 O；0.44 Cl	5	
柳枝稷（Bjorkman，1997）	热解和气化	气体	43.8 C；5.8 H；1.2 N；40.4 O；0.79 Cl	8.8	
萃取柳枝稷（Bjorkman，1997）	热解和气化	气体	44.3 C；5.7 H；0.9 N；43.6 O；0.06 Cl	5.5	
苜蓿（Bjorkman，1997）	热解和气化	气体	44.3 C；5.8 H；2.9 N；38.4 O；0.29 Cl	8.6	
秸秆（油菜秆）（Bjorkman，1997）	热解和气化	气体	41.1 C；5.8 H；1.3 N；47.2 O；0.18 Cl	4.6	
刺槐树（木质材料）（Senneca，2002，Senneca 和 Masi，2002）	热解	气体和焦炭	43.4 C；7.7 H；0.02 N；47.6 O	1.23	7.08
废弃木料（Senneca，2002；Senneca 和 Masi，2002）	热解	气体和焦炭	49.5 C；6.8 H；0.8 N；1.0 S；41.0 O	1	9.3
木材（Sainz－Diaz，1997）	热解		43.7 C；5.3 H；0.2 N；50 O	0.5	
胶合板（Sainz－Diaz，1997）	热解		48.79 C；6.3 H；0.30 N；56 O	0.7	
硬木板（Sainz－Diaz，1997）	热解		40.36 C；6.23 H；4.55 N；48 O	0.7	
硬木板热解碳（Sainz－Diaz，1997）	热解碳		68.14 C；1.96 H；2.93 N；25 O	1.3	
胶合板热解碳（Sainz－Diaz，1997）	热解碳		63.15 C；1.91 H；33 O	1.4	

续表

燃料来源	加工方式	燃料种类	化学物质组成	灰分/%	含水量/%
热解木炭（450～500℃）（Sainz - Diaz，1997）	热解碳		61.95 C；4.79 H；32 O	1.1	
热解木炭（600～700℃）（Sainz - Diaz，1997）	热解碳		73.09 C；2.82 H；22 O	1.3	
复合木材（硬木板和胶合板按1：1的比例混合）（Sainz - Diaz，1997）	热解		1.5 H_2；3.7 CO；4.0 CH_4；10.1 C_2H_2；微量 C_2H_4；0.1 C_2H_6；0.14 C_4；0.03 C_5；0.5 重质 HCs；0.2 O；79.65 N + CO_2		

重要的化学性质包括：元素分析、工业分析、热解产品分析、低位发热量、热解所需热量、燃烧后的挥发物和炭的热值。木材或木质废弃物热解所产生的气态燃料和炭的低位发热量在8250～17000kJ/m^3，挥发分占75.13%～81.4%（表2.3）。挥发分和炭的比例由温度和热解的加热速率决定。

表2.3　来自木材和废气木材的燃料的化学物质

燃料来源	反应过程	燃料种类	低位发热值/(kJ·m^{-3})	挥发分/%	有机碳/(g·kg^{-1})	炭黑/(g·kg^{-1})
复合木（硬木板和胶合板1：1混合）（Sainz - Diaz，1997）	热解	气体	8250			
刺槐木（木质材料）（Senneca，2002；Senneca和Masi，2002）	热解	气体和炭化物	15600	75.13		
废弃木料（Senneca，2002；Senneca and Masi，2002）	热解	气体和碳化物	17000	81.4		
咖啡渣（Xu，2006）	热解气化（1073K，120s）	气体和碳化物				
木燃料（枝干）（Li，2009）	燃烧	热量/气体			1.15（±0.4）	1.49（±0.69）

生物质和煤炭有许多不同，包括其中有机物、无机物和能量含量，以及一些物理性质。相对于煤炭，生物质具有以下特点；碳、铝和铁元素的含量较少；氧、硅、钾和钙含量较多；较低的低位发热量、致密程度、易碎性以及较高的含水量（表2.4）。

表 2.4　　各种煤炭的近似物质组成

燃料来源	化学物质组合	灰分/%	含水量/%
德国褐煤（Arvelakis，2008）	4.29 Al_2O_3；6.99 SiO_2；0.63 K_2O；2.73 Na_2O；37.95 CaO；0.23 TiO_2；0.46 Cl；14.52 Fe_2O_3；0.03 P_2O_5；15.28 SO_3；15.51 MgO		
烟煤（Arvelakis，2008）	17.1 Al_2O_3；70.2 SiO_2；1.00 K_2O；0.3 Na_2O；1.3 CaO；0.5 MgO；6.7 Fe_2O_3；1.0 SO_3；0.7 TiO_2		
煤（Garg，2007）	74.9 C；4.6 H；7.3 O；0.6 N；1.1 S；0.3 Cl	9.4	7.1

2.2.3.3　轮胎

轮胎热解将产生含轻烃和重质烃的混合物，这些混合物分馏后可作为石化厂和精炼厂的原料（表 2.5）。与煤炭燃烧相比，直接燃烧轮胎可产生含灰量相对较少的烟气。轮胎衍生燃料（焦炭、液体和气体）的生产和性质在第 1 章中已经论述过了。

表 2.5　　轮胎的大概物质组成

燃料来源	反应过程	燃料种类	化学式	灰分/%
轮胎（400～500℃，20min）（Sainz-Diaz，1997）	热解	气体	1.2 H；1.7 CO；2.1 CH_4；5.1 C_2H_2；0.1 C_2H_4；微量 C_2H_6；微量 C_4；0.01 C_5；微量重质 HCs；0.04 O；89.7 N+CO_2	
轮胎（600～700℃，40min）（Sainz-Diaz，1997）	热解	气体	2.1 H；2.5 CO；3.2 CH_4；6.6 C_2H_2；0.1 C_2H_4；微量 C_2H_6；0.03 C_4；0.01 C_5；0.04 重质 HCs；0.2 O；85.2 N+CO_2	
轮胎片（Caponero，2003）	燃烧	气体	87.4 C；10.2 H；2.4 S	4
废弃轮胎（Huang，2003）	电弧等离子体射流热解	气体	8.75～24.12 H_2；0.6～1.02 CH_4；2.75～14.17 CO；0.2～0.54 C_2H_4；1.42～3.92 C_2H_2；3.6～6.34 C_nH_m 和未知物	

在轮胎废弃物热解生产燃料（焦炭和气体）中，人们更重视聚合废弃物的热解，这是由于其热解产物的热值范围为 1760～31880kJ/m^3（硝酸甘油的热值为 38000～41000kJ/m^3），并且挥发分（轻烃、一氧化碳、二氧化碳、氢气、水分、焦油）为 34.7%～69.70%。这些性质使得这种燃料作为化石燃料替代品越来越受欢迎（表 2.6）。其他种类例如聚对苯二甲酸乙二酯、聚乙烯和硬橡胶，它们热值分别为 23200kJ/m^3，44600kJ/m^3，27130kJ/m^3；挥发分分别为 88%、99.97%和 34.7%。

表 2.6　　　　产自聚合物废弃物的燃料的化学性质

燃料来源	反应过程	燃料种类	低位发热量	挥发分/%
聚乙烯（对苯二甲酸乙二酯）（Senneca，2002；Senneca 和 Masi，2002）	热解	气体和炭化物	23200kJ/kg	88
聚乙烯（Senneca，2002；Senneca 和 Masi，2002）	热解	气体	44600kJ/kg	99.97
来自轮胎的燃料（Senneca，2002；Senneca 和 Masi，2002）	热解	气体和炭化物	31800kJ/kg	64
硬橡胶（来自橡胶的材料）（Senneca，2002；Senneca 和 Masi，2002）	热解	气体和炭化物	27130kJ/kg	34.7
轮胎（400～500℃，27min）（Sainz-Diaz，1997）	热解	气体	1.76MJ/m^3	
轮胎（400～500℃，20min）（Sainz-Diaz，1997）	热解	气体	3.86MJ/m^3	
轮胎（600～700℃，40min）（Sainz-Diaz，1997）	热解	气体	5.33MJ/m^3	
轮胎碎片（Caponero，2003）	燃烧	气体		69.7

2.2.3.4 沼气和垃圾填埋气

厌氧消化（AD）产生的沼气含有55%～56%的甲烷，30%～40%的二氧化碳，少量水蒸气、硫化氢、氢气还有其他可能的污染物，例如硅氧烷。当缺少后期处理时，沼气只能直接就地利用。若想将沼气进行长距离的低成本传输，在将沼气通入气缸和管道前，沼气的能量密度、质量的提升（移除其中的水、二氧化碳和硫化氢等杂质）和压缩是很必要的。我们在本篇第1章和第3章中广泛地讨论沼气（污水污泥AD）和垃圾填埋气（LFG），并将其与天然气的一些性质相比较来结束讨论（表2.7）。

表 2.7　　　　不同燃料的组成和参量（Appels 等，2008）

参量		单位	LFG	发酵沼气	北海天然气	荷兰天然气
LHV		MJ/(N·m^3)	16	23	40	31.6
		kW·h/(N·m^3)	4.4	6.5	11	8.8
		MJ/kg	12.3	20.2	47	38
密度		kg/(N·m^3)	1.3	1.2	0.84	0.8
甲烷值			>130	4135	70	—
体积百分数	甲烷(及其变化)	%	45(30～65)	63(53～70)	87(—)	81(—)
	高碳烃类燃料	%	0	0	12	3.5
	H_2	%	0～3	0	0	—
	CO	%	0	0	0	—
	CO_2(及其变化)	%	40(15～50)	47(30～50)	1.2(—)	1(—)

续表

参　量		单位	LFG	发酵沼气	北海天然气	荷兰天然气
体积百分数	N_2(及其变化)	%	15(5～40)	0.2(—)	0.3(—)	14(—)
	O_2(及其变化)	%	1(0～5)	0(—)	0(—)	0(—)
H_2S(及其变化)		10^{-6}	<100 (0～500)	<1000 (0～104)	1.5(1～2)	—(—)
NH_3		10^{-6}	5	<100	0	—
Cl_2		mg/(N·m³)	20～200	0～5	0	—

甲烷值描述了通入内燃机的气体的燃料抗爆性。甲烷值是以百分比为单位，举例来说甲烷的甲烷值为100，而 H_2 的甲烷值为0。CO_2 将增加气体的甲烷值，原因是 CO_2 不可燃并且抗爆性很高。沼气和LFG的甲烷值分别大于135和大于130，然而天然气的甲烷值为70，容易发生发动机爆燃。LFG和沼气含有多种含硫化合物，其中大多数为硫化物，含量为 10^{-4}～10^{-3}，而NG含量则高达（1～2）$\times10^{-6}$。H_2S 可以和大多数金属反应，其反应能力随着压力、含水量和温度的增大而提高。卤代化合物时常出现在LFG（20～200mg/Nm³）中，但较少出现在消化制造的沼气中［0～5mg/(N·m³)］，如果出现在污水污泥中，将杀死其中的助消化物质，完全不存在于NG、硅氧烷中（硅化物的不稳定性被有机物原子团所限制），但卤代化合物在LFG和沼气中较常出现。硅元素的含量必须减少到最小值，含硅化合物对发动机的影响极大，因为它会造成发动机的活塞和燃烧室堵塞，天然气不含这种污染物。气体燃料发动机的另一个难题是较高的氨浓度，一般来说100mg/(N·m³）的氨气浓度是可以接受的。然而氨气的燃烧将产生 NO_x。LFG中的氨气含量约 5×10^{-6}，沼气中则小于 100×10^{-6}，NG中不含氨。

2.3　液态燃料

就液态燃料而言，科学文献对柴油替代品、生物原油和热解油、汽油替代品都进行了详尽的研究。

2.3.1　柴油替代品

科学文献中正在探索一些柴油替代品，其中最著名的是生物柴油，尽管其他类柴油燃料也发展成了柴油的替代品，并且各种各样含有柴油的燃料组合也正在被开发。

2.3.1.1　生物柴油

生物柴油是至今最广泛接受的产自于废弃物的生物燃料。生物柴油开始主要用于生产可食用的甲酯，关注的重点后来才转移到非食用油和废弃物油上。此外，最近对于甲酯的研究也已经展开。

最具有代表性的是生物柴油可与传统的2号柴油相提并论。另外，根据分析已经明确了生物柴油符合欧洲和美国的标准——EN14214（汽车燃料和柴油发动机的脂肪酸甲酯的要求和检验方法）和美国试验材料学会（ASTM）D6751［针对中间馏分燃料的生物柴油混合原料（B100）标准规范]。这些标准以及2号柴油的性质见表2.8。

表2.8　EN14214和ASTM D6751对于2号生物柴油及其性质的指导方针

项　目	运动黏度（40℃）/($mm^2 \cdot s^{-1}$)	密度（15℃）/($g \cdot mL^{-1}$)	闪点/℃	流点/℃	浊点/℃
EN 14214（Bouaid，2007；Kocak，2007）	3.5～5	0.86～0.90	≥120		
ASTM D6751（Knothe，2009）	1.9～6.0				
2号柴油（Alptekin，2008；Kocak，2007；Lapuerta，2009；Lebedevas，2006；Li，2009；Lin，2009；Math，2007；Winfried，2008）	2.4～4.3	0.816～0.842	53～74	−20～−6	−15～−7

大体上看，具有低黏度和低密度、高十六烷值、高热值、抗氧化性的生物柴油被认为是最优的，而这些性质由生物柴油的油脂组成决定（Knothe，2009）。例如油脂的十六烷值随着饱和度和分子链长度的增大而提高，但是他们的主要成分为C_{16}～C_{18}脂肪酸。尽管脂基转移被认为能够降低黏度，但科学文献表明只有具有顺式双键的化合物才能明显降低酯的黏度（Knothe，2009）。此外浊点和冷滤点对于生物柴油的低温性质非常重要，但这些性质并没有在文献中被频繁论证。

2.3.1.2　产自废弃物的生物柴油

在利用废弃物生产生物柴油时，废弃动物脂肪和废食用油是最常见的原材料。然而，一些新的研究已对可提出油的废弃物产品进行了研究，例如咖啡渣。来自废食用油、废动物脂肪、咖啡渣或麻风树的生物柴油的性质见表2.9。甲酯是最常研究的燃料，下面列举了甲酯的例子。

表2.9表明大多数来自现存废弃物的生物柴油符合欧洲和美国对于生物柴油的指标要求。特别的是，它们在黏度方面同时满足美国和欧洲指标规定的范围（1.9～6.0mm^2/s和3.5～5mm^2/s）。黏度过高的生物柴油是来自废弃食用油的甲酯（20℃时，15.09mm^2/s）和鱼皂角生产的甲酯（40℃时，7.2mm^2/s），它们都比传统的柴油黏性更强（40℃时，2.4～4.3mm^2/s）。据之前报道，废弃食用油和废动物脂肪的密度（分别为0.875～0.888g/cm^3和0.876～0.878g/cm^3）比传统柴油（0.816～0.842g/cm^3）更高。只有废弃食用油甲酯具有比欧洲指标要求（大于120℃）更高的闪点温度（156～169℃）。然而，废弃食用油的闪点仍然高于柴油的闪点（109℃和53～74℃）。所有的生物柴油样品都表现为高十六烷值（50.9～70）。尽管十六烷值的性质在废食用油甲酯中没有表现，文献表明乙酯比甲酯的十六烷值略高一点（Bouaid等，2007）。生物柴油样品的热值范围较狭窄，为37.0～41.37MJ/kg，相较于传统柴油更低（42.2～45.6MJ/kg）。然而没有一种样品有传统柴油那样低的碘值（$I_2$0g/100g），尽管这些样品都符合欧洲指标（小于$I_2$120g/g）。这些生物柴油的酸价变化范围很大，含量为0.09～1.11mg KOH/g。

2.3.1.3　生物柴油的组合

废弃物油和可食用油的组合已被研究过，特别是对分离自菜籽油、猪油、亚麻油、牛

表 2.9　　产自废弃物的生物柴油的参数

来　源	化学组成	运动黏度（40℃）/($mm^2 \cdot s^{-1}$)	密度（15℃）/($kg \cdot m^{-3}$)	闪点/℃	流点/℃	浊点/℃	十六烷值	热值/($MJ \cdot kg^{-1}$)	碘值（每 100g 中 I_2 含量克数）	酸值（KOH 含量）/($mg \cdot g^{-1}$)
咖啡渣（Kondamudi，2008）	51.4%棕榈酸；40.3%亚油酸；8.3%硬脂酸	5.84			2	11				0.35
废弃动物脂肪（Lapuerta，2009；Schönborn，2009；Winfried，2008）	76.46 C；12.40 H；11.14 O；47.5 C或76.3 C；12.1 H；10.9 O	4.3～5.23	876～878		9		57.2～70	37～39.98	54.88～97	0.23
废弃食用油甲酯（Alptekin，2008；Dorado，2003；Kocak，2007；Math，2007；Utlu，2007；Utlu，2008；Winfried，2008）	软脂酸13.64；硬脂酸5.72；油酸43.36；亚麻油33.63；亚麻酸0.36	4.29～5.4	874.6～888	156～169	−12～12	3～5	52～62.6	37.2～39.67	100	0.13～0.97
废弃食用油乙酯（Tashtoush，2003）		15.09（20℃）		109	0	0		39.305		
鱼皂角（Lin，2C09）		7.2		103			50.9	41.37		

油，混合动物脂肪和大豆油的组合。研究结果见表 2.10。

表 2.10　产自废油与食用油组合的生物柴油性质

生物柴油来源	比例	运动黏度（40℃）/($mm^2 \cdot s^{-1}$)	密度（15℃）/($kg \cdot m^{-3}$)	十六烷值	热值/($MJ \cdot kg^{-1}$)	碘值（每 100g 中 I_2 含量克数）
RME/PME/LME（Lebedevas，2006）	80∶16∶4	6.3	0.890	53.6	37.440	
RME/PME/LME（Lebedevas，2006）	60∶32∶8	6.7	0.883	55.6	37.410	
RME/PME/LME（Lebedevas，2006）	40∶48∶12	6.9	0.881	57.4	37.370	
RME/TME/LME（Lebedevas，2006）	80∶16∶4	6.0	0.886	52.7	37.380	
RME/TME/LME（Lebedevas，2006）	60∶32∶8	5.1	0.889	53.8	37.290	
RME/TME/LME（Lebedevas，2006）	40∶48∶12	5.4	0.890	54.8	37.170	
动物脂肪和大豆油（Lapuerta，2009）	50∶50	4.78	0.882	60	37.14	97.80

注： RME 为油菜籽甲酯，PME 为猪油甲酯，LME 为亚麻籽油甲酯，TME 为牛油甲酯。

表 2.10 所示是不同比例的废物衍生生物柴油和食用生物柴油的组合的测试结果。其中只有动物脂肪和大豆油的组合（4.78mm^2/s）同时满足欧洲（3.5～5mm^2/s）和美国的（1.9～6.0mm^2/s）对于黏度的指标要求。比例为 60∶32∶8 和 40∶48∶12 的 RME/TME/LME 的组合的黏度分别为 5.1mm^2/s 和 5.4mm^2/s。另外，尽管没有样品比传统柴油密度低，但是他们都符合欧洲标准（0.86～0.9g/mL）。正如期望的那样，所有样品都有高十六烷值，油动物脂肪和大豆油组合而成的混合物比传统柴油有更高的十六烷值（60vs. 46～57.8）。所有的样品的热值大约为 37MJ/kg，相较传统柴油更低（42.2～45.6MJ/kg）。

2.3.1.4　生物柴油与传统柴油组合

生物柴油也通过和传统柴油混合来进一步改善它的属性。表 2.11 展示了动物脂肪、动物脂肪和大豆油、废食用油和传统柴油混合的生物柴油的燃料性质。

生物柴油和传统柴油的组合达到了预期的结果。首先，燃料的黏度降低了，事实上这种包括动物脂肪和大豆油的混合物燃料有着和传统燃料相同范围的黏度（3.09～4.17mm^2/s 与 2.4～4.3mm^2/s），并且燃料的密度很高。此外，所有混合物的十六烷值都超过了美国（大于 47）或是欧洲（大于 51）的标准，当增加动物脂肪与动物脂肪和大豆油的混合总量时，十六烷值随之增加，且高于传统柴油（58 和 65 与 46～57.8）。所有混合物的热值都随着生物柴油的增加而降低。另外，与传统柴油混合的燃料热值高于与生物柴油或纯生物柴油混合的热值（38.63～44.322MJ/kg 与 37.0～39.67MJ/kg），碘值也低很多。

表 2.11 生物柴油与传统柴油组合而成的燃料的性质

生物柴油原料及其比例	化学式	运动黏度（40℃）/($mm^2 \cdot s^{-1}$)	密度（15℃）/($kg \cdot m^{-3}$)	十六烷值	热值/($MJ \cdot kg^{-1}$)	碘值（每 100g 中 I_2 含量克数）
70%柴油和 30%动物脂肪（Lapuerta，2009）	83.11 C；13.41 H；3.47 O	3.24	846	57	41.09	17.12
30%柴油和 70%动物脂肪（Lapuerta，2009）	79.25 C；12.82 H；7.93 O	4.17	864	65	38.63	39.05
70%柴油，15%大豆油和 15%动物脂肪（Lapuerta，2009）	83.24 C；13.33 H；3.43 O	3.09	848	55	41.06	30.5
30%柴油，35%大豆油和 35%动物脂肪（Lapuerta，2009）	79.54 C；12.63 H；7.83 O	3.76	866	58	38.78	69.6
B20 餐馆废油（Math，2007）		4.36	830		44.322	
B40 餐馆废油（Math，2007）		4.43	844		42.94	
B60 餐馆废油（Math，2007）		4.5	858		41.56	
B80 餐馆废油（Math，2007）		4.57	872		40.18	

2.3.1.5 生物柴油和聚苯乙烯混合

除了具有燃料的功能，生物柴油还可以用作其他废弃物的溶剂。例如大豆甲基酯溶解包装在花生酱上的聚苯乙烯（Kuzhiyil 和 Kong，2009）。这项工作的研究结果呈现在表 2.12（Kuzhiyil 和 Kong，2009）中。

表 2.12 可以看出，混合物黏度和密度随着聚苯乙烯的增加而增加，并且聚苯乙烯的增加也导致了热值的上升，尤其是在与从其他废弃物中得到的生物柴油样品相比时（38.72～40.02MJ/kg 与 37.0～39.67MJ/kg）。

表 2.12 聚苯乙烯和生物柴油混合物的燃料性质（Kuzhiyil，2009）

燃　　料	运动黏度（40℃）/($mm^2 \cdot s^{-1}$)	相对密度（15.56℃）	十六烷值	热值/($MJ \cdot kg^{-1}$)
100%生物柴油	4.06	0.885	49.7	39.1
生物柴油加上 2%聚苯乙烯	6.38	0.8893	51.4	39.64
生物柴油加上 5%聚苯乙烯	12.9	0.894	—	38.72
生物柴油加上 10%聚苯乙烯	29	0.902	—	40.02

2.3.2 传统柴油的其他混合物

一些研究也将废弃物食用油直接和传统柴油混合，从而减少酯基转移步骤的时间和能量消耗（Hribernik 和 Kegl，2009）。表 2.13 显示了废食用油和柴油组合的燃料性质（Hribernik 和 Kegl，2009）。

表 2.13　废食用油和柴油混合物的燃料性质（Hribernik，2009）

WCO 比例（体积比）/%	运动黏度（40℃）/($mm^2 \cdot s^{-1}$)	密度（15℃）/($kg \cdot m^{-3}$)	闪点/℃
100	32.3	915	285
90	24.8	902	115
80	20.7	899	100
70	15.4	890	95

未经处理的植物油的密度和黏度明显高于柴油，而酯化作用能够降低黏度。与预期的结果相同，增加柴油的量将降低混合物的黏度，尽管它们都没有达到纯柴油的水平（2.4～4.3mm^2/s）。另外，这些混合物也没有达到欧洲或美国的标准（分别为 3.5～5mm^2/s 和 1.9～6.0mm^2/s），与 70%或 80%的废食用油混合将达到欧洲对于密度的要求（0.86～0.90g/mL），所有的混合物都没有达到欧洲对于闪点的要求（不小于 120℃）。与废食用油甲酯和柴油的混合物相比，该混合物闪点更低，例如柴油中混入 80%的废食用油时闪点为 142.6℃，而柴油中混入 80%食用油时闪点为 100℃（Math，2007）。

2.3.3 类柴油燃料

我们已经可以将废润滑油，尤其是将发动机润滑油转化为类柴油燃料（DLF）。在表 2.14 中比较了类柴油燃料的燃料性质。

类柴油的密度、运动黏度、闪点和热值都在柴油的标准范围内，而硫的含量明显高于类柴油（0.35×10^{-2} 与 0.5×10^{-4}）。

表 2.14　类柴油燃料的燃料性质

项　目	运动黏度（40℃）/($mm^2 \cdot s^{-1}$)	密度（15℃）/($kg \cdot m^{-3}$)	闪点/℃	硫分/%	热值/($MJ \cdot kg^{-1}$)
2 号柴油（Alptekin，2008；Arpa 和 Demirbas，2010；Kocak，2007；Lapuerta，2009；Lebedevas，2006；Lin，2009；Math，2007；Winfried，2008）	2.4～4.3	0.816～0.842	53～74	0.005	42.2～45.7
类柴油燃料（Arpa 和 Demirbas，2010）	3.49	0.818	57	0.35	42.50

2.3.4 生物原油和热解油

生物原油直接产生自生物质，并且能够替换化石燃料。一些科学文献已经研究了用废弃物原料制造高能量密度生物原油的可能性。生物原油产自热解过程，有代表性的是通过热解有机废弃物来生产液体、固体和气体产品。这些液体产品（石蜡、烯烃、环状的含氧、氮、芳香烃的化合物）被研发成传统液体燃料的替代品和有机化合物的珍贵原料（Islam 等，2010；Islam 等，2008）。

热解油的主要用途为代替液体燃料，表 2.15 对比了传统柴油、重燃油和汽油的性质。

表 2.15　　传统液体燃料的性质

燃料来源	运动黏度 /($mm^2 \cdot s^{-1}$)	密度（15℃）/($kg \cdot m^{-3}$)	闪点 /℃	流点 /℃	灰分 /%	含硫量 /%	含水量	热值 /($MJ \cdot kg^{-1}$)
传统柴油（Demirbas，2008；Islam，2004；Islam，2008；Islam，2010）	2.5～4.1	0.82～0.86	53～>55	−40～−30	0	<0.005～0.7	79～80mg/kg	44～46.0
重燃料油（50℃）（Islam，2004）	200		90～180	−40～−30	0.1	1.0～2.6	0.1%	42～43
无铅汽油（Arpa 和 Yumrutas，2010；Balat，2008；Demirbas，2008）	1.17	0.735～0.780	−119			0.002		43.0～47.8

2.3.4.1　产自有机材料的热解油

有机材料的热解被认作是环境友好的一种废弃物能量回收手段。产自甘蔗渣、肉和骨粉、MSW、城市废塑料和真空瓦斯油、污水污泥、废纸和废塑料的热解油在表 2.16 中进行了比较。

既然热解油被看做液体燃料的替代品，其中含有的氧、氮和硫都需纳入比较范围，这是因为它们引起了人们熟知的排放问题。表 2.16 的结果显示大部分的热解油都有丰富的氧含量，这表明了这种油会被高度氧化和酸化。柴油中的氮含量可以高达 0.3%（Islam 等，2010）。在所有原料中，氮含量与柴油氮含量相近的只有甘蔗渣，甘蔗渣的氮含量范围为 0.25%～2%。废纸和废塑料没有可检测的硫，而其他被报道含有硫的原材料，含硫量都很低（<0.07%～0.204%）。这些热解油有着相当低的黏度（2～21mm^2/s），从这方面看，热解油比得上传统的柴油和汽油（1.17～4.1mm^2/s）。来自肉和骨粉的热解油有着相当高的黏度（609mm^2/s，50℃），这种热解油最接近重油（200mm^2/s，50℃）。所有的热解油都比传统燃料更加致密（813～1254kg/m^3 与 82～86kg/m^3 的柴油，735～780kg/m^3 的重油）。高黏度和高密度的性质潜在地导致这些油很难直接作为燃料，唯一一种在热值上可以和传统燃料相比的热解油是从废塑料中得到的（43.5MJ/kg 与传统燃料 42～47.8MJ/kg）。

2.3.4.2　来自轮胎的热解油

轮胎在多种设备中被使用，如自行车、摩托车、汽车、巴士、吉普车、拖拉机、卡车。尽管所有轮胎都含有硫化塑胶和一些强化材料，但由于制造商的使用目的不同，每种轮胎具体的化学组成各不相同（Islam 等，2008）。因此，各种轮胎的液体产物都在文献中有研究。表 2.17 中对废弃轮胎、轿车轮胎、摩托车轮胎的液体产物进行了比较。

与传统液体燃料相比，这些油明显具有更高的密度，也更加黏稠（957～965kg/m^3 和 4.75～4.89mm^2/s 与 82～780kg/m^3 和 1.17～4.1mm^2/s 对于汽油和柴油）。大部分样

表 2.16　　产生自有机原料的燃料性质

燃料来源	元素含量/%	运动黏度（20℃）/(mm²·s⁻¹)	密度/(kg·m⁻³)	闪点/℃	流点/℃	灰分/%	含硫量/%	含水量/%	热值/(MJ·kg⁻¹)
甘蔗渣（Islam，2010）	52.4～66.9 C；5～9.2 H；0.25～2 N；<0.10 S；21.9～42.2 O	21.5	1070～1254.2	>72	−12	0.02～0.6	<0.10	2.73～13.8	22.4～37.01
肉和骨粉（Chaalaand，2003）	68.2 C；9.3 H；14.0 N；8.5 O	609（501C）；228（601C）；115（701C）；−61（801C）	1024			微量		3.4	34.2
MSW（Buah，2007）	35 O								35（±1）
城市废弃塑料和真空重汽法（Yanik，2001）			813				0.204		
污水污泥（Fonts and Juan，2009，Fonts andKuoppala，2009）	44.6 C；9.0 H；7.5 N；0.7 S；38.2 O	17	1100（20℃）					23.6	9.75～24.87
废纸（Islam，2004）		2	1205	200	−8	0.35	0		13.19
废塑料（Islam，2004）		7.5	905	48	−14	0.1	0		43.5

品的氮含量（0.5～1.5%）和硫含量（0～1.25%）都较低。最后，轮胎热解油的热值（30.5～42MJ/kg）比有机物的热解油热值（9.74～43.5MJ/kg）更接近传统燃料的热值（42～47.8MJ/kg）。

表 2.17　来自轮胎的热解油的燃料性质

燃料来源	元素含量/%	运动黏度/($mm^2 \cdot s^{-1}$)	密度/($kg \cdot m^{-3}$)	闪点/℃	流点/℃	含灰量/%	含硫量/%	含水量/%	热值/($MJ \cdot kg^{-1}$)
产自废弃轮胎的油（Islam，2004）		4.89	965	32	−25	0.06	0	0.1	41.5
产自汽车轮胎的油（Islam，2008）	74.3～86.4 C；7.2～8 H；0.5～0.9 N；1.7～1.71 S；3.4～5.89 O								30.5～40.0
产自卡车轮胎的油（Islam，2008）	83.2 C；7.7 H；1.5 N；1.44 S；6.16 O								3.4
产自摩托车轮胎的油（Islam，2008）	75.5 C；6.75 H；0.81 N；1.44 S；15.5 O	4.75	957	632	−6	0.22	1.25		42

2.3.4.3　汽油替代品

一些废弃物的热解油是专门用作汽油替代品的，表 2.18 中将它们进行了比较。在表 2.18 中，可以看出废润滑油和废机油的热解产物与汽油非常接近，它们的黏度、密度、含硫量和热值都能和汽油相提并论（1.13mm^2/s 与 1.17mm^2/s，732～740kg/m^3 与 735～780kg/m^3；0.003%与 0.002%；43.0～45.9MJ/kg 与 43.0～47.8MJ/kg），并且十六烷值高于汽油（96 与 89）。以上数据表明这些汽油替代品在未来有十分广阔的前景。

表 2.18　汽油和汽油替代品的燃料性质比较

燃料来源	运动黏度/($mm^2 \cdot s^{-1}$)	密度/($kg \cdot m^{-3}$)	闪点/℃	含硫量/%	热值/($MJ \cdot kg^{-1}$)	十六烷值
废润滑油（Arpa 和 Yumrutas，2010；Balat，2008）	1.13	732～740	25～72	0.003	43.00～45.9	96
废发动机油（Demirbas，2008）	1.13	732	−28	0.003	45.9	96
无铅汽油（Arpa 和 Yumrutas，2010；Balat，2008；Demirbas，2008）	1.17	735～780	−43～76	0.002	43.0～47.8	89

2.4 固体燃料

生物质废弃物通常被用作燃料或者燃煤发电厂中煤的补充燃料（Demirbas 等，2004）。本章中的固体燃料产自居民废弃物和工厂废弃物。被研究的固体燃料包括压块、煤炭的补充能源、颗粒燃料和热解固体。

2.4.1 压块

压块是由固体材料压缩制成，是一种众所周知的固体燃料，通常作为家庭燃料使用。压缩的主要目的是提高单位体积的热值，使其可以和煤相比（Demirbas 等，2004）。用废弃物制造压块需要利用低级的可燃材料。压块可以用表 2.19 中的大量废弃物产品生产。

表 2.19 废弃物压块的燃料特性

压块来源	密度 /(kg·m^{-3})	灰分 /%	含硫量 /%	剩余碳 /%	热值 /(MJ·kg^{-1})	挥发分 /%
森林生物质（Nazarov，2009）	950～1000					
制浆废品（Demirbas 和 Sahin - Demirbas，2004）					17.5	
云杉碎屑（Demirbas 和 Sahin - Demirbas，2004）					20	
塑料手提袋（Chiemchaisri，2010）		27.01±10.56	0.21±0.04		40.99±1.19	72.99±10.56
其他塑料袋（Chiemchaisri，2010）		16.54±6.23	0.05±0.04		39.33±3.36	83.48±5.96
其他塑料（Chiemchaisri，2010）		8.23±7.84	0.04±0.01		33.38±3.35	91.77±6.44
塑料废弃物：木薯根茎（55.56%塑料）（Chiemchaisri，2010）	595	14.5	0.19	1.2	26	84.3
塑料废弃物：木薯根茎（50%塑料）（Chiemchaisri，2010）	674	15.9	0.16	1.9	23.8	82.2
塑料废弃物：木薯根茎（45.45%塑料）（Chiemchaisri，2010）	676	13.6	0.16	1.2	21.9	85.2
塑料废弃物：木薯根茎（41.67%塑料）（Chiemchaisri，2010）	613	12.6	0.14	1.4	22.8	86
塑料废弃物：木薯根茎（38.46%塑料）（Chiemchaisri，2010）	587	10.3	0.14	0.9	23.2	88.8

随着压块的密度的提升，它的可燃性在逐渐下降（Demirbas 等，2004）。这表明森林生物质压块有着最低的可燃性，而塑料和木薯根茎混合物（38.46%塑料）有着最高的可燃性，密度和热值分别为 950～1000kg/m^3 和 587kg/m^3。当压块作为燃料燃烧时，其中

的灰和硫将给环境带来负面影响。塑料袋有着最高的含灰量［（27.01±10.56）%］，而煤饼混合塑料和其他有机废弃物有着最低的含灰量（10.3%～15.9%），混合塑料表现出更低的含灰量［（8.23±7.84）%］。在硫含量方面也出现了相似的情况［分别为（0.21±0.04）%，0.14%～0.19%，（0.04±0.01）%］。最后，塑料手提袋压块有着最高的热值，为（40.99±1.19）MJ/kg；而制浆废弃物的热值最低，为17.5MJ/kg，生物质压块具有较低的热值。塑料和木薯根茎组合的热值随着塑料量的减少而降低，当塑料含量为38.46%～55.56%时，热值为22.8～26MJ/kg。

如表2.19所示，如果不与塑料组合，生物质热值较低。对于产自生物质的压块来说，另外一个提升其燃料质量的方法是将其与煤炭混合。这种方法可以参见表2.20（Cordero等，2004）。

表2.20　压块/煤炭混压块的燃料性质（Cordero，2004）

燃料来源	灰分/%	含硫量/%	剩余碳/%	热值/（$MJ \cdot kg^{-1}$）	挥发分/%
煤炭	10.92	5.58	48.16	24.457	40.91
橄榄石	2.15	0.02	19.55	19.93	78.3
麦秸	8.06	0.13	17.44	17.054	74.49
杏核	1.07	0.05	18.38	19.516	80.54
松树屑	0.47	0.02	12.88	20.44	86.65
50%橄榄石，50%煤炭	12.18	1.61		29.227	11.13
50%麦秸，50%煤炭	23.45	1.46		24.996	12.66
50%杏核，50%煤炭	10.82	1.83		29.77	11.09
50%松树屑，50%煤炭	10.2	1.47		29.845	11.87

与纯生物质相比，将煤和生物质结合不仅提高热值，和煤一同燃烧还意味着硫和灰分的减少。如表2.20所示，橄榄石、麦秸、杏核和松树屑的热值为17.054～20.44MJ/kg，煤炭热值为24.457MJ/kg。如果将杏核和松树屑分别与煤炭按1∶1的比例混合，热值将会提升至24.996～29.845MJ/kg。在含灰量的方面，杏核与煤炭混合为10.82%，松树屑与煤炭混合为10.2%，而煤炭的灰分为10.92%。同时，含硫量也会急剧减少，从煤炭的5.58%减少至麦秸与煤炭组合的1.46%。

很多其他种类生物质废弃物的灰分和含硫量都被研究过。这些生物质废弃物与煤炭组合可以得到高热值的燃料，同时保持低的含硫量和灰尘排放量（表2.21）（Demirbas，2004）。

在表2.21中，人们通过大量的生物质废弃物的燃烧来研究它们是否适合成为煤炭的补充燃料。尽管这些组合在过去并未经过测试，但数据表明若通过充分研究，将可以有效地降低灰分和含硫量。例如，这些在表2.21中的煤炭样品含硫量达到3%。

表 2.21　　煤炭补充燃料的性质（Demirbas，2004）

燃料来源	灰分/%	含硫量/%	剩余碳/%	挥发分/%
煤炭类型 1		3		
榛子壳	1.5	0.04	21.2	76.3
木屑	2.8	0.04	15	82.2
玉米秸	5.1	0.2	10.9	84
白杨木	1.3	0.01	16.4	—
米糠	22.6	—	16.7	61
轧花机		0.5		
甘蔗渣	11.3	0.01	15	—
桃核	1	0.05	19.9	—
苜蓿茎	6.5	0.09	17.4	76.1
毛线稷	8.9	0.19	14.4	76.7
橡木	0.5	—	21.9	77.6
麦秸	13.7	—	21.4	66.3
橄榄皮	4.1	0.05	18.4	77.5
山毛榉木树皮	5.7	—	29.3	65
山毛榉木	0.5	—	17	82.5
云杉木	1.7	—	18.1	80.2
玉米棒	1.1	0.2	11.5	87.4
废茶	1.5	0.06	13	85.5
胡桃皮	2.8	0.1	37.9	59.3
杏壳	3.3	0.06	22.7	74
向日葵盘	4	0.05	19.8	76.2
皂角种子	6.5		15.4	78.1
松树 1	1		21.7	7.3
棉花废料	6.6		12.4	81
橄榄废料	9.2		24.7	66.1

煤炭和甘蔗渣或白杨木废料（含硫量为 0.01%）组合可能会形成低含硫量的燃料。

2.4.2　颗粒燃料

潮湿的废弃物在燃料利用方面制造了很多困难，例如污水污泥。高生物活性的物质和含水量造成了污水污泥高脂肪、难闻的特点。Wzorek 和 Troniewski（2008）证明了污水污泥与其他废弃物可以颗粒化并用于燃烧。这种性质可以在表 2.22 中看到（Wzorek 和 Troniewski，2008）。

表 2.22　　颗粒燃料的性质（Wzorek，2008）

燃料来源	燃料种类	元素含量/%	灰分/%	含水量/%	热值/(MJ·kg^{-1})	金属含量/(mg·kg^{-1})	挥发分/%
污水污泥混合物	污水污泥和煤泥颗粒燃料	40.96 C；3.18 H；14.25 O和N；0.58 S；0.060 C_l	29.15	10.92	14.8	Fe 1150；Mn 165；Cr小于100；Zn 250；Pb 63.20；Co小于14.12；Ni小于25；V 1.14；Cu 58.88；As 1.53；Hg 0.987；Tl 0.048；Cd 1.25；Sn 0.478	33.5
	污水污泥、肉和骨粉颗粒燃料	33.47 C；3.77 H；22.67 O和N；0.62 S；0.040 C_l	30.8	8.67	13.55	Fe 2030；Mn 350.9；Cr 22.08；Zn 446.1；Pb 19.43；Co 3.89；Ni 4.92；V 2.53；Cu 43.84；As 0.997；Hg 0.421；Tl 0.051；Cd 0.434；Sn 0.0304	51.92
	污水污泥和木屑颗粒燃料	28.16 C；3.97 H；38.67 O和N；0.58 S；0.042 C_l	18.25	10.37	13.24	Fe 4305；Mn 319.3；Cr 93.68；Zn 881.2；Pb 24.93；Co 6.27；Ni 15.92；V 3.10；Cu 71.77；As 2.254；Hg 0.859；Tl 0.089；Cd 1.690；Sn 0.0282	59.87

煤泥是一种来自于煤矿生产过程中的废弃物（Wzorek和Troniewski，2008）。正如预期那样，煤泥颗粒化的燃料有着最高的热值（14.80MJ/kg），尽管其他颗粒燃料处于相同的范围（13.24～13.55MJ/kg），但没有一种颗粒燃料在热值方面可以和煤炭相比（24.457MJ/kg）。

2.4.3　热解固体

热解有机废弃物将产生液体、固体和气体产物。固体产物的燃料性质见表2.23。

表 2.23　　热解固体的燃料性质

燃料来源	元素含量/%	密度/(kg·m^{-3})	灰分/%	热值/(MJ·kg^{-1})	金属含量/(mg·kg^{-1})
MSW（Dawei，2006）	82.69～85.06 C	468～562		23～27	
废轮胎（Huang，2003）	2.69～85.06 C；0.24～0.42 H；12.35～13.9 O；0.38～0.42 N；1.97～2.57 S		15.14～16.25	28.6～28.7	
肉和骨粉（Chaalaand，2003）	31.8 C；1.4 H；5.2 N；5.4 O			11.5	Ca 141167；P 72363；Na 17872；K 13523；Mg 3381；Fe 883.8；Zn 183.9；Mn 74.1；Cu 41.5；Cr 5.9；Ti 11.0；Ni 5.9；Co 0.6

废轮胎和 MSW 热解固体的热值分别为 28.6～28.7MJ/kg 和 23～27MJ/kg，煤炭的热值为 24.457MJ/kg，三者热值差别较小。只有产自肉和骨粉的热解固体的热值无法与煤炭相比，为 11.5MJ/kg。然而产自污水污泥、肉和骨粉的颗粒固体的热值则稍高，为 13.55MJ/kg。因此，肉和骨粉的组合与其他废弃物相比可能是一种提高热值的方法，从而使得燃料更有价值。

2.5 结论

本章给出了产自居民生活废弃物和工厂废弃物的气体、液体和固体燃料的性质。每一种燃料都和传统燃料进行了比较，并分析了其在未来作为燃料补充品、替代品的可能性。这些数据表明了尽管产自居民生活废弃物和工厂废弃物的燃料有着广阔的前景，但仍然有很多的工作需要完成。

缩略词列表

AD anaerobic digestion 厌氧消化
AFME animal fat methyl ester 动物脂肪甲基酯
ASTM American Society for the Testing of Materials 美国材料实验协会
CFPP cold filter - plugging point 冷滤点
CI combustion ignition 燃烧点火
CN cetane number 十六烷值
CVs calorific values 热值
DLF diesel - like fuel 柴油燃料
GCVs gross calorific values 总热值
HHV higher heating value 高位发热量
HUFA highly unsaturated fatty acids 高不饱和脂肪酸
IV iodine value 碘值
LFG landfill gas 垃圾填埋气
LME linseed oil methyl ester 亚麻籽油甲酯
LHV lower heating value 低位发热量
LTFT low - temperature flow test 低温流动测试
MSW municipal solid waste 城市固体垃圾
NG natural gas 天然气
PCDD polychlorinated dibenzodioxin 多氯二氧化二苯
PCDF polychlorinated dibenzofuran 多氯二苯并呋喃
PE polyethylene 聚乙烯
PET poly（ethylene terephthalate）聚对苯二甲酸乙二酯
PME pork lard methyl ester 猪油甲酯
RDF refuse - derived fuel 垃圾衍生燃料

RME	rapeseed methyl ester 油菜籽甲酯
RWO	restaurant waste oil 餐厅废油
RWOME	restaurant waste oil methyl ester 餐厅废油甲酯
SG	specific gravity 比重
SI	spark ignition 火花点火
TME	beef tallow methyl ester 牛油甲酯
WCO	waste cooking oil 餐饮业废油
WOME	waste oil methyl ester 废油甲酯
WWTPS	wastewater treatment plant sludge 污水处理厂污泥

参考文献

Alptekin, E., Canakci, M. 2008. *Renewable Energy*, 33, 2623-2630.

Appels, L., Baeyens, J., Degreve, J., and Dewil, R. 2008. *Progress in Energy and Combustion Science*, 34, 755-781.

Arpa, O., Yumrutas, R. 2010. *Fuel Processing Technology*, 91, 197-204.

Arpa, O., Yumrutas, R. and Demirbas, A. 2010. *Applied Energy*, 2010, 87, 122-127.

Arvelakis, S., Frandsen, F. J., Folkedahl B., and Hurley, J. 2008. *Energy and Fuels*, 22, 2948-2954.

Balat, M. 2008. *Energy Exploration and Exploitation*, 26, 3, 197-208.

Bjorkman, E. and Stromberg, B. 1997. *Energy and Fuels*, 11, 1026-1032.

Bouaid, A., Martinez, M., Aracil, J. 2007. *Chem. Eng. J.*, 134, 93-99.

Buah, W. K., Cunliffe, A. M. and Williams, P. T. 2007. *I. Chem. E*, 2007, Part B, 450.

Caponero, J., Tenorio, J. A. S., Levendis, Y. A., and Carlson, J. B. 2003. *Energy and Fuels*, 17, 225-239.

Chaalaand, A., Roy, C. 2003. *Environ. Sci. Technol.*, 37, 4517-4522.

Chiemchaisri, C., Charnnok, B., Visvanathan, C. 2010. *Bioresource Technol.*, 101, 1522-1527.

Cordero, T., Rodriguez - Mirasol, J., Pastrana, J., and Rodriguez, J. J. 2004. *Fuel*, 83, 1585-1590.

Dawei, A., Zhimin, W., Shuting, Z., and Hongxing, Y. 2006. *Int. J. Energy Res.*, 30, 349-357.

Demirbas, A. 2004. *Progress in Energy and Combustion Science*, 30, 219-230.

Demirbas, A. 2008. *Energy Sources*, Part A, 30, 1433-1441.

Demirbas, A., Sahin-Demirbas, A., Hilal-Demirbas, A. 2004, *Energy Sources*, 26, 83-91.

Dorado, M. P. Ballesteros E., Arnal, J. M. Gomez J., and Lopez Gimenez, F. J. 2003. *Energy and Fuels*, 17, 1560-1565.

Fonts, I., Juan, A., Gea, G., Murillo, M. B., and Arauzo, J. 2009. *Ind. Eng. Chem. Res.*, 48, 2179-2187.

Fonts, I., Kuoppala, E., and Oasmaa, A. 2009. *Energy and Fuels*, 23, 4121-4128.

Garg, A., Smith, R., Hill, D., Simms, N., and Pollard, S. 2007. *Environ. Sci. Technol.*, 41, 4868-4874.

Gornay, J., Coniglio, L., Billaud, F., and Wild, G. 2009. *Energy and Fuels*, 23, 5663-5676.

Hribernik, A. and Kegl, B. 2009. *Energy and Fuels*, 23, 1754-1758.

Huang, H., Tang, L., Wu, C. Z. 2003. *Environ. Sci. Technol.*, 37, 4463-4467.

Islam, M. N., Islam, M. N., Beg, M. R. A. 2004. *Bioresource Technol.*, 92, 181 - 186.

Islam, M. R., Haniu, H., Beg, M. R. A. 2008. *Fuel*, 87, 3112 - 3122.

Islam, M. R., Parveen, M., Haniu, H. 2010. *Bioresource Technol.*, 101, 4162 - 4168.

Knothe, G. 2009. *Energy and Environ.*, *Sci.*, DOI: 10.1039/b903941d., p 759.

Kocak, M. S., Ileri, E., and Utlu, Z. 2007, *Energy and Fuels*, 21, 3622 - 3626.

Kondamudi, N., Mohapatra, S. K. and Misra, M. 2008. *J. Agric. Food Chem.*, 56, 11757 - 11760.

Kuzhiyil, N. and Kong, S. - C. 2009. *Energy and Fuels*, 23, 3246 - 3253.

Lapuerta, M., Rodríguez - Fernández, J., Oliva, F., and Canoira, L. 2009. *Energy and Fuels*, 23, 121 - 129.

Lebedevas, S. and Vaicekauskas, A. 2006. *Energy and Fuels*, 20, 2274 - 2280.

Li, X., Wang, S., Duan, L., Hao, J., and Nie, Y. 2009. *Environ. Sci. Technol.*, 43, 6076 - 6081.

Lin, C. - Y. and Li, R. - J. 2009. *Fuel Processing Technol.*, 90, 130 - 136.

Math, M. C. 2007. *Energy for Sustainable Development*, Volume XI No. 1.

Mountouris, A. E., Voutsas, E., Tassios, D. 2008. *Energy Conversion and Mgt*, 49, 2264 - 2271.

Nazarov, V. I., Bulatov, I. A., and Makarenkov, D. A. 2009. *Chem. and Pet. Eng*, 45, 1 - 2, 96.

Onwudili, J. A. and Williams, P. T. 2007. *Energy and Fuels*, 21, 3676 - 3683.

Ramanan, V. M., Lakshmanan, E., Sethumadhavan, R., and Renganarayanan, S. 2008. *Energy and Fuels*, 22, 2070 - 2078.

Sainz - Diaz, C. I., Kelly, D. R., Avenell, C. S., and Griffiths, A. G. 1997. *Energy and Fuels*, 11, 1061 - 1072.

Schönborn, A., Ladommatos, N., Williams, J., Allan, R., and Rogerson, J. 2009. *Combustion and Flame*, 156, 1396 - 1412.

Senneca, O., Chirone, R., and Salatino, P. 2002. *Energy and Fuels*, 16, 661 - 668.

Senneca, O., Chirone, R., Masi, S., and Salatino, P. 2002. *Energy and Fuels*, 16, 653 - 660.

Shie, J. - L., Chang, C. - Y., Tu, W. - K., Yang, Y. - C., Liao, J. - K., Tzeng, C. - C., Li, H. - Y., Yu, Y. - J., Kuo, C. - H., and Chang, L. - C. 2008. *Energy and Fuels*, 22, 75 - 82.

Tashtoush, G., Al - Widyan, M. I. and Al - Shyoukh, A. O. 2003, *Applied Thermal Eng.*, 23, 285 - 293.

Utlu, Z. 2007. *Energy Sources*, Part A, 29, 1295 - 1304.

Utlu, Z. and Kocak, M. S. 2008. *Renewable Energy*, 33, 1936 - 1941.

Winfried, R., Roland, M. - P., Alexander, D., and Jugen, L. - K. 2008. *J. of Environ. Mgt.*, 86, 427 - 434.

Wzorek, M. and Troniewski, L. 2008. Use of waste from waste - water treatment in production of fuels for thermal treatment processes. *Proceedings of the International Conference of Waste Technology and Management*.

Xu, G., Murakami, T., Suda, T., Matsuzawa, Y., and Tani, H. 2006. *Energy and Fuels*, 20, 2695 - 2704.

Yanik, J., Uddin M. A., and Sakata, Y. 2001. *Energy and Fuels*, 2001, 15, 163 - 169.

第3章　垃圾填埋气的生产

KAMEL SINGH[a] AND MUSTI K. S. SASTRY[b]

[a]University of Trinidad and Tobago，Point Lisas Campus，Couva，Trinidad and Tobago；[b]University of the West Indies，Department of Electrical and Computer，Engineering，St Augustine Campus，Trinidad and Tobago

3.1　引言

垃圾填埋场是一块被设计用来填埋或堆积垃圾的土地。城市生活垃圾填埋场是一个大的人工甲烷排放源，在一些国家比如美国，其排放量可以占总量的25%。同时，垃圾填埋场的甲烷排放也意味着失去了收集和利用这一重要能源资源的机会。

从历史上看，垃圾填埋场曾经被称为垃圾场或垃圾箱，垃圾填埋是几千年来最方便的垃圾处理方法。垃圾填埋场包括垃圾生产者就地处理垃圾的场地（内部垃圾处理场），以及多个垃圾生产者共同使用的场地。许多垃圾填埋场也被用作其他用途，如临时存储、合并和转移以及对废料进行分类、处理或回收。垃圾填埋场也可以指已经被土壤和岩石填满的土地，这样这些土地可以被用于特定目的，如建造房屋。

3.2　垃圾分类

一个成熟的固体垃圾管理方案通常包括垃圾填埋，并将其作为最终处理的一个关键步骤。由于废弃物数量正在迅速增加，同时大量的垃圾需要在填埋场中进行处理，对新建垃圾填埋场的需求十分强烈。垃圾填埋场被视为是不卫生的，为了改善公众对它的这种固有印象和负面舆论，政府很早就实施了一些法律法规。由于选址的局限性，以及居民社区建设垃圾填埋场的强烈反对，过去不完善的固体废弃物管理方法已经让垃圾填埋场的批准和选址成为了一项艰巨的任务。

垃圾填埋包括了在工程设施里所有类型的垃圾处理方式。有以下6种工程化的垃圾处理设施：传统的城市生活垃圾填埋场（MSWLF）、危险垃圾填埋场、建筑和碎片垃圾填埋场、表面蓄水池、生物反应器垃圾填埋场、小型垃圾填埋场（常见于美国南部和中部）。

3.2.1　传统城市生活垃圾填埋场

传统的城市生活垃圾填埋场（MSWLF）通常是针对毒性较小的垃圾，如私人住宅、机构、学校、企业无危害垃圾。现代的卫生填埋场设计目的是保护公众健康和环境的安全，应当能够监测和防止危险垃圾进入垃圾填埋场、疾病媒介物和爆炸性气体控制、空气监测、设备访问、运行控制、径流控制和地表水需求监测、限制液体进入填埋单元和记录设备等功能。一个完整的城市生活垃圾填埋场由衬层、渗滤液收集、排出系统，封盖，气体管理和地下水监测系统组成，具体细节如图 3.1 所示。

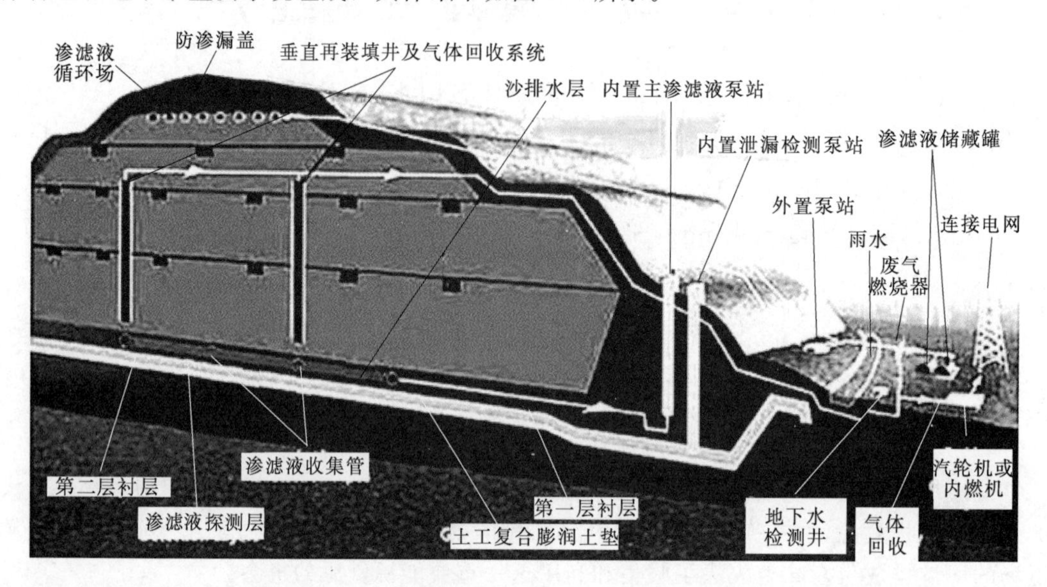

图 3.1　传统城市生活垃圾和生物反应器垃圾填埋场的传统和操作性特征
（来源：Phaneuf，2000）

3.2.2　危险垃圾填埋场

该设施用来处理毒性更大的化学品和危险副产品。这些垃圾填埋场必须经过非常精良的工程设计以全面降低有害物质泄露的可能性。

这些垃圾填埋场所能处理的垃圾类型受到了相关法律法规的限制。双防渗系统在危险垃圾填埋场中很常见。

3.2.3　建筑和碎片垃圾填埋场

建筑和碎片（C&D）垃圾填埋场专门致力于处理建筑和碎片垃圾。建筑和碎片垃圾来源于建筑、装修、维修和拆除结构（住宅和商业建筑物、道路和桥梁）。建筑和碎片垃圾的组成因不同的活动和结构而变化。

总的来说，建筑和碎片垃圾主要由木材产品、沥青、石膏板和砖石组成，其他经常大量出现的组分有金属、塑料、土壤、屋面瓦、隔热材料、纸和硬纸板。建筑和碎片还包含那些可能有危险的、潜在有毒和有问题的垃圾，如黏合剂、残余的油漆、多余的屋面水泥，废弃的油、油脂和液体、电池、荧光灯、电器、地毯和木材，在城市生活垃圾填埋场处理这类垃圾是不合适的。建筑和碎片垃圾填埋场更容易现场处理，除非建筑和拆迁场地引入了外部污染源，否则拆除材料大部分都是惰性的，因此其对环境的影响是最小的。

3.2.4　表面蓄水池

表面蓄水池（湖或池塘）用于处理液体废弃物。这些蓄水池必须合理地排布以防止化学成分渗透进入土壤和地下水。衬里被认为是蓄水池的一部分，并且垃圾渗透到衬里中是被允许的。因此衬里必须有足够的强度和厚度，以防止由于压力梯度产生的故障，并且需要在化学上与渗透废弃物成分兼容，不受气候条件、安装和操作压力的影响，防止由于安置点压缩或隆起产生的压力梯度。

3.2.5 生物反应器垃圾填埋场

与传统的城市生活垃圾填埋场不同，生物反应器能够显著促进微生物处理过程，从而降解并稳定垃圾中的有机成分（Mehta 等，2002；Pohland，2003；Pohland，1994；USEPA，2003；USEPA，1994）。

生物反应器垃圾填埋场是一种新型城市生活垃圾填埋场，它实际上会促进垃圾迅速分解且加速其稳定化。通过控制水分、温度、pH 值、营养物，可以由垃圾固有的微生物种群来完成强化垃圾降解及稳定过程。生物反应器内强化的微生物处理方法可以在实施后 5～10 年内转化和稳定可分解的有机物，与之相比，本质上与空气和水分隔绝的传统的垃圾填埋场则需要几十年。

生物反应器填埋场最初是由北美生活垃圾协会（SWANA）定义为“一种卫生填埋场，其运行的目的是在封场后的 5～10 年内，通过有目的地控制来提高生物降解过程将容易分解和分解特性一般的有机废弃物成分加以转化和稳定化”（SWANA，2001）。与其他的垃圾填埋厂相比，生物反应器垃圾填埋场显著增加了垃圾分解的程度、转化率和过程有效性。SWANA 现在将生物反应器填埋场定义为“服从于新污染源行为标准和排放指南（NSPS/EG），为了加速或增强垃圾的生物稳定性，把除了渗滤液和垃圾填埋气冷凝物之外的液体或空气以一个受控制的方式注入垃圾堆体”。到目前为止，科学家和工程师们关于生物反应器填埋场的精确定义仍然有分歧（SWANA，2001）。一个包括各组成部分的典型生物反应器填埋场的示意图如图 3.1 所示。

在生物反应器填埋场，渗滤液和额外的液体会返回垃圾填埋场直至垃圾达到液体容量的上限。为了维持垃圾的含水率并为微生物降解分配营养，排出的渗滤液要进行回收和再循环，应注意区分生物反应器垃圾填埋场的运行过程与传统城市生活垃圾填埋场中的渗滤液再循环过程。生物反应器的运行过程需要添加相当数量的液体以维持其最佳条件。

仅有渗滤液通常不足以维持生物反应器的需要。水或无毒、无危险的液体和半流体是补充渗滤液的合适的改良剂。在生物反应器填埋场封场时，渗滤液数量将是有限的，且对场地外的渗滤液要进行必要的处理使其符合就地处理的标准，垃圾填埋气产生量将下降，长期的环境风险将会被最小化。

3.2.6 小型垃圾填埋场

人工垃圾填埋场已经在人口规模少于 50000 居民的美国南部和中部城市得到了发展。除了它的规模和所需设备，人工垃圾填埋场在设计上与机械化的填埋场是相似的。这些垃圾填埋场每天可消化 10～50t 垃圾的能力。这些填埋场有时候需要利用重型设备定期准备地形和积聚覆盖材料。其他为垃圾填埋做准备的关键步骤都是人工执行的，包括准备填埋单元、压实和日常的覆盖。

这些垃圾填埋场的投资、运行和维护成本都远远低于一个机械化的垃圾填埋场。人工垃圾填埋场最成功的案例来自哥伦比亚，尽管智利、洪都拉斯、哥斯达黎加和秘鲁，包括厄瓜多尔和巴拿马也计划建设这种填埋场。对于小城市和城镇，人工垃圾填埋场是可行的选择。一个位于秘鲁的人工垃圾填埋场在卡哈马卡运转得很好，服务于约80000居民，且每天处理约40t垃圾。哥伦比亚人工垃圾填埋场相关人士相信，20t/天是一个人工操作可接受的规模。

3.3 垃圾填埋气

垃圾填埋气是沼气的来源之一，产生于微生物对城市生活垃圾可降解的有机组分的分解过程，这通常发生在半控制条件下的垃圾填埋场，它的成分取决于垃圾的组成和填埋的时间。由于城市生活垃圾的来源和垃圾填埋场操作条件的差异，垃圾填埋气的组成可能会存在较大的变化。3个主要气体成分（甲烷、二氧化碳和硫化氢）被用来描述垃圾填埋气的特征。主要气体成分的物理和化学性质见表3.1。

表3.1　来自垃圾填埋场沼气的物理性质（Kreith和Goswami，2007）

特　性	单位	CO_2	CH_4	H_2S
分子量	g	44.1	16.04	34.08
蒸汽压（21℃）	kPa	5719		1736.3
比容（21℃，101kPa）	m^3/kg	0.456	1.746	0.701
沸点（101kPa）	℃	−164	−161.61	−59.6
凝固点（101kPa）	℃	−78	−182.5	−82.9
比重（15℃，空气=1.0）		1.53	0.555	1.189
密度（0℃）	kg/m^3	1.85	0.719	1.539
临界温度	℃	31	82.1	100.4
临界压力	kPa	7386	4640.68	9007
临界密度	kg/m^3	0.468	0.162	0.349
沸点气化潜热	kJ/kg	982.72	520.24	548.29
熔点融化潜热	kJ/kg	189	58.74	69.78
定容比热容 C_p(21℃，101kPa)	kJ/kg℃	0.83	2.206	1.06
定压比热容 C_v(21℃，101kPa)	kJ/kg℃	0.64	1.688	0.803
绝热指数 C_p/C_v		1.303	1.307	1.32
热导率	M/(m·K)	0.8323		0.0131
空气中可燃极限（体积）	%	—	5.3～14	4.3～45
水溶性	kg/m^3	4	24	3.4

续表

特　性	单位	CO_2	CH_4	H_2S
黏度	mPa・s	0.0148	0.012	0.0116
净燃烧热（25℃）	MJ/m^3	—	36.71	—
燃烧热（25℃）	MJ/m^3	—	37.97	—
着火温度	℃	—	650	—
辛烷值		—	130	—
燃烧方程		—	$CH_4+2O_2\rightarrow CO_2+2H_2O$	$H_2S+2O_2\rightarrow SO_3+H_2O$

垃圾填埋气典型组成为45％～60％甲烷、40％～60％二氧化碳、0～1.0％硫化氢、0～0.2％氢气、微量的氮气、低分子量的碳氢化合物（干燥基）和饱和水蒸气组成（Kreith和Goswami，2007）。

垃圾填埋气的比重是1.02～1.06。$1m^3$甲烷完全燃烧可释放大约38MJ热量，相比之下，$1m^3$的垃圾填埋气燃烧可释放20～26MJ，根据甲烷含量，垃圾填埋气是一种中低热值燃料。此外，垃圾填埋气液化需要34450kPa压力，而甲烷必须连续冷却到低于－160℃才能液化。

第4章介绍了垃圾填埋气体作为燃料发电的能源潜力和商业用途，包括直接投入使用或提高到符合管道运输标准从而引入天然气管道。

一般来说，以能量回收为目的收集气体只限于拥有超过100万t垃圾的大型垃圾填埋场。美国环境保护署UESPA（2002）称，100万t城市生活垃圾能产生约$8.5m^3/min$的垃圾填埋气，每年足以产生7000000kW・h的电量，至少为700户家庭供电。

在美国、墨西哥、厄瓜多尔和中美洲，垃圾填埋场所有者、能源服务供应商、企业、国家机构、地方政府、社会团体和其他利益相关者可以与美国环保局一起合作。垃圾填埋场沼气推广计划（LMOP）和甲烷市场化合作计划（M2M）方案的创立，将提供各种各样的信息、工具和服务，以便成功开发环境－经济友好的垃圾填埋气能源项目。

随着垃圾堆体在垃圾填埋场的分布以及通过扩散（浓度）和对流（压力）产生的运动，垃圾填埋气的生产率存在空间上的变化。垃圾填埋气会沿阻力最小的路径穿过，下面指出一些问题（USACE，1995）。

（1）垃圾填埋气含有甲烷，甲烷非常易燃，使得垃圾填埋场环境或邻近建筑物存在潜在的火灾和爆炸危险。

（2）垃圾填埋气能够通过土壤迁移很远的距离，增加了爆炸和泄漏的风险。当垃圾填埋条件有利于气体迁移时可能会发生受伤、死亡和财产损失等严重事故。

（3）随着垃圾填埋气的产生，其压力梯度会不断上升，垃圾填埋场表面可能会产生裂缝并破坏隔泥网膜。

（4）甲烷作为垃圾填埋气的一个组成部分，是一种高浓度的窒息剂。

(5) 迁移气体可能会对植被等产生不利影响，由于其降低了根区可以从土壤中获得的氧含量，而植物根系需要足够的氧气进行正常的呼吸过程，甲烷对根会起到窒息剂的作用(Flower 等，1982)。

(6) 气体在垃圾填埋场生成并排放到大气中发出难闻的气味（如硫化氢的臭鸡蛋味），同时腐败的土壤给住在附近的人造成烦恼。

(7) 垃圾填埋气中非甲烷有机化合物（NMOCs）的排放导致当地空气质量的退化，如产生烟雾。

(8) 在垃圾填埋气中发现存有较高浓度的氯乙烯，这些气体会引起健康和安全问题。

(9) 甲烷是一种温室气体，会导致全球变暖，其影响比二氧化碳要强 21 倍。

(10) 不受控制的垃圾填埋气是一种潜在资源的损失。相反，它可以作为锅炉、燃气轮机、内燃机（ICE）的燃料，或升级到管道运输标准并输送给消费者。利用垃圾填埋气的能量能够为垃圾填埋场、能源用户和社区提供环境效益和经济效益。

在大多数国家的政府规定中，垃圾填埋气需要控制并需要在垃圾填埋场中安装气体管理系统。在美国，资源保护和经济复苏法案（RCRA）的副标题 D 条例 40CFR 257 和 258 部分对来自城市生活垃圾填埋场的垃圾填埋气进行了规定，声明了城市生活垃圾填埋场的所有者和经营者必须确保设备产生的甲烷浓度不超过甲烷在设备结构上 25%的爆炸极限下限（LEL）（不含气体控制或回收系统部件）或在设施性能范围内的爆炸极限下限(CFR 40 卷，258 部分，2004)。

爆炸下限的定义是空气中爆炸性气体混合物在 25℃和大气压力下传播火焰的最低体积百分数。甲烷在空气中的体积在 5%～15%范围内时会爆炸。在超过 15%体积比的甲烷浓度下，气体混合物不会爆炸，这是因为气体混合物从甲烷的角度被认为是足够的。15%的阈值是爆炸上限（UEL），定义为气体的最大浓度，超过这个浓度时即接触到火源也不会爆炸。爆炸危险产生的范围在爆炸下限和爆炸上限之间。甲烷浓度超过爆炸上限，着火仍然是可能的，同时会导致窒息。甲烷的突然稀释可以使混合物回到爆炸范围内。

所有者和经营者还必须实施一个例行的甲烷监控程序，最低的检测频率为一年四次(CFR 40 卷，258 部分，2004)。这个频率决定于土壤条件、地表水文、水文地质和设施结构的位置。在美国垃圾填埋场，如果甲烷水平超过了确定的范围，补救计划必须在 60 天的检测期内准备好，空气样品必须在气体可能积聚的设备结构内以及产权边界的土壤里采集。

基于地下条件和变化的垃圾填埋场情况，监测的频率应足以探测到垃圾填埋气的迁移。气体探测器的数量和位置是固定的，并取决于地下条件、土地利用方式、设备结构的布置和设计（基底更容易积累垃圾填埋气）。可以使用便携式现场分析仪来测量甲烷或者可以收集气体样品并带到实验室使用气相色谱－光谱进行分析，以确认垃圾填埋气的成分和浓度。

美国其他联邦法规，如《清洁空气法》（CAA），也要求填埋设施安装气体收集和控制系统，以减少非甲烷有机化合物的排放。此外这些规定可能要求严格的垃圾填埋气体排放监测和控制。

3.4　垃圾填埋气的产生

废纸、庭院垃圾、餐厨和食物垃圾是城市生活垃圾中主要的可生物降解的有机组分。尽管这类有机垃圾可能（表3.2）含有一定量可生物降解的有机组分，但实际的生物降解能力变化幅度很大。城市生活垃圾的有机成分可以分为两类：

（1）会迅速分解的垃圾，需要3个月至5年时间。

（2）缓慢分解的垃圾，达到或超过50年时间（Visilind等，2002）。

各种因素，如规模、时间、环境条件（湿度、温度、营养需求、pH值、通风条件）等都会影响生物降解的最终结果。例如，因为大多数垃圾填埋场并不符合生物降解的有利条件，使用建模软件和分析测试手段估计的生物降解能力通常会大于实际发生的生物降解效果。垃圾填埋气是由一个或三个步骤产生的：蒸发和挥发、生物分解、化学反应。

表3.2　在城市生活垃圾中快速和慢速生物降解的有机成分（Pichtel，2007）

有机垃圾成分	可快速生物降解	慢速生物降解	有机垃圾成分	可快速生物降解	慢速生物降解
食物垃圾	√		纺织品		√
报纸	√		橡胶		√
办公用纸	√		皮革		√
硬纸板	√		木材		√
庭院垃圾	√	√*			

*　院子里的树枝，细枝和其他木质部分。

3.4.1　蒸发和挥发

蒸发和挥发是在垃圾填埋场内存在的化学相平衡的结果。在垃圾填埋场内，挥发性有机化合物（VOCs）将蒸发直至达到平衡蒸汽浓度为止。当垃圾由于加热具有生物活性时，这个过程会加速。化合物发生变化的速率取决于它的物理和化学性质。亨利定律被用来确定溶解在水中的污染物的挥发程度，其常数用以描述在给定的温度和压力下气相和水相之间的平衡分配。

3.4.2　生物降解

生物降解是垃圾填埋场的主要机理，其反应生成甲烷、二氧化碳以及微量的一氧化碳、氢、硫化氢、氨和其他杂质性组分（取决于垃圾的成分），这些杂质性组分通常在微量范围（体积百分数小于1%）。

城市生活垃圾包括随时间迅速或缓慢分解的可生物降解有机组分，参与生物降解过程的细菌存在于城市生活垃圾，以及垃圾填埋操作中使用的土壤、污水处理厂污泥（WWTPS）和渗滤液中。生活垃圾生物分解有一个普遍过程，在气体产物的生成中分为4个不同的阶段，如图3.2所示。

（1）阶段1。在垃圾被堆放在垃圾填埋场后不久就开始好氧消化并持续进行直到所有携入的氧气耗尽（空隙和有机垃圾内部）。异养需氧细菌产生一种包含高含量二氧化碳（约30%）、水、其他含氧化合物和低含量甲烷的气体（2%～5%）。一旦氧气水平低于

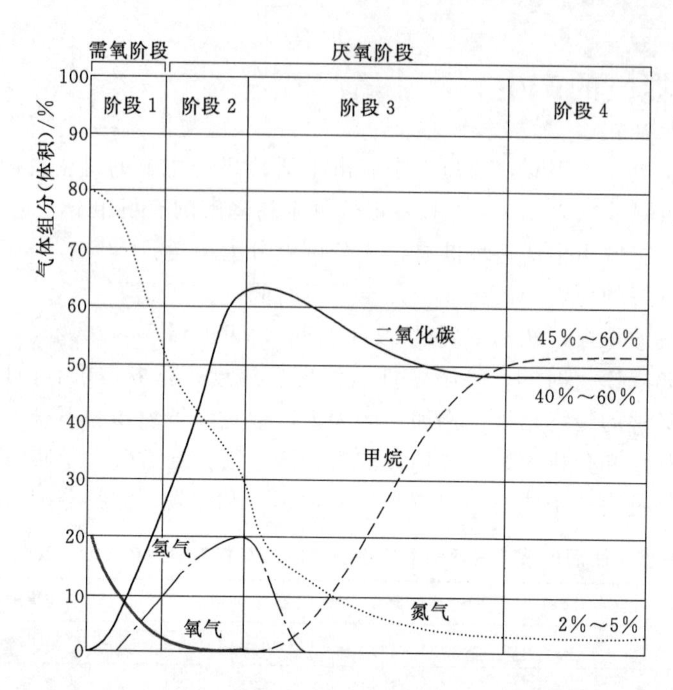

图 3.2　不同微生物降解阶段垃圾填埋气成分随降解过程的变化（来源：Speight，2008）

10%～15%，厌氧微生物就活跃起来。在垃圾填埋场底部的垃圾好氧分解可能持续 6～18 个月之久。

（2）阶段 2。这是第一个厌氧阶段，垃圾分解过程从好氧变成了厌氧。硝酸根离子（NO_3^-）和硫酸盐离子（SO_4^{2-}）离子作为厌氧异养生物的电子受体，还原为氮气、硫化氢，如式（3.1）和式（3.2）所示。

$$1/5NO_3^- + 1/4CH_2O + 1/5H^+ \longrightarrow 1/10N_2 + 1/4CO_2 + 7/20H_2O \tag{3.1}$$

$$SO_4^{2-} + 2CH_2O + 2H^+ \longrightarrow H_2S + 2CO_2 + 2H_2O \tag{3.2}$$

厌氧的程度可以通过垃圾氧化还原电势来监控和度量。支持还原硝酸和硫酸的条件发生在－100～－50mV。由于有机酸的形成和可部分溶解并形成碳酸的二氧化碳浓度升高，渗滤液的 pH 值减少（Tchobanoglous 等，1993）。

（3）阶段 3。这是第二个厌氧阶段（即酸化），厌氧微生物的活动加速并伴随产生大量的有机酸和极少量的氢气。厌氧生物水解复杂的有机化合物，如纤维素，脂肪和蛋白质成为更简单的化合物，而随后产生有机酸如乙酸（CH_3COOH）、丁酸（$CH_3CH_2CH_2COOH$）、乳酸［$CH_3CH(OH)COOH$］、小浓度的富里酸和其他复杂的有机酸。

由于存在有机酸和相对较高的二氧化碳浓度（此阶段主要生成气体），垃圾填埋液的 pH 值下降到 5 左右。鉴于产甲烷的细菌不能忍受酸性条件，此时没有甲烷产生。由于渗滤液中有机酸的溶解，五日生化需氧量（BOD_5）、化学需氧量（COD）和渗滤液的电导率显著增加。因为 pH 值很低，金属和其他无机组分在这个阶段是可溶的。

（4）阶段 4。甲烷生成阶段，这个阶段中间生成酸的浓度通常很小，与它们的生产和降解速率成比例，并迅速转化为产甲烷基质，包括醋酸盐、甲醇和甲酸盐，产甲烷细菌的作用更加突出。这些产甲烷菌降解挥发性酸，主要是乙酸，并利用氢产生甲烷（45%～57%）和二氧化碳（40%～48%）。甲烷和一些酸的形成是同时进行的，甲烷细菌只能在有限范围的基质进行生长和能源生产。随着酸的分解，pH 值上升并稳定在 6.8～8（Tchobanoglous 等，1993）。因此，先前可溶的金属现在沉淀下来，生化需氧量、化学需氧量的浓度和渗滤液电导率也随之下降。

在城市生活垃圾的厌氧消化过程中，多种复杂化合物的混合物会转化为有限的简单化合物，主要是甲烷和二氧化碳。厌氧细菌对生物降解的有机组分（BOF）的生物化学转化起着重要作用。这些转换过程涉及复杂聚合物（如纤维素、脂肪和蛋白质）分解成长链和短链脂肪酸，并最终转化为甲烷、二氧化碳和水（Kreith 和 Goswami，2007）。这个基本的生化反应利用氢气、二氧化碳、一氧化碳、醇类、有机酸、甲胺和其他蛋白质衍生化合物作为基质，均以产能方程的形式总结在表 3.3 中。

表 3.3　厌氧消化过程中最常见的生化反应汇总
（Kreith 和 Goswami，2007；Valdez - Vazquez 等，2009）

基　质	生 物 化 学 反 应
H_2 和 CO_2	$4H_2+CO_2 \longrightarrow CH_4+2H_2O$
CO	$4CO+2H_2O \longrightarrow CH_4+3CO_2$
醇类	$4CH_3OH \longrightarrow 3CH_4+CO_2+2H_2O$ $CH_3OH+H_2 \longrightarrow CH_4+H_2O$ $4HCOO^-+2H^+ \longrightarrow CH_4+2H_2O$
单糖	$C_6H_{12}O_6+O \longrightarrow 2H_2+$丁酸盐$+2HCO_3^-+3H^+$ $C_6H_{12}O_6+4H_2O \longrightarrow 4H_2+2$ 醋酸盐$+2HCO_3^-+4H^+$
有机酸	丁酸盐$+2H_2O \longrightarrow 2H_2+2$ 醋酸盐$+H^+$ 丙酸盐$+3H_2O \longrightarrow 3H_2+$醋酸盐$+HCO_3^-+H^+$ $HCOOO^-+3H_2+H^+ \longrightarrow CH_4+2H_2O$ $CH_3COOO^-+H_2O \longrightarrow CH_4+HCO_3^-$ $4CH_2NH_2+2H_2O+4 \longrightarrow 3CH_4+CO_2+4NH_4^+$
产甲烷成分	$2(CH_3)_2NH+2H_2O+2H^+ \longrightarrow 3CH_4+CO_2+2NH_4$ $^+4(CH_3)_3N+6H_2O+4H^+ \longrightarrow 9CH_4+3CO_2+4NH_4$ $^+2CH_3CH_2-N(CH_3)_2+2H_2O \longrightarrow 3CH_4+CO_2+2CH_3CH_2NH_2$ $4H_2+HCO_3^-+H^+ \longrightarrow CH_4+3H_2O$ $4H_2+2HCO_3^-+H^+ \longrightarrow$醋酸盐$+4H_2O$
硫酸盐	$4H_2+SO_4^{2-} \longrightarrow HS^-+3H_2O+OH^-$

在一些文献中，成熟阶段被认为是第五阶段，并且发生在现成可用、可生物降解的有机部分转化为甲烷和二氧化碳之后。这时气体的产生率显著下降，因为大多数的营养在前一阶段已经随着渗滤液被移除，剩余的基质只能够缓慢地生物降解，此时垃圾填埋气主要的成分是甲烷和二氧化碳。在成熟阶段，渗滤液中包含腐殖酸和富里酸，这些是复杂且高度稳定的化合物。

每个阶段的持续时间是垃圾中有机成分的分布、营养的可用性、垃圾堆体的含水率和压实程度的函数，提高体积密度可以防止水分在垃圾各部分之间运动，从而减少生物反应的速率和之后的气体产量。一个新封场的垃圾填埋场，气体产生的分布数据随时间的变化见表3.4。

表3.4　垃圾填埋场封场后前48个月垃圾填埋气的成分变化（按体积百分数计）（Pichtel，2007）

封场后时间/月	N_2/%	CO_2/%	CH_4/%
0～3	5.2	88	5
3～6	3.8	76	21
6～12	0.4	65	29
12～18	1.1	52	40
18～24	0.4	53	47
24～30	0.2	52	48
30～36	1.3	46	51
36～42	0.9	50	47
42～48	0.4	51	48

3.4.3　化学反应

当易于反应的废料共同处理时，垃圾内部可能会发生化学反应。生物分解所产生的热量会加快化学反应速率。

3.4.4　影响垃圾填埋气产生的因素

随着时间的推移，垃圾生成气体的能力降低，因此封场少于5年的垃圾填埋场通常具有理想的填埋气回收，因为其具有相对新鲜和潮湿的城市固体废弃物。在最佳条件下，一个垃圾填埋场可能持续15年或更长的时间生产气体，这取决于气体生成的速率、垃圾的含水率以及垃圾填埋场封场的方式。目前对垃圾填埋场的封场要求旨在限制水分的进入，这将导致封场后气体的产生大大减少。垃圾填埋气的产生受以下因素的影响（USACE 1995）：垃圾填埋场和垃圾中的营养可用性、温度、含水率、酸度或碱度（即pH值）、大气条件、垃圾的年龄。

3.4.4.1　营养可用性

细菌在垃圾填埋场中的增长需要各种营养物质，主要包括碳、氢、氧、氮和磷（大量营养元素），微量元素（如钠、钾、硫、钙）和镁（极微量营养元素）。为了进行稳定的厌氧分解，垃圾中的这些营养物必须有合适的比例和浓度。垃圾中的大量营养素的可用性会影响微生物产生水的体积和气体组分。当垃圾填埋接收城市生活垃圾，并且每天使用土壤覆盖时，就会有足够的养分提供给大多数微生物分解过程。

如果发生营养缺乏，可以通过添加污水处理厂的污泥（WWTPS）和农业垃圾来补充营养物质（Crawford和Smith，1985）。

3.4.4.2　温度

垃圾填埋场温度能够影响细菌的主要类型和填埋气的生产水平。有氧分解的最适温度是 54～71℃，厌氧细菌是 30～41℃。垃圾填埋场温度对于厌氧分解通常是在 29～60℃，当温度从 35℃上升到 65℃时，会导致嗜热细菌数量和产甲烷活性的增加。

3.4.4.3 含水率

水分是影响垃圾分解和填埋气产生的最重要的参数。水分含量在 50%～60%有利于产量的最大化甲烷。一般来说，城市生活垃圾的含水率在较低的 10%～20%到较高的 30%～40%之间变化，其平均值是 25%。

通常在干旱地区，垃圾较低的含水率可能会阻碍其分解并制约填埋气的产生，例如一个垃圾填埋场内的垃圾有 15%的水分，垃圾将僵化，即它不会腐烂，因此产生很少的甲烷（Visilind 等，2002）。生物反应器填埋场内的渗滤液循环可以对垃圾填埋场内的水分进行控制。通常，当垃圾达到 50%的水分，它已经达到了田间持水量，此后将持续向下渗透，因此地层越深含水量越高，现场含水率高达 70%是可能的。在这个水平下，可以预料气体收集率是下降的。

3.4.4.4 酸碱度

在垃圾填埋场的酸碱度通常在 5～9 之间变化，并可能会引起生物过程随之变化，例如 pH 值在 5～7 之间变化导致嗜酸菌的富集和甲烷产量减少。大多数垃圾填埋场最初具有一个酸性环境，但当有氧和酸性厌氧阶段已经完成，由于系统 pH 值和碱度的缓冲能力，生产甲烷的过程使 pH 值恢复到中性（7～8）。重要的产氢菌（如热纤维梭菌）和耗氢菌（如嗜热自养甲烷杆菌）等需氧菌在 pH 值低于 6 时不可以生长。在生物过程的酸性阶段，人们担忧的是降低 pH 值将促使金属从垃圾填埋场浸出或对生成气体的细菌产生毒性。在某些情况下，在垃圾放置期间添加污水污泥、粪便或农业废弃物将促进甲烷气体的产生。

3.4.4.5 大气条件

温度、气压和降水都会影响填埋条件。大气温度和压力通过减少气体成分的表面浓度和在表面附近创造对流来影响垃圾的表层。降水通过为气化过程供水和携带溶解氧进入垃圾而显著影响气体产生。

3.4.4.6 垃圾年龄

生物分解会发生四个不同的阶段，而垃圾填埋气的产生在垃圾填埋场寿命期间都受到影响，这取决于垃圾存在时间长短。可观数量的垃圾填埋气在 1～3 年内产生，最高产量是在垃圾放置 5～7 年后，而大多数填埋气在垃圾放置 20 年内产生，少量填埋气可能释放 50 年或更长时间。

垃圾填埋气产率低意味着慢速分解的垃圾产生填埋气的时间可能会超过 5～40 年。垃圾填埋场的不同部分可能处在不同的分解阶段，这取决于垃圾被放置的时间。至于填埋气的产生将持续多久，城市生活垃圾中可生物降解的有机组分的比例是一个重要因素。

3.4.5 垃圾填埋气生产模型

理论上，生物分解 1t 的垃圾生产 442m^3 的垃圾填埋气，大约包含 55%甲烷。然而，由于一些垃圾将是不可转化和生物降解，只有一部分城市生活垃圾被转变为甲烷，因此其产量接近 100m^3/t。在 10～40 年干燥的基础之上，每千克垃圾甲烷产量通常为 0.06～0.12m^3。

垃圾填埋气产生的数量通常是分解类型、程度和速度的函数。特定地点的气体生产率是通过安装抽气井来量化的。抽气井安装在垃圾填埋场内3～5个分散的地点，一个机械鼓风机从井中提取垃圾填埋气。通过测量垃圾填埋场的压力和孔板压力之差，即可计算垃圾填埋气生产率。

垃圾填埋场气体的监测结果表明，填埋气产量与垃圾分解率成正比，并且水分含量越高，填埋气产气率越高。垃圾填埋场在干燥的气候条件下以较低的速率生成气体，并会持续很长时间（100年）。已有报道表明垃圾填埋场在潮湿的气候条件下有20年的产气寿命（EMCON，1980）。在生物反应器填埋场内相当多的水分被添加到废弃物中，经过较短的时间（8～15年），气体的产量会更高。

这里要讨论的估算垃圾填埋气生产率的模型有：美国环保署垃圾填埋气排放模型（LandGEM）3.02版（2005年5月）；墨西哥垃圾填埋气模型2.0版（2009年3月）；厄瓜多尔垃圾填埋气模型1.0版（2009年2月）；中美洲垃圾填埋气模型2.0版（2007年3月）；理论（化学计量）模型（Tchobanoglous等，1993）。

在预测垃圾填埋气产量时，需要进行以下假设：垃圾填埋场中50%的有机物会分解，50%的垃圾填埋气是可回收的，50%的垃圾填埋场在有利的pH值范围内运作。人们根据假设对利用垃圾生产的气体产量已经进行过预测。一旦预期的产量得到确定，可用数学模型来展示气体的产生随时间变化的情况。使用最广泛的垃圾填埋气建模软件是美国环保署的垃圾填埋气体排放模型（LandGEM）3.02版（2005年5月，取代了2.01版和3.01版），并且在美国该软件也是行业中监管和非监管应用的标准模型（USEPA，2005）。

考虑到每个国家的具体环境，垃圾的特点和处理实践，美国环境保护署已经为墨西哥，厄瓜多尔和中美洲（伯利兹、哥斯达黎加、萨尔瓦多、危地马拉、洪都拉斯、尼加拉瓜和巴拿马）开发了垃圾填埋气模型，即LandGEM 3.02版的多个版本（2005年5月），并收集了来自各个国家额外的城市和垃圾填埋场的信息。其他模型为墨西哥、厄瓜多尔和中美洲垃圾填埋气模型的发展提供了资料，包括清洁发展机制（CDM）AM0025 v.3方法（2006年3月）和政府间气候变化专门委员会（IPCC）2006年废弃物模型，以帮助每个国家的模型能够真实反映当地的条件。

各个国家的模型在前文都做了简要讨论，出于完整性后面介绍改编自Tchobanoglous等（1993）的理论（化学计量）模型来完成讨论。

3.4.5.1 垃圾填埋气排放模型（LandGEM）3.02版（2005年5月）

LandGEM是一个自动评估工具能够用来定量分析垃圾填埋场中生物降解所引起的大气排放。该模型假定垃圾填埋气存在约50%的甲烷和50%的二氧化碳和附加的相对浓度较低的其他空气污染物（非甲烷有机化合物）。该计算模型采用了一个简单的一阶分解速率方程来量化任何时段的排放，并且用户能够根据需求调整模拟的时间范围。模型默认值是基于来自美国垃圾填埋场的经验数据，垃圾成分包括城市生活垃圾、惰性材料和其他无危险的垃圾。

垃圾填埋气的估算量为甲烷生成量×2（垃圾填埋气被假定为由1/2体积甲烷和1/2体积二氧化碳组成）。甲烷生成量估算使用两个参数：垃圾的甲烷生成潜力 Lo 和甲烷生产率常数 k，这些参数描述了甲烷达到峰值速率后产生率降低的速度。甲烷产生率被假设在垃圾填埋场封场或垃圾最终放置时达到峰值。LandGEM 允许用户输入来源于特定地点测试数据的 Lo 和 k 值或使用清洁空气法（CAA），包括新源性能标准（NSPS）/联邦排放指南（EG）和国家有害空气污染物排放标准（NESHAP），或 USEPA 编译的空气污染物排放因子，AP-42（EPA，1998）作为默认值（USEPA，2005）。CAA 默认值提供的排放量估算会反映预期的最大排放，并常用于确定填埋场的法规适用性。

另一方面，在没有特定地点数据的情况下去估计实际排放时，AP-42（USEPA，1998）默认值提供了反映典型垃圾填埋场的排放量估算，同时也是在垃圾填埋气模型中使用的建议值（USEPA，1998）。USEPA 充分地认识到垃圾填埋场的排放是很难准确模拟的，这是由于垃圾数量和组成上的限制、设计和操作实践随时间的变化，以及影响排放潜力的一些变化（垃圾填埋操作上的改变，如在潮湿的条件下运行渗滤液循环导致气体的产生率提高）造成的。随着新的垃圾填埋场建设和运行，我们能够不断收集更全面的数据，从而改善目前的排放模型（USEPA，2005）。

LandGEM 的基础是 Scholl canyon 方程，忽略了前两个阶段的细菌活动（有氧、酸化），而仅仅基于基质有限的细菌生长（甲烷生产）的观察特性。模型的参数是凭经验确定的，需要输入的是垃圾填埋场的现场数据（设计容量、运行年数，共同处置方式），垃圾（现场垃圾数量或垃圾填埋场每年的接受率）和气体特性［气体生产率常数 k，生产潜力 Lo 和预计要排放的甲烷、二氧化碳、非甲烷有机化合物和空气污染物的排放率，基于 USEPA 编译的空气污染物排放因子的测试数据，AP-42（USEPA，1998）］（USEPA，2005）。气体生产率常数 k 是在最初放置后，经过很短的时间所达到的峰值，由于城市生活垃圾可生物降解的有机组分被消耗，厌氧条件建立并以指数方式衰减（一阶衰减）。关于模型中使用的假设信息可以在 USEPA 背景信息文档中找到（1991）。

Lo 值与垃圾的纤维素含量成正比（甲烷产生率随着垃圾纤维素含量增加而增加），并且只取决于垃圾填埋场内垃圾的类型。然而，如果填埋条件对产甲烷活动不利，Lo 的理论值会减少。

已有研究表明 Lo 值变化范围为 6.2～270m^3 甲烷每吨垃圾（USEPA，1991c）。如果没有用户指定 Lo 值，则使用 LandGEM 默认值。Lo 的默认值 CAA 的默认选项是 170m^3/吨垃圾（USEPA，1991），AP-42 的默认选项是 100m^3/吨垃圾（USEPA，2005）。

k 值取决于温度、水分、营养可用性、环境条件、垃圾年龄和 pH 值。甲烷生成量随着含水率增加而增加，含水率可增加到 60%～80%（最大值）。每年 k 值的范围从0.02～0.7 变化。如果没有用户指定输入到 LandGEM 中的 k 值，则使用默认的 k 值。项目中使用了两个默认的 k 值：CAA 默认选项是每年 0.05 和 AP-42 默认选项是每年 0.04。一旦估计了这些常数并确定了在垃圾填埋场生命周期里的时间，就可以估算气体排放速率。

人们可以通过将垃圾填埋场分成更小的子堆体来说明垃圾填埋场年限，从而精炼模型。如果假定一个恒定的年垃圾接受率"M"，整个垃圾填埋场产生的甲烷（每个子堆体的贡献之和）在垃圾填埋场封场时是最大的。建立厌氧条件的滞后时间被纳入模型之中。厌氧条件建立的滞后时间可能从 200 天到数年不等。

LandGEM 3.02 版（2005 年 5 月）采用修正的一阶分解速率方程，提高了随时间排放估算的精度，尤其是对使用较高的甲烷生成速率常数 k 建模的垃圾填埋场。修改后的方程在3.02版本中整合了0.1年时间增量的排放。这个被认为是属于在先前计算方法上的改进版本。这个3.02版本中的新方程会导致排放估算结果稍稍降低，即

$$Q_{(CH_4)}=\sum\sum kLo\left(\frac{M_i}{10}\right)e^{-kt(ij)} \tag{3.3}$$

式中 $Q_{(CH_4)}$——计算年份的甲烷年产生量，m^3/年；

i——1年的时间增量；

j——0.1年的时间增量；

k——甲烷生产率（每年）；

Lo——潜在甲烷生产能力，m^3/MT；

M_i——第 i 年接受的垃圾堆体，MT；

$t(ij)$——第 i 年接受的垃圾堆体 M_i 的第 j 部分的年龄。

注意：一阶求和（内嵌的）是 i 从0.1～1，二阶求和是 j 从1～n（n 为计算年份——接受垃圾的初始年份）。

要估计一个给定年份的垃圾填埋气排放量，软件模型必须提供当年垃圾填埋场城市生活垃圾的质量和城市生活垃圾的年龄。城市生活垃圾数据是以年为基准输入到模型的，表明垃圾填埋场内城市生活垃圾的质量和年龄。由于城市生活垃圾数据是在年度的基础上输入，在瞬时处理的基础之上，城市生活垃圾必须分配一个年龄。

3.02版与之前的版本3.01和2.0之间的差异是用在USEPA-600/R-05/047（2005年5月）处理的。模型的细节可在其网站上找到（USEPA，2005）。

通过甲烷市场化合作计划（M2M），在垃圾填埋场甲烷推广计划（LMOP）和美国环境保护局的努力下，垃圾填埋气产生和回收估算模型已经在墨西哥、厄瓜多尔和中美洲（伯利兹、哥斯达黎加、萨尔瓦多、危地马拉、洪都拉斯、尼加拉瓜和巴拿马）的城市生活垃圾填埋场进行开发并提供准确和保守的预测。这些信息可以用来评估收集和利用生成的垃圾填埋气用作能量回收或其他用途的可行性和潜在的效益。模型是在USEPA的垃圾填埋气排放模型（LandGEM）3.02版（2005年5月）基础上进行修改的，以适应各个国家具体情况。各自的国家模型都简要讨论了垃圾分组和变量值 k 与 Lo（根据气候、垃圾特点和处理措施得到的默认值）。

3.4.5.2 墨西哥垃圾填埋气模型2.0版

该模型被用来量化来自墨西哥国内城市生活垃圾填埋场的垃圾填埋气产生和回收量。模型为每个州提供了垃圾成分和输入变量 k 和 Lo 的默认值，并基于提供的答案估计了收集效率。默认值是使用气候、垃圾特征、处置措施对垃圾填埋气生成的预计影响等数据发展而来的。模型评估了来自墨西哥4个垃圾填埋场实际的垃圾填埋气回收情况，以帮助指导模型 k 和 Lo 值的选择。模型使用下面从美国环境保护部LandGEM 3.02版（2005年5月）（USEPA，2009）修改的一阶指数方程来估计某一年垃圾填埋气产量，即

$$Q_{垃圾填埋气}=\sum\sum 2kLo\left(\frac{M_i}{10}\right)e^{-kt(ij)}MCF\cdot F \tag{3.4}$$

式中 $Q_{垃圾填埋气}$——预期最大的垃圾填埋气流率，m^3/年；

i——1年的时间增量；

j——0.1年的时间增量；

k——甲烷生产率（每年）；

Lo——潜在甲烷生产能力，m^3/MT；

M_i——第 i 年接受的垃圾堆体，MT；

$t(ij)$——第 i 年接受的垃圾堆体 M_i 的第 j 部分的年龄；

MCF——甲烷修正系数；

F——着火调整系数。

注意：一阶求和（内嵌的）是 i 从 0.1～1，二阶求和是 j 从 1～n（n 为计算年份——接受垃圾的初始年份）。

上述方程用来从累计垃圾处理量中估计某一年的垃圾填埋气产量。多年的预测是通过改变预测年份然后再次应用方程得到的。垃圾填埋气产生总量等于计算甲烷产生量×2（垃圾填埋气被假定为由 1/2 体积甲烷和 1/2 体积二氧化碳组成）。指数衰减函数假定垃圾填埋气产量在甲烷生成之前的一段迟滞时间之后到达峰值。模型假设在放置垃圾和垃圾填埋气产生之间有 6 个月的滞后时间。对于每一个垃圾填埋单元，6 个月后由于垃圾的有机部分被消耗，模型假定垃圾填埋气产量呈指数下降。垃圾填埋气产量最大的一年通常发生在封场那一年或封场后的下一年（取决于最后几年的处置率）。

模型基于气候和垃圾成分数据自动分配值 k 和 Lo。k 值取决于气候和垃圾组分，Lo 值取决于垃圾组分。气候按照年平均降水量和温度在墨西哥国内被分为 5 个气候区。每个州归属于一个气候区域。垃圾分类被分为 5 组，包括 4 个根据垃圾腐烂速率区分的有机垃圾组和 1 个无机垃圾组。如果特定场地的垃圾成分数据无法获取，该模型将赋给这个选定的州默认的垃圾成分百分比，这个比例是基于来自该州或在同一气候区的其他州收集的垃圾成分数据。年垃圾处置率，k 和 Lo 值，甲烷校正和着火调整系数及收集效率估计值都用于计算墨西哥国内每个州的垃圾填埋场的垃圾填埋气的生产和回收估算结果。模型的细节可在其网站上找到（USEPA，2009）。

3.4.5.3 厄瓜多尔垃圾填埋气模型 1.0 版

该模型被用来量化来自厄瓜多尔国内城市生活垃圾填埋场的垃圾填埋气产生和回收量。厄瓜多尔特定的垃圾填埋气模型是 LMOP 墨西哥垃圾填埋气模型的扩展。模型根据两个预可行性研究与 2007 年 3 月、4 月在 Las Iguanas 垃圾填埋场（瓜亚基尔）与 Pichasay 垃圾填埋场开展的气体抽水试验［除了从 Chabay（阿索格斯），El Valle（昆卡）和 Loja（洛哈）垃圾填埋场开展的 3 个评估报告的信息之外］（USEPA，2009b）所得到的结果已经做了调整。该模型解释了这两个地点垃圾填埋场气体的速度明显较高的原因。传统的一阶衰减模型采用的因素经过调整后，可以用于模拟在厄瓜多尔高有机和水分含量的影响。厄瓜多尔垃圾填埋气模型采用一阶的指数衰减函数，假设垃圾填埋气产量在一段时滞之后达到峰值，时滞表示甲烷生成之前的时期，即

$$Q_{垃圾填埋气}=\sum\left(\frac{1}{V\%}\right)kMLo\mathrm{e}^{k[t\quad t(\mathrm{lag})]} \tag{3.5}$$

式中 $Q_{垃圾填埋气}$——垃圾填埋气生成的总量，m^3/年；

t——自垃圾放置后的年数；

$t(\mathrm{lag})$——垃圾放置和甲烷生成之间估算的滞后时间；

$V\%$——估算的甲烷在垃圾填埋气中的体积分数；

k——估算的有机垃圾的腐烂速率；

Lo——估算的每吨生活垃圾产生甲烷的体积，m^3；

M——t 年放置的垃圾的质量，MT。

式（3.5）中，求和范围为 $0\sim n$（n 为模型中总年数）。

变量 Lo 和 k 的值依赖于垃圾成分，并基于在类似地点对气体产生率的估算和实验性经验来确定。变量 k，即垃圾堆体中有机组分腐烂的速率，在 0.1 和 0.01 之间变化。这样宽的变化范围（×10）是由垃圾中有机碳的可用性造成，且有机碳的可用性取决于含水率的大小。变量 Lo，即甲烷产生的极限数量，在 $60\sim120m^3/MT$ 之间变化（在更多的惰性垃圾中这个值可能显著降低），Lo 两倍的变化范围也取决于有机碳的数量。有机碳是影响生物气产量的关键作用（有机碳的数量是垃圾类型的函数）。

要想确定 k 和 Lo 的精确数值，我们需要关于垃圾填埋场的垃圾和生物条件的详细信息。根据特定社区、环境条件的垃圾和在国内类似垃圾填埋场气体开采的历史，可以经验性地调整 k 和 Lo 的值。模型提供了 k 和 Lo 的默认值。作为 M2M 与厄瓜多尔技术合作的成果，默认值是基于从厄瓜多尔的垃圾填埋场收集的特定地点的数据。厄瓜多尔垃圾填埋气模型需要特定地点的数据作为产生气体生成量估算结果所需的其余信息。模型的细节可在其网站上找到（USEPA，2009b）

3.4.5.4　中美洲垃圾填埋气模型 2.0 版

这个模型用来量化来自伯利兹、哥斯达黎加、萨尔瓦多、危地马拉、洪都拉斯、尼加拉瓜和巴拿马的城市生活垃圾填埋场的垃圾填埋气产生和回收量。模型采用一阶衰减指数函数，假定垃圾填埋气产量在一段时滞之后到达峰值，该时滞表示甲烷生成之前的时期。模型假设在放置垃圾和垃圾填埋气产生之间有 6 个月的滞后时间。对于每一个垃圾填埋单元，6 个月后由于垃圾的有机组分被消耗，模型假定垃圾填埋气产量呈指数下降。

对于已知（或已估计）生活垃圾年度接受率的垃圾填埋场，模型使用改进的 USEPA LandGEM 3.02 版（2005 年 5 月）（USEPA，2007）估计某一年垃圾填埋气生产率。

$$Q_{垃圾填埋气}=\sum\sum 2kLo\left(\frac{M_i}{10}\right)\mathrm{e}^{-kt(ij)} \tag{3.6}$$

式中　$Q_{垃圾填埋气}$——预期最大的垃圾填埋气流率，m^3/年；

i——1 年的时间增量；

j——0.1 年的时间增量；

k——甲烷生产率（每年）；

Lo——甲烷生产潜力，m^3/MT；

M_i——第 i 年接受的垃圾堆体，MT；

$t(ij)$——第 i 年接受的垃圾堆体 M_i 的第 j 部分的年龄。

注意：一阶求和（内嵌的）是 i 从 $0.1\sim1$，二阶求和是 j 从 $1\sim n$（n 为计算年份—接受垃圾的初始年份）。

上述方程通过某一年的废弃物累计处理量来估计该年的垃圾填埋气产量。多年份的预测则是通过改变预测年份然后再次应用方程得到的。除了 k 和 Lo，中美洲垃圾填埋气模型需要特定地点的数据作为估算气体产量所需的相关信息。默认值是依据中美洲内典型的垃圾填埋场以及城市收集的气候和垃圾成分数据来确定的（USEPA，2007）。默认的 k 和 Lo 值取决于国家、垃圾成分、平均年降水量，并可以用来估算中美洲这 7 个国家中每一个国家的垃圾填埋场产生的典型垃圾填埋气产量。因为中美洲的大部分地区具有较高的降雨量，大多数垃圾填埋场处在潮湿条件下运作，易于使垃圾腐烂和 k 值最大化。中美洲的垃圾填埋气模型假设对于每年 1000mm 或更多降水量的地区在 k 值上没有差异，模型分配适用于当地气候的较低 k 值，模型的细节可以在其网站上找到（USEPA，2007）。该模型可以估算所产生垃圾填埋气的体积、能源总量和作为燃料时的最大发电量。

中美洲垃圾填埋气相关模型包括墨西哥垃圾填埋气模型、清洁发展机制（CDM）AM0025 v.3 方法（2006 年 3 月）和政府间气候变化专门委员会（IPCC）2006 年废弃物模型。中美洲垃圾填埋气模型包含上述每个模型的成分，可以帮助其反映中美洲处理场所的条件。对比不同模型结果可以发现，中美洲模型提供的垃圾填埋气产量估算结果介于 CDM 方法和 IPCC 模型的结果之间（USEPA，2007）。

3.4.5.5 理论（化学计量）模型

该模型是改编自 Tchobanoglous 等（1993），并可以充实本节讨论。模型利用化学计量学来确定甲烷产生能力理论值，使用下面的经验式表示垃圾的分解产物——$C_aH_bO_cN_d$。在厌氧分解过程中，垃圾填埋气的组成大约为：50%甲烷、40%～50%二氧化碳和 1%～10%非甲烷有机化合物。可生物降解的有机部分和城市生活垃圾厌氧转换过程可以通过式（3.7）表示，即

$$\text{有机物}+\text{水}+\text{养分}\rightarrow\text{新的单元}+\text{难分解的有机物}+\text{二氧化碳}+CH_4+NH_3+H_2S+\text{热量} \tag{3.7}$$

从实用目的来说，生活垃圾的有机组分到甲烷，二氧化碳和氨的整体转换过程可以用式（3.8）表示，即

$$C_aH_bO_cN_d \longrightarrow nC_wH_xO_yN_z+mCH_4+sCO_2+rH_2O+(d-nx)NH_3 \tag{3.8}$$

这里 $s=a-nw-m$，$r=c-ny-2s$。$C_aH_bO_cN_d$ 和 $C_wH_xO_yN_z$ 分别用来表示（在摩尔的基础上）在过程的开始和结束时有机物的组成。假定有机垃圾完全稳定下来，那么相应的表达式为式（3.9），即

$$\begin{aligned}&C_aH_bO_cN_d+(4a-b-2c+3d)/4H_2O\\&\longrightarrow(4a+b-2c-3d)/8CH_4+(4a-b+2c+3d)/8CO_2+dNH_3\end{aligned} \tag{3.9}$$

3.5 气体迁移

在理想的情况下，垃圾填埋气将会很容易地扩散至填埋场表面并散逸到大气之中。然而，一些情况下填埋气将被强制侧向扩散。扩散的方向部分由土壤的渗透性和填埋材料所决定，这种相关性在缺少完整衬垫的垃圾填埋场中尤为突出。

粗糙多孔的土壤比密实土壤的废弃物填埋气体侧移现象更加严重。如果一个单元封场，表面层密实且无渗透性，而且侧面斜坡没有设置气障，气体将会沿着侧边移动扩散。如果土壤表面含水量很高，气体的向上移动会被抑制。与此相似，冻结的表面会促进气体侧移，气体侧移现象会更加明显。垃圾填埋气移动的机理是分子泄流、分子扩散、对流。

3.5.1 分子泄流

分子泄流发生在空气与垃圾填埋地的交界面，此处的材料被压缩但是没有被覆盖。对于干燥的固体，主要的气体释放机理是直接将废气释放到周围的空气中。拉乌尔定律预测释放的速度取决于混合气体的压力。

3.5.2 分子扩散

扩散流动发生在有气体浓度差的位置，其流动方向是沿着浓度下降的方向。填埋场的填埋气浓度比周围大气中的大，所以垃圾填埋气才会向填埋场外流动。垃圾填埋气不同成分的扩散系数也不同。

3.5.3 对流

在压力梯度的作用下，垃圾填埋气从高压处流向低压处，然后流入周围大气。气体对流的速度比气体扩散的速率大。压力的来源可能是垃圾填埋地中生物降解所产生的气体，填埋场内部的化学反应和压实过程，填埋场较低区域生成的甲烷，这些都会将蒸汽推向表面。在大多数情况下，垃圾填埋气的回收、扩散和对流发生在同一方向。

影响垃圾填埋气流动的因素包括：土壤的渗透性、地下水的深度、废弃物的状况、含水量、人造特性、垃圾填埋场日常覆盖和盖帽系统。

渗透性是用来评价垃圾填埋气、水或者其他流体通过多孔介质难易程度的参数。垃圾填埋气的渗透性分布对气体流动和回收速率有很大的影响。粗糙的废弃物比细密的废弃物渗透率更大。对于气体流动，地下水是一个不流动的边界。

垃圾填埋地深处的地下水的存在抑制了气体向更深处流动同时促进了气体的侧向移动。

垃圾的状况、空间分布、分层、压实、多孔、潮湿等因素会影响垃圾填埋气的移动、流型和回收速率。亚表土层土壤、日常覆盖土壤、最后的覆盖系统会影响垃圾填埋气的垂直和侧向流动。临近垃圾填埋地的人造排水沟、排水涵洞和填埋地会对垃圾填埋气的流动提供通道并且为气体的累计提供空间，参考图 3.3。另外，诸如碎石和沙、孔隙空间和由于垃圾填埋地不均匀沉降产生的裂缝等自然地况都会引起垃圾填埋气的流动。

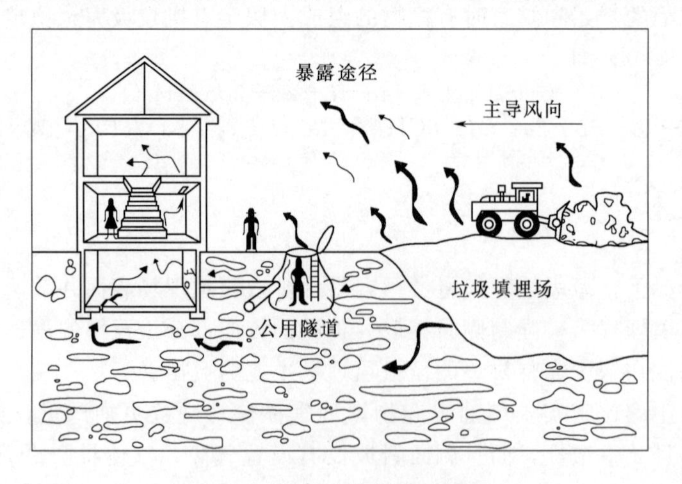

图 3.3　垃圾填埋气体的暴露途径

（来源：http：//www.epa.gov/landfill/overphotos.htm＃4）

3.6 气体收集系统

为了防止垃圾填埋气爆炸，减少被填埋垃圾的气味、移动及其对人类和环境的危害，人们采取安装控制系统的方式来收集和移除垃圾填埋气。从控制垃圾填埋气的角度来看，应该将甲烷的体积浓度控制在5%以内。垃圾填埋气控制系统被分为两类：被动系统和主动系统。

被动系统利用对流（或压差）将气体排出井口。被动系统依靠廊道阻止横向的瓦斯流动并将垃圾填埋气直接输送到收集位置。这些系统使用隔离管来阻止管外的气体流动。然而，主动系统则使用像真空泵、鼓风机、压缩机等机械设备来输运垃圾填埋气。例如，通过使用机械真空泵产生一个负压差，并由对流压差将垃圾填埋气引出至气体抽取井或水平收集管。风机的情况则恰恰相反，通过在垃圾堆里产生一个正压力梯度将垃圾填埋气输送到收集点。

选择被动系统或主动系统时应该考虑设计方案和垃圾填埋场的年龄，土壤状况、设备的水文条件、周围的环境，气体潜在危险性，温度、设施材料的抗腐蚀性等参数。

3.6.1 被动气体收集系统（PGCS）

被动气体收集系统收集那些能够自发地移动到收集点的填埋气。被动气体收集系统控制对流的流量。然而，在控制扩散气流方面，这种系统不是非常有效。被动系统包含“高渗透性”和“低渗透性”技术。高渗透系统利用井通风口，沟通风口和被粗糙材料包裹的穿孔的通气管将垃圾填埋气输送到地表。

为了控制侧向迁移，低渗透屏障（合成细胞膜和黏性土）被应用到垃圾填埋地的设计中。

为了阻止所有的侧向气体移动，就需要将系统安装在比垃圾填埋地更深的地方。被动系统可能在设计阶段之后的修正阶段进行安装，也可能是在垃圾填埋场关闭时（并入最终覆盖系统并可能由穿孔收集管和高渗透性土壤组成且位于不透水层之下），如图3.4所示。被动系统的安装位置可能在填埋场周围，或在填埋地和相关设备之间（美国，1985）。被动气体收集系统会沿着垃圾填埋地周边与集流管相连。

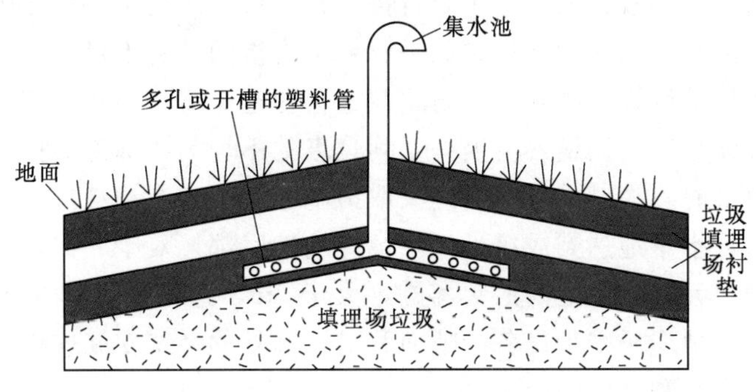

图3.4 被动气体收集系统

（来源：http：//www.epa.gov/landfill/over-photos.htm#4）

3.6.1.1 竖向通风管

竖向通风管被用来控制垃圾填埋气侧向和垂直方向的流动，并且位于气体累积点。只有当井通风管被紧密地布置成一束时，气体的侧向流动才能得到控制。要选择一个合适的气体收集点来布置通风管，抽样是一个十分必要的步骤。井通风口最佳位置是在气体达到最大压力或最高浓度的位置，同时气体通风口的深度应该超过垃圾填埋地的底部，大气井通风口并不适合用来控制侧向气体流动，如果使用了大气井通风口，那么他们必须安装的非常近（间距小于 15m）。

通风管由 100～150mm 厚的 PVC 孔管组装而成，同时为了防止阻塞，通风管周围设置了一层碎石保护层。为了阻止空气进入系统及垃圾填埋气的泄露，管口应该用水泥或者水泥浆封闭。被动系统的井应该离垃圾填埋场边缘 10～15m，并且安装密度通常不超过每 0.4hm^2（1 英亩）一个通风管。另外，如果垃圾填埋处的位置比较陡峭，为了从所有深度上进行拦截，应该在垃圾填埋场里布置额外的通风管。通风口应该被并入最终覆盖系统，同时垃圾填埋场表面的土工膜应该被恰当地封闭在通风口的位置。

3.6.1.2 横向通风管

横向通风管主要被用来控制气体的侧向流动。这种系统被应用在气体移动深度有限的情况，如垃圾填埋场的构造不能渗透或者存在地下水的情况。如果沟渠被挖掘至合适深度，横向通风管可以提供足够的容纳空间并且可以控制垃圾填埋气的侧向移动。明沟也能用来控制气体移动，但是其效率不高。为了增加控制效率，可以增加一个不渗透的衬垫。

明沟适合在不太可能被掩盖或者有植被覆盖的人口稀少的地区应用。暗沟通常被黏土或者其他不渗透的材料覆盖，将气体通向大气。这类系统可以保证充分换气并且阻止雨水进入通风口。不渗透的黏土层可以被用来当做一个阻止垃圾填埋气溢出的有效封盖。明沟容易产生径流和阻塞，并且周围的地面应该被处理成倾斜的以将地表径流导离。沟渠内的砾石过滤层应该有足够的渗透性去输送气体。为了阻止垃圾填埋气从侧面泄露，应该在沟渠外面设置一个屏障。通常使用 3 种类型的屏障：合成材料衬层、自然黏土衬层或者混合材料衬层，他们与底层和斜坡的防渗系统的衬层材料相似。

3.6.1.3 封闭沟

封闭沟由侧边层和位于砾石过滤层的上升管组成。无渗透性的黏土层被用来密封以阻止垃圾填埋气溢出。气体收集槽可用于竖直提取井不可用的情况，如在废弃物的深度较浅或渗滤液水位高的区域。沟槽的缺点是如果每一个沟槽的密封不足，它们将会有吸引空气的趋势。通风管系统的设计中必须注意防止渗透物通过覆盖。沟槽系统的优点包括易于施工和相对统一的截断缓冲。沟槽容易因一系列垃圾的不均匀沉降遭到损坏（破碎、切割）。当置于地下水位以下时，沟槽易浸水，应采取措施避免水或渗滤液进入气体收集系统。

沟槽可以垂直或水平地达到或接近垃圾填埋场的底部。对于一些新填埋场，水平沟槽被安装在一个填埋单元内。层之间的距离应不大于 5m，这保证气体在产生之后立即被收集并避免了采用干扰填埋场维护设备的地面管道。额外的系统支架连接到各个面上，以便于适应垃圾填埋场大小和高度的变化。

横向沟槽管采用穿孔 PVC、HDPE 或其他强度和耐腐蚀性适合的无孔材料建造。沟槽应宽约 1m 并且填充均匀粒径的碎石并延伸到盖层下面约 1.5m 处。沟应设置在垃圾填埋场和气体阻隔层或侧墙之间。沟槽靠近填埋场边界的一边应当使用低渗透性的材料进行密封，以防止瓦斯迁移，例如土工膜。沟槽的其余部分应使用内衬织物过滤器防止可渗透介质堵塞。

气体收集管道连接到表面通风管。间距是由监测和现场调查数据（一般为50m）确定的。被动通风孔可以通过连接口、挠性软管以及水平沟渠组合起来。软管位于提取井或沟和集管系统之间，它允许气体向不同方向移动。由于其水平布局，收集头系统相比于垂直提取井要放置更多。当两根管道需要紧密连接时，柔性连接相比于刚性连接，能够让更多形式的运动成为可能。采样端口可以用来监测压力、气体温度、浓度和液位。

3.6.2 主动气体收集系统

主动气体收集系统（AGCS）用机械方法去除垃圾填埋气，具体方法包括注入空气（正压）或抽真空（负压），抽真空系统更常用。填埋气开采井可安装在土地单元中或在填埋场表面的附近的提取沟中，如图 3.5 所示。对于覆盖土壤冻结或饱和的情况，主动系统不如被动系统敏感。AGC 的投资，运行和维护成本高于被动系统。在系统关闭后的一段时期，AGCS 仍然会持续产生成本。当天然气产量下降时，AGCS 到 PGCS 的转换是可能的。

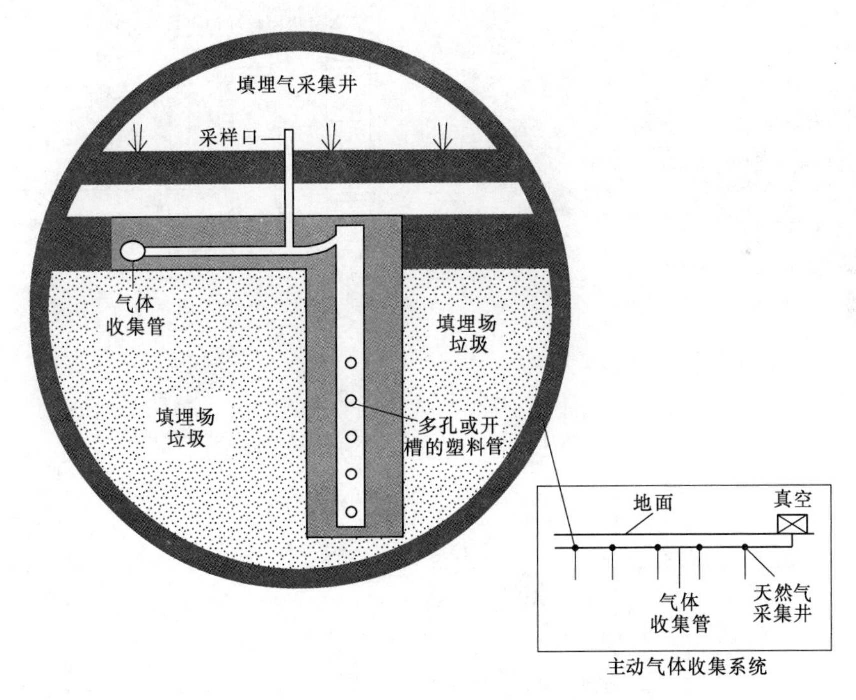

图 3.5　主动气体收集系统

（来源：http：//www. epa. gov/landfill/over - photos. htm#4）

主动气体收集系统有以下四个主要组成部分（图 3.6）。

（1）填埋气开采井或水平沟。开采井由半径、间距、垃圾填埋场的地形决定。周边井有一定的影响区重叠，这是为了控制填埋场边界上的气井间运移。瓦斯抽采率和半径的影响是相互关联的，为了提供有效的移动控制和高效的甲烷回收，单一井的流速可以调节。

（2）一个气体聚集、收集及移动系统，如管道、管头、机械风机以及典型的由聚氯乙烯/聚乙烯，直径为600mm的管子组成的集流管，直径的大小依据预测的流量大小决定。鼓风机的规模和类型是依据流量来确定的，系统中的压降和真空会使垃圾填埋地产生压差。

（3）垃圾填埋气处理设备。必要的清理方案包括几乎全部的二氧化碳清除。处理过程增加了气体的热值（CV）：垃圾填埋气转换十分昂贵以至于只有大的垃圾填埋地可以实现规模经济地运行转换过程。在大型城市固体废弃物填埋场，垃圾填埋气通过洗涤以及用碳或高分子吸附物进行气体提纯以清除水和二氧化碳，并被作为低热值燃料资源用于锅炉、天然气和蒸汽涡轮机内燃发动机发电，供热或是提纯达到以管道气体要求（去除水、二氧化碳、硫化氢、氧、氮），然后分配给当地的公共设施（SWANA，1992）。垃圾填埋气的提纯涉及更大的投资，它和天然气（NG）在化学成分和热值上有本质差异。垃圾填埋气与符合管道外输标准的天然气（CV＝38000kJ/m^3）相比，其热值低（18600kJ/m^3），在较低温度下燃烧，更具腐蚀性且产生非期望气体浓度更大（二氧化碳、硫化氢、氧和氮），见本篇第4章有完整的介绍。垃圾填埋气的能量取决于垃圾填埋气收集系统的性能和垃圾填埋地的不同分解阶段而定。

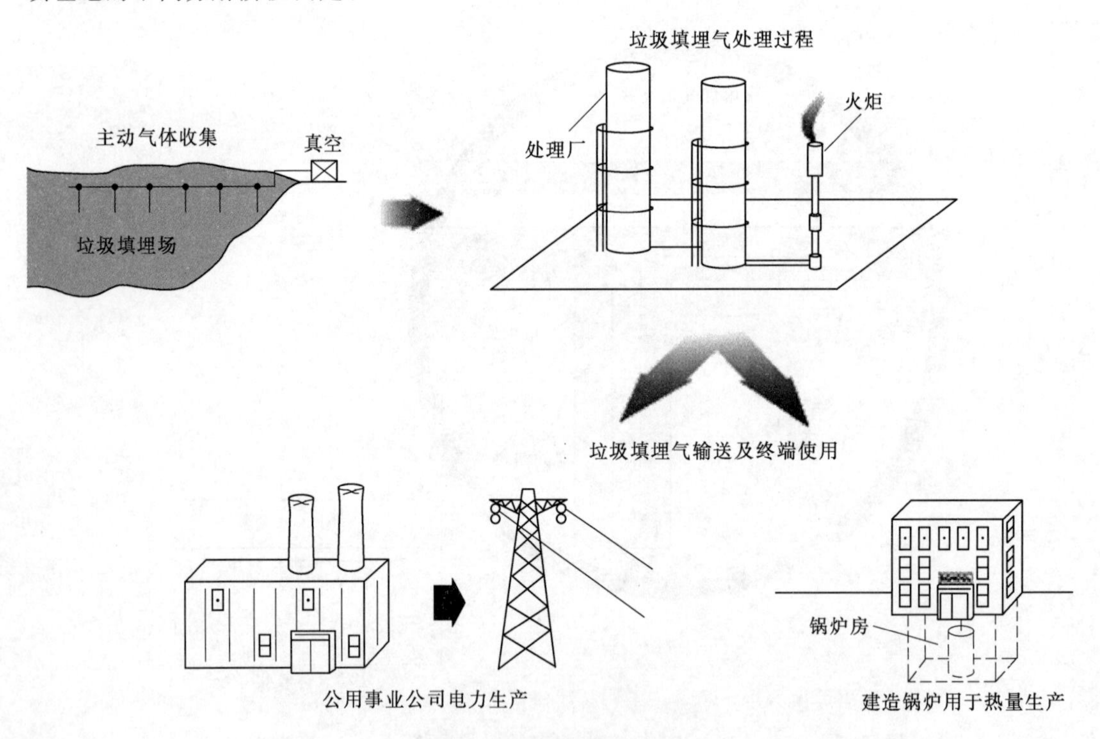

图3.6　填埋气回收系统
（来源：http：//www.epa.gov/landfill/over－photos.htm＃4）

（4）向消费者管道配送。主动气体收集系统的有效性取决于其收集、处理和监测最大填埋气流量的能力，以及调整各个提取井和沟渠的运行的能力。AGCS可以被分为抽取系统或压缩系统，他们都包含一个不透气的屏障。典型的气体提取井如图3.5所示。提取井的数量和间距取决于填埋场。通常，一些排气井连接在试点的底部以决定影响半径，它们都配有阀门、凝析油圈闭和连接到进气歧管的鼓风机/压缩机/真空泵。气体会被排放到大气中、直接燃烧或进一步处理。图 3.6 描述了一系列天然气通风管、歧管到鼓风机以及后续加工并配送给客户的情景，这样的安排可以用来防止垃圾填埋气泄露并将垃圾填埋气商业化。

3.6.3 被动与主动气体收集系统的比较

一个被动的收集系统的效率取决于阻止垃圾填埋气直接排放的容量。被动系统比主动系统的收集效率低，它们依靠扩散和对流的运输机制，而不是机械地制造真空来运送填埋气。如果填埋地采用土工合成材料的衬垫和盖，那么被动系统的性能将得到改善。被动系统依赖于通风管，如果通风孔堵塞了，气体将寻找其他路线。被动系统只提供一个单独的检测手段是不够的，同时被动系统被监管机构认定为是一种不受控制的空气排放源。

因为没有气味管理系统，被动系统难闻气味导致的问题比较突出。被动系统的建造没有主动系统的建造那么严格，因为收集井是在正压力下工作的，并且空气从表面的渗透并不会引起很大的问题。精细的井口组件对被动系统是非必要的，也不需要在这些系统中进行监视和调整。主动系统通常被应用于系统可靠性要求较高的情况。理论上来说，一个精心设计的主动收集系统被认为是最有效的气体收集装置。

3.7 生物反应器垃圾填埋场

根据微生物对废弃物的降解和稳定过程，生物反应器垃圾填埋场可分为三种类型：厌氧反应器垃圾填埋场、好氧生物反应器垃圾填埋场、混合（厌氧好氧）生物反应器垃圾填埋场（Baker 和 Eith，2000；美国环保局，2003）。

3.7.1 厌氧生物反应器垃圾填埋场

厌氧生物反应器填埋场通过厌氧消化降解城市固体垃圾中的可降解有机物，来加速垃圾的降解。水解、酸化和甲烷化是有机废弃物转化成有机酸和最终转化为甲烷、二氧化碳的主要反应。在大多数的堆填区中，氧气是天然缺乏的。因此，不需要任何干预，厌氧条件就会自然满足。生活垃圾降解率经常受到水分不足的制约（Campma 和 Yates，2002）。为了使固体废弃物的水分含量在 10%～20%（湿重）范围内，并优化厌氧消化过程，湿度必须与环境湿度相近或一致（湿重 45%～65%）。

在最佳条件下，废弃物可完好保存 6～7 年。厌氧生物反应器填埋场需要小心监测和启动。如果水分增加得太快，产生挥发性有机酸会降低渗滤液的 pH 值，抑制并减少甲烷产气率。产甲烷菌生存的最佳 pH 值为中性。渗滤液的参数如 pH 值、挥发性有机酸、碱度和甲烷含量是产甲烷细菌种群健康程度的指标。高挥发性有机酸碱度的比值（大于 0.25）表明，渗滤液可能有较低的缓冲能力，这样的条件会抑制甲烷的生成（Campman 和 Yates，2002）。当垃圾填埋气中甲烷含量大于 40%，就会形成产甲烷细菌种群，小于 40%的甲烷含量可能表明垃圾太湿或太干。一旦产甲烷菌已经生成，渗滤液回灌率可能增加。关于涉及抽水、提高垃圾填埋气的生产设施和电力的相关成本，应该由处理渗滤液所节约的成本和出售填埋气获得的利润来进行弥补（Campman 和 Yates，2002）。

3.7.2 好氧生物反应器填埋场

好氧生物反应器填埋场是将城市有机垃圾，通过好氧细菌在废弃物分解中利用空气、水分和温度的升高快速降解的活动，这与堆肥操作是相似的。好氧生物反应器的运行是通过控制液体和空气注射进废弃物中进行的。液体被泵入废弃物中，直至水分含量达到50%～70%。一旦达到最佳湿度，通过使用机械风机使空气通过纵向或横向穿孔井。垃圾渗滤液以受控的方式被抽出和存储并再注射。

垃圾降解的最佳温度为60～72℃（Campman 和 Yates，2002）。有氧的过程会持续直到大多数容易降解的化合物被分解，在成熟阶段垃圾填埋场温度逐渐降低。分解过程中产生的热量会导致大量的渗滤液蒸发，在一项研究中，2个生物反应器填埋场渗滤液体积分别减少了50%和86%（Hudgins 和 Green，1999）。改变空气和液体的注射率将改变垃圾填埋场的温度，注入的废弃物中润湿均匀的空气也可以阻止火灾的发生。

与厌氧生物反应器相比，好氧生物反应器需要更大的投入。根据天气等情况，向一个好氧生物反应器注入空气需要的额外功率是从厌氧生物反应器提取填埋气体所需功率的12倍（pichtel，2007）。然而，由于减少填埋气的产生和覆盖沉降关闭后的成本会大幅减少（Campman 和 Yates，2002）。

由于较高的反应速率，有氧生物降解比厌氧生物降解更快速，有氧填埋场有可能在2～4年内使废弃物变得稳定，而不是像常规城市固体废弃物填埋场那样需要几十年或更长时间。快速的垃圾稳定化率还提供了潜在的“矿藏”，好氧反应器不产生大量的甲烷，其垃圾填埋气用于能源产品进行销售的潜力很小（USEPA，2002）。好氧生物反应器填埋的好处是：更加快速的垃圾和渗滤液的稳定速度，增加填埋场沉降速率，减少50%～90%的甲烷产生，由于蒸发，减少渗滤液体积的能力高达100%，垃圾填埋场开采的潜力，减少环境负荷（Campman 和 Yates，2002；Hudgins 和 Green，1999）。

在对垃圾填埋气的产生机制和生物降解的讨论中，传统的垃圾填埋场中固体废弃物进行四个阶段的分解，从一个简短的好氧阶段开始，经过2个厌氧阶段，接着是甲烷生成和最后的成熟阶段。好氧生物反应器填埋场维持阶段Ⅰ（有氧条件下活动）的时间比常规的城市固体废弃物填埋场的时间更长。与此相反，厌氧生物反应器填埋场将阶段Ⅳ（生产甲烷）所持续的时间显著地降低到5～10年，减少了75%的时间，阶段Ⅳ持续5～7年被视为最佳（美国环保局，2002）。

3.7.3 复合生物反应器填埋场

复合生物反应器填埋场将需氧菌和厌氧菌结合起来以提供一个有效降解的最佳方案，该方案的步骤之一是在废弃物最上层被掩埋并被厌氧处理之前，对其进行30～60天的好氧处理。该方法操作简单，并且是有效的，因为在好氧处理的初始阶段，有机废弃物迅速转化为酸相，然后由厌氧产甲烷菌进行有效的处理。

3.7.4 三种生物反应器的比较

所有的生物反应器填埋场需要特定的管理和运行模式以提高企业运营期间的生活垃圾微生物分解效率，这将导致更高的初始投资成本，但在系统关闭后，与传统的“干穴式”

垃圾填埋场相比这些生物反应填埋场需要的监测时间更少。

水分控制在的重量（现场容量）的35%～65%，是高效运行的关键，它是最容易控制的。水分控制还会影响整个填埋场营养成分的分布。其他操作包括切碎废弃物，调节pH值，添加营养物质和平衡，废弃物的预处理和后处理，调节和温度管理。这些都有助于优化生物反应器（表3.5）的反应进程。生物反应器填埋场的成功运作需要一个注重运作和发展的计划，以确保生物反应过程的最佳条件。

3.7.5 生物反应器填埋效益

生物反应器填埋效益见表3.6。

表3.5 生物反应器的比较（Campman和Yates，2002）

生物反应器的比较	常规生物反应器	厌氧生物反应器	好氧生物反应器
处理两年后	2%～5%	10%～15%	20%～25%
处理三年后	15%	20%～25%	20%～25%
预期废弃物稳定期限	30～100年	10～15年	2～4年
甲烷生成率	基础情况	200%基础情况	（10%～15%）基础情况
废弃物中液体储存容量	无	150～300L/m^3	150～300L/m^3
液体蒸发	可忽略	可忽略	50%～80%（a）
投资平均成本	低	中	高
运行保养平均成本	低	中	高
关闭和关闭后平均成本	高	中	低

表3.6 生物反应器填埋效益

（加利福尼亚废弃物管理局，1988；Pacey等，1999；Warith，2002；美国环保局，2003；永乐县，1999；Sullivan，2000；美国环保局，2004）

1	可预测的长期性能并能减少地下水污染和垃圾渗滤液中储存的风险
2	与传统的“干穴式”城市垃圾填埋场中垃圾废弃物的稳定需要几十年相比，生物反应器仅需要几年。同时对于生物反应器，渗滤液与填埋气凝结回注，可以降低废弃物的毒性和迁移。渗滤液需要减少处理，由化学需氧量（COD）测定的渗滤液强度迅速下降，减少了50%（半衰期）并且比传统的垃圾填埋地快10倍
3	可控的填埋气生产、更经济的生产概况。研究表明，生物反应器填埋气增加成本效益的填埋气回收的可行性，降低气体泄漏的发生率和温室效应（产气率200%～250%高于常规MSWLFs）。能量回收项目为有效使用垃圾填埋气提供了可能；在美国只有约10%的潜力得到了应用。美国能源部（DOE）估计，如果控制的生物反应器技术应用于50%的正在填埋的垃圾，它可以提供美国1%的电力需求（76亿m^3的甲烷/年）
4	通过更好地利用空气空间，延长填埋场的寿命，提高沉降率，增加15%～30%的填埋空间，减少寻找新场地的需求
5	减少关闭后的维护需求和降低相关成本
6	通过更好的垃圾固定和垃圾填埋场的建设改进垃圾填埋场在关闭后的价值
7	改善公众的认知，对与堆填区相关长期以来的担心减少，生产有价值的产品
8	挖掘废弃物回收腐殖物质和可回收物的潜力，可检查衬垫

3.7.6 生物反应器填埋场设计

生物反应器填埋场的设计与传统的城市生活垃圾填埋场类似，主要包括衬垫、渗滤液收集、气体收集和销毁，以及最终覆盖。传统的堆填区基本上是干燥的，而生物反应器填埋场是潮湿的。这些垃圾填埋场的性能标准往往是冲突的，这对设计师提出挑战。为了确保生物反应器填埋场的性能令人满意，设计内容包括：单元的大小、衬垫和渗滤液收集系统、液体喷射系统、抽气系统、最终覆盖系统、边坡稳定性、沉降、金属（美国，1995）。

3.7.6.1　单元尺寸

由于经济和监管方面的原因，传统的垃圾填埋场设计的一个新趋势是构建2～5年内完成的深层单元。一旦封闭，甲烷的生产条件会达到最优，气体生成和提取也会更加便捷。极深的填埋场可能由于较低的升力沉积以至于垃圾渗透性将会抑制渗滤液流量，因此需要限制向上层的额外回流或者开发一定的内部排水能力。

3.7.6.2　衬垫和渗滤液收集系统

美国联邦政府法规规定了垃圾渗滤液的底部衬垫最高限制为0.3m，相同的标准被应用于传统的城市固体废弃物填埋场。该标准可以通过适当的衬垫、渗滤液收集和清理系统设计来实现。因为水分的吸收和沉淀，向废弃物中添加液体会使其密度增加到30%。在最初的设计时必须考虑渗滤液的收集和管道结垢清除的问题，并提供包括定期维护和检查的清洗设计。垃圾堆和衬垫边坡的稳定性是填埋作业和垃圾填埋场的关键。渗沥液头预测将会通过数学模型进行模拟，并依照设计规范、标准和推荐做法的实验室性能测试加以验证。

3.7.6.3　液体注射系统

当废弃物的含水量（渗滤液和水）接近于垃圾场的现场承载能力，废弃物必须被排入到垃圾填埋场优化分解。达到现场承载能力的液体体积，可以根据先前的实地研究，模型预测或垃圾填埋场的具体测量来进行确定。Reinhart 和 Townsend（1997）和 Phaneuf（2000）注意到湿度大于25%（湿基）是生物反应器有效性的下限；保持水分含量在40%～70%反应结果会更好，这是因为完全饱和不利于甲烷的生成。为了实现水分条件接近现场状况，额外增加大量液体是必要的。

如果没有足够的渗滤液产生，可以利用清洁的水或污水，如采用淤积的池塘、污染地下水、地表径流和城市污水处理厂出水。相比于脱水的污泥，合适的淤泥应是来自地表生物处理设施的以液体形式存在的淤泥（美国，2002）。使用液体形式能够避免脱水成本。对污染物来源的容量应进行评估，以确保他们不会增加生物反应器填埋场污染的可能，他们将与生物反应器的微生物反应相适应（Phaneuf，2000）。也有人担心使用这种液体的健康和安全问题，因为这可能会使工人和附近居民暴露于填埋场表面污泥产生的病原体和气溶胶之中。

添加大量的液体对生物反应器的运作至关重要，一些评估表明，365000百万t的废弃物可能需要约5000万L的液体；其他的评估估计废弃物对液体的需求是270L/m^3（美国，2002）。选址在干旱地区的垃圾填埋场可能需要大量的液体。此外，可能需要更多的液体来维持低渗透性帽安装后的生物反应器，因为垃圾填埋场的湿气可能会被气体收集系统除去。因此，垃圾填埋场产生的渗滤液应该不足以支持生物反应器。

将液体注入堆填区的方法有：工作层应用、地面灌溉、入渗塘、垂直注入井及检修口、横沟。

在垃圾填埋场采用工作层应用时，液体被直接应用于废弃物中维持湿度水平。其优势是它的简易性且直接对废弃物进行操作。缺点是只能应用一次，并且由于使用之后会短时间促进气体生产而产生的气味问题。

在地面灌溉方式中，油罐车直接将液体运至垃圾表面，类似于工作层应用。

渗透池使用垃圾作为护堤以储存渗滤液。渗透物通过重力渗透到废弃物之中。由于垃圾的湿度达到其储水容量，渗透会持续，同时池塘中的液位开始下降。地表灌溉方式和入渗池都很简单且具有成本效益。然而气味、病菌传播媒介和垃圾问题使它们没有吸引力。

在填埋场的运行和改造时，垂直井和检修孔比较便于安装，且相对成本较低。他们间隔30～60m，并且如果井和检修孔不靠近荒坡，其注射率将很高。主要缺点是横向分布液体的能力有限。液体倾向于积聚在井和检修孔，并最终汇入干燥的区域。

在垃圾填埋场运作时，使用水平槽是分配液体最有效的方式。这种方式通过构造沟渠来容纳废弃物。沟由嵌入在不透水介质中（碎石、碎玻璃、轮胎碎片）的水平管组成。最近的经验表明，轮胎碎片从薄垃圾层（大于15m）在垂直压力的作用下，被压缩成低渗透层并且抑制液体的移动（Reddy 和 saichek，1998）。透水覆盖层可以设计并与注射沟槽垂直井和检修孔组成一个液体分配系统。横向系统有三大优势：通过废弃物的液体分布更合理；注射速率高；注射点在交换区域外，对填埋场的干扰最小化。沟槽水平间距30～60m，垂直间距12m。水平系统是一个高品质生物反应器项目的最佳选择。在现代的垃圾填埋场设计中，具有液体添加和垃圾填埋气排放双重功能的沟槽成为最佳选择。

特定的液体喷射系统的选择取决于特定的场所，并且受到气候、不良气味、工人暴露、环境影响、蒸发损失、可靠性、均匀性和美观等因素的影响。埋沟和垂直井具有暴露于交换区域最小，良好的全天候性能和良好的美观性等优势，但是他们可能受到沉降差异带来的不利影响。液体添加、替代设计和性能的指导可以在 Reinhart 和 Townsend（1997）的研究中找到。

在评估生物反应器填埋作业的水分分布时，水分平衡模型是有用的。对于传统的城市固体废弃物填埋场，水平衡模型，如水文评价的垃圾填埋场性能模型（HELP），被用于确定渗滤液产生、预测垃圾填埋场覆盖和衬垫系统的水力性能。对于生物反应器填埋场，注入的液体会导致渗滤液紊流，包括形成多相水分分布。游离水可以由废弃物分解产生。实验室模拟研究表明，分解过程中会产生大量的游离水（Bogner 等，2001）。为了评估由于液体注入和废弃物降解所产生的水分的瞬时分布变化，使用先进的流体动力学水平衡模型是必要的（Bogner 等，2001）。

3.7.6.4 抽气系统

与传统的干燥的城市固体废弃物填埋场相比，生物反应器垃圾填埋场在更短的时间内能产生更多的垃圾填埋气。为了有效地控制气体，以及避免气味的问题，抽取系统需要在其使用初期安装一个主动气体收集系统（AGC）（管道、鼓风机及相关设备）。水平沟、垂直井、近地表的收集器和混合动力系统可用于气体收集和提取。由于气体生成率较高或收集系统的间距更大，需要增加管径以获得更大的气体流量。为了避免阻抗产生，液体添加系统过去一直与气体收集系统分离。然而，现在双功能系统成为现代填埋设计的首选。多孔垃圾渗滤液处理系统应考虑与瓦斯抽取系统集成。

如果在垃圾填埋场的活跃期中没有安装有效的收集系统，气体产量的增加会对边坡和盖造成不利影响。隔泥网膜覆盖上的上升压力可使膜膨胀，导致局部失稳和土壤流失。在盖的安装过程中，临时通风或主动抽取气体可能有助于安装。一旦最终覆盖安装好，通风应足以阻止由垃圾填埋气体压力积聚造成的隆起。如果收集系统关闭较长时间，设计人员必须考虑在压力累积条件下的斜坡稳定性。

3.7.6.5 最终覆盖

传统的城市固体废弃物和生物反应器填埋场的设计目的是尽量减少渗透并容纳垃圾填埋气。长期封闭的最终覆盖层包括地基、气体收集、屏障、地表水排水、覆盖土壤和存在植物生长的表层土壤。对于传统的堆填区，在垃圾填埋场达到其最大高度后，最终覆盖系统需要在一年内建设完成。生物反应器填埋场的最终覆盖层应仅在大量的沉降发生（大于5年）时才开始运作，因此必须实施一个临时的封闭措施以优化生物反应器填埋场的处理能力，并且需要用临时的隔离网膜衬里来减少气味的散发，同时要保证其不影响抽气系统土壤覆盖。

3.7.6.6 边坡稳定性

将多余的液体注入生物反应器中，这会影响垃圾的土工性质。设计师必须考虑到废弃物性质的变化并评估边坡的稳定性。标准岩土工程中使用的稳定性分析程序，也可用于生物反应器填埋场斜坡的分析。分析过程中也应考虑地震效应。岩土性质稳定分析包括混合固体废弃物的单位重量，在传统的垃圾填埋场近地面处其密度为800～1202kg/m^3，在较深处能够达到1522～1762kg/m^3，其密度与垃圾成分、土壤含量、垃圾压实等环境因素有关。这些值是相对干燥的混合固体废弃物放置在显著低于填埋场持水量的潮湿环境下所得到的。

当生物反应器填埋场中的液体使废弃物达到充分饱和，单位重量的固体废弃物预计会增加20%～30%的湿重重量，其中在地表是961～1602kg/m^3；在较深处是1762～2243kg/m^3（Kavazanjian等，2001）。Hater（2000）测量了四个采用渗滤液回灌填埋场的废弃物单位质量。由测量所得，所取单位重量样品的平均密度为1794kg/m^3，无渗滤液循环方式下为1073kg/m^3，渗滤液回灌方式下的密度比无渗滤液回灌方式的密度大60%。废弃物质量的增加取决于废弃物的初始含水量、渗滤液的产生、再循环量、废弃物场持水量和可用于吸收液体的孔隙率。然而，目前无法获得影响可降解废弃物单位重量增长的具体数据。

稳定分析所需的另一个重要的岩土性质是废弃物的抗剪强度，由于城市固体废弃物的低饱和度和高渗透性，可以利用城市固体废弃物的排水抗剪强度对常规填埋场的垃圾质量稳定性进行分析。在生物反应器堆填区，废弃物的最初状况类似于常规的垃圾填埋场。因此，在生物反应器填埋场中未降解废弃物的抗剪强度和在传统的垃圾填埋场中的废弃物一样。然而，液体注入生物反应器填埋场后，会使垃圾完全饱和，并且降解的废弃物可能具有低渗透性，在这样的条件下降解废弃物的不排水抗剪强度具有重要的工程意义。

进行稳定性分析时，对降解废弃物的排水和不排水抗剪强度的研究都是必需的。但是降解城市固体废弃物的不排水抗剪强度数据无法获得，而这些数据在地震地区的生物反应器填埋场稳定性评价是至关重要的。关于降解废弃物的抗排水剪切强度的信息也非常有限。出于设计的目的，在生物反应器中降解废弃物的排水抗剪强度可以假定为等于在常规堆填区的废弃物排水抗剪强度。

3.7.6.7 沉降

生物反应器填埋场将经历比干燥的常规城市固体废弃物填埋场更快速更彻底的沉降。加快废弃物分解速率和对低位物质更高比重的压缩比重，将会导致沉降加速。在加利福尼亚的永乐县的一个美国垃圾填埋场中，生物反应器单元的沉降速率比传统的垃圾填埋场的垃圾沉降速率高三倍（10%～25%填埋高度），（加利福尼亚废弃物管理委员会，1988；永乐县，1999）。传统的垃圾填埋场沉降通常是在垃圾填埋场10%左右的高度处并且在废弃物分解数年之后开始（Koerner 和 Daniel，1997）。好氧生物反应器可能会在2～4年内完成降解，而厌氧反应器可能需要5～10年（Campman 和 Yates，2002）。对于加利福尼亚索诺马县和山的一定规模的垃圾填埋场沉降问题，该填埋场在渗滤液循环单元中分别沉降了20%和14%，在传统干燥单元中分别沉降了8%和10%（Reinhart 和 Townsend，1997）。

沉降取决于废弃物的类型、覆盖的数量、压实的状况及表面的不均匀分布。这将影响最终坡度、排水、道路、气体收集、渗滤液收集和再循环管道系统（转变成一定程度上的沉降），但是却可以在最终覆盖安装之前，防止满溢现象的发生。一个显著的好处是，如果最终覆盖和最终现场改进设施被推迟安装，这时快速沉降使填埋场获得额外可利用的空间，从而减少对新填埋区的需求。如果在工程设计阶段就考虑沉降的影响，并且在垃圾填埋场关闭后不久就可以避免长期维护所产生的费用和可能存在的漏气影响。

3.7.6.8 重金属

生物污水污泥处理过程中，重金属易于集中；在生物反应器填埋场的分解过程中，相似的效应是可以预见的，同时在渗滤液中也检测到了这种重金属浓度的变化。在废弃物分解的过程中的酸性阶段，降低pH值将溶解金属并且可能从垃圾填埋场浸出或对产生气体的细菌造成毒副作用。其他问题有：①微生物可以富集重金属；②pH值和硫化物可能影响金属的移动；③如果填埋条件允许，金属会再次移动。一些研究表明金属在生物反应器中有一定的移动潜力；然而，金属通常在废弃物中沉淀（当pH值为7～9时，金属会被固定下来）。

3.7.7 生物反应器填埋场的运行和维护

生物反应器填埋场作为大型生物垃圾消化池，其运行应受到严密的监控，以保证其在高效的方式下，实现城市固体废弃物的可生物降解有机成分的生物降解。

为了实现这一目标，运行和维护程序应该解决以下问题：固体废弃物的预处理和分离、渗滤液的渗透、日常和媒介覆盖、营养物质管理。

3.7.7.1 固体废弃物预处理（分离）

当废弃物具有高的可生物降解成分，并且比表面积较大时，生物反应器运作是最高效的。因此，生物反应器运行应集中分离废弃物从而将有机成分最大化，同时通过切碎、捶打等方式增加废弃物的比表面积。切碎的废弃物可能变得非常致密，从而限制水分的渗透。

垃圾分离应包括将废弃物放入生物反应器填埋场之前，将城市固体废弃物中的不可生物降解成分（玻璃、塑料、金属、轮胎、拆建废料）的分离。当城市固体废弃物被装在塑料袋中时，废弃物在被重型设备压实的过程中可能仍然被塑料包裹，因此可能造成废弃物在生物反应器中没有被分解。为了获得最佳的降解效果，可以使用可降解塑料袋或将塑料袋打开以释放袋中的废弃物。

3.7.7.2 渗滤液渗漏和破裂

渗滤液渗漏可能是由于向垃圾中添加了过量的液体，并且应当避免雨水在被渗滤液污染后流向环境水径流。渗滤液渗漏监测是强制性的，并且其运行计划中需要加入应对措施。如斜坡和趾排水、表面分级、填充和密封裂缝这类的措施用以减少地表水渗透并减少液体添加，这些是一些用来防止渗滤液泄露的标准措施。

3.7.7.3 日常和中间覆盖

一般情况下，为了控制细菌、火灾、泄露垃圾、气味和清扫等因素，常规的城市固体废弃物填埋场需要用150mm的日常土壤覆盖。法规允许使用日常的覆盖替代材料，例如可透水废弃材料［砂、碎轮胎、污染土壤、焚烧炉灰渣、堆肥（绿色废弃物）和车用纤维材料］。本着节约空间的原则，许多人工制造的覆盖材料被开发和销售，如喷射泥浆、聚合物泡沫材料和可拆卸的防水布。在使用生物反应器填埋场日常覆盖时需要特别注意(Phaneuf，2000)。

一种比垃圾更具渗透性的覆盖材料可以直接渗透到侧面，这时渗滤液必须被收集和排出。当覆盖材料比废弃物的渗透性低时，覆盖材料会阻止液体渗漏，并且引起内部渗滤液的聚流，从而促进表面渗出并造成废弃物的不稳定。高渗透性的覆盖材料会影响渗滤液的分配，并且阻碍填埋气流到达收集和分配系统。通过土地翻松，或者将固体废弃物在它之前部分去除，来减少覆盖材料作为屏障的能力。当放置在15m的斜坡内时，应分梯度地将水排回填埋场以防止渗滤液在斜坡形成渗透。如果使用不产生屏障的可替代则可以降低这些影响。因此，在所有生物反应器填埋场的运作评估中，都应当考虑日常和中间覆盖材料特性。

3.7.7.4 营养需求

营养成分通常由废弃物提供，但研究表明其他生物和化学添加剂可以提高生物活性，如来自污水处理厂、农业和农田废弃物（Barlaz 等，1989）。与废弃物隔离或切碎过程一样，营养成分的成本需要被控制在合理范围内。产甲烷菌的最佳 pH 值范围在 6.8～7.4，在实验室测试中，渗滤液在这一范围中的缓冲作用提高了气体产量。在垃圾渗滤液回灌的早期阶段，必须考虑 pH 值和缓冲作用，可以通过缓慢地引流来最小化缓冲作用的需求。

3.7.7.5 监控程序

监控程序是运行中必要的一部分，它应该位于特定地点，并为高效地运行提供以下数据：液体注入量、温度、含水量、纤维素/木质素含量、渗滤液产量和质量、废弃物密度、沉降、气体流量/质量、渗滤液水平、氧化还原电位、挥发性固体、生物化学甲烷产量。

3.8 垃圾填埋场开采

垃圾填埋场开采（垃圾填埋场回收）是一种回收含碳废弃物的方法，可在垃圾发电

（WTE）设施中作为燃料燃烧，而回收的燃料和废弃物可以通过售卖来抵消垃圾填埋场开采的成本。20 世纪 80 年代以来，垃圾填埋场废弃物再利用工程已在美国成功实施（USEPA，1997b）。1990 年，兰卡斯特县（宾夕法尼亚）的固体废弃物管理局建立了一个垃圾焚烧炉以减少运往垃圾填埋场的垃圾，该垃圾站点存放混合固体废弃物长达 5 年。市政府官员发起了再利用工程，以增加焚烧炉的新鲜垃圾供应量，再利用废弃物的热值为 6900kJ/kg。新鲜废弃物包括废弃的木屑和废旧轮胎，随后将它们与回收的废弃物混合使用。约 220000m^3 的混合固体废弃物被挖掘出来，2400t 被筛选出来用于焚烧。

由于兰开斯特县可再生废弃物转化成燃料的转化率为 56%，到 1996 年该项目结束时，垃圾填埋场经营者共回收了 230000～305000m^3 的废弃物。除了补充能源以外，恢复垃圾填埋场的空间、回收的土壤和黑色金属都是附加利润。垃圾填埋场进行回收存在以下缺点：①由于土含量很高，增加了焚化炉中灰分的含量；②增加焚烧设备的磨损（磨料磨损性能）；③增加气味和空气排放；④暴露的有害材料管理费用很昂贵；⑤挖掘工作可能会导致相邻的垃圾填埋场崩溃或下沉。

3.9 结论

垃圾填埋气体作为一种合成燃料和可再生能源，具有广阔的前景，它是由固体废弃物中的可生物降解有机物的厌氧消化而产生，包括甲烷、二氧化碳、水蒸气和少量的其他气体。填埋场内填埋气体产生率是随空间变化的，利用数学建模软件对垃圾填埋场产气潜力进行估算。

气体迁移是通过扩散和对流发生的，同时填埋气会沿着阻力最小的途径移动，在此过程中必须保证气体迁移在可控范围内，不受控制的气体迁移是不可取的，因为它可能会导致爆炸、火灾、气味，对垃圾填埋场覆盖物的物理破坏损害和有毒蒸汽排放。在这种背景下，垃圾填埋场通常会安装被动和主动的气体收集系统来控制气体迁移。大型堆填区的气体可以在加工处理后用于能源生产，并且可以创造收入，以抵消垃圾填埋场关闭时的费用。生物反应器填埋场提供了一个创新的方式来实现快速降解和废弃物的稳定，并且在相对较短的时间内增强垃圾填埋气的生产能力，但是为了达到最佳性能，需要对它们进行仔细的监测和控制。从长远看，垃圾填埋场具有可观的环境保护、节约成本和扩大收入的潜力以帮助降低运营成本，并且还使得碳质材料可以在垃圾焚烧厂进行焚烧并回收能量。

缩略词列表

AGCS	主动气体收集系统
BOD_5	五日生物需氧量
BOF	可生物降解有机成分
C&D	建筑与碎片
CAA	清洁空气法案
CDM	清洁发展机制
CFR	联邦法规

COD	化学需氧量
CV	热值
HDPE	高密度聚乙烯
HELP	垃圾填埋场性能的水文评价
ICE	内燃机
IPCC	政府间气候变化专门委员会
LandGEM	填埋气体排放模型
LEL	爆炸下限
LFG	垃圾填埋气
LMOP	垃圾填埋场沼气推广计划
M2M	甲烷到市场
MSW	城市固体废弃物
MSWLF	城市固体废弃物填埋场
NG	天然气
NESHAP	有害空气污染物国家排放标准
NMOCs	非甲烷有机化合物
NSPS/EG	新能源性能标准/排放指南
O&M	操作与维护
PGCS	被动气体收集系统
PVC	聚氯乙烯
RCRA	资源保护和恢复法
SNG	合成天然气
SWANA	美国北部固体废弃物联合会
UEL	爆炸上限
USEPA	美国环境保护署
VOCs	挥发性有机物
WTE	浪费能源
WWTPS	污水处理厂污泥

参考文献

Baker，J. A. and Eith，A. W. 2000. *The Bioreactor Landfill：Perspective from an Owner/Operator*，in Proceedings of the 14th GRI Conference，Las Vegas，NV，pp. 27 - 39.

Barlaz，M. A.，Shaefer，D. M. and Ham，R. K. 1989. *Bacterial Population Development and Chemical Characteristics of Refuse Decomposition in a Simulated Sanitary Landfill*，Appl. Environ. Microbiol. Vol 55，pp. 55 - 65.

Bogner，J.，Reddy，K. and Spokas，J. 2001. *Dynamic Water Balance Aspects of Bioreactor Landfills*，presented at the Sardinia Conference.

California Waste Management Board October 1988. Landfill gas Characterization，California Waste Management Board，State of California，Sacramento，CA，USA.

Campman, C. and Yates, A. Sept. /Oct. 2002. *Bioreactor Landfills: An Idea Whose Time has Come*, MSW Management, pp. 70 - 81.

CFR (Code of Federal Regulation), Vol. 40, Part 258 2004 *Criteria for municipal solid waste Landfills*, US Government Printing Office, Washington, DC.

Crawford, J. F. and Smith, P. G. 1985. *Landfill Technology*, Butterworth, London, UK.

EMCON Associates 1980. *Methane Generation and Recovery from Landfills*, Ann Arbor Science, Ann Arbor, MI, USA.

Flower, F. B., Leone, I. A., Gilman, E. F. and Arthur, J. J. 1982. *Vegetation Kills in Landfill Environs*, Cook College, Rutgers University; New Brunswick, NJ, USA.

Hater, G. R. 2000. *Leachate Recirculation, Landfill Bioreactor Development and Data at Waste Management*, Landfill Methane Outreach Program, 3rd Annual LMOP Conference, Washington, DC, USA.

Hudgins, M. and Green, L. 1999. *Innovative Landfill Gas Control Using an Aerobic Landfill System*, Proceedings of the SWANA 22nd Annual Landfill Gas Symposium, Lake Buena Vista, FL, USA.

Kavazanjian, E., Hendron, D. and Corcoran, G. T. 2001. *Strength and Stability of Bioreactor Landfills*, pp. 63 - 70 in Proceedings of the SWANA Landfill Symposium.

Koerner, R. M. and Daniel, D. E. 1997. *Final Covers for Solid Waste Landfills and Abandoned Dumps*, ACSE Press, Reston, VA, USA.

Kreith, F. and Goswami, Y. D. 2007. *Handbook of Energy Efficiency and Renewable Energy*, CRC Press, Boca Raton, FL, USA.

Mehta, R., Barlaz, M., Yazdani, R., Augenstein, D., Bryars, M. and Sinderson, L. 2002. *Refuse Decomposition in the Presence and Absence of Leachate Recirculation*, Journal of Environmental Engineering Vol. 128, No. 3, pp. 228 - 236.

McBean, E. A., Rovers, F. A. and Farquhar, G. J. 1995. *Solid Waste Landfill Engineering and Design*, Prentice Hall, Upper Saddle River, NJ, USA.

O' Leary, P. and Tansel, B. 1986. *Landfill Gas Movement, Control and Uses*, Waste Age, pp. 104 - 115.

Pacey, J., Augenstein, D., Monck, R., Reinhart, D. and Yazdani, R., Sept. /Oct. 1999. *The Bioreactive Landfill*, Municipal Solid Waste Management, pp. 53 - 60.

Phaneuf, R. J. 2000. *Bioreactor Landfills: Regulatory Issues*, pp. 9 - 26 in Proceedings of the 14th GRI Conference, Las Vegas, NV, USA.

Pichtel, J. 2007. *Waste Management Practices*, CRC Press, Boca Raton, FL, USA.

Pohland, G. F. 1994. *Landfill Bioreactors: Historical Perspective, Fundamental Principles and New Horizons in Design and Operation*, EPA/600/R - 95/146, USEPA, Washington, DC, USA.

Pohland, G. F. 2003. *The Bioreactor Landfill Paradigm*, USEPA Bioreactor Landfills Workshop, Arlington, VA, USA.

Reddy, K. R. and Saichek, R. E. 1998. *Characterization and Performance Assessment of Shredded Scrap Tires as Leachate Drainage Material in Landfills*, in Proceedings of the 14th International Conference on Solid Waste Technology and Management, Philadelphia, USA.

Reinhart, D. R. and Townsend, T. G. 1997. *Landfill Bioreactor Design and Operation*, Lewis Publishers, New York, NY, USA.

Solid Waste Association of North America (SWANA) June 29, 2001. *Request for Comment on Bioreactor Landfill Definition, sent to USEPA.*

Solid Waste Association of North America (SWANA) March 1992. *A Compilation of Landfill Gas Field Practices and Procedures*, Landfill Gas Division of SWANA.

Speight, J. 2008. *Synthetic Fuels Handbook, Properties, Process, and Performance*, McGraw - Hill Inc, New York, NY, USA.

Sullivan, P. July/Aug. 2000. *Getting Down to Cases: Just What is a Bioreactor Landfill?* MSW Management, pp. 64 - 67.

Tchobanoglous, G., Theisen, H. and Vigil, S. 1993. *Integrated Solid Waste Management: Engineering Principles and Management Issues*, McGraw - Hill, Inc., New York, NY, USA.

USACE (US Army Corps of Engineers) 1995. *Landfill Off - Gas Collection and Treatment Systems*, ETL 1110 - 1 - 160, US Department of the Army, Washington DC, USA.

US Environmental Protection Agency (USEPA) 1985. *Handbook - Remedial Action at Waste Disposal Sites*, EPA/625/6 - 85/006, Office of Research and Development, USEPA, Cincinnati, OH, USA.

US Environmental Protection Agency (USEPA) 1994. *Design, Operation and Closure of Municipal Solid Waste Landfills*, EPA/625/R - 94/008, Office of Research and Development, USEPA, Washington, DC, USA.

US Environmental Protection Agency (USEPA) 2002. *State of the Practice for Bioreactor Landfills*, presented at the Workshop on Bioreactor Landfills, Arlington, VA, Sept 6 - 7, 2000, EPA/625/R - 01/012, Office of Research and Development, USEPA, Cincinnati, OH, USA.

US Environmental Protection Agency (USEPA) 1995. *Landfill Bioreactor Design and Operation*, EPA/600/R - 95/146, USEPA, Washington, DC, USA.

US Environmental Protection Agency (USEPA) 2005. *Landfill - Gas Emissions Model, Version* 3.02, *User's Guide*, EPA - 600/R - 05/047 Office of Research and Development Washington, DC, USA. See: http: //www.epa.gov/ttncatc1/dir1/landgem - v302 - guide.pdf) and http: //www.epa.gov/landfill/res/handbook.htm. (August 2009).

US Environmental Protection Agency (USEPA) 2002. *The Benefits of Utilizing Landfill Gas*. See http://www.epa.gov/lmop/about.htm#lftge (August 2009).

US Environmental Protection Agency (USEPA) 2003. *Bioreactors*. See http: //www.epa.gov/epaoswer/non - hw/muncpl/landfill/bioreactors.htm#3 (September 2009).

US Environmental Protection Agency (USEPA) 2004. *Bioreactors*. See http: //www.epa.gov/epaoswer/non - hw/muncpl/landfill/bioreactors.htm (July 2009).

US Environmental Protection Agency (USEPA) 1991a. *Air Emissions from Municipal Solid Waste Landfills. Background Information for Proposed Standards and Guidelines*, EPA - 450/3 - 90 - 011a (NTIS PB91 - 197061), USEPA, Research Triangle Park, NC, USA.

US Environmental Protection Agency (USEPA) 1991c. *Regulatory Package for New Source Performance Standards and III (d) Guidelines for Municipal Solid Waste Air Emissions*, Public Document No. A - 88 -09 (proposed May 1991). USEPA, Research Triangle Park, NC.

US Environmental Protection Agency (USEPA) Nov 1998. *Compilation of Air Pollutant Emission Factors, AP* - 42 *and Volume* 1: *Stationary Point and Area Sources*, 5th edn, Supplement E, Chapter 2.4: Municipal Solid Waste Landfills. USEPA, Office of Air Quality Planning and Standards, Research Triangle Park, NC, USA. See: http: //www.epa.gov/ttn/chief/ap42/ch02/final/c02s04.pdf (July 2009).

US Environmental Protection Agency (USEPA) July 1997b. *Landfill Reclamation*. EPA530 - F - 97 - 001, Office of Solid Waste and Emergency Response (5306W), Washington, DC, USA.

US Environmental Protection Agency (USEPA) March, 2009a. *User's Manual Mexico Landfill Gas Model Version* 2.0. See http: //www.epa.gov/landfill/international.html (July 2009).

US Environmental Protection Agency (USEPA) February, 2009b. *User's Manual Ecuador Landfill Gas*

Model Version 1. 0. See http: //www. epa. gov/landfill/international. html (July 2009).

US Environmental Protection Agency (USEPA) March, 2007. *User's Manual Central America Landfill Gas Model Version* 1. 0. See http: //www. epa. gov/landfill/international. html (July 2009).

Valdez - Vazquez, Idania and Poggi - Varaldo, Hector M. 2009. *Hydrogen production by fermentative consortia*, Renewable and Sustainable Energy Reviews, 13, pp. 1000 - 1013.

Visilind, P. A., Worell, W. A. and Reinhart, D. A. 2002. *Solid Waste Engineering*, Brooks/Cole, Pacific Grove, CA, USA.

Warith, M. 2002. *Bioreactor Landfills; Experimental and Field Results*, Waste Management, Vol. 22, pp. 7 - 17.

Yolo County 1999. *The Yolo County Landfill Bioreactor Demonstration Project*, CA, USA.

第4章 垃圾填埋气的应用

SOLANGE KELLY
The University of Trinidad and Tobago，Centre for Engineering Studies，
Pt. Lisas，Couva，Trinidad

4.1 引言

作为能源使用的垃圾填埋气（LFG）中约含50%的甲烷。在过去25年里提取和利用垃圾填埋气体的工厂逐步建成，现如今全球大约有950家相关企业，其中480家坐落在美国。垃圾填埋气的提取和利用减少了排入大气中的甲烷气体，并最大程度上减弱了温室效应。此外，垃圾填埋气充当了石油、煤炭和气体燃料等化石燃料的替代品，取代了会对温室效应产生影响的燃料（Sokhi，2004）。

垃圾填埋气的主要成分甲烷和二氧化碳是有机废弃物厌氧分解产生的副产物。其中甲烷是一种比空气轻的无色无味气体，因此不容易被检测出来，且容易积累到空气体积的5%～15%时，甲烷易发生爆炸，垃圾填埋气的利用大大降低了爆炸的风险。

4.1.1 气体收集

为了利用垃圾填埋气，首先就要从填埋场收集气体。采集系统通常由垂直收集导出的收集井输气管道、鼓风机组和用于安全燃尽气体的火炬组成。收集井如图4.1所示，安置在垃圾填埋场的合理位置。第3章论述了垃圾填埋场气体收集装置的具体细节。如果生成气体量比较大，则每个提取井将连接主输气管道，将气体输送至气站。垃圾填埋场运营商可以将其贩卖或直接作为能源使用（Sharma和Reddy，2004）。

气体通过气泵从垃圾填埋场抽出，并在传送管中增压，用压缩机引导气体进入使用环节。每个收集井以多种方式连接于气泵和使用系统。最平常的方式是将收集井连接于环绕填埋场的主收集管道。系统最主要的问题是保证系统的性能以及产出气的品质，同时寻找整个庞大系统中收集井的泄漏处。为了节约成本，给工人们创造良好的环境，最好的解决方法是用单一管道连接每个收集井和气泵、调节室。

4.1.2 气体预处理

在从井中收集气体之后，富含甲烷的气体用火炬燃烧或在用于能量回收系统之前预处理（Sharma和Reddy，2004）。处理方式取决于最终用途。当气体不能应用于有效途径，需要以安全方式排放到大气中时，要进行火炬燃烧。

火炬燃烧是一个使垃圾填埋气在受控环境下燃尽，以便于消除有害成分，使燃烧产物

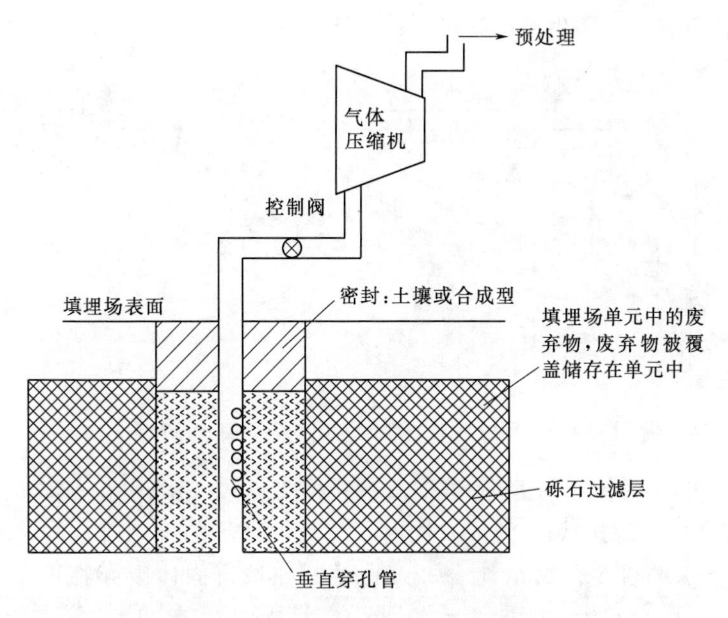

图 4.1　垃圾填埋气收集井基本结构

（来源：Reinhart 和 Townsend，1998）

安全排放进入大气的过程。其工作温度是气体成分和气体流速的函数。垃圾填埋气火炬燃烧设计中需要考虑的因素有：停留时间、工作温度、气流和助燃气的传送。必须有充足的时间用于完全燃烧，温度必须充分高于气体燃烧温度及混合物（空气和燃料）燃烧温度。燃烧室工作温度大约在 760℃（CH_4 燃烧温度）。而且燃烧也是能量回收系统的备用方案。气体在通往火炬的过程中要经过水封，这项措施可以防止气体回流和气体爆炸燃烧。垃圾填埋气流经阻焰器和燃烧器喷尖，火炬烟囱能使空气形成一小股气流穿过气闸并环绕在燃烧器喷尖周围，烟囱是为了提供充足的气流和停留时间使装置能够高效。

当垃圾填埋气作为能源或其他用途时，气体要经过严格的预处理环节。处理系统分为初级处理环节和二级处理环节。大部分初级处理系统包括脱水和过滤过程，目的是脱除水分和微粒。脱水过程是以物理方式除去垃圾填埋气中的游离水和冷凝水，然而通常在 1.67～10℃以冷却压缩的方式除去填埋气中的水蒸气。

二级处理系统可提供比初级处理系统更好的净化气。该系统可以采用多种净化过程来满足气体的最终需要，包括物理和化学的处理方式。二级处理最平常的方式是利用吸收作用和吸附作用。因为在垃圾填埋气中很大一部分是二氧化碳，它是不燃物，会降低气体的燃烧热值；另外，由于外界水分的存在，该酸性气体遇水会形成酸雨，造成全球性的环境威胁，所以这些有毒化合物就要通过干法或湿法洗涤过程除去。洗涤过程是把气流中的一种或几种成分，通过吸收剂有选择地吸收。在描述这一过程时可将术语“洗涤”替换成“吸收”。在湿法净化中通常用非挥发性的液体作为吸收剂。在干法净化中可用干燥剂或半干的悬浮液作为吸收剂（Sokhi，2004）。吸附是颗粒与表面的结合，这样的表面通常是碳棒或硅胶。

同时还存在其他深度处理技术，用来除去垃圾填埋气中的二氧化碳、非甲烷有机化合物和其余多种污染物，从而生产出高热值的气体（图 4.2）。

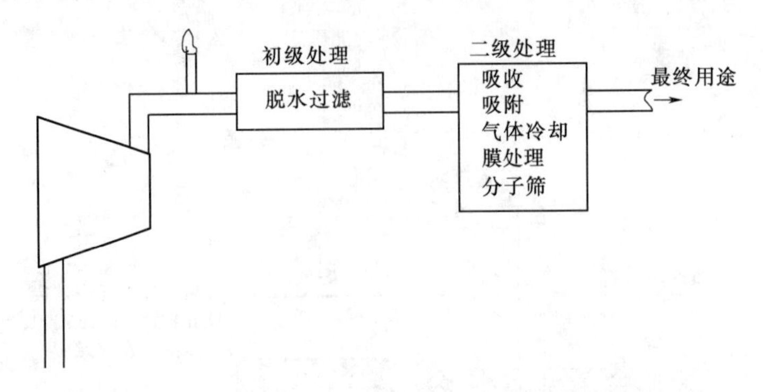

图 4.2 预处理环节垃圾填埋气能量回收原理图

在美国，从市政固体垃圾填埋场排放的甲烷是人类相关甲烷排放的第二大来源，2007 年大约占全部甲烷排放的 23%。同时，垃圾填埋场的甲烷排放意味着丧失了大量捕获利用有效能源的机会。据估计，每天一百万吨城市固体废弃物可生产出 $12226m^3$ 的垃圾填埋气，并且可以在填埋后的 30 年内持续生产出垃圾填埋气（http://www.epa.gov/lomp/res/handbook.htm）。垃圾填埋气的热值在大多数情况下为 $16\sim18MJ/m^3$，是一种有效能源，且是天然气（热值为 $38MJ/m^3$）的良好替代品。

4.2 填埋场垃圾的气化

气化是固体或液体在一定量氧气中高温转化为气体的过程。垃圾填埋场废弃物有气化的潜力，此类物质的存在形式可以为固态或半固态。气化过程的终混合气被称为合成气或合成燃料。合成气为一氧化碳和氢气的混合物，可以洁净燃烧成水蒸气和二氧化碳，也可以通过萨巴捷反应（Sabatier process）转化为甲烷，还可以通过费托工艺（Fischer - Tropsch process）转化为类似汽油和柴油的合成燃料。

萨巴捷反应为高温高压下通过镍催化或钌催化使氢气和二氧化碳生成甲烷和水的放热反应，即

$$CO_2+4H_2 \longrightarrow 2H_2O+CH_4 \tag{4.1}$$

费托工艺则为使合成气转化为多种形式液烃的催化化学反应。用化学形式描述为

$$nCO+(2n+1)H_2 \longrightarrow C_nH_{(2n+2)}+nH_2O \tag{4.2}$$

产生的碳氢产物再经过提纯成为所需要的合成燃料。最常见的催化剂为铁和钴，而镍和钌也会被用于催化。这个工艺的主要目的在于生产合成的石油替代品，用于作为合成润滑油或合成燃料，代替典型的煤炭、天然气和生物质。

费托工艺的一个问题在于其生成的大部分碳氢混合物在作为燃料时是无用的。特殊的分子催化剂可以将这些不合需要的碳氢化合物转化为特定的液体燃料，这种费托合成液体燃料燃烧更加洁净，环保性更好（Speight，2008）。

4.2.1 传统气化工艺

气化工艺使填埋场垃圾转化为再生产品有了广阔的应用前景，通过气化产生的气体、油类和固态焦炭不仅可以用作燃料，还可以用作石油化工产品的原料或应用于其他用途。填埋场垃圾的气化流程如图 4.3（Speight，2008）所示。

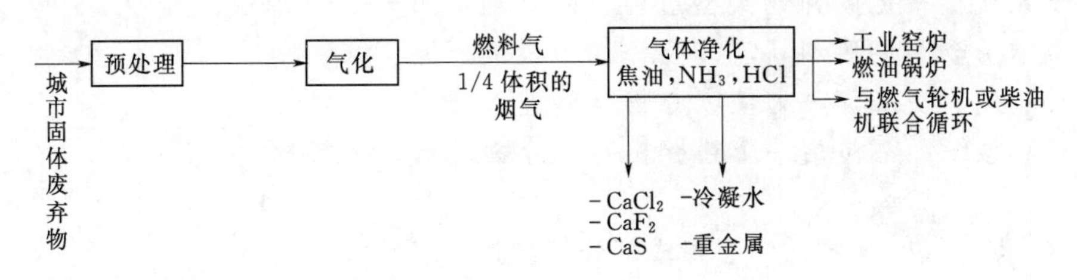

图 4.3 城市固体废弃物的气化流程

（来源：Speight，2008）

废弃物气化和气体燃料的生成原理，是通过化学气化过程使废弃物包含的碳转化为气体产物。因此，当废弃物进入气化炉后，水分及挥发分会先释放出来，焦炭残渣会发生进一步反应。

气体产物通常包含大量的氢气、一氧化碳和一小部分甲烷，也有二氧化碳和水蒸气。另外，同时会生成一部分被称为焦油的有机组分。气化过程还可以生成稳定的颗粒来代替灰分，使其可以更加方便安全地被利用。

与传统的化石能源发电相比，气化联合内燃机可以获得更高的转化效率。通过代替化石燃料，气化产物可以满足可再生能源需求，处理全球变暖问题，并且有助于达成京都议定书的承诺。在气化过程中，供给有限的氧气以防止废弃物燃烧。

气化炉通常采用固定床（上流式或下流式）。该方案会产生反应床运输问题，并受到在出灰口侧产生灰分熔渣的困扰。反应器中的温度被设定为 2700℃，这是发生分子分解的温度点。废弃物中包含的污染物二噁英、呋喃和病原体等会被彻底分裂成无害的混合物。废弃物中的金属成分会被转化为铁合金。无机物组分被分解为非沥滤的固化玻璃用于道路建设，和/或者进一步加工为绝缘的矿物棉。所有的有机物被充分地转化为具有燃料性能的合成气，可以被用于发电、产热、产甲醇，或者被用于生产其余多种化合物。在某种情况下，反应器生成的热量可以用于海水淡化厂。

与城市固体废弃物气化相关的问题包括原料同质性。对于许多气化炉，进料的异质性和生产规模扩大会引起一些机械故障停机、烧结和热点都会导致反应器内壁的腐蚀和故障（大部分废弃物气化过程不包括分离进程）。

4.2.2 等离子体气化

等离子体气化是越来越受欢迎的气化方式之一。等离子体气化技术在固体废弃物处理和能源利用上，已经展现出其高效且环境友好的特性。它是一种非焚烧热力过程，在缺氧环境下用极高的温度使废料彻底分解为简单分子。该过程的产物包括合成气或燃烧气，以及被称为熔渣的惰性玻璃态物质。

等离子体气化利用外部热源使废弃物气化，会导致少许燃烧。几乎所有的碳都能转化为燃料合成气。在高于 1800℃的工作温度下，该气化过程能够分解所有的焦油、焦炭和二噁英。反应器出口的成气十分洁净，并且在反应器的底部不会残留灰分。为了满足等离子炉的入口要求，废弃物进料子系统会根据废弃物类型进行不同处理，如对于有高水分含量的废料，就需要添加干燥剂。但不管废弃物的种类如何，为使废弃物能够进入等离子炉，进料系统中都包括一个粉碎机对废弃物进行粉碎。

等离子炉是整个系统的中心组成部分，在其内部发生气化和玻璃化反应。等离子炬作为热源安装在反应器底部，可以提供高温气体射流（几乎超过传统燃烧温度的 3 倍）使废料气化。等离子气化炉基本结构如图 4.4 所示。

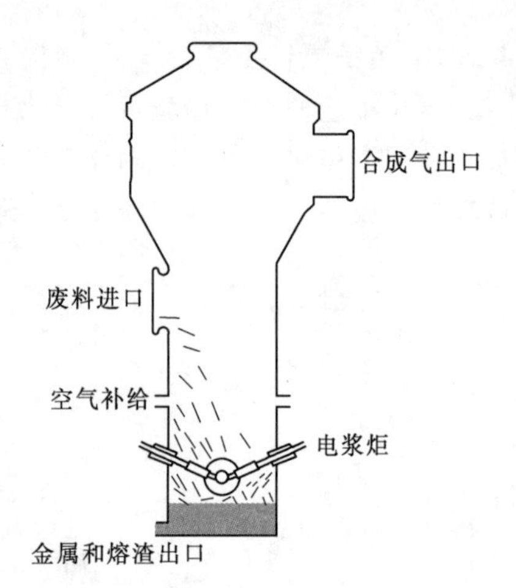

图 4.4 等离子气化炉基本结构

经过炉膛设备产生的气体被称为合成气，该气体随后进入合成气净化系统。气化净化是指在进入能量回收系统之前，从合成气中除去酸性气体、悬浮粒子、重金属和水分的过程，在那里可以获得动力、蒸汽和合成燃料。图 4.5 是垃圾等离子体气化发电过程示意图。

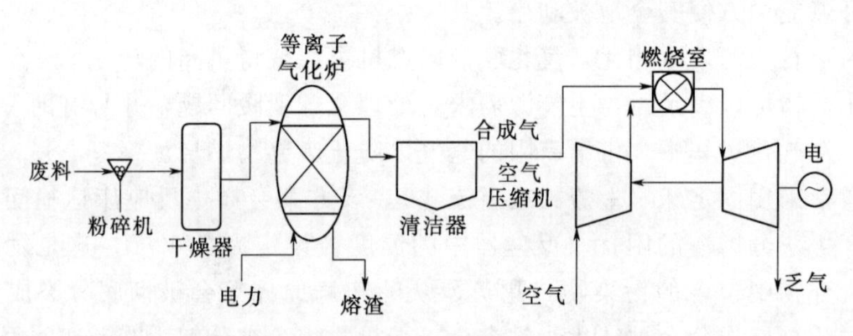

图 4.5 垃圾等离子体气化发电过程示意图

在等离子反应器中，两个火炬与气体（例如氧气、氮气或空气）一起使用以产生等离子体。等离子火炬一直延伸到等离子炉中，并在其中配备了石墨电极。当电流贯穿电极时，会在电极尖端和作为传导接受者的炉底熔渣之间产生电弧。由于电阻率惯穿整个系统，因此需要大量的热来除去气体分子中的电子，在此过程中就会产生电离的过热气流或等离子体。从等离子火炬中发出的气体温度能达到 10000℃以上（Mountouris，2006）。如此高的温度可以使废弃物初步分解为元素气体和固体废弃物（炉渣），也可以减少二噁英、硫氧化物和二氧化碳的排放。与垃圾焚烧不同，等离子气化技术被证明其对环境十分友好。

填埋场垃圾气化过程的主要挑战之一是此类废弃物有着较高的水分含量及其所具有的异质性。颗粒大小和废弃物中硫、氯化物或金属等成分的含量差别很大。这些与热值和含水率相关的特性起着重要作用。因此，要仔细考虑任何废弃物气化过程的预先处理。预处理有许多不同的方式，这其中就包括机械粉碎和利用电磁设备去除金属。这里有一些等离子气化炉的相关运用，表 4.1 列出了当今世界上已存在的部分等离子气化装置。

表 4.1　　部分世界上已存在的等离子气化装置

年份	地 理 位 置	类 型
2007	加拿大安大略省渥太华	发电
2004	台湾台南市 3～5tpd 设备	处理生物医学废弃物和焚化炉飞灰
2002	日本三方郡美滨田丁 24tpd 设备	区域供热
2003	日本生态谷废弃物能源设施 200～280tpd 设备	发电
1995	日本石川岛	发电
1992	加拿大容基耶尔	商业铝渣回收炉
1989	美国俄亥俄州	商用铸铁生产

4.3　发电

大型市政或工业垃圾填埋场生产的气体在被收集起来进行预处理之后，可以用于发电。

垃圾填埋气的利用场所通常有至少 200000～500000t 可降解的城市固体废弃物。城市固体废弃物或城市生活垃圾定义为生活垃圾，有时还包括市政当局收集的商业废弃物(Speight，2008)。垃圾填埋场的规模越大，填埋气的回收率就越高。在利用模型评估垃圾填埋场气体生产率时，假设单位质量可降解废弃物产生的垃圾填埋气量的固定的，垃圾填埋气生产率随着剩余可降解废弃物量的减少而减少（见本篇第 2 章关于估计垃圾填埋场中天然气的含量)。

垃圾填埋气产出的能源有几种用途，图 4.6 强调了其中几种用途。该部分将对利用垃圾填埋气发电进行论述。

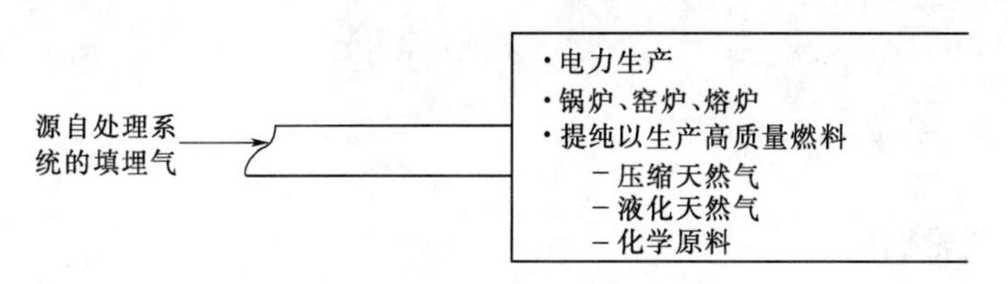

图 4.6　垃圾填埋气最终用途综述

据估计，每天 12226m³ 的垃圾填埋气能够产生 0.78MW 的电力。通过垃圾填埋气发电要借助于多种不同的技术，包括内燃机、汽轮机、微型燃气轮机、斯特林发动机（外燃式发动机)、有机朗肯循环发动机和燃料电池。内燃机（往复式）和燃气轮机是应用最广的，而微型燃气轮机技术一般应用于小型垃圾填埋场或其他合适的用途。其他的应用技术包括斯特林发动机、有机朗肯循环发动机和燃料电池还在研究与开发当中。

4.3.1　内燃机（ICE)

内燃机是最常见的垃圾填埋气应用转换技术，如图 4.7 所示，现如今超过 70％的垃圾填埋气发电项目应用此技术。它能得到如此广泛应用的原因在于其相对较低的成本，同时有着较高的热效率，并且发电规模与许多垃圾填埋场气体的输出量相匹配，内燃机通常能产生800kW～1MW的发电量，需要持续通入流量为11000～45000m^3/天，50%的垃圾填埋气。

热电联产可以取得更高的效率，因为从发动机排气回收的废热可生产低压蒸汽。

4.3.2 汽轮机

燃气轮机（图4.8）通常用在垃圾填埋气产量能够满足发电装置功率为5MW时需求，此时气体流量应当超过600000m^3/天。单循环燃气轮机适用于完全负载条件下效率为20%～28%的垃圾填埋气能源项目，当这个单元在部分荷载下运行时，其效率会大幅度下降。联合循环结构则可以利用燃气轮机排出废气的余热获得额外电能，使整个系统在完全负载条件下的效率增加至40%。燃气轮机有着较低的氮氧化物排放率（http://www.epa.gov/lomp/res/handbook.hfm）。

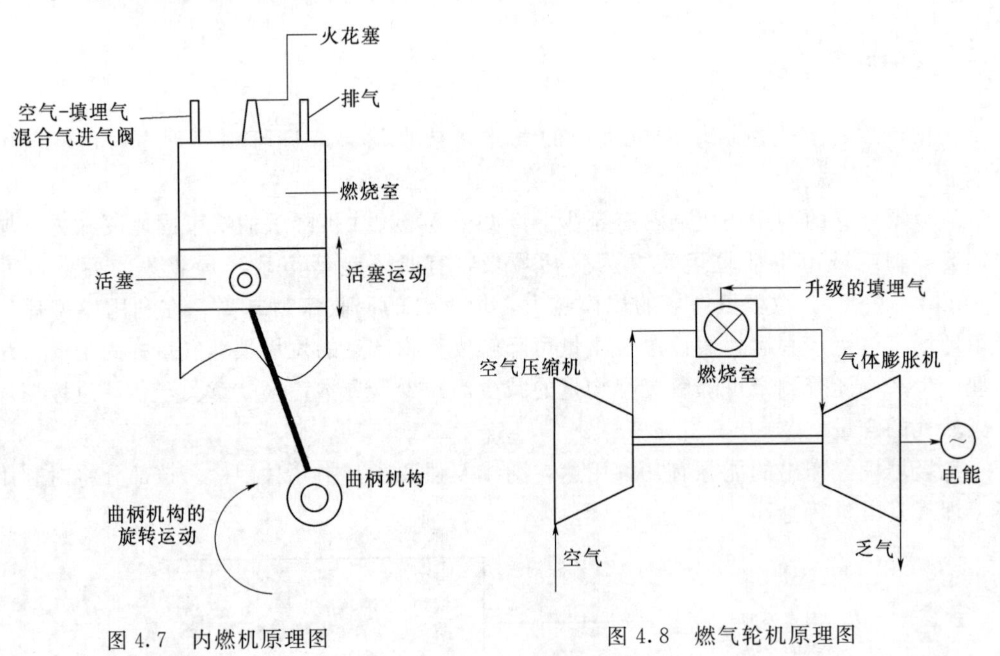

图4.7　内燃机原理图

图4.8　燃气轮机原理图

4.3.3 微型燃气轮机

汽轮机产业的最新发展成果是微型燃气轮机（图4.9），这些都是可以用来发电和热电联产的小型燃气轮机，其发电量为10～250kW，与大型燃气轮机的工作方式完全一样。

这种机器稳定运行的效率范围为20%～30%，同时可利用余热生产低压蒸汽和热水（Breeze，2005）。

微型燃气轮机需要的垃圾填埋气流量在8.5m^3/min甚至更低，这种燃气轮机可以在甲烷含量低至35%的时候运行，且适合对垃圾填埋气进行利用。另外，微燃型燃气轮机的氮氧化物排放率比传统燃气轮机更低。

4.3.4 有机朗肯循环（ORC）

有机朗肯循环是除工质不同外，其他均与传统朗肯循环一样的热力循环过程。在有机朗肯循环中，通常用沸点比水低的有机油类作为工质，这样可以在低温工作条件下运行（70～300℃）。有机朗肯循环目前多用于地热和生物质燃烧，是一种外燃式发动机，因此用垃圾填埋气来代替地热，并不需要大量改变装置设计布局和运行方式。

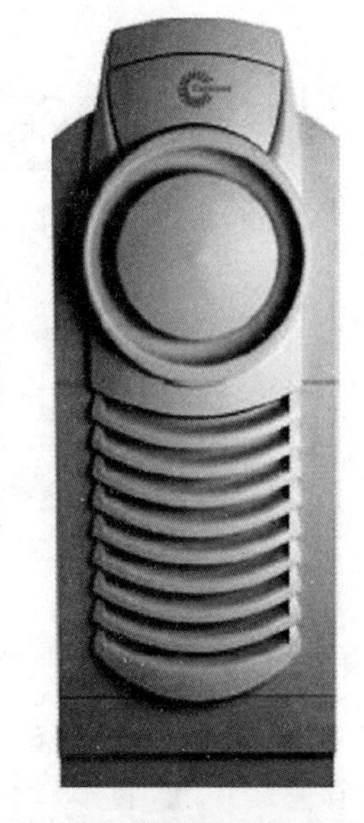

图 4.9 微型燃气轮机照片
（来源：http：//www.epa.gov/lmop/res/handbook.htm，photo displayed on this website upto November 2009）

4.3.5 斯特林循环发动机（SCE）

斯特林发动机是一种效率较高的发动机，可以减少燃烧产物的排放，因为不同于传统内燃机的燃烧过程发生在圆柱形膛室内，其燃烧发生在发动机外部表面。

斯特林循环发动机是基于斯特林循环原理，循环过程由四个可逆循环步骤串联而成，分别是定温压缩、定容吸热、定温膨胀和定容放热。

该发动机通过在循环过程中设置换热管，从而达到较高的热效率，换热器利用膨胀过程产生的废热，对空气进入燃烧过程前进行预热。

斯特林发动机在19世纪时发展迅速，随后由于柴油机和奥拓发动机的高热效率及高功率密度，人们对于斯特林发动机的兴趣逐步减少。然而，由于新合成工质高热容特点，斯特林发动机的性能得以大幅提升。当垃圾填埋气作为燃料使用时，其重要的优势之一就是外部燃烧。由于气体中含有高浓度的杂质，并且工质是燃料本身（通常与空气混合），会限制其他技术的应用（Bove 和 Lunghi，2006）。

4.3.6 性能比较

表 4.2 为各类发电系统的平均效率，不同的发电装置在利用传统燃料时的性能。根据热力学第一定律，效率取决于输入能量而不是燃料类型，因此预计在利用垃圾填埋气时，装置能有相近的运行效率。

表 4.2 部分发电系统性能

燃料	发电系统				
	内燃机	燃气轮机	微型燃气轮机	有机朗肯循环发动机	斯特林循环发动机
常规燃料	33%	28%	25%	18%	38.60%

4.3.7 热电联产和热电冷三联产系统

热电联产项目是利用垃圾填埋气生产电能和热能，具体表现形式为生成蒸汽或热水。一些利用垃圾填埋气的热电联产项目已被用于工业用途，其中要使用发动机和汽轮机。如图4.10所示为生产水蒸气和电力的热电联产系统原理图。电能是通过汽轮机系统产生的，该系统包含几大标准部件：空气压缩机、燃烧室和气体膨胀部件。燃气轮机产生的余热经过余热蒸汽发生器（HRSG），同时冷凝水流入余热蒸汽发生器，与高温排放气体进行热交换。

热电冷三联产是将燃料转化为三种有效的能源产物：电能、热水或蒸汽、冷却水。对

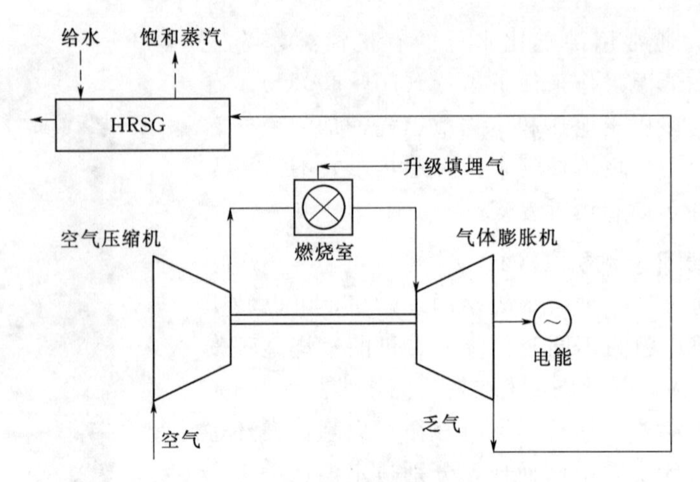

图 4.10 垃圾填埋气热电联产系统示意图

于垃圾填埋气在三联产中的应用已有不少研究（也就是供热、冷却和发电系统）。研究表明，在该系统中利用垃圾填埋气可以有效节能，并且有着较低的温室气体排放量（Hao 等，2008）。如图 4.11 所示为垃圾填埋气热电冷三联产系统示意图。该系统生产电能、蒸汽和用于吸收式冷冻机系统的冷却水。

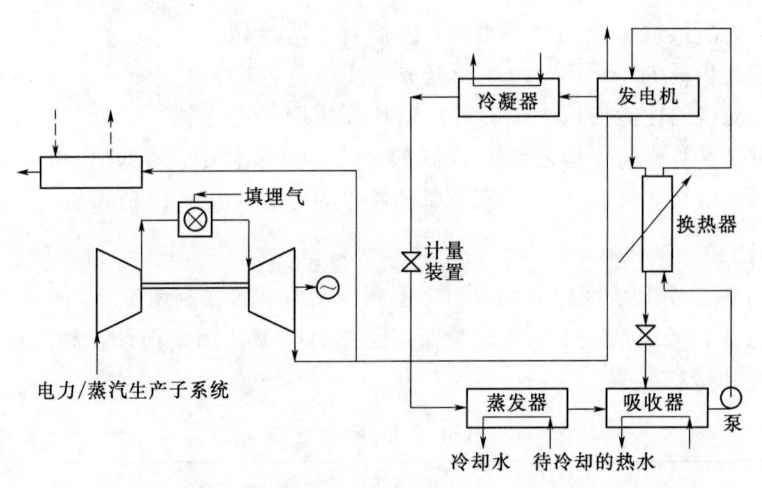

图 4.11 垃圾填埋气热电冷三联产系统示意图

4.3.8 燃料电池

燃料电池是一种将燃料直接转化为电能的电化学装置。大多数燃料电池在高温下工作，而其他的只在中等温度下工作（Breeze，2005）。对于利用氢气运行的燃料电池填埋气是一种合适的燃料。氢气是通过填埋气中的沼气成分生产的。垃圾填埋气的净化是一个重要的问题，这是因为燃料电池使用的催化剂可能由于填埋气中的微量化合物变得不纯（DOE，2003）。

4.3.8.1 熔融碳酸盐燃料电池（MCFC）

MCFCs（图 4.12）在相对较高的温度下运行（650℃），因此其相比于低温燃料电池能够在杂质浓度更高的条件下运行。由于 MCFC 中没有燃烧过程，因此 NO_x 和 CO 浓度几乎为零。下面是 MCFC 中发生的反应（Lipták，2006；http：//www. cogeneration. net/molten _ carbonate _ fuel _ cells. htm）。

阳极反应为

$$2CO_3^{2-} + 2H_2 \longrightarrow 2H_2O + 2CO_2 + 4e^- \quad (4.3)$$

阴极反应为

$$2CO_2 + O_2 + 4e^- \longrightarrow 2CO_3^{2-} \quad (4.4)$$

总反应为

$$2CO_2 + O_2(g) + 4H_2(g) \longrightarrow 2H_2O(g) + 2CO_2 \quad (4.5)$$

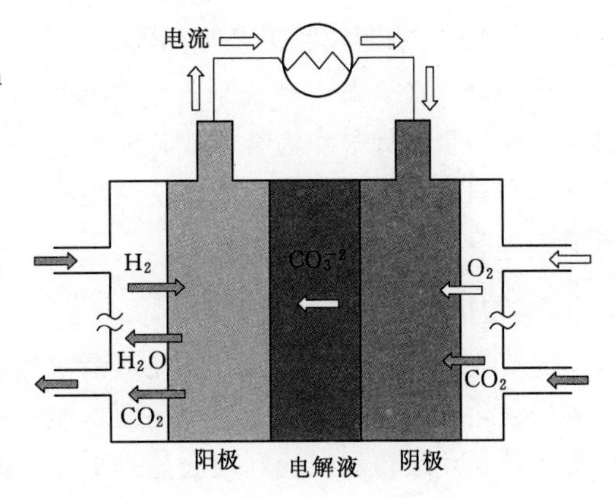

图 4.12　熔融碳酸盐燃料电池原理图

污染物主要产生在燃料的处理过程中，尤其是在填埋气中甲烷的蒸汽重整中产生。当对以填埋气为燃料的 MCFCs 进行生命周期评价（LCA）时，结果表明使用填埋气代替天然气后，CO、CO_2 和 NO_x 含量急剧减少。此外，与传统能源系统相比，LCA 研究表明了污染减少。美国能源部（DOE）对 MCFC 使用填埋气作为燃料进行了几个测试。结果表明气体成分符合燃料电池的需求，同时证明了 MCFCs 的高能源转化效率。然而，该技术主要的缺陷是 MCFC 仍然处于开发阶段，目前还具有较高的成本（http：//www. epa. gov/lmop/res/handbook. htm）。

4.3.8.2　固体氧化物燃料电池（SOFC）

SOFC（图 4.13）是一种能够提供 50MW 或更大电功率的大容量燃料电池。这些电池能够以 45%～60%的电效率在 800～1000℃的温度范围内运行。下面是发生在燃料电池内的化学反应（Lipták，2006），即

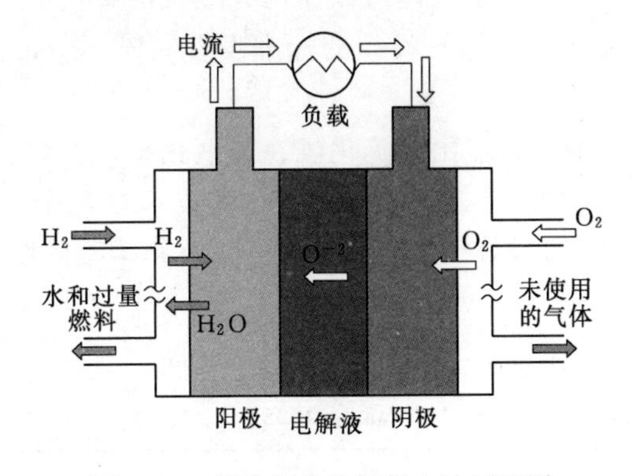

图 4.13　固体氧化物燃料电池原理图

阳极反应为

$$2H_2 + 2O^{2-} \longrightarrow 2H_2O + 4e^- \quad (4.6)$$

$$2CO + 2O^{2-} \longrightarrow 2CO_2 + 4e^- \quad (4.7)$$

阴极反应为

$$2O_2 + 4e^- \longrightarrow 2O^{2-} \quad (4.8)$$

总反应为

$$2H_2 + O_2 \longrightarrow 2H_2O \quad (4.9)$$

$$2CO + 2O_2 \longrightarrow 2CO_2 \quad (4.10)$$

SOFC 使用几种类型的燃料，比如天然气和生物质衍生气。因此填埋气很适合应用于该技术。

4.4　其他用途

垃圾填埋气还有许多其他用途，接下来的章节当中将为大家介绍一些与生活联系更加紧密的垃圾填埋气利用方式。

4.4.1 锅炉、水泥窑和工艺加热器

填埋废气最简单也是最划算的利用方式是直接作为锅炉、水泥窑和工艺加热器的燃料。这些垃圾填埋气作为替代或补充燃料，可直接在上述设备的燃烧单元参与燃烧。在填埋气为燃料的装置中，除了需要安装凝结和过滤之外，还有许多技术和工程上的问题需要考虑。

4.4.2 转化为高品位替代燃料

随着人们对可再生能源的关注逐渐增加，垃圾填埋气的利用开始进入人们的视野。考虑到传统化石燃料所引起的环境问题、能源安全问题、原油的高成本问题和垃圾填埋气的可再生性，垃圾填埋气的利用会显得更加重要。

目前，人们已经开始在点火式发动机上测试垃圾填埋气和氢的混合物，期望通过加入氢来增强其燃烧过程，并且改善垃圾填埋气的不均匀性所带来的影响（Shrestha 和 Narayanan，2008）。

垃圾填埋气目前的应用包括转化为压缩天然气和液化天然气用作车用燃料，此外，也有研究希望将垃圾填埋气转化为甲烷。

4.4.3 转化为天然气级别质量的气体

垃圾填埋气还能被处理成与天然气相同品质的气体，这就能直接利用现有的天然气供气管网。

华白数是评价气体质量的常用指标，它比较了不同气体燃料在不同温度下的体积能量。气体在不同热值和相对密度下仍然可能有相同的沃泊指数，它表明在给定过程下，气体将提供相同的热量，拥有相同的表现（Petchers，2003）。

当包含甲烷的气体沃泊指数为 13～15kWh/m^3 时，该气体可以作为天然气的替代品，并且不需要其他的额外处理，就能够直接用于任何为天然气设计的标准设备（Bilitewski 等，1997）。

在垃圾填埋气的处理过程中需要去除大量气体成分，比如硫化氢、二氧化碳、重烃、硅氧烷、氮气和氧气，这需要通过一系列相当复杂的工序来实现。由于这些技术并不是专门用于处理垃圾填埋气的，因此处理过程不一定具有较好的经济性。表 4.3 总结了不同填埋废气的优势和劣势。

表 4.3　　填埋气不同用途的优劣比较

(http：//www.epa.gov/lmop/res/handbook.htm；Williams，2005)

应　用	优　　势	劣　　势
发电	效率范围宽；单位发电量成本低；对过程废热的再利用可以提高效率；氮氧化物排放减少	对垃圾填埋气的质量要求高；对垃圾填埋气的处理成本高
锅炉、水泥窑和程序加热器	不需要完全凝结脱汞；经济效益高	需要对锅炉进行重新设计，以适应填埋气的应用
高品位替代燃料	能与其他燃料混合进行优化，有时可以得到比现有碳氢化合物更优质的燃料	垃圾填埋气的处理成本高

续表

应　用	优　　势	劣　　势
天然气级别的气体	可以直接注入现有天然气管网	垃圾填埋气处理至如此高的品质会提高成本
化工原料	可以用于生产柴油和甲醇	预处理成本高
垃圾填埋气燃烧火炬的热回收	与现有昂贵的脱除渗滤液工艺相比，价格低廉	只能在填埋场附近使用

4.4.4　化工原料

精制过的垃圾填埋气也可以在工业中作为化工原料使用，比如用于生产柴油和甲醇。该过程需要将垃圾填埋气处理成工业原料级别的气体，因此经济效益不高。

4.4.5　垃圾填埋气燃烧火炬的热回收

在垃圾填埋气燃烧火炬的低品位热进行回收也可以用在有机朗肯循环和斯特林循环中来发电。它还能用于直接蒸发填埋场渗滤液（图 4.14），为温室大棚供能加热，为水产业水的加热供能。目前使用垃圾填埋气的产业有汽车制造业、化工业、食品加工业、制药业、石灰砖窑加工业、废水处理、电子产品业、纸张与钢材制造业以及监狱和医院等。

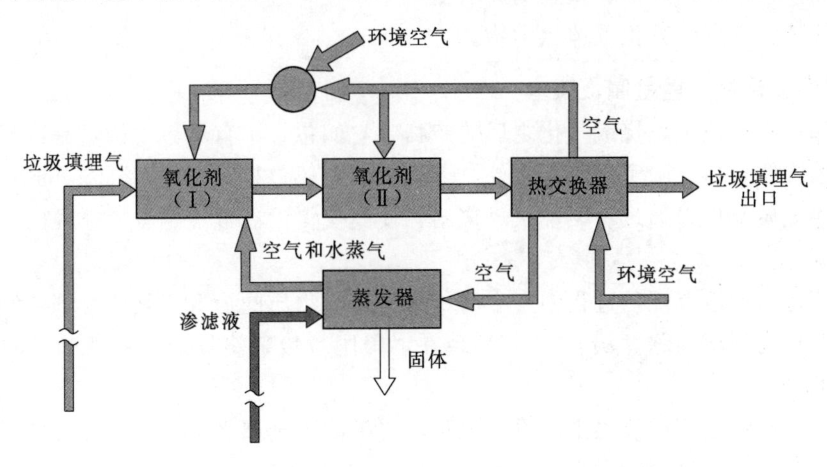

图 4.14　采用垃圾填埋气蒸发渗滤液的系统原理图

4.4.6　垃圾填埋气用于能源产业的例子

在美国，有超过 400 个正在运行的填埋废气能源项目，包含了利用往复式活塞发动机和微型燃气轮机发电、蒸汽生产、渗滤液的蒸发等。

其中一个是在由废弃物管理公司（WMI）管理的伊利诺伊州的 Settler's Hill 垃圾填埋场。该电厂利用填埋废气生产约 4.3MW 的电量，为日内瓦市约 7500 户家庭和企业发电。该填埋废气电厂有望在填埋场封场后再运行二十年。

Kiefer 垃圾填埋气发电厂建在美国萨克拉门托市，于 1999 年投入运行。在该电厂中，垃圾填埋气带动了五台内燃机的运行。有一根专用的电力线将发的电输送至电网，然后为 8900 户家庭供电。

位于加拿大不列颠哥伦比亚的 Hartland 垃圾填埋场为 34 万人提供能源服务。自 1985 年以来，该厂投入了 3 千多万美元，Hartland 垃圾填埋场的设备被认为是最现代的。该厂每年利用 140000t 的生活垃圾，生产 1.6MW 的电量。该电厂拥有非常全面高效的填埋废气回收系统：有 32 个垂直的双抽气井，9 个垂直单抽气井，共有 23 个抽取点。

美国加州洛杉矶的 Puente Hills 垃圾填埋气发电厂于 1987 年开始投入使用。该工厂利用垃圾填埋气作为燃料，通过传统的朗肯循环蒸汽发电产生了 46MW 的净电量。垃圾填埋气在工厂锅炉中燃烧，产生过热蒸汽，驱动汽轮机发电机组发电。

4.5 环境影响

对垃圾填埋气进行治理，可以通过以下几种方式给垃圾填埋场、能源供给者和终端使用者带来环境受益。

(1) 替代煤、石油、天然气等不可再生能源的使用。

(2) 防止富含甲烷的垃圾填埋废气直接排放，从而减少了温室气体的排放。

在利用废弃物的过程中主要生产两种类型的产物（Breeze，2005)：

(1) 固体：灰烬、炉渣、重金属、灰尘。

(2) 气体：烟气、其他气体化学物。

4.5.1 灰烬、炉渣、重金属、灰尘

灰烬和炉渣是垃圾燃烧或气化之后的产物，它们包含了自然界中微量有毒或者无毒金属的不可燃固体材料。除了金属物质外，燃烧灰烬中还包括一种叫做二噁英的毒性有机化合物。这些金属都可以通过将燃烧灰烬烧结，使其变得没有毒性。毒性极强的灰烬被埋在填埋场中。

二噁英是在垃圾燃烧的过程中产生的。这些化学物质的形成必须要受到控制，否则就会带来很严重的环境问题。从 1990 年到现在，美国垃圾焚烧处理厂排放的二噁英已经减少了 99%以上。

同样的从燃煤电厂排放出来的汞，镉和铅之类的重金属必须受到监控。然而，现在已经有了新技术来减少这些物质带来的负面影响。

另一个需要考虑的固体成分是飞灰。飞灰由微小的固体颗粒组成，并且通常包含高水平的有毒金属。这些灰尘随着烟气和废气一起从垃圾焚烧电厂中排放出来。可以通过袋式除尘器和静电除尘器来捕捉这些灰尘，随后将他们进行填埋。

4.5.2 烟气以及其他气体化合物

这些是垃圾发电厂排放气体的主要成分。这些气体都有着很高的温度，并且包含有毒物质，可以在他们排入大气之前对他们进行冷却和净化（Breeze，2005)。

4.6 成本

在任何一个利用垃圾填埋气能源的项目中，建设与运营中以下各项成本都必须考虑。

更低的投资成本，灵活的模块化安装以及可靠的技术，会使得这个项目有较高的收益。由于这些特质存在于内燃机（ICE）中，所以在运行过程中这个循环是主要的垃圾填埋气转换技术。然而，ICE具有最高的运行和维护成本。

燃气轮机的投资成本比ICE要高大约25%，但是其运行和维护成本则要少25%~30%。按照前文所述这套发电系统比较适合3000kW以上的大型发电厂，并且需要对垃圾填埋气供应中的甲烷成分进行更严格的控制。

有机朗肯循环机组主要用于地热发电站。如果这套机组采用垃圾填埋气，据估计投资成本为150万美元/MW，运行和维护成本在0.80美元/(kW·h)左右。

商业用的燃料电池仍处于研发阶段，因此成本十分昂贵。另外，从燃料电池的运行数据来看，它的工作时间只占到了65%（SCS Engineers，1997）。

其他需要考虑的投资以及运行维护成本包括：气体收集和处理费用、水电成本（电力和用水需求），表4.4列出了选择不同的LFGE技术时相应的投资及运行维护成本。

表4.4　选定LFGE技术的投资和运维成本
（http：//www.epa.gov/lmop/res/handbook.htm；Bove和Lunghi，2006）

技　术	最佳功率/MW	典型投资成本/(美元·kW^{-1})	典型年运行维护成本/(美元·kW^{-1})
小型内燃机	不大于1	1700	180
燃气轮机	不小于3	970	110
微型燃气轮机	不大于1	5400	350
有机朗肯循环	0.54	1500	61.44
熔融碳酸盐燃料电池	1.5	2800	96
固体氧化物燃料电池	1.5	3500	84

注　所有价格以美元为基准并适用于2007年数据。

有研究表明，虽然内燃机对环境有着最坏的影响，但是凭借着良好的经济性，成为了世界上最广泛应用的技术（Bove和Lunghi，2006）。而燃料电池正好相反，它是最清洁的能量转换系统，但是由于相关的投入成本太高，不能与传统的能源形成有效的竞争。虽然燃料电池的投资成本比传统能源高，但是依然可以有它的经济竞争力。

4.7　政策和激励措施

在美国等一些国家，税收优惠激励垃圾填埋场安装垃圾填埋气收集的以利于甲烷的利用（http：//www.epa.gov/lmop/res/handbook.htm）。

生产替代燃料或者从垃圾填埋场获得的燃料，在美国被划分为可再生能源，并有资格获得税收减免。对于在1980年到1988年7月1日之间投入使用的垃圾填埋气设施，每生产一桶油当量的能源产品，即可在考虑通货膨胀的情况下获得3美元的税收减免（Velzy和Grillo，2007）。

4.8 结论

采用 LFG 技术来生产能源是一个双赢的选择。垃圾填埋气利用项目关系到各个利益相关方，比如城市居民、非盈利组织、当地政府以及处于可持续生态规划中的工业。这些项目有助于实现不同社区、企业关于净化空气、可再生能源、经济发展、改善公众福利和安全、减少温室气体排放等方面的承诺。

参考文献

Bilitewski，B.，Härdtle，G.，Marek，K.，*Waste Management*，Springer - Verlag，Heidelberg，Berlin，1997.

Bove，R.，and Lunghi，P.，*Energy Conversion and Management*，2006，47，1391.

Breeze，P. A.，*Power Generation Technologies*，Newnes，Jordan Hill，Oxford，2005.

DOE，*Technology options for the near and long term. A compendium of technology profiles and ongoing research and development at participating federal agencies*，Department of Energy，Washington，DC，2003.

Hao，X.，Yang，H.，and Zhang，G.，*Energy Policy*，2008 36，3662.

http：//www. cogeneration. net/molten _ carbonate _ fuel _ cells. htm (last accessed November 2009).

http：//www. epa. gov/lmop/res/handbook. htm (last accessed November 2009).

http：//www. lei. lt/Opet/pdf/Willumsen. pdf (last accessed November 2009).

Lipták，B. G.，*Instrument Engineers' Handbook*：*Process Control and Optimization*，CRC Press，Florida，2006.

Loo，S. V.，and Koppejan，J. (eds)，*The Handbook of Biomass Combustion and Co - firing*，Earthscan，London，2008.

Mountouris，A. E.，*Energy Conversion and Management*，2006，47，1723.

Petchers，N.，*Combined Heating*，*Cooling*，*and Power Handbook*，Fairmont Press，Lilburn，Georgia，2003.

Reinhart，D. R.，and Townsend，T. G.，*Landfill Bioreactor Design and Operation*，CRC Press，Florida，1998.

SCS Engineers，*Comparative Analysis of Landfill Gas Utilization Technologies Prepared for*：*Northeast Regional Biomass Program CONEG Policy Research Center*，*Inc*，Washington，D. C.，1997.

Sharma，H. D.，and Reddy，K. R.，*Geoenvironmental Engineering*：*Site Remediation*，*Waste Containment*，*and Emerging Waste Management Technologies*，John Wiley and Sons Inc，NJ，2004.

Shrestha，S. O.，and Narayanan，G.，*Fuel*，2008，87，3616.

Sokhi，R. S.，in *Handbook of Environmental Engineering*，ed. Wang，L.，Pereira，N.，and Hung，Y.，Humana Press，NJ，2004，p. 604.

Speight，J. G.，*Synthetic Fuels Handbook*，McGraw - Hill，England，USA，2008.

Velzy，C.，and Grillo，L.，in *Handbook of Energy Efficiency and Renewable Energy*，ed. Kreith，and F.，Goswami，D. Y.，2007，p. 24 - 1.

Williams，P. T.，*Waste Treatment and Disposal*，2nd edn，John Wiley and Sons Inc.，England，2005.

第5章　费 托 合 成 技 术

RALPH CHADEESINGH，PhD（Cambridge，U. K.）
Kellogg Brownt Root Limited - Hill Park Court，Springfield Drive，
Leatherhead，Surrey，KT22 7LN，UK

5.1　引言

众所周知，煤、石油、天然气被认为是化工行业和交通燃料的主要原料。全球性的原油减产，导致了原油价格从20世纪90年代中期的10～15美元/桶，上升为2008年的超过100美元/桶。

在许多产油国，2010年的国家预算都是以原油价格70美元/桶为基础而预设的。但实际上，目前已知的煤和甲烷储量分别超过原油储量的25倍和1.5倍。因此，随着原油产量的下降和价格的上涨，费托合成技术是用煤或天然气做原料制造合成烃的技术，在能源结构中变得越来越有吸引力。与此同时，费托合成的产物是非常洁净的，其所得燃料不含有芳香族化合物、硫化物或氮化物。与石油衍生的燃料汽油和柴油相比，费托合成工艺的产物在燃烧中产生的多环芳烃（PAHs）更少，并且不产生SO_x和NO_x。由于全球温室气体减排压力逐渐增大，欧洲和美国已经出台了相关的法律体系，迫使生产液体交通燃料的厂商们遵守更为严格的排放标准。在这样的背景下，要达到环境标准，采用费托工艺合成烃以取代部分石油衍生燃料这一方法就显得越发重要。所以，在为实现全球可持续发展的能源结构中，费托合成工艺占有一席之地。

5.2　费托合成（F-T）技术的历史和发展进程

费托合成技术最早于1938年在德国投入工业生产。当时德国总共有九个采用费托合成技术的工厂，每年总计生产660000t合成烃类燃料。但是，费托合成技术的历史可以追溯到一个世纪以前。表5.1展示了其发展进程（Bakur和Sivaraj，2002）。

与费托合成技术相关的经济学（Smith，2005）是这样的：当天然气价格大约是0.7美元/(mmBtu)，投资回报率为25%，若原油价格在20～30美元，费托合成工厂就会难以为继。正如前文所述，21世纪是费托合成技术的历史转折点，它重新唤起了人们对它的兴趣。这很大一部分原因是对更廉价的深层气体的开发，这些发现使得费托合成技术更具经济性，也更有吸引力。

费托合成技术主要由三个主要阶段组成：①生产合成气（即一氧化碳和水）；②费托

表 5.1　费托合成技术的历史

年份	内　　容
1902	在镍催化剂上用 H_2 和 CO 合成甲醇（Sabatier 和 Sanderens）
1923	费希尔（Fischer）和托罗普希（Tropsch）发表了以钴、铁和铷为催化剂，在压力作用下合成烃的研究成果
1936	最早的四个费托合成工厂在德国开始运作（200000t）
1950	一个日产 5000 桶的工厂在德州的布朗斯维尔建成并投入生产
1950—1953	淤浆反应器得到发展
20 世纪 50 年代中期	中东地区石油的发现突然使得石油更加廉价易得，它们可用于交通燃料和化工产品的生产，减慢了新的费托工艺工厂的建设
1955	第一家萨索尔的工厂在南非投产，使用的是铁催化剂，随后两家工厂分别于 1980 年和 1983 年投产
20 世纪七八十年代	随着油价上升，能源危机和国际政治引发了人们对费托合成工艺的兴趣
20 世纪 90 年代	困气藏的发现激发了人们对费托合成工艺的兴趣，用这一技术可以实现气液转化完成生产
1992	Mossgas 工厂用萨索尔的技术，以天然气作碳源
1992—1993	Shell 用钴基催化剂，以天然气作碳源的，实现日产 13000 桶
1993	Sasol 淤浆反应器（SPR）投入生产，用铁作催化剂，日产 2500 桶
2002	原油价格渐渐涨至超过 30 美元/桶

合成工艺，将合成气转化为脂肪烃和水；③加氢裂解，使脂肪烃长碳链（蜡状）变为小分子化合物，最终能够直接作为燃料。

在上面三个步骤中，合成气的生产是最耗能且最昂贵的，其投资成本几乎占整个过程的 50%～70%。因此，我们针对这三个过程的改进开展了大量的研究，对合成气的生产过程的改进是重中之重。很大程度上，这一步骤决定了整个生产过程是否可以投入大规模的商业生产。因此，除了费托合成技术本身，有关合成气工艺的前沿技术也将在下文中论及。

5.3　合成气的生产：费托合成的前期准备

合成气是混合物，主要由一氧化碳、氢、水、二氧化碳、氮气和甲醇组成。它进行商业规模生产的历史已经超过 75 年。本文这一部分将大致介绍与之相关的新兴技术以及其经济优势。同时将介绍该领域的最新进展之一：运用膜反应器生产合成气。

生产合成气的过程可以看做由三个系统组成（图 5.1）：合成气发生器、废热收集系统、气体处理系统。在这三个系统中，都有各种可供选择的方案，例如合成气中氢和一氧化碳的含量可以在很大的范围内变化。要得到高纯度的气体有两种主要的途径：一种是变压吸附法，另一种是使用冷源，通过低温蒸馏实现分离。实际上，这两者也可以组合使用。但不幸的是，两种方式的成本都很高。目前已经有部分研究在上述领域取得了进展，例如使用可渗透膜获得高纯度的 H_2，该膜可以自动调节所得合成气中 H_2/CO 的比例。

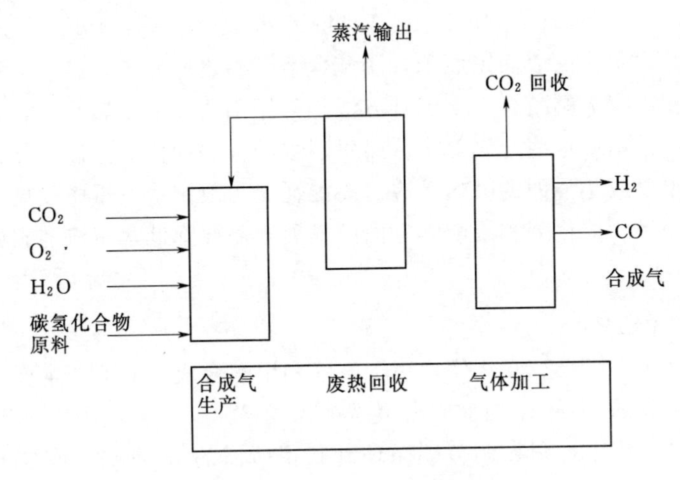

图 5.1 合成气生产的替代工艺

（来源：Da Prato 和 Gunardson，1996）

5.3.1 蒸汽重整

让预热混合气（主要是甲烷和水蒸气）通过充满催化剂的管道可实现蒸汽重整（有时也称蒸汽—甲烷重整，SMR）。由于整个过程吸热，因此在整个反应过程中需一直供热，该热量主要靠管道边的燃炉提供。蒸汽重组的产物是包含 H_2、CO 和 CO_2 的混合物。

图 5.2 是蒸汽重组的过程图。为了使通入的甲烷充分转化，将初级和次级重整装置组合使用。初级装置中，甲烷和水蒸气在 Ni/Al_2O_3 催化剂上反应，产生 H_2/CO 约为 3∶1 的合成气，该过程中 90%～92%的甲烷被转化。反应在温度为 900℃的管式炉中进行，压力为 15～30 个大气压。未反应完的甲烷与氧气在次级自热重整装置的上部进行，装置下部有 Ni 作为催化剂。

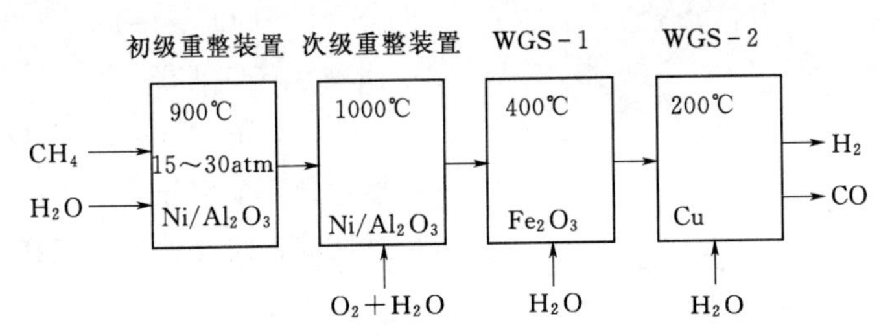

图 5.2 蒸汽重组的过程图（Bharadwaj 和 Schmidt，1995）

两个水—气转换器（WGS）放置在次级重整装置的下游，用来调整 H_2/CO 的比例，这一过程靠尾端蒸汽重整的产物来进行。第一个 WGS 反应器用铁基作催化剂，并加热到约 400℃，第二个 WGS 反应器工作温度为约 200℃，以铜基做催化剂。

初级蒸汽重整器中以镍作催化剂引起的积碳是一个非常棘手的问题（Rostrup - Neilsen，1984；Alstrup，1988，Rostrup - Neilsen，1993）。目前有大量的实验研究寻找合适的方法防止积碳形成。一种有效的方法是将原料气中的蒸汽/碳比调整至不会形成积碳的水平。但是该技术使得整体工艺的效率下降。另一种方法采用硫钝化技术，这促进了SPARG工艺的发展（Rostrup－Neilsen，1984；Udengaard等，1992）。该方法根据积碳反应比蒸汽重整需要更多的表面镍原子，用硫覆盖某些表面原子，就会大幅抑制积碳，相对于蒸汽重整其积碳有大幅减少。第三种方法是采用第八族的金属元素，例如铂，这样就不会产生碳化物。但由于这些金属都十分昂贵，这种方法远比不上以镍作催化剂经济。

由于蒸汽重整反应是强烈的吸热反应，高能耗成为限制蒸汽重整发展主要问题，寻求更高效的能源利用率。催化剂和冶金学方面的发展则需要降低水蒸汽与碳的比例，同时提高热流密度。

5.3.2 自热重整（ATR）

自热重整发展于20世纪50年代，用于氨气和甲醇合成气的商业生产。由于氨气的生产过程中，需要很高的H_2/CO因此自热重整需要在蒸汽/二氧化碳比例很高的环境下运行。在生产甲醇的反应中，则靠调节碳循环来获得所需的H_2/CO。该技术已经得到了极大的发展，只要通入低蒸汽/二氧化碳气体，就可以生产出富含一氧化碳的气体，这种实践大大节约了生产成本，有利于费托合成（Christensen和Primdahl，1994）。

在自热重整中，作为进料的有机物（例如天然气）有时直接与蒸汽或二氧化碳在重整炉中混合。重整炉内含有耐火容器（其中含有催化剂），其顶部有一个进料口。其中某个区域会发生部分氧化反应，该区域叫做燃烧区。燃烧过后的混合气体流过催化床，在此发生重整。燃烧区所得的热量被用于重整，因此在理想状况下，自热蒸汽重整可以自己实现完全的热平衡。

当自热重整使用的是二氧化碳时，产生的H_2/CO为1∶1，当使用的是水蒸气时，产生的H_2/CO是2.5∶1。反应可由如下的反应方程式表示：

（1）使用CO_2，即

$$CH_4+O_2+CO_2 \longrightarrow 3H_2+3CO+H_2O$$

（2）使用水蒸气，即

$$4CH_4+O_2+3H_2O$$

反应器包含3个部分：

（1）燃烧炉。此处进料蒸汽在湍流扩散的火焰中混合。

（2）燃烧区。此处发生部分氧化反应，产生一氧化碳和氢气的混合物。

（3）催化反应区。气体离开燃烧区，在此处达到热平衡（图5.3）。

自热重整的优点包括：①设计紧凑，便于安装；②投资低；③能实现规模经济；④使用方便，启动时间短并且适用于快速变载荷；⑤运行过程中不产生烟灰。

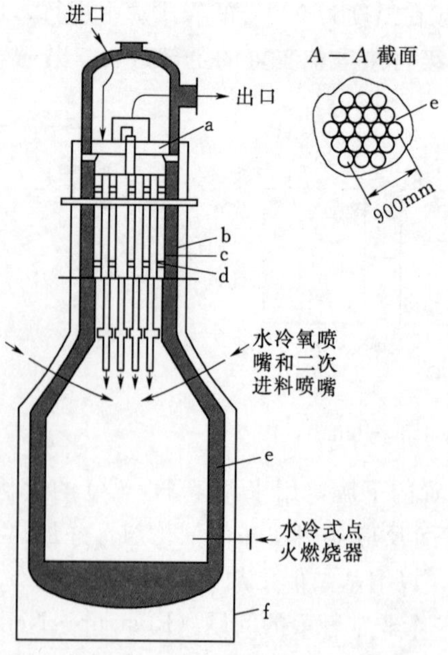

图5.3　一个由Uhde开发的催化自热重整反应器（CAR）实例

5.3.3 联合重整

联合重整包含了蒸汽重整和自热重整。在这种组合下，碳氢化合物（例如天然气）首先在一个相对较小的蒸汽重整炉中部分转化为合成气，该过程在温和的条件下进行。从蒸汽重整炉中出来的气体被送至供氧燃烧的二级反应器中进行自热重整。此时，未反应的甲醇被部分氧化生成合成气，再接着进行蒸汽重整。

另外一种方法则将通入的碳氢化合物分成两部分，同时送入蒸汽重整炉和自热重整炉。由 Synetics 设计了一个有效进行联合重整实例，该方法被称之为热气重整（Gas - heated reforming）。

5.3.4 热部分氧化

当非化学计量的燃料—空气混合物在重整炉中燃烧时，会发生部分氧化反应。在没有催化剂时，反应的总方程式为

$$C_nH_m+(2n+m)/2O_2 \longrightarrow CO+H_2O$$

一种煤的反应方程式可能为

$$C_{12}H_{24}+12O_2 \longrightarrow 24CO+6H_2$$

热部分氧化反应器与自热重整反应相似，区别在于它没有使用催化剂。进料（可能包含蒸汽）直接与由反应容器顶部喷入的氧气进行混合。部分氧化反应和重整反应都在燃烧炉下方的燃烧区进行。

部分氧化反应的主要优势在于它可以使几乎所有的进料发生反应，这些物料可以包含高分子有机物，例如石油焦等。此外，由于该工艺排放的硫化物和氮化物微乎其微，可以认为其对环境无害。

另一方面，该反应需要大约 1300℃的高温下才能完全进行，这就需要氢在富氧下燃烧来创造反应条件。因为要从合成气中移除煤烟和酸性气体，投资成本也很高，对于高压氧气的需求也造成了昂贵的运行费用。

5.3.5 催化部分氧化（CPOX）

利用催化氧化反应可以改进合成气的生产效率。尽管催化氧化技术还未投入商业应用，但相对于蒸汽重整而言，它有诸多优势，尤其是能效比蒸汽重整更高。该反应会放出少量热量，并且利用这种技术产出的 H_2/CO 接近 2，刚好是费托合成和甲醇合成的理想比例。

催化部分氧化由以下途径实现：间接法和直接法。

1. 间接法

间接法包含了三个步骤：甲烷完全燃烧变成二氧化碳和水，接着进行蒸汽重整和水气转换。该反应可以在常压下实现 90%以上的平衡转化率。但是，如果要使该技术在工业应用中具有良好的经济性，反应压力必须大于 20 个大气压。但是这样会降低，反应的平衡转化率，此外由于反应大量放热，可能会产生温度控制的问题，并且存在温度失控的可能性，这会影响装置的正常运行。

2. 直接法

根据只在催化剂表面反应的反应机理，直接法生产合成气，即

$$CH_4 + 0.5O_2 \longrightarrow CO + 2H_2$$

必须注意的是，目前微型反应器中的部分催化氧化的研究表明，在大多数情况下，转化是通过间接法实现的。这很可能是因为“直接”反应只在很短的接触时间内发生。值得一提的是，有研究者发现，如果让高速的气流通过固定床反应器，合成气产量比平衡状态下的值要高。

5.3.6 煤的气化

煤的气化技术已经被证明在商业上是可行的。它的起源可以追溯到三种第一代反应技术：鲁奇（2000 年）固定床气化技术、温克勒流化床气化技术、考伯斯-托茨克气流床气化法。在不同的技术路线中，都是让蒸汽—空气—氧气的混合气体通过固定床、流化床或气流床上被加热的煤，反应器出来的气体分别为 500℃、900～1100℃和 1300～1600℃。主要的气化技术见表 5.2。

表 5.2　煤的气化技术及其规模

气化工艺	项目名称	国家	气化规模（t/天）	气化目的
Shell	SEP - Holland	荷兰	2000	250MW IGCC
Texaco	Ube Ind	日本	1600	氢气制氨
Dow	Plaquemine	美国	2400	160MW IGCC
Prenflo	Thermie	西班牙	2600	320MW IGCC
Lurgi	Sasol Ⅱ and Sasol Ⅲ	南非	2X 40000	合成气
HTW	Rheinbraun	德国	730	合成气制甲醇

除了蒸汽—空气—氧气混合气体可以作为进料气体，在使用膜技术和含氧压缩气体的普莱克斯反应中，也用到蒸汽—氧气作为进料气。

5.3.7 膜反应器

沙索公司、英国国家石油公司、普莱克斯公司以及挪威国家石油公司开发了一种创新性的工艺，可将空气分离和天然气重整过程结合起来（Dyer 和 Chen，1999）。如果成功用于商业生产，这种革新技术将减少合成气生产成本的 30%。该技术被称之为氧交换膜技术，可以将五种过程结合起来，即氧气分离、氧气压缩、部分氧化、蒸汽甲烷重整和热量交换。该技术采用了催化剂和膜技术，以加速重整反应进程。经过测验，其中有一种膜 SFC - 2（化学式为 $Sr_1Fe_1Co_{0.5}O_x$）克服了膜技术中最常见的问题，该膜能在高压下使用。

空气产品公司（Air Products）已经开发了一项用两个步骤生产合成气的工艺，并取得了专利（Nataraj 等，2000）。这种技术可以用来从多种原料获得合成气，例如天然气、原油开采中的伴生气、精炼过程中较轻的烃类、中碳烃碎片（如石脑油）。这种方法的第一步包含了传统的蒸汽重整，使原料部分氧化生成合成气。接着，在陶瓷离子

交换膜反应器上进行完全转化。该技术解决了蒸汽重整中的不可以使用比甲烷更重的烃作为原料的问题，因为碳原子数大于2的烃类在反应中会使得催化剂失效并导致薄膜被分解。

通过移除反应区的烃，可以促进蒸汽重整过程平衡的移动，薄膜反应器也可以增加甲烷转化的平衡极限。使用钯和银合金薄膜反应器，可使甲烷的转化率接近100%。

5.3.8 合成气工艺的产物

合成气工艺的产物可能是以下任意物质：高纯度的氢气、高纯度的一氧化碳、高纯度的二氧化碳、一系列浓度比的 H_2/CO 混合气体是（Goff 和 Wang，1987）。如果设计用于生产高纯度的CO和 H_2，该工厂通常被称为HYCO，否则它被称为合成气工厂。实际上，H_2/CO 的比例可以任意调节，只需根据所需的产物成分选择装置的反应模式即可。对于HYCO和合成气装置而言，生成的 H_2/CO 比例基本上为1～3。但是对于单产物合成，如果只想要高纯度的氢气，那么我们可以将所有的CO转化为 CO_2，从而 H_2/CO 的比例可以接近无限大。但如果只想要CO，该比例不能调至0，因为这个工艺总会生成氢气和水。关于不同的气化工艺中 H_2/CO 的比例有如下的经验法则：

（1）蒸汽甲烷重整（SMR）：3.0～5.0。

（2）SMR＋氧气二级重整（O2R）：2.5～4.0。

（3）自热重整（ATR）：1.6～2.65。

（4）部分氧化（POX）：1.6～1.9。

值得注意的是，如果我们进一步改变反应条件，例如用转化器改变即将平衡的水—气转化反应，或者调整蒸汽的量，就可以获得比上述方法中 H_2/CO 比例更高的产物。

5.3.9 从合成气中获取高纯度的CO和 H_2

如果有需要的话，有以下4种途径可从合成气中获得纯度高于99.5%的氢气或一氧化碳：

（1）低温＋甲烷化作用。这种方法采用低温工艺，使得CO在冷箱中逐级液化，直到生成的 H_2 纯度达到98%左右。冷凝下来的CO可能还含有甲烷，将它们蒸馏，可得到几乎纯净的CO和部分 CO/CH_4 混合气体，后者可用作燃料。从冷箱中出来的氢气流被输送到转化器中，使得残留的CO被转化为 CO_2 和 H_2。其中的 CO_2 或者CO则通过甲烷化作用被分离。这样得到的氢气纯度高达99.7%。

（2）低温＋变压吸附（PSA）。这种方法与上面的基本一样，先是通过低温冷凝CO，使得氢气的纯度达到98%左右。然后，同样让CO与甲烷通过蒸馏分离，直到得到几乎纯净的CO。氢气流则通过多次的变压吸附循环，其产出的纯度可高达99.999%。

（3）甲烷低温洗净工艺。在这种工艺中，液态CO被液态甲烷流吸收，所以生成的氢气中只含有 10^{-6} 级的CO，但是甲烷的含量有5%～8%。这样一来，最多只能获得纯度为95%的氢气流。但是，得到的液态 CO/CH_4 可以被蒸馏，获得几乎纯净的CO和 CO/CH_4 作为燃料使用。

（4）Cosorb法。这种工艺利用了甲苯中的铜离子（$CuAlCl_4$）能与CO形成一种化合物的原理，以此将 CO 从 H_2、N_2、CO_2 和 CH_4 中分离出来。这种方法可以捕获大约 96%的 CO，从而生产纯度高达 99%的 CO。该方法有如下缺点：首先，水、硫化氢以及其他的微量化合物可能会使铜离子催化剂中毒，因此必须在反应前清除这些物质。其次，使用该工艺得到的氢气纯度最多只有 97%。但是，在低浓度的 CO 环境下，低温分离法的效率会有所降低，此时采用 Cosorb 工艺的效率更高。

5.4 费托合成技术的特性

5.4.1 费托合成的化学反应

费托合成工艺是通过使用过渡金属元素作催化剂，将 CO/H_2 化合成烃类的反应。工业上主要使用的催化剂有 Fe 和 Co、Ru 或 Ni。从化学反应机理的角度看，这是将 CH_2 接连加到碳骨架上形成碳长链的反应。反应的总方程式形式为

$$n\mathrm{CO}+\left(n+\frac{m}{2}\right)\mathrm{H_2} \longrightarrow \mathrm{C}_n\mathrm{H}_m+n\mathrm{H_2O},\Delta H-\mathrm{ve}$$

例如：

$$\mathrm{CO}+2\mathrm{H_2} \longrightarrow -\mathrm{CH_2}-+n\mathrm{H_2O},\Delta H=-165\mathrm{kJ/mol}$$

值得注意的是，还有可能发生其他的几个反应。但是这些反应机制目前还不清楚，相关的几种模型在学术界仍然存在较大的争议（Spath 等，2003）。这几个反应有一个普遍的特征，即它们都是剧烈的放热反应。根据经验而言，以产生 H_2O 和 CO_2 作为产物的反应放热更加多，因为形成这些产物需要大量的热量。这几个反应中的部分反应（Rauch，2003）为

$$\mathrm{CO_2}+3\mathrm{H_2} \longrightarrow -\mathrm{CH_2}-+2\mathrm{H_2O},\quad \Delta H=-125\mathrm{kJ/mol}$$

$$\mathrm{CO}+2\mathrm{H_2} \longrightarrow -\mathrm{CH_2}-+\mathrm{H_2O},\quad \Delta H=-165\mathrm{kJ/mol}$$

$$2\mathrm{CO}+\mathrm{H_2} \longrightarrow -\mathrm{CH_2}-+\mathrm{CO_2},\quad \Delta H=-204\mathrm{kJ/mol}$$

$$3\mathrm{CO}+\mathrm{H_2} \longrightarrow -\mathrm{CH_2}-+2\mathrm{CO_2},\quad \Delta H=-244\mathrm{kJ/mol}$$

还有一个水气转化反应为

$$\mathrm{CO}+\mathrm{H_2O} \longrightarrow \mathrm{H_2}+\mathrm{CO_2},\quad \Delta H=-39\mathrm{kJ/mol}$$

就像上述反应所表现的，由于费托合成反应剧烈的放热特性，因此需要设计良好的冷却散热系统来防止温度升高，这样有助于维持稳定的反应条件，避免产生更轻的烃类，防止催化剂熔结，活性降低。

由于费托合成反应总焓变大约是合成气（也就是费托合成的反应物）燃烧热的 25%，该反应的最大反应效率存在一个理论上的极限（Ruach，2003）。

5.4.2 低温和高温下的费托合成反应体系

事实上，根据所使用的催化剂和反应温度范围，费托合成可分为两种方案。如果使用

的是铁基催化剂，温度范围是300～350℃，称之为高温费托反应（HTFT），如果使用钴基催化剂，温度范围在200～240℃（Dry，2002），即低温费托反应（LTFT）。不过，低温费托合成反应实际上也可以采用铁基催化剂。

原则上，费托合成也可以使用其他的催化剂，尤其是那些含有铷和镍的活性位催化剂。但实际上由于铷难以获取、价格昂贵，大规模生产中基本不用铷作催化剂，尽管铷的催化活性能够满足费托合成的条件。另一方面，镍基催化剂活性较高，在大规模生产中有所应用，但它也因为可能产生太多甲烷而被人们诟病。此外，在高温下，镍催化剂也不够好，因为它会导致不稳定羟基化合物（即含氧化合物）的产生。

实际上，工业生产使用的最多的是铁基催化剂和钴基催化剂。从经济的角度来说，铁便宜而钴相对较贵，但这一点被钴基催化剂的几个优势所弥补：钴基催化剂活性更高，寿命更长，因而不需要让工厂停产来更换催化剂。综合来看，钴基催化剂比铁基的更有优势。

5.4.3 费托反应装置的设计

设计最适于大规模费托合成的反应器，有两个问题需要解决：由于反应放热而导致的散热问题、温度控制。这主要是为了使催化剂的寿命更长，并且获得最理想的产物。为了使散热效率最大化，实现最佳的温度控制，已经设计出4种反应器：多管式固定床反应装置和固定浆态床反应装置、循环流化床反应装置和固定流化床反应装置。

这种四种反应装置如图5.4所示。

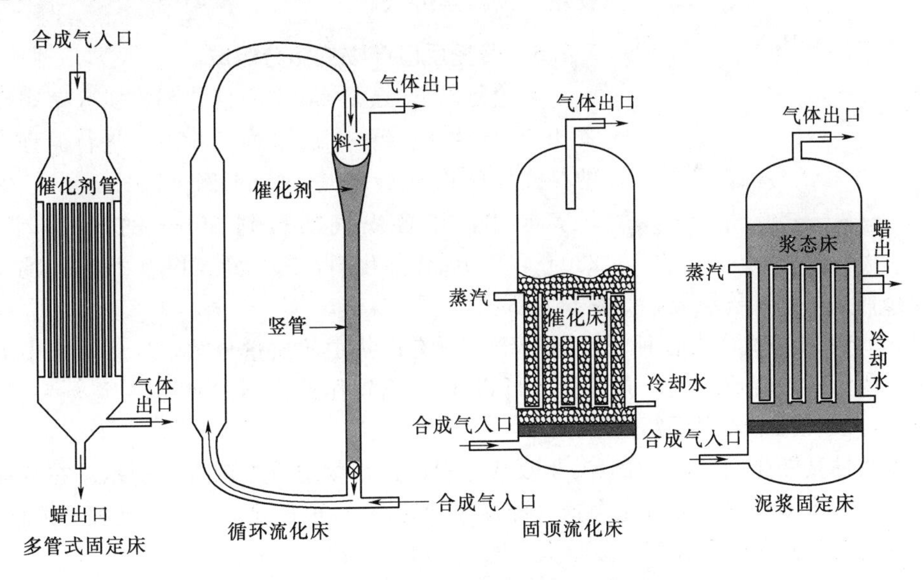

图5.4 四种主要类型费托合成反应器设计
（NREL，Spath等，2003）

关于低温和高温下的合成反应工序以及上述装置，将在本篇5.6节以及5.7节作更加详细的论述。

5.4.4 费托反应的原理和产物

费托合成的产物是包括烷烃和烯烃的混合物。因此，用于解释该反应生成物成分的反

应机理，不仅要说明不同烃官能团怎样形成，还要能说明碳链的生长过程。该反应机理中包含了原始碳链生成阶段，该阶段可表示为

$$\mathrm{CO} \longrightarrow \underset{\text{催化剂}}{\underset{|}{\mathrm{CO}}} \xrightarrow{+\mathrm{H_2}} \underset{\text{催化剂}}{\underset{|}{\mathrm{CH_2}}} + \mathrm{H_2O}$$

根据此反应原理，每个催化剂表面所吸收一个 CO 分子都需要 2 个 H_2 与之反应。我们可以由此推知使碳链加长的最佳化学计量比，也就是说费托合成最佳的 H_2/CO 比例是 2（Rauch，2003）。

催化剂表面形成- CH_2 -之后，碳链通过吸收其他的 CO 分子而加长，或者以烷烃或烯烃的形式离开催化剂表面，结束碳链生长过程。这些可由图 5.5 说明。

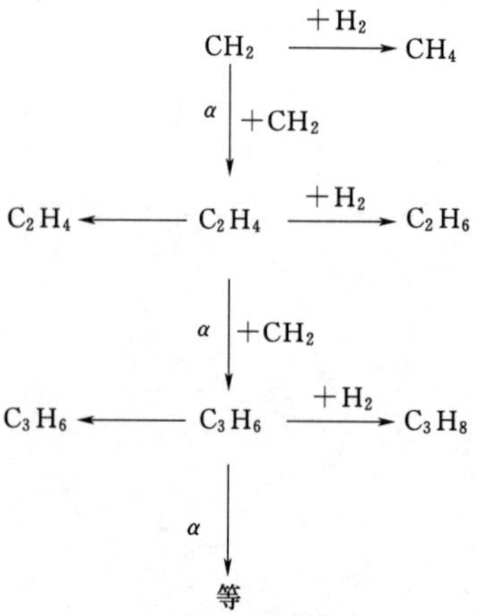

$CH_2 \xrightarrow{+H_2} CH_4$

$\downarrow \alpha \quad +CH_2$

$C_2H_4 \longleftarrow C_2H_4 \xrightarrow{+H_2} C_2H_6$

$\downarrow \alpha \quad +CH_2$

$C_3H_6 \longleftarrow C_3H_6 \xrightarrow{+H_2} C_3H_8$

$\downarrow \alpha$

等

图 5.5　碳链伸长或停止伸的过程

以上过程清楚地表现了碳链生长或停止生长的两种情况。当产物以烯烃或烷烃的形式离开催化剂表面时，碳链就会停止生长。当吸收了其他的 CO 分子时，碳链通过增加- CH_2 -的方式生长。根据观测和许多费托合成的实验结果，碳链生长概率（图 5.5 中 α）可假设为定值。使用这一假设，可得出预测费托合成所形成的各产物组成的数学方法。

5.4.5　费托反应产物的组分组成

无论是以 Fe 还是 Co 作为催化剂，实验室规模下的费托合成产物组分配比已通过实验手段进行验证，维也纳科技大学的实验就是一个实例（Furnusinn，2005）。该实验中，将合成气加压到 30bar 的压力，温度为 280℃，以 Fe 作催化剂，送入到容积为 250mL 的反应器中，可获得最终的产物组分，如图 5.6 所示。

图 5.6 中的 y 轴代表各种长度的碳链在所有产物中的质量分数，显然从图中可以看出，在与高温费托合成的反应条件下（HTFT），用铁作催化剂主要生成 C_{10}～C_{18} 的烯烃或者烷烃，或者说主要生成柴油馏分。

当使用钴基催化剂时，在 240℃下反应，得到的产物组分如图 5.7 所示。在这样的情况下，生成了更多较重的碳氢化合物（即烯烃和烷烃）。很显然，在低温费托合成模式下，用钴作催化剂时的碳链生长概率 α 更大。

5.4.6　建立费托产物分布模型

尽管不少人尝试建立过费托产物分布的模型，但现在的产物分布预测还不够精确，具体表现为模型预测值与实际观测结果不吻合。这种不一致的原因是我们对该反应的机理没有完全掌握。但是，人们普遍认为该反应分布服从某种形式的指数分布。在科技出版物领域，人们普遍认为任何建立费托合成产物分布模型的尝试都有一个显著的特征，即引入链生长概率 α。

建立费托合成模型需要热力学和动力学的基础知识。在现有模型中，最普及的是基于

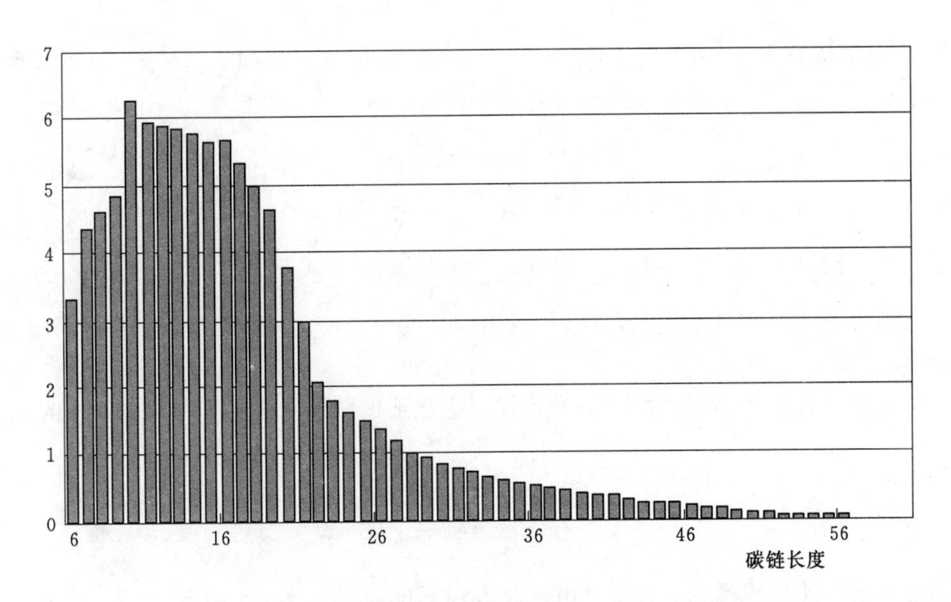

图 5.6　280℃，30 个大气压下铁基催化物反应的产物分布

（来源：Furnsinn，2005）

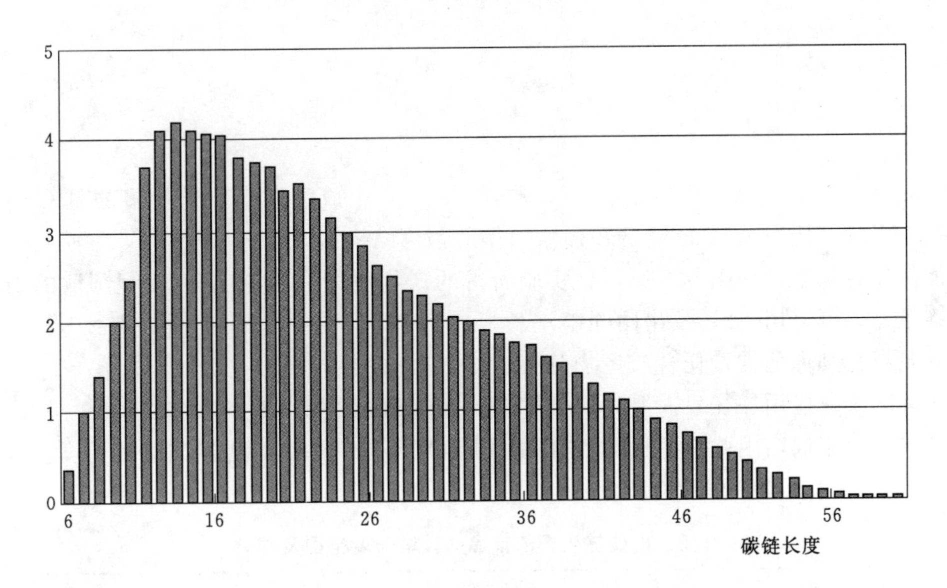

图 5.7　280℃，30bar 下钴基催化物反应的产物分布

（来源：Furnsinn，2005）

热力学的 ASF（Anderson - Schulz - Flory）模型（Schulz，1935；Flory，1936）。

ASF 模型中，假设链生长概率 α 是常数。如果实际上 α 不是常数，预测值就会与实际观测值不同。因此 ASF 模型建立于一个假设之上，即碳链生长过程是在不断增加 - CH_2 - 单体。

很明显，要完善已有的费托产物分布模型，进一步建模将以 ASF 模型为基础。理解该模型的数学推导，不仅对进一步建模很重要，也有助于理解反应机理以及关于这些模型能多大程度应用于大规模费托反应器。

ASF 模型认为含有 i 个碳原子的$-CH_2-$碳链，其形成概率如式（5.1）所示。碳链生长一步的概率是 α，$i-1$ 步增长形成含有 i 个碳原子的长链，其概率为 α^{i-1}。

$$P_{i-1}=\alpha_1\alpha_2\alpha_3\cdots\alpha_{i-1}=\alpha^{i-1} \tag{5.1}$$

因此，从式（5.1）可以导出产生长度为 i 的烃的概率为

$$P_i=\alpha^{i-1}(1-\alpha)^2 \tag{5.2}$$

因为链终止生产的概率是（$1-\alpha$），当生成长度为 i 的烃时链两端需要同时停止生长，（$1-\alpha$）项需要平方。

一般而言，烃有各种不同的同分异构体，因此形成第 i 种同分异构体的概率为

$$w_i=\alpha^{i-1}(1-\alpha)^2 i \tag{5.3}$$

$$\sum_{i=1}^{n} w_i = \sum_{i=1}^{n}\alpha^{i-1}(1-\alpha)^2 i = 1 \tag{5.4}$$

因此，最可能生成烃的 i 的值可由微分方程解得，即

$$\frac{\partial w}{\partial i}=(1-\alpha)^2(\alpha^{i-1}+i\alpha^{i-1}\ln\alpha)=0 \tag{5.5}$$

式（5.5）的解为

$$w_{\min}=\infty,\ \alpha<0$$

$$w_{\max}=-\frac{1}{\ln\alpha}$$

实际上，对于有代表性的 α 值（$0.7<\alpha<0.9$），生成的烃中质量最多的是 $C_5\sim C_{10}$。当 $\alpha=0.85$ 时，使用 ASF 产物分布模型所得的预测结果如图 5.8 所示。

值得注意的是，如图 5.8 所示，实验所得的产物质量分布与 ASF 模型预测的结果很类似。于是，可以用 ASF 模型预测链增长概率为 0.85，在 30bar 的压力和 240℃ 的温度下以钴基催化剂催化的费托合成产物分布。

实际的工业应用往往只需要一部分产物。由于这些产物有不同的沸点，在环境温度下的物理状态也不同，因此它们根据各自的性质有着不同的用途。不同的碳链长度对应产物见表 5.3。

表 5.3　费托合成能够生产的产品的碳链长度范围及种类

碳链长度	组　名	碳链长度	组　名
$C_1\sim C_2$	SNG（合成天然气）	$C_{11}\sim C_{12}$	煤油
$C_3\sim C_4$	LPG（液化石油气）	$C_{13}\sim C_{20}$	柴油
$C_5\sim C_7$	石油醚	$C_{21}\sim C_{30}$	软石蜡
$C_8\sim C_{10}$	重制石油	$C_{31}\sim C_{60}$	硬石蜡
$C_{11}\sim C_{20}$	中间馏分		

当需要较短碳链的产物时，如轻油和汽油馏分，可以通过裂解长链产物来获得相应产

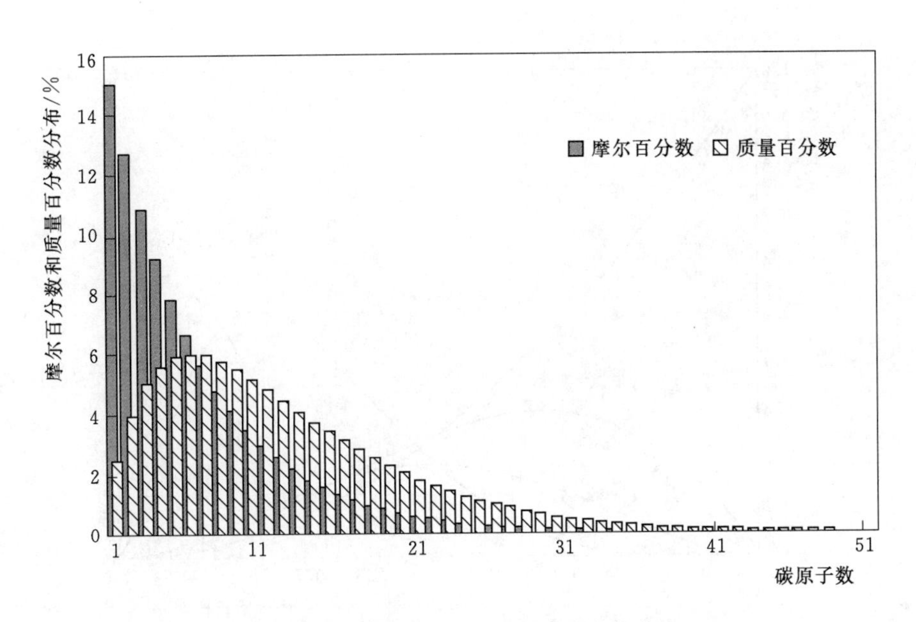

图 5.8 根据 ASF 模型预测的理论费托合成产物分布，$\alpha=0.85$

（来源：Flory，1936）

品（Dry，1982）。由此可见，当费托合成反应中的长链产物含量更高时，后续产品销售的灵活性就更大。

ASF 模型提供了费托合成中产物不同组分的质量分数分布的预测，见表 5.3。因此，该模型可以作为选取碳链生长概率的工具。可由图 5.9 说明。

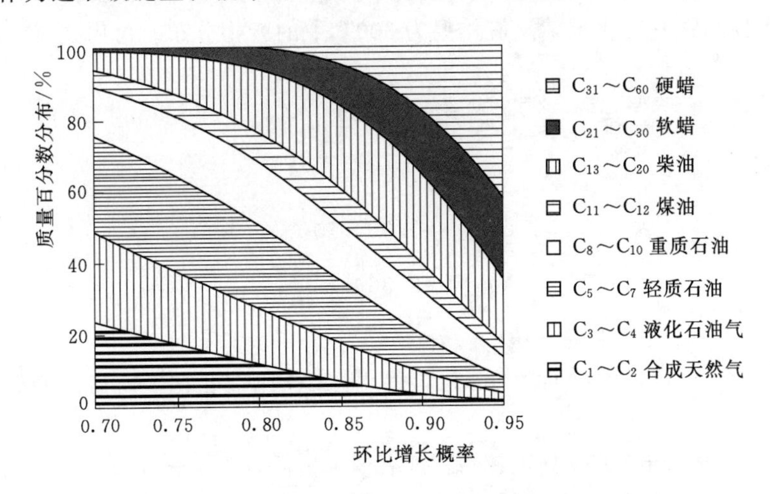

图 5.9 ASF 模型预测的产物分布与链生长可能性

（来源：Spath 等，2003）

该模型的结果也可以由 ASF 分布曲线表示，如图 5.10 所示。

仔细分析图 5.9 和图 5.10 可知，表 5.3 中任何一种烃类组分的产量都是链生长概率的函数。而该函数也取决于（Spath 等，2003 年），即温度、压力、进气组分（即 H_2/CO 比例）、催化剂组成、催化剂类型和反应器设计。

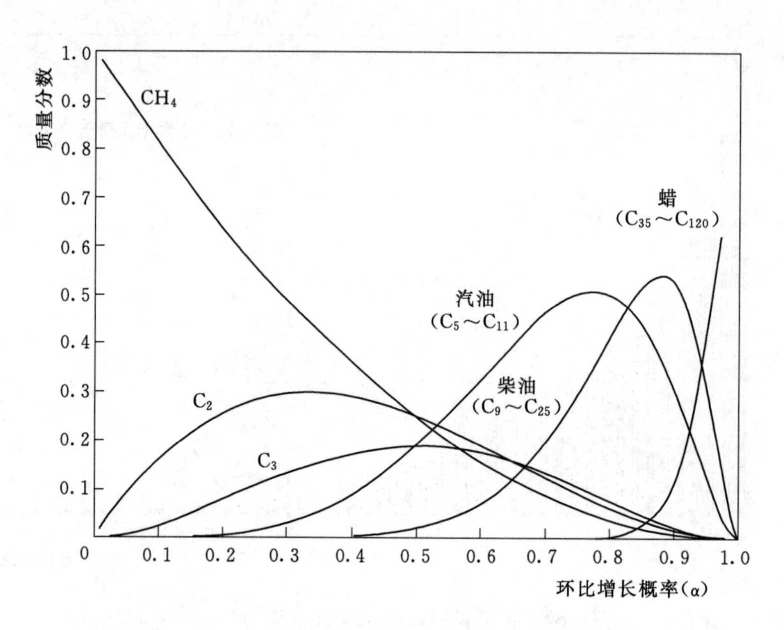

图 5.10　Anderson - Schultz - Flory（ASF）分布

（来源：Spath 等，2003）

5.4.7　H_2/CO 比例与温度对碳链生长概率的影响

理解反应条件与链生长概率 α 的关系，有效控制费托合成反应的产物组分至关重要。目前有多种用来确定 α 和反应条件关系的模型，其中最受认可的模型由 Lox 于 1993 年提出，它可用于预测铁基催化剂，反应均温为 300℃下的产物分布。可由式（5.6）表示。

$$\alpha=\frac{k_{\mathrm{HC1}}P_{\mathrm{CO}}}{k_{\mathrm{HC1}}P_{\mathrm{CO}}+k_{\mathrm{HC5}}P_{\mathrm{H_2}}+k_{\mathrm{HC6}}} \tag{5.6}$$

其中

$$k_{\mathrm{HC1}}=1.22\times10^{-5}$$

$$k_{\mathrm{HC5}}=1.05\times10^{-6}$$

$$k_{\mathrm{HC6}}=2.36\times10^{-6}$$

式中　P_{CO}、$P_{\mathrm{H_2}}$——大气中的分压。

保持氢气分压恒定，增大 CO 的分压，使 H_2/CO 比例变化，所得产物分布曲线如图 5.11 所示。

从图 5.11 明显看出，CO 分压越高，或者说 r 越低，链生长概率 α 越大，这一点可由重烃所占比例增加得知。还可看出，如果 r 的值降低得太多，也会导致催化剂活性下降，因为更小的 r 值对应的曲线下方的区域更小。

Song 等人于 2004 年提出了 α 与温度的依赖关系模型，获得了认可。该模型指出了 α 与温度的线性相关关系，即

$$\alpha=\left(A\frac{y_{\mathrm{CO}}}{y_{\mathrm{H_2}}+y_{\mathrm{CO}}}+B\right)[1-0.0039(T-533)] \tag{5.7}$$

式中　A——0.2332 ± 0.0740；

B——0.6330±0.0420；

T——绝对温度，K；

y_{H_2}——氢气浓度；

y_{CO}——一氧化碳浓度，图 5.12 给出了 $H_2/CO=2.0$ 时，费托合成在不同温度下的产物分布。

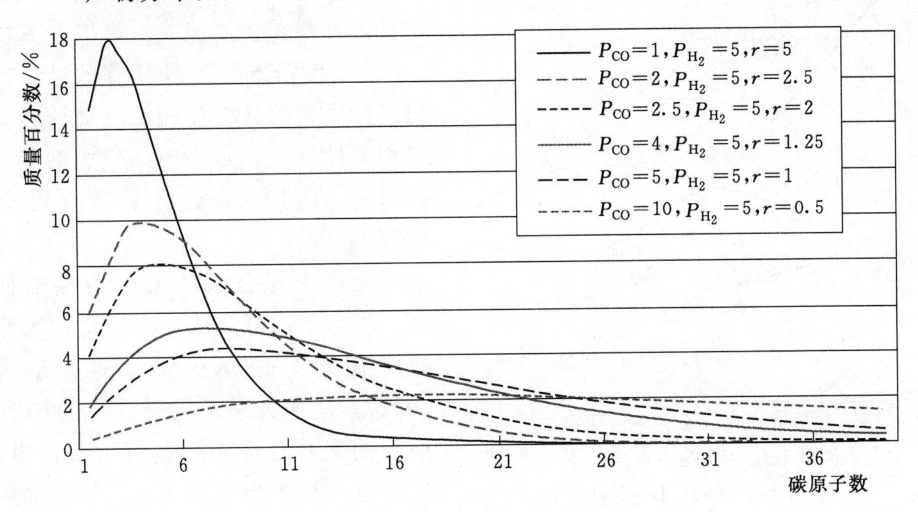

图 5.11　300℃改变 H_2/CO 比，r 对费托合成产物分布的影响

（来源：Lox，1993）

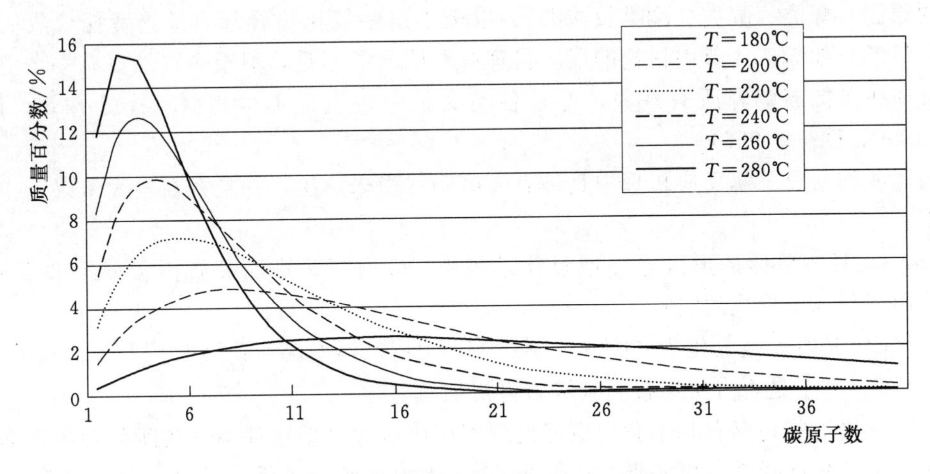

图 5.12　$H_2/CO=2.0$ 时碳链增长与温度的关系

（来源：Song 等，2004）

5.5　费托合成机理和反应的选择性

5.5.1　费托合成机理

如 5.4.4 节所讨论的，Dry 在 2002 年提出了一套反应机理用于解释费托合成产物的

产生和分布。该机理很好地解释了链状烷烃和烯烃的形成及碳链长度的增长，并给出了具体的反应过程：先是催化剂表面吸收CO分子形成$-CH_2-$，接着通过吸收另一个CO分子使碳链增长，或者通过释放出链状烷烃或烯烃分子，作为费托合成反应的结束。该理论进一步证明了，$-CH_2-$可视为这一逐步聚合反应的单体。

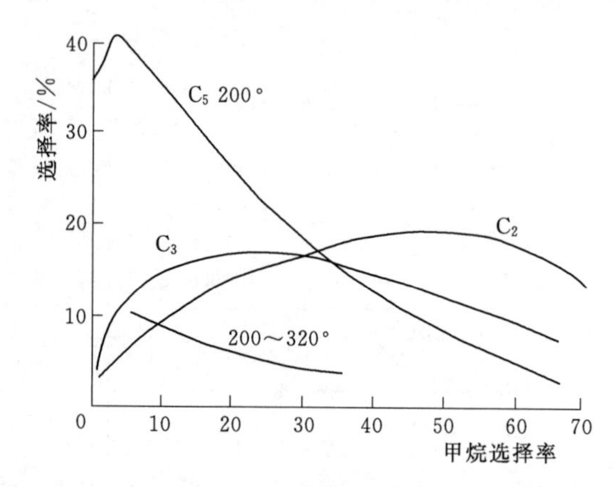

图5.13　高温费托合成工艺中基于碳原子的不同碳氢化合物的甲烷选择率（来源：Dry，1981；Dry，1996）

若假定链增长概率α（如5.4.6节所定义的）与链长度无关，可以计算出不同α下的产物分布。比较计算的结果，将它与实际观测的数据比较，发现两者有很强的相关性，只有C_1和C_2产物例外（Dry，1981）。这进一步证明了反应机理的有效性。

无论费托合成的反应条件如何（温度、压力、进给气成分、催化剂类型等），各产物的组分存在固定的关系（Dry，2002）。这种关系可用已提出的如图5.13所示的聚合反应机理进行解释。事实上，这更进一步地验证了5.4.4节所描述的反应机制的有效性。

尽管这种逐步聚合反应机制得到了很多证据支撑，但它并不能合理地解释产生大量氧化物的原因（醇类、醛类、酮类及羧酸），以至于这些氧化物看起来像是费托合成的主要产物。显然，如5.4.4节中讨论的反应机理存在明显的不足，但至今仍然没有一个更加全面的反应机理能够解释所有现象，并且各类文献中观点也不尽相同（Anderson，1956；Dry，1990，Dry，1996）。

因此我们需要了解反应机理中具体有哪些问题尚未解决，并且存在较大争议，主要内容如下：

（1）$-CH_2-$单体的形成是先通过化学吸附CO分子，进而裂解出碳原子和氧原子，然后碳原子得到氢形成的吗？

（2）CO是否先被氢化为“CHO”或“HCOH”，再连接到碳链上？

（3）CO分子是否直接连接到碳链，再被加氢氢化？

尽管解决这些疑惑有利于我们更好地理解反应过程，但这却不一定能改善催化剂的寿命、活性及产物选择性。事实上，Dry在2002年曾提到，更优秀的催化剂成分和反应条件更有可能使费托合成得到改善。

5.5.2　温度对费托反应产物选择性的影响

由于产物的相对稳定性和热力学性质，温度会对费托合成反应的选择性造成影响。不考虑费托反应催化剂（无论是高温或低温费托反应）的差别，温度升高带来的影响如下：

（1）会生成更多较低碳原子数的产物（尤其是甲烷）。

（2）生成的烷烃和烯烃的支链更多。

（3）生成更多氧化产物（醇类、醛类、酮类及羧酸）。

(4) 生成更多的芳香族化合物。

此外，还要注意由于Co催化加氢的活性更强，从经验来看，其催化的产物较铁催化产物的氢化程度更高，因此采用钴基催化剂时，选择性生成甲烷的增长速率更快。

5.5.3 催化剂性能对费托反应选择性的作用：化学及结构助剂

就选择性而言，钴基催化剂较铁基催化剂更不易受化学及结构助剂的影响。尽管微量的铷、铼和铂能加强钴基催化剂的活性，但反应的选择性是否也受到类似影响还不能确定（Oukaci等，1999）。相反，碱度对铁基催化剂的表面化学活性有重大影响已得到广泛认可（Dry，1981）。目前已经发现，第Ⅰ族碱金属元素的助剂作用按Li、Na、K、Ru的顺序增强，因为它们的正电性依次递增。

然而，由于铷比其他金属昂贵很多，通常用钾盐作为铁基费托合成反应的助剂。此外，它们的氧化物形式，如SiO_2、Al_2O_3等（通常用来作制备催化剂的载体、黏合剂或间隔剂）以及钾盐中的阴离子对费托反应的选择性也有重要作用（Dry，2002）。

5.5.4 在费托反应选择特性中压力与供给气成分的影响

考虑到先前提到的费托反应的低聚效应机制，直观上讲，较低的一氧化碳分压将会导致以下后果：

(1) 催化剂表面将减少-CH_2-单体的覆盖，这将会降低碳链增长的概率。

(2) 同时有更大的概率对$n(CH_2)$产生去吸附作用，例如链烷类与烯类物质。

与之相似，较大的氢气分压将有较大概率终止碳链的增长，并且增加链烷类物质的形成概率，其次是增加烯类物质的形成概率。因此，一般而言更大的H_2/CO值会对以下物质产生更大的选择特性：轻烃类物质；不饱和类物质，例如链烷类物质的选择特性要优于烯类物质。

然而，在实际情况中，考虑到水气转换反应的产物，尤其是在二氧化碳与水，会导致选择特性更加复杂（Dry，2002）。出现这种状况是因为在催化剂表面的一氧化碳化学吸附作用比氢气更强，而二氧化碳与水的存在进一步降低了氢气产生吸附作用的可能性。最终会造成整体产品的选择性与二氧化碳和水的分压相关，表示为

$$\frac{P_{H_2}^{a}}{xP_{CO}^{b}+yP_{CO_2}^{c}+zP_{H_2O}^{d}}$$

式中 P_{H_2}——氢气的分压；

P_{CO}——一氧化碳的分压；

P_{CO_2}——二氧化碳的分压；

P_{H_2O}——水分的分压；

a、b、c、d、x、y、z——常数。

在试点研究中，我们采用商用铁基催化剂在固定床低温费托反应器中开展实验，同时设置不同的整体压力作为反应条件，研究结果表明，整体的蜡类物质的选择特性与H_2/CO值呈现出简单的反比关系（Dry，1981）。结果如图5.14所示。

然而，当使用铁基催化剂对高温费托合成进行相似的实验时，整体的产率与H_2/CO值则无关联特性，相反与入口气体因子有一定的相关性，即

$$\frac{P_{H_2}^{0.25}}{P_{CO}+0.7P_{CO_2}+0.6P_{H_2O}}$$

这种关联性如图 5.15 所示。

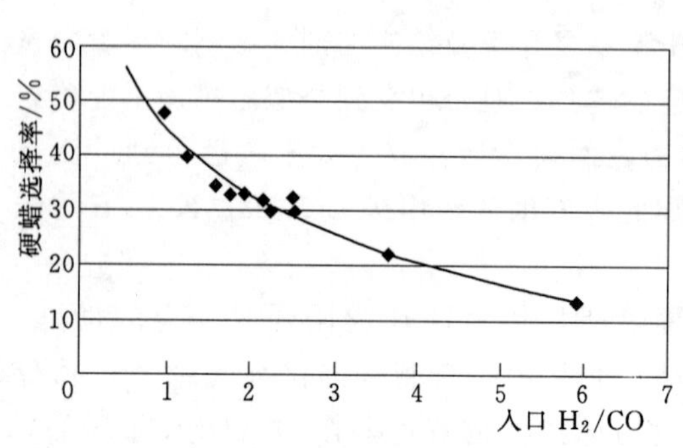

图 5.14　对于使用沉淀铁基催化剂的低温费托反应器，在反应器入口处硬蜡类物质的选择特性（沸点大于 500℃）与氢气和一氧化碳比的函数关系

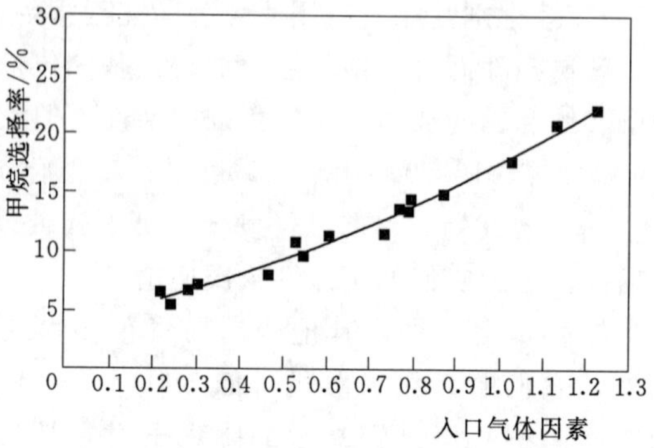

图 5.15　对于使用铁基催化剂的高温费托反应合成，在反应器入口处甲烷的选择特性与入口气体因子的函数关系 $[P_{H_2}^{0.25}/(P_{CO}+0.7P_{CO_2})]$
（来源：Dry，1981）

5.6　低温费托（LTFT）反应堆

如前所述，LTFT 是用于生产较长链蜡状烃的技术。实际上，为了使项目具有更强的经济性，较长的链烃可以被加氢裂化以产生高质量的汽油或柴油。因此，对于目前以清洁运输燃料为社会政治导向的发展趋势，低温费托反应堆技术具有重要的发展潜力。

历史上，确切地说在 1955—1993 年，LTFT 技术采用的是 Arge 管式固定床反应器（TFBR）。然而，在 1993 年，Sasol 定制了一个 2500bbl/天的浆相反应器（SPR）。事实上，他们开发了一种特殊的 Co 基催化剂蜡分离的反应器，并将它用于天然气的中间馏分生产。这个技术被称为 Sasol 浆相馏出物（SPD）工艺，目前该技术用于将偏远地区的天然气转化为价值更高的液体产品，并具有一定的经济可行性。

5.6.1　管式固定床反应器

基本上，Arge 管式固定床反应器采用了管壳式换热器的设计。壳体包含 2050 个尺寸为 12m 长，5cm 直径的管，其中填充了 Fe 基沉淀催化剂。从费托反应中释放的大量反应热，通过壳侧向蒸汽传热，同时用于改善反应过程中的热效率。外壳侧温度约为 220℃，反应堆其中管侧压力为 25～45bars。管式固定床反应器的结构示意图如图 5.16 所示。

管式固定床反应器的主要优点是蜡质产品与催化剂无困难分离。然而，这种技术还会对工厂运行极限和经济性造成负面影响，具体可以概括如下（Espinoza 等，1999）：

（1）高投资成本。

（2）操作过于复杂。

(3) 大规模生产存在困难。

(4) 反应堆管板重，导致更昂贵的土木结构。

(5) 铁基催化剂需要定期更换影响了操作效率。

(6) 催化剂更换是劳动密集、程序复杂的，导致计划停机时间的延长。

(7) 产品选择性随催化剂使用时间而变化，虽然可以通过错开大约6个反应器中的催化剂使用时间来处理这个问题。

(8) 由于轴向和径向温度剖面图出现，以及最大允许峰值温度的限制，会导致转换效率降低。后者代表在催化剂上沉积碳的阈值条件，并会导致催化剂失活。还应该注意的是碳沉积会导致催化剂破裂、管堵塞。后者不仅会增加工厂的计划停机时间，而且降低转换效率。

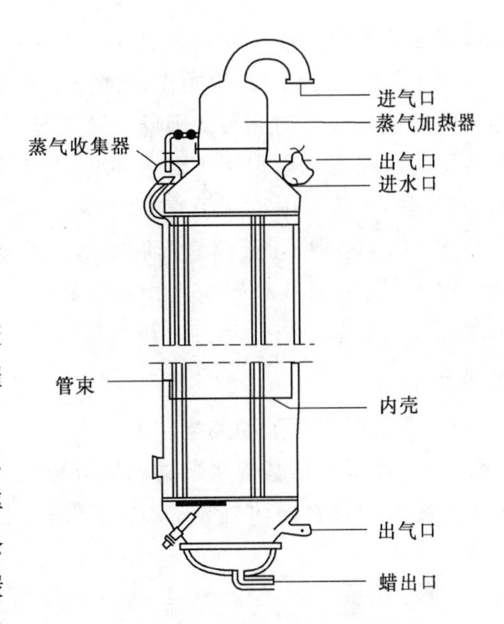

图5.16 Arge管式固定床反应器结构示意图
（来源：Espinoza等，1999）

(9) 由于温度控制的有效性较差，并且实际的反应过程严重受限于最大峰值温度，会导致产物的选择性受到不利影响。

(10) 由于管上的压降较高（3～7bar），导致压缩过程的成本显著增加。

5.6.2 浆料相反应器

这项技术是由南非的Sasol开发的，目的是将天然气转化为费托合成燃料。反应器包括装配了除热冷却盘管的壳体，从而蒸汽也会在其中上升。因此，整个装置非常容易构建和操作（Jager和Espinoza，1995）。在反应器内，Fe基催化剂颗粒床位于分配器的顶部，合成气被引入通过这里进入反应器，如图5.17所示。反应气体以浆料形式流过颗粒床这些浆料是LTFT的液体产物，主要是较长碳链的蜡质状混合物。反应气体以及气态费托产物以浆料的形态通过催化剂颗粒，随后转化为气泡的形式。气泡、未反应气体以及气态费托产物向上通过液体浆料，通过表面爆炸进入干舷区域，并离开反应器。SPR中最困难操作是将蜡产物与催化剂分离，上述问题的解决需要专业固体分离技术的发展。这个问题促使Sasol开发了一种新型Co基催化剂，特别用于SPR。该催化剂的使用寿命比铁基长得多，并且其催化性能十分稳定。因此只要选取合适的颗粒大小，该催化剂能够使得反应器具有良好的性能，且顺利完成固体分离。在这种情况下，SPR

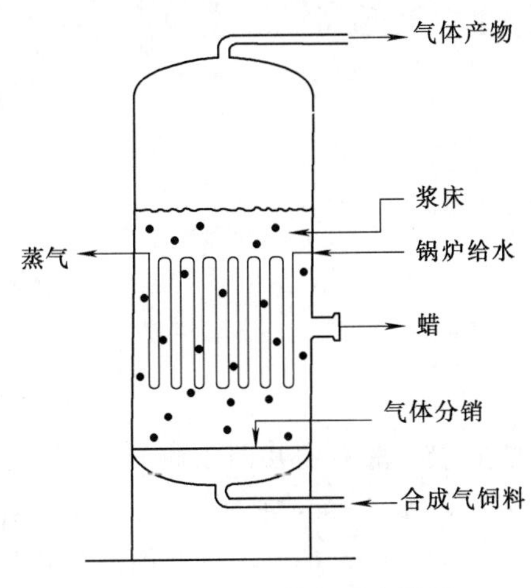

图5.17 Sasol浆相反应器图
（来源：Espinoza等，1999）

能够保证浆料中的催化剂均匀悬浮，使具有最佳活性和转化效率。

对于任何SPR的成功操作，都需要在给定反应器体积的情况下保证反应器压力和悬浮液中的催化剂均匀分布。因此气体滞留因子（或密相空隙率）是十分重要的参数。但是与传统的两相流化床相比，SPR的气体滞留量的测定要更加复杂，虽然流体动力学特性已经在国际工程界中得到了充分的研究和认可（Davidson和Harrison，1985）。

在SPR案例中，液体表面张力等性质会进一步增加实验的复杂性，而任何经典的流化床流体力学描述中都没有考虑这些特性。针对这一点，Sasol利用试点研究得到的流体力学和转化数据，结合动力学和选择性实验测量，来开发能够成功预测SPR性能的计算机模型。

5.6.3 低温费托反应动力学

5.6.3.1 铁基和钴基催化剂的速率方程式

费托反应过程的动力学原理已经被广泛研究，并提供了描述铁基催化剂的动力学速率方程（Dry，1976；Atwood和Bennet，1979；Leib和Kuo，1984；Huff和Satterfield，1984；Nettlehoff等，1985；Ledakowicz等，1985）。类似的，钴基催化剂相关的动力学原理也已被广泛研究并且很多研究者已经提出了速率方程（例如Brotz，1949；Yang等，1979；Pannel等，1980；Rautavuorna和van der Baan，1981；Iglesia等，1993；Sarup和Wojciechowsky，1989；Yates和Satterfield，1991）。对比查看以上所有方程式后可以得出以下明显的特征：

（1）对于钴基催化剂提出的所有速率方程式仅包含H_2和CO（即反应物）。

（2）铁基催化剂的方程式不仅包含反应物，而且包括H_2O，在两种情况下（Nettlehoff等，1985；Ledakowicz等，1985）是CO_2而不是H_2O。

然而，被广泛接受的动力学描述是Anderson在1956年提出的符合一般速率方程式特征的以下方程式，即

钴：
$$r_{FT}=\frac{k_{FT}P_{CO}P_{H_2}^2}{1+bP_{CO}P_{H_2}^2} \tag{5.8}$$

铁：
$$-r_{FT}=\frac{k_{FT}P_{CO}P_{H_2}^2}{P_{CO}+bP_{H_2O}} \tag{5.9}$$

式中 r_{FT}——费托反应的速率；
P_{CO}——CO的分压，bar；
P_{H_2}——H_2的分压，bar；
P_{H_2O}——H_2O的分压，bar；
k_{FT}——费托反应速率方程常数；
b——速率方程常数。

事实上，Anderson的式（5.8）符合文献中的一般共识，即在钴基催化剂上发生的费托反应中，H_2O和CO_2对反应的速率有抑制效应。相反，Anderson的式（5.9）认为在铁基催化剂上发生费托合成反应H_2O，而在其他方程中实际上是CO_2，两者都是与水煤气变换反应相关的物质，对其动力学特性具有抑制效应。后者的最突出的特征是，由于H_2O的浓度一定随着时间增加而增加，并且贯穿整个反应器，反应速率和转化率在时间

和空间上减小，不仅仅因为反应物浓度减少（CO 和 H_2），而且还由于 H_2O 的生成（在一些情况下为 CO_2）。

应该注意的是，基于不同的费托动力学特征，两个研究者（Schultz 和 van Steen，1994）在钴基催化剂上的反应速率表达式中加入了 H_2O。这似乎表明从设计的角度考虑，在给定的操作温度和压力范围内需对不同的催化剂分别进行动力学研究。

5.6.3.2 铁基和钴基催化剂动力学上的不同

在相近的反应条件下，铁基和钴基催化剂的速率方程［式（5.8）和式（5.9）］的一个重要特征是，铁—基催化剂的反应速率与反应物 CO 和 H_2 的实际分压近似有关，而钴基催化剂的反应速率与 H_2/CO 的分压比率相关。钴基催化剂可以获得更高的单程转化率。

根据 Espinoza 等 1999 年的研究，最好的钴基催化剂是负载催化剂，最好的铁基催化剂是沉淀催化剂。因此，铁基催化剂有较高的金属表面积密度。但是钴活性位点具有比铁活性位点更高的催化常数。从整体来看，铁金属表面具有更高的活性位点密度，从而在总量上超过了钴基催化剂，因此具有更高的内在活性。但是随着 H_2O 的浓度和反应器长度的增加，铁基催化剂的优势也逐渐消失。这就意味着在合适的条件下，铁基催化剂和钴基催化剂都有着最理想的转化效率。

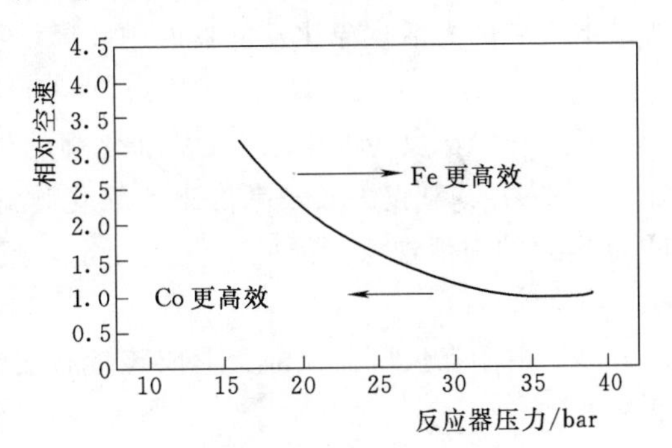

图 5.18 铁基（240℃）和钴基（220℃）催化剂的产率比较

（来源：van Berge，1997）

从图 5.18 可以得出两个重要的信息如下：

（1）铁基催化剂在较高的空速以及反应器压力下产率更大。

（2）钴基催化剂在低空速以及较高的 H_2O 分压下，产率更大。并且在更好的转换机制下，可获得更大的产率。

5.6.4 LTFT 催化剂的失活

5.6.4.1 管式固定床反应器（TFBRs）中的失活

对于固定床反应器来说，通常失活的程度以及潜在的失活机制可以表征为沿反应器长度的三个区域，即顶部区域，中间区域和底部区域。

在管式固定床反应器中，与费托催化剂相关的两种主要失活机制为硫中毒和金属活性位点被 H_2O 再次氧化。

一般来说，将合成气反应物料流中的硫含量降低至 0.2×10^{-6}（Dry，1981），可以减轻由于催化剂表面上的硫微晶生长引起的催化剂中毒。这可以通过使用有硫清除作用的氧化锌床来实现。

H_2O 引起的失活是由于活性金属（Fe 或 Co）位点被再氧化成对应的氧化物。但是由于 H_2O 是由水煤气变换反应产生的，其浓度沿着反应器逐渐增加，并且处理过程比硫中毒现象更加困难。

1. 管式固定床反应器（TFBRs）中 Fe 基催化剂的失活

当在 LTFT 固定床反应器中使用 Fe 基催化剂时，H_2O 引起的失活是由于 Fe 金属位点被氧化成 Fe_3O_4（磁铁矿）。如上所述，由 Fe 金属位点被氧化而引起的失活随着 H_2O 的分压的增加而增加，因此其会沿着反应器的床层增加。

在气体刚进入反应器的时候，反应气体中的大部分硫就在 TFBR 上部的催化剂上沉积。反应器的中部或下部区域，这使得管式固定床反应器的 Fe 基催化剂失活时有如下表现（Duvenhage 等，1994）：

（1）反应器顶部区域催化剂失活主要由硫引起。

（2）中间区域的催化剂活性最高，因为离开顶部区域后硫失活的影响迅速减弱，仅受 H_2O 的影响。

（3）底部区域的失活主要是由 H_2O 分压增加引起的。因为床底部 H_2O 的分压最大，所以该区域的失活现象比反应器的中间区域更加明显。

2. 管式固定床反应器（TFBRs）中 Co 基催化剂的失活

管式固定床反应器中的 Co 基催化剂的失活机理与 Fe 基催化剂相同，即硫中毒和活性金属被 H_2O 氧化为其较高价态的氧化物。主要区别是 Co 基催化剂并没有明显发生由 H_2O 引起的失活现象。因此，管式固定床反应器的 Co 基催化剂失活情况如下（Duvenhage 等，1994）：

（1）由于在反应器顶部会形成硫微晶从而导致催化剂中毒，因此反应器的顶部失活程度最大。

（2）与 Fe 基催化剂的情况类似，硫中毒造成的影响在到达反应器中间区域之前急剧下降，这使得中间区域成为失活程度最小的区域。事实上，由于 Co 金属活性位点明显被水蒸气明显再氧化程度较小，可以说该区域中的催化剂活性接近于与新鲜催化剂。

（3）不同于 Fe 基催化剂，反应器底部的失活程度较低。

5.6.4.2　浆料床反应器（SBRs）中的催化剂失活

浆料床反应器中的 Fe 基催化剂和 Co 基催化剂的失活机理与管式固定床反应器类似。同样的，催化剂失活并不是由于费托合成中碳沉积和与之相关的中毒，而是由于硫中毒和 H_2O 对活性金属位点的再氧化。与固定床反应器不同的是，催化剂在连续搅拌罐式反应器中处于连续循环的状态，这会导致任何类型的中毒或失活都会影响所有的催化剂，并且不能观察到轴向床的轮廓。

据报道（Jager 和 Espinoza，1995），在典型的商用 SBR 中使用铁基催化剂，费托转化率比固定床反应器降低 1.5～2 倍。因此，必须尽可能彻底地从合成气进料流中除去硫，当然正如之前管式固定床反应器中所提到的，硫含量小于 0.2×10^{-6} 即可。

在 SBR 中，值得注意的是，H_2O 分压在床的表面附近达到最大值，因此由活性金属位点的再氧化而引起的失活在此处最明显。然而，由于催化剂在整个床层上的再循环，使反应器内的不同区域的转化过程没有明显差异。同时也正是因为该反应器能够连续更换催化剂，如果采用周期的更换系统，就能够减少铁基催化剂失活所带来的困扰。

通常，与 Fe 基催化剂相比，Co 基催化剂较难因金属活性位点被再氧化而失活，因此 Co 基催化剂寿命要长得多。然而，由于 Co 基催化剂价格更高，且 Fe 基催化剂在 SPR 中可实现在线重新生产，因此 Co 基催化剂并不是一个经济可行的选择。因此，在 SPR 中使用 Co 基催化剂需要高效的除硫处理，以便充分利用其催化剂寿命长的特点。

尽管 Co 基催化剂更不容易由于水的氧化作用而失活，但失活现象的发生仍然是不可避免的。该失活的程度是温度、H_2O 分压和金属活性位点微晶尺寸（较小的微晶更容易失活）的函数。

除此之外，高转化率也提高了 H_2O 的分压。显然，由于 Co 基催化剂的失活在任何情况下都是不可逆的，为了将其失活效应控制在最小范围内，不仅仅需要除硫，还需要选择合适的反应温度和催化剂活性位点分布（Schanke 等，1995）。

5.7 高温费托合成（HTFT）反应器

高温费托合成（HTFT）是一种成熟的技术（Steynberg 等，1999）。本质上来说有两种常用的技术被用来实现高温费托合成：

（1）传统流化床（例如 Sasol 高级合成醇，即 SAS 技术）。

（2）循环流化床，CFB（例如循环流化床合成醇反应器）。

就生产规模而言，高温费托合成工厂（SAS 反应器）每天能够生产 20000 桶的费托合成产品，这些产品本质上是一些合成烃和有机氧化产物（Steynberg 等，1999）。

Steynberg 等在 1999 年报告指出，使用传统流化床反应器技术的 SAS 工艺远比循环流化床合成醇工艺简单。事实上，在南非塞康达的 Sasol 工厂有 16 座产能为 7500 桶/天的循环流化床反应器已经被 SAS 反应器所取代。在塞康达运行的新型 SAS 反应器中，4 座直径为 8m 的反应器每天能生产 11000 桶费托合成产品，而另外 4 座直径为 10.7m 的反应器产能则达到了 20000 桶/天。

下面的部分展示了上述两种高温费托合成技术催化剂的预处理、反应器中的变化以及中毒情况。此外，反应器可操作性、产物选择性及不同技术的经济影响也是值得注意的。

5.7.1 循环流化床（CFB）反应器

如上文所说，循环流化床与大部分流化床的运行过程相似，该技术发展所面临的最大挑战之一是如何实现规模化生产（Shingles 和 McDonald，1988）。

Sasol 的合成醇循环流化床的反应条件为：压强 25bar、温度 340℃，并采用铁基催化剂。该反应器的原理图如图 5.19 所示。

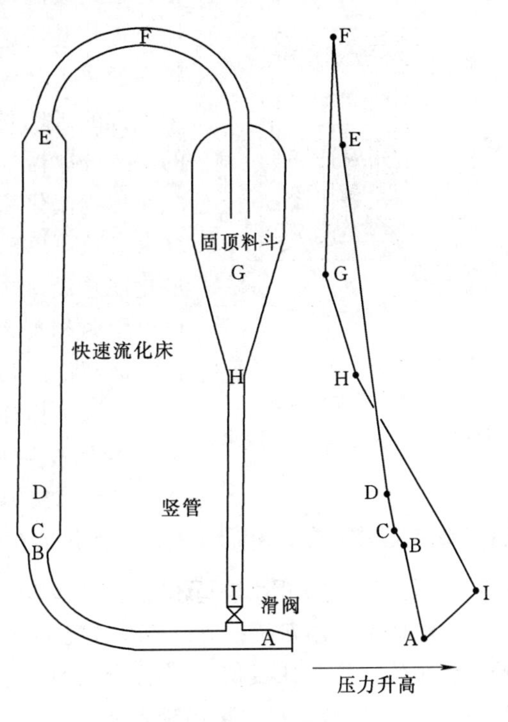

图 5.19 循环流化床（CFB）高温费托合成反应器原理图
（来源：Steynberg 等，1999）

在运行过程中，铁基催化剂呈粉末状态，会以一定的空隙率沿着立管流下，可以被定性地描述为类似于松散地填满立管。催化剂颗粒流经滑阀，汇入下方流径弯管的高速合成气（例如费托合成工艺的反应物）中，并进入垂直反应器部分。反应器部分的平均空隙率可以通过压降测量值计算所得其结果为 0.85～0.95。

如前文所述，费托合成反应本质上是一个高度放热过程，其反应释放的热量（焓值）在通过反应器中的冷却旋管时被移除。该过程会产生压强为 40bar 的蒸汽，这些蒸汽可以用于提高其他工业过程的总体热效率。离开反应器后，催化剂会通过上方转移弯管（也被称为鹅颈管）并且在漏斗中回收，随后再次流回立管完成循环。立管在反应中的作用非常重要，它作为一个密封舱能够防止反应气体绕过反应器，同时还提供了维持催化剂流量所需的压强补偿。另外，立管为反应阶段的气体滞留提供了场所，确保所需的气体转换过程得以顺利实现。

5.7.2 传统流化床反应器

用于高温费托合成的传统流化床反应器的运行条件通常为压强 20～40bar，温度约 340℃，并用铁基催化剂催化。实际上反应器包含了一个带有气体分配器的容器，气体分配器对催化剂颗粒随反应合成气流动而形成的液态化床体起支撑作用。冷却旋管被放置于床体之中以排出反应产生的热量。该技术实际上利用了催化剂颗粒在连续流动和流态化状态下所提供的高转换系数。这种性质正是利用这种技术的驱动力，这种情况下反应装置具有较高的热去除效率。较细碎的催化剂颗粒可能会被扫入流化床上方的区域并混入气体产物流中，这些颗粒会被床体顶部的旋风分离器收集，如图 5.20 所示。

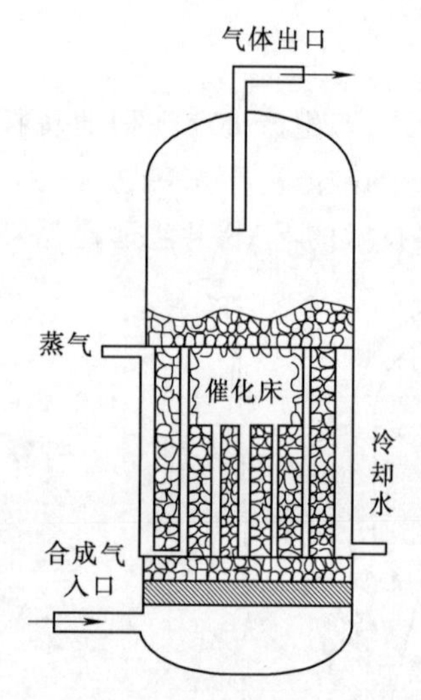

图 5.20　传统流化床高温费托合成反应器原理图
（来源：Steynberg 等，1999）

传统流化床运行中一个重要的设计参数是床层空隙度。这个参数可以确定在给定反应器体积的条件下，反应所需的催化剂总量，这最终会决定反应器的转化效率。床层空隙度可以用两相理论（Davidson 等，1977；Darton 等，1977）预估，该理论为典型流化床的流体力学性质提供了数学描述。

高温费托合成反应器所采用的铁基颗粒的颗粒尺寸分布主要属于 A 类和 AC 类粉末（Dry 等，1983）。如图 5.21 所示，高床层空隙度对应于更细小的颗粒及高压情况。由于人们需要维持恒定的最佳颗粒分布，催化剂在线更新对于这种类型的反应器是必要的。

5.7.3 传统流化床相比较循环流化床的优势

多位研究高温费托合成反应器性能的学者指出：一般情况下，相比较循环流化床反应器，使用传统流化床反应器进行合成反应会有更多的优势（Jager 等，1990；Steynberg 等，1991）。支持这一立场的论点如下：

（1）与进气接触的催化剂含量是决定这两种反应器转化性能的主要因素。比较两者的反应过程，可以明显地发现传统流化床的反应区中，催化剂与进气比几乎是循环流化床的两倍。虽然两种反应器负载了相同含量的催化剂，但在任意给定时刻，循环流化床反应区只会有少于一半的催化剂。在传统流化床中，催化剂全部位于反应区中。很明显，循环流化床中的转化率低于传统流化床中的转化率。

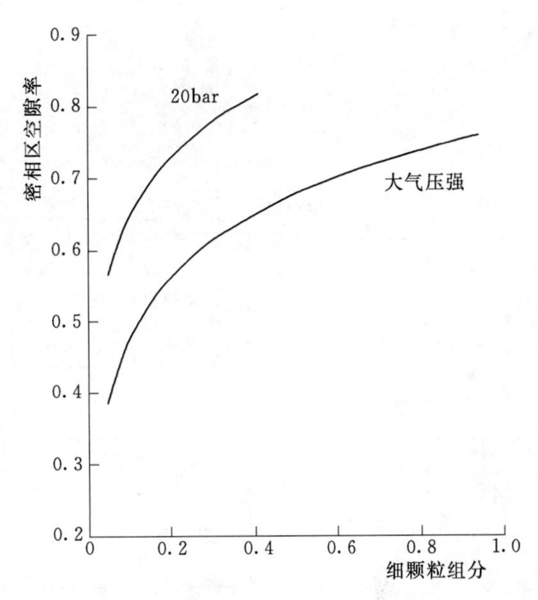

图 5.21 床层空隙度与细颗粒组分（粒径小于 22μm）及运行压强之间的关系（来源：Steynberg 等，1999）

（2）显然，通过最大程度的回收费托反应所产生的热量可以获得较高的热效率，特别是在尽可能高的反应温度下。同时，这也会带来较低的投资成本。除了防止烧结引起的催化剂失活，在高温费托反应器中安置冷却旋管还可以最大程度回收热量。所以反应区的直径必须设计得很短。因此，要求安置在循环流化床中的冷却旋管最大面积要比传统流化床小 50%。这会导致传统流化床反应器中产生更多的高压蒸汽，该设计的能源效率更高。

（3）如图 5.22 所示，在循环流化床反应器中，单个流程中需要许多热交换器，以及一些配有泵的容器。因此，对于一个给定的设备负荷，与循环流化床相比，传统高温费托流化床反应器能够拥有更少的反应流程和更大的反应器容量。因为该反应器可以使用大尺寸的容器和有较大热回收面积的冷却旋管，与循环流化床的 8000 桶/天的产能相比，其产能可以增加至 20000 桶/天。传统流化床反应器因此具有相当的经济效益和较低的投资成本。

（4）在反应区中，形成于高温费托合成的自由碳具有稀释催化剂的作用，会严重影响转化性能。尤其是该效应会损害循环流化床反应器，与传统流化床相比，转化效率明显下降。因为传统循环流化床不需要满足压力曲线的性能，这克服了循环流化床中重要的设计缺陷，因此其催化剂可以耐受高含量的碳。在传统反应器中，每个反应器仅仅消耗了约 50%的催化剂，相比于循环流化床，其具有较低的运行成本。

传统高温费托流化床反应器在设计上远比运行相对复杂的循环流化床反应器更加简单。对于前者，运行条件仅仅包括：负载正确含量的催化剂确保在每一个进气流速条件下，运行的冷却旋管的数量要与费托反应释放的热量相匹配。

在该技术发展的早期阶段，传统流化床经历了反应器非计划停工，因此降低了其运行效率。然而，通过开发简单的停止程序，结合反应器中布风板设计的改善，反应器能够毫无障碍地关闭和重启。据报道（Steynberg 等，1999），位于南非 Sasol 堡的 SAS 工厂可以冷却下来，并且闲置在一旁长达两周。这是传统流化床反应器操作简化的标志。

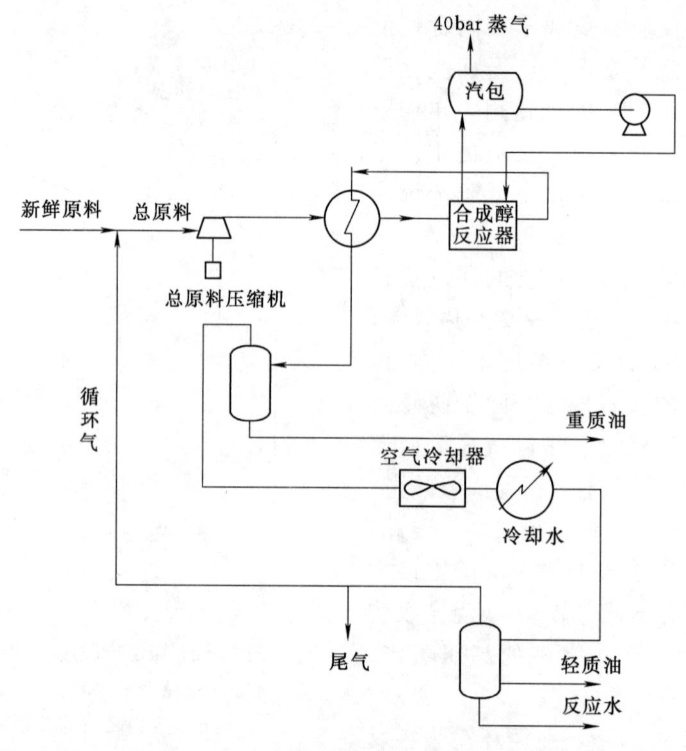

图 5.22　Sasol 循环流化床反应器简易流程图
（来源：Steynberg 等，1999）

5.7.4　高温费托合成的选择性生产

由于在使用同一种组成的催化剂时，未考虑高温费托合成的反应器技术，导致两种类型的反应器具有相似的产物选择性。Dry 等（1981）全面地陈述了关于循环流化床的选择性。来自南非塞昆达的 Sasol SAS 反应器的数据提供了产物的范围，见表 5.4。

表 5.4　　南非 Sasol SAS 反应器的选择性（碳基）（Steynberg 等，1999）

产　物	质量百分数/%	产　物	质量百分数/%
CH_4	7	中间馏分	12
C_2～C_4 烯烃	24	重馏分和石蜡	9
C_2～C_4 链烷烃	6	含氧化合物（水溶液）	6
汽油	32		

关于有机化学官能团的选择性的进一步细节也以 C_5～C_{10} 和 C_{11}～C_{15} 化合物形式给出，见表 5.5。从表中可以明显看到，产物中含有超过 60%的烯烃和相当含量的芳香族化合物及含氧化合物。这些混合物是石油化工业的基础化合物。因此，对于零硫运输燃料生产和下游石油化工产品，费托合成都是一项十分有价值的技术。

表 5.6 呈现了所获得的含氧化合物分解的细节。这些产物包括含 C_2～C_4 的醛类、酮类、醇类和羧酸类。这些结果具有机理意义，因此，在含四个碳原子骨架链后的 C_4＋含氧化合物的形成似乎不太可能。

表 5.5 南非 Sasol SAS 反应器有机官能团的选择性（Steynberg 等，1999）

产物/%	C_5～C_{10}	C_{11}～C_{14}馏分
链烷烃	13	15
烯烃	70	60
芳香族化合物	5	15
含氧化合物	12	30

表 5.6 南非 Sasol SAS 反应器费托含氧化合物的分解（Steynberg 等，1999）

含氧产物	质量百分数/%	含氧产物	质量百分数/%
主要非酸性化合物		正丙醇	13
醛类		丁醇	3
乙醛	3	正丁醇	4
丙酮	10	酸类	
酮类		乙酸	70
甲基乙基酮	55	丙酸	16
醇类		丁酸	9
乙醇	3	戊酸及以上	5
丙醇	3		

参考文献

Alstrup，I. 1988. *J. Catal.* 109：241 - 251.

Anderson，R. B. 1956. In：P. H. Emmet（ed.），*Catalysis*，vol. IV，*Hydrocarbon Synthesis*，*Hydrogenation and Cyclization*，Reinhold，New York.

Anderson，R. B. 1956. In P. H. Emmett（Ed.），*Catalysis*，Vol. V，Reinhold，New York.

Atwood，H. E. and Bennett，C. O. 1979. *Industrial and Engineering Chemistry. Process Design Dev.* 18：163.

Bakur，D. B.，and Sivaraj，C. 2002. *Appl. Cat. A*：*Gen.* 231：201.

Bharadwaj，S. S.，Schmidt，L. D. 1995. *Fuel Processing Technol.* 42：109 - 127.

Brotz，W. Z. 1946 *Elektrochemistry* 5：301.

Choudhary，V. R.，Rajput，A. M.，and Prabhakar，B. 1993. *J. Catal.*，139：326.

Christensen，T. S.，and Primdahl，I. I. 1994. *Hydrocarbon Processing*，page 39 - 46.

Da Prato，P. L.，Gunardson，H. H.，1996. Intern. *J. Hydrocarbon Eng.* Sept/Oct.

Darton，R. C.，LaNauza，R. D.，Davidson，J. F.，and Harrison，D. 1977. *Trans. Inst. Chem. Engs.* 55：274.

Davidson，J. F.，Harrison，D.，Darton，R. C.，and LaNauze，R. D. 1977. In *Chemical Reactor Theory*，*A Review.* L. Lapidus and N. R. Amundson（eds.），Prentice - Hall，Englewood Cliffs，New Jersey. Page 583.

Davidson，J. F.，Clift，R.，and Harrison，D. 1985. *Fluidization*，2nd edn，Academic Press Inc.，New York.

Dry，M. E. 1976. *Industrial and Engineering chemistry. Product Res. Dev.* 15（4）：282.

Dry，M. E. 1981. In *The Fischer - Tropsch Synthesis*，*Catalysis Science and Technology.* J. R. Anderson，

M. Boudart (eds.). Springer, Berlin. Volume 1, page 160.

Dry, M. E. 1982. *Hydrocarbon Processing* 61 (8): 121.

Dry, M. E. 1990. *Catalysis Letters*, 7: 241.

Dry, M. E. 1990. *Catalysis Today*, 6: 183.

Dry, M. E. 1996. *Appl. Catal. A: Gen.* 138: 319.

Dry, M. E. 2001. *High Quality Diesel via the FT Process - A Review*, *Journal of Chemical Technology and Biotechnology*, 77: 43 - 50.

Dry, M. E. 2002. The Fischer - Tropsch process: 1950 - 2000. *Catalysis Today*, 71: 227 - 241.

Duvenhage, D., Coville, N., and Espinoza, R. 1994. *Stud. Surf. Sci. Catal.* 88: 3501.

Dyer, P. N. and Chen, C. M. 1999. Engineering development of ceramic membrane reactor systems for converting natural gas to hydrogen and synthesis gas for transportation fuels. Proceedings. Energy Products for the 21st Century Conf., Sept 22.

Espinoza, R. L., Steynberg, A. P., Jager, B. and Vosloo, A. C. 1999. Low Temperature Fischer - Tropsch Synthesis from a Sasol Perspective. *Applied Catalysis A: General*, 186 (1 - 2).

Flory, P. J. 1936. Molecular Size Distribution in Linear Condensation Polymers, *Journal of the American Chemical Society*, 58: 1877 - 1885.

Fürnsinn, S., Ripfel, K., Rauch, R., and Hofbauer, H. 2005. Diesel aus Holz - Die FS Synthese als zukunftsweisende Technologie zur Gewinnung fiüssiger Brennstoffe aus Biomasse, 4. Internationale Energiewirtschaftstagung an der TU Wien.

Goff, S. P., and Wang, S. I. 1987. *Chem. Eng. Prog.* Aug: 46 - 53.

Gunardson, H. H., and Abrardo, J. M. 1999. *Hydrocarbon Processing*, April: 87 - 93.

Huff, G. A., and Satterfield, C. N. 1984. *Industrial and Engineering Chemistry. Process Design Dev.* 23 (4): 696.

Iglesia, E., Soled, S. L., Fiato, R. A., and Via, G. H. 1993. *J. Catal.* 137: 345.

Jager, B., Dry, M. E., Shingles, T., and Steynberg, A. P. 1990. *Catalysis Letters* 7: 293.

Jager, B. and Espinoza, R. 1995. *Catalysis Today* 23: 17.

Lapszewicz, J. A., and Jiang, X. 1992. *Preprints ACS Div. Petr. Chem.*, 37: 252.

Ledakowicz, S., Nettelhoff, H., Kokuun, R., and Deckwer, W. D. 1985. *Industrial and engineering chemistry. Process Design Dev.* 24 (4): 1043.

Leib, T. B., and Kuo, J. C. W. 1984. Proceedings. AIChE Meeting, San Francisco, November 25 - 29.

Lox, E. S., and Froment, G. F. 1993. Kinetics of the Fischer - Tropsch Reaction on a Precipitated Promoted Iron Catalyst. 2. Kinetic Modeling. *Ind. Eng. Chem. Res.*, 32: 71 - 82.

Lurgi Oel Gas Chemie GmbH, 2000, website; www. lurgi. com.

Nataraj, S., Moore, R. B., Russek, S, L., US 6,048,472; 2000; assigned to Air Products and Chemicals, Inc.

Nettelhoff, H., Kokuun, R., Ledakowicz, S., and Deckwer, W. D. 1985. German Chem. Eng., 8: 177.

Oukaci, R., Singleton, A. H., and Goodwin, J. G. 1999. *Appl. Catal. A: Gen.* 186: 129.

Pannel, R. B., Kibby, C. L., and Kobylinski, T. P. 1980. Proceedings. 7th Int. Congr. on Catalysis, Tokyo, June 30 - July 4. Page 447.

Philcox, J. E., and Fenner, G. W. 1997. *Oil and Gas J.*, 95: 41 - 44.

Rauch, R. 2001. Biomass Gasification to produce Synthesis Gas for Fuel Cells, Liquid Fuels and Chemicals, IEA Bioenergy Agreement, Task 33: Thermal Gasification of Biomass.

Rautavuoma, A. O. and van der Baan, H. H. 1981. *Applied Catalysis* 1: 247.

Rostrip - Neilsen, J. R. 1984. *J. Catal.*, 85: 31.

Rostrip - Neilsen, J. R. 1993. *Catalysis Today*, 19: 305 - 324.

Sarup, B. and Wojciechowski, B. W. 1989. *Can. J. Chem. Eng.* 67: 62.

Schanke, D., Hilmen, A. M., Bergene, E., Kinnari, K., Rytter, E., Adnanes, E., and Holmen, A. 1995. *Catalysis Letters* 34: 269.

Schulz, G. V. 1935. Über die Beziehung zwischen Reaktionsgeswindlichkeit und zusammensetzung des Reaktionsproduktes bei Makropolymer - isationsvorgängen, *Physikalische Chemie*, 30: 379 - 398.

Shingles, T. and McDonald, A. F. 1988. In *Circulating Fluidized Bed Technology II*. P. Basu and J. F. Large (eds.). Pergamon Press, New York. Page 43.

Shu, J., Grandjean, B. P. A., and Kaliaguine, S. 1995. *Catalysis Today*, 25: 327 - 332.

Song, H. S., Doraiswami, R., Sinh, T., and Wright, H. 2004. Operating Strategies for Fischer - Tropsch Reactors: A Model - Directed Study. *Korean J. Chem.*, 21: 308 - 317.

Spath P. L., *et al*. 2003. Preliminary Screening - Technical and Economic Assessment of Synthesis Gas to Fuels and Chemicals with Emphasis on the Potential for Biomass - Derived Syngas, National Renewable Energy Laboratory (NREL).

Steynberg, A. P., Espinoza, R. L., Jager, B. and Vosloo, A. C. 1999. *Applied Catalysis A: General* 186: 41 - 54.

Szechy, G., and Szebenyi, I. 1995. *Periodica Polytech. Ser Chem Eng.*, 39: 87 - 99.

Udengaard, N. R., Hansen, J. H. B., Hanson, D. C., and Stal, J. A. 1992. *Oil Gas J.*, 90: 62.

Van Berge, P. J. 1997. *Stud. Surf. Sci. Catal.* 107 Natural Gas Conversion Ⅳ. Page 207.

Yang, C. H. 1979. *Adv. Chem. Ser.* 178, page 35.

Yates, I. C., and Satterfield, C. N. 1991. *Energy and Fuels* 5: 168.

词　汇　表

Acetic Acid（乙酸）：分子结构为CH_3COOH，在木材及其他植物中乙酰基通过酯键与半纤维素，特别是木聚糖连接；植物中存在的天然水分可以将乙酰基水解成乙酸，该水解反应在高温下尤其易发生。

Acid（酸）：水溶液呈酸性，能使蓝色石蕊变红，以及能与碱和某些金属反应生成盐的一类物质；溶于水可产生氢离子并可充当质子（H^+）供体的一类物质。

Acid Detergent Fiber（ADF，酸性洗涤纤维）：在含有1N硫酸的十六烷基三甲基溴化铵的酸性洗涤剂中回流1小时而不发生溶解的有机物，包括纤维素和木质素，该分析方法常用于饲料和纤维行业。

Acid Hydrolysis（酸水解）：利用酸将纤维素或淀粉转化为糖的化学过程。

Acid Insoluble Lignin（酸不溶木质素）：大部分木质素不溶于无机酸，因此可以用硫酸水解生物质的纤维素和半纤维素部分，然后通过重量分析法进行分析；标准测试法ASTM E1721中描述了测定生物质中酸不溶木质素的标准方法；参见American Society for Testing and Material。

Acid Soluble Lignin（酸溶木质素）：在分析酸不溶木质素的方法中，生物质样品中有一小部分木质素会在水解过程中被溶解。这部分木质素被称为酸溶木质素，可以通过紫外光谱法定量检测；参见Lignin和Acid Insoluble Lignin。

Aerosol（气溶胶）：液体或固体在气体中的一种分散体系。

Agitator（搅拌装置）：使混合物中所有组分完全混合和均匀分散的装置，如搅拌器；通常会在热处理过程中连续使用，或在发酵过程中间歇使用。

Agricultural Residue（农业废弃物）：指农作物中未作为主要食物或纤维产品从田间收获的植物剩余部分，主要是茎和叶，如玉米秸秆（茎、叶、玉米皮和玉米芯）、麦秸和稻草。

Air Quality Maintenance Area（空气质量未达标区）：由一种或多种污染物引起空气质量问题的特定居住区。

Alcohol（醇）：由碳、氢和氧组成的一类有机化合物。该类化合物的分子链长度不同，由烃和羟基组成，包括甲醇和乙醇。

Aldoses（醛糖）：羰基是醛的一类单糖。

Algae（藻）：藻是原始植物，通常是水生的，能够通过光合作用合成自己的养料，目前正在研究其用作生物柴油生产原料的潜能。

Aliphatic（脂肪族化合物）：具有开链结构的非芳香族有机化合物。

Alkali（碱）：可溶性矿物盐。

Alkali Lignin（碱木质素）：酸析法从木材碱性提取物中获得的木质素。

Alkylation（烷基化反应）：用于生产高辛烷值无铅汽油调和组分的反应过程。

Alternative Fuel（替代燃料）：按照《1992 美国能源政策法案（EPACT）》的定义：替代燃料包括甲醇、变性乙醇和其他醇类，可以单独使用或至少以 10%的体积比混入汽油或其他燃料；还包括压缩天然气、液化天然气、液化丙烷气、氢气、煤衍生的液体燃料、生物材料衍生的除醇以外的燃料、电、生物柴油，以及其他被视为是非石油基，并能产生潜在能量安全和显著环境效益的任何燃料。

Ambient Air Quality（环境空气质量）：周围环境中空气的状况。

American Society for Testing and Materials（ASTM，美国材料与试验协会）：一个非营利性的国际标准组织，协会的工作是研究和制定材料、产品、系统和服务等领域的技术标准。

Anaerobic（厌氧过程）：无氧状态下发生的生物过程。

Anaerobic Digestion（厌氧消化）：通常在潮湿、隔绝空气（氧气）的条件下，微生物分解生物废弃物，产生以甲烷和二氧化碳为主要气体组分的过程。

Anhydrous（无水）：不含水。生物柴油的酯交换反应必须是无水过程。植物油含水会使反应无法进行或使生成的生物柴油混浊，碱液或甲醇含水会使其用处不大、甚至无用，这与其含水量多少有关。

API Gravity（API 度）：与密度和比重相关的石油产品轻重的一种量度。°API＝(141.5/sp gr@60℉)－131.5，其中 API 指美国石油协会燃油比重指数，sp gr@60℉指油在 60℉时的比重。

Aquatic Plants（水生植物）：指各种水生生物资源，如藻类、巨型海带、其他海草和水葫芦；某些微藻可以产生氢和氧，而其他一些微藻则能生产烃和众多其他产物；如小球藻、杜氏藻和眼虫等微藻。

Arabinan（阿拉伯聚糖）：阿拉伯糖的聚合物，可以水解成阿拉伯糖。

Arabinose（阿拉伯糖）：一种五碳糖，是在生物质半纤维素中发现的阿拉伯聚糖的水解产物。

Aromatics（芳香烃）：具有独特芳香气味，天然存在于石油中的苯和甲苯等一系列烃类，可以提取后用作石油化工原料和溶剂。

Atmospheric Pressure（大气压）：我们周围的空气和大气的压力，每天都在发生变化，1 个标准大气压＝14.7psia，其中 psia 是磅/平方英寸。

Attainment Area（达标区域）：特定空气污染物的浓度不超过联邦标准的地理区域。

Auger（螺旋进料器）：一种旋转的螺旋形装置，可通过圆筒传送物料。

Available Production Capacity（现有产能）：现有非专门设计用于生产生物柴油的炼油设施生产生物柴油的能力。

Average Megawatt（MWa 或 aMW，年均兆瓦）：一年内连续生产的以兆瓦计的电量；1aMW＝1MW×8760h/年＝8760MW·h＝8760000kW·h。

B100：纯生物柴油的另一个名称。

Background Level（背景值）：环境中现存物质的平均含量。最初是指自然发生的现象；可用于有毒物质的监测。

Backup Rate（备用金）：偶尔提供电力服务以取代现场发电的公用设施费。

Backup Electricity（备用电力）：偶尔需要的电力或服务，例如，当现场发电设备发生故障时。

Baffe Chamber（挡板室）：在焚烧炉设计中，设计用于通过改变方向和降低燃烧气体的流速来沉积飞灰和粗颗粒物质的室。

Bagasse（蔗渣）：甘蔗废弃物。

Bark（树皮）：树的外保护层，位于形成层外面，包括内树皮和外树皮两部分；内树皮是一层活的树皮，将外树皮与形成层分开，在活树中通常柔软湿润；外树皮是形成树干外表面的死树皮层；外树皮常常是干燥和木栓化的。

Barrel（bbl，桶）：石油工业使用的计量单位；约等于 42 美制加仑或 34（33.6）英制加仑或 159L；7.2 桶相当于 1t 石油（公制）。

Barrel of Oil Equivalent（BOE，油当量桶）：能量单位，相当于一桶原油中所含的能量；约为 578 万 Btu 或 1700kW · h；一桶等于 5.6ft^3 或 0.159m^3；一桶原油约为 0.136 公吨，或 0.134 英吨，或 0.150 美吨；1 桶等于 42gal 或大约 306 磅的液体量。

Base（碱）：与酸结合时生成盐和水的一类物质，溶解时通常会产生氢氧根离子。

Baseload Capacity（基荷容量）：可以使发电设备连续生产的输出功率。

Baseload Demand（基荷需求）：电力公司运行的最低需求，通常是公用事业公司最大需求的 30%～40%。

Batch Distillation（分批蒸馏）：一种将液体原料置于单个容器中整体加热的方法，与液体连续通过蒸馏器的连续蒸馏不同。

Batch Fermentation（批量发酵）：从开始到结束的整个发酵过程在单个容器中进行；参见 Fermentation。

Batch Process（批处理）：单元操作，完成一个原料制备、蒸煮、发酵和蒸馏循环后再开始下一个循环。

Beer（啤酒）：泛指用啤酒花调味的所有发酵麦芽饮料；指微生物发酵醪液生产的低度（6%～12%）酒。

Beer Still（蒸馏釜）：用于浓缩乙醇的蒸馏塔的汽提段。

Benzene（苯）：汽油中有毒的六碳芳香组分，一种已知的致癌物质。

Biobutanol（生物丁醇）：分子中含有四个碳原子的醇，生产原料与乙醇生产相同，但发酵和蒸馏过程经过了改进；生物丁醇比乙醇难溶于水，因此具有更高的能量密度，更易通过管道运输。

Biochemical Conversion（生化转化）：利用发酵或厌氧消化技术将有机物转化为燃料和化学品。

Biochemical Conversion Process（生化转化过程）：利用活的微生物或它们的代谢产物将有机物质转化为燃料、化学品或其他产品的过程。

Biochemical Oxygen Demand（BOD，生化需氧量）：一种用于估算水污染程度的标准方法，特别是用来估算生活污水和工业废弃物受纳水体的污染程度；是指细菌和其他微生物分解水中有机物所消耗的氧气量——BOD 值越大，则污染程度越大；生化需氧量测定需要一定的时间段，通常为 5 天，称为 BOD_5。

Bioconcentration (Bioaccumulation)（生物富集）：生物体组织中化学物质的积累水平高于生物体所处环境的水平。

Biodegradable（可生物降解）：能够在自然条件下快速分解。

Biodiesel（生物柴油）：生物源而非石油源衍生的柴油燃料，可用于柴油发动机。通过酯交换反应，并将反应生成的生物油中的甘三酯与甘油分离所产生的清洁可再生燃料。

Biodiesel Blend（生物柴油混合燃料）：生物柴油与柴油燃料的混合油，可用的柴油燃料有 1 号柴油、2 号柴油或 JP8。满足联邦环境保护署（EPA）《清洁空气法案》最低标准要求的标准混合燃料是 B20。"B" 后的数字表示在混合燃料 B20 中生物柴油所占百分比，即混合燃料中有 20%的生物柴油和 80%的柴油；生物柴油混合燃料可按任意百分比混合，如 B2、B5、B50 和 B85。

Biodiesel Recipe（生物柴油配方）：生产生物柴油和甘油的最常见的配方中包括废植物油（WVO）、甲醇（木醇）和氢氧化钠（苛性钠/碱液）。步骤是：①清洁/加热废植物油；②测定废植物油样品；③将甲醇和氢氧化钠精确混合；④将③与①在 50℃下混合；⑤沉降；⑥从废弃物中分离生物柴油；⑦洗涤和干燥生物柴油；⑧处置废弃物。

Bioenergy（生物能源）：有机质产生的有用的可再生能源——有机质中的复杂碳水化合物转化为能量。有机质可以直接用作燃料、加工成液体和气体，也可以是加工和转化的剩余物。

Bioethanol（生物乙醇）：由生物质原料生产的乙醇，包括玉米等农作物发酵生产的乙醇，也包括木本或草本植物生产的纤维素乙醇。

Biofuels（生物燃料）：衍生于非石油基化石燃料，或含有一定比例非化石燃料的液体或气体燃料的通称，是指由植物，甜菜、菜籽油或再加工植物油等作物，或生物质气化产物制成的燃料；也指由可再生生物源制成的燃料，包括乙醇、甲醇和生物柴油。原料包括但不限于以下物质：玉米、大豆、亚麻籽、油菜籽、甘蔗、棕榈油、未处理污水、食物残渣，动物部分和大米。

Biogas（沼气）：在厌氧条件下分解生物废弃物产生的可燃气体。通常包含 50%～60%的甲烷。另见 Landfill gas。

Bioheat（生物热）：当生物柴油的使用目的是供热时，有时会使用这个名称。

Biological Assessment（生物评价，生物学评价）：作为环境影响评价的一部分所需经历的特定过程；生物评价是评估拟建项目对被提议的、濒危的、受威胁的和敏感的动植物物种及其栖息地的潜在影响。

Biological Oxidation（生物氧化）：有机物被微生物分解的过程。

Biomass（生物质）：可再生的或可以重复使用的所有有机物，包括农作物、树木、木材和木材剩余物、植物（含水生植物）、草、动物粪便、城市垃圾和其他废弃物。生物质通常由水和二氧化碳通过光合作用持续生产。生物质主要有三个类型——初级、二级和三级生物质。

Biomass Fuel（生物质燃料）：通过生物质转化生产的液体、固体或气体燃料。

Biomass Processing Residues（生物质加工废弃物）：各种具有显著能量潜力的生物质的加工副产物；废弃物通常在加工点收集，它们可能是方便的和相对便宜的能源生物质来源。

Bio－naphtha（生物石脑油）：一些东欧国家称呼生物柴油的术语。

Bioreactor（生物反应器）：发生化学过程的容器，通常包括微生物或源自这些微生物的生物化学活性物质。

Biorefinery（生物炼制）：一种将生物质处理转化为高附加值产品的过程。这些高附加值产品包括生物材料、诸如乙醇之类的燃料或用于生产化学品和其他材料的重要原料。

Biomass to Liquid（BTL，生物质制油）：将生物质转化为液体燃料的过程。

Bitumen（沥青）：有时也称为原生沥青和超重油，是一种天然存在的、在储层条件下很少或不发生迁移，并且不能通过常规油井生产方法（包括目前使用的增强回收技术）回收的材料；当前用于沥青回收的方法是采矿。

Boiler（锅炉）：所有燃烧生物质燃料以加热水并产生蒸汽的装置。

Boiler Horsepower（锅炉马力，锅炉蒸发量单位）：蒸汽发生器最大热能输出功率的量度；1锅炉马力＝33480Btu/hr的蒸汽输出。

Bone Dry（绝干）：含水率为零。在100℃（212℉）或以上恒温下将烘箱中的木材加热至恒重，被认为是绝干或烘干。

Black Liquor（黑液）：造纸过程中产生的含残余木质素和用于提取木质素的制浆化学品的溶液。

Brewing（酿造）：通常指整个啤酒酿造过程，但在技术上只有过程的一部分，在酿造期间，要将啤酒麦芽汁在酿造锅中煮沸并添加啤酒花。啤酒酿造完成后要进行发酵。

British Thermal Unit（BTU，英国热量单位）：热量的计量单位，等于1磅纯水温度升高1华氏度所需的热量。

Brown Grease（棕色油脂）：各种等级废油脂中最便宜的油脂。

Bubble Cap Trays（浮阀塔盘）：横流塔盘，通常安装在用于处理不含悬固液体的精馏塔中；浮阀由小蒸汽管上倒置的圆形杯组成——来自塔盘下面的蒸汽通过蒸汽管进入浮阀，并折返向下，然后从边缘下方溢出至液体中。每个浮阀的边缘开有槽孔或锯齿形孔，蒸汽经孔逸出时变成小气泡，因而蒸汽穿过液体时增加了蒸汽与液体接触的表面积。

Bubble Wash（鼓泡洗涤法）：一种通过空气搅拌最终洗涤生物柴油的方法。生物柴油漂浮在一定量的水上，来自鱼缸气泵和气泡石的气泡被注入水中，气泡会升至水—生物柴油界面，在表面张力作用下气泡带水向上穿过生物柴油，生物柴油中的水溶性杂质经简单扩散被提取到水中，气泡到达表面后破裂，挟带的水被释放出来，经渗滤向下穿过生物柴油再次回到水中。

Butanol（丁醇）：这种四碳醇通常由化石燃料生产，但是也可以通过细菌发酵来生产。

By－product（副产物）：不是主要产品，因为生产生物燃料而产生的物质。

Canola（加拿大油菜）：参见Rapeseed。

Capacity（容量）：机器或系统可以安全生产或运输的最大功率，指规定条件下资源的最大瞬时输出——发电设备的容量一般以千瓦或兆瓦表示。

Capacity Factor（负载因子）：发电厂实际产生的能量与最大额定输出能量的比值，以百分比表示。

Capital Cost（资本成本）：完成一个项目并使其达到商业运行状态所需的总投资，新工厂的建设成本，购买或购置现有设施的费用支出。

Carbohydrate（碳水化合物）：由碳、氢和氧组成的化合物，包括糖、纤维素和淀粉。

Carbon Chain（碳链）：由一系列被氢原子饱和的碳原子连接形成的链状烃原子结构，挥发油的链较短，而脂肪的链较长，蜡的碳链极长。

Carbon Dioxide（CO_2，二氧化碳）：一种燃烧产物，是地球大气中的温室气体，能捕获地面反射热量并促进气候变化。

Carbon Monoxide（CO，一氧化碳）：内燃机中含碳燃料不完全燃烧产生的致命气体。它无色、无臭、无味。

Carbon Sequestration（碳汇）：从大气中吸收和储存二氧化碳，天然存在于植物中的碳。

Carbon Sink（碳阱）：其植被和/或土壤显著吸收大气中二氧化碳的地理区域，这些区域通常位于热带地区，正越来越多地被用于能源作物生产。

Catalyst（催化剂）：加快化学反应速度而本身不受影响的物质。炼制时，在裂化过程中使用催化剂以产生用于燃料的混合组分。

Cellulose（纤维素）：包含在植物和树木的叶、茎和秆中的纤维；地球上最丰富的有机化合物；通过β糖苷键将重复的葡萄糖（$C_6H_{10}O_5$）单元连接在一起形成的葡萄糖聚合物——纤维素中的β链形成了线状分子链，该分子链高度稳定且耐化学攻击，因为纤维素链之间有高度的氢键键合；纤维素链之间的氢键由于能抑制糖苷键水解断裂时必须发生的分子弯曲而使得聚合物更稳定。水解可以将纤维素降解为纤维二糖重复单元（$C_{12}H_{22}O_{11}$），并最终降解为六碳的葡萄糖（$C_6H_{10}O_5$）。

Cetane Number（十六烷值）：柴油燃料点火性能的评价指标，值越高，燃料在压缩条件下越易被点燃。

Cetane Rating（十六烷值）：柴油燃料燃烧性能的评价指标。

Chips（碎片/屑）：用机械设备切碎或破碎的小碎木片——整树的碎片包括木片、树皮和树叶，而纸浆碎片或干净的木片是不含树皮和树叶的。

Chlorofluorocarbon（氟利昂/氟氯烃）：主要由碳、氢、氯和氟组成的一类化学品，用作制冷剂和工业清洁剂，有破坏地球臭氧保护层的倾向。

Clarifier（澄清池）：依靠重力作用去除固体的设施，可通过混凝除去胶体颗粒，并通过撇取浮沫去除浮油和浮渣。

Class Ⅰ Area（Ⅰ类区域）：指定采用最严格的保护措施以避免空气质量下降的区域。

Class Ⅱ Area（Ⅱ类区域）：空气质量优于联邦空气质量标准的要求，指定为适度防止空气质量恶化的区域。Ⅱ类区域可允许适度增加新的污染。

Clean Air Act（CAA，清洁空气法）：美国国家法律规定由参与的各州实施的环境空气质量排放标准。最初于 1963 年制定，CAA 已被修订数次，最近一次在 1990 年，其中包括调整机动车标准污染物（铅、臭氧、一氧化碳、二氧化硫、氮氧化物和颗粒物）排放的标准，1990年的修正案增加了对新配方汽油（RFG）的要求和含氧汽油的规定。

清洁燃料（Clean fuels）：与普通汽油相比，燃烧时更清洁以及有害排放物更少的燃料，如E-10（无铅）。

Closed-loop Biomass（闭环生物质）：以可持续方式种植的作物，目的是优化其对生物能源和生物产品用途的价值。包括玉米和小麦等一年生作物，以及多年生作物，如乔木、灌木和柳枝稷等草类。

Cloud Point（浊点）：蜡晶体开始出现的温度，该温度使用ASTM标准测试方法来测定。

Cogeneration（热电联产）：常用燃料顺序发电和供热。

Coking（焦化）：一种在炼油厂中将沥青和残渣转化为挥发性产物和焦炭的热方法（参见Delayed Coking and Fluid Coking）。

Colloid（胶体）：分散在另一相中的小颗粒的稳定系统，分散相的其中一维是具有胶体尺寸的多相体系。胶体是胶体颗粒大小的气溶胶、泡沫、乳液和悬浮液的液体和固体形式。

Colloidal Size（胶体大小）：0.001～1μm的任意尺寸[1]。粒径在该范围内的分散体系被称为胶体气溶胶、胶体乳液、胶体泡沫或胶体悬浮液。

Colza（菜籽）：一种欧亚植物，种植的目的是获取其种子和用作饲料。

Combustion Burning（燃烧）：燃料中的氢和碳与空气中的氧通过化学结合将生物质燃料转化为热、化学品和气体的过程。

Combustion Gases（烟气）：燃烧过程释放的气体。

Compound（化合物）：表示两种或两种以上元素组成的纯净物的化学术语。

Compressed Natural Gas（CNG，压缩天然气）：在高压（通常为2000～3600psi）条件下被压缩的天然气。

Compression Ignition Engine（压燃发动机）：燃料通过气缸中的极端压力产生的高温点燃而非通过火花塞点燃的发动机，柴油发动机。

Concentrated Acid Hydrolysis（浓酸水解）：将生物质转化为纤维素乙醇的方法。

Conditional Use Permit（有条件使用许可证）：有条件的许可证，允许在适当的分类区域以外的地点批准使用。

节约（Conservation）：能源使用、生产、传输或分配的效率，提供相同服务水平的同时使能耗降低。

Continuous Fermentation（连续发酵）：不间断运行的稳态发酵系统，每个发酵阶段在发酵罐的独立部分进行，流速设定与所需的滞留时间一致。

Continuous Flow Process（连续流工艺）：泛指任意量生物柴油的生产过程，为了全天24h连续生产生物柴油，需要连续添加成分，这与间歇法生产工艺相反。

Conventional Biofuels（常规生物燃料）：生物乙醇和生物柴油等生物燃料，通常由玉

[1] 此处有误，应为0.01～0.1μm。

米、甘蔗和甜菜、小麦或大豆和菜籽油等油籽作物制成。

Conventional Crude Oil（Conventional Petroleum，常规原油）：使用储层中固有的能量从地面抽出并回收的原油，也指二次回收技术可回收的原油。

Conversion Efficiency（转换率）：输出的有用能与燃料所含全部能量的比值，其计算与产生的能量形式有关，只有当不同的转换过程输出的能量形式相同时，他们的转换率才可以直接进行比较。

Cooker（炉）：设计用于烹煮液体、提取物或消化悬浮液中固体的罐或容器，炉通常包含热源，并装有搅拌器。

Cord（考得，木材堆的体积单位）：等于 $128ft^3$（$3.62m^3$）木材，标准尺寸为 4ft×4ft×8ft，包括空气空间和树皮。1 考得包含约 1.2 美吨[1]（烘干基）=2400lb=1089kg 的木材。

Corn Stover（玉米秸秆）：玉米收获后的剩余物，包括玉米芯、玉米叶和玉米秆。

Cracking（裂化）：使用热和/或催化剂将高分子量化学组分分解成较低分子量产物的二次精炼方法，其可用作燃料的共混组分。

Cropland（农用地）：农用地共分为五类，即农耕地、作物歉收地、夏季休耕地、牧场用地和空闲土地。

Crude Oil（原油）：参见 Petroleum。

DDGS（Dried Distillers Grain with Soluble Constituents，干酒糟及其可溶物）：干磨法生产乙醇的副产物，可作家畜饲料。

Delayed Coking（延迟焦化）：使热反应完全进行以产生气态、液态和固态（焦炭）产物的焦化过程。

Desulfurization（脱硫）：从原料中除去硫或硫化合物。

Diesel Engine（柴油发动机）：用德国工程师鲁道夫-狄塞尔的名字命名的发动机；这种压燃式内燃机通过加热燃料并使其点燃来工作。它可以使用石油或生物衍生燃料。

Diesel ＃1 and Diesel ＃2（1 号柴油和 2 号柴油）：1 号柴油也称为煤油，通常不用作柴油车的燃料油——它比 2 号柴油的黏度低（它更稀薄），2 号柴油是典型的柴油车燃料。生物柴油可替代 2 号柴油或以一定的百分比添加到 2 号柴油中。

Diesel Fuel（柴油燃料）：内燃机用的、历史上源自石油的馏分油，也可以由植物和动物源生产。

Diesel Rudolph（鲁道夫-狄塞尔）：因制造柴油发动机而闻名的德国发明家，该柴油机在 1900 年的世博会上首次亮相，他最初打算让发动机靠植物来源的燃料运转，希望农民能够种植自己的燃料。

Digester（消化池）：气密性容器，细菌在容器中分解水中生物质以产生沼气。

Direct - injection Engine（直喷发动机）：燃料直接喷入到气缸中的柴油发动机，大多数新型号都是涡轮直接喷射。

Distillation（蒸馏）：利用高温将原油分离成蒸汽和流体的初级蒸馏方法，然后将其

---

[1] 美吨为质量单位，1 美吨=907.2kg。

送入蒸馏塔或分馏塔。

Distillers Grains（酒糟）：生产乙醇的副产物，可用于喂养家畜，或者指干酒糟及其可溶物（DDGS）。

Dispersion（分散体系）：一种或稳定或不稳定的细颗粒系统，颗粒直径大于胶体，在介质中分布均匀。

Distillate Oil（馏分油）：原油的蒸馏产物；一种供家庭取暖和大多数机械使用的挥发性石油产品。

Distillation（蒸馏）：通过使液体沸腾，然后将所得蒸汽冷凝来分离液体混合物组分的方法。

Downdraft Gasifier（下吸式气化炉）：一种气化燃气向下穿过炉底燃烧区的气化炉。

Dry Mill（干磨法）：一种乙醇生产方法，加工前首先将整个玉米粒研磨成粉——除乙醇产物外，干磨法还产生干酒糟及其可溶物（DDGS），DDGS用来喂牲畜。在食品加工和装瓶时用到二氧化碳，多数新建乙醇生产厂配备的是干磨设施。

Dry Ton（干吨）：干燥至恒重的2000lb材料。

E10：乙醇和汽油所占体积分别为10%和90%的醇燃料混合物。

E85：含85%乙醇和15%汽油的醇燃料混合物，是美国政府目前选择的替代燃料。

Ecology（生态学）：研究生物与其环境之间相互关系的学科。

E Diesel（E柴油）：由乙醇、柴油及其他添加剂组成的混合燃料，旨在减少重型设备、城市公共汽车和其他一些靠柴油发动机运行车辆的空气污染。

Elemental Analysis（元素分析）：测定样品中的碳、氢、氮、氧、硫、氯和灰分。

Emission Offset（补偿/抵消机制）：减少现有污染源的空气污染排放，以补偿新污染源的排放。

Emissions（排放）：燃烧过程中排放到空气中的物质，例如，汽车排出来的东西。

Emulsification（乳化作用）：使乳化，形成乳状液。

Emulsion（乳状液）：一种液体的小液滴悬浮在另一种与它不相混溶的液体中形成的分散体系。制备方法有机械搅拌或化学方法；不稳定的乳状液会随时间或温度发生分离，但稳定的乳状液不会发生分离。

Energy Balance（能量平衡）：燃料产生的能量与为了获得该能量而在农业生产过程、钻井、精炼和运输过程中所需付出的能量之间的差异。

Energy Crops（能源作物）：为获取燃料价值而专门种植的作物，包括玉米和甘蔗等粮食作物，以及杨树和柳枝稷等非粮作物。美国正在开发中的能源作物：短期轮作木本作物，在5～8年内收获的快速生长硬木，以及草本能源作物，例如多年生草本植物，经过2～3年的生长达到全部生产能力后每年都可收割。

Energy-efficiency Ratio（能效比）：表示燃料中存储的能量与生产、加工、运输和分配这些燃料所需能量的比值。

Environment（环境）：影响有机体并影响它们的发育和生存的外部条件。

Environmental Assessment（EA，环境影响评价）：联邦对拟议行动产生重大环境影响的可能性分析的公开文件——如果环境影响很大，联邦机构必须出具环境影响报告书。

Environmental Impact Statement（EIS，环境影响报告书）：阐述拟议行动和替代行动环境影响的报告书。《国家环境政策法》第102节要求对所有联邦的主要行动实施EIS。

Enzymatic Hydrolysis（酶水解）：酶（生物催化剂）用于将淀粉或纤维素分解成糖的过程。

Enzyme（酶）：一种能够加快生物体内化学反应速度的蛋白质或蛋白质分子，酶是专一反应催化剂，只能将特定类别的反应物转化为特定产物。

Esters（酯）：酸和醇混合时生成的大量有机化合物中的任意一种。乙酸甲酯（CH_3COOCH_3）是最简单的酯，生物柴油含硬脂酸甲酯。

ETBE（乙基叔丁基醚）：参见Ethyl Tertiary Butyl Ether。

Ethanol（Ethyl Alcohol，Alcohol，or Grain－Spirit，乙醇）：一种易燃的、无色透明的含氧烃。纯乙醇（E100，100%体积的乙醇）、汽油醇（E85，85%体积的乙醇）或作为汽油辛烷值增强剂和含氧化合物（10%体积）与其他燃料混合用作车用燃料。

Ethers（醚）：醇与异丁烯混合制成的液体燃料。

Ethyl Tertiary Butyl Ether（athylt－butyl ether，乙基叔丁基醚）：由乙醇生成的醚，它可以增加汽油的辛烷值、降低汽油的挥发性、减少汽油蒸发和烟雾形成。

Evaporation（蒸发）：通过添加潜热或气化将液体转化为蒸汽状态的过程。

Extractives（提取物）：生物质中不属于细胞结构组成部分的数量不等的各种化合物——这些化合物可以通过极性和非极性溶剂（包括热水或冷水、醚、苯、甲醇）或其他不降解生物质结构的溶剂从木材中提取，生物质样品中发现的提取物的类型完全取决于样品本身。

FAAE（脂肪酸烷酯）：指生产过程中由任意醇制成的生物柴油。

FAME（fatty acid methyl ester，脂肪酸甲酯）：脂肪酸和甲醇通过催化反应产生的酯；生物柴油中的主要成分是FAME，通常由植物油通过酯交换反应获得。

Fast Pyrolysis（快速热解）：隔绝氧气的情况下将生物质快速加热至450～600℃（842～1112℉）的热转化过程。

Fatty Acid（脂肪酸）：具有长烃侧链的羧酸（一种含－COOH基团的酸）；原料首先转化为脂肪酸，然后通过酯交换反应转化为生物柴油。

Fatty Acid Alkyl Ester（脂肪酸烷基酯）：参见FAAE。

Fatty Acid Methyl Ester（脂肪酸甲酯）：参见FAME。

Feedstock（原料）：工业过程中使用的原材料；用于生产生物燃料的生物质（如用于乙醇生产的玉米或甘蔗，用于生物柴油生产的大豆或油菜籽）。

Fermentation（发酵）：通过微生物将含碳化合物转化为醇、酸或能源气体等燃料和化学品的过程。

FFV（灵活燃料汽车）：参见Flexible－fuel Vehicle。

Fiber Products（纤维制品）：源自草本和木本植物材料纤维的产品，实例有纸浆、复合板产品和用于出口的木屑等。

Fischer－Tropsch Process（费托合成工艺）：由天然气或煤或生物质气化合成气生产液体燃料——通常为柴油燃料的方法。

Fixed Carbon（固定碳）：以规定的方式加热分解热不稳定组分和蒸馏挥发物后剩余的碳残留物，工业分析的一部分。

Flashpoint（闪点）：如果蒸气是易燃的，液体产生足够蒸气而着火的最低温度。

Flexible-Fuel Vehicle（Flex-Fuel Vehicle，灵活燃料汽车）：可以交替使用两种或两种以上燃料行驶的车辆，包括依靠汽油和汽油醇行驶的汽车，以及依靠汽油和天然气行驶的汽车。

Fluid Coking（流化焦化）：连续流化固体工艺，将反应器中高温加热焦炭颗粒上的进料裂化成气体、液体产物和焦炭。

Fluidized-bed Boiler（流化床锅炉）：一个大的内衬耐火材料的容器，底部有布风构件或布风板，顶部或顶部附近有热气流出口，另外配备有进料设施。空气以一定的流速向上吹过一层惰性颗粒（如砂或石灰石），使颗粒悬浮并连续运动，从而形成流化床；燃烧效率通过超高温床料与燃料直接接触得到提高。

Fly Ash（飞灰）：燃烧产物中悬浮的微小灰粒。

Foam（泡沫）：气体在液体或固体中的分散体系。

Forest Land（林地）：至少10%的面积被大大小小的森林树木所覆盖的土地，包括原来拥有这种树木覆盖率的土地和即将通过自然或人工再生的土地；也包括一些过渡区，如高森林覆盖土地和非森林覆盖土地之间的区域，该过渡区至少拥有10%的森林树木和与城市和建设用地相邻的森林区域；还包括矮松-杜松林地和灌木丛地区。划分为林地的最小面积为1acre。

Forest Residues（林业废弃物）：未从商业的硬木和软木伐木林中采伐或移除的材料，以及由于林业管理操作所产生的材料，如抚育间伐材和枯树。

Fossil Fuel（化石燃料）：高温和高压下，植物和动物残骸在地下历经数百万年的化学变化和物理变化后形成的固体、液体或气体燃料。石油、天然气和煤是化石燃料。

Fuel Oil（燃料油）：一种重质的黑色渣油，通过在炉中燃烧发电或供热。

Fuel Wood（薪材）：用于转化为某种能源形式的木材，主要供住宅使用。

Galactan（半乳聚糖）：具有 $C_6H_{10}O_5$ 重复单元的半乳糖的聚合物，在半纤维素中发现，可以水解成半乳糖。

Galactose（半乳糖）：分子式为 $C_6H_{12}O_6$ 的六碳糖，在生物质半纤维素中发现，是半乳聚糖的水解产物。

Gas Engine（燃气发动机）：使用天然气而不是汽油的活塞式发动机——燃料和空气在进入汽缸前混合，火花塞点火。

Gaseous Emissions（气体排放物）：燃烧过程中排放到空气中的物质，通常包括二氧化碳、一氧化碳、水蒸气和烃。

Gas Shift Process（水煤气变换工艺）：一氧化碳和氢气在催化剂作用下反应形成甲烷和水的过程。[1]

---

[1] 此处英文原文有误，词汇是 Gas Shift Process（水煤气变换工艺），但词汇后面的解释是 gas methanation process（水煤气甲烷化工艺），两个反应的反应物和产物都是不同的。

Gas Turbine（Combustion Turbine，燃气轮机）：将高压热气体（燃料在压缩空气中燃烧产生）的能量转变为机械功的涡轮发动机——燃料通常为天然气或燃料油。

Gasification（气化）：将含碳材料（如煤、石油和生物质）转化为气态组分（如一氧化碳和氢气）的热化学过程。

Gasifier（气化炉）：用于将固体燃料转化为气体燃料的装置，在生物质系统中，该方法被称为干馏。

Gasohol（汽油醇）：10％体积的无水乙醇与90％体积的汽油的混合物；7.5％体积的无水乙醇与92.5％体积的汽油的混合物；或5.5％体积的无水乙醇与94.5％体积的汽油的混合物。

Gasoline（汽油）：从石油中获得的易挥发性可燃液体，沸程为30～220℃（86～428℉），用作火花塞点火内燃机的燃料。

Gas to Liquids（GTL，天然气制油）：将天然气和其他烃合成长链烃的过程，可用于将气态废弃物转化为燃料。

Gel Point（胶凝点）：液体燃料冷却至石油凝胶态稠度的临界温度。

Genetically Modified Organism（GMO，转基因生物）：遗传物质已通过DNA重组技术修饰过的生物，其表型被改变以符合设计要求。

Glycerin（$CH_2OH.CHOH.CH_2OH$，甘油）：生物柴油生产的副产物，每个羟基（OH）官能团占据酯从甘三酯分子（例如植物油）上断裂后空出来的三个位置中的一个。

Glycerine（Glycerin、Glycerol，甘油）：生物柴油生产的液态副产物，用于制造炸药、化妆品、液体肥皂、油墨和润滑剂。

Grain Alcohol（酒精）：参见Ethanol。

Grassland Pasture and Range（草原牧场）：主要用作牧场和草场的开放土地，包括灌木型牧场；长有鼠尾草和疏散的豆科灌木的牧场；生长驯化草和天然草、豆类和其他用于牧场放牧草料的牧场。因为植物组成的多样性，草原牧场并不总是能够清楚地与其他类型的牧场区分开。一个极端的永久性草地可能会渐渐消失在农田牧草中，或者也可能经常在林地牧场的过渡地区发现草原牧场。

Grease Car（Greasecar，油脂车）：后期生产的使用废弃植物油运行的柴油动力汽车。

Greenhouse Effect（温室效应）：地球大气层中某些气体捕获太阳能的效应。

Greenhouse Gases（温室气体）：捕获地球大气层中的太阳能并产生温室效应的气体。两种主要的温室气体是水蒸气和二氧化碳。其他温室气体包括甲烷、臭氧、氯氟烃和一氧化二氮。

Gross Heating Value（GHV，总热值）：收到基燃料所含的最大能量，含水分（MC）的冷凝热。

GTL（Gas to Liquid，天然气制油）：将天然气转化为长链烃的炼油工艺，天然气可以直接或使用费托合成法转化为液体燃料。

Hardwood（硬木）：与针叶树或软木不同，硬木是一种长有阔叶的双子叶植物——该术语没有提及木材的实际硬度——硬木的植物名称是被子植物；轮伐期短，生长快速的硬木树正在被开发用作未来的能源作物，它在种植5～8年后的收获是独一无二的，实例包括：杂交杨树（Populus sp.）、杂交柳树（Salix sp.）、银白槭（Acer Saccharinum）和刺槐（Robinia Pseudoacacia）。

Heating Value（热值）：物质燃烧可获得的最大能量，参见 Gross Heating Value。

Heavy（Crude）Oil（重/原油）：比常规原油更黏稠的油，在储层中的流动性较低，但可以通过二级或增强回收方法通过油井从储层中采收。

Hectare（公顷）：常用公制面积单位，$1hm^2=2.47acre$，$100hm^2=1km^2$。

Hemicellulose（半纤维素）：与仅为葡萄糖聚合物的纤维素不同，半纤维素是由短的、高度支链化的糖链组成，半纤维素是五种不同糖的聚合物；包括五碳糖（通常为D-木糖和L-阿拉伯糖）和六碳糖（D-半乳糖，D-葡萄糖和D-甘露糖），以及被乙酸高度取代的糖醛酸；与纤维素相比，半纤维素的支链化特性使其成为无定形物质，比较容易水解成相应成分的糖；水解时，硬木半纤维素释放出大量的木糖（五碳糖）；相比之下，软木半纤维素会产生更多的六碳糖。

Herbaceous（草本植物）：禾草、谷物和加拿大油菜（油菜）等非木本植物，通常缺乏永久的强壮的茎。

Herbaceous Energy Crops（草本能源作物）：每年收获的多年生非木本作物，但是它们可能需要2～3年才能达到全部生产力。实例包括：柳枝稷（Panicum Virgatum）、虉草（Phalaris Arundinacea）、芒草（Miscanthus Giganteus）和芦竹（Arundo Donax）。

Herbaceous Plants（草本植物）：非木本植物，木质素含量通常较低，如草。

Hexose（己糖）：任意一种分子中含有六个碳原子的单糖（如葡萄糖、甘露糖和半乳糖）。

Higher Heating Value（HHV，高位热值）：燃烧产生的水蒸气被冷凝并回收蒸发潜热时的潜在燃烧能量。

Lower Heating Value（LHV，低位热值）：燃烧产生的水蒸气不冷凝时的潜在燃烧能量。

Hydrocarbon（烃）：含碳骨架以及碳骨架上连接的氢原子的化合物。

Hydrocarbonaceous Material（烃类材料）：如油砂沥青等材料，由碳和氢与组分结构内化学结合的氮、氧、硫和金属等其他元素（杂质元素）组成，即使碳和氢可能是主要元素，但真正的烃（参看 Hydrocarbons）可能非常少。

Hydrocarbon Compounds（烃化合物）：仅含碳和氢的化合物。

Hydrodesulfurization（加氢脱硫）：通过加氢处理（参看 Hydrotreating）除去硫。

Hydrogenation（氢化）：通常在催化剂作用下，物质与分子氢的化学反应。常见的氢化是动物脂肪或植物油的硬化，使其在室温下呈固体，提高其稳定性，将氢（镍催化剂存在下）加到脂肪或油分子中不饱和脂肪酸的碳—碳双键上。

Hydroprocesses（加氢处理工艺）：向各种炼制产物中加氢的精炼过程。

Hydrotreating（加氢处理）：低温加氢处理原料或产物以除去杂原子（氮、氧和硫）类物质。

Idle Cropland（闲置耕地）：没有种植作物的土地，从农作物种植转向土壤保护用途（如果没有资格用作农田牧场）的土地，这部分包括在联邦的农业计划中。

Incinerator（焚烧炉）：用于焚烧固体或液体残留物或废弃物的装置，焚烧是废弃物处置的一种方法。

Inclined Grate（倾斜炉排炉）：一种炉型，燃料连续地从炉排顶部送入，通过上部干燥区除去水分，并下降至下部燃烧区燃烧。灰分从炉排的下部除去。

Indirect - injection Engine（间接喷射式发动机）：一种旧型号的柴油发动机，燃料被喷射到预燃室中部分燃烧，然后送至燃料喷射室。

Indirect Liquefaction（间接液化）：通过中间的合成气步骤将生物质转化为液体燃料。

Industrial Wood（工业木材）：除薪柴外的所有商业圆木制品。

Iodine Value（碘值）：植物油分子中不饱和碳-碳双键数目的量度——双键可能发生聚合，导致胶膜形成，可能引起发动机或燃料管组件的堵塞和损坏。在液体生物燃料应用中，高碘值导致植物油具有较低的冷滤点（CFPP）或浊点。

Jatropha（麻风树）：亚洲、非洲和西印度群岛发现的非食用型常绿灌木，种子含油量高，可用来制备生物柴油。

Kerosene（煤油）：一种轻质的中间馏分油，有各种使用形式，可用作航空涡轮机的燃料，或用作供热锅炉的燃料，或用作石油溶剂油等溶剂。

Klason Lignin（Klason 木质素）：用规定的硫酸处理除去木材的非木质素组分之后从木材获得的木质素；一种特定类型的酸不溶性木质素的分析方法。

Knock（爆震声）：达到最佳时刻之前，由压缩的燃料—空气混合物的点火引起的发动机声音。

KOH（氢氧化钾）：参见 Potassium Hydroxide。

Landfill Gas（垃圾填埋气）：垃圾填埋场的有机物被分解产生的沼气。垃圾填埋气约含 50%的甲烷。参见 Biogas。

Lignin（木质素）：木材和其他植物组织（不常见）的结构成分，其将细胞壁和细胞结合在一起；生物质中富含能量的材料，可用作锅炉燃料。

Lignocellulose（木质纤维素）：主要由木质素、纤维素和半纤维素组成的植物材料。

Lipid（脂质）：一类有机化合物，包括脂肪、油、蜡、甾醇和甘油三酯，它们不溶于水但可溶于非极性有机溶剂，呈油性，与碳水化合物和蛋白质一起构成了活细胞的主要结构成分。

Live Cull（等外树）：一类等外树；当按体积计量时，指直径为 5.0in 及以上的等外树的净体积。

Logging Residues（采伐剩余物）：在采伐立木材积和非立木材积时未被利用而被留在林中的那部分木质物质。

Lower Heating Value（LLV，Net Heat of Combustion，低位热值）：大气压下，燃烧产物中的水均保持蒸汽形态时，单位物质燃烧所产生的热量；燃烧净热，其值等于 20℃（68℉）时的总燃烧热减去单位质量的样品燃烧生成水的热量 572cal/g（1030Btu/lb），水分包括样品中原来的含水和燃烧生成的水，减去的量不等于水的蒸发潜热，因为该数据计算还将从恒体积处的总值减少到恒压下的净值，该减少的适当因子是 572cal/g。

Lye（氢氧化钠）：参见 Sodium Hydroxide。

M85：含有85%甲醇和15%汽油的醇燃料混合物。甲醇通常由天然气制成，也可由生物质发酵制成。

Megawatt（MW，兆瓦）：1000000W（1000kW）电功率的量度。

Methanol（甲醇）：通常来自天然气，但是也可以从生物质中糖发酵产生的燃料。

Methoxide（Sodium Methoxide，Sodium Methylate，$CH_3O^- Na^+$，甲醇钠）：一种有机盐，纯物质为白色粉末。在生物柴油生产中，甲醇钠是甲醇和氢氧化钠混合的产物，在甲醇中产生甲醇钠溶液并放出大量的热。甲醇钠制备是生产生物柴油时最危险的一步。

Methyl Alcohol（甲醇）：参见Methanol。

Methyl Esters（甲酯）：参见Biodiesel。

Mill Residue（制材剩余物）：原木加工成木料、胶合板和纸的过程中产生的木质废料和树皮残渣。

Modified/Unmodified Diesel Engine（改装/未改装柴油发动机）：为了处理直链植物油，传统柴油发动机必须改装，以便柴油燃料油在到达燃料喷射器之前被加热。任何改装过的柴油发动机都可以使用生物柴油运行。

Moisture（含水量）：生物质样品在105℃（221℉）时测量的挥发的水分及其他组分的量。

Moisture Free Basis（干燥基）：生物质成分分析和化学分析的数据通常以干燥基或干重为准——在分析测试之前，通过将样品在105℃（221℉）的温度下加热至恒重，以除去水分（和一些挥发性物质）。根据定义，这种方式烘干的样品被认为是干燥的。

Monosaccharide（单糖）：指五碳糖（木糖、阿拉伯糖）或六碳糖（葡萄糖、果糖）等单糖；而蔗糖是两种单糖（葡萄糖和果糖）组合而成的二糖。

MTBE（甲基叔丁基醚）：甲基叔丁基醚是高度精练的高辛烷值轻质馏分，用作汽油的混合剂，用于提高汽油的辛烷值并降低其挥发性，减少蒸发和烟雾形成。

Municipal Wastes（城市垃圾）：住宅、商业和机构消费后的废弃物，含大量的植物源有机质，是可再生能源。城市垃圾中的生物质资源有废纸、纸板箱、建筑施工和拆卸的木材废料，以及庭院废弃物。

Nitrogen Oxides（氮氧化物）：有助于形成烟雾和臭氧的燃烧产物。

Non-forest Land（非林地）：从未作为林业用地的土地，以及原来是林业用地，但其他用途的发展阻碍了木材使用管理的土地，如果同林区混杂在一起，未经改良的道路和非林带必须超过120ft宽，林中空地等的面积必须超过1acre才能成为非林地。

Octane Number（辛烷值）：燃料抗自燃能力的量度；在泵上指示燃料的辛烷值——数值越高，燃料燃烧越慢；通常生物乙醇与普通石油混合时可使石油增加2～3个辛烷值——这使其成为成本有效的辛烷值增加剂；参见Knock。

Open-loop Biomass（开环生物质）：可用于生产能量和生物产品的生物质，尽管它不是为此目的专门种植的，包括养殖粪便、林木采伐剩余物和作物收获剩余物。

Oxygenate（含氧化合物）：一种添加到汽油中增加该汽油共混物氧含量的物质；包括燃料乙醇、甲醇和甲基叔丁基醚（MTBE）。

Oxygenated Fuels（含氧燃料）：乙醇是含氧化合物，意味着增加燃料混合物中的氧气——更多的氧气有助于燃料更完全燃烧，从而减少尾气管中有害排放物的数量。汽油醇等高含氧量的燃料被称为含氧燃料。

Palm Oil（棕榈油）：从油棕树的果实中获得的一种植物油。传统生物柴油生产广泛使用的原料。棕榈油和棕榈仁油由脂肪酸组成，与任何普通脂肪一样用甘油酯化。

Particulate（颗粒）：气体或液体排放物中分散的固态或液态微小物质。

Particulate Emissions（颗粒排放物）：悬浮在气体中的固体或液体颗粒，或燃烧时排放到空气中的碳质烟炱和其他有机分子的细颗粒。

Perennial（多年生植物）：不需要像传统作物那样每年种植的植物。

Petrodiesel（石化柴油）：石油基柴油燃料，通常简称柴油。

Petroleum（石油）：一种烃基物质，包括通过分离、转化、精制和修整过程从原油中衍生的烃的复杂混合物，包括发动机燃料、航空油、润滑剂、石油溶剂和废油。

pH 值：表示溶液的酸碱度，7 代表中性。数字减小表示酸度增加，数字变大表示碱度增加。每变化 1 个单位，代表酸度或碱度变化十倍。

Photosynthesis（光合作用）：绿色植物中的叶绿素细胞将太阳入射光转化为化学能的过程，是以碳水化合物的形式捕获二氧化碳的过程。

Potassium Hydroxide（KOH，氢氧化钾）：生产生物柴油的酯交换反应中用作催化剂。

Primary Wood - using Mill（初级木材加工厂）：将圆木制品加工成其他木制品的工厂；常见的有将原木加工成木料的锯木厂，以及将木浆圆木加工成木浆纸浆厂。

Producer Gas（发生炉煤气）：一氧化碳（CO）和氢气（H_2）含量较高的燃气，空气不足的情况下燃烧固体燃料产生，或者使空气和蒸汽的混合物通过装有固体燃料的燃烧床产生。

Protein（蛋白质）：蛋白质分子是高达几百个氨基酸组成的链，经折叠形成有点密实的结构；在生物活性状态中，蛋白质在代谢过程中起催化作用，一定程度上还是组成细胞和组织的结构单元；生物质中的蛋白质含量（质量百分数）可以通过将样品中氮的质量百分数乘以 6.25 来进行估计。

Proximate Analysis（工业分析）：按照规定的方法测定水分、挥发分、固定碳（差减法）和灰分的含量。工业分析这一术语不包括元素分析或和那些命名之外的化学元素的分析，工业分析的标准方法如 ASTM D3172 中所定义。

Pulpwood（纸浆木材）：用于木浆生产的圆木、全树木片或木质剩余物。

Pyrolysis（热解）：生物质在隔绝空气的情况下高温（大于 400℉或大于 200℃）热分解；热解的最终产物是固体（炭）、液体（含氧油）和气体（甲烷、一氧化碳和二氧化碳）的混合物，三种产物的比例由操作温度、压力、氧含量和其他条件确定。

Pyrolysis Oil（热解油）：生物质的快速热解产生的生物油，通常为深棕色的流动液体，含有原生物质的大部分能量，热值约为常规燃油的一半。原生物质转化为热解油，表示它的能量密度显著增加，因此表明生物质的运输有了更有效的形式。

Rapeseed（Brassica Napus，Rape、Oilseed Rape 或 Canola，油菜籽）：属十字花科（芥菜或卷心菜科），油菜花开放后呈亮黄色，生物柴油生产的传统原料。加拿大油菜

(canola）是取自加拿大油的名称，因为这种油菜的发展大部分是在加拿大进行的，参见Colza。

Rapeseed Oil（菜籽油）：由油菜籽生产的食品级油，称为芥花油（Canola Oil），参见 Colza。

Refuse－derived Fuel（RDF，垃圾衍生燃料）：由城市固体垃圾制备的燃料，去除石块、玻璃和金属等不可燃材料后，剩余的经切碎或粉碎的固体废弃物的可燃部分。

Renewable Fuels Standard（RFS，可再生能源标准）：美国国会作为 2005 年《能源政策法案》的一部分颁布的立法，要求生物燃料的使用逐年增加，到 2012 年达到 75 亿 gal。

Residues（剩余物）：当圆木制品在初级木材加工厂被生产成其他产品时产生的树皮和木质废料。

Rotation（轮作）：林分从建立到最后收获、更新的时间。

Round Wood Products（圆木制品）：采伐树木生产的原木和其他圆木材，用于工业或消费者使用。

RTFO（Renewable Transport Fuels Obligation，可再生交通燃料义务法）：英国 K 政策，规定燃料供应商有义务确保其燃料总销售量中含有一定百分比的生物燃料。

Saponification（皂化反应）：酯与金属碱和水的反应（即制肥皂反应）；生物柴油生产中加碱太多时会发生皂化反应。

Secondary Wood Processing Mills（次级木材加工厂）：使用初级木材加工厂的产品制造橱柜、模具和家具等木制成品的工厂。

Second Generation Biofuels（第二代生物燃料）：由生物质或非食用原料生产的生物燃料。

Sodium Hydroxide（Lye、Caustic Soda、NaOH、氢氧化钠）：强碱，腐蚀性极强，与流体混合时通常会释放热量，能产生足够的热量点燃易燃物（如甲醇），是生物柴油生产的主要反应物之一。

Softwood（软木）：通常指植物树材的一种，大多数情况下它的叶呈针状或鳞片状，针叶树，软木树生产的木材。该术语不涉及木材实际的软硬度；软木的植物名称是裸子植物。

Soy（Soy Oil，大豆油）：由大豆压榨的植物油。

Soy Diesel（大豆柴油）：强调生物柴油可再生性质的生物柴油的一般术语，流行在大豆生产地区。

Stand（of Trees，林分）：在组成、构成、年龄、空间布置或条件方面具有足够一致性的树木群，与相邻的树木群有明显区别。

Starch（淀粉）：由 α-葡萄糖分子连在一起（重复单元 $C_{12}H_{16}O_5$）形成的长链分子；这些链由 α－1、4 键连接，支链由 α－1、6 键连接形成；淀粉在植物界分布广泛，储存于所有谷物和块茎（植物隆起的地下茎）中。该聚合物高度无定形，极易被人和动物的酶系统攻击并分解为葡萄糖，总燃烧热 Qv（总）＝7560Btu/lb。

Straight Vegetable Oil（SVO，纯植物油）：未经酯交换过程优化的植物油，使用这种类型植物油的柴油发动机需要经过改装，以便油在到达燃料喷射器先被加热。

Sustainable（可持续的）：随着时间推移，生物多样性、可再生性和资源生产力得到维持的生态系统状况。

Suspension（悬浮液）：固体在气体、液体或固体中的分散体系。

SVO（纯植物油）：纯植物油，在许多柴油发动机中燃烧良好，但不能启动发动机，而且热发动机冷却时喷射器中有结焦。发动机启停期间经常使用单独灌装的石化柴油或生物柴油，电动阀允许从单独罐转移到纯植物油罐。

Switch Grass（柳枝稷）：美国草原上的土著草，以其耐寒和生长快速闻名，常被称为乙醇生产的潜在丰富原料。

Syngas（合成气）：一氧化碳（CO）和氢气（H_2）的混合物，是生物质等有机质高温气化的产物；在净化除去焦油等杂质后，合成气可用来合成天然气［SNG，甲烷（CH_4）］等有机分子，也可用费托合成法合成汽油和柴油等液体生物燃料。

Synthesis Gas（合成气）：一氧化碳和氢气的混合物，参见 Syngas。

Synthetic Crude Oil（Syncrude，合成原油）：煤、油页岩或油砂沥青转化生产的烃产物，与常规原油类似，可在炼油厂精炼。

Tallow（牛脂）：动物脂肪的别称，可用作生物柴油生产的原料。

Thermal Conversion（热转化）：利用热和压力分解有机固体分子结构的过程。

Thermochemical Conversion（热化学转化）：利用热量使物质经化学变化从一种状态转化为另一种状态，如转化为有用的能源产品。

Timberland（木材林）：正在生产或能够生产工业木材的林地，且法令或行政法规不能撤销其木材林的用途。

Titration（滴定）：应用于生物柴油，滴定是向样品中滴加已知的碱来确定废植物油样品的酸度的行为，滴定时用 pH 试纸测量所需的中性值（pH 值=7），中和一定量的废植物油所需的碱量决定了添加到整批原料中的碱量。

Ton（Short Ton，美吨）：2000lb。

Tonne（Imperial Ton、Long Ton、Shipping Ton、英吨）：2240lb，相当于 1000kg，或用原油的用法表示，约为 7.5 桶油。

Transesterification（酯交换反应）：醇在植物油或动物脂肪中与甘油三酯反应，分离甘油并生产出生物柴油的化学过程；将植物油原料转化为生物柴油的过程。

Traveling Grate（移动炉排炉）：一种炉子，炉排的装配是采用不间断的传送带装置连在一起。燃料从一端进入，灰分从另一端排出。

Ultimate Analysis（工业分析）：分析含碳材料有机部分的元素组成以及总灰分和水分的量。描述用规定方法测定的燃料元素组成，用占燃料干重的百分比表示，参见 American Society for Testing and Materials。

Ultra Low Sulfur Diesel（ULSD，超低硫柴油）：超低硫柴油描述了 2006 年起在美国销售的柴油中硫含量新 EPA 标准——允许的硫含量（0.15×10^{-4}）远低于以前的美国标准（0.5×10^{-3}），这不仅减少了硫化合物的排放（酸雨的成因），而且准许安装先进的排放控制系统，否则这些化合物会引起系统污染。

Uronic Acid（糖醛酸）：末端的-CH_2OH基团被氧化成酸的COOH基团的单糖，糖醛酸是木聚糖等半纤维素的支链基团。

Vacuum Distillation（减压蒸馏）：采用部分真空以降低初级蒸馏渣油的沸点并进一步萃取共混组分的二次蒸馏方法。

Viscosity（黏度）：液体流动能力的量度或流动阻力的量度，当两个平板都浸入流体中时，使面积为1m^2的平板相对于另一块1m远的平行板的移动速度为1m/s时所需施加的力。黏度越高，液体流动越慢，甲醇和乙醇的黏度较低，而废植物油的黏度较高。

VOCs（挥发性有机物）：参见Volatile Organic Compounds。

Volatile Organic Compounds（VOCs，挥发性有机物）：轻质有机碳氢化合物的名称，它从油箱或其他来源逸出，并在油箱充满时逸出。VOCs有助于引发烟雾。

Volatility（挥发性）：燃料蒸发的倾向。

Waste Vegetable Oil（WVO，废食用油）：来自油炸锅的油脂，过滤后可用于改装的柴油发动机，或通过酯交换方法转化为生物柴油后用于所有柴油车中。生物柴油生产常用的初始产品，经热水洗后可用作纯植物油（SVO）。

Water-cooled Vibrating Grate（水冷振动炉排）：一种锅炉炉排，炉排面带有风口，安装在与锅炉循环系统互连的水管网上，水管的水用于炉排冷却。该结构由挠曲板支撑，允许管网和炉排发生振动，灰自动排出。

Wet Mill（湿磨法）：一种乙醇生产工艺，加工前玉米首先在水中浸泡。除乙醇外，湿磨法还有生产工业淀粉、食品淀粉、高果糖玉米糖浆、麸质饲料和玉米油等副产物的能力。

Whole Tree Chips（全树木片）：通常在森林中切碎整棵树生产木片，木片既有树皮也有木材。经常由低质量的树木生产，或者由树冠、树枝和其他采伐剩余物产生。

Whole Tree Harvesting（整树收获）：一种整棵树（树桩上方）被采伐的收获方法。

Wood（木材）：在乔木和一些灌木中天然产生的固态木质纤维素材料，由高达40%～50%的纤维素、20%～30%的半纤维素和20%～30%的木质素组成。

Wood Alcohol（木醇）：参见Methanol。

Wort（麦芽汁）：由水和大麦芽浆组成的燕麦粥样物质，其中的可溶性淀粉在糖化过程中已经变成可发酵的糖——剩下的液体从酿造醪发酵制备的啤酒过滤。

Xylan（木聚糖）：具有$C_5H_8O_4$重复单元的木糖的聚合物，在生物质半纤维素中发现，可以水解成木糖。

Xylose（木糖）：一种五碳糖$C_5H_{10}O_5$，生物质半纤维素中发现的木聚糖的水解产物。

Yarding（集材）：原木从砍伐点到中央装载区或堆存点的初次转移。

Yeast（酵母）：各种能够发酵碳水化合物的单细胞真菌，酵母发酵糖可以生产生物乙醇。

Yellow Grease（黄色油脂）：炼油工业的术语——通常是指使用过的反复煎炸用油或者餐馆隔油池中的油，也可以指来自炼制厂的低质量等级的牛油。